AF357007

NOUVEAU

DICTIONNAIRE

D'HISTOIRE NATURELLE.

CAA = CHA.

*Noms des Auteurs de cet Ouvrage dont les matières
ont été traitées comme il suit :*

L'Homme, les Quadrupèdes, les Oiseaux, les Cétacés.	SONNINI, Membre de la Société d'Agriculture de Paris, éditeur et continuateur de l'Histoire naturelle de Buffon. VIREY, Auteur de l'Hist. naturelle du Genre Humain.
L'Art vétérinaire, l'Economie domes- tique.	PARMENTIER, HUZARD, } Membres de l'Institut national. SONNINI, Membre de la Société d'Agriculture de Paris, etc. etc.
Les Poissons, les Reptiles, les Mol- lusques et les Vers.	BOSC, Membre de la Société d'Histoire naturelle de Paris, de la Société Linnéenne de Londres.
Les Insectes.	OLIVIER, Membre de l'Institut national. LATREILLE, Membre associé de l'Institut national.
Botanique et son application aux Arts, à l'Agricul- ture, au Jardinage, à l'Economie Ru- rale et Domesti- que.	CHAPTAL, PARMENTIER, } Membres de l'Institut national. CELS, THOUIN, Membre de l'Institut national, Professeur et Administrateur au jardin des Plantes. DU TOUR, Membre de la Société d'Agriculture de Saint-Domingue. BOSC, Membre de la Société d'Histoire naturelle de Paris.
Minéralogie, Géo- logie, Météorologie et Physique.	CHAPTAL, Membre de l'Institut national. PATRIN, Membre associé de l'Institut national et de l'Académie des Sciences de Saint-Pétersbourg, Auteur d'une Histoire naturelle des Minéraux.

NOUVEAU DICTIONNAIRE

D'HISTOIRE NATURELLE,

APPLIQUÉE AUX ARTS,

Principalement à l'Agriculture et à l'Economie rurale et domestique :

PAR UNE SOCIÉTÉ DE NATURALISTES ET D'AGRICULTEURS :

Avec des figures tirées des trois Règnes de la Nature.

TOME IV.

DE L'IMPRIMERIE DE CRAPELET.

A PARIS,

Chez DETERVILLE, Libraire, rue du Battoir, n° 16.

AN XI — 1803.

NOUVEAU

DICTIONNAIRE

D'HISTOIRE NATURELLE.

C A B

CAA-APIA, nom brasilien de la *dorstène du Brésil*, dont le suc passe pour être l'antidote de la morsure des serpens et de la blessure des flèches empoisonnées. *Voyez* au mot DORSTÈNE. (B.)

CAAIGOUARA, nom que les sauvages du Brésil donnent, suivant Marcgrave, au *pécari* ou *tajacu*. Voyez PÉCARI. (S.)

CAAOPIA, petit arbre du Brésil, figuré avec ses fruits pag. 96 de l'*Histoire des plantes du Brésil*, par Pison. C'est le MILLEPERTUIS BACCIFÈRE. (*Voyez* ce mot.) Les baies de cet arbre sont d'un beau jaune, et il découle de son tronc une résine de même couleur, dont les nègres se servent pour se purger. On l'appelle GOMME GUTTE D'AMÉRIQUE. *Voyez* ce mot et le mot MILLEPERTUIS. (B.)

CAAPEBA, nom brasilien de l'*aristoloche anguicide* et de la *banistère anguleuse*. C'est aussi celui de la PAREIRE OFFICINALE. *Voyez* ces mots. (B.)

CAARABOA, petit arbrisseau du Brésil mentionné dans Pison, et qui paroît avoir quelques rapports avec les CANÉFICIERS. (*Voyez* ce mot.) Ses feuilles, en cataplasme, sont employées contre les ulcères, et son bois, en tisane, contre les maladies vénériennes. Toutes ses parties sont amères. (B.)

CABALLAIRE, *Caballaria*, genre de plantes de la polygamie dioécie, dont le caractère consiste en un calice petit, persistant, campanulé, à cinq divisions profondes et ovales ; une corolle en roue, à tube très-court et à limbe divisé en cinq parties ovales; cinq anthères sessiles, insérées à la base des découpures de la corolle; un ovaire supérieur, presque rond, à stigmate presque sessile et pentagone; un drupe globuleux, monosperme, marqué de points oblongs.

Les fleurs mâles sont sur d'autres pieds que les fleurs hermaphrodites, mais n'en diffèrent que par l'avortement de l'ovaire.

Ce genre, dont les caractères sont figurés pl. 3o du *Genera* de la *Flore du Pérou*, contient huit espèces; toutes sont des arbres ou des arbrisseaux de ce pays fort voisins des ARGANS (*Voyez* ce mot.), et dont un a été mentionné par Jussieu sous le nom générique de MANGLILLA ou MANGILLA. *Voyez* ce mot. (B.)

CABARE, nom que l'on donne à la HULOTE du Brésil. *Voyez* ce mot. (VIEILL.)

CABARET (*Fringilla limaria*. Var. Lath. pl. enl. n° 485, fig. 2 de l'*Hist. nat. de Buffon*; ordre, PASSEREAUX; genre, PINSON. *Voyez* ces deux mots.). La longueur du *cabaret* est de quatre pouces et demi; sa queue est fourchue, et ne dépasse les ailes que de huit lignes; le dessus de la tête et le croupion sont rouges; une bande roussâtre passe sur les yeux; le dessus du corps est varié de noir et de roux; le dessous est de cette dernière teinte et tacheté de noirâtre sous la gorge; le ventre est blanc; les pieds sont bruns, les ongles fort allongés, et celui du doigt postérieur est plus long que le doigt; le bec jaunâtre, et brun à son extrémité. La femelle diffère du mâle en ce qu'elle n'a point de rouge sur le croupion.

« Cet oiseau, dit Montbeillard, est rare en France et en » Allemagne; son vol est rapide; il voyage en petites troupes, » arrive en France à l'automne, et disparoît au printemps ». Le chant du mâle est, dit-on, assez agréable. Il n'est pas méfiant, et donne facilement dans les piéges qu'on lui tend. On le nourrit en cage de chenevis et de millet. Il supporte d'abord la captivité avec impatience; mais il devient ensuite familier, et même à un certain point. Dès sa première mue, il perd sa couleur rouge, et elle ne revient plus, même dans une volière exposée en plein air.

Cette espèce, selon James Bolton (*Harmonia ruralis*, First, part. page 34.), habite les buissons, se plaît sur les arbrisseaux, et y place son nid, dont le fond est un mélange de mousse, de foin et de chaume; des petites racines en forment le contour, et les plus douces et les plus petites en garnissent l'ouverture. Ces racines, quoiqu'entrelacées ensemble, sont si peu rapprochées les unes des autres, que l'on voit le jour à travers le nid ; enfin, quelques crins noirs sont épars dans l'intérieur. Sa ponte est de cinq à six œufs, d'un bleu blanchâtre, tachetés de rouge, et marqués de zigzags bruns. Ces zigzags, isolés sur la coque, suffisent pour distinguer ces œufs de ceux des autres *linottes*.

Il paroît, d'après cet auteur, que les *cabarets* nichent en Angleterre, et que, pendant l'hiver, ils se rassemblent en troupes et se mêlent avec les autres petits oiseaux.

Le *cabaret* a une telle analogie dans la taille, les habitudes et le plumage avec le *sizerin*, qu'il est très-difficile de ne pas les confondre. Tous deux ont encore un caractère qui leur est particulier, et les distingue très-bien des autres *linottes* ; c'est d'avoir les plumes qui sont à la base de la mandibule supérieure retournées en devant, retombant sur les narines et les couvrant. Mais cette espèce paroît très-rare en France, et le *sizerin* y est très-commun pendant certains hivers. Outre cela, le *sizerin* a les couleurs de la gorge d'un beau rose tendre ; enfin, les oiseleurs de Paris lui donnent le nom de *cabaret*, et ne paroissent pas connoître celui des ornithologistes. (VIEILL.)

CABARET, nom vulgaire de l'ASARET D'EUROPE. *Voyez* ce mot. (B.)

CABASSOU. *Voyez* KABASSOU. (S.)

CABÉLIAU ou CABILLAUD. C'est le nom que porte la morue, *gadus morhua*, sur les côtes de France, et sous lequel on la mange à Paris lorsqu'elle est fraîche. C'est par erreur que quelques pêcheurs regardent le *cabéliau* comme une espèce particulière de GADE. *Voyez* ce mot.

Quant au *cabillaud* salé, c'est encore la morue ordinaire, que les Hollandais pêchent au banc de Terre-Neuve, et préparent différemment que les Français, c'est-à-dire, qu'ils fendent dans toute leur longueur, et dont ils enlèvent toute l'épine du dos. *Voyez* au mot MORUE.

CABESTAN (LE). C'est le nom marchand d'une coquille du genre des HARPES. *Voyez* ce mot. (B.)

CABIAI (*Cavia*), dénomination imposée à une famille de quadrupèdes dans la classe des RONGEURS. (*Voyez* ce mot.) On lui assigne pour caractères : le corps trapu, la tête grosse, les oreilles rondes, la queue courte ou nulle, les pieds courts ; point de clavicules ; les dents mollaires sillonnées, ou à couronne plate. (S.)

CABIAI (*Cavia*), désignation d'un genre de quadrupèdes dans la famille du même nom, et dans l'ordre des RONGEURS. (*Voyez* ce mot.). Aux caractères généraux des *cabiais* (Voy. CABIAI, *Famille*.), ce genre joint les caractères particuliers

d'être sans queue, et d'avoir les dents mollaires sillonnées. (S.)

CABIAI (*Cavia capybara* Linn. *Voyez* tom. 31, pag. 259,
de l'édition de Buffon, par Sonnini.), quadrupède du genre
de la famille du même nom. (*Voyez* ci-dessus.) Le *cabiai*
ressemble beaucoup, pour la forme générale du corps, au
cochon d'inde; mais il est beaucoup plus grand. Sa longueur
est de deux pieds et demi; sa tête est longue, applatie sur les
côtés; le museau est épais; la lèvre supérieure a une échancrure au-dessous du nez, et laisse les deux longues incisives
supérieures à découvert; la bouche est petite; les oreilles
courtes, droites et nues. Les jambes sont courtes, et les pieds
sont longs. Il y a quatre doigts séparés à ceux de devant, et
ceux de derrière n'en ont que trois, réunis par une membrane. Il n'y a qu'un petit tubercule à l'endroit de la queue.
Le poil est rare, et de même qualité que les soies du cochon,
mais plus fin; celui du dessus de la tête, du corps et de la
face externe des jambes, est noir sur la plus grande partie
de sa longueur depuis son origine; il y a au-dessus du noir
une couleur fauve, et la pointe est noire. Le poil du tour
des yeux, du dessous de la tête, et celui du corps et de la
face interne des jambes, n'a qu'une couleur fauve. Les moustaches sont noires.

Le *cabiai*, que l'on a mal-à-propos confondu avec le *cochon*, en diffère non-seulement par la conformation, ainsi
qu'on vient de le voir, mais encore autant par le naturel et
les moeurs; il habite souvent dans l'eau, où il nage comme
une loutre, y cherche de même sa proie, et vient manger au
bord le poisson qu'il prend et qu'il saisit avec la gueule et les
ongles. Il mange aussi du grain, des fruits et des cannes de
sucre. Comme ses pieds sont longs et plats, il se tient souvent
assis sur ceux de derrière. Son cri est plutôt un braiment,
comme celui de l'ane, qu'un grognement comme celui du
cochon. Il ne marche ordinairement que la nuit, et presque
toujours de compagnie, sans s'éloigner beaucoup des eaux;
car, comme il court mal à cause de ses longs pieds et de ses
jambes courtes, il ne pourroit trouver son salut dans la fuite;
et pour échapper à ceux qui le chassent, il se jette à l'eau, y
plonge, et va sortir au loin, ou bien il y demeure si long-
temps, qu'on perd l'espérance de le revoir. Sa chair est grasse
et tendre; mais elle a plutôt, comme celle de la loutre, le
goût d'un mauvais poisson que celui d'une bonne viande :
cependant, on a remarqué que la hure n'en étoit pas mauvaise. Le *cabiai* est d'un naturel tranquille et doux; il ne fait
ni mal ni querelle aux autres animaux; on l'apprivoise sans

peine ; il vient à la voix, et suit assez volontiers ceux qu'il connoît et qui l'ont bien traité. La femelle a douze mamelles, ce qui fait présumer qu'elle produit beaucoup de petits. Cependant, M. de Laborde assure qu'elle n'en fait qu'un à chaque portée, ce qui nous paroît assez difficile à croire. Nous ignorons le temps de la gestation, celui de l'accroissement, et par conséquent la durée de la vie de cet animal. Il est commun à la Guiane, au Brésil, aux Amazones et dans toutes les terres basses de l'Amérique méridionale. Il paroît qu'il pourroit fort bien supporter le froid de l'hiver dans nos climats. (DESM.)

CABIAYE. (*Voyez* CABIAI.) L'usage a prévalu d'écrire de cette dernière manière le nom de ce quadrupède ; cependant, sa vraie prononciation est *cabiaye*. (S.)

CABINET D'HISTOIRE NATURELLE. C'est un lieu dans lequel sont rassemblées les différentes productions de la nature, suivant l'ordre de leurs ressemblances et de leurs affinités. On peut ainsi contempler d'un seul coup-d'œil, la série des êtres créés, et reconnoître la marche de la nature dans leur formation. Si l'on pouvoit toujours observer la nature vivante sous ses yeux, il seroit superflu d'en rassembler les ouvrages morts et dégradés dans nos habitations. Il y a donc un grand avantage pour la science, de trouver sous sa main des objets rares, nés dans des climats éloignés, et de pouvoir les examiner à loisir. Quel plus beau spectale, d'ailleurs, que celui de la richesse et de la variété de la nature ! Quel tableau plus capable de nous pénétrer de sa toute-puissance, et de nous émouvoir par la contemplation des œuvres de la magnificence divine ! Cependant si cet ensemble nous ravit d'admiration, qu'est-il auprès de la nature vivante entourée de toute sa splendeur et de sa majesté ? De cette nature sublime et hardie au milieu des rochers et des précipices, dans les immenses forêts, sur l'Océan agité de tempêtes, sous les zones brûlantes et les pôles glacés, dans les entrailles des volcans et les abîmes des mers, dans la hauteur des cieux et la profondeur de la terre ? Combien nos collections sont anéanties en présence de ces grandes merveilles ! Les baleines qui fendent les plaines liquides de l'Océan ; les éléphans, les rhinocéros, les hippopotames qui peuplent les terres humides de la zone Torride ; les girafes, les chameaux, les gazelles, l'autruche, qui parcourent les brûlans déserts de l'Afrique ; l'aigle, le vautour, le condor aux ailes puissantes, qui règnent dans l'empire des airs ; les crocodiles, les grands serpens qui pétrissent et sillonnent la fange des marais ; les monstres marins qui s'entredévorent dans les gouffres profonds, et se jouent au milieu des tempêtes ; les mœurs industrieuses des insectes , la mystérieuse multiplication des vers , enfin la vie , le mouvement , les combats , les amours de tous ces animaux , ne se voient que dans l'ample sein de la nature vivante. Nous n'amassons que des cadavres immobiles dans nos cabinets; ce lion n'agite point sa crinière ; je n'entends point son rugissement horrible ; sa figure est déformée , son attitude contrainte ; je n'y retrouve rien de la vigueur et de la mâle fierté de ce roi des animaux : ce n'est plus qu'une peau bourrée , que rongent sourdement les insectes , et qui me présente les débris de la destruction où je cherche la jeunesse et la vie.

Dans le règne végétal, ces chênes orgueilleux , ces grands cèdres, géans des forêts, ces peuples innombrables de plantes, d'arbres de toute espèce , les placerons-nous dans nos cabinets? Conserverons-nous la fraîcheur et le brillant éclat des fleurs, le charme de la verdure , l'élégance des formes dans nos tristes herbiers, dans ces tombeaux de Flore , où les plantes sont rangées et entourées de papiers comme les momies d'Egypte dans leurs langes ? Qu'est-ce que ces petits échantillons de minéraux , ces cristaux imperceptibles, auprès des monts gigantesques , des rochers sourcilleux qui se couronnent de neiges éternelles , des cavernes effrayantes de la terre , où la nature prépare dans l'obscurité ses transformations , sème , prodigue toutes ses richesses , compose l'or , le diamant , l'éméraude , et allume l'incendie des volcans?

C'est ainsi qu'en rétrécissant notre vue et nos idées dans nos petites collections , nous perdons toutes les beautés de la nature ; nous ne concevons plus rien de ses grands effets; nous n'admirons plus ses étonnans contrastes ; sa haute majesté dégénère à nos yeux en un ridicule droguier rongé de vers et couvert de poussière. Un petit caillou me représentera-t-il la chaîne immense des Alpes ? Reconnoîtrai-je l'éruption du Vésuve à une mince expérience de chimie dans un laboratoire ? La feuille d'un palmier , applatie sous un papier, me montrera-t-elle ces forêts vastes et impénétrables de la zone Torride? Non , ce n'est pas ainsi qu'il faut étudier l'*Histoire naturelle* dans son ensemble. C'est dans l'immensité de la terre qu'il faut la contempler dans toute sa splendeur et sa jeunesse. La passion démesurée des collections de minéraux , des herbiers , des insectes , des coquilles , dégénère en extrême minutie , avilit les idées grandes et élevées que présente la nature, donne un prix imaginaire à des choses sans importance, et déprave le jugement , à force de l'occuper à des inutilités.

Toutefois l'usage réglé et sage des collections d'histoire naturelle est utile pour connoître les diverses productions de la terre, car il faut commencer par voir beaucoup, et successivement pour se familiariser avec tous les objets de la nature. Mais il faut choisir de préférence les exemples vivans, qui ont bien plus de pouvoir sur l'esprit et de vérité. Avant de connoître les insectes étrangers, les plantes rares, étudiez la chenille qui ronge vos arbres, sachez distinguer le persil de la ciguë ; car c'est encore une manie bien absurde et bien ridicule, de vouloir connoître les objets étrangers et rares, avant d'avoir appris à distinguer les choses les plus communes et les plus nécessaires de nos propres contrées.

Il seroit utile de former dans chaque pays une collection complète des objets d'histoire naturelle qu'on y trouve, afin d'en étudier les propriétés, et d'en rechercher les usages dans la vie civile : on ne peut dire jusqu'à quel point les arts en profiteroient. L'on auroit en raccourci le tableau des ressources naturelles de la contrée, et des notices instructives répandroient des lumières dans toutes les classes d'hommes qui viendroient admirer ces cabinets. Un insecte brillant des Indes, un bel oiseau de la Chine, une plante curïeuse de l'Amérique, un minéral singulier de Sibérie, ne sont d'aucune utilité réelle pour nous ; ils flattent la curiosité de ceux qui les admirent, la sotte vanité de quiconque les fait venir à grands frais, et l'orgueilleuse pédanterie de celui qui en fait la démonstration ; mais à quoi tout cela sert-il ? Je trouverois plus de profit à connoître qu'une mine de tourbe, une veine de fer se peuvent exploiter en tel lieu de ce pays ; que la vigne croît bien en tel autre ; que la culture de telle plante est avantageuse dans ce canton, &c. Je verrois dans un seul salon la statistique de toute une région ; le laboureur, l'artisan même y viendroient connoître les objets qui pourroient leur servir, et y apprendroient à tirer un meilleur parti de leurs productions. Ce cabinet seroit une sorte de répertoire des arts, de l'agriculture, de l'industrie et du commerce de chaque pays. La vue seule de ces objets éveilleroit l'activité, exciteroit le talent, et enseigneroit à tous les hommes une foule de choses très-utiles. Rien de moins dispendieux au reste que ces musées simples et rustiques, où la science populaire et sans pédanterie se mettroit à la portée de tous les hommes.

Quand on veut former un *museum*, ou un cabinet, il faut établir un ordre, et suivre l'arrangement le plus naturel qu'il est possible, afin de reconnoître, par des nuances successives, la marche de la nature. Il y a deux ordres de corps, les minéraux ou les matières inorganiques, et les corps vivans organisés, soit animaux, soit végétaux. Voilà une première division ; la seconde séparera les animaux des plantes : ensuite chacune de ces trois parties de la nature sera rangée suivant les rapports mutuels des êtres qui la composent.

Les minéraux sont ou des corps incombustibles, ce qui comprend, 1°. les pierres et terres ; 2°. les sels ; ou des substances combustibles, telles que 3°. les métaux ; 4°. les bitumes. La première classe comprend les quartz, les grès, les cristaux de roche, les agathes, calcédoines et cornalines, les cailloux, les jaspes, le feld-spath, les hyacinthes, les topazes, les émeraudes et les saphirs, les rubis, les tourmalines, les schorls, &c. On range dans la seconde classe les argiles, soit infusibles, soit en partie fusibles, comme le *kaolin* des Chinois, dont on fait la porcelaine ; les schites et ardoises, les talcs et les micas, le tripoli, les stéatites, les terres bolaires, les serpentines, les amianthes, les zéolithes et les spath-fluors. La troisième classe est formée des terres et pierres calcaires, des différentes sortes de marbres, des brèches, des lumachelles, des albâtres ; ensuite viennent les pierres mélangées, comme les craies, les marnes, les terres à foulons et terres de pipe, les trapp ou pierres de touche, l'ophite, la pierre de Florence, les marbres verds, le porphyre, les granits et les brèches. Dans la classe des sels, il faut ranger le natron, le borax, le nitre, les gypses, les vitriols ou sulfates métalliques, l'alun, le sel d'Epsom, le spath pesant ou sulfate de baryte et la pierre de Bologne, le phosphate calcaire et l'apatite, tous les spaths calcaires en cristaux, ou rameux comme le *flos ferri*, et plusieurs pétrifications, concrétions, jeux de la nature, &c.

Les substances métalliques sont, ou acidifiables, comme l'arsenic, le wolfram ou tungstène, le molybdène et le chrôme; ou cassans, tels que le cobalt, le nikel, le bismuth, le manganèse, l'antimoine et le zinc ; ou coulans, comme le mercure ; ou ductiles, tels que l'étain, le plomb, le fer, le cuivre, l'argent, l'or et le platine. Cette classe comprend encore les différens mélanges des mines et des métaux, soit dans leur gangue, soit par l'action du feu, soit par la minéralisation ; tels sont les mines, les blendes, les calamines, les galènes, l'orpiment, les pyrites cuivreuses et ferrugineuses, &c.

On rangera dans la dernière classe le diamant, le soufre, et les bitumes, tels que le charbon de terre, le jais, l'asphalte, le pétrole, le succin, et quelques autres substances de nature ambiguë, qui paroissent avoir jadis appartenu aux végétaux et aux animaux. L'on pourra placer ensuite les produits volcaniques, comme la pouzzolane, les scories et les cendres des volcans, les laves, les pierres-ponces, la pierre obsidienne, les basaltes simples ou articulés et à plusieurs pans.

On ne peut pas exposer le règne végétal dans un musée comme les autres branches de l'histoire naturelle, mais on forme un droguier : des racines, des tiges, des feuilles, des fleurs, des graines et des fruits, des écorces, des sucs et des gommes ou des résines sont placés dans des bocaux. Des fucus sont encadrés sous verre, la racine du *polypodium boramez* Linn., ou l'agneau de Scythie, se place avec les racines et fougères employées dans la médecine ou dans les alimens des nations sauvages. Les tiges, les feuilles et les fruits des palmiers, des lontars, des lataniers, des cocotiers, des dattiers, et la moelle du sagou doivent avoir leur rang, ainsi que les graines céréales du riz, du mil, du sorgho, du dourra et du couz-couz des nègres. On place ensuite la canne à sucre et tous ses produits, le nard, le *cyperus papyrus* d'Egypte, l'*eriophorum* et sa laine, la masse d'eau, les joncs, le bambou, le maïs, les poivres blanc et noir, le bétel, les aroïdes, le roseau aromatique, la colocasie ou chou d'Egypte, les souchets, les blés, &c. Plus loin seront l'ellébore blanc, les ignames, la salse-pareille, le sang-dragon, les liliacées, les yuccas, la nombreuse famille des aloës avec leurs sucs, la scille, les *agave* et leur chanvre, ensuite les iris, le safran, les glayeuls, l'iris de Florence. Une autre classe offrira les ananas, les bananes, le balisier, les amomes et cardames, le curcuma ou terre-mérite, les galangas, le costus, le gingembre, les orchidées et le salep, les ophris, les serapias et la vanille.

On rangera plus loin les aristoloches, le cabaret, le garou, le bois-dentelle (*daphne laggetto* Linn.), les polygonées, la rhubarbe, le rhapontic, les soudes et kalis, la bette-rave et son sucre, le salicor, le *phytolacca*, les amaranthes, les belles-de-nuit ; l'arbre d'argent (*protea argentea* Linn.), le cyclamen ou pain de pourceau, la grasselle, le *polygala senega* Linn., les véroniques, l'arbre triste (*nyctanthes sambac* Linn.), les catapas (*bignonia*), et les lianes, la graine huileuse du sésame, la spigèle vermifuge, les jusquiames, le tabac, la pomme épineuse, la belladone, l'alkékenge, les différens *solanums*, tels que les *triste*, *macrocarpon* et *lycopersicum* ou la tomate, la mélongène, l'*insanum*, le *ferox*, le *sanctum*, &c. On placera à la suite les pimens, le calebassier et ses calebasses, la noix vomique, le bois de couleuvre, le genipa, et l'ahouaï vénéneux.

Dans une autre case seront placés l'olivier et ses produits, le frêne et sa manne, l'agnus castus, et le bois de guitarre. On trouvera ensuite les labiées, telles que la monarde, les sauges , les *teucrium* , la cataire , les lavandes ou spics , les menthes , la bétoine , l'origan , le thym , la mélisse et les basilics. La famille des *borraginées* vient après ; on y observera l'héliotrope , la pulmonaire et la cynoglosse ; puis on rencontrera les *convolvulus* qui fournissent le jalap , la scammonée , la patate , le turbith , le bois de roses , &c. ; ensuite les gentianes , les pervenches , le frangipanier , le laurier-rose , les apocyns , le porte-ouette , le dompte-venin , la *stapelia* qui sent la chair pourrie , enfin le bois de fer , le caïmitier , les sapotiliers et le bois de natte.

Nous verrons plus avant , le styrax , le benjoin , le myrtil ou l'airelle , l'arbousier , les pyroles , le *rhododendron* , le plaqueminier , les bruyères , les campanulacées ; puis nous examinerons les plantes chicoracées , les cynarocéphales , la carline , le carthame des teinturiers , les corymbifères , telles que l'eupatoire , le pied de chat, les asters , l'œillet d'Inde , le doronic ou arnica , les zinnia , les soleils , et mille autres plantes agréables. Dans les *dipsacées* sont les valérianes ; dans les *rubiacées* , on trouve la garance , le caillelait , les diverses espèces de kinkina , le caffeyer , et l'*evèa* qui produit la gomme élastique.

La famille des *chèvrefeuilles* nous offrira le manglier ou palétuvier , et la belle *hortensia* ou rose du Japon. Dans les *aralies* , nous trouverons le gin-seng , et dans les nombreuses *ombellifères* , le fénouil , l'impératoire , la coriandre , l'anis , la ciguë , le cumin , le ninsi , l'angélique , l'assa-fœtida , le galbanum , la gomme-ammoniaque, la terre-noix et la sanicle. Les *ranunculées* nous présentent les ellébores , la nigelle , les aconits , le napel , et les pivoines. Les *papavéracées* donnent l'opium et les pavots. Nous observons dans les *crucifères* , la fameuse rose de Jéricho (*anastatica*), le pastel ou la vouède. Les *capparides* offrent les câpres , la gaude , le durion fruit délicieux , la *dionœa muscipula* L. , le rossolis et la *parnassia*. On trouvera ensuite les savonniers , l'érable à sucre , l'arbre à la gomme-gutte , le mangostan , le mamei , le *grias cauliflora* Linn ; le calaba , les malpighies et les mélastomes qui produisent des fruits d'une saveur agréable , ainsi que les orangers et le wampi des Chinois ; c'est dans cette famille que se trouve le thé ; ensuite vient la cannelle blanche , le bois de quivi , et celui d'acajou. Les beaux géranium, les sida, les hibiscus , les cotonniers , le fromager , l'immense baobab du Sénégal , l'arbre du cacao , le bois fétide , l'hélictère , succèdent à ces premiers. Une autre famille nous donne la badiane , le superbe magnolia , le tulipier et le simarouba , auxquels succèdent les corossols ou cachimens , les lianes ,

le rocou, les cistes et le labdanum, les violettes et l'ipéca-
cuanha, le gayac, le dictamne si célèbre dans l'antiquité, et
le mélianthe qui distille du miel. Les plantes grasses, comme
les cierges, le nopal, les *tétragonia* nourrissantes, la gla-
ciale, suivent les précédentes ; le santal, les *melaleuca* ou
cajeput, le goyavier, les myrthes, les jamroses, les girofliers,
le muscadier et le quatelé précèdent la famille des rosacées et
des fruits de nos climats.

Dans un autre lieu seront placées les sensitives et les belles
acacies, le caroubier, le tamarin, la casse, le sené, la noix de
ben, le bois de campêche et la belle poincillade, avec le bois
d'Inde, la gousse de courbaril, le gaînier et l'ébène. Nous trouverons encore l'*arachis hypogœa* Lin., qui enfouit sa semence
huileuse sous terre, les *dolichos* brûlans, l'*erythrina corallo-
dendron* à graines rouges et noires, l'*abrus precatorius* Linn.;
l'adraganthe, l'indigotier, le sain-foin tournant (*hedysarum
gyrans* Linn.), et l'arbre du baume de Copahu.

La case des arbres térébintacés contiendra les fruits de man-
guier, le sumac, le *rhus toxicodendron*, le vernis de la Chine
usité dans les arts, le baume de Judée et l'opobalsamum, la
résine élemi, les lentisques, d'où se tirent le mastic, les pistaches, la térébenthine, le *bursera* qui produit la résine copale,
le baume de tolu, le prunier monbin, la *brucea anti-dysen-
terica* Linn., les pois à gratter (*cnestis scandens* Linn.), la
résine tacamahaca (du *fagara octandra* Linn.), le bois de
poivrier (*zanthoxylum*) ; les fruits nourrissans du bilimbi et
du carambolier.

Dans la famille des *nerpruns* se rencontrera le thé du Paraguay (*cassine paragua* Linn.), celui des apalaches (*prinos*),
le jujubier et le lotus des anciens. Dans celles des *euphorbes*,
nous trouverons des sucs caustiques, le mirobolan emblic
(*phyllanthus emblica* Linn.), la jolie *clutia*, le ricin et l'huile
de *palma christi*, le manihot, dont se nourrissent plusieurs
peuples américains, les crotons qui fournissent la résine lacque,
ou des teintures agréables, le bois d'agallochum, le bois d'aigle,
la vénéneuse mancenille, et le fruit du *hura crepitans* Linn.
qui détonne en lançant ses graines au loin.

Parmi les *cucurbitacées* se trouvera la coloquinte, l'élaté-
rium, l'angourie, la pomme de merveille, le melon d'eau,
le chaté, la calebasse, et dans des genres voisins, les belles gre-
nadilles, et le papayer avec ses fruits nourrissans. Plus avant,
seront placés les figuiers, comme le sycomore, le *ficus reli-
giosa* des bramines, le *toxicaria* ou vénéneux, puis le bois
tambour, le contrayerva, le bois trompette, le célèbre fruit à
pain ou jaquier, qui nourrit tant de nations (*artocarpus incisa*

Linn.), le mûrier à papier, le bangue ou chanvre d'Asie. On n'oubliera point ensuite l'arbre à cire, ou le *myrica cerifera* Linn., le peuplier baumier, les châtaigniers, le chêne ballote et ses glands dont se nourrissent les Orientaux, le liége, le liquidambar ou copalme et le platane d'Orient. Dans les *conifères*, sont les ifs, le bois de massue (*casuarina*), les cyprès et leurs noix, les thuyas, la sabine, le genevrier et sa résine, l'encens, la sandaraque, les pins, les mélèzes, avec leurs résines et leurs poix. Dans la famille des *lauriers* sera placée la canelle, l'avocatier, le camphre, le coulilawan, le malabathrum, le raventsara, et le sassafras. On aura aussi la bandura, *nepenthes distillatoria* Linn., qui porte de l'eau dans des godets ; ainsi se termine le règne végétal.

Le règne animal nous offrira un tableau non moins intéressant et aussi curieux. L'homme est le premier, et fait la plus importante partie de l'histoire naturelle des animaux. On le verra dans quelques détails : son squelette, des crânes des différens peuples de la terre, les caractères particuliers des âges, du sexe et des climats seront remarqués. On y verra ensuite les géans, les nains, les monstruosités naturelles, les fœtus des embryons de diverses époques de la grossesse ; une tête injectée, un cerveau disséqué, les parties de la génération figurées en cire colorée, une névrologie, une angéiologie, une momie d'Égypte ; enfin, des concrétions et des calculs, ainsi que la démonstration de l'œil et de l'oreille internes.

On rangera ensuite la famille des *singes*, l'orang-outang, les guenons, les sapajous, les macaques, le magot, les babouins, les alouattes : puis, les makis, les chauve-souris, telles que le vampire, le spectre, le spasme, les chats-volans, les hérissons, musaraignes, taupes, ours, blaireaux, coatis, la mangouste, la loutre, l'hermine, la zibeline et les mouffettes ou bêtes puantes. Plus loin, nous trouverons le lion, le tigre, la panthère, le léopard, le lynx ; puis, le loup, le renard, le chacal et les sanguinaires hyènes, qui seront suivies des civettes, des didelphes qui déposent leurs petits dans une poche inguinale, du cayopolin qui porte les siens sur son dos, du phalanger volant, des kanguroos sauteurs, qui portent aussi leurs petits dans une poche. La famille des *rongeurs* nous présentera les porc-épics, les cabiais et agoutis, le castor si célébre par son industrie, les jolis écureuils, les marmottes, les rats-taupes, les gerboises qui font de grands sauts, et les loirs endormis. Nous voyons ensuite des fourmilliers, des tatous cuirassés, des pangolins écailleux, et le triste unau ou le paresseux. Dans la famille des *ruminans*, on observera les chameaux, la vigogne, l'animal du musc, le renne des lapons, l'élan, la colossale giraffe, les légères gazelles, le moufflon, les buffles et les bisons farouches. Une autre famille nous offrira le beau zèbre, puis, le sanglier d'Éthiopie, le babiroussa, dont les dents canines sont roulées en spirale, le tapir, le rhinocéros à une ou deux cornes, l'intelligent éléphant, et le grossier hippopotame. Les lions et veaux marins, le lamantin, les vaches marines se présentent à la suite, et précèdent les cétacés, parmi lesquels règne la monstrueuse baleine, l'énorme cachalot avec le blanc de baleine et l'ambre gris ; le narwhal et sa longue dent. On ne peut avoir dans les cabinets que quelques dépouilles de ces immenses animaux.

Plus loin s'offre une classe brillante ; celle des oiseaux. Les perroquets, tels que les kakatoës, les aras, les perruches, les loris, les amazones, sont suivis des toucans au bec énorme, des pics, de l'ani, des beaux alcyons, du coucou indicateur, des charmans colibris et oiseaux-mouches, des caciques et troupiales avec leurs nids curieux, des magnifiques oiseaux de paradis, du mainate à voix humaine, et du merle moqueur, qui est l'Orphée des bois américains. Ici se placeront les pie-grièches, les vautours, les aigles, les griffons, le condor, les faucons, les éperviers et les milans : puis, les tristes oiseaux de nuit, tels que les ducs, hiboux, chouettes, chats-huants et effraies. Ces familles seront suivies des nombreuses cohortes de corbeaux, calaos, cotingas ; puis, des petits oiseaux, les étourneaux, les bouvreuils, les veuves, les mésanges, le remiz et son nid suspendu, les coqs de roche, le rossignol, l'hirondelle salangane et son nid, dont on prépare d'excellens consommés sous le nom de *nids d'alcyons*.

A cette famille, succède celle des *oiseaux gallinacés*, tels que le paon, les faisans, la peintade, les hoccos, les outardes, la gelinotte, les coqs de bruyère, l'autruche et le casoar : ensuite se placent les oiseaux de rivage, comme le kamichi à grande voix, l'agami apprivoisé, le flammant à hautes échasses, les hérons, les grues et les cigognes, les ibis, les spatules roses, le vanneau combattant, les courlis rouges, la poule sultane et les jacanas. Nous trouverons plus loin les *oiseaux nageurs* ou *palmipèdes*, comme les pélicans avec leur sac sous le bec, les frégates à longues ailes, les noddis stupides, les goëlands si voraces, les pétrels qui vomissent une huile rance sur leurs ennemis, la grosse albatrosse, les plongeons, la macreuse, l'eider qui fournit l'édredon, le beau cygne, les guillemots, les pingouins à ailerons, à marche lente et boiteuse : enfin, les manchots qui ne quittent jamais l'empire des eaux.

Des hordes d'affreux reptiles leur succèdent : on y voit les pesantes tortues, le caret, la caouanne, les lézards, comme le

C A B

crocodille féroce, le gavial, le cayman, les iguanes, le curieux caméléon, le scinque et les dragons volans. Plus loin, sont les venimeux serpens à sonnettes, les énormes boas, serpens devins ou fétiches, les vipères, l'aspic, le céraste, le serpent à lunettes que les psylles savent charmer, les couleuvres luisantes, le serpent d'Esculape, les orvets timides, les amphisbènes ou doubles-marcheurs : enfin, la famille immonde des crapauds, du pipa, qui porte ses petits sur son dos, des têtards qui se transforment en grenouilles, des rainettes qui changent de couleur et qui grimpent sur les arbres.

Ici sont rassemblées les cohortes aquatiques qui peuplent les mers et les fleuves, des lamproies, des raies, la curieuse torpille ou raie électrique, des chiens de mer vivipares, le requin sanguinaire, le redoutable poisson-scie, le tiburon, la roussette et sa peau couverte d'aspérités, le roi des harengs, l'esturgeon, avec le caviar formé de ses œufs et la colle de poisson ; l'hippocampe ou cheval marin, les coffres, le poisson-lune, et les diodons vénéneux, les hérissons de mer, les diables de mer ou les hideuses baudroies, le crapaud marin composent la première division. Elle est suivie par les congres, les murènes, l'anguille électrique, l'éguille (*ammodytes tatobianus* Linn.), le loup marin, dont les dents pétrifiées sont appelées *bufonites*, comme les dents fossiles de requin sont appelées *glossopètres*, le poisson empereur ou l'espadon, la vive ou le dragon marin. Ensuite, on trouve les familles des morues, cabéliaux et merlans, le perce-pierre vivipare, la rascasse volante, le rouget, le poisson volant, la *remora* ou le sucet. Après, viennent en ordre les poissons plats, la sole, le turbot, la plie ; puis, les thons et maquereaux, les perches, la dorée, les belles bandoullières, les éclatantes dorades, les labres et les spares : enfin, les carpes, le poisson doré de la Chine, l'ablette, le poisson-volant des Tropiques, le hareng, l'alose, la sardine, les saumons, les truites, les brochets et le mal (*silurus glanis*), &c.

Dans les *mollusques*, nous trouverons les sèches, les poulpes et les nautiles, le lièvre de mer, les patelles, les ormiers, les nérites, les murex, les strombes et buccins : les sabots, comme la *scalata*, la bouche d'argent, les toupies, les volutes, les porcelaines ; et les cornets, tels que le drap d'or, le *cedo nulli*, la couronne impériale, &c. Nous reconnoîtrons ensuite les familles *bivalves*, comme les pélerines, la moule à perles, les pinnes-marines, les vénus, la conque, les arches, les dails qui vivent dans des pierres : les pousse-pieds et balanistes achèvent cette classe.

On entre ensuite dans celle des insectes. D'abord se trouvent les crustacés, les légions de crabes, le bernard-l'hermite, le pinnothères, les langoustes, &c. On rencontre bientôt les araignées, la fameuse tarentule et les scorpions; puis, les demoiselles ou libellules, les termites rongeurs, les héphémères. D'autres familles offrent les abeilles, les guêpes solitaires (*sphex*), les mouches à scie, les ichneumons; puis, des cerfs-volans, de gros scarabées, des charançons, des richards, des taupins, des vers luisans, des cantharides, des chrysomèles, des tourniquets, &c. Plus loin, sont rangées des blattes, des mantes, des cigales, le fulgore porte-lanterne, les gallinsectes, telles que la cochenille et le kermès; enfin, les brillans papillons, les sphynx, les papillons de nuit, les vers-à-soie, les chenilles et leur transformation. Le reste des insectes est composé des *diptères*, comme mouches, moustiques, taons, mouches-araignées, oëstres; et des aptères, telles que les mittes, les puces, &c. Dans les vers, on compte les aphrodites, les dentales, les naïades, la furie infernale, les vers intestinaux, les *tænia*, les hydatides et les dragonneaux.

La classe des *zoophytes* est composée des étoiles de mer, des oursins : puis, des orties marines, des anémones de mer, des polypes d'eau douce si remarquables par leurs facultés, des animalcules infusoires, dont les uns peuvent se ressusciter, des anguilles microscopiques, &c. Ensuite, on place les corallines, les sertulaires, et les cératophytes, tels que les gorgones, le corail et les pennatules phosphoriques. Immédiatement après, se rangent les madrépores, les astroïtes, les millépores : et enfin, les alcyons, les éponges et plusieurs pétrifications animales.

Tel est l'ordre d'un grand cabinet d'histoire naturelle. Il y a des productions empaillées, d'autres desséchées, les autres sont conservées dans de l'esprit-de-vin ou de l'eau chargée d'alun et de sel. On place dans les peaux bourrées, de l'arsenic mêlé aux autres poudres, afin de faire périr les insectes. Les plantes sont rangées en herbiers, les fruits, les sucs, les racines, &c. se placent dans des bocaux. Le goût suggère plusieurs arrangemens locaux et des embellissemens qui doivent être simples comme la nature. Quelque soin qu'on prenne pour former un musée d'histoire naturelle, il ne peut pas être complet, il n'en est même aucun en Europe qui contienne tous les objets dont nous venons de faire l'énumération. Au reste, ce qui manque aux uns peut se trouver dans les autres. On peut consulter différens mots de ce Dictionnaire, pour connoître la marche qu'on doit tenir dans l'étude et le classement des objets d'histoire naturelle. *Voyez* MINÉRAUX, VÉ-

GÉTAUX, ANIMAUX, et les mots NATURE, HISTOIRE NATU-
RELLE. (V.)

CABIONARA : Barrère (*Franc. équinox.*), dit que c'est
le nom du *cabiai* à la Guiane. *Voyez* CABIAL. (S.)

CABOCHE, poisson des rivières de Siam, dont on distingue deux espèces, et dont la chair fraîche ou sèche est fort
estimée ; il est long d'un pied et demi. On ignore à quel genre
appartient ce poisson, qui est mentionné dans l'*Histoire générale des voyages*. (B.)

CABOCHON, nom commun à plusieurs coquilles du genre
des PATELLES. La *patelle* figurée pl. 2, fig. K., de la *Conchyliologie* de Dargenville, le porte plus particulièrement. C'est
une CALYPTRÉE de Lamarck. *Voyez* aux mots PATELLE et
CALYPTRÉE. (B.)

CABOMBE, *Nectris*, plante aquatique dont les tiges sont
longues, menues et rameuses ; les feuilles de deux sortes ; les
inférieures, opposées et finement découpées ; les supérieures,
alternes, orbiculaires, ombiliquées, entières, et flottantes ; les
fleurs sont jaunes, axillaires, solitaires et pédonculées. Chacune consiste en un calice de trois pièces ovales, pointues ;
en trois pétales plus courts ; en six étamines ; en deux ovaires
oblongs, qui se terminent chacun en un style court dont les
stigmates sont obtus.

Le fruit est composé de deux capsules droites, ovales, pointues, uniloculaires et polyspermes.

Cette plante croît à Cayenne. (B.)

CABOT, nom vulgaire du MUGE sur quelques côtes. C'est
aussi le nom du GOBIE DE SCHLOSSER. *Voyez* ces mots. (B.)

CABOTE. On appelle ainsi quelquefois le TRIGLE HIRON-
DELLE. *Voyez* au mot TRIGLE. (B.)

CABOUILLE, nom donné à Saint-Domingue, à l'AGAVE
DU MEXIQUE. *Voyez* ce mot. (B.)

CABRA MONTES, nom portugais du CHEVREUIL. *Voyez*
au mot. (S.)

CABRE. *Voyez* au mot NÈGRE. (S.)

CABRI, jeune chevreau qui n'a pas encore six mois. *Voy.*
CHÈVRE. (S.)

CABRILLET, *Ehretia*, genre de plantes à fleurs polypétalées, de la pentandrie monogynie, et de la famille des SE-
BESTÉNIERS, dont le caractère est d'avoir un calice d'une
seule pièce à cinq divisions ; une corolle monopétale campanulée à cinq divisions souvent réfléchies ; cinq étamines,
dont les filamens s'insèrent au tube de la corolle ; un ovaire
supérieur, arrondi, chargé d'un style court, dont le stigmate
est échancré.

Le fruit est une baie arrondie, qui contient quatre se-mences convexes d'un côté, et anguleuses de l'autre.

Ces caractères sont figurés pl. 96 des *Illustrations* de La-marck.

Les *cabrillets* sont au nombre de neuf espèces, dont sept appartiennent à l'Amérique méridionale, et deux viennent dans les Indes; ce sont des arbres ou des arbrisseaux à fleurs disposées en panicules terminales ou axillaires. Les plus re-marquables sont le CABRILLET A FEUILLES DE THYM, dont les caractères sont d'avoir les feuilles ovales, oblongues, en-tières, glabres et les fleurs paniculées. Il croît à la Jamaïque, et dans le Mexique. On en mange les fruits. Le CABRILLET BATARD, *Ehretia bourreria* Linn., dont les caractères sont d'avoir les feuilles ovales, entières, lisses, les fleurs en corymbes et calices glabres. Il croît aux Antilles. Ses fleurs sont odo-rantes.

Le genre CARMONE de Cavanilles se rapproche beaucoup de celui-ci. *Voyez* au mot CARMONE. (B.)

CABROUZILLO MONTES. C'est en espagnol le CHE-VREUIL. *Voyez* ce mot. (S.)

CABURE, espèce de Scops du Brésil. *Voyez* PETIT-DUC.
(VIEILL.)

CABUREIBA. C'est le nom brasilien de l'arbre qui four-nit le *baume du Pérou.* Voyez au mot MIROSPERME. (B.)

CACA HENRIETTE, nom que les Créoles de Cayenne donnent au fruit du MÉLASTOME SUCCULENT. *Voy.* ce mot.(B.)

CACALIE, *Cacalia*, genre de plantes de la syngénésie po-lygamie égale, et de la famille des CORYMBIFÈRES, dont le caractère est d'avoir un calice cylindrique, simple, ou légère-ment caliculé à la base; plusieurs fleurons tous hermaphro-dites, réguliers, tubulés, quinquéfides, posés sur un récep-tacle nu; un fruit consistant en plusieurs semences oblongues, couronnées d'une aigrette sessile, longue et velue.

Voyez pl. 673 des *Illustrations* de Lamarck, où ces carac-tères sont figurés.

Ce genre, qui contient plus de trente espèces connues, se divise en deux sections, d'un aspect fort différent. L'une com-prend les *cacalies* dont la tige est frutescente; l'autre celle dont la tige est herbacée.

Presque toutes les espèces de la première division seroient dans le cas d'être citées par leur singularité. Ce sont des plantes qui s'élèvent au plus à la hauteur d'un homme, dont les tiges sont solides, non parce qu'elles sont formées de bois, mais parce qu'elles renferment des fibres longitudinales de la nature de celles des *yuques,* des *aloès,* et autres plantes grasses. Leurs feuilles sont fréquemment charnues, et presque toujours d'un vert glauque. Plusieurs se cultivent dans les jardins de botanique, mais y fleurissent rarement. Les plus communes dans ces jardins, sont :

La CACALIE ANTHEUPHORBE, dont les feuilles sont ovales, oblongues, planes, et ne naissent qu'à l'extrémité des rameaux et ce en petit nombre. On a cru pendant long-temps que son suc étoit le contre-poison de l'*euphorbe d'Afrique*, pays d'où elle vient. *Voyez* au mot EUPHORBE.

La CACALIE A FEUILLES DE LAUROSE, *Cacalia kleinia* Linn., dont le caractère est d'avoir les feuilles lancéolées, applaties, placées, en petit nombre, à l'extrémité des rameaux. Elle vient des îles Canaries. C'est celle qui fleurit le plus souvent en Europe.

On peut voir dans la belle collection des plantes grasses de Redouté, cette dernière espèce, et plusieurs autres de la même division fort bien figurées.

Parmi les plantes de la seconde division, il faut noter :

La CACALIE POROPHYLLE, qui vient de l'Amérique, dont les feuilles sont elliptiques et un peu dentelées.

La CACALIE A FEUILLES DE LAITRON, dont les caractères sont d'avoir les feuilles en lyre et dentées. Elle vient des Indes, et son suc passe pour fébrifuge et anti-dyssentérique.

La CACALIE A FEUILLES DE VERGE D'OR, qui croit dans les montagnes des parties méridionales de la France, et qui y est constamment de ce genre, tandis que, lorsqu'on la cultive dans les jardins, elle devient *tussilage*, en prenant des fleurons femelles à la circonférence. *Voyez* au mot TUSSILAGE.

La CACALIE A FUILLES D'ARROCHE, venant de l'Amérique septentrionale, mais commune dans les jardins, où elle se fait remarquer par sa grandeur.

La CACALIE A FEUILLES DE PETASITE, qui se trouve dans les montagnes du Puy-de-Dôme.

La CACALIE A FEUILLES D'ALLIAIRE, qui vient des bords de l'Isère, et que Villars a décrite sous le nom de *tussilage odorant*, dans les actes de la *Société d'Histoire naturelle de Paris*.

La CACALIE COUCHÉE, qui a les tiges couchées, légèrement frutescentes, les feuilles ovales, lancéolées, presque dentées et charnues. Elle se trouve à la Chine et à la Cochinchine, et est figurée dans Rumphius sous le nom de *sonchus volubilis*. On en mange habituellement les feuilles en guise d'épinards, et même crues en salade.

La CACALIE BULBEUSE a les feuilles radicales en lyre, la tige presque nue et pauciflore. On la trouve à la Chine et à la Cochinchine. Sa racine est très-grosse et est regardée comme

1. Cacaoyer cultivé.   3. Caffé d'Arabie.
2. Cactier raquette.   4 Cahoutchou de Cayenne.

émolliente et résolutive. On l'emploie en cataplasme dans les douleurs des mamelles, les érysipèles, les ophthalmies et les douleurs de la gorge.

J'ai découvert plusieurs espèces nouvelles de ce genre dans l'Amérique septentrionale. (B.)

CACALOTI, corbeau du Mexique, varié de noir et de blanc ; c'est tout ce que l'on en sait. (VIEILL.)

CACALOTOTOTL, nom mexicain de l'ANI. *Voyez* ce mot. (S.)

CACAOYER, CACAO, *Theobroma* Linn. (*polyadelphie pentandrie*), arbre qui croit naturellement sous la zone torride, dans diverses contrées de l'Amérique, et particulièrement dans la Guiane et au Mexique, sur la côte de Caraque. Il appartient à la famille des MALVACÉES ; et les botanistes ont donné son nom à un genre dont on ne connoît que trois espèces ; savoir : le CACAOYER SAUVAGE, *Cacao sylvestris* Aubl., à feuilles très-entières, et à fruit sans côtes ; le CACAOYER ANGULEUX, *Cacao Guianensis* Aubl., dont les feuilles sont dentées, et dont le fruit, cotonneux et roussâtre, comme celui du précédent, offre cinq côtes saillantes. On trouve ces deux espèces dans les forêts de la Guiane. La troisième, est le CACAOYER CULTIVÉ, *Theobroma cacao* Linn. C'est le fruit de ce dernier qui donne ces amandes précieuses, connues dans le commerce sous le nom de *cacao*, dont on fait un si grand usage pour la préparation du chocolat, auquel elles servent de base.

Le *cacaoyer* ou *cacaotier cultivé*, est un arbre d'une grandeur et d'une grosseur médiocre, plus ou moins élevé, selon la nature du sol. Il a à-peu-près le port d'un cerisier de moyenne taille. L'écorce de son tronc est de couleur de cannelle plus ou moins foncée, suivant l'âge de l'arbre ; son bois est poreux et fort léger. Ses rameaux sont garnis de feuilles alternes et pétiolées, très-entières, grandes, lisses, pendantes et veinées en dessous ; elles se renouvellent sans cesse, de sorte que l'arbre n'en paroît jamais dépouillé. Il est aussi chargé en tout temps, mais particulièrement aux deux solstices, d'une grande quantité de fleurs petites et sans odeur, éparses et disposées en faisceaux sur le tronc et sur les branches. Ses fleurs sont complètes. Le calice est découpé en cinq folioles ouvertes, lancéolées et caduques. La corolle est formée de cinq pétales excavés à la base, voûtés supérieurement, et surmontés chacun d'une lanière très-étroite, qui se recourbe en avant, et se termine par une lame élargie et aiguë. Les étamines, au nombre de dix, ont leurs filets réunis en tube vers le bas ; cinq de ces filets sont longs et stériles ; les cinq autres, alternes avec les premiers , sont courts et cachés dans la cavité des pétales ; ils portent chacun une anthère à deux loges. Au-dessus de l'ovaire , qui est supérieur et ovale , s'élève un style couronné par cinq stigmates.

Le fruit du *cacaoyer* est une capsule coriace, ayant à-peu-près la forme d'un *concombre* ; sa surface est raboteuse , et marquée de dix stries en côtes ; et son intérieur est divisé en cinq loges, remplies d'une pulpe gélatineuse et acide, qui enveloppe des semences ou amandes attachées à un placenta commun et central. Ces amandes sont un peu plus grosses qu'une olive, charnues, un peu violettes, lisses, et au nombre de vingt-cinq à quarante dans chaque fruit. La peau qui les recouvre est très-amère ; mais la pulpe , dont elles sont entourées , mise dans la bouche , étanche la soif et rafraîchit agréablement. Le fruit, parvenu à sa maturité , est tantôt d'un rouge foncé, parsemé de petits points jaunes, tantôt simplement jaune. *oy. la pl. 635 des Illustr. des genr.* de **Lam.**

En Europe, le *cacaoyer* cultivé ne peut être qu'un arbre d'agrément. On est obligé de l'élever et de le tenir dans les serres les plus chaudes. Il se multiplie de marcottes, et quelquefois de boutures. On n'a pas pu encore l'obtenir de semences, non plus que ses deux congénères, parce que ces arbres ne portent point de fruits dans notre climat, et parce que leurs graines, qu'on tire des pays où ils croissent, ont perdu leur propriété germinatrice lorsqu'elles arrivent. Dans son pays natal , le *cacaoyer* se cultive en grand.

Culture du Cacaoyer.

Le *cacao* faisant un objet considérable de commerce dans le nouveau continent, on apporte beaucoup de soin à la culture des *cacaoyers*. Quand on veut en faire une plantation, on choisit d'abord avec intelligence le sol et l'exposition qui leur conviennent. Comme il ne leur faut ni trop ni trop peu d'air , et comme ils craignent sur-tout les grands vents , on les place toujours dans un lieu abrité par des arbres qui aient une certaine hauteur. S'il ne s'en trouve point autour du terrein qui leur est destiné , on en plante trois ou quatre rangs, en donnant la préférence à ceux qui croissent vîte, qui garnissent beaucoup , et dont le produit utile puisse dédommager le propriétaire d'une partie de ses frais. Le *bananier* réunit ces avantages : d'ailleurs, n'étant pas très-élevé, il laisse passer tout l'air dont ont besoin les cacaoyers, qu'on arrête communément à quatorze ou quinze pieds ; car plus ils sont bas , plus leur fruit est facile à cueillir , et moins le vent a de prise sur eux.

Un sol riche, humide et profond, est celui qui convient le mieux à ces arbres ; comme ils ont un pivot qui s'enfonce beaucoup, ils ne peuvent réussir dans une terre dure et argileuse. La meilleure est une terre noire ou rougeâtre, alliée d'un quart ou d'un tiers de sable, avec quantité de gravier. Ils y produisent du fruit en assez grande abondance, trois ans après avoir été semés. Dans les terreins plus forts et plus humides, ils deviennent grands et vigoureux, mais ils rapportent moins. On est assez dans l'usage de défricher un terrein exprès, pour établir des *cacaoyers*. Sur les terres qui ne sont que reposées, ils durent peu, et ne donnent qu'un fruit médiocre et en petite quantité.

On brûle d'abord les plantes et les arbustes qui ont été arrachés, ainsi que les arbres abattus ; puis on laboure à la houe, le plus profondément qu'il est possible, on ôte toutes les racines qu'on rencontre, et on applanit la surface. Ensuite, avec un cordeau divisé par nœuds, plus ou moins éloignés, on dispose un quinconce de piquets. Autour de chacun, et avec les piquets même, on fait deux ou trois trous rapprochés, dans lesquels on coule une amande, le gros bout en bas, en la couvrant d'un peu de terre. On fait cette plantation dans un temps pluvieux ou disposé à la pluie, et aussi-tôt que les amandes ont été récoltées, car elles ne conservent pas leur germe ; on doit choisir les plus mûres et les plus saines. Comme toutes ne lèvent pas, les surnuméraires qui ont bien levé, servent dans la suite à regarnir les endroits vides.

C'est au bout de dix ou douze mois qu'on fait le choix des jeunes plantes qui doivent rester en place, ou être arrachées. On conserve celles qui annoncent plus de force ; et on retranche les plus foibles, avec la précaution de ne point offenser les racines des individus dont on les sépare, ni les leurs même, au cas qu'on veuille les transplanter. Selon Miller, cette transplantation réussit rarement, et les *cacaoyers* demandent à être semés dans le lieu même où ils doivent rester. Cependant on en fait quelquefois des pépinières pour garnir les terreins déjà fatigués ou remplis d'insectes. Le plant qu'on y porte, sur-tout un peu fort, est moins endommagé par ces animaux, que celui qui y seroit venu de graine.

Pour arrêter les effets de l'impétuosité du vent, on ne se contente pas d'entourer la plantation de trois ou quatre rangs de bananiers, on en plante encore d'autres rangées dans l'intérieur, de distance en distance ; et comme les jeunes *cacaoyers* sont fort délicats, afin de les garantir aussi de la trop forte impression d'un soleil brûlant, on met, entre chacun de leurs rangs, deux rayons de manioc ; cette plante ne s'élevant qu'à sept ou huit pieds, forme un abri suffisant pour la première année : d'ailleurs elle fournit une bonne nourriture aux cultivateurs, et elle attire les fourmis, qui la préfèrent au *cacao*. C'est trois mois avant la maturité des amandes de *cacao*, qu'on plante les bananiers, et le manioc, un mois seulement auparavant : quelques personnes garnissent en même temps le terrein de *patates*, de *concombres*, *melons*, ou autres plantes rampantes, qui, en couvrant la terre, empêchent les mauvaises herbes de pousser. Cette pratique est bonne, quand on ne multiplie pas trop ces plantes, qui nuiroient aux jeunes *cacaos*, et quand on a l'attention de les détourner lorsqu'elles s'en approchent trop. On ménage quelquefois des rigoles dans la *cacaoyère*, pour arroser le petit plant, jusqu'à ce que son pivot ait rencontré un peu d'humidité : il est avantageux, par cette raison, d'établir ces sortes de plantations, autant qu'on peut, dans le voisinage d'une rivière.

La graine de *cacao* est de sept à douze jours à lever ; ses progrès varient selon les terreins. Au bout de vingt jours, les jeunes arbres ont ordinairement cinq ou six pouces de haut, et cinq ou six feuilles ; dix ou douze mois après, ils ont environ quinze feuilles, et deux pieds et demi d'élévation. On arrache en ce moment le *manioc*, et on laboure la terre, qu'on recouvre, si on veut, de légumes. A l'âge de deux ans, quelques-uns commencent à fleurir ; ils ont trois pieds et demi ou quatre pieds. De crainte qu'ils ne s'affoiblissent, en produisant trop tôt du fruit, on retranche avec soin ces premières fleurs, et même les secondes et les troisièmes, qui viennent six mois ou un an après ; enfin, on n'en laisse fructifier aucune avant la troisième année, et même alors on n'en souffre qu'un petit nombre, et toujours proportionné à la force des arbres. Il s'écoule ordinairement quatre mois entre la chute des fleurs et la maturité du fruit ; elle est indiquée par la couleur de son enveloppe, qui jaunit sur le côté exposé au soleil. Ce fruit ne vient pas, comme la plupart des autres, sur les jeunes branches, ou à leur extrémité, mais sur les grosses branches, et sur le tronc même : il n'est pas abondant les premières années. A huit ans, chaque pied donne à peine vingt-huit à trente boutons ; mais quand ces arbres sont en pleine crue et vigoureux, ils produisent quelquefois chacun, dans une saison, deux cents ou deux cent cinquante *cabosses* (c'est le nom du fruit). Ils sont communément couverts de fleurs et de fruits toute l'année. Cependant on en fait deux récoltes principales, l'une au milieu de l'été, la seconde au milieu de décembre ; celle-ci est la plus forte. Plantés dans un bon terrein, et soignés convenablement, les *cacaoyers* peuvent fructifier pendant vingt-cinq à trente ans.

Récolte et produit du Cacao.

Pour recueillir ces fruits, on place à chaque rangée d'arbres un nègre, qui abat avec une fourche de bois, ou arrache à la main ceux qui sont mûrs, laissant les autres ; il en remplit son panier, qu'il va vider chaque fois à l'extrémité de la plantation, où tous ces fruits sont mis en tas. Au bout de trois ou quatre jours, et sur le lieu même, on casse les *cosses* (nom de l'écorce du fruit), on en retire les amandes, et, après les avoir dégagées de la chair mucilagineuse qui les enveloppe, on les transporte à la maison. Elles sont mises dans des paniers, des tonneaux, des caisses ou des auges de bois, élevés au-dessus de la terre, et qu'on couvre avec des feuilles de *balisier*, ou quelques nattes assujetties par des planches chargées de pierres. On les laisse ainsi quatre ou cinq jours, plus ou moins, pendant lesquels on les retourne tous les matins ; elles suent, fermentent, et de blanches qu'elles étoient, deviennent d'un rouge obscur. Sans cette fermentation, elles germeroient, dit-on, à l'humidité, ou se dessécheroient trop dans un lieu sec et chaud. Plus le cacao ressue, plus il perd de sa pesanteur et de son amertume. Après cette opération, on les fait sécher, le plus promptement possible, au soleil et au vent ; on les enferme ensuite dans des boîtes ou dans des sacs, qu'on tient dans un lieu sec jusqu'à ce qu'on ait occasion de les vendre. Plus ces amandes sont fraîches, plus elles contiennent d'huile ; c'est le fruit le plus oléagineux que la nature produise, et il a l'avantage de ne jamais rancir, quelque vieux qu'il soit. Le *cacao* de la côte de Caraque est plus onctueux et moins amer que celui de nos îles ; on le préfère en Espagne et en France à ce dernier ; mais en Allemagne et dans le Nord on est, dit-on, d'un goût tout opposé.

Une *cacaoyère* bien tenue, produit considérablement ; les plantes qui servent à la garantir d'accidens, remboursent les frais de sa plantation et de sa culture. En évaluant le produit de chaque arbre à deux livres d'amandes sèches, et leur vente à sept sous six deniers par livre, on retire quinze sous de chaque arbre : vingt nègres peuvent entretenir cinquante mille *cacaoyers*.

Pour maintenir les *cacaoyers* en bon état pendant vingt ou trente années, il faut les rechausser tous les ans, après avoir bien labouré tout autour, tailler le bout des branches quand il est sec, et couper près de l'arbre celles qui sont beaucoup endommagées : mais il ne faut point penser à raccourcir les branches vigoureuses, ni faire de grandes plaies ; comme ces arbres sont remplis d'un suc laiteux et glutineux, il se feroit alors un épanchement qu'on auroit peine à arrêter, et qui les affoibliroit considérablement.

Les *cacaoyers* ont pour ennemis les *ravets*, diverses sortes de fourmis, et des espèces de sauterelles nommées *criquets*. Les criquets mangent les feuilles, et par préférence les bourgeons, ce qui fait périr l'arbre, ou du moins le retarde beaucoup. Jusqu'à présent on n'a connu d'autres moyens de s'en garantir, que de les faire chercher soigneusement pour en détruire le plus qu'il est possible. Les fourmis blanches, nommées en quelques endroits *poux de bois*, font un grand dégât, et les fourmis rouges encore plus ; en une nuit, elles ont quelquefois ravagé de vastes plantations. Elles s'attachent principalement aux jeunes arbres. On les détruit, en remplissant d'eau bouillante les fourmilières qu'on rencontre, ou en jetant quelques pincées de sublimé corrosif dans leur nid, ou sur leur route.

La vente des amandes de *cacao*, pour faire le chocolat, forme une branche considérable de commerce en Amérique. Ces amandes fournissent encore une huile qui s'épaissit naturellement. et qui reçoit alors le nom de *beurre*. Après les avoir pilées, on les jette dans une grande quantité d'eau bouillante ; l'huile qui surnage. se recueille aisément, et on en obtient encore en exprimant fortement le marc. Cette méthode suffit en Amérique, où les amandes récentes abondent en huile ; mais en Europe, où elles arrivent sèches, on est obligé de les torréfier avant de les piler ; pour le reste, le procédé est le même. Plus le *cacao* est gros et bien nourri, moins il éprouve de déchet après avoir été rôti et mondé. Le bon *cacao* doit avoir la peau fort brune et assez unie ; et quand on l'a ôtée, l'amande doit se montrer pleine, lisse, de couleur de noisette, fort obscure au-dehors, un peu plus rougeâtre en dedans, d'un goût un peu amer et astringent, sans sentir le verd ni le moisi ; en un mot, sans odeur et sans être piquée des vers.

Propriétés du Cacao.

Le *cacao* est nourrissant, il fortifie l'estomac et la poitrine, répare promptement les forces épuisées ; il est salutaire aux vieillards. Son huile est très-anodyne ; elle convient dans les rhumes de poitrine, et peut même être utile contre les poisons corrosifs ; elle est très-propre à faire fluer doucement les hémorroïdes. Elle ne contracte point d'odeur, sèche promptement, et passe pour un bon cosmétique : des frictions de cette huile pourroient, jusqu'à un certain point, conserver aux muscles leur souplesse, et garantir de rhumatismes les personnes d'un âge avancé. (D.)

Observations sur la composition et les usages du Chocolat.

Parmi les substances dont la conquête du nouveau continent a enrichi l'ancien, il faut compter le *cacao*. C'est avec ce fruit, ou plutôt cette semence, que les Mexicains préparoient, de temps immémorial, leur boisson favorite, le *chocolat*; elle consistoit dans du *cacao* grillé et broyé, qu'ils délayoient dans l'eau : ils y ajoutoient, pour lui donner dé la consistance, de la farine de maïs, et du piment pour l'assaisonner; l'existence du sucre leur étoit inconnue, puisque la canne, indigène des Indes au-delà du Gange, n'a été apportée à Saint-Domingue qu'en 1506, par d'Eslicaca, et que c'est Balastro qui le premier en Amérique a soumis cette plante au moulin.

Les Espagnols partagèrent l'enthousiasme des Mexicains sur les propriétés merveilleuses qu'ils attribuoient au *chocolat*; sa préparation, tout imparfaite qu'elle étoit alors, devint bientôt entre leurs mains un objet de spéculation ; ils en firent un secret, et ils ont vendu long-temps, et vendent encore aujourd'hui, aux autres nations pour du *chocolat*, une pâte simple de *cacao*, grillé, mondé, broyé, et réduit à l'aide du feu sous la forme de rouleaux cylindriques.

La canne transportée dans nos colonies ayant rendu plus commun en Europe l'usage du sucre, il devint bientôt l'assaisonnement, le condiment général ; les Espagnols ne manquèrent pas de le faire entrer dans la préparation du *chocolat*, afin d'en corriger le désagrément pour quiconque n'étoit pas familier avec cette boisson ; mais ce n'est que long-temps après que les autres nations parvinrent à découvrir que le cacao en étoit la base, le sucre l'assaisonnement, la cannelle et la vanille l'aromate ; chacun alors modifiant à son gré la préparation du *chocolat*, et s'efforçant de persuader que le meilleur procédé étoit en sa possession, les consommateurs se partagèrent entre les différentes fabriques des différens pays, mais toujours avec la propension de préférer celles qui se trouvoient les plus éloignées : de-là la réputation des *chocolats* d'Italie, de Portugal et d'Espagne, qui, comparés à ceux que l'on prépare à Paris et dans les autres villes de France, n'ont aucune supériorité : eh! pourquoi ces contrées auroient-elles sur nous un pareil avantage ? les objets qui constituent le *chocolat* n'y sont pas plus cultivés que chez nous ; eux et nous les tirons des mêmes sources et avec autant de frais ; d'ailleurs à Naples, à Lisbonne et à Madrid, le *chocolat* de France jouit aussi d'une grande réputation ; mais il est décidé dans tous les pays que nul ne sera prophète dans le sien, et ce proverbe peut également s'appliquer ici.

Je n'examinerai point si le *chocolat* mérite réellement les éloges qu'on lui a donnés, et s'il convient dans toutes les circonstances où on en a recommandé l'usage ; à en croire les écrits des médecins des deux mondes, la nature a mis dans le cacao de quoi remédier à tous les maux qui affligent l'espèce humaine, et le moyen de prolonger l'existence au-delà du terme ordinaire ; mais il est difficile de se garantir de l'exagération, sur-tout quand il s'agit de productions qui souvent n'ont d'autre mérite que celui de naître loin de nous et dans un autre hémisphère. L'expérience et l'observation nous ont seulement appris que le *chocolat* bien conditionné est un aliment doux, léger, et de facile digestion ; c'est pour cela qu'on le prescrit particulièrement aux convalescens, aux personnes délicates et aux vieillards : à la vérité, pour qu'il opère constamment de bons effets, il faut que les ingrédiens dont il est composé soient parfaitement choisis, bien préparés, et mêlés intimement, de manière à en former une pâte homogène.

D'un autre côté, quand on réfléchit à la nature des substances qui composent le *chocolat*, et à la manière dont il faut en opérer la combinaison, on est forcé d'y reconnoître tout le caractère d'une préparation véritablement pharmaceutique, et d'avouer qu'elle exige un concours de soins et de vues dont ne sont pas susceptibles de simples ouvriers sans surveillans et sans guides. Arrêtons-nous d'abord au *cacao* ; nous examinerons ensuite les divers opérations qui le transforment en *chocolat*.

Choix du Cacao.

On distingue plusieurs espèces de *cacao* dans le commerce, les plus usités sont le *cacao caraque*, le *berbiche*, le *Surinam* et celui de nos îles françaises ; mais il faut un palais exquis et une grande habitude, pour faire un bon choix ; car le plus beau fruit, et le plus sain en apparence, n'offre que trop souvent de l'âcreté et un mauvais goût. Ces défauts proviennent de la négligence avec laquelle on a procédé à sa récolte et à sa conservation ; il ne suffit donc pas que le *cacao* ait le coup-d'œil, il faut encore s'assurer par la dégustation s'il ne laisse aucune impression désagréable dans la bouche.

Dans toutes les espèces de *cacao* il faut préférer celui qui a l'amande saine et bien sèche ; sa pellicule une fois enlevée, l'amande doit en être d'un violet foncé, pleine et bien nourrie, voilà pour le caractère extérieur ; quant au goût, sa saveur doit être d'une amertume agréable, exempte sur-tout d'âcreté et de moisi.

Le *cacao Caraque* a son amande longue et peu applatie.

Le *berbiche* est plus court et assez rond.

Le *Surinam* long et peu applati.

Le *cacao des îles* a l'amande plus petite, plus applatie, mais l'écorce assez épaisse.

Il y a un tel choix dans les différens *cacaos* du commerce, qu'il n'est pas rare de voir le cacao caraque inférieur à tous égards à certains cacaos des îles, qui, à la grosseur des amandes près, réunissent les qualités exigées dans celui de caraque ; aussi quand on rencontre des cacaos berbiche ou de Surinam réunissant les qualités desirées, on les substitue à celui des îles pour moitié environ du cacao caraque.

Le choix du *cacao* ne suffit pas pour donner au *chocolat* toutes les qualités qu'il doit réunir, il faut le griller. Disons deux mots sur cette opération, et sur le temps le plus opportun de la faire.

Grillage du Cacao.

Il doit se faire à l'aide d'une broche dite tambour, comme on brûle le café ; la poêle à découvert est toujours un fort mauvais moyen pour brûler l'un et l'autre, il se fait en imprimant un mouvement doux et égal au tambour ; la chaleur applicable à l'amande ne sauroit être brusquée, car il s'agit de la torréfier simplement, pour enlever facilement la robe de l'amande sans que le beurre dont elle abonde puisse en être altéré, ce qui tendroit à lui donner de l'âcreté et à le disposer à la rancidité.

Dès que la robe est ôtée, on nettoie les amandes, on retire celles atteintes de moisi, on les tire en rejetant le germe ou radicule, qui est une matière cornée, qu'on divise difficilement, qu'on a de la peine à détruire, et qu'on retrouve toujours au fond de la tasse : pour plus d'exactitude, il faut passer le tout à un crible dont les trous puissent permettre à ce germe de passer, s'il y en avoit encore échappés au triage : l'opération du crible est sur-tout indispensable, à cause d'un sable fin qui s'est introduit dans les interstices des lobes de l'amande du cacao lors du terrage dans les fosses ; dans cet état, triée et criblée, l'amande est remise dans le même tambour sur un feu doux, pour achever d'épuiser l'humidité qu'elle auroit pu encore retenir.

Le temps de procéder au grillage du *cacao* est le printemps, avant l'arrivée des grandes chaleurs ; et celui pour préparer le *chocolat* est l'automne. En préparant les gâteaux de pâte à l'avance, le *cacao* prend plus de corps et se décompose moins.

Confection du Chocolat.

L'automne est également la saison la plus convenable ; car quoique la chaleur que donne à sa pierre le broyeur soit bien supérieure à celle de l'atmosphère, néanmoins l'air un peu frais sert à soutenir la matière, et s'oppose à la désunion du beurre du cacao d'avec le parenchyme de l'amande. Le temps très-froid ne permet pas d'administrer une chaleur égale, autre inconvénient. Ainsi tout bien considéré, le printemps et l'automne sont les saisons les plus favorables à la fabrication du *chocolat*.

Sans doute le cacao caraque est le meilleur de tous ; mais si on l'emploie seul, il donne un chocolat noir, sec et peu onctueux ; si c'est au contraire le cacao des îles dont on se sert, le chocolat sera très-gras, et aura moins de consistance ; ces différentes espèces de fruits, traitées chacune séparément, ne peuvent donc offrir un bon résultat ; il faut les mêler dans des quantités déterminées par le prix qu'on veut y mettre et par le goût du consommateur ; les proportions les plus convenables sont trois parties de cacao caraque et une partie de cacao des îles ; du mélange de cette pâte on prend trois cinquièmes, auxquels on ajoute deux cinquièmes de sucre blanc, sans cependant être trop raffiné, car celui cristallisé, dit candi, n'y seroit pas propre.

Quand il n'entre dans la composition du *chocolat* pour aromates que de la cannelle, on l'appelle *chocolat de santé ;* il porte le nom de *chocolat* à une demie, à une, deux et trois vanilles, lorsque dans une livre, il y a une, deux ou trois gousses de ce fruit.

Le *chocolat* ainsi composé est infiniment préférable à cette pâte brute de cacao qui se prépare encore aux Antilles, et que les Espagnols continuent de nous envoyer, sous le prétexte que dans cet état il est plus commode, parce qu'on peut, à l'instant du déjeûner, ajouter le sucre et l'espèce d'aromate dans la proportion qu'on desire ; mais la boisson qui en résulte ne présente jamais une homogénéité parfaite ; on voit toujours le beurre du cacao nager à la surface, tandis que quand le sucre est mêlé au cacao sur la pierre à broyer, il s'opère dans le mélange une combinaison plus intime de tous les principes, un chocolat en un mot mieux fondu, plus miscible à l'eau, et par conséquent plus facile à digérer. D'ailleurs, quoique le *cacao* ne contracte point de la rancidité aussi facilement que les fruits qui lui sont analogues, il est à craindre qu'en éprouvant trop immédiatement l'action de la chaleur nécessaire pour broyer l'amande, l'huile ou le beurre à nu qu'elle contient ne perde de son caractère de douceur pour devenir âcre et échauffante.

Des abus qui se commettent dans les fabriques de Chocolat.

Il est malheureux sans doute que dans un commerce d'où l'amour de l'humanité, ce sentiment si pur et si naturel, sembleroit devoir bannir toute infidélité, tout intérêt sordide, on voye cependant les fraudes se multiplier, à mesure que les objets passent en des mains différentes pour acquérir la propriété de l'aliment ou du médicament ; je suis fâché que les malversations de quelques particuliers faisant le commerce du chocolat, forcent à indiquer ici des précautions dont, sans contredit, n'ont pas besoin beaucoup d'hommes qui remplissent les devoirs de leur utile profession avec cette candeur digne de l'âge d'or.

Baumé, dans ses *Élémens de Pharmacie*, et Demachy, dans son *Art du distillateur liquoriste*, ont dévoilé une partie des abus qui se commettent dans ce genre de fabrication. Je m'estimerai heureux si, en ajoutant quelques observations à celles que ces chimistes ont déjà publiées, je parviens à conserver au *chocolat* la juste réputation qu'il mérite, et qu'il n'a perdue dans l'opinion de quelques particuliers que par les vices de sa préparation ou l'addition de matières étrangères à sa composition.

Dans le nombre des personnes que j'ai entendu former des plaintes contre le *chocolat*, je citerai une femme d'une assez bonne constitution, à laquelle on l'avoit ordonné comme médicament. Les mauvais effets qu'elle en éprouvoit me donnèrent lieu de suspecter la fidélité de son chocolat. J'en fis l'examen, et j'y trouvai une matière farineuse en assez grande abondance : or, cette matière lui étoit précisément interdite par son médecin. Je l'engageai à ne pas discontinuer l'usage du chocolat, mais à s'en procurer chez un autre fabricant. Bientôt le mal-aise, les pesanteurs, les aigreurs qui la tourmentoient disparurent, et l'estomac se rétablit insensiblement. Ainsi, le moyen auquel elle devoit être redevable de sa guérison, seroit peut-être devenu pour elle une cause de dépérissement.

J'ai cru devoir saisir cette occasion pour vérifier d'autres chocolats achetés indifféremment chez plusieurs fabricans; j'en ai trouvé de parfaitement préparés. J'en ai trouvé aussi qui contenoient, les uns de la farine de froment ou de la farine de riz, les autres des farines de lentilles et de pois; enfin, de la fécule de pomme-de-terre. Ces substances, dira-t-on, sont innocentes dans l'économie animale : j'en conviens; mais, dans les circonstances où le chocolat fait partie du régime, elles ne peuvent devenir que très-préjudiciables à la santé. D'ailleurs, pourquoi les y introduire? Elles sont absolument étrangères à sa composition. Ces observations sont applicables à toutes ces additions préconisées dans des avis que des charlatans en ce genre distribuent, et qui ont trouvé des approbateurs; mais, en supposant ce qui n'est pas, qu'il soit nécessaire de rendre le chocolat plus épais et plus substantiel, les mélanges dont il s'agit ne doivent se faire qu'au moment de sa préparation, et pour ainsi dire sous les yeux du consommateur. J'observerai encore que si on croit qu'il soit utile d'y ajouter des matières farineuses, il faut toujours les employer dans l'état de fécule ou d'amidon, parce qu'alors elles sont dépouillées de matières glutineuses ou extractives, et ne contiennent plus que le principe alimentaire par excellence.

La composition du *chocolat* doit être distinguée de sa préparation. Celle-ci est le lot du consommateur; il peut y faire entrer à son gré tout ce qui lui plaira pour donner au breuvage un caractère plus savonneux; il peut se servir de lait au lieu d'eau pour augmenter son agrément ou sa vertu nutritive. On a même remarqué que beaucoup de personnes, qui ne sauroient faire usage du lait de toute espèce sans qu'il ne s'aigrisse sur-le-champ, viennent à bout de le digérer à l'aide d'un peu de chocolat; il peut augmenter l'aromate et le diversifier. Mais, encore une fois, lorsqu'il entre dans les vues du médecin de l'ordonner aux malades, c'est un médicament sur les effets duquel il ne peut plus compter, si sa composition est arbitraire et variable.

Il y a encore d'autres fraudes plus nuisibles aux effets salutaires du *chocolat*, que j'ai reconnues dans mon examen. Quelques fabricans se procurent, à vil prix, les résidus de pâte de cacao dont le beurre a été enlevé, et le remplacent par des graisses animales, des jaunes d'œufs; d'autres y ajoutent des amandes grillées, de la gomme adragante, de la gomme arabique, &c. Enfin, il y en a qui choisissent exprès des cacaos âcres, amers et nouvellement récoltés, parce que ces qualités, qu'on a toujours à bon compte, sont en état de supporter une plus grande quantité de sucre, ce qui diminue d'autant le prix du chocolat.

Nous observerons encore qu'avec les motifs les plus purs, le *chocolat*, sans rien contenir d'étranger, peut être défectueux, par la raison que les objets de sa composition auront été mal choisis, préparés sans soins, ou négligés dans quelques points. Tout l'art consiste à choisir le cacao, et à éviter les deux extrêmes dans la torréfaction. S'il n'est pas suffisamment grillé, il conserve un goût désagréable ; si on le grille jusqu'à le brûler, outre l'amertume qu'il contracte, la boisson qu'on en prépare est noirâtre, et manque de ce moelleux qu'on aime à y trouver. Enfin, si le germe n'est pas séparé des deux lobes du fruit, son état dur et corné, bravant l'action du broiement et de la cuisson, se retrouve au fond de la tasse de chocolat, jouissant de toute son intégrité. Sa présence suffit même pour annoncer que le premier travail de monder le cacao grain à grain a été négligé, et que les autres opérations subséquentes n'ont pas été mieux soignées.

Il ne suffit pas d'avoir indiqué les fraudes qu'on se permet dans la fabrication du *chocolat*, et tous les défauts de négligence et de choix dans la qualité des matières et dans la préparation ; nous n'aurions rempli que la moitié de notre objet, si nous ne mettions les consommateurs eux-mêmes à portée de les distinguer, de manière à ne pas s'y méprendre.

Moyens de reconnoître ces fraudes.

Avec des organes exercés, on peut aisément juger de la bonté du *chocolat* ; il ne doit présenter dans sa cassure rien de graveleux. En le goûtant, il doit se fondre dans la bouche, et en se fondant, y laisser une espèce de fraîcheur ; ne contracter, enfin, quand on le cuit dans l'eau ou dans le lait, qu'une médiocre consistance.

Toutes les fois qu'un *chocolat* répand dans la bouche un goût pâteux ; qu'en le préparant, la liqueur exhale au premier bouillon une odeur de colle, et qu'après son entier refroidissement elle se convertit en une espèce de gelée, on doit être assuré que le chocolat contient une matière farineuse d'autant plus abondante, que les effets énoncés seront plus marqués. S'il dépose au fond de la tasse des petits corps solides, un sédiment terreux et graveleux, c'est une preuve qu'on a oublié de cribler le cacao, qu'il a été mal mondé, et qu'on a employé de la cassonnade plus ou moins commune au lieu de sucre. L'odeur de fromage décèle la présence des graisses animales ; la rancidité, celle des semences émulsives ; enfin, le goût amer ou mariné, ou de moisi, annonce que le cacao employé étoit trop verd, trop grillé, ou avarié.

Mais en développant les abus qui se commettent dans le débit du *chocolat*, je n'ai intention d'inculper qui que ce soit ; il existe des hommes que des sentimens honnêtes garantissent de tous les piéges tendus à leur droiture.

Une autre observation, c'est que la plupart des ouvriers auxquels on confie la fabrication du chocolat, exigent une grande surveillance de la part du maître ; ils peuvent commettre des infidélités quand ils travaillent à la tâche ; ils broient mal la pâte, et pour épargner leurs bras et le temps, ils donnent un degré de feu trop considérable, qui nuit singulièrement à la qualité du chocolat.

Quoiqu'il nous arrive des îles des pains de pur cacao d'une excellente qualité, le fabricant délicat et soigneux ne doit jamais se permettre de les employer dans son commerce, tant est susceptible cette pâte de recevoir une foule d'ingrédiens dont la présence est facile à masquer ; d'ailleurs, il n'a aucune certitude des proportions où s'y trouvent les deux espèces de cacao ; et si l'une ou l'autre n'avoit pas le goût de moisi, que le grillage poussé un peu loin a la propriété de faire disparoître, enfin il ne peut ni ne doit avoir de sécurité que dans celui qu'il a fait préparer sous ses yeux.

On ne sauroit donc assez le répéter, le *chocolat* n'est pas une préparation indifférente ; ce ne sont pas des lumières, mais de la probité et des soins qu'elle exige. Nous recommandons aux fabricans en ce genre, quels qu'ils soient, de laisser aux consommateurs la faculté d'y ajouter ce qu'il leur plaira quand ils voudront en augmenter l'efficacité ou l'agrément, selon leurs idées et leurs vues ; et à ceux-ci de ne s'en prendre souvent, relativement à sa mauvaise qualité, qu'à leur confiance mal placée ou à leur économie mal entendue ; car, enfin, le chocolat a une valeur réelle, et cependant beaucoup de personnes ne veulent le payer que 24 ou 3o sous, tandis que d'autres, donnant dans un excès opposé, le paient beaucoup trop cher. En voici la recette telle que la publie Baumé dans ses *Élémens de Pharmacie* :

COMPOSITION DU CHOCOLAT.

DÉNOMINATION.	QUANTITÉS.	VALEUR.	TOTAL.	OBSERVATIONS.
Cacao Caraque..	5 livres.	2 l. 19 s.	13 5	
Cacao des îles...	1	1 5	1 15	
Sucre............	5	1 8	7	
Cannelle fine....	℥jʃ	1	1 10	
Girofles.........	gr. xij.	3	3	
Journ. d'ouvrier.	31	3 10	3 10	
			27 3	

Déchet, &c. donne le chocolat à 2 liv. 16 s.

Le *chocolat de santé* revient donc à 2 liv. 16 sous. Si on ajoute les frais de la pierre à broyer, des rouleaux, bassins, balances, tamis, mortier, moules, combustible, &c., cela porte la valeur du chocolat à 3 liv. environ. L'addition d'une vanille revient à celui qui le fabrique, à 3 liv. 15 sous; il y a ensuite les avances de fonds et les bénéfices, ce qui élève la livre de chocolat à une vanille de 4 liv. à 4 liv. 5 sous. Le prix des ingrédiens varie quelquefois, et devient fort cher, sur-tout en temps de guerre : alors le chocolat peut augmenter de 10 à 20 sous.

Ces détails, dans lesquels nous venons d'entrer sur la préparation du chocolat, tout minutieux qu'ils paroissent, sont cependant indispensables; on en a même négligé quelques-uns, dans la crainte d'être prolixe. Ils doivent suffire pour faire juger des conditions nécessaires que doit réunir celui qui le fabrique. Il faut, 1°. qu'il soit exact, probe, et doué d'organes perspicaces; 2°. qu'il possède des connoissances pratiques sur la nature des matières premières; qu'il ait, en un mot, les notions de la pharmacie, afin de ne négliger aucun des moyens, soit physiques, soit chimiques,

IV.   c

pour procéder à sa meilleure confection. N'omettons pas de dire que l'aromate doit toujours être ajouté vers la fin de la préparation, et préalablement mêlé avec du sucre qu'on a trituré long-temps ensemble; que le chocolat demande encore six mois, à partir du moment de sa fabrication, avant d'en faire usage; qu'il faut toujours l'envelopper dans un papier, et le conserver dans un endroit sec et froid.

Il résulte de ce qui précède, 1°. que le chocolat n'est plus aujourd'hui ce qu'il étoit lorsque les Espagnols firent, au commencement du seizième siècle, la conquête du Mexique; 2°. qu'il n'existe aucune méthode particulière pour sa préparation; 3°. que si les élémens qui le composent peuvent varier dans les proportions, le procédé pour les amener à former un tout parfait doit être constant et invariable; 4°. que sa qualité dépend du choix des ingrédiens et des soins employés à les approprier et à les combiner; 5°. que l'incurie, la cupidité et le charlatanisme le dénaturent, au point d'en faire une boisson lourde, indigeste et échauffante; 6°. que, pour se le procurer ayant toutes les conditions qui caractérisent un chocolat de bonne qualité, il faut le prendre chez les personnes honorées de la confiance, et consentir de le payer ce qu'il vaut réellement; 7°. qu'enfin tout individu qui se permet d'admettre, dans la composition du chocolat, des matières qui n'en doivent pas faire partie, à moins que le consommateur ne l'exige, préjudicie directement à la santé. En terminant, avertissons le falsificateur qu'il a beau s'envelopper du voile du mystère, et se placer dans d'obscurs ateliers pour introduire dans le chocolat des matières à vil prix et les masquer, il ne peut échapper à l'analyse chimique, qui décèle sur-le-champ ses fraudes, et dénonce son art funeste et son nom à l'animadversion publique. (Parm.)

CACAO SAUVAGE. C'est le Pachirier a cinq feuilles, pour les habitans de Cayenne. *Voyez* ce mot. (B.)

CACASTOL, *Sturnus mexicanus* Lath.; ordre, Passereaux; genre, Etourneaux. (*Voyez* ces deux mots.) Cet *étourneau* est peu connu, il habite les cantons chauds et tempérés du Mexique, et probablement d'autres contrées; chant désagréable, chair d'un mauvais goût; la grandeur de l'*étourneau* de France : tête petite, bec noir, iris jaune, corps varié de bleu et de noirâtre : c'est à quoi se borne tout ce que l'on sait de cet oiseau. (Vieill.)

CACATIN DES GARIPOUS. C'est le Fagarier de la Guiane. *Voyez* ce mot. (B.)

CACATOTOLL, CAXCAXTOTOLL. *Voy.* Catotol.
(Vieill.)

CACATOU, KAKATOU ou CACATUA. L'on écrit plus communément KAKATOES. *Voy.* ce mot. (S.)

CACHALON, calcédoine blanche. *Voyez* CALCÉDOINE. (PAT.)

CACHALOT, *Physeter.* Après la baleine, il n'est point d'animaux cétacés plus remarquables par la grandeur de leur taille, que les *cachalots.* Ils disputent même l'empire des ondes à cette reine de l'Océan. En effet, les *cachalots* sont plus courageux et mieux armés que les *baleines ;* ils marchent en troupes nombreuses, voyagent dans presque toutes les mers, poursuivent leur proie dans presque tous les parages, portent le ravage dans les bancs de poissons, et attaquent même les baleines avec fureur.

Il y a des *cachalots* aussi grands que les plus fortes *baleines,* tels sont les *cachalots à grosse tête* et le *microps,* qui acquièrent jusqu'à quatre-vingts pieds de longueur ou même plus ; ils sont tous agiles et pleins de courage, tandis que les *baleines* sont timides, ne voyagent jamais en troupes, et sortent rarement de leurs demeures accoutumées ; au contraire, les *cachalots* sont vagabonds ; ils se trouvent sous le brûlant équateur et sous les glaces des pôles ; ils parcourent les vastes plaines des mers en caravanes, et vont lever le tribut de leur nourriture dans les diverses régions de l'Océan. Leur gueule est armée de dents crochues et nombreuses, leur tête est d'une grosseur énorme, et forme près de la moitié de tout leur corps ; ils n'ont qu'un évent au bout de leur museau, tandis que les *baleines* en ont deux, et qu'elles ont des fanons en place de dents.

Un caractère particulier à ces faux poissons, est de recéler dans leur crâne, au-dessus de leur cerveau, une très-grande quantité d'une substance huileuse, logée dans des cellules séparées ; leur évent est toujours placé à l'extrémité de leur museau ; dans l'intérieur, cet évent se divise en deux, pour entrer dans la trachée-artère.

On distingue donc les *cachalots* des *baleines,* par leur tête énorme, par un seul évent au bout du museau, et par des dents crochues et pointues à la mâchoire inférieure seulement. Il y a dans la mâchoire supérieure des cavités correspondantes aux dents inférieures, de petites dents plates et enfoncées dans la gencive. Quelques espèces sont pourvues d'une nageoire sur le dos ; une simple éminence la remplace dans d'autres espèces. Les yeux des *cachalots* sont petits comme dans tous les cétacés, et le canal de l'oreille est presque invisible. Comme ils sont vivipares, ils ont les organes de la génération conformés pour s'accoupler, les mâles sont pourvus d'une verge ou d'un *balenas*, renfermé dans un fourreau ; les femelles portent deux mamelles près de l'anus à la région inguinale, et placées dans deux sillons longitudinaux, ainsi que les autres CÉTACÉS. (*Voyez* ce mot.) Les *cachalots* ont le sang chaud et respirent l'air par des poumons.

Les *cachalots* ne produisent point autant d'avantage dans leur pêche que les *baleines* ; ils ne fournissent qu'une assez petite quantité d'huile, et leur graisse est toute remplie de tendons et de filamens. Ils nagent d'ailleurs avec encore plus de rapidité que les *baleines*, leur taille est plus effilée dans ses parties postérieures, ils plongent beaucoup plus de temps, et leurs ossemens sont plus compactes et plus durs ; car ce sont des animaux carnivores auprès de la baleine ; ils ont plus de vigueur et de courage qu'elle, parce qu'ils sont mieux armés. On les rencontre habituellement dans presque toutes les mers, tandis que les *baleines* sont confinées près des pôles, bien qu'elles s'étendent quelquefois vers le midi, par des excursions passagères. Les coups de queue des *cachalots* sont moins violens que ceux des *baleines* ; néanmoins, ils sont assez forts pour briser les nacelles des pêcheurs imprudens.

Cette grosse tête des *cachalots*, qui compose près de la moitié de leur corps, n'est pas entièrement remplie de leur cerveau ; celui-ci est même fort petit en comparaison de la taille de ces animaux ; mais tout l'espace qui existe entre la cervelle et le crâne, est rempli de cellules contenant une huile très-limpide, qui se fige à l'air, et produit le *blanc de baleine*, si mal-à-propos nommé *sperme de baleine* (*sperma ceti*), car ce n'est pas une matière spermatique. Cette substance n'est pas seulement contenue dans l'huile de la tête des *cachalots*, mais encore dans toute la graisse de leur corps, quoiqu'elle y soit en moindre quantité. En effet, l'huile retirée du lard de ces faux poissons, devient grenue, et dépose une foule de cristaux en flocons, semblables à de la neige : c'est du véritable blanc de baleine, comme celui de la tête, qui est seulement plus beau et plus considérable. Un *cachalot* de quatre-vingts pieds rend communément trente-six quintaux d'huile et plusieurs tonnes de blanc de baleine. Ces animaux sont fort difficiles à harponner, parce qu'ils sont sauvages, et que le harpon pénètre difficilement dans leur chair, excepté au-dessus des nageoires latérales. Les dents des *cachalots* arrachées, ont la forme d'un concombre et la grosseur du poignet ; leur gueule est d'une largeur énorme, et un bœuf y entreroit tout entier à son aise. « On a même trouvé, » dit Anderson, dans l'estomac d'un de ces monstres, des arêtes » et carcasses à moitié digérées, de poissons de sept pieds et

» davantage de long ». Leur estomac est fort large ; car on a vu un *cachalot* blessé, revomir aisément un poisson entier de douze pieds de longueur qu'il avoit avalé d'une seule fois. Toutes les dents de la mâchoire inférieure des cachalots, sont des canines ; il paroît que le nombre en est variable et augmente à mesure que la mâchoire s'alonge ou que l'animal grandit; car on trouve dans des individus vingt-cinq dents, chez d'autres trente, quarante et même cinquante, au rapport des pêcheurs. On prétend qu'il se rencontre aussi quelques molaires au fond de la mâchoire inférieure, et d'autres à la supérieure, qui sont plates et à peine visibles. Ces animaux n'ont que seize côtes en tout ; les autres cétacés en ont un plus grand nombre.

La graisse des *cachalots* donne moins d'huile que celle des baleines, quoique sa qualité ne soit point inférieure. Je dois ajouter que l'huile de *baleine* qu'on trouve dans le commerce, ne se tire pas seulement des animaux cétacés, mais encore d'un grand nombre de poissons : par exemple, les foies des morues, des cabéliaux, des chiens de mer, laissent dégoutter d'eux-mêmes beaucoup d'huile, et on les exprime pour en obtenir encore davantage. Les nations maritimes du Nord ont même appris à extraire de l'huile des harengs et de tous les poissons de marée, à l'aide de la chaleur et de la pression. Ces huiles s'appellent *thran* ; il y en a de claires qui se séparent de la graisse non bouillie ; mais le *thran brun* se tire par le feu, et il est moins bon. Ce mot *thran*, dérive des langues du Nord, et signifie un liquide, qui dégoutte, une larme, un suintement, &c. Dans les *cachalots*, il y a de petits vaisseaux qui partant de la moelle épinière, se rendent à toutes les parties extérieures du corps, et y portent cette matière huileuse de la tête, qui se fige en flocons à l'air, et qui compose le blanc de baleine : voilà pourquoi l'on rencontre du blanc de baleine dans les huiles de cachalots. (*Voyez* encore la suite de l'artice BALEINE.) Il ne faut pas confondre cette matière avec le cerveau de ce cétacé, comme font ordinairement les pêcheurs.

« Ayant ôté la peau du haut de la tête des cachalots, dit » Anderson (*Hist. du Groënl.* p. 123. et suiv.), on trouve la » graisse de l'épaisseur d'une main, et au-dessous de celle-ci » une membrane (*cartilage*) épaisse et fort nerveuse qui sert » de crâne. Celle-ci est suivie d'une seconde séparation d'une » texture pareille de gros nerfs (*tendons*), et épaisse d'environ » quatre doigts, qui s'étend depuis le museau par toute la » tête jusqu'à la nuque, et qui la sépare par le haut en deux » parties. La première chambre qui est entre ces deux mem-

» branes (*lames cartilagineuses*), renferme le cerveau (*huile*
» *concrescible*) le plus précieux.... dont on prépare le meil-
» leur blanc de baleine. Les parois des cellules sont formées
» d'une matière qui ressemble à un gros crêpe, et un pêcheur
» a tiré sept petits tonneaux de cette précieuse huile. Elle
» étoit fort claire et blanche, et étant versée sur l'eau, elle
» se coaguloit comme du fromage; mais quand on l'en ôtoit,
» elle redevenoit fluide.... Au-dessous de cette chambre, on
» découvre l'autre, qui repose sur le palais de la gueule, et
» qui, selon la grosseur du poisson, a depuis quatre jusqu'à
» sept pieds et demi de haut. Elle est de même remplie de
» cerveau spermatique (*huile concrescible de blanc de ba-*
» *leine*).... Il est distribué, comme le miel, dans une ruche,
» par petites cellules, dont les parois ressemblent à la pelli-
» cule intérieure d'un œuf. A mesure qu'on ôte le *cerveau*
» de cette chambre, elle se remplit de nouveau de *sperme*,
» qui y est conduit de tout le corps, et par une grosse veine
» (*cavité de l'épine dorsale*), et l'on en tire souvent jusqu'à
» onze petits tonneaux.... Ce gros vaisseau a, proche de
» la tête, la grosseur de la cuisse.... et s'étend le long de
» l'épine en se rétrécissant, &c. ». *Consultez* la suite de l'article
Baleine sur cet objet.

La chair des *cachalots* est très-ferme, dure, entrelacée de
tendons, de ligamens et de fibres grossières, dans lesquelles le
harpon a peine à mordre. Cette chair est rouge comme celle
de toutes les baleines. Leurs yeux sont fort petits, et leur cris-
tallin n'est pas plus gros qu'une balle de fusil de chasse. Leur
lard n'a guère que six pouces d'épaisseur. Leur peau est
douce, veloutée, et d'une couleur grise ; leur langue fort
petite ; leur mâchoire inférieure plus étroite que la supérieure, et placée en dessous du corps, de sorte qu'ils sont
obligés de se retourner pour saisir leur proie. Il paroît que
les femelles ne portent qu'un ou deux petits à-la-fois. Parmi
les trente-un cachalots échoués en mars de l'an 1784 sur la
côte de Bretagne, au port d'Audierne, deux femelles enceintes mirent bas sur le rivage ; ce qui fut précédé de
bruyantes explosions. L'une produisit deux petits, l'autre, un
seul ; ils faisoient des efforts pour se remettre à flot et s'élancer
dans la mer. Leur taille étoit de dix pieds et demi environ,
et ils n'avoient encore aucune dent.

Comme les *cachalots* sont mieux armés que les *baleines,* ils
se nourrissent aussi de plus gros poissons. Ils donnent la
chasse aux veaux-marins ou phoques, aux cycloptères, aux
dauphins et même aux baleines-à-bec, qui tremblent devant
ces redoutables brigands. Le requin lui-même, ce monstre

féroce de l'Océan , est saisi de terreur à l'aspect du grand *cachalot;* dans son effroi, il voudroit se dérober à la lumière, et cherche à s'enterrer sous le sable des mers pour se soustraire à la dent meurtrière de son ennemi. Il fuit en vain ; le cachalot l'arrête , le serre; alors ce formidable déprédateur s'élance éperdu sur les rochers, et s'y précipite avec tant de violence , qu'il se donne souvent la mort , et expie , sous la dent cruelle , toutes les fureurs et la tyrannie qu'il exerça dans l'empire des ondes. Le cadavre seul d'un cachalot, donne une telle frayeur au requin, qu'il n'ose pas en dévorer la chair comme les autres poissons. Aussi-tôt que les phoques apperçoivent le *cachalot microps*, ils fuient avec précipitation, et grimpent sur les glaçons, ou gagnent le rivage de toutes leurs forces; mais , caché derrière la glace , le cachalot les guette, ou, se réunissant à d'autres , ils assiégent le glaçon , le renversent, se saisissent de leur proie en mugissant de fureur , et étanchent leur haine dans son sang tout fumant.

Dans toutes les mers , on rencontre des *cachalots* voyageurs, mais ils se tiennent plus fréquemment dans les mers polaires. Leur séjour ordinaire au nord, est vers le détroit de Davis , les côtes de Finmarchie ; et au sud, vers la péninsule méridionale de l'Afrique. En 1670 , trois cents *cachalots* échouèrent sur les grèves de l'île Tiréia , et cent deux furent jetés sur le rivage près du port de Kairston , en 1690. Trente-un demeurèrent à sec sur la côte occidentale d'Audierne en Basse-Bretagne, le 14 mars 1784 , à la suite d'une tempête. En échouant , ils poussoient des mugissemens affreux, qu'on entendoit de trois quarts de lieue dans les terres. Ils s'agitoient avec violence au milieu des vagues écumantes, du bruit des flots, des cris épouvantables, du fracas de leur queue battant l'onde, la faisant jaillir en brouillards, et la lançant dans les airs avec sifflement par leurs évents. Deux hommes qui apperçurent de loin cette scène d'horreur, s'enfuirent de terreur. Les monstres roulés par les flots sur le sable, déchirés et sanglans, se débattant avec effort, labouroient le sol et exhaloient leurs gémissemens. On fuit de toutes parts, on cherche des asyles dans l'église voisine (c'étoit un dimanche); enfin, on s'enhardit peu à peu; on examine de loin les énormes cadavres qui couvroient la rive. Ils étoient couchés pêle-mêle comme de vieux chênes abattus dans les forêts par la main du temps. Le plus petit avoit au moins trente-quatre pieds de longueur ; d'autres en avoient quarante-cinq. Ils palpitèrent pendant plus de vingt-quatre heures encore , et l'un d'eux vécut plus de deux jours et

de_{mi}. La veille on avoit apperçu, avec surprise, une multitude de petits poissons se jeter tout effrayés sur la côte, et le
même jour des troupes nombreuses de marsouins entrèrent
dans le port d'Audierne. Ils étoient peut-être poursuivis par
d'autres *cachalots*, qui sont leurs implacables ennemis, et qui
les déchirent de leurs dents crochues. La mer est souvent un
théâtre de carnage et de déprédation. Le *cachalot*, ce fier
tartare des ondes, fait trembler la baleine et le requin.
L'Océan est teint du sang de ces infortunés habitans. Ses
grottes profondes recèlent des brigands, comme celles de la
terre; comme il n'existe presqu'aucun végétal au fond des
mers, il faut que les poissons vivent de poissons, et s'entredévorent perpétuellement pour se conserver sans cesse.

En 1723, le 2 décembre, après une tempête suivie d'une
marée extraordinaire, dix-sept *cachalots* furent jetés sur les
bancs de Ritzebuttel, près de Hambourg; ils étoient longs de
quarante à soixante-dix pieds. De loin, ils sembloient être
des bâtimens échoués. Ils étoient tous couchés et tournés
vers le nord. Huit hommes se tenoient de front sur la largeur
de chacun d'eux. Les mâles et les femelles étoient placés
près les uns des autres; il paroît qu'ils cherchoient à s'accoupler.

Ce qui rend aussi les *cachalots* remarquables, c'est l'*ambre
gris* qu'on rencontre fort souvent dans leurs intestins, et
particulièrement dans le *cachalot trumpo*. C'est une matière
onctueuse, opaque, légère, d'une nuance cendrée et remplie de paillettes ou de taches blanchâtres; son parfum est
très-agréable. La chaleur ramollit cette substance, exalte son
odeur, et celle-ci se développe sur-tout lorsqu'on la mélange
à des poudres aromatiques. C'est un corps de nature résineuse, qui nage sur l'eau, n'a point de saveur, s'il est pur;
se fond comme la cire, est en masses irrégulières, paroît formé
de couches diverses, et recèle quelquefois des corps marins
dans son intérieur. En le brisant, il s'écaille; on en distingue
deux variétés principales, l'une marquée de jaune, l'autre
de noir. (*Voyez* l'article AMBRE GRIS.) Cette substance est
dissoluble dans l'esprit-de-vin, et dans l'éther en partie,
tandis que les bitumes ne s'y dissolvent point. Elle produit à
la distillation un acide, et un sel concret, avec une huile empyreumatique. On l'emploie en médecine comme cordial et
antispasmodique; on l'unit au musc, et il entre sur-tout dans
les parfums; son odeur est douce et plus suave que celle du
musc: cependant elle agace quelquefois les nerfs des femmes
hystériques et irritables.

Kempfer avoit pensé, avec les Japonais, que l'ambre gris

étoit un excrément des baleines. Dudley, dans les *Transac-
tions philosophiques*, n° 387, p. 267, avoit assuré qu'il ne se
trouvoit que dans les *cachalots* (*sperma ceti whales*), et le
croyoit formé dans une bourse ou vessie placée près de la
verge des vieux mâles; d'autres ont soupçonné qu'il se dé-
posoit dans la vessie urinaire de ces animaux. Poncet, Lémery, Formey et Monconis ont pensé que l'ambre gris
n'étoit qu'un mélange de cire et de miel, altéré par les eaux
de la mer et recuit par le soleil. D'autres ont regardé cette
substance, tantôt comme des excrémens de phoques ou d'oiseaux, tantôt comme un bitume suintant des rochers sous-ma-
rins, et desséché par le soleil, &c. C'est principalement dans
les mers des tropiques et de la zone torride que se rencontrent
les masses d'ambre gris flottant sur les ondes, se détachant du
fond de l'Océan, s'amassant dans quelque anse et dérivant
sur les bords de quelques îles, comme les Maldives, les Philippines, le canal de Mozambique, les îles Lucaies, les Bermudes, &c. Les oiseaux marins, les poissons, les cétacés
sont très-friands d'ambre gris, et le recherchent pour le dévorer.

Il est certain qu'on observe dans l'ambre gris des fragmens
de becs de sèches, et de poulpes (*sepia octopodia*), ce qui annonce que ces animaux ne sont pas étrangers à cette matière.
D'ailleurs plusieurs sèches et poulpes répandent un parfum
ambré, et il paroît que cette odeur est naturelle à leur encre,
ou liqueur noire, comme on l'observe dans l'encre de la
Chine, qui en est composée. On prétend que les *baleines*,
et sur-tout les *cachalots*, se nourrissant de poulpes et de
sèches, peuvent former de l'ambre gris dans leurs intestins, et le rejeter avec leurs excrémens ou par vomissement.
Il est certain qu'on en a trouvé dans l'estomac de plusieurs
cétacés, et que les Indiens, les insulaires qui ramassent cette
matière, la regardent, en général, comme un excrément de
baleine. Rumphius(*Cabinet d'Amboine*, Amst. 1741. p. 256,)
rapporte un grand nombre de témoignages qui confirment
la présence de l'ambre gris dans les cétacés. Il reste maintenant à décider si l'ambre est réellement produit dans les intestins des cétacés, ou seulement s'il est avalé, tout formé,
par ces animaux. Quelquefois on trouve de l'ambre gris sur
les côtes du golfe de Gascogne; il y est jeté par les tempêtes;
les animaux, qui en sont très-friands, accourent pour le
manger; ils le rendent ensuite dans leurs excrémens. Albert
Hugo, et Fusée Aublet, botanistes, ont cru que l'ambre gris
étoit une résine d'arbre qui découloit dans la mer, mais cette
opinion est abandonnée. On trouve des masses d'ambre gris

d'une grosseur prodigieuse; on en a vu du poids de cent quatre-vingt-deux livres, de deux cent vingt-cinq livres, et même de plusieurs quintaux; quoique cette matière soit assez commune, elle demeure cependant très-chère. Celle de deux cent vingt-cinq livres fut vendue 52000 francs. En sortant de la mer, elle répand une odeur désagréable et très-forte, mais qui devient suave par la suite. On ne trouve point d'ambre gris fossile, car quoiqu'on prétende en avoir rencontré dans une fouille en Russie (*Collect. acad.* part. étrang. t. IV, pag. 297.), rien n'est moins démontré.

Le docteur Schwediawer (*Philos. trans.* t. LXXIII, *an. 1783, part. 1, n° 13.* et trad. franç. dans le *Journal de Physiq. 1784, octobre.*) regarde l'ambre gris comme une sorte de bézoard, ou de matière particulière au *cachalot*, sur-tout au *physeter macrocephalus* Linn., qui donne aussi le meilleur blanc de baleine. Depuis long-temps les pêcheurs des Etats-Unis d'Amérique savoient qu'en ouvrant cet animal, on y trouvoit fréquemment de l'ambre gris, et ils ne manquent jamais d'en chercher lorsqu'ils prennent un cétacé de cette espèce. Ayant appris qu'on trouvoit abondamment de l'ambre gris sur les côtes de Madagascar, un pêcheur de Boston proposa d'y faire la pêche de la baleine. Lorsqu'on harponne le cachalot, il vomit souvent et rend ses excrémens; il est inutile de chercher de l'ambre gris dans ses entrailles; mais si l'animal est maladif, engourdi, alors il ne rejette rien, et l'on peut espérer de rencontrer cette précieuse matière. C'est principalement chez les individus maigres et malades qu'on la trouve. Elle est placée dans une poche intestinale du *cæcum*, et souvent entourée de matières fécales. Cet ambre gris est plus mollasse que celui de la mer, mais l'air lui donne bientôt de la solidité. Dans le ventre du *cachalot*, l'ambre gris a presque l'odeur et la couleur des déjections de cet animal; ensuite il les perd promptement par son exposition à l'air et au soleil pour acquérir ce parfum suave qui le rend si précieux. Un cachalot échoué près de Bayonne en 1741, donna plusieurs morceaux d'ambre gris, en forme de boules, dont quelques-unes avoient un pied de diamètre. Ils pesoient jusqu'à vingt livres. Ils étoient contenus dans une bourse ovale, longue de quatre pieds, et posée vers la région des testicules. Celle-ci étoit remplie d'une liqueur jaune d'une odeur plus forte que les boules d'ambre qui surnageoient. Chaque boule étoit formée de couches concentriques. Il existe des morceaux d'ambre gris d'un tel volume, qu'ils n'ont pas pu être contenus entièrement dans quelque cavité que ce soit du corps des cachalots.

Quoique beaucoup de probabilités semblent se réunir pour annoncer que l'ambre gris est produit par les cachalots, il est possible que ces animaux l'avalent tout formé, de même que les poissons, les oiseaux et les quadrupèdes qui en sont fort avides, ce qui annonce qu'il contient quelque matière gélatineuse et nutritive. Selon ce principe, l'ambre gris n'appartiendroit pas au règne minéral, qui n'offre aucune substance alimentaire, à moins que celle-ci ne soit étrangère à sa nature. L'analyse chimique de l'ambre gris paroît le rapporter incontestablement aux matières animales. Tous les bitumes sortent originairement des substances organisées, végétales ou animales, mais qui ont éprouvé de grandes et profondes altérations dans le sein de la terre ou des mers. (*Consultez* l'article AMBRE GRIS.)

Après ces détails sur les *cachalots*, nous allons en décrire les espèces, qui sont au nombre de cinq : le *grand* et le *petit cachalot*, le *trumpo*, le *microps* et le *mular*.

GRAND CACHALOT, *Physeter macrocephalus* Linn. et Bonnat. (*Cétologie*, *p. 12. pl. VI, f. 1., et pl. VII, f. 2.*). C'est le *potvisch* des Hollandais, le *trold-hwal* des Norwégiens ; il a en quelque sorte la figure d'une crosse de fusil. Sa tête énorme comprend le tiers de sa taille, et paroît tronquée vers le museau. C'est de sa cavité que s'extrait le blanc de baleine. La mâchoire inférieure, plus courte, plus étroite que la supérieure, est placée en dessous. Ses dents inférieures, saillantes de quelques pouces, sont pointues et un peu recourbées, et sont reçues dans autant de cavités à leur mâchoire supérieure. Entre ces cavités, sont des molaires applaties et à peine élevées d'une ligne hors de la gencive. Sa langue est courte, carrée, rouge, et ressemble à une grosse masse de chair. Les deux évents se réunissent à l'extérieur, et n'ont qu'une seule sortie. On apperçoit à peine le canal extérieur des oreilles, placé derrière les yeux, qui sont fort petits. Sur le dos, se trouve une bosse légère qui tient lieu de nageoires. La verge du mâle est renfermée dans un fourreau ; la femelle porte deux mamelles inguinales, longues de quatre à cinq pouces, avec un mamelon de dix-huit lignes de longueur. La queue est mince. Ces animaux ont le dos de couleur noirâtre ardoisée, et le ventre blanchâtre ; leur graisse n'a que six pouces d'épaisseur ; leur chair est rouge comme celle du cochon ; ils ont la vie très-dure, et on a peine à les tuer. Leur langue est, selon les marins, une chair délicieuse. Le *cachalot* nage très-vîte, et on le pêche dans toutes les mers. Il se trouve au nord, et dans les mers du Sud où il abonde, suivant quelques pêcheurs. Nous avons dit qu'il en échoua trente-un en 1784 sur les côtes de Bretagne ; l'un d'eux, long de quarante-quatre pieds six pouces, avoit trente-quatre pieds huit pouces de circonférence ; sa gueule s'ouvroit de quatre pieds comme celle d'un grand four. Cet animal acquiert plus de soixante pieds de longueur ; il mange des sèches, des veaux marins, &c.

Petit Cachalot, *Physeter catodon* Linn. et Bonnat. (*Cétol. pl. 14.*), se distingue du précédent par sa taille plus petite qui ne surpasse guère vingt-quatre à trente pieds, par la fausse nageoire raboteuse de son dos, par l'avancement de sa mâchoire inférieure qui dépasse la supérieure. Leurs dents sont émoussées et font voir à leur sommet des couches concentriques; la racine de ses dents coniques est moins grosse que la partie qui sort de la gencive. Leur museau arrondi porte un évent placé très-près de la gueule, qui est petite : cet évent ressemble à une narine. Vers la fin du 17e siècle, une centaine de ces animaux vinrent échouer dans une des îles Orcades, au port de Kairison. Ils se trouvent dans les mers Glaciales.

Cachalot trumpo *Physeter trumpo* Bonnat. (*Cétol. p. 14 et 15.*), *Cetus novæ Angliæ* de Brisson, *Règn. anim. p. 360, n° 3.* Cette espèce est commune dans les parages des Bermudes et vers les côtes de la Nouvelle-Angleterre. Sa tête est d'une taille énorme, relativement à son corps ; son museau est très-prolongé, et sa mâchoire inférieure fort courte. La tête fait exactement la moitié du corps ; elle a un museau applati en avant, et l'évent est sur une bosse placée au-devant du mufle. Près de la queue, sur le dos, est une bosse épaisse d'un pied. Ses dents pointues sont grosses comme le poignet et ressemblent aux dents d'une roue de moulin. Leur matière est semblable à de l'ivoire. On en voit de la longueur de cinquante pieds, et de vingt-sept pieds de tour. Ils donnent dix tonneaux d'excellent blanc de baleine, et fournissent principalement de l'ambre gris, comme celui qui échoua vers Bayonne en 1741. C'est un animal très-agile et plein de courage ; lorsqu'on le blesse, il se tourne sur son dos, et se défend avec sa gueule à toute outrance : sa couleur est d'un gris noirâtre en dessus, et plus pâle en dessous du corps.

Cachalot mular, *Physeter tursio*, Linn., *Physeter mular* Bonnat. (*Cétol. p. 17.*). Il ressemble beaucoup au *cachalot microps*, mais ses dents sont moins crochues et plus émoussées. Son dos porte une nageoire très-élevée, droite, aiguë, qui ressemble de loin à un mât de misaine d'un bâtiment. Son évent est placé sur le front. Il y a deux sortes de dents, les plus grosses sont placées en avant, et les plus petites dans le fond ; les premières sont longues de huit pouces, les secondes de six. La mâchoire supérieure a quelques dents mâchelières. A l'extrémité du dos on trouve trois bosses. Ces animaux marchent en troupes. « Un capitaine de vaisseau, dit Ander- » son, m'a assuré qu'il avoit vu arriver un jour du côté du » Groënland, une grande troupe de pareils poissons, à la » tête de laquelle il y en avoit un de plus de cent pieds de » long, qui sembloit en être le roi, et qui, à l'aspect du » vaisseau, avoit fait un cri si terrible en soufflant l'eau, que » ce bruit avoit été comme celui des cloches, et si pénétrant, » que le vaisseau en avoit tremblé pendant quelque temps; qu'à » ce signal toute la troupe s'étoit sauvée avec précipitation ». Ces *cachalots* habitent les côtes de Finmarchie, et le Cap du Nord; ils sont fort difficiles à harponner, et très-farouches. Leur chair remplie de tendons, ne donne que très-peu d'huile. Une variété de ce cétacé est verdâtre; une autre grise sur le dos, et blanchâtre sur le ventre. La première race acquiert quarante pieds de longueur, les autres soixante, et produisent environ trente-six tonneaux de lard.

Cachalot microps, *Physeter microps* Linn. et Bonnat. (*Cétol. p. 16.*). C'est le *cachalot à dents en faucille*, des pêcheurs, le *staur-hyming* des Norwégiens, le *tikagusick* des Groënlandais. C'est une des plus grandes espèces de ce genre, car elle parvient jusqu'à quatre-vingts ou même cent pieds de longueur. On lui trouve vingt-deux dents crochues à la mâchoire inférieure; d'autres observateurs prétendent en avoir trouvé quarante-deux : elles sont rondes, un peu applaties, renflées à leur milieu. Le museau est comme tronqué; l'évent est placé vers sa partie moyenne. On observe sur le dos une nageoire aiguë comme un pieu, et d'une longueur médiocre. Les Groënlandais trouvent délicieuse la chair de cet animal; mais on le harponne très-rarement, car il est farouche et nage avec beaucoup de rapidité. C'est le redoutable ennemi des marsouins, des veaux marins, des bélugas, des jubartes, et de quelques autres baleines, qu'il attaque avec la plus grande vigueur. Il n'est pas indigne de se mesurer avec elles, si l'on considère sa taille et son courage. On le rencontre dans les mers du Nord. Sa tête est extrêmement massive, sa mâchoire inférieure courte, et sa peau très-lisse, de couleur brunâtre. Il a des yeux fort petits, mais brillans et comme dorés. Souvent il poursuit les dauphins jusques sur les côtes, et échoue avec eux en voulant les atteindre. Sa langue est courte, pointue; il porte sur le dos une bosse assez élevée.

Le Cachalot cylindrique de Bonnaterre (Cétolog. p. 16, *Physeter cylindricus*), me paroît être une variété du *microps*. Il est très-difficile de déterminer exactement les espèces dans la famille des cétacés, parce qu'ils n'ont presque jamais été examinés par des naturalistes, mais seulement par des pêcheurs, qui se soucient fort peu en général de tout ce qui ne leur rapporte aucun avantage pécuniaire. Ce *cachalot* est le *wittfisch* d'Anderson, ou le *cachalot blanc* de Rai. On le prend dans le détroit de Davis; il n'a point de nageoire sur le dos, et ne produit guère que dix tonneaux d'une graisse si molle, que le harpon n'y tient presque point. Sa présence indique, à ce que prétendent les pêcheurs, l'arrivée des grosses baleines. Il a une bosse sur le dos. La taille de cet animal est d'environ cinquante pieds de longueur, et trente-six de tour. Sa verge est longue de cinq pieds, et a dix-huit pouces de circonférence à sa racine. Sa tête, extrêmement grosse, fait la moitié du corps, et contient beaucoup de blanc de baleine. La figure de ce cachalot approche de celle d'un cylindre; sa gueule renferme cinquante‑une dents, selon Anderson. (V.)

CACHIBOU. C'est le GALANGA JAUNE. *Voyez* ce mot. (B.)

CACHICAME. C'est le nom que porte au Brésil le *tatou à neuf bandes*, et que Buffon a adopté. *Voyez* TATOU. (S.)

CACHIMENTIER. *Voyez* au mot COROSSOLIER. (B.)

CACHIVE, nom arabe d'un poisson du genre MORMYRE, qu'on pêche dans le Nil; c'est le *mormyrus anguilloïdes* Linn. *Voyez* au mot MORMYRE. (B.)

CACHORRO DOMATO, nom que les Portugais du Brésil ont donné au SARIGUE. *Voyez* ce mot. (S.)

CACHOU, nom d'une substance végétale qui nous est apportée des Indes toute préparée, et sur la nature de laquelle les sentimens ont été autrefois partagés. On a cru long-temps que c'étoit le *palmier arèque*, qui fournissoit exclusivement la matière dont on fait le *cachou*; mais on sait aujourd'hui que cette substance est une fécule que l'on retire du fruit d'un arbre indien, nommé *cat-che*, lequel est une espèce d'ACACIE, *Mimosa catechu* Linn., et que celui de l'*arec* est plus rare et de plus médiocre qualité. *Voyez* aux mots ACACIE et AREC.

Le *cachou* nous est envoyé en morceaux gros comme un œuf, de différentes couleurs et figures. Il est opaque, communément d'un roux noirâtre à l'extérieur, quelquefois marbré de gris intérieurement, sans odeur, d'un goût astringent, un peu amer d'abord, ensuite plus doux et d'une saveur agréable d'iris ou de violette. Le plus pur se fond en entier dans la bouche et dans l'eau; il s'enflamme et brûle dans le feu. Les nations qui le vendent y mêlent quelquefois du sable ou d'autres matières étrangères pour en augmenter le poids.

En Europe, et sur-tout en France, on mêle le *cachou* avec du sucre, de l'ambre ou de la cannelle ; on fait une pâte de ce tout, avec une dissolution de gomme adragante, et l'on en forme des pastilles. Ce *cachou* rend l'haleine agréable. Par son astriction il arrête les vomissemens et les diarrhées. Un gros de cette substance, jeté dans une pinte d'eau, lui donne une couleur rougeâtre, une saveur douce un peu astringente, et en forme une boisson dont on peut faire usage dans les dévoiemens et les fièvres bilieuses et ardentes. (D.)

CACOLIN (édition de Sonnini de l'*Histoire naturelle de Buffon*.). Fernandez (*Hist. avium , cap. 134.*) indique cet oiseau sous le nom de *cacacolin*, et le donne comme un *colin* ou *caille* du Mexique. Il en a la taille, le chant, le plumage peint des mêmes couleurs, et se nourrit de même. (VIEILL.)

CACOUCIER, *Schousbœ*, arbrisseau grimpant, dont les feuilles sont alternes et ovales ; les fleurs rouges et en épis terminaux. Les caractères de sa fructification sont d'avoir un calice monophylle, caduc, à cinq dents ; cinq pétales ovales, pointus ; dix étamines saillantes ; un ovaire inférieur chargé d'un style simple.

Le fruit est une sorte de baie ovale, pointue, à cinq angles, jaune, à écorce presque ligneuse, qui contient une semence oblongue.

Le *cacoucier* croît dans la Guiane. Il a été figuré par Aublet, pl. 179, et par Lamarck, pl. 359 de ses *Illustrations*. (B.)

CACTIER, MELON - CHARDON , CIERGE , RAQUETTE , *Cactus* Linn. (*Icosandrie monogynie*.), genre de plantes, très-particulier, de la famille des CACTOÏDES, dans lequel la fleur offre un calice en tube et non persistant, placé au-dessus de l'ovaire et composé de plusieurs folioles écailleuses, souvent imbriquées ; la corolle est formée de pétales nombreux, inégaux, disposés en rose et sur plusieurs rangs ; le nombre des étamines est indéfini ; elles sont insérées au sommet du calice, et au milieu d'elles s'élève un style couronné par plusieurs stigmates. Le fruit est une baie charnue, ombiliquée, de forme ovoïde ou oblongue, à surface lisse ou épineuse, et qui contient, dans une seule loge, plusieurs semences rondes ou anguleuses, dispersées dans une palpe. Ces caractères sont figurés dans l'*Illustr. des Genr.* pl. 414.

Ce genre comprend un grand nombre d'espèces qui croissent toutes dans les contrées chaudes de l'Amérique, au Mexique, au Pérou, dans la Guiane, au Brésil, aux Antilles. Ce sont des plantes vivaces, charnues, succulentes, munies d'aiguillons en faisceaux et dépourvues de feuilles : elles viennent dans les lieux secs et arides, n'ont presque pas besoin d'eau pour végéter, et semblent se nourrir de leur propre substance. Leur forme bizarre et leur singulier port les distinguent de toutes les autres plantes, et les font remarquer à la première vue. Les unes sont très-basses, arrondies et ressemblent, en quelque sorte, à des melons qui seroient épineux ; les autres ont des tiges à plusieurs angles, simples ou composées, lesquelles s'élèvent droites ou en serpentant à différentes hauteurs, et représentent ou des cierges, ou des espèces de lustres, ou de gros serpens ; d'autres, enfin, sont composées d'articulations, ordinairement applaties des deux côtés, plus ou moins larges, qui naissent les unes des autres, et qui ont à-peu-près la forme d'une raquette. En voyant des *cactiers*, non dans nos serres, mais dans leur pays natal, où ils sont forts et vigoureux, et où leur nombre et leurs figures différentes forment un contraste frappant avec tous les arbres ou arbrisseaux qui les entourent, on ne peut s'empêcher d'admirer la prodigieuse variété que la nature a mise dans les productions végétales.

Cactiers nains et globuleux, ou ayant la forme d'un melon.

Cette division comprend :

Le Cactier a mamelons, *Cactus mamillaris* Linn. Il forme un sphéroïde de la grosseur du poing, sans côtes remarquables, mais hérissé de toutes parts de mamelons coniques, nombreux et cotonneux à leur sommet, qui est chargé de petites épines divergentes. Les fleurs sont petites, blanchâtres, et sortent entre les mamelons. Les fruits sont lisses et d'un pourpre bleuâtre ; ils ont une saveur douce et sont très-agréables à manger, sur-tout lorsqu'ils sont cuits.

Le Cactier glomérulé, *Cactus glomeratus* Lam. Il a une couleur glauque, une surface laineuse et des fleurs rouges. Sa grosseur surpasse à peine celle d'un œuf de poule ; mais plusieurs viennent ensemble en groupe large et serré.

Le Cactier a côtes droites, ou le Melon épineux, *Cactus melocactus* Linn. Cette espèce forme une masse arrondie, un peu plus grosse que la tête d'un homme, ayant quatorze ou quinze côtes droites, régulières et profondes. Elle ressemble à un melon dont les côtes seroient munies sur le dos d'une rangée de faisceaux d'épines droites, divergentes et rouges à leur sommet. A la base de chaque faisceau de piquans, se trouve comme un écusson d'un duvet cotonneux. Les fleurs sont rouges et sortent du sommet de la plante.

Le Cactier couronné, *Cactus coronatus* Lam. Il est haut d'un pied et fait presque en pain de sucre ; il a vingt côtes obliques, couvertes chacune d'une rangée de faisceaux d'épines divergentes et un peu courbées. Son sommet est couronné par une toque cotonneuse, blanchâtre épaisse, sillonnée en dessus, et de laquelle il sort, de toutes parts, des paquets de petites pointes rouges, roides comme les crins d'une brosse, sans être piquantes.

Le Cactier rouge, *Cactus nobilis* Linn. Il est tout-à-fait rouge à l'extérieur ; ses côtes sont obliques ou en spirale, et garnies de faisceaux de longues épines blanches et un peu courbées.

Cactiers droits et qui ressemblent, en quelque sorte, à des Cierges.

Dans cette section on trouve :

Le Cactier a sept angles, *Cactus heptagonus* Linn., haut d'un à deux pieds, et de forme ovale ou oblongue.

Le Cactier quadrangulaire, *Cactus tetragonus* Linn. Il s'élève à la hauteur de douze à quinze pieds. Le tranchant de ses angles est muni de points cotonneux, d'où sortent de petites épines divergentes. La profondeur de ses côtes et leur peu d'épaisseur, leur donnent l'apparence de quatre ailes.

Le Cactier pentagone, *Cactus pentagonus* Linn. Il est droit, un peu grêle et articulé ; les entre-nœuds sont longs d'un pied. Ses angles sont munis de faisceaux d'épines, qui n'ont à leur base aucun duvet sensible.

Le Cactier de Surinam, *Cactus hexagonus* Linn. Ce cierge a plus communément huit angles que six ; il n'est point rameux, s'élève à une grande hauteur ; sa fleur est blanche et son fruit d'un noir pourpré. Il croît à Surinam et dans les Antilles, où on le nomme *cierge épineux :* il en vient un grand nombre ensemble, qui forment, en quelque sorte, une petite forêt hérissée d'épines et d'un aspect très-singulier. Cette plante ne fleurit pas communément dans nos serres ; mais quand elle y fleurit, sa tige produit toujours plusieurs fleurs qui paroissent en juillet et août, se succèdent rapidement, et ne durent chacune qu'un seul jour ; elles ont deux pouces et demi de diamètre, et quarante-quatre pétales obtus. C'est l'espèce de *cierge* la plus commune dans les serres en Angleterre : elle n'a jamais porté de fruit en Europe.

Le Cactier a côtes ondées, *Cactus repandus* Linn. Cette espèce est à huit côtes applaties, ondées, et garnies d'épines plus longues que le duvet laineux qui se trouve à leur base.

Son fruit est jaune en dehors, avec des aspérités éparses, d'un blanc de neige à l'intérieur, et contient beaucoup de semences noires : il mûrit en octobre, et peut se manger.

Le Cactier cotonneux, *Cactus royeni* Linn. Il a des côtes peu profondes, nombreuses, ordinairement neuf. Ses épines sont longues et jaunâtres, ses fruits rouges, et non épineux : le duvet qui naît à son sommet est d'un blanc pâle.

Le Cactier laineux de Curaçao, *Cactus lanuginosus* Linn. Il est droit, long, presqu'à neuf angles, dont le tranchant est émoussé. On voit, entre les épines de son sommet, un duvet laineux et jaunâtre, plus long que les épines mêmes. Ses fleurs sont d'une couleur herbacée, ses fruits rouges en dehors, non épineux, et de la grosseur d'une noix.

Le Cactier du Pérou, *Cactus Peruvianus* Linn. *Voyez* Cierge épineux du Pérou.

Le Cactier a pétales frangés, *Cactus fimbriatus* Linn. Il en naît un grand nombre ensemble, et chaque individu a une tige droite, qui acquiert la grosseur du genou de l'homme, et s'élève à la hauteur de dix-huit à vingt-quatre pieds. Ses côtes, au nombre de huit, neuf ou dix, ont leur crête garnie d'épines en faisceaux, blanches, assez longues et très-aiguës. Le sommet de la tige, qui a presque la forme d'un cône épineux, porte de belles fleurs roses. Le fruit est tendre, à-peu-près gros comme une orange, et rouge tant au-dehors qu'au-dedans. Sa chair a une saveur acidule fort agréable, et contient beaucoup de semences très-noires.

Le Cactier polygone, *Cactus polygonus* Lam. Sa tige est droite, rameuse au sommet, haute d'environ dix pieds, sur six ou sept pouces de diamètre, et munie de dix à douze côtes à crête ondulée et épineuse. L'écorce en est épaisse et grisâtre ; elle recouvre un corps ligneux, qui a la dureté du chêne. Les fleurs sont blanches, et les fruits d'un rouge brun, avec des tubercules verruqueux.

Le Cactier cylindrique, *Cactus cylindricus* Juss. Cette espèce est très-distincte de toutes les autres ; elle n'est ni comprimée comme les *raquettes*, ni anguleuse comme les *cierges*. Elle a une tige épaisse, cylindrique, dépourvue de côtes, et une écorce creusée de sillons, qui, en se croisant, forment des rhombes ou des losanges. On trouve au sommet de chaque rhombe un écusson cotonneux, d'où partent des épines en faisceaux.

Le Cactier a trois côtes ondées, des environs de Carthagène, *Cactus pitajaya* Linn. Celui-ci s'élève à la hauteur de huit à dix pieds ; il porte une fort belle fleur blanchâtre, large de six pouces, et qui s'épanouit le soir. Son fruit a la figure et le volume d'un œuf de poule; *il* est luisant, d'un rouge écarlate chargé de quelques folioles, et il contient une pulpe blanche, douce, et bonne à manger. Ce *cierge* a une variété qu'on trouve à Saint-Domingue, dont la tige est presqu'aussi épaisse que le corps d'un homme, et rameuse à son sommet.

Le CACTIER PANICULÉ, *Cactus paniculatus* Lam. Par son port et sa grandeur, il ressemble à la variété de l'espèce précédente; mais sa tige soutient à son sommet des rameaux à quatre côtes, articulés les uns sur les autres, et disposés en une panicule ample et diffuse. Ses fleurs ont leurs pétales arrondis, blancs et marqués de petites lignes rouges. Son fruit est un peu plus gros qu'un œuf d'oie, jaunâtre à l'extérieur, et tuberculeux; il contient une chair très-blanche et acidule.

Le CACTIER DIVERGENT, *Cactus divaricatus* Linn. Son tronc est un peu plus gros que la jambe de l'homme, haut de trois ou quatre pieds, assez dur, à cannelures droites et nombreuses, et affreusement hérissé d'épines très-aiguës; il donne naissance à des rameaux, sur lesquels il en vient d'autres, et qui tous sont situés en divers sens. Ses fruits, un peu plus gros que le poing, sont d'un jaune d'or, et garnis de tubercules verruqueux et pointus : leur pulpe est blanche et douceâtre.

Cactiers rampans ou grimpans, et dont les tiges poussent des racines latérales.

Ce sont : Le CACTIER A GRANDES FLEURS ou le SERPENT, *Cactus grandiflorus* Linn.; très-belle espèce, dont les tiges sont cylindriques, serpentantes, d'une couleur verdâtre, et à cinq ou six côtes peu saillantes et épineuses. Ces tiges portent latéralement de superbes fleurs blanches, qui ont six à sept pouces de diamètre, et qui, dans nos serres, paroissent en juillet. Elles exhalent une odeur suave. Leur durée est fort courte; elles s'ouvrent au coucher du soleil, restent ouvertes pendant tout le temps que cet astre poursuit son cours sous le cercle de l'horizon, et se ferment à son retour pour ne plus s'épanouir de nouveau. Ainsi, chaque fleur ne brille qu'une nuit; mais, comme elles ne s'épanouissent pas toutes à-la-fois, on peut en jouir pendant quelques jours. Le fruit de ce *cactier* est ovoïde, et de la grosseur d'une poire ordinaire; il est couvert de tubercules écailleux, charnu, d'un beau rouge ou d'une couleur orangée. Sa pulpe a une saveur acidule fort agréable. Quand il mûrit dans nos serres, il est un an entier à acquérir sa maturité parfaite, ainsi que le fruit du cactier suivant.

Le Cactier queue de souris, *Cactus flagelliformis* Linn. C'est une espèce fort jolie quand elle est en fleur. Sa racine pousse des tiges cylindriques et à dix angles, longues de trois à cinq pieds, grosses comme le petit doigt, articulées et hérissées de petites épines foibles. Ses fleurs, d'un rouge vif, sont plus petites que celles du *cactier* précédent; mais elles sont plus éclatantes, beaucoup plus durables, et paroissent en grand nombre à-la-fois : leur stigmate n'est presque point divisé.

Le Cactier parasite, *Cactus parasiticus* Linn. Il a des tiges grêles, cylindriques, striées, articulées, rameuses, et rampantes ou pendantes du tronc des arbres. Il perd ses épines en vieillissant. Ses fruits ressemblent assez bien à des *groseilles*.

Le Cactier triangulaire, *Cactus triangularis* Linn. Dans les pays où croît ce *cactier*, on le cultive pour son fruit, qui est le meilleur de tous ceux que produisent les plantes de ce genre. Il a la forme et la grosseur d'un œuf d'oie ; sa couleur est rougeâtre en dehors et en dedans ; sa saveur acidule est très-agréable. Les fleurs de cette espèce sont grandes et blanches ; ses tiges grimpent sur les arbres, auxquels elles s'attachent par des racines qu'elles poussent latéralement.

Cactiers composés d'articulations qui naissent les unes sur les autres, et sont ordinairement applaties des deux côtés.

Il y a : Le Cactier moniliforme, *Cactus moniliformis* Linn. De sa racine, qui est presque ligneuse, rameuse et rougeâtre, naît d'abord un globe épineux gros comme une noix verte ; ce globule, bientôt après, donne naissance à deux autres qui lui ressemblent, et ceux-ci en produisent d'autres successivement ; de manière que toute la plante forme un amas de globules diffus, étalés au large sur la terre, et affreusement hérissés d'épines. Ses fleurs sont rouges, ainsi que les fruits, dont la chair est blanche, acidule et agréable, et renferme des semences d'un jaune d'or.

Le Cactier en raquette, *Cactus opuntia* Linn., vulgairement, la *raquette*, le *figuier d'Inde*, la *cardasse*. Ce *cactier* croît non-seulement dans l'Amérique méridionale, mais aussi dans quelques parties de l'ancien continent, sur la côte de Barbarie, en Italie, en Espagne, et même en Suisse. Il fournit un assez grand nombre de variétés, qui diffèrent entr'elles par la grandeur et la forme des articulations, et par la longueur et la couleur des épines. Les plus remarquables sont : *La raquette à feuilles oblongues*, celle *à longues épines*, la *petite raquette à feuilles arrondies*. L'espèce commune est un arbrisseau, qui s'élève jusqu'à six ou huit pieds de hauteur, et qui, dans sa vieillesse, est porté sur un tronc court, ligneux et grisâtre. Il est entièrement composé d'articulations ovales, oblongues, comprimées, longues d'un pied plus ou moins, épaisses d'un pouce, charnues, à bords arrondis, vertes, fermes, qui naissent toutes les unes sur les autres un peu obliquement, forment des ramifications, et ressemblent en quelque sorte à des raquettes. On peut regarder comme les véritables feuilles de la plante, ces petites folioles lancéolées, vertes, qui viennent sur les articulations naissantes, aux endroits où les épines croissent par la suite. Les fleurs sont jaunâtres, à dix pétales ou environ ; leurs étamines, qui sont nombreuses, ont un mouvement particulier de contraction : lorsqu'on les touche avant l'émission de la poussière fécondante, les filets se couchent circulairement les uns sur les autres. Le fruit a presque la forme d'une figue ; il est ordinairement rougeâtre, et il contient une pulpe succulente, assez douce, et d'un rouge très-vif. Les parties charnues de cette plante sont regardées comme anodines et rafraîchissantes.

Le Cactier a cochenilles, *Cactus cochenillifer* Linn. Cette plante croît dans plusieurs régions de l'Amérique méridionale et au Mexique. C'est sur elle, dit Lamarck, que s'élèvent ces insectes si précieux pour la teinture, qu'on nomme Cochenilles. (*Voy.* ce mot.) Elle a ses articulations ovales, oblongues, comprimées, épaisses, et presqu'entièrement dépourvues d'épines. Ses fleurs sont petites et d'un rouge de sang. Suivant Thierry de Ménonville, qui a observé les *cactiers* dans leur pays natal, il est douteux que celui-ci soit la même plante que le *cactier* cultivé en grand au Mexique pour l'éducation de la *cochenille* fine.

Le Cactier de Curaçao, *Cactus curassavicus* Linn. Ses articulations sont médiocrement applaties sur les côtés, presque cylindriques, ventrues dans leur partie moyenne, et hérissées d'épines blanches : elles forment des ramifications trop foibles pour se soutenir droites sans appui.

Le Cactier cruciforme, *Cactus spinosissimus* Mus., vulgairement la *croix de Lorraine*. Cette espèce est très-remarquable : elle s'élève à la hauteur de trois à cinq pieds sur une tige comprimée, non cannelée, ni anguleuse, très-épineuse et un peu foible ; vers son sommet naissent des articulations oblongues, fort applaties, réticulées en leur superficie, hérissées d'épines, et disposées presqu'en manière de croix, c'est-à-dire, formant les unes avec les autres des angles à-peu-près droits. Les épines sont jaunâtres et d'une extrême ténuité ; chaque faisceau en offre de deux sortes : les inférieures sont longues, en petit nombre et divergentes ; les supérieures fort petites, et ramassées en paquet droit comme les poils d'un pinceau.

Le Cactier a feuilles de scolopendre, *Cactus phyllanthus* Linn. Dans ce *cactier*, les articulations sont assez longues, ensiformes, très-applaties, et bordées de grandes crénelures ; elles ont une nervure assez grosse et cylindrique qui les traverse longitudinalement, et elles se ramifient. Les fleurs sont blanchâtres, et viennent dans les crénelures des ramifications. Le fruit est d'un rouge vif, à huit côtes saillantes, et garni de quelques tubercules écailleux ; il contient une pulpe molle et blanchâtre.

Cactiers garnis de véritables feuilles.

On en compte deux espèces, savoir :

Le Cactier a fruits feuillés, *Cactus pereskia* Linn. On l'appelle aussi *Cactier groseillier*, parce que son fruit a quelque ressemblance avec la *groseille*. C'est un arbrisseau toujours vert, qui pousse de longs rameaux cylindriques, plians, sarmenteux, pleins de moelle, à écorce verte, et munis à leurs nœuds de doubles aiguillons courbés en bas ; sa tige est hérissée inférieurement d'épines longues, roides et en faisceaux ; ses feuilles sont alternes, ovales, lancéolées, lisses, un peu succulentes, et de la grandeur de celles du pourpier ; ses fleurs, blanches et très-odorantes, ont leurs pétales intérieurs ovales, et les extérieurs presque capillaires ; elles produisent des fruits arrondis, feuillés, d'un blanc jaunâtre, gros comme une aveline, et d'une acidité très-agréable.

Le Cactier a feuilles de pourpier, *Cactus portulacifolius* Linn. C'est un petit arbre qui acquiert l'étendue de nos pommiers ordinaires ; son tronc est de la grosseur de la cuisse, son bois pâle et solide, son écorce noirâtre ; ses branches sont étalées, et garnies de faisceaux d'épines. Les jeunes rameaux portent des feuilles alternes, faites en forme de coin, et qui ont la grandeur et la consistance de celles du pourpier : au bas de chaque feuille est une épine solitaire et longue. Les fleurs, de couleur purpurine, viennent au sommet des rameaux supérieurs. Les unes sont stériles, les autres fertiles.

Celles-ci produisent des fruits ronds, gros comme une pomme médiocre, verdâtres, ombiliqués, et remplis d'une pulpe blanchâtre.

Tous les *cactiers*, en général, exigent une terre sablonneuse et mêlée de décombres. On les multiplie ordinairement par boutures, qui prennent racine avec une extrême facilité. Il suffit de couper par morceaux plus ou moins longs une tige de l'espèce qu'on veut propager; après avoir tenu ces tronçons pendant quinze jours ou un mois dans un endroit sec pour en guérir les blessures, on les plante chacun dans un pot séparé, et ils forment autant de nouvelles plantes. On doit les plonger dans une couche de tan, les garantir sur-tout de la moindre humidité, et ne jamais les exposer en plein air, excepté dans les jours les plus chauds de l'été.

Thouin a dernièrement observé que les fruits même des *cactiers*, mis en terre avant leur maturité, étoient susceptibles de pousser des racines et des tiges.

Cactiers moins connus, cannelés ou composés d'articulations applaties.

Le **Cactier des tables**, *Cactus mensarum* Th. de Men. Il a un port fort approchant de celui du *cactier polygone*. Il est aussi cannelé, mais moins gros, moins haut, moins diffus, moins rameux et épineux, et d'un vert plus sombre. Ses fleurs sont de couleur vive de cerise, et son fruit de la grosseur d'un petit œuf, brun extérieurement, et plein d'une pulpe cramoisie, d'un goût acide parfumé fort agréable. Thierry de Ménonville dit qu'il n'y a pas de fruit plus délicieux dans les contrées de *Guaxaca* et de *Théguacan*, où il vient naturellement, et où il est très-recherché par les naturels du pays.

Le **Cactier orange**, *Cactus aurantiiformis* Th. de Mén. Il a le port du précédent. Sa fleur est blanche; son fruit est d'un jaune d'or, de la grosseur et de la forme d'une orange, et plein d'une pulpe blanche assez insipide, mais très-fraîche. Cette espèce croît à Saint-Domingue, où les colons l'appellent *torche*, nom qu'ils donnent à la plupart des *cactiers cierges*.

Le **Cactier patte de tortue**, *Cactus testuduniscrus* Th. Celui-ci est formé d'articulations plates, et armé d'épines blanches très-longues et très-nombreuses. Il végète avec tant de vigueur, qu'une seule de ses articulations étant plantée, parvient en trois ou quatre ans à la hauteur d'un arbre. Il a l'épiderme tuberculeux, les fleurs de couleur aurore, et il porte des fruits ronds, d'un vert clair, gros comme une pomme d'apis, et dont la pulpe, d'un blanc grisâtre, est acide et peu agréable au goût. Il croît spontanément dans les lieux stériles de Saint-Domingue, notamment au môle Saint-Nicolas et dans la plaine du Cul-de-Sac. Thierry a découvert que la cochenille sylvestre habite sur cette plante en ces deux endroits.

Le Cactier jaune, *Cactus luteus* Th. Cette espèce est une des plus belles de celles à articulations comprimées. Elle est peu épineuse, et s'élève promptement en arbre. Sa fleur a les pétales ouverts; elle est jaune, ainsi que le fruit, dont la pulpe est d'une saveur assez agréable. Le même auteur a découvert et éprouvé que ce *cactier* peut être employé à l'éducation de la cochenille sylvestre.

Le Cactier de Campêche, *Cactus campechianus* Th. On peut, suivant Thierry, élever le même insecte sur celui-ci, et y nourrir aussi une petite quantité de cochenille fine. C'est avec des plantes de cette espèce, prises à Campêche même, que ce botaniste zélé a sauvé la cochenille qu'il a portée de la Vera-Crux à Saint-Domingue. Ce *cactier* est peu épineux; il vient très-haut, et il produit des fleurs et des fruits rouges. La pulpe du fruit a sa même couleur, et une saveur peu relevée.

Le Cactier sylvestre, *Cactus sylvestris* Th. Il ne s'élève pas au-delà de vingt pieds. Ses articulations sont applaties, larges, rétrécies à leur base, et armées à leur surface de faisceaux d'épines blanches très-poignantes. Ses fleurs sont rouges, avec des pétales très-ouverts. Le fruit qui leur succède est gros comme une noix, et de couleur de sang. Cette plante, dit Thierry, croit dans les terres arides de l'intérieur du Mexique. La cochenille sylvestre y fait sa demeure, et la préfère à toutes les autres plantes non cultivées. Elle s'y trouve en telle abondance, qu'elle en fait périr continuellement quantité d'articulations, qui tombent en pourriture avec les insectes qui les couvrent; ce qui, suivant ce naturaliste, empêche cette espèce de s'élever en arbre, comme l s trois précédentes.

Voyez au mot Cactier, *Nouv. Encycl. Diction. d'Agricult.* la description du *cactier splendide* et l'*Histoire de l'introduction de la cochenille à Saint-Domingue*, par Thierry de Ménonville. *Voyez* aussi le mot Cochenille. (D.)

CACTOÏDES, famille de plantes qui ne comprend qu'un genre, le Cacte. L'exposé de son caractère est dans celui du genre même. *Voyez* le mot Cacte. (B.)

CACTONITE. Les anciens ont quelquefois donné ce nom à la Cornaline. (Pat.)

CACUHN, nom des grands *sagoins* dans plusieurs endroits de l'Amérique méridionale (Thevet, pag. 103.), et dont on fait le nom *saki*, que l'on applique au plus grand des *sagoins*. Voyez Saki. (S.)

CADABA, genre de plantes de la gynandrie pentandrie, dont le caractère est d'avoir un calice de quatre feuilles caduques ; quatre pétales à onglets filiformes ; une production tubuleuse, terminée par une languette plane, située entre la division supérieure du calice et le réceptacle ; cinq étamines inégales, qui s'insèrent sur le pédicule du pistil ; un ovaire supérieur cylindrique, porté sur un pédicule plus long que les étamines, dépourvu de style, et terminé par un stigmate velu et obtus. Le fruit est une silique pédiculée, uniloculaire, à deux valves, contenant plusieurs semences disposées sur trois rangs dans une espèce de pulpe.

Ce genre se rapproche des CAPRIERS par ses fruits, et des MOSAMBÉS par ses fleurs. Il renferme quatre espèces, dont une croît dans l'Inde, et les autres en Arabie. La plus remarquable est le CADABA FARINEUX, dont les feuilles sont ovales, oblongues, farineuses, et sont regardées comme anti-vénéneuses ; et le CADABA FRUTIQUEUX, qui est le *cleome fruticosa* de Linnæus. Vahl a appelé ce genre *stroemia*, et l'a placé dans la pentandrie. (B.)

CADAMBA, nom donné par Sonnerat à *la fleur de St. Thomé*, ou le GUETTARD DE L'INDE. *Voyez* ce mot. (B.)

CADAVRE. Ce mot ne peut être employé en histoire naturelle que pour désigner le corps mort d'un être organisé qui est livré aux forces destructives de la nature brute. On dit le cadavre d'un animal, et l'on pourroit dire, de même, le cadavre d'un végétal, puisqu'il a joui de la vie, et qu'il est organisé aussi bien que l'animal.

Aussi-tôt que la vie abandonne un être organisé, les forces qui unissoient les élémens divers dont il se composoit, sont anéanties, et les forces de la nature brute prennent la place. L'organe que la puissance vitale maintenoit dans un état continuel de perfection, se ramollit d'abord ; ses fibres se relâchent, perdent leur ton ou leur tension ; les fluides s'épanchent, croupissent et fermentent, bientôt ils sont un levain de désorganisation pour les parties solides. Ces membres si beaux, si doux, si polis d'une jeune vierge, deviennent froids, mous, pâteux, livides, violets ; bientôt ils s'ouvrent, ils laissent écouler une sanie noirâtre et dégoûtante ; une odeur horrible se répand à l'entour du *cadavre* ; l'air la transporte au loin ; l'humidité, la putréfaction achèvent de dissoudre le *cadavre* ; les insectes accourent y vivre à ses dépens ; les vers y trouvent un aliment qui les engraisse, qui les porte rapidement à leur dernier état de transformation, de sorte que la mort sert à la vie, comme nous le disons à l'article Mort qu'il est utile de consulter.

Pour l'ordinaire, la destruction des végétaux est bien moins affreuse que celle des animaux ; ils n'exhalent pas une fétidité aussi insupportable, et leur décomposition est beaucoup plus lente. Car on peut admettre, qu'en général les corps les plus compliqués sont aussi les plus prompts à se dissoudre, parce que les élémens plus nombreux ont une plus grande quantité d'affinités diverses.

Les animaux donnent une odeur ammoniacale dans leur destruction, ce qui la distingue de celle des végétaux qui ne produisent qu'une odeur de gaz hydrogène carboné ; c'est parce que les premiers contiennent dans leurs principes constitutifs de l'azote, tandis que les seconds en sont privés. Les élémens des corps organisés ne se séparent pas entièrement entr'eux, mais ils forment des composés binaires, ternaires, ou même quaternaires. Dans les plantes, on ne trouve d'élémens essentiels que le *carbone*, l'*hydrogène*, l'*oxigène*, rarement de l'*azote*, tandis que ce dernier principe est très-abondant chez les animaux. Voilà tout ce qu'on retire en dernière analyse chimique des corps organisés, car les petites portions de soufre, de phosphore, de chaux, de fer, de muriates, nitrates, phosphates, sulfates, &c., semblent bien moins essentielles à l'économie vivante. Au reste, ces produits sont tellement changés par les agens chimiques, qu'il est totalement impossible de les rappeler à leur état primitif d'organisation. La vie ne peut s'imiter ; elle est indépendante, et l'empreinte de l'organisation est un cachet divin qu'il n'est pas permis à l'homme de renouveler lorsque la nature l'a détruit. (V.)

CADELARI, *Achyranthes*, genre de plantes de la pentandrie monogynie, et de la famille des Amaranthoïdes, dont le caractère est d'avoir un calice de cinq folioles pointues, et munies en dehors de trois écailles caliciformes ; cinq étamines situées entre des écailles frangées ; un ovaire supérieur, surmonté d'un stigmate simple ou bifide.

Le fruit est une semence solitaire, globuleuse, renfermée dans le calice, et dont les folioles, alors conniventes, font l'office d'une capsule.

Ce genre, qui est le même que le Cyathule de Loureiro, et dont les caractères sont figurés pl. 168 des *Illustrations* de Lamarck, est composé d'une vingtaine d'espèces, dont les unes ont les feuilles opposées, et les fleurs en épis terminaux ou en épis axillaires ; les autres les feuilles alternes.

Parmi les espèces dont les feuilles sont opposées et les fleurs en épis terminaux, se trouve le Cadelari argenté, qui croît naturellement en Sicile, et dont les feuilles sont argentées en dessous; toutes les autres viennent de l'Inde, à deux ou trois près qui sont américaines. Ce sont, en général, des plantes vivaces peu brillantes, qui n'ont rien de remarquable, mais qui sont fréquemment employées en médecine dans l'Inde et à la Chine. On les regarde comme astringentes, et on s'en sert conséquemment pour arrêter les cours de ventre, les fleurs blanches, guérir les ophthalmies commençantes, les inflammations des ulcères, les fièvres lentes et les sueurs nocturnes.

Lamarck a réuni à ce genre les ILLÉCÈBRES de Linnæus. *Voyez* ce mot (B.)

CADELLE. C'est le nom qu'on donne, au midi de la France, à une larve qui attaque le blé renfermé dans les greniers, et en ronge la substance farineuse. L'abbé Rozier, dans son *Cours d'Agriculture*, nous donne une description très-détaillée de cette larve sans faire connoître à quel genre d'insectes elle appartient. Ce n'est que dans les mémoires publiés par la Société d'agriculture de Paris, trimestre du printemps 1787', que l'on trouve quelques observations de M. Dorthe, sur plusieurs insectes nuisibles au blé et à la luzerne, et particulièrement sur la *cadelle*, dont il a suivi le développement; il a reconnu que l'insecte parfait étoit le *tenebrio mauritanicus* de Linnæus, mais c'est la *chevrette brune*, n° 5, de Geoffroy, et non point le *ténébrion à stries lisses* de cet auteur.

Comme l'histoire de cette larve est liée et appartient à celle de l'insecte parfait, nous renvoyons au mot TROGOSSITE, pour tous les détails qui peuvent concerner et l'insecte et la larve. (O.)

CADIE, *Cadia*, arbuste dont les feuilles sont alternes, pinnées, avec une impaire; les folioles très-nombreuses, petites, oblongues, sessiles et glabres; les fleurs penchées, grandes, d'abord blanches, ensuite roses, sortant deux ou trois sur un pédoncule commun de l'aisselle des feuilles.

Chacune de ces fleurs est composée d'un calice de cinq divisions, de cinq pétales presqu'en cœur et égaux, de dix étamines, et d'un ovaire supérieur, surmonté d'un style simple à stigmate capité.

Le fruit est un légume à plusieurs semences.

Cet arbuste, qui croît naturellement dans l'Arabie, forme un genre qui a été d'abord établi sous le nom ci-dessus, par Forskal, et qui depuis a été décrit sous les noms de *pantiatica* et de *spaendoncea;* ce dernier est celui du célèbre Van-Spaendonck, professeur d'iconographie au Muséum d'Histoire naturelle. Il est cultivé au jardin du Muséum d'Histoire naturelle. (B.)

CADITE, nom donné par quelques oryctographes aux arti-culations d'ENCRINES, qu'on trouve fossiles. Ce sont princi-palement celles qui sont rondes qui s'appellent ainsi, les *an-guleuses* ayant été prises long-temps pour des vertèbres de poissons. *Voyez* au mot ENCRINE. (B.)

CADMIE DES FOURNEAUX, ou TUTHIE. C'est un oxide de *zinc*, mêlé de suie, qui s'attache, sous la forme d'une croûte dure et noirâtre, aux cheminées des fourneaux où l'on fond en grand des matières qui contiennent ce métal. La *tuthie* est employée en pharmacie, où on la fait entrer dans les collires dessicatifs pour les yeux. On a quelquefois confondu la *cadmie* avec la *calamine*, ou *pierre calaminaire*, qui est un minerai composé d'oxide de zinc, d'oxide de fer, et de parties terreuses. *Voyez* ZINC. (PAT.)

CADOREU, nom que porte, en Picardie, le CHARDON-NERET. *Voy.* ce mot. (VIEILL.)

CADRAN (édition Sonnini de l'*Histoire nat. de Buffon*, ordre, PASSEREAUX; genre, GRIVE. *Voy.* ces deux mots.). Tel est le nom que ce *merle* porte au Bengale (*dial bird*); taille de notre *pie-grièche;* bec noir; iris jaune; tête, dessus et dessous du corps, excepté les couvertures inférieures de la queue, noirs; celles-ci et le dessous des pennes blancs. Cette espèce se trouve aussi dans le midi de l'Afrique. (VIEILL.)

CADRAN, *Solarium*, genre de coquilles établi par La-marck, aux dépens des *toupies* de Linnæus.

Ce genre a pour caractère d'être en cône déprimé, ayant dans sa base un ombilic ouvert, crénelé sur le bord interne des tours de la spire, et l'ouverture presque quadrangulaire. Il est composé des coquilles qui ont des rapports de forme avec la toupie escalier, *trochus perspectivus* Linn., figuré dans la *Conchyliologie* de Dargenville. *Voy.* au mot TOUPIE. (B.)

CÆSIO, *Cæsio*, genre de poissons établi par Lacépède, dans la division des THORACHIQUES, entre les SCOMBRES et les CENTROGASTÈRES. (*Voy.* ces mots.) Il offre pour caractère une seule nageoire dorsale; point de petites nageoires au-dessus ni au-dessous de la queue; les côtés de la queue relevés longitudinalement en carène; une petite nageoire composée de deux aiguillons et d'une membrane au-devant de la na-geoire de l'anus; la nageoire dorsale très-prolongée vers celle de la queue; la lèvre supérieure très-extensible; point d'ai-guillons isolés au-devant de la nageoire du dos.

Ce genre renferme seulement deux espèces; le CÆSIO ASUROR, qui a l'opercule branchial recouvert d'écailles sem-blables à celles du dos, et placées les unes au-dessus des autres. Il se trouve dans la mer des Indes, où il a été observé par

Commerson. L'or, l'argent, le rouge, le bleu céleste, le noir, sont répandus avec variété et magnificence sur cette espèce : le dos est bleu ; une bande longitudinale jaune se voit sur chacun de ses côtés ; le ventre est argenté ; une tache d'un noir très-pur est placée à la base de chaque nageoire dorsale.

Ce poisson, qui est de la grandeur et de la forme d'un maquereau, a la chair très-délicate.

Le Cæsio POULAIN, *Centrogaster equula* Linn., a une fossette calleuse et une bosse osseuse au-devant des nageoires thoracines. Il se trouve dans la mer Rouge, et parvient rarement à la longueur d'un pied. Sa tête est relevée par deux saillies qui convergent sur le front ; un ou deux aiguillons, tournés vers la queue, sont placés au-dessus de chaque œil. (B.)

CÆSIOMORE, *Cæsiomorus*. C'est encore un genre nouveau de poissons, établi par Lacépède. Il a une seule nageoire dorsale ; point de petites nageoires au-dessus ni au-dessous de la queue ; point de carène latérale à la queue, ni de petite nageoire au-devant de celle de l'anus ; des aiguillons isolés au-devant de la nageoire du dos.

On compte aussi seulement deux espèces dans ce genre, toutes deux observées, décrites et dessinées par Commerson, dans son voyage autour du monde.

Le Cæsiomore BAILLON a deux aiguillons isolés au-devant de la nageoire dorsale ; le corps et la queue revêtus d'écailles assez grandes. Il est figuré vol. 3, pl. 3 de l'ouvrage de Lacépède. Il a des dents très-petites, et quatre taches rondes sur la partie postérieure des lignes latérales.

Le Cæsiomore BLOCH a cinq aiguillons isolés au-devant de la mâchoire dorsale ; le corps et la queue dénués d'écailles facilement visibles. Il est figuré à côté du précédent. (B.)

CAFÉ, CAFÉYER, ou CAFIER, CAFÉTERIE. On donne le premier nom à la graine du fruit que porte un arbre cultivé dans les régions des deux continens, placées entre les tropiques ; cette graine, connue par-tout, à cause de l'usage qu'on en fait généralement, forme une branche de commerce très-considérable. *Caféyer* ou *cafier* est le nom de l'arbre qui la produit (*Voyez* l'article suivant), lequel est aussi appelé *café* dans quelques pays, et par plusieurs auteurs. Par le mot *caféterie*, on entend une grande plantation de *caféyers*.

CAFÉYER ou CAFIER, *Coffea* Linn. (*pentandrie monogynie*), genre de plantes de la famille des RUBIACÉES, qui comprend des arbres et des arbrisseaux exotiques, dont les feuilles sont simples et opposées, et dont les fleurs naissent communément aux aisselles des feuilles, et quelquefois au sommet des rameaux. Chaque fleur est composée d'un très-petit calice à quatre ou cinq dents, d'une corolle monopétale en entonnoir à quatre ou cinq divisions, de quatre à cinq étamines, et d'un style ayant deux stigmates ; le fruit est une baie ovoïde avec un ombilic, contenant ordinairement deux semences, planes et sillonnées d'un côté, convexes de l'autre. Les feuilles des *caféyers* ont des points glanduleux à la base de leurs nervures ; entre leurs pétioles, sur la face nue des rameaux, se trouvent deux stipules opposées, qui ne manquent jamais. Lam. *Illustr. des Genr.* pl. 160.

Dans le nombre d'espèces que renferme ce genre, il en est une très-célèbre depuis deux ou trois siècles, et qui fait la richesse des pays où elle croît ; c'est celle que les botanistes appellent *caféyer arabique*, du nom de la contrée qu'ils soupçonnent être son pays natal, ou plutôt parce que c'est l'Arabie qui a fourni les premiers individus d'où proviennent tous les *caféyers* de la même espèce, cultivés aujourd'hui dans les deux mondes.

Le CAFÉYER ARABIQUE, *Coffea arabica* Linn., est un arbre ou arbrisseau toujours vert, qui croît assez vîte, et qui s'élève à la hauteur de quinze à vingt-cinq pieds sur un tronc droit, dont le diamètre n'excède pas trois ou quatre pouces ; sa racine est pivotante, peu fibreuse et roussâtre ; son tronc pousse, d'espace en espace, vers sa partie supérieure, des branches opposées deux à deux, et situées de manière qu'une paire croise l'autre ; elles sont souples, très-ouvertes, presque cylindriques, noueuses par intervalles, et couvertes, ainsi que le tronc, d'une écorce fine et grisâtre, qui se gerce en se desséchant ; l'épiderme est blanchâtre ; l'enveloppe cellulaire d'un vert léger ; le bois assez dur ; les branches inférieures sont ordinairement simples, et s'étendent plus horizontalement que les supérieures ; les unes et les autres sont chargées en tout temps de feuilles entières, sans dentelures ni crénelures, opposées, d'une forme ovale alongée, lisses, et luisantes en dessus, pâles en dessous, aiguës au sommet, rétrécies à la base, et portées par de très-courts pétioles ; les feuilles ressemblent à celles du *laurier commun*, avec cette différence qu'elles sont moins sèches, moins épaisses, ordinairement plus larges et plus pointues à leur extrémité ; à chaque nœud on voit deux courtes stipules intermédiaires, larges par le bas, et terminées en pointe.

De l'aisselle de la plupart des feuilles, sortent de petits groupes de fleurs au nombre de quatre ou cinq ; chacune d'elles est soutenue par un court pédoncule ; elles sont blan-

ches, formées d'un seul pétale, et ont à-peu-près la figure et
le volume des fleurs du *jasmin d'Espagne*, excepté que leurs
découpures sont plus étroites, leur tube plus court, et qu'au
lieu de n'avoir que deux étamines comme les *jasmins*, elles
en renferment cinq, saillantes, hors du tube, et à sommets
linéaires et jaunâtres; au milieu des filamens s'élève un style
fourchu qui surmonte l'ovaire, et qui est aussi long que la
corolle. Ces fleurs passent fort vîte, et ont une odeur douce
et agréable : elles sont remplacées par une espèce de baie, qui
a l'apparence d'une *cerise*, et qui, par cette raison, porte,
dans les Antilles, le nom de *cerise du café;* elle est plus ou
moins ronde ou ovale, et d'un rouge obscur dans sa parfaite
maturité ; elle a un petit ombilic à son sommet, et elle renferme une pulpe glaireuse et d'un goût douceâtre, laquelle
sert d'enveloppe à deux petites féves ou graines, d'une nature
cornée ou cartilagineuse, accolées l'une à l'autre, et entourées
chacune d'une membrane particulière et coriace : ce sont ces
graines qu'on appelle *café*. Tout le monde en connoît la
forme et la couleur, qui offrent quelques légères différences,
suivant les variétés.

Histoire du Café.

Le *caféyer*, dit Raynal, *Hist. philosoph. et politiq.*, &c.,
vient originairement de la Haute-Ethiopie, où il a été connu
de temps immémorial, et où il est encore cultivé avec succès.
M. Lagrenée de Mézières, un des agens les plus éclairés que
la France ait jamais employés aux Indes, a possédé de son
fruit, et en a fait souvent usage ; il l'a trouvé beaucoup plus
gros, un peu plus long, moins vert, presqu'aussi parfumé
que celui qu'on a commencé à cueillir dans l'Arabie vers la
fin du quinzième siècle.

Ce sont les Orientaux qui nous ont transmis l'usage du *café*.
Les uns disent qu'on en doit la première expérience à la vigilance du supérieur d'un monastère d'Arabie, qui, voulant
tirer ses moines du sommeil qui les tenoit assoupis dans la
nuit aux offices du chœur, leur en fit boire l'infusion, sur
la relation des effets que ce fruit causoit aux boucs qui en
avoient mangé. D'autres prétendent qu'un mollach, nommé
Chadely, fut le premier Arabe qui prit du *café*, dans la vue
de se délivrer d'un assoupissement continuel, qui ne lui per-
mettoit pas de vaquer convenablement à ses prières nocturnes.
Ses derviches l'imitèrent. Leur exemple entraîna les gens de
la loi. On s'apperçut bientôt que cette boisson égayoit l'esprit
et dissipoit les pesanteurs de l'estomac. Ceux même qui

n'avoient pas besoin de se tenir éveillés, l'adoptèrent. Des bords de la mer Rouge, cet usage passa à Médine, à la Mecque, et, par les pélerins, dans tous les pays mahométans. Enfin, on lit dans un manuscrit arabe, qui est à la Bibliothèque nationale, que le *café*, quoique originaire de l'Arabie Heureuse, étoit en usage en Afrique et dans la Perse, bien long-temps avant que les Arabes en eussent fait une boisson. Vers le milieu du quinzième siècle, le muphti d'*Aden*, ville de l'Arabie, voyageant dans la Perse, y vit employer cette liqueur, et à son retour il la fit connoître dans son pays. D'Aden, l'usage s'en répandit dans tous les lieux soumis à la loi de Mahomet.

Dans plusieurs villes de ces contrées, on imagina d'établir des maisons publiques, où se distribuoit le *café*. En Perse, ces maisons devinrent, comme chez nous, un asyle honnête pour des gens oisifs, et un lieu de délassement pour les hommes occupés. Les politiques s'y entretenoient de nouvelles, les poëtes y récitoient leurs vers, et les mollachs leurs sermons. À Constantinople, les choses ne se passèrent pas si tranquillement. On n'y eut pas plutôt ouvert les *cafés*, qu'ils furent fréquentés avec fureur. D'après les représentations du muphti, le gouvernement, sous Amurat III, fit fermer ces lieux publics, et ne toléra l'usage de cette liqueur que dans l'intérieur des familles. Un penchant décidé triompha de cette sévérité. On continua de boire du *café* publiquement; et les lieux où on le distribuoit se multiplièrent. Pendant la guerre de Candie, et sous la minorité de Mahomet IV, le grand visir Koproli les supprima de nouveau; mais cette précaution fut aussi inutile que les précédentes; elle n'eut d'autre effet, dit Ricault, que de diminuer le revenu de l'état. Au commencement du seizième siècle, le *café* produisit pareillement des troubles au Caire. L'an 1525 ou 930 de l'hégire, Abdallah Ibrahim, cheik de la loi, prêcha hautement contre cette boisson dans la mosquée de *Hassananie*. Les têtes s'échauffèrent, les partis en vinrent aux mains; mais le cheik El-belet (le commandant de la ville) assembla tous les docteurs, et après avoir entendu avec patience une longue discussion, il fit servir du *café* à tout le monde, et leva la séance sans proférer un seul mot. Cette mesure rétablit la tranquillité. C'est ainsi que l'usage du *café* adopté universellement dans l'Orient, s'y est perpétué malgré la violence des loix et l'austérité de la religion, qui s'étoient réunies pour le proscrire. Les Turcs ont un intendant particulier, qu'ils nomment kahveghi, c'est-à-dire officier du *café*, et dans le sérail il y a plusieurs *kahveghis;* chacun d'eux préside à vingt ou trente *battagis*, qui sont des employés chargés de préparer cette liqueur agréable.

Le *café* avoit commencé à être en crédit à Constantinople, sous le règne de Soliman-le-Grand, l'an 1554. Ce fut environ un siècle après, qu'on l'adopta à Londres et à Paris; mais son introduction en Angleterre éprouva, sous Charles ii, les mêmes difficultés qu'elle avoit éprouvées en Turquie, sous Amurat et Mahomet. On trouva que les *cafés* devenoient des assemblées trop considérables, et on les supprima (en 1675) comme des séminaires de sédition. On fut plus modéré en France. L'établissement de ces lieux publics s'y fit, et s'y maintint paisiblement. En 1669, Soliman-Aga, qui demeura à Paris pendant un an, fit goûter du *café* à un grand nombre de personnes qui, après son départ, continuèrent à en faire usage. La première salle de *café* publique, fut construite à la foire S. Germain, par un Arménien, en 1672. Depuis, il s'établit sur le quai de l'Ecole, où l'on voit encore une boutique au coin de la rue de la Monnoie. La salle n'étoit fréquentée que par des chevaliers de Malte et par des étrangers. Ayant quitté Paris pour aller à Londres, il eut plusieurs successeurs. Une tasse de *café*, à cette époque, se vendoit deux sols six deniers. Enfin un certain Etienne d'Alep construisit le premier, à Paris, une salle décorée avec des glaces et des tables de marbre; elle étoit dans la rue S. André-des-arcs, vis-à-vis le pont S. Michel.

Un peuple naturellement vif et léger, dut adopter bien vîte l'usage d'une boisson qui étoit si propre à entretenir sa gaîté ordinaire. Elle fut d'abord un objet de fantaisie ou de luxe; et elle ne tarda pas à devenir un besoin, sur-tout pour les riches. Le goût s'en répandit, de proche en proche, dans toutes les conditions et dans tous les pays. Les habitans du Nord s'y accoutumèrent; ils préférèrent cette boisson à leurs liqueurs. Enfin toute l'Europe prit du *café*. Il étoit impossible qu'un goût devenu si général, ne donnât point envie aux Européens de posséder l'arbre qui produisoit cette graine précieuse. Les puissances maritimes de cette partie du monde, avoient des colonies placées entre les Tropiques; elles songèrent à y transplanter le *caféyer*. Il falloit l'aller chercher dans son pays natal, c'est-à-dire en Arabie; car c'étoit de cette contrée que venoit alors tout le *café* qui se débitoit dans le commerce. Cette entreprise étoit réservée à une nation connue par son industrie. Les Hollandais furent les premiers qui transportèrent cet arbre de Moka à Batavia, et de Batavia à Amsterdam. Au commencement du dix-huitième siècle, les magistrats de cette dernière ville en envoyèrent un pied à Louis xiv. Ce pied, qui fut soigné au jardin des plantes de Paris, a été le père de tous les caféyers plantés depuis dans toutes les îles françaises de l'Amérique. Ce fut d'abord à la Martinique que parut le premier de ces arbres. Il y fut apporté par M. de Clieux. Pendant la traversée, qui fut longue et pénible, l'eau douce étant devenue rare, et ayant été mesurée à chaque passager, ce zélé citoyen partagea toujours sa portion avec l'arbuste qui lui avoit été confié; il parvint ainsi à le sauver. Arrivé à la Martinique, il le planta dans le lieu de son jardin le plus favorable à son accroissement, et le fit garder à vue, jusqu'à ce qu'il eût fructifié. Il en distribua les graines à divers habitans de l'île, qui en étendirent prodigieusement la culture. Quelques années après, des plants de *café* furent transportés de la Martinique à Saint-Domingue, à la Guadeloupe, et aux autres îles adjacentes.

Dans le même temps à-peu-près, la culture du *caféyer* fut introduite à Cayenne, par un Français, qui en apporta des graines fraîches de la Guiane hollandaise. En 1717, la compagnie française des Indes, établie à Paris, envoya aussi des plants de *café Moka*, à l'île de Bourbon. Tous les *caféyers* cultivés aujourd'hui dans cette île descendent de ces plants, et donnent le café connu dans le commerce sous le nom de *café Bourbon*. Cependant il en existe une espèce ou une variété indigène à ce pays. Du moins, le fait suivant consigné dans les Mémoires de l'académie des sciences de Paris, année 1715, semble le prouver. Les habitans de l'île Bourbon, y est-il dit, ayant vu sur un navire français revenant de *Moka*, des branches de *caféyer* ordinaire, chargées de feuilles et de fruits, reconnurent aussi-tôt qu'ils avoient dans leurs montagnes des arbres entièrement semblables; ils allèrent en chercher des branches, dont la comparaison avec celles qui avoient été apportées, se trouva exacte, tant pour la feuille que pour le fruit; seulement le *café* de l'île fut trouvé plus long, plus menu et plus vert que celui d'Arabie. C'est sans doute cette différence, jointe à quelques autres très-légères, qui a décidé *Lamarck* à faire de ce *caféyer* une espèce particulière et distincte du *caféyer arabique*.

Culture du Caféyer.

Cet arbre croît et réussit très-bien dans tous les pays situés entre les Tropiques ou dans leur voisinage. On le cultive avec succès en Arabie, à Batavia, aux îles de France et de Bourbon, dans les Guianes française et hollandaise, et dans toutes les Antilles. Mais l'Arabie est depuis long-temps en possession de fournir le meilleur *café* connu. L'abbé Raynal dit qu'on en exporte chaque année de ce pays 12,550,000 livres pesant, dont environ 3,500,000 livres sont achetées par les compagnies européennes. C'est principalement dans le royaume d'Yémen, vers les cantons d'Aden et de Moka, que se trouvent les grandes plantations en *caféyers*. Quoique cette portion de l'Arabie Heureuse soit dans une température trèschaude, les montagnes qu'elle renferme sont froides au sommet. Le *caféyer* est ordinairement cultivé à mi-côte, et lorsqu'on le trouve dans la plaine, on voit d'autres arbres plantés à proximité, pour le garantir de l'ardeur du soleil, parce que la chaleur excessive dessécheroit ses fruits avant la récolte. Quand il est placé dans des lieux exposés au midi, ou trop découverts, on l'abrite avec une espèce de peuplier. Le pied du *caféyer* est ami de l'eau ; les Arabes ont coutume de jeter des pierres dans les fosses qu'ils creusent pour le planter ; les soins qu'ils donnent ensuite à sa culture, consistent à détourner l'eau des sources, et à la conduire au pied de ces arbres. La récolte du fruit se fait à trois époques : la plus grande a lieu en mai ; on étend des pièces de toile sous les *caféyers* qu'on secoue ; le *café* mûr tombe facilement : on le jette dans des sacs ; il est transporté ailleurs, et mis à sécher sur des nattes, afin que les baies puissent s'ouvrir par le moyen d'un cylindre en bois ou en pierre fort pesant, qu'on passe par-dessus. Quand les grains sont dépouillés de leur enveloppe, et séparés en deux petites fèves, on les agite dans de grands vans, pour les monder, et on les fait sécher de nouveau.

Telle est la méthode simple et facile que suivent les Arabes dans la culture de cet arbre intéressant, et dans la récolte et la préparation de son fruit. Le *café* de ce pays, connu sous le nom de *café Moka*, surpasse, comme on sait, en qualité, toutes les autres espèces de *café* que le commerce débite dans les deux continens. Cette supériorité est-elle due au climat et au sol de l'Arabie? ou le *caféyer*, transporté hors de cette contrée, a-t-il dégénéré? C'est ce qu'il seroit intéressant de rechercher. Nous croyons que la cupidité des Européens est la principale cause de la médiocre qualité du *café* qu'ils récoltent dans leurs colonies, et sur-tout aux Antilles. On le recueille trop tôt, et on le fait mal sécher, pour avoir un grain plus gros et plus pesant ; de sorte qu'il perd nécessairement en qualité, ce qu'il gagne en volume. Sa saveur ne peut être aussi exaltée, ni sa sève aussi élaborée que dans le *café d'Arabie*. Il a moins de dureté que ce dernier, moins de parfum ; et il conserve toujours une certaine verdeur, qui le fait s'imprégner plus facilement des odeurs des corps placés dans son voisinage.

Une autre cause de l'infériorité du *café d'Amérique*, est l'indifférence des colons sur le choix des lieux où ils font leurs établissemens. Le *caféyer* demande un sol plutôt sec qu'humide, et une terre légère et rocailleuse plutôt que substantielle et forte. Il veut être abrité des grands vents et des ardeurs brûlantes du soleil ; mais les abris doivent être ménagés de manière que le grand air puisse frapper librement ses branches, et que le soleil puisse promptement mûrir les fruits qui les couvrent. Si ces arbres sont plantés dans un lieu étouffé, sur un sol marneux ou argileux, ou même dans une terre trop légère, qui se dessèche promptement, et ne conserve point à leurs pieds la fraîcheur dont ils ont besoin, alors ils produiront des fruits imparfaitement mûrs, ou à moitié avortés. Si, d'un autre côté, la terre où ils croissent est trop riche ou trop fréquemment arrosée, leur croissance sera, il est vrai, rapide et vigoureuse ; mais leurs fruits, quoique plus gros, auront été formés par un suc crud et mal préparé.

L'usage d'ététer les *caféyers*, qui a prévalu généralement dans presque toutes les Antilles, et même aux îles de France et de Bourbon, peut contribuer aussi à diminuer la bonté du fruit. Les branches forcées de prendre une direction latérale, sont sujettes à se coucher et à s'entremêler ; étant moins élevées au-dessus de la terre, elles se trouvent plus souvent et plus long-temps plongées dans les vapeurs qui s'en exhalent, et les fleurs ou fruits qu'elles portent, reçoivent plus difficilement les influences bienfaisantes de l'atmosphère supérieure et du soleil.

Si à toutes ces causes, on ajoute l'empressement des propriétaires à enfermer leur *café* dans des sacs avant son entière dessication, afin qu'il soit plutôt vendu, et le peu de précautions prises par les capitaines de navires (en chargeant cette graine) pour en éloigner tout ce qui pourroit lui communiquer une odeur étrangère et désagréable, on ne sera plus étonné de voir répandus dans le commerce tant de *cafés* des îles, médiocres ou mauvais, lesquels se vendent pourtant, parce qu'il y a peu de connoisseurs de cette denrée, et encore moins de gourmets d'une boisson devenue cependant aujourd'hui si commune.

Malgré ce qui vient d'être dit, on ne peut disconvenir que la différence du sol ou du climat n'influe jusqu'à un certain point sur la qualité du *café ;* elle dépend aussi de l'âge des arbres, quelle que soit la méthode de culture que l'on suive, car on ne suit pas la même par-tout ; elle varie selon les peuples et les pays ; et les cultivateurs du *caféyer*, dans les Deux-Indes, ne sont pas quelquefois d'accord entr'eux sur des points très-essentiels. C'est après avoir lu et comparé tout ce qu'ils ont écrit à ce sujet, et après avoir fait nous-mêmes des observations sur cette culture à Saint-Domingue, que nous présentons au lecteur l'extrait suivant, dans lequel il trouvera, au lieu d'une méthode locale et particulière, des principes généraux applicables dans tous les lieux où peut croître le *caféyer*.

Quoique cet arbre soit originaire des pays chauds de l'Asie et de l'Afrique, ce seroit une erreur d'imaginer qu'on ne pourroit pas le naturaliser dans les parties australes de l'Europe. M. Jean-Laurent Telli a réussi, il y a quelques années, à faire prendre racine au *caféyer* dans le jardin botanique de *Pise*. Cet arbre n'a pas besoin d'une grande chaleur en hiver ; il suffit qu'elle soit entre treize et quinze degrés du thermomètre de Réaumur. D'un seul individu qu'avoit dans le principe M. Telli, et qui chaque année a donné des fruits parfaitement mûrs, il a obtenu successivement et en peu de temps, jusqu'à vingt plantes, qu'il a envoyées à différentes villes d'Italie. Les pays tempérés peuvent donc convenir ausi au *caféyer*. On a vu que dans sa terre natale il croît sur le penchant des montagnes, où le froid se fait quelquefois sentir un peu.

Si, pour former une *caféterie*, on prend les jeunes plantes qui naissent des fruits tombés, on aura des sujets foibles, qui languiront long-temps après leur transplantation ; il vaut mieux semer le *café*, soit à demeure, soit en pépinière : en semant à demeure, on s'épargne beaucoup d'embarras, la *caféterie* est plutôt établie, et les *caféyers* non transplantés conservent leurs pivots, et résistent mieux aux ouragans. Cette méthode doit être adoptée de préférence dans les quartiers pluvieux ; elle consiste à planter des piquets en quinconce, ou disposés de toute autre manière, et espacés convenablement. On fait un trou à chaque piquet, dans lequel on met plusieurs graines. Quand les plants ont environ douze à quinze pouces de hauteur, on n'en laisse qu'un dans chaque trou, et toujours le plus vigoureux.

Dans les endroits où il pleut rarement, une pépinière est indispensable. On choisit pour l'établir un lieu assez découvert et un sol d'une médiocre bonté, que l'on prépare par plusieurs labours, sans le fumer. Le terrein est disposé en planches, avec des rayons ouverts d'un demi-pouce de profondeur, et espacés de sept à huit. On y sème à trois ou quatre pouces de distance l'une de l'autre, non la baie du *café*, mais la graine ou fève dépouillée de sa pulpe et revêtue de son enveloppe coriace. Les cerises réservées pour le semis, doivent être fraîches, rouges et cependant très-mûres; les graines desséchées, ou qui ne sont pas récentes, ne lèvent pas. Pour les rendre plus faciles à manier, on les couvre d'un peu de cendre avant de les semer. On doit les mettre en terre immédiatement après la récolte, ou dans les premiers quinze jours qui la suivent; jusqu'à ce moment, on les laisse toujours dans la cendre, étendues dans un lieu couvert et aéré.

La saison la plus favorable pour faire les semis, est celle des équinoxes et des deux mois suivans, c'est à-dire qu'on doit les commencer à l'équinoxe de septembre dans les pays situés en-deçà de l'équateur, comme la *Martinique* et *Saint-Domingue*; et à l'équinoxe de mars, dans les contrées placées au-delà de la ligne, comme les îles de *France* et de *Bourbon*. Les jeunes plants n'auront alors à supporter que la chaleur du soleil d'hiver de ces climats, et seront déjà assez forts lorsque celle de l'été se fera sentir. En semant dans une saison contraire, on les exposeroit à périr dès leur naissance. On ne doit point établir les semis près des haies; leur ombrage arrête la végétation des jeunes *cafés*, et les vieilles haies dévorent la substance de la terre.

Il est convenable d'arroser la pépinière. Les *cafés* adultes ou avancés en âge, peuvent résister à la chaleur; ils se font ombrage avec leurs feuilles, et leurs racines pénètrent en avant dans la terre; mais dans leur enfance, privés d'ombre et de fraîcheur, et placés dans un sol meuble et plus perméable aux rayons du soleil, ils doivent être très-altérés; les arrosemens du soir sont préférables dans les pays chauds à ceux du matin et de la journée. On peut arroser à la main, par filtration ou par irrigation : il ne faut pas que les plants soient submergés; l'on ne doit pas non plus répéter cette opération trop souvent, car les *cafés* trop arrosés ou élevés dans un terrein trop humide, n'ont point, à la transplantation, la vigueur des autres.

C'est dans l'hiver de ces pays qu'on transplante ordinairement les *cafés*; ils ont alors moins de sève. On les enlève avec leur motte de terre ou sans leur motte. Cette dernière méthode est la plus suivie; mais l'autre quoique plus longue, est plus sûre et préférable; en l'employant, on peut se dispenser de consulter la saison, pourvu que la transplantation se fasse dans un temps pluvieux. On coupe ou l'on ne coupe pas le pivot du jeune plant, suivant la nature du sol préparé pour le recevoir : si ce sol a de la profondeur, le pivot doit être conservé; dans le cas contraire, on le coupe en bec de flûte, au moment même et dans le lieu de la transplantation. S'il n'étoit pas coupé, ne pouvant percer le tuf ou la pierre qu'il rencontreroit, il se rouleroit en vis, et seroit sujet à être attaqué par les vers; d'ailleurs, son retranchement favorise la pousse des racines latérales. La profondeur des trous, la distance des plants entr'eux et leur disposition sur le terrein, sont également subordonnées, non-seulement à sa qualité, mais encore à sa pente, plus ou moins grande ou nulle, à son exposition et même aux variations de l'atmosphère auxquelles est sujet le lieu où est établie la *caféterie*. Il est clair qu'on doit espacer davantage les *cafés*, et faire des trous plus larges dans les quartiers humides et fréquemment arrosés, sur-tout si le sol est plat, riche et profond. Dans les endroits secs, escarpés, ou disposés en pente vive ou douce, les plants doivent être plus rapprochés, et les trous avoir une largeur et une profondeur relatives. On ne peut prescrire à cet égard aucune régle générale. Il faut pourtant avoir soin de creuser toujours des trous plutôt larges qu'étroits, dans les terreins nouvellement défrichés, parce qu'ils sont remplis de petites racines d'arbres qu'il importe d'enlever; elles servent de pâture aux vers blancs qui attaquent ensuite celles du *café*, surtout le pivot, et font périr l'arbre.

Le choix des plants est important. Ceux qu'on prend dans sa pépinière, sont préférables aux plants pris chez ses voisins ou sous les vieux *cafés*. On peut employer de petits plants de cinq à six pouces, ou de plus forts. En général ceux-ci réussissent mieux, parce que toute transplantation étant une crise pour le jeune arbre, cette crise est mieux soutenue par le plant fort qui a douze à quinze pouces de hauteur. Cependant le succès des uns et des autres dépendra de la saison, des précautions employées en les transplantant, et du temps qui a précédé et suivi la transplantation. Lorsqu'elle est achevée, on abrite les jeunes *cafés* avec des branchages garnis de feuilles; et après leur reprise, au bout de quinze ou vingt jours, on retire cet abri; les feuilles sont laissées au pied du plant, qu'elles maintiennent dans un état de fraîcheur; elles engraissent d'ailleurs la terre.

Soit qu'on élève le *café* de graine semée en place, soit qu'on le transplante, on ne doit cultiver dans le même champ que du maïs et des petits pois, en ramant ceux-ci, et pendant les deux premières années seulement; après ce temps il ne faut rien mettre entre les *caféyers*. Il est prudent de faire, chaque année, des semis pour les remplacemens. Les coups de soleil, les sécheresses, les gros vers, les ouragans, détruisent assez souvent les arbres les plus vigoureux dans-les caféteries les plus avancées, mais sur-tout dans les premières années de leur transplantation.

L'entretien des *cafés* jusqu'au temps de la récolte n'est pas difficile, il suffit de les sarcler deux ou trois fois; on arrache les herbes à la main ou avec un couteau fait exprès, et au lieu de les brûler on en fait des lits assez épais dont on entoure les pieds de *café*; ainsi entassées elles ne repoussent pas de si-tôt, et elles étouffent celles de dessous. On laisse aussi sur le sol de la *caféterie* les tiges sèches et les autres productions des plantes herbacées qu'on y cultive : tout cela forme en peu de temps un excellent terreau.

Dans les quartiers secs on doit retrancher toutes les branches gourmandes à mesure qu'il en paroît. Dans les endroits pluvieux il convient peut-être de les laisser, afin qu'elles puissent servir d'écoulement à la sève surabondante. Il faut tailler dans le vif les branches mortes ou à demi-rompues et appliquer sur la plaie de la terre humectée. Quand un ouragan renverse des *cafés*, on doit se hâter de les relever et les rechausser. C'est principalement pour les garantir de la violence du vent, et aussi pour rendre la récolte plus facile, qu'on a coutume de les étêter dans leur jeunesse : cette opération contrarie cependant la nature ; car il est hors de doute que l'arbre auquel on laisseroit prendre son accroissement donneroit des fruits de meilleure qualité que l'arbre étêté. Comme on plante communément les *cafés* en ligne droite, il seroit peut-être avantageux d'en étêter la moitié, et de laisser l'autre moitié parvenir à toute sa hauteur, de façon qu'un arbre taillé se trouvât entre deux arbres non taillés et *vice versa* ; disposés ainsi ils ne pourroient pas se nuire en s'entrelaçant, et les arbres livrés à eux-même étant plus précoces, pendant qu'on cueilleroit leurs fruits, ceux des arbres taillés achèveroient de mûrir.

Lorsque les *cafés* sont fort vieux, qu'ils portent du bois mort et donnent peu de fruits, il faut les recéper le plus près de terre qu'on le pourra, et dans le moment où ils sont le moins en sève, c'est-à-dire à l'un des deux solstices, suivant le pays ; on laboure la terre à leur pied, et on y met de l'engrais. Ces arbres entrent ordinairement en grand rapport à la quatrième année, et fructifient pendant environ trente ou quarante ans.

Récolte du Café.

Cette récolte se fait à la main, et à deux ou trois époques. L'objet essentiel est de ne récolter le grain que lorsqu'il est parfaitement mûr : sa maturité se reconnoît à la couleur de la cerise ; quand elle est d'un rouge bien foncé, et qu'elle commence à brunir, il est temps de la cueillir. On doit avoir soin en la cueillant de ne point effeuiller les extrémités des branches, et de ne pas endommager les bourgeons qui s'y trouvent et qui doivent fleurir bientôt après ; il faut enlever les cerises par chaque anneau séparément, en tournant et retournant la main droite sur elle-même, tandis que la main gauche contiendra la branche. Ceci n'est applicable qu'à la grande récolte ; dans les autres on ne trouve des grains mûrs que çà et là, et l'on est obligé de les cueillir un à un.

Il seroit à desirer, non-seulement pour la prompte dessication de la cerise et du grain, mais encore pour la santé des noirs, que l'on pût toujours récolter le *café* dans un temps sec, après que la rosée est passée, et au moment où le soleil darde ses rayons avec plus de force. Malheureusement dans la plupart des Antilles presque toutes les *caféteries* sont établies dans les mornes, où il pleut très-fréquemment ; on ne veut pas attendre l'instant favorable, ou on ne le peut pas ; on cueille la cerise encore tout humide ; les cultivateurs chargés de ce soin sont exposés à la pluie ou à la rosée ; ils sont à la vérité vêtus, mais l'humidité échauffée par les habits est plus funeste que celle qui est reçue à nu sur le corps ; de-là naissent beaucoup de maladies. Aussi, toutes choses égales d'ailleurs, périt-il proportionnellement plus de nègres dans les établissemens en cafés que dans les autres, quoique le contraire dût arriver, puisque dans nos îles, comme dans tout pays, l'air de la montagne est ordinairement plus vif et plus sain que celui des plaines et des bords de la mer.

Lorsque la cerise est cueillie, le premier soin doit être de la dessécher, pour pouvoir séparer plus aisément la pulpe de la fève. On l'expose donc, pendant quelques jours, à l'air et au soleil, sur des aires préparées de différentes manières ; celles qui sont pavées ou revêtues d'un bon ciment, avec une pente pour l'écoulement des eaux, remplissent mieux le but qu'on se propose. Sur ces aires les cerises sont échauffées à la fois dans toutes leurs surfaces par la réverbération des rayons du soleil ; on n'a pas besoin de les retourner aussi souvent, et s'il survient quelque humidité, elle est promptement dissipée. Il faut avoir attention de ne pas les laisser en tas ; elles fermentent alors, le suc de la pulpe devient spiritueux et volatil, et, pénétrant jusqu'à la fève à travers son enveloppe coriace, il lui communique un goût d'aigre et une odeur désagréable.

La méthode de sécher la cerise à l'étuve est celle de toutes qui paroît mériter la préférence ; elle est presque indispensable dans les endroits très-pluvieux, on n'a point à craindre de fermentation, le desséchement est plus sûr, plus prompt, plus complet, sujet à moins de main-d'œuvre et à moins d'inconvéniens. L'étuve ne doit point être aussi vaste qu'on pourroit le penser, parce que le *café* d'une plantation ne se récolte pas tout à la fois.

Dans les Antilles on dépouille le café de sa pulpe pendant qu'elle est rouge par le moyen des moulins, et on rejette la pulpe comme inutile. Les Arabes, au contraire, font sécher la cerise, parce qu'ils emploient la pulpe desséchée en boisson théiforme, et qu'elle est un objet de commerce.

Quand cette pulpe est enlevée, on lave les fèves, on les met sécher au soleil, on leur enlève leur enveloppe coriace en les pilant, et on les vanne ; ensuite on fait sécher de nouveau le *café*, soit à l'air libre, soit à l'étuve ou au four ; l'étuve lui ôte toute sa verdeur sur-le-champ ; il est enfin mis dans des sacs. Si, au lieu de dessécher le *café* mondé, on l'enferme au sortir du pilon ou du moulin, il contracte alors une odeur qui diminue de sa qualité. Les sacs doivent être élevés au-dessus de la terre ou du plancher, disposés les uns sur les autres à angles droits, dans un lieu couvert et aéré, et l'on doit en éloigner avec soin tous les corps dont les émanations pourroient communiquer au café une odeur étrangère et altérer son parfum. Il est difficile de prendre cette dernière précaution dans un navire ; c'est un grand inconvénient, et qui, ajouté à tous les contre-temps et à toutes les négligences qui ont accompagné la récolte de cette denrée, fait qu'on la trouve si rarement de bien bonne qualité. Miller raconte qu'un vaisseau venant des Indes chargé de *café*, ayant pris à bord plusieurs sacs de poivre, toute la cargaison de *café* fut absolument perdue.

Avantages particuliers que les colonies européennes et leurs métropoles peuvent retirer de la culture du Caféyer ou Café.

La culture du *café* exige peu de fonds ; elle convient à l'homme industrieux d'une fortune médiocre, ou dont le commerce n'a pas eu de succès. Avec un petit nombre de bras il peut former un établissement qui s'acroîtra peu à peu, et qui, en attendant, le fera vivre. Les travaux dans une *caféterie* ne sont ni très-multipliés ni pénibles ; les femmes et les enfans peuvent en faire une grande partie ; ainsi ce genre de culture est favorable à la population. Le sol où le *café* se plaît le plus ne peut guère être employé qu'à la culture de cette plante. C'est dans l'intérieur des îles , dans les vallées , sur le penchant des petites montagnes , et quelquefois à leur sommet , que se trouvent les terres et les situations qui lui conviennent. Tous ces cantons peuvent être peuplés d'un grand nombre de familles. En formant leurs plantations , elles éclairciront les forêts , mettront en valeur les terreins montueux , établiront des routes et des communications commodes ; il s'élèvera insensiblement des villages , de petites villes, dont l'industrie sera vivifiée par les richesses des ports de mer, et qui pourront servir de premiers entrepôts au *café*. Cette denrée , exportée en abondance des colonies dans les métropoles , fournira au commerce une grande quantité de fret , et alimentera une marine marchande considérable : or la marine est le nerf de toute puissance maritime. D'ailleurs les familles blanches répandues en grand nombre dans les établissemens coloniaux , consommeront les denrées et marchandises de l'Europe , en proportion de l'accroissement de leur fortune ; le succès de leurs travaux encouragera d'autres Européens à venir s'établir dans le même pays ; et les colons s'y multipliant chaque jour davantage, y contiendront facilement les noirs , et y maintiendront , sans secousse , l'ordre et la tranquillité.

Propriétés , usage et préparation du Café.

Le *café*, regardé comme boisson, a eu ses détracteurs et ses partisans ; on a beaucoup écrit pour et contre. Dans l'Orient il a été plusieurs fois l'objet de discussions ridicules et de défenses sévères , dont on s'est toujours moqué. En Europe plusieurs médecins se sont élevés en différens temps contre l'usage de cette liqueur, et ont prétendu qu'elle étoit contraire à la santé , tandis que d'autres prônoient au contraire avec enthousiasme ses vertus salutaires. Au milieu de ces contradictions l'habitude a prévalu , et le goût du café est aujourd'hui général dans les quatre parties du monde. Si cette boisson étoit pernicieuse , seroit-elle devenue comme une espèce de besoin pour un si grand nombre d'hommes ? Non sans doute, son excès seul est nuisible comme l'excès du vin.

Le *café* contient une grande portion d'acide, un extrait gommeux , résineux et astringent , beaucoup d'huile , du sel fixe et du sel volatil ; le feu détruit son goût de crudité et la partie aqueuse de son mucilage ; il le dépouille de ses propriétés salines , et rend son huile empyreumatique , d'où lui vient cette odeur piquante qui réveille et fait plaisir ; car le feu agit sur les huiles végétales de la même manière que sur les viandes qui, étant grillées, acquièrent une odeur agréable très-propre à exciter l'appétit.

Le *café* fortifie l'estomac, aide à la digestion et tient éveillé. Il dissipe la langueur et les soucis, fait éprouver à l'homme un sentiment de bien-être, et répand dans tous ses membres une chaleur vivifiante et douce. Il soulage sensiblement dans les migraines et les maux de tête ; la tête est la partie sur laquelle il a le plus d'action : son usage ordinaire est un moyen presque infaillible de prévenir l'apoplexie, la paralysie et la plupart des maladies soporeuses. Il arrête aussi les mauvais effets de l'usage immodéré de l'opium. On sait que les Turcs ont souvent recours à l'opium comme à un cordial spécialement destiné à réveiller leur courage à la guerre, ou leur tempérament dans le plaisir ; mais son action est bientôt après suivie de lassitude ou d'un abattement singulier des esprits. Pour recouvrer alors leurs forces, ils prennent du *café*. Les Persans disent que cette boisson a été inventée par l'ange Gabriel pour rétablir la santé de Mahomet. Tous les peuples qui la connoissent en font l'éloge et leurs délices. Cette liqueur est très-recherchée des Européens. Elle inspire une aimable gaieté à ceux qui se réunissent pour en boire ; elle fait naître les bons mots, favorise les épanchemens de l'amitié, déride les fronts sévères, et peut réconcilier quelquefois deux ennemis. Elle ne convient pourtant pas à tout le monde. Les hommes d'un tempérament sec, ardent, bilieux et sanguin, ceux qui sont très-sensibles et qui ont le genre nerveux très-irritable, doivent s'en abstenir. Elle est préjudiciable aux enfans, et aux femmes lorsqu'elles sont disposées aux maladies inflammatoires ou convulsives. Mais les gens qui ont un excès d'embonpoint, les tempéramens pituiteux, les personnes sédentaires et phlegmatiques, peuvent sans crainte faire un usage modéré du *café*.

Les Orientaux prennent du *café* toute la journée, et jusqu'à trois ou quatre onces par jour ; ils le font épais, et le boivent chaud dans de petites tasses, sans lait ni sucre, mais parfumé avec des clous de girofle, de la cannelle, des grains de cumin ou de l'essence d'ambre. Les Persans rôtissent l'espèce de coque qui enveloppe la semence, et ils l'emploient avec la semence même, pour préparer l'infusion à leur manière ; la liqueur, selon eux, en est meilleure. Les Turcs font, avec la pulpe de la cerise, une boisson agréable, très-rafraîchissante ; c'est le *café à la sultane*. On donne aussi ce nom à la décoction légère des graines non rôties, qui, prise avec un peu de sucre, est propre à fortifier l'estomac et à rétablir l'appétit. Enfin, quelques personnes, après avoir fait griller le café, au lieu de le moudre en cet état, versent de l'eau bouillante sur le grain entier, et composent ainsi une boisson parfumée et saine, moins forte que celle dont on fait communément usage. La fève du café torréfiée, réduite en poudre et infusée à l'eau bouillante, est la préparation la plus généralement adoptée. Elle exige des soins particuliers et beaucoup de petites précautions, sans lesquelles la liqueur qui en résulte est âcre ou amère, sans parfum, et souvent plus nuisible que salutaire.

Le choix du grain est une chose importante. Il doit être petit, parfaitement sec, difficile à casser sous la dent, d'une couleur légèrement jaunâtre, parfumé, et sans odeur étrangère quelconque. Vieux ou nouveau, peu importe, pourvu qu'il ait été cueilli après son entière maturité, et qu'il ait perdu toute son eau de végétation. Pourquoi préfère-t-on communément le vieux café, et pourquoi dit-on qu'il est meilleur? c'est parce que la plupart de ceux qu'on nous apporte des Indes Occidentales, ayant été récoltés verts, ont besoin que le temps achève leur dessication. Loin que le café vieux soit préférable, je pense, au contraire, avec Miller, que le nouveau l'emporte en qualité ; il doit avoir, et il a en effet plus de parfum, plus de goût, et contient une plus grande quantité d'huile. On suppose qu'il soit venu dans un sol plutôt sec qu'humide, et qu'il ait été récolté et séché à la manière des Arabes. J'en ai fait plusieurs fois l'expérience à Saint-Domingue. Le café de cette île passe pour être de la quatrième qualité. Ceux de *Moka*, de *Bourbon* et de la *Martinique*, sont plus estimés dans le commerce. Cependant j'ai bu du café de Saint-Domingue fait avec un grain récolté six semaines auparavant, qui étoit aussi bon, sinon meilleur, que le café fait avec du Moka de deux ou trois ans. Je cueillois, à la vérité, moi-même la cerise au moment où elle étoit prête à tomber ; elle étoit aussi-tôt dépouillée de sa pulpe, et le grain étoit séché au soleil très-promptement. Je le torréfiois, quand il cessoit de diminuer de volume, et quand j'avois de la peine à le briser entre les dents. D'ailleurs, j'employois, dans la préparation des deux cafés, les mêmes soins et les mêmes proportions.

Après le choix du grain, une condition essentielle pour prendre d'excellent *café*, c'est de mettre le moins d'intervalle possible entre sa torréfaction et son infusion. Les Arabes préparent ainsi le leur. Mais jusqu'à quel degré, dans quels vaisseaux et de quelle manière doit-on le torréfier et le faire infuser ? Voilà ce qu'il importe de savoir et ce qu'il n'est pas aisé pourtant de déterminer. On auroit obligation aux chimistes s'ils indiquoient un appareil peu coûteux , qui, dans les deux opérations, retînt la vapeur du *café* dans les vases. Car les parties balsamiques les plus pures sont dissipées par le procédé ordinaire , soit qu'on fasse usage de la poêle ou du tambour, de la cafetière ou de la grecque (1).

Les vaisseaux de fer sont les plus propres à torréfier le *café* , et préférables aux vaisseaux de terre vernissée ; l'usage de ceux-ci peut devenir pernicieux , parce que l'émail ou vernis de la terre s'éclate par la chaleur, tombe et se mêle quelquefois au *café*. Ce grain, brûlé dans un tambour ou moulin neuf , contracte dans les premiers temps une odeur désagréable, qu'il ne prend plus quand le tambour a servi pendant quelque temps. Cette manière de le rôtir est moins fatigante que la torréfaction à la poêle , et il est rôti plus également; cependant il ne peut jamais l'être au point convenable, si l'on mêle ensemble plusieurs sortes de café , qui , variant en qualité et siccité, exigent nécessairement différens degrés de chaleur. Depuis le commencement de l'opération jusqu'à la fin, on doit entretenir dans le fourneau un feu égal et doux, et tourner sans

(1) Henrion le jeune , ferblantier de Paris, rue de la Loi, vient d'inventer une cafetière *pharmaco-chimique* , très-propre à infuser le café sans qu'il perde rien de son principe volatil et aromatique. Cette cafetière, qui lui a valu un brevet d'invention du gouvernement , contient , dans son intérieur , une boîte cylindrique à jour, laquelle renferme une grille à trois plans perpendiculaires, entre lesquels se place, par proportion, le café , afin d'en éviter le trop grand entassement. On le torréfie comme à l'ordinaire, et au lieu de le moudre , ce qui en diminue la qualité, on se contente de le broyer. La cafetière est à double fond ; à sa superficie se trouvent deux orifices ou l'origine de deux conduits. Dans l'un et l'autre, et lorsque le café est dans la grille interne et bien couvert, on verse de l'eau bouillante , d'abord par le conduit qui aboutit au corps intérieur où le café est déposé, ensuite par celui qui donne dans l'intervalle compris entre les deux corps. On rebouche les orifices pour empêcher l'évaporation. Après vingt ou trente minutes d'infusion , on soutire la liqueur par un robinet, placé au bas de la cafetière. Le café, ainsi fait, offre une belle couleur dorée ; il conserve le goût du fruit, et il a plus de parfum et de mordant que le café ordinaire. Une livre de cette graine concassée, donne trente tasses. La dose est d'une demi-once environ par tasse ; mais si l'on en ajoute une once sur un marc de six tasses, on aura , en le laissant infuser un peu plus long-temps , six nouvelles tasses , qui ne céderont point en bonté aux précédentes. Au reste , si dans la même cafetière, on avoit laissé refroidir une infusion de café , il ne s'agiroit, pour lui restituer la plus grande chaleur, que de retirer l'eau du double fond qui fait l'office du bain-marie , et de lui substituer de l'eau bouillante.

La cafetière *pharmaco-chimique* d'Henrion , peut être aussi employée à infuser toute autre graine, et toute racine ou substance végétale dont on a intérêt à ne pas laisser inutilement dissiper les principes volatils.

cesse la manivelle du tambour; aussi-tôt que la première odeur du café brûlé se fait sentir, on retire le tambour du fourneau, et après en avoir ouvert la porte, on examine si la couleur du café approche de celle de la cannelle ou du tabac rapé. C'est l'indice sûr du degré juste de torréfaction, qu'il faut tâcher d'atteindre, sans pourtant le dépasser. Car si le café n'est pas assez rôti, il perd de sa qualité, charge et oppresse l'estomac; s'il l'est trop, il devient âcre, prend un goût de brûlé désagréable, échauffe et agit comme astringent. Quand il a acquis la couleur prescrite, on le retire bien vîte de dessus le feu, et, après avoir tourné le tambour à l'air pendant environ deux minutes, on verse le grain sur un corps froid, tel que la pierre ou le marbre, afin d'arrêter l'évaporation de ses principes; et aussi-tôt qu'il est parfaitement refroidi, on le met dans un vase quelconque, de faïence, de grès ou de fer blanc, peu importe, pourvu qu'on ait soin de fermer après le vase très - exactement. Quelques personnes ont l'habitude de l'étouffer dans une serviette ou dans du papier. Cette pratique est mauvaise. Ces corps s'imprègnent de la partie huileuse du café, et on ne la retrouve plus dans la boisson.

Le *café* ne doit jamais être moulu non plus avant son entier refroidissement. Sa substance ayant été rendue pâteuse par l'action du feu, l'est toujours un peu tant qu'elle conserve un reste de chaleur; et, dans cet état, elle embarrasseroit la noix du moulin et ne passeroit pas.

Il y a peu de matières végétales que la décoction ou l'infusion dénaturent autant que le *café*. On doit donc apporter beaucoup de précision et de soins à composer cette boisson. Quand on est pressé, on peut faire usage de la grecque. On met du café en poudre dans une chausse un peu claire, et on verse par-dessus une certaine quantité d'eau bouillante. La liqueur tombe toute faite dans un vase préparé au-dessous. Cette méthode est bonne. Mais, pour boire d'excellent café, il vaut mieux employer la suivante. Elle consiste à jeter la poudre dans une cafetière pleine d'eau qui bout. La proportion est de deux onces et demie de café pour deux livres d'eau ou une pinte d'eau mesure de Paris. On remuê le mélange avec une cuiller, et on retire aussi-tôt d'auprès du feu la cafetière, qu'on laisse au moins deux heures sur les cendres chaudes, hermétiquement couverte. Pendant le temps de l'infusion, on agite de nouveau la liqueur à diverses reprises avec un moussoir ou bâton à chocolat, et on la laisse à la fin reposer pendant un quart-d'heure. Elle est alors tirée à clair. Le café préparé ainsi, est parfait. Dans les grandes maisons et chez les limonadiers, on le clarifie avec la colle de poisson ; c'est le moyen, sans doute, de le rendre très-agréable à la vue, mais on lui ôte, par cette addition, une grande partie de son parfum. Quand cette boisson est bien faite, elle est limpide, claire, nullement chargée, ni rendue trouble par les plus petites particules de la substance du café ; et elle offre, dans la tasse, une couleur à-peu-près noire, avec une bordure de couleur marron.

La meilleure manière de conserver le *café*, est de le tenir suspendu dans un sac à couvert, et exposé dans un endroit où il règne un grand courant d'air. On appelle *café mariné* celui qui a été mouillé par l'eau de la mer ; on en fait peu de cas, à cause de l'âcreté saline que la torréfaction lui ôte difficilement. Pour corriger, autant qu'il est possible, sa mauvaise qualité, il faut le jeter dans l'eau bouillante, l'y laisser quelques minutes, et faire sécher ensuite le grain, dans une étuve, ou au grand soleil.

Dans quelques pays on fait une espèce de *café* avec les racines de chicorée. Suivant M. Moreschini, les graines torréfiées du blé noir ou sarrasin, donnent aussi une sorte de café très-savoureux et très-sain.

Outre le *caféyer arabique*, il y a encore dix-huit espèces de *caféyer* connues des botanistes, savoir : celle qui est indigène à l'île Bourbon, et dont nous avons parlé. Le *caféyer monosperme* de Saint-Domingue, deux espèces naturelles à la Guiane, quatre qui croissent dans les îles de la mer du Sud, et dix autres trouvées dernièrement dans les forêts des Cordilières par les auteurs de la *Nouvelle Flore du Pérou*. (D.)

CAFÉ FRANÇAIS. On donne ce nom au CHICHE, avec le fruit duquel on fait quelquefois une espèce de café. *Voyez* au mot CHICHE. (B.)

CAFRE (*Falco vulturinus* Lath. fig. *Hist. nat. des ois. d'Afrique*, par Levaillant, n° 6.), oiseau du genre des FAUCONS et de l'ordre des OISEAUX DE PROIE. (*Voyez* ces mots.) C'est un de ces êtres que les méthodes ne peuvent saisir ; il tient à-la-fois des *aigles* et des *vautours* ; cependant il a plus de rapports avec les premiers ; et Levaillant, qui l'a découvert, le regarde comme un *aigle*, quoique par son bec, ses serres, et quelques habitudes, cet oiseau se rapproche beaucoup des *vautours*. Sa taille égale celle du *grand aigle* ; son bec est même plus fort, mais ses serres sont plus foibles ; des plumes revêtent ses pieds jusqu'aux doigts ; ses ailes, pliées, s'étendent fort au-delà du bout de la queue, dont la pointe est arrondie, usée et élimée. Tout le plumage est d'un noir mat, avec quelques reflets brunâtres sur les ailes; le bec est jaunâtre et sa membrane bleuâtre; l'iris des yeux est d'un brun marron; les doigts sont d'un jaune terne et les ongles noirs.

Le nom de *cafre*, que Levaillant a imposé à cet oiseau de proie, indique qu'on le trouve dans la Cafrerie, où il est néanmoins assez rare; on ne le voit point en troupes, mais seulement par paires; et avant de pouvoir s'enlever de terre pour prendre son vol, il marche et saute quelque temps à la manière des *vautours*; son aire est placée sur les rochers; les charognes sont sa nourriture habituelle; il attaque quelquefois des agneaux pour les dévorer sur place; car jamais il n'emporte de proie dans ses serres, même quand il a des petits. (S.)

CAGAO. C'est ainsi que les Indiens nomment le *calao des Philippines*. Voyez au mot CALAO. (S.)

CAGARELLE. On appelle de ce nom, dans quelques ports de France, le SPARE CAGARELLE. *Voyez* au mot SPARE. (B.)

CAGAROL. C'est ainsi qu'on appelle, sur les côtes de la Méditerranée, les coquilles du genre SABOT, qui sont nacrées en dedans. *Voyez* au mot SABOT. (B.)

CAGE (*Anas hybrida* Lath.), espèce d'OIE (*Voyez* ce mot.) particulière aux îles de l'Archipel de Chiloë, où les naturels lui ont donné le nom de *cage*. L'abbé Molina, qui l'a décrite dans son *Histoire naturelle du Chili*, lui a imposé la dénomination spécifique d'*oie hybride*, « à cause, dit-il, » de la différence remarquable entre la couleur du plumage » dans les deux sexes ». Le mâle est en effet tout blanc; la femelle, au contraire, est noire; plusieurs de ses plumes ont seulement quelques filets blancs en bordure. Le bec et les pieds du mâle sont jaunes; ceux de la femelle sont rouges. Du reste, le *cage* est de la grosseur de notre *oie domestique*; mais son cou est plus court, et les pennes de ses ailes et de sa queue sont plus longues; la queue se termine en pointe, et le bec à demi-cylindrique, est garni à sa base par une membrane rouge.

L'on ne voit point cette espèce, comme les autres du même genre, en troupes nombreuses et bruyantes. Les *cages* vivent solitaires; mais leur solitude est pleine de charmes, puisque loin du tumulte, chaque couple isolé sait se suffire, s'aimer, et s'aimer sans cesse comme sans partage. Dans la nombreuse tribu des oies, le *cage* et le *kasarka* sont les seuls qui préfèrent ainsi le calme et la douceur de la retraite embellie par les charmes d'une union constante, aux agitations d'une société souvent tumultueuse. (*Voyez* l'Oie Kasarka.) Au temps de la ponte, les *cages* se retirent sur le rivage, et la femelle y dépose huit œufs blancs, dans une cavité qu'elle creuse dans le sable. (S.)

CAGNOT. On donne vulgairement ce nom à deux poissons du genre *squale*, le Squale glauque et le Squale milandre, *Squalus galeus* Linn. *Voyez* au mot Squale. (B.)

ÇAGUI, est le *sagoin* au Brésil, selon Marcgrave. *Voyez* Sagoin. (S.)

CAHOANE ou CAOUANE. On appelle ainsi une espèce de Tortue de mer. *Voyez* au mot Tortue. (B.)

CAHUITAHU. Les sauvages qui habitent les bords de la rivière des Amazones, appellent ainsi le *kamichi*, par imitation de son cri. *Voyez* Kamichi. (S.)

CAI, ou SAI. (*Voyez* ce mot.) C'est un singe d'Amérique, de la famille des Sagoins. (V.)

CAICA (*Psittacus caïca* Lath. fig. pl. enl. de *Buffon*, n° 744.), oiseau du genre des Perroquets, et de l'ordre des Pies. (*Voyez* ces mots.) Buffon en a fait avec le *maipouri* un petit genre qui paroît faire la nuance pour la grandeur entre la tribu des Papegais et celle des Perriches. (*Voyez* ces mots, et l'*Hist. nat. des Oiseaux* par Buffon, vol. 44, page 31 de mon édition.) Cet oiseau a la tête enveloppée d'une grande coiffe noire qui s'étend fort bas, et s'élargit en deux mentonnières également noires; le cou est d'un jaune mordoré; une tache oblongue de la même couleur se remarque sur l'aile, dont le bord est bleu d'azur; le reste du plumage est d'un vert brillant, avec quelques reflets bleuâtres au bout de la queue; le bec est noirâtre, teinté de rouge, et les pieds sont gris.

Le *caica* est une des petites conquêtes ornithologiques qui m'appartiennent; je l'apportai en France, et je fus même le premier qui le découvrit en 1775, à la Guiane française, où il n'étoit pas connu. Depuis cette époque, l'on voit chaque année arriver des *caicas* dans cette partie de l'Amérique, par petites troupes, y rester pendant la belle saison des mois de septembre et d'octobre, et en repartir sans que l'on sache ni où ils vont, ni de quel pays ils viennent. (S.)

CAJEPUT, nom d'une huile qu'on retire, par la distillation, des feuilles du Melaleuque a bois blanc, dans les Moluques; huile qui a une couleur verte, une odeur de térébenthine, une saveur analogue à celle de la menthe poivrée, et qui, appliquée sur une dent gâtée, la ronge et la fait tomber par morceaux sans douleur : elle est aussi carminative et emménagogue. Cette huile est le meilleur moyen qu'on puisse employer pour garantir les collections d'histoire naturelle, sur-tout d'insectes, de la voracité des animaux destructeurs. Il suffit de tenir des papillons pendant quelques mois dans une boîte qui en contient quelques gouttes, pour que les dermestes et les ptines n'en approchent plus de plusieurs années.

Thunberg a publié une dissertation sur cette huile. (B.)

CAIGUA, espèce de MOMORDIQUE du Pérou, dont on mange le fruit. *Voyez* le mot MOMORDIQUE. (B.)

CAILLE (*Perdix coturnix* Latham, pl. enl. n° 170 de l'*Hist. natur. de Buffon*, ordre des GALLINACÉES, genre de la PERDRIX. *Voyez* ces deux mots.). Cette espèce se trouve dans toute l'Europe, une partie de l'Asie, et en Afrique. L'on remarque quelques dissemblances dans le plumage du mâle et de la femelle ; celle-ci a la poitrine blanchâtre, parsemée de taches noires et presque rondes, et n'a point de noir à la gorge (les jeunes sont de même privées de cette couleur); du reste elle ressemble au mâle, qui a le dessus de la tête varié de noir et de roussâtre, avec trois bandes longitudinales, étroites et blanchâtres; l'une est sur le sommet de la tête ; les deux autres sont sur les côtés, et passent au-dessus des yeux ; le cou, le dos, le croupion et les scapulaires offrent un mélange de jaunâtre, de noir, de roux et de gris ; le jaunâtre tient le milieu de la plume, et les autres sont sur les bords et à l'extrémité ; la poitrine est roussâtre ; le ventre d'un blanc sale ; les couvertures des ailes sont d'un brun roux, et chaque plume a dans son milieu une petite ligne longitudinale jaunâtre ; les pennes des ailes sont d'un gris brun, et à l'extérieur, variées de bandes transversales roussâtres : ces mêmes bandes se trouvent aussi sur la queue, dont le fond est noirâtre ; bec cendré ; pieds, couleur de chair ; longueur, sept pouces six lignes.

Il existe certainement beaucoup de rapports entre les *cailles* et les *perdrix*, aussi les appelle-t-on *perdrix naines*, *petites perdrix*. Comme celles-ci, les *cailles* sont des oiseaux pulvérateurs ; elles se nourrissent des mêmes alimens, construisent leurs nids dans les mêmes endroits, mènent leurs petits à-peu-près de la même manière ; les mâles, aussi querelleurs, aussi disposés à se battre, sont peut-être encore plus lascifs. Mais il y a entre eux des dissemblances qui caractérisent bien deux espèces séparées ; outre la taille, qui est inférieure, elles ont un plumage différent ; les mâles ne font entendre leur cri de colère qu'en se battant, et les *perdrix* avant le combat. Elles ont les mœurs moins douces,

le naturel plus rétif, ne se réunissent point par compagnies ; la mère seule est attachée à ses petits, mais pour peu de temps ; elles ne se rassemblent qu'à leur départ et à leur retour, encore cette réunion n'est point un acte social, ayant toutes, à la même époque, le même but ; voyageant à-peu-près dans la même direction, elles se trouvent en même temps dans les mêmes cantons, sans cependant s'être attroupées comme les autres oiseaux : dans tout autre temps, elles vivent isolément ; enfin, le mâle, un des oiseaux qui recherche la femelle avec le plus d'ardeur, n'en préfère aucune ; une fois ses desirs satisfaits, toute société est rompue : il ne la recherche, ou une autre, que lorsque ses desirs renaissent. Mais le temps que la nature a fixé pour ses jouissances est-il passé, il les quitte, les fuit, les repousse même à coup de bec, et ne s'occupe nullement du soin de sa progéniture. Cette antipathie pour ses semblables est tellement naturelle aux *cailles*, que les jeunes, à peine adultes, se séparent ; et si on les met dans un lieu fermé, ils se battent entre eux, ne connoissent point de sexe, et finissent souvent par se détruire les uns les autres. Pour empêcher cette destruction, l'on pose de bout des bottes de paille longue ; les plus foibles y trouvent leur retraite contre les plus forts ; et toutes, la solitude qui leur est nécessaire : d'après ce tableau, l'amour seroit le seul lien qui réunit les cailles, et ce lien seroit sans consistance pendant une très-courte durée. Cette assertion paroît adoptée par la plus grande partie des naturalistes et des chasseurs ; d'autres la rejettent. Lottinger (*Mémoire sur le coucou d'Europe, pag. 17.*) pense qu'il est plus naturel de croire que les mâles, auxquels on donne de pareilles mœurs, ne les ont que parce qu'ils ne sont pas appariés, mais que ceux qui le sont, restent fidèles à leur compagne ; et il cite des faits pour fortifier son opinion. « Une personne, dit-il, avoit placé une caille fe-
» melle, qui lui servoit d'appeau, à côté d'un mâle qui s'étoit
» souvent fait entendre. L'oiseau prisonnier fit de son mieux,
» mais ses invitations, quoique réitérées, n'eurent aucun
» succès ; le chasseur, étonné d'une indifférence à laquelle il
» ne s'étoit pas attendu, en trouva bientôt la cause, en dé-
» couvrant une femelle qui avoit son nid dans le voisinage,
» et qui couvoit. Les oiseleurs, ajoute-t-il, qui prennent des
» *cailles* à l'appeau, ont souvent occasion de remarquer qu'il
» est des mâles qui se tiennent constamment dans le même
» canton, et qui résistent à tous les efforts qu'ils font pour
» les attirer dans leurs filets : ce qui étant, n'y a-t-il pas lieu
» de croire, dit-il, que ces mâles ne sont insensibles que parce
» qu'ils sont appariés » ? Cette insensibilité n'est qu'apparente,

selon d'autres chasseurs ; ce sont, disent-ils, des mâles qui se
sont échappés après avoir été pris.

Ce qui les distingue encore des *perdrix*, qui, hors le temps
des amours, se recherchent, et ne peuvent être long-temps
séparées sans se rappeler sans cesse, c'est la qualité de la chair.
Celle des *cailles* est assez susceptible d'une charge de graisse
considérable, et est d'une texture différente. De plus, les *perdrix* sont sédentaires ; au contraire, une des affections les
plus fortes des autres, c'est de voyager, de changer de climat deux fois dans l'année. Au moment où le voyage s'ef-
fectue, une *caille* tenue en captivité, n'ayant aucune communication avec ses semblables, éprouve une inquiétude et
des agitations singulières, n'a plus de repos pendant la nuit,
s'agite de toute manière, s'élève dans sa cage avec une telle
violence contre le couvercle, qu'elle retombe étourdie, et
s'y brisera même la tête, si cette cage n'est couverte d'une
toile : c'est ainsi qu'elle passe les nuits à l'automne et dans les
premiers jours du printemps, et ce desir lui dure environ
trente jours. Il se fait sentir non-seulement à celles que l'on
a prises adultes, mais encore aux jeunes qui, prises à leur naissance, ne peuvent connoître ni regretter une liberté dont
elles n'ont jamais joui. Quelle est la cause de ce desir inné de
changer de pays ? Le motif ne peut être le même pour celles-ci que pour les *insectivores*, puisque vivant des mêmes
alimens que les *perdrix*, elles peuvent, comme elles, trouver
de quoi satisfaire leurs besoins. Ce ne seroit donc que la
crainte de l'excès des températures, puisqu'elles quittent les
contrées méridionales au printemps, et s'éloignent constamment des septentrionales aux approches de l'hiver ; cependant elles résistent au froid, puisque le feu n'est pas nécessaire dans une chambre pour les y conserver, quelque
rigoureux qu'il soit. Tout ce qu'on peut alléguer pour décider ce qui peut donner lieu à cette vie errante, n'est que
spécieux : c'est encore un de ces innombrables secrets que la
nature couvre d'un rideau impénétrable. Quoi qu'il en soit,
les *cailles* n'arrivent ni ne partent à la même époque du lieu
de leur naissance et de leur retraite hibernale. Elles reviennent dans les parties méridionales de la France, en Italie,
dès les premiers jours d'avril, et elles arrivent au mois de
mai dans nos provinces septentrionales et en Allemagne. A
l'automne, elles quittent le Nord dès le mois d'août, et le
Midi en septembre ; cependant ces époques ne sont pas in-
variables, car l'on a remarqué que la chaleur ou le froid
avançoit ou retardoit dans le même pays le départ ou l'arrivée. Leur passage sur les côtes d'Egypte, dit Sonnini, té-

moin oculaire, se fait en septembre, où l'on peut en prendre alors une grande quantité le long de la mer ; quelques-unes restent dans le pays, puisqu'il en a tiré en novembre, et entendu chanter en janvier. Ce n'est donc pas le froid, comme je l'ai déjà dit, qui est la cause de leur émigration, puisque presque toutes quittent aussi l'Egypte. Il faut qu'au passage elles y soient très-nombreuses et à très-bon marché, puisque les capitaines de navire, qui sont très-économes, en nourrissent pendant ce temps leur équipage. Enfin, dans diverses îles de la Méditerranée, on les confît dans le vinaigre, ou on les sale. (*Voyez* les *Voyages en Egypte et en Grèce* de ce savant voyageur.)

Il est peu d'oiseaux voyageurs sur lesquels on ait fait tant de contes absurdes, et auxquels l'on ait contesté avec plus d'opiniâtreté les moyens de voyager qu'aux cailles, sur-tout la faculté de traverser la mer, et ce, malgré les témoignages incontestables de tous les marins et voyageurs qui se sont trouvés dans les parages que ces oiseaux sont forcés de passer pour aborder en Afrique, où ils restent l'hiver. Ce qu'il y a d'étonnant, c'est que les modernes seuls ont révoqué en doute ce passage ; tandis que les anciens, qui n'ignoroient pas plus qu'eux que cet oiseau avoit le corps lourd, le vol court, pesant et difficile, l'entreprenoit deux fois par an : ils savoient, comme eux, que la *caille* aime mieux courir que voler ; que même l'ardeur excessive dont le mâle brûle pour les femelles, ne peut le décider que rarement à se servir de ses ailes ; qu'accourant à la voix qui l'appelle au plaisir, il fera souvent un quart de lieue à travers les grains et les herbes les plus serrées, pour venir trouver sa compagne du moment ; que, plutôt que de s'élever, il se laisse prendre à la main ; et que le chien seul le force de s'envoler. Dans le temps de ses amours, ce ne peut être une surcharge de graisse qui l'empêche de voler, car il est alors maigre ; mais à l'automne, cette abondance de graisse en fait périr un grand nombre, si elles traversent une grande étendue de mer, et si leur vol n'a pas pour aide un vent favorable. Le vent du nord est celui dont elles profitent lorsqu'elles quittent l'Europe pour gagner la côte d'Afrique ; celui du sud, pour fuir les grandes chaleurs de la Barbarie, et revenir jouir de la douce température de nos climats ; enfin, le rumb de vent qui leur est favorable pour l'un et l'autre passage, dépend de la situation du point de départ et de retour. Pour entreprendre ces voyages, on leur donne pour chef, sans doute à chaque troupe, un oiseau d'une autre espèce, auquel on donne le nom de *roi des cailles* (le *râle de terre*) ; mais ce râle paie de sa vie un si beau titre, car les *cailles*, auxquelles l'on accorde dans ce choix une grande sagacité et un profond discernement, le destinent à être une victime qui doit sauver leur tête de la voracité d'un certain oiseau de proie qui, à leur arrivée, dévore la première qui paroît à terre. Telle est une des fables innombrables et données comme des vérités dans l'histoire de ces oiseaux. Les *cailles* changent de climat; mais ce qui est certain, c'est qu'il en reste quelquefois, soit qu'elles n'aient pas eu la force de suivre les autres, soit qu'elles soient blessées, ou que, provenant d'une ponte tardive, elles soient trop jeunes au temps du départ. Ces *cailles* cherchent alors les expositions qui leur sont les plus favorables, et les cantons où elles puissent trouver leur nourriture : toutes se tiennent, au printemps, dans les prés, les blés en herbes (on les désigne à cette époque par le nom de *cailles vertes*); en été, elles se retirent dans les blés mûrs, et quand ils sont coupés, dans les chaumes ou les broussailles. Les femelles, pour faire leur nid, creusent la terre avec leurs ongles, et garnissent le trou d'herbes et de feuilles; elles le cachent autant qu'elles peuvent, pour en dérober la connoissance aux mâles, qui casseroient les œufs, et à l'oiseau de proie, qui les mangeroit. La ponte est ordinairement de douze à vingt œufs, mouchetés de brun sur un fond grisâtre; l'incubation dure vingt-un jours. Les *cailleteaux* naissent couverts de duvet, courent aussi-tôt qu'ils sortent de la coque, et se suffisent à eux-mêmes beaucoup plutôt que les perdrix. On peut les élever, sans le secours de la mère au bout de huit jours; ils prennent leur accroissement promptement, et il ne leur faut que trois mois pour être en état de voyager. Le mâle est tellement ardent, qu'on en a vu réitérer, dans un jour, jusqu'à douze fois ses approches avec plusieurs femelles indistinctement : il court à leur voix avec une telle précipitation et une telle insouciance de lui-même, qu'il vient les chercher jusque dans la main du chasseur; mais la femelle ne court point à la voix du mâle. Il n'est pas certain que les *cailles* fassent deux couvées par an, comme il est très-douteux qu'à leur arrivée en Afrique elles en recommencent une autre. Montbeillard assure qu'elles font deux mues par an, l'une au printemps, et l'autre à l'automne, et que ce n'est qu'après chaque mue qu'elles se mettent en voyage, et ce, pendant la nuit. L'on a remarqué que celles qui sont en cage, ne manifestent leur inquiétude périodique qu'aux mêmes époques.

Tout le monde connoît le cri sonore du mâle : l'on prétend que lorsqu'il le fait entendre, il est toujours éloigné des femelles; et qu'au contraire, lorsqu'il fait *ouan ouan ouan*, il en est proche. J'ai cependant entendu souvent l'un et l'autre en même temps ; mais le dernier précédoit le premier. Celui de la femelle ne lui sert que pour rappeler le mâle ; quoiqu'il soit foible au point que l'on ne l'entend qu'à une petite distance, ceux-ci y accourent, dit-on, de près d'une demi-lieue : elle en a encore un qui est tremblotant, *cri cri*.

La *caille* ne produit point en captivité, la femelle n'y fait point de nid, et ne prend aucun soin des œufs qui lui échappent. Elle se nourrit de blé, de millet, de chenevis, d'herbes vertes, d'insectes et de toutes sortes de graines ; elle boit peu en liberté, cependant elle boit assez fréquemment en captivité, lorsqu'elle a de l'eau à sa disposition. L'on sait que ces oiseaux se tiennent toujours à terre, et ne se perchent jamais. L'on attribue la facilité qu'ils ont à s'engraisser, au long repos qu'ils prennent pendant le jour, restant quatre heures de suite dans la même place, couchés sur le côté et les jambes étendues. Leur vie est courte ; cinq années en sont ordinairement le terme.

Les mâles étant d'un caractère très-querelleur, l'on en a profité pour les dresser à se battre à volonté les uns contre les autres. Pour ce combat on prend deux *cailles*, à qui on donne à manger largement ; on les met ensuite vis-à-vis l'une de l'autre, chacune au bout opposé d'une longue table, et l'on jette entre deux quelques grains de millet : d'abord elles se lancent des regards menaçans, puis, partant comme un éclair, elles se joignent, s'attaquent à coups de bec, et ne cessent de se battre, en dressant la tête et s'élevant sur leurs ergots, jusqu'à ce que l'une cède à l'autre le champ de bataille ; mais il est à remarquer que ces oiseaux ne se battent ainsi que contre ceux de leur espèce.

On sait que la *caille* est un de nos meilleurs gibiers, que sa chair et sa graisse sont d'un goût exquis ; c'est pourquoi on a cherché les moyens d'engraisser celles que l'on prend maigres. L'on a, pour cela, des *mues* faites exprès, de six à douze pouces, où on leur donne en abondance du millet, du chenevis et du grain ; l'on change souvent leur eau, et l'on tient toujours leur abreuvoir très-propre. Pour jouir du chant de ces oiseaux dans la saison où ordinairement ils se taisent, on les met en *mue* ; pour cet effet, on en met quinze à vingt de celles que l'on prend à leur arrivée, dans une cage d'osier, que l'on place dans une petite chambre retirée, ou dans un grand coffre, selon la commodité que l'on a ; on leur ôte peu à peu le jour, de manière qu'elles en soient privées totalement dans l'espace de douze à quinze jours ; vers les premiers jours d'août, on le leur rend avec la même progression, dans le même espace de temps; et afin de les exciter davantage, on leur donne quelques petites cigales. (Vieill.)

Chasse de la Caille.

Au tramail ou *halier*. On prend les *cailles* avec un filet, que l'on nomme *halier*, et encore *tramail*, parce qu'en l'étendant on en forme une espèce de haie, et qu'il est composé de trois nappes, dont les deux extérieures s'appellent *aumées*, et celle du milieu simplement *nappe* ou *toile*. Lorsque cette espèce de filet est destinée à la chasse des cailles, il ne doit pas avoir moins de dix pieds de long sur dix pouces de hauteur; il doit être fait de soie d'un vert pâle; les piquets qui le tiennent doivent être longs de quatorze ou quinze pouces, et attachés au filet à deux pieds de distance les uns des autres. Pour y attirer les *cailles* dans le courant de mai, époque de leur arrivée dans nos pays, où elles portent alors le nom de *cailles vertes*, on se sert d'un *appeau :* c'est une petite bourse de cuir, large de deux doigts, longue de quatre, et en forme de poire, au petit bout de laquelle on adapte un sifflet, fait de l'os d'un jarret de chat, de lièvre, ou mieux encore, du grand os de l'aile d'un vieux héron. Cet os doit être long de trois doigts et fait en flûte, par le moyen d'un peu de cire molle dont on bouche de même le bout extérieur, qu'on perce avec une épingle pour lui donner un son plus clair; on lie ce sifflet avec la bourse, par le moyen d'un gros fil de cordonnier, ou de petite ficelle. Pour faire jouer ce sifflet et lui faire imiter le chant de la caille, on le tient dans la paume de la main gauche; et tenant un des doigts sur le haut du cuir, on frappe dessus ce doigt avec le dos du pouce de la main droite, et l'on contrefait ainsi le chant de la femelle. Cette chasse se fait au soleil levé, à neuf heures du matin, à midi, à trois heures, et au coucher du soleil : on se promène autour des campagnes couvertes de blés, et si-tôt qu'on entend chanter une caille, on donne deux coups d'appeau; si ce n'est point une femelle, elle vole tout d'un coup à vingt pas de l'appelant, principalement le matin et le soir, et aux autres heures elle ne fait qu'y courir. On connoît par-là si c'est un mâle seul; car s'il est avec une femelle, encore qu'il chante et qu'il entende l'appeau, il n'approche pas. Si le mâle est seul, on approche à quinze pas de lui, et on plante le *halier* sur le haut d'un sillon, en sorte que l'oiseau qui court au travers du blé, se jette dans le filet sans l'appercevoir; ensuite on va se cacher dans le fond de la troisième ou quatrième raie en arrière, vis-à-vis le milieu du filet, et là on appelle la caille, chaque fois qu'elle a chanté; alors elle se prend dans le halier. Mais s'il arrivoit que la caille eût dépassé le halier, et qu'elle fût près du chasseur, il ne doit pas remuer, afin de lui donner le temps de s'écarter; et lorsqu'elle est assez loin pour ne plus entendre remuer, il faut changer de place, et aller de l'autre côté du filet pour répéter le manége de l'appel. Le meilleur moyen pour attirer les cailles mâles dans le *halier*, est de se servir d'une femelle qui chante, et qu'on nomme *chanterelle.* Pour apprendre la caille à chanter utilement pour la chasse, le moyen est de l'enfermer dans une cage placée dans un lieu obscur, où, soir et matin, à la lumière, on lui donne à manger du millet, et l'on continue ainsi jusqu'à ce qu'à l'aide de l'appeau, on lui ait appris à chanter. Quand elle est instruite, on la porte à la chasse, dans sa cage, et lorsqu'on entend le mâle chanter, on tend le *halier*, entre lequel et l'oiseau on place la cage à deux ou trois enjambées du filet; tandis que la *chanterelle* fait son devoir, l'oiseleur se tient, sans remuer, caché derrière le halier, dans lequel les mâles viennent se prendre, croyant se rendre à la voix de la femelle. Voilà pour la chasse des *cailles vertes* à leur arrivée. Mais la manière de s'y prendre en août et septembre est toute différente, et se nomme *bourrée*, parce qu'on bourre le gibier pour le forcer de se jeter dans le *halier* qu'on oppose à son passage: alors, et quand il ne reste plus que quelques sillons à moissonner, on tend les haliers en travers les sillons récoltés, près de ceux qui ne le sont pas; ensuite on se rend aux deux extrémités, qu'on traque à pas lents, en jetant de la terre à droite et à gauche; par cette manœuvre, on conduit au piége tout le gibier qui se trouve dans le champ, et cela d'autant plus sûrement, que les cailles sont alors très-grasses, et sont peu disposées à voler.

Au traîneau. Dans le mois de mai, pour la *caille verte*, et dans les mois d'août et septembre, pour prendre les *cailles grasses*, on emploie, comme pour les *alouettes*, le filet qu'on nomme *traîneau*, et dont la forme et l'usage ont été décrits à l'article ALOUETTES. *Voyez* ce mot.

A la tirasse. Depuis l'arrivée des cailles en mai, jusqu'à leur départ en septembre, on les prend à la *tirasse*, grand filet, long de quarante à cinquante pieds, dont les mailles, à losanges, n'ont qu'un pouce et demi de large. Pour faire cette chasse, qui est plus pénible que la précédente, mais qui est aussi plus récréative et plus profitable, il faut avoir un chien d'arrêt dressé pour cela. On se rend avec lui sur le terrein (et les prés sont les endroits qui sont tout-à-la-fois les plus commodes et les plus agréables): quand le chien est en arrêt, on déploie la tirasse ; deux chasseurs tiennent chacun un des bouts du cordeau qui sert à la traîner ; ils en couvrent le chien et tout le terrein où l'on pense que l'arrêt est formé.

On prend aussi des cailles *à la tirasse*, sans chien, et pour cela il faut être deux ; l'un tient la tirasse et l'autre l'appeau. Quand on est sur le terrein, on écoute, et lorsqu'on a entendu chanter la caille, on va doucement à elle ; on attend qu'elle ait encore chanté, pour s'assurer mieux de l'endroit où elle est ; alors on déploie la tirasse, et l'on appelle, avec l'appeau, la caille, qui va droit au filet, derrière lequel les chasseurs ont eu le soin de se coucher de manière à n'être pas apperçus ; et quand l'oiseau est ainsi attiré, on va à sa rencontre avec la *tirasse*, qu'on jette sur le terrein où elle est présumée se trouver, ce dont on s'assure en jetant le chapeau sur le filet pour la faire partir : si elle n'est pas dessous, on traîne la *tirasse* plus loin, avec le même procédé, jusqu'à ce que l'oiseau soit pris.

Une personne seule peut, avec un chien, se servir de la *tirasse* ; pour cela, on prend un bâton gros comme un manche de fourche, et long de trois ou quatre pieds, ferré en pointe par un des bouts, afin qu'il puisse facilement se ficher en terre et y tenir ferme ; à neuf pouces de la pointe ferrée, on attache un des bouts de la corde du filet ; le filet plié sur le bras gauche, et le bâton à la main, on fait chasser le chien. Aussi-tôt qu'il a formé son arrêt, on va à côté de lui à la distance de deux toises, on y pique le bâton ; alors on s'éloigne du chien par-devant, en laissant couler le filet à bas, en l'étendant suivant sa forme carrée ; et lorsque le chasseur est arrivé à l'autre extrémité de la corde, qu'il tire bien fort, il ramène le filet en traînant, jusque devant le nez du chien : alors les cailles arrêtées sont sous le filet, et on les fait lever en frappant le halier avec le chapeau.

Une personne seule, avec un chien, peut se servir d'une autre espèce de *tirasse*, plus commode et aussi profitable pour la chasse aux cailles grasses, qui tiennent davantage à l'arrêt. Ce filet est triangulaire ; à l'extrémité d'un des angles est attaché un poids quelconque, à une autre extrémité est un bâton ferré, comme il est dit plus haut. Lorsque le chien a formé son arrêt, le chasseur s'avance à côté de lui, à une distance à-peu-près égale à la moitié d'un des côtés du filet, il y plante le bâton, passe de l'autre côté du chien, et là, en tirant la corde de la tirasse, il en place l'extrémité sous ses pieds, et l'y tient bien ferme ; alors il jette, dans la direction convenable, la troisième extrémité du filet, au bout de laquelle est le poids, et ce qui se trouve dessous est pris. Il renouvelle ce manége à tous les autres endroits du terrain où son chien fait arrêt.

Au fusil. Lorsque le temps du passage des *cailles*, pour retourner en Afrique, est arrivé, c'est-à-dire du quinze août aux premiers jours d'octobre, il se fait, aux environs de Marseille, une chasse très-agréable, pour laquelle on se sert d'appeaux vivans. Ce sont de jeunes mâles de l'année, pris au filet lors de leur arrivée, et qui se conservent d'une année à l'autre, dans des chambres ou des volières, où ils sont nourris avec la précaution de ne pas leur donner du millet, qui les engraisse trop. Au mois d'avril, on les aveugle, en leur passant légèrement sur les yeux un fil de fer rouge; au mois de mai, on les plume en partie sur le dos, aux ailes et à la queue, sans trop les déshabiller, pour avancer leur mue, parce que s'ils muoient dans le temps du passage, cela les empêcheroit de chanter; au commencement du mois d'août, on les met en cage, pour les y accoutumer; et lorsque le temps de la chasse est arrivé, on place dans les vignes, de distance en distance, des pieux de huit à dix pieds, auxquels on attache transversalement, de l'un à l'autre, deux rangs de planches garnis de clous à crochets, pour y suspendre les cages. Lorsqu'on a peu d'appeaux, on se contente de clouer longitudinalement, sur chaque pieu, une planche d'environ trois pieds de longueur, et de huit à dix pouces de large, dans laquelle on fiche trois clous pour recevoir autant de cages: on multiplie les pieux et les cages à proportion de l'étendue des vignes. Les cages restent ainsi suspendues, tant que dure la saison du passage, et elles sont gardées, pendant la nuit, par un homme qui est aussi chargé de donner à manger aux *appeaux;* mais lorsque les vignes sont enfermées de murs, on se dispense de la garde de nuit. Les cailles appelantes, au nombre de trente, quarante, cinquante, et jusqu'à cent, suivant que le terrain est plus ou moins grand, chantent dès l'aube du jour, et attirent autour des cages non-seulement les cailles qui passent, mais encore celles qui se trouvent répandues dans les environs. Deux heures après le lever du soleil, et quand la rosée est passée, le chasseur se rend sur les lieux sans chien, et bat les vignes doucement et sans bruit, pour ne pas effaroucher les cailles qui sont autour des cages. Cette première battue faite, on amène un chien qui les fait lever; de cette manière, un seul chasseur peut tuer cinquante ou soixante cailles dans une matinée, si la mer est calme; car si elle est agitée, la chasse n'est pas bonne elle est bien abondante lorsqu'on enferme un terrain, ainsi garni d'appeaux, avec des filets suspendus à des pieux disposés autour de l'enceinte, filets qu'on tend le matin, et dans lesquels les cailles se jettent à mesure qu'on bat les vignes, ce qui n'empêche pas d'en tirer beaucoup au fusil. (S.)

La Caille blanche. Cette couleur ne caractérise pas une race particulière, mais une de ces variétés qu'on rencontre souvent dans les autres oiseaux; l'on en conserve une autre au *Museum d'hist. natur.*, qui est d'un gris blanc.

La Caille brune de Madagascar (*Perdix grisea* Lath.). Cette seconde espèce de *caille* de Madagascar, est de la taille de celle d'Europe. La tête est mélangée de noir et de roux; la gorge d'un grisâtre terreux fort sale; toutes les plumes de la partie inférieure du corps ont chacune deux bandes noires; celles du dessus sont d'un gris sale avec des bandes noirâtres; les ailes sont brunes; le bec et les pieds noirs; l'iris est jaune.

La Caille de Cayenne (édition Sonnini de l'*Hist. nat. de Buffon*). L'émigration habituelle aux *cailles*, est étrangère à celle-ci, puisqu'elle reste toute l'année à Cayenne. Le climat chaud qu'elle habite favorise ses pontes, car elle fait plusieurs couvées par an, et l'on trouve des jeunes dans toutes les saisons, mais ces *cailles* ont une habitude qui les rapproche beaucoup des *perdrix;* c'est de vivre en compagnie, et de se rappeller entr'elles par un petit sifflement; elles habitent de préférence les petits mornes sur les lisières des bois, et se rencontrent par petites bandes dans le voisinage des habitations. Elles portent sur la tête une huppe qui est roussâtre ainsi que la nuque; la gorge est fauve; les côtés du cou sont gris et noirs; le dos, le dessous du cou, les couvertures des ailes d'un gris roussâtre et ondées de raies noires; ces deux couleurs couvrent le croupion; les pennes des ailes sont grises et roussâtres; celles de la queue de cette dernière teinte et brunes; les pieds jaunâtres.

La Caille de la Californie (*Perdix Californica* Lath.). Cette *caille*, un peu plus grande que la nôtre, a sur le sommet de la tête, une huppe composée de six plumes longues et noirâtres; que l'oiseau redresse à volonté; le front est ferrugineux; le reste de la tête, le menton et la gorge sont d'un noir foncé, et bordé sur celle-ci d'un cercle blanc jaunâtre qui prend naissance derrière l'œil; le ventre est d'un jaune-ferrugineux, mélangé de petits croissans noirs; l'on voit sur les flancs plusieurs plumes longues et noirâtres; sur le milieu de chaque il y a une raie jaune; le brun-cendré qui domine sur les parties supérieures du corps, les ailes et la queue, est varié de taches d'un brun jaunâtre sur le cou, et descend sur les côtés de la poitrine où il prend un ton bleuâtre; la queue est assez longue et arrondie à son extrémité ; les pieds sont pareils au bec.

La femelle est privée de noir sur la tête et a généralement les couleurs plus claires. *Espèce nouvelle.*

La **Caille de la Chine ou des Philippines.** *Voy.* **Fraise.**

La **Caille de la côte de Coromandel** (*Perdix Coromandelica* Lath.). Cette petite espèce, que l'on rencontre dans le territoire de Gingi, a un tiers moins de grosseur que la *caille* ordinaire. Sa tête est noire, avec sa partie antérieure roussâtre ; une raie jaunâtre part des coins de la bouche, passe sur les yeux et se perd sur l'occiput. Les plumes du cou sont jaunâtres et bordées de noir ; le dessous du corps a une bande longitudinale noire, en forme de zigzag ; le dos, le croupion et les petites couvertures des ailes, sont d'un roux châtain et rayées longitudinalement de jaunâtre ; les grandes pennes des ailes sont brunes.

La femelle diffère par ses couleurs plus ternes et par la gorge, qui est blanche, avec une raie noire sur sa partie inférieure.

La **Caille a trois doigts de l'Andalousie** (*Perdix Andalusica* Lath.). Une belle couleur rousse, tachetée irrégulièrement de noir, domine sur le plumage de cette *caille ;* mais elle est plus pâle sur les parties inférieures du corps et se présente avec une nuance jaune sur la gorge et la poitrine ; les pennes des ailes sont noirâtres ; les pieds et le bec de couleur de chair ; et les trois doigts en avant.

La **Caille a trois doigts de Gibraltar** (*Perdix Gibraltarica* Lath.). Longueur, six pouces ; bec noir ; les plumes de la tête d'une couleur marron et frangées de blanc, celles du dos de la même teinte, mais rayées de noir, les couvertures des ailes ferrugineuses, bordées de blanc avec une tache noire au milieu entourée d'un cercle blanc ; la gorge rayée de noir et de blanchâtre ; la poitrine blanche avec un croissant noir sur chaque plume, et le milieu d'une couleur de rouille pâle ; le ventre et les parties subséquentes de la même teinte, mais inclinant au jaune ; les pennes des ailes et de la queue noirâtres ; et ces dernières rayées d'un brun roux, de noir, et frangées de blanc ; les trois doigts placés en avant.

La **Caille a trois doigts de l'île de Luçon** (*Perdix Luzoniensis*). Trois doigts, et tous trois en avant caractérisent et distinguent facilement cette *caille* d'une autre qui se trouve aussi dans la même île ; celle-ci d'un tiers plus petite que la nôtre, a la tête, la gorge d'un noir mélangé de blanc ; le haut de la poitrine mordoré ; le ventre jaune ; le dos et les ailes grises et bordées de jaunâtre ; le bec et les pieds d'un gris clair.

La **Caille a trois doigts de la Nouvelle-Galle du Sud** (*Perdix varia* Lath.). Les terres australes ont aussi leur *caille à trois doigts*. Celle-ci se trouve dans les parties méridionales de la Nouvelle-Hollande. Ses habitudes et son genre de vie sont les mêmes que ceux de la *caille européenne*; sa taille tient le milieu entre celle-ci et la perdrix; elle a le bec couleur de corne; le plumage sur les parties supérieures du corps analogue à celui de notre perdrix, avec des grandes taches noires, triangulaires; le front et le tour des yeux marqués de petits points blancs; le dessous du cou et la poitrine d'un cendré pâle; l'on remarque sur les oreilles une tache bleuâtre, et plusieurs rouges et ferrugineuses sur les côtés du cou; le ventre, le bas-ventre et les cuisses sont d'un blanc sale; les pennes noires; les pieds d'un jaune pâle, et les trois doigts en avant. On la trouve au mois de juin, dans la Nouvelle Galle du Sud. *Nouvelle espèce.*

La **Caille de la baie d'Hudson**. Cette *caille*, une des plus petites de cette espèce, n'a guère que quatre pouces et demi de longueur; son bec est noir, et la couleur générale du plumage d'un blanc jaunâtre obscur, marqué de taches blanches, irrégulières, sur le cou et les cuisses; rayé de blanc et de noir sur les ailes, le dos et la queue, d'une nuance plus claire sur les parties inférieures du corps et sans taches; les pieds sont d'un brun noirâtre. Cette *nouvelle espèce* est très-rare.

La **Caille de Java**. *Voyez* Réveil-matin.

La **Caille de la Louisiane**. *Voyez* Colenicui.

La **Caille de la Nouvelle Guinée** (*Perdix novæ Guineæ* Lath.). Cet oiseau un tiers moins gros que la *caille d'Europe*, a l'iris grisâtre; les petites pennes des ailes frangées de jaunâtre, les grandes noires et le reste du plumage d'un brun plus ou moins foncé, mais plus éclatant sur la tête et le ventre, tirant au noirâtre sur les couvertures des ailes et sur le dos.

La **Caille de la Nouvelle-Hollande** (*Perdix Australis* Lath.). Cette *caille* a sept pouces de longueur, la couleur générale du plumage rougeâtre, mélangé de zigzags et de petits points noirs; chaque plume marquée dans son milieu d'une ligne blanche; le dessous du corps de couleur de buffle, mélangé de même; le menton d'une teinte uniforme et une strie sur le milieu de la tête; les pieds sont bruns. *Espèce nouvelle.*

La **Caille de Madagascar**. *Voyez* Turnix.

La **Grande Caille de Madagascar**, (*Perdrix striata* Lath. pl. coloriée 98 du *Voyage aux Indes et à la Chine de Sonnerat*.). Cette *caille* a deux fois la grandeur de celle d'Europe ; les sourcils blancs ; une ligne blanche au-dessus des yeux ; la gorge, la poitrine, le ventre noirs ; le dessus du corps d'un brun fauve strié de blanc, et traversé de noir sur le dos et la nuque ; une plaque de couleur ventre de biche sur la poitrine ; les pennes primaires des ailes d'un brun terreux sale ; les autres noires, avec des bandes blanches ; et celles de la queue avec des lignes jaunâtres : le bec noir ; les pieds roussâtres.

La PETITE CAILLE DE MANILLE (*Perdrix Manillensis* Lath.). Cette petite *caille*, de la grosseur du *moineau*, se trouve dans l'île de Luçon. Elle a quatre pouces de longueur ; le bec, les pieds et les parties supérieures du corps noirs ; la gorge blanche ; la poitrine grise et tachetée de noir ; des raies de même couleur sur les plumes jaunâtres du ventre ; les flancs d'un roux vif, et des petites lignes grises sur les ailes.

La CAILLE DU MEXIQUE. *Voyez* COYOLCOS.

La GRANDE CAILLE DU MEXIQUE. *Voy.* le GRAND-COLIN.

La CAILLE HUPPÉE DU MEXIQUE. *Voyez* ZONÉCOLIN.

La CAILLE DES ILES MALOUINES (*Perdrix falklandia* Lath. pl. enl. n° 222 de l'*Hist. nat. de Buffon.*). Une *caille* qui se trouve dans un pays séparé de notre continent par une grande étendue de mer, ne peut être regardée comme une variété de notre espèce, quoiqu'on lui trouve de l'analogie dans les couleurs, et des rapports dans la taille. Celle-ci qui habite des îles qui sont à l'extrémité méridionale de l'Amérique, a le bec couleur de plomb ; les plumes du dessus du corps, d'un brun pâle, plus foncé sur les bords de la tige, avec quelques lignes en demi-cercles ; les côtés de la tête bigarrés de blanc ; le dessous du corps, y compris le haut de la poitrine, d'un jaune brunâtre, mélangé de taches et de lignes brunes ; le reste de la poitrine, le ventre et les couvertures inférieures de la queue blancs ; les pennes des ailes noirâtres ; celles de la queue brunes, ainsi que les pieds.

La CAILLE DE PERSE (*Perdix Caspia* Latham.). Le bec de cet individu est d'un brun olive ; les narines, les paupières et les tempes sont nues et jaunes ; cette teinte est celle des pieds qui sont privés d'ergots ; le rete du plumage, à l'exception de l'extrémité des pennes des ailes, et d'une partie de la queue qui sont blanches, est d'un gris-cendré tacheté de brun ; sa taille égale celle de l'oie commune. Si cet oiseau appartient réellement à la famille des CAILLES ou à celle des PERDRIX (*caspian partridge*, dit Latham), c'est bien la plus grande et la plus grosse de toutes celles qui sont connues.

La GRANDE CAILLE DE POLOGNE. *Voyez* CHROKIEL.

La CAILLE VERTE (*Perdix viridis* Lath.). Le pays et les habitudes de cet individu étoient inconnus à Latham lorsqu'il

Deseve del.

1. Caïmitier pomiforme. 2. Calaba à fruits ronds.
3. Calac à feuilles obtuses. 4. Calebassier à feuilles longue

i'a décrit dans son *General synopsis of birds*; mais depuis, il a vu plusieurs de ces oiseaux, soit vivans, soit morts, et il a reconnu que sa *perdrix verte* étoit la femelle de son *petit pigeon huppé* (*columba cristata*), ou le ROLOUL DE MALACCA de Sonnerat. *Voyez* ce mot.

La CAILLE DE VIRGINIE (*Perdix Virginiana* Lath.). Cet oiseau, décrit pour la première fois par Catesby, n'est autre que la PERDRIX DE LA NOUVELLE-ANGLETERRE. *Voyez* ce mot. (VIEILL.)

CAILLE DE BENGALE. *Voy.* BRÈVE DE CEYLAN. (S.)

CAILLEBOT. C'est un des noms vulgaires de l'OBIER. *Voyez* ce mot. (B.)

CAILLELAIT. *Voyez* au mot GAILLET. (B.)

CAILLETEAU, petit de la CAILLE. *Voyez* ce mot. (S.)

CAILLETOT. Les pêcheurs donnent ce nom aux petits du PLEURONECTE TURBOT. *Voy.* au mot PLEURONECTE et au mot TURBOT. (B.)

CAILLEU TASSART, nom vulgaire d'un poisson du genre des CLUPÉS, *Clupea trissa* Linn., qu'on trouve dans les mers de l'Inde et de l'Amérique. *Voy.* au mot CLUPÉ. (B.)

CAILLOU D'ANGLETERRE. *Voy.* POUDINGUE. (PAT.)

CAILLOU D'ALENÇON, DE BRISTOL, DE CAYENNE, DE MÉDOC, DU RHIN. Ce sont des cristaux de roche. *Voyez* QUARTZ. (PAT.)

CAILLOU DE ROCHE, dénomination vicieuse qu'on a quelquefois donnée au *horn-stein*, et même au *petro - silex* primitif. (PAT.)

CAILLOU. On donne communément ce nom à toute pierre arrondie et d'un volume médiocre; mais il appartient plus spécialement au *silex ou pierre à fusil*. Voyez SILEX. (PAT.)

CAILLOU D'ÉGYPTE. *Voyez* JASPE. (PAT.)

CAILLOU DE RENNES. *Voyez* BRÈCHE. (PAT.)

CAILLOUX-CRISTAUX. Ce sont des cristaux de roche roulés par les eaux, tels que les cailloux du Rhin. (PAT.)

CAÏMIRI. C'est le *Saïmiri* de Buffon, très-jolie espèce de *singe sagoin* d'Amérique. (V.)

CAÏMITIER, *Chrysophyllum* Linn. (*Pentandrie mono- gynie*.), genre de plantes de la famille des HILOSPERMES. Son caractère est d'avoir un petit calice, persistant et à cinq divisions; une corolle monopétale en cloche, découpée également en cinq parties ouvertes et arrondies; et pour fruit, une grosse baie globuleuse à dix loges, dont chacune renferme une semence comprimée et marquée d'une cicatrice latérale. *Voy.* l'*Illustration des Genres*, pl. 120. Ce genre comprend des arbres ou arbrisseaux qui croissent entre les Tropiques, principalement dans les Antilles. Quelques-uns ont la surface inférieure de leurs feuilles couverte d'un duvet très-fin, qui les rend soyeuses, brillantes, et comme dorées. Tels sont les deux suivans.

Le Caïmitier pomiforme, *Chrysophyllum caïnito* Linn. C'est un arbre du second ordre, très-garni de branches, d'un bel aspect, ayant une cime ample et étalée, avec des feuilles alternes pétiolées, ovales, un peu pointues, très-entières, lisses en dessus et couvertes en dessous d'un duvet bronzé, qui paroît doré lorsque le soleil l'éclaire. Ses fleurs sont petites, solitaires sur chaque pédoncule, et disposées en faisceaux aux aisselles des feuilles. Son fruit, communément rond, a la grosseur d'une pomme moyenne ; il est, suivant les variétés, ou pourpre, ou violet, ou d'un rose foncé, nué de vert et de jaune, et il contient cinq à dix noyaux bruns, environnés d'une pulpe molle, laiteuse et gluante, d'un goût fade et d'une odeur qui approche de celle de la fleur de *châtaignier* : quoique médiocrement bon, on le mange et on le sert quelquefois sur les tables. Ce *caïmitier* croît à Saint-Domingue et dans les îles voisines ; son bois est blanc, tendre, et recouvert d'une écorce roussâtre et crevassée. On l'emploie dans les ouvrages de charpente.

Le Caïmitier olivaire, *Chrysophyllum oliviforme* Lam. C'est l'*acomas* de Nicolson. Le fruit de cette espèce est deux fois gros comme une olive, et de la même forme ; sa couleur, quand il est mûr, est d'un violet noirâtre ; il a une saveur vineuse assez agréable, et il ne renferme qu'un seul noyau. On distingue d'ailleurs ce *caïmitier* du précédent, par la couleur jaunâtre de son bois, qui sert aussi à bâtir, et parce qu'il est moins élevé : à peine surpasse-t-il en hauteur nos pommiers ordinaires. On le trouve communément dans les bois à Saint-Domingue ; il fleurit vers le milieu d'octobre, et il donne des fruits murs au commencement de juin.

Le Caïmitier pyriforme, *Chrysophyllum macoucou* Aubl., s'élève très-haut ; son bois est blanc, dur et cassant ; son écorce entamée rend un suc laiteux, et ses feuilles sont lisses des deux côtés. Il porte, dans toute la longueur de ses branches, des fruits d'un jaune orangé et d'un goût plus agréable que ceux du *caïmitier des Antilles*. Cet arbre croît dans la Guiane.

Le Caïmitier glabre, *Chrysophyllum glabrum* Linn., est un petit arbre qui a des feuilles un peu coriaces, lisses et luisantes des deux côtés, et des fruits bleus d'une saveur douceâtre que les enfans et les noirs mangent quelquefois ; ses semences sont moins comprimées que celles des précédens. Il croît dans les bois de la Martinique.

On multiplie, dit Miller, ces arbres de bouture dans les Indes Occidentales. En Europe, ils ne peuvent être élevés et conservés que dans les serres les plus chaudes ; comme ils gardent leurs feuilles toute l'année, ils y font un bel effet, sur-tout les espèces qui les ont satinées et dorées. *Voyez* dans Miller, la manière de les cultiver dans nos climats. (D.)

CAJOU. *Voyez* le mot ACAJOU. (B.)

CAIPON, nom vulgaire d'un arbre de Saint-Domingue, dont le caractère générique n'est pas connu. (B.)

CAITAIA, espèce de *sapajou*. Voyez COAITA. (V.)

CAJU-BESSI, arbre de l'Inde. *Voyez* BESSI. (B.)

CAKATOCA, ou CATACOUA. *Voyez* KAKATOES. (S.)

CAKILE, *Kakile*, genre de plantes à fleurs polypétalées, de la tétradynamie siliculeuse, et de la famille des CRUCIFÈRES, qui a pour caractère, un calice de quatre folioles conniventes ; une corolle ouverte, à quatre pétales arrondis ; six étamines, dont deux plus courtes ; un ovaire supérieur, surmonté d'un style filiforme à stigmate simple.

Le fruit est une silicule subéreuse, oblongue, acuminée, à quatre angles obtus, bi-articulée, se séparant dans les articulations ; à articulation supérieure très-grande, profondément échancrée à sa base, uniloculaire, monosperme ; à articulation inférieure petite, presque turbinée, tantôt solide, tantôt uniloculaire, et alors stérile ou monosperme.

Voyez pl. 554 des *Illustrations* de Lamarck, où ce genre est figuré.

Les *cakiles* faisoient partie des genres des BUNIADES de Linnæus, mais ils en ont été séparés, à raison de l'organisation fort différente de leur silicule. On en compte trois espèces.

Le CAKILE MARITIME, *Bunias cakile* Linn., dont les feuilles sont pinnées, les découpures linéaires et un peu dentées. On le trouve sur le bord de la mer, en Europe, et on l'emploie contre le scorbut et la colique ; c'est le plus commun. Les deux autres sont le CAKILE D'ÉGYPTE, et celui A FEUILLES DE CAMÉLINE. (B.)

CALABA, *Calophyllum*, genre de plantes de la polyandrie monogynie, et de la famille des GUTTIFÈRES, dont le caractère est d'avoir un calice coloré, caduc et composé de quatres folioles ; quatre pétales ovales, arrondis, concaves, ouverts, dont deux extérieurs sont un peu plus petits que les autres ; un grand nombre d'étamines ; un ovaire supérienr , globuleux , chargé d'un style , dont le stigmate est épais et obtus.

Le fruit est une noix sphérique, charnue , contenant un noyau globuleux , dans lequel est une amande.

Voyez pl. 459 des *Illustrations* de Lamarck , où ces caractères sont figurés.

Ce genre renferme trois espèces , qui sont de grands arbres de l'Inde à feuilles luisantes , coriaces, remarquables par le nombre et la finesse de leurs nervures latérales ; à fleurs axillaires ou terminales , portées trois par trois sur des pédoncules opposés. Ces espèces diffèrent très-peu entr'elles.

Le CALABA A FRUITS RONDS , *Calophyllum inophyllum* Linn. , laisse couler, lorsqu'on entame son écorce , une liqueur visqueuse, jaunâtre, qui s'épaissit à l'air. C'est la résine *tacamaque*, qu'on appelle aussi *baume vert*, qui est odorante , et qu'on dit vulnéraire , résolutive , nervale et anodyne. *Voyez* au mot BAUME VERT.

Le CALABA A FRUITS LONGS , *Calophyllum calaba* Linn., donne des fruits rouges que les Indiens mangent, et avec les amandes desquels ils font de l'huile à brûler. (B.)

CALABRIA , le *grèbe huppé* est décrit sous ce nom catalan, par Adanson, dans le *Supplément* à *l'Encyclopédie.* Voy. GRÈBE. (S.)

CALABURE , *Muntingia* , genre de plantes de la polyandrie monogynie , et de la famille des LILIACÉES , qui est formé par un grand arbre dont les feuilles sont alternes , ovales , pointues , dentées , inégales à leur base , couvertes d'un duvet roux fin comme de la soie. Les fleurs sont axillaires , solitaires , et composées d'un calice à cinq ou six découpures pubescentes et caduques ; d'une corolle de cinq ou six pétales un peu onguiculés ; d'un grand nombre d'étamines ; d'un ovaire supérieur , globuleux, dépourvu de style , et couronné par cinq ou six stigmates épais et persistans. Le fruit est une baie globuleuse , un peu plus grosse qu'une cerise, jaunâtre , avec une teinte de rose , divisée intérieurement en cinq ou six loges peu apparentes , par des cloisons membraneuses , très-fines , et qui contiennent des semences nombreuses , nichées dans une pulpe.

Cet arbre est commun à Saint-Domingue. Son bois sert à faire des douves, et son écorce des cordes. (B.)

CALAC, *Carissa* , genre de plantes à fleurs monopétalées ; de la pentandrie monogynie , et de la famille de APOCINÉES , dont le caractère est d'avoir un calice fort petit, persistant, à cinq divisions droites et pointues ; une corolle monopétale , à tube cylindrique, à cinq divisions ; cinq étamines ; un ovaire supérieur oblong, surmonté d'un style filiforme, dont le stigmate est légèrement bifide.

Le fruit est une baie ovoïde, divisée en deux loges contenant une à quatre semences, nichées dans une pulpe.

Ce genre est figuré pl. 118 des *Illustrations* de Lamarck. Il contient quatre à cinq espèces, qui sont des arbrisseaux épineux, à épines opposées, quelquefois florifères, et faisant les fonctions de pédoncules; leurs feuilles sont entières, opposées; leurs fleurs portées sur des pédoncules axillaires ou terminaux. Ils croissent tous dans l'Inde ou en Arabie.

L'espèce la plus connue est le CALAC A FEUILLES OBTUSES, *Carissa carandas* Linn., dont les caractères sont d'avoir les feuilles ovales et obtuses. Elle se trouve dans l'Inde. Ses fruits sont acides, et on en fait de très-bonnes confitures.

Il en est encore une autre espèce qui vient en Arabie, et que Forskal a décrite sous le nom d'*antula*. Ses fruits se mangent également.

Le genre ARDUINE est le même que celui-ci. (B.)

CALADION, *Caladium*, genre de plantes établi par Ventenat aux dépens des GOUETS de Linnæus, c'est-à-dire dans la gynandrie polyandrie, et dans la famille des GOUETS.

Ce genre offre pour caractère une spathe ventrue, se recouvrant dans sa partie inférieure; un chaton plus court que la spathe, simple, droit, cylindrique, portant des fleurs mâles dans sa partie supérieure, et des fleurs femelles dans sa partie inférieure; les premières formées d'anthères sessiles disposées en spirales, creusées dans leur contour de douze sillons remplis de poussière fécondante, en molécules agglutinées, et terminées supérieurement par un plateau en forme de losange, parsemé de points brillans, et crénelé à son limbe; les secondes composées d'ovaires nombreux, orbiculaires, concaves, à stigmate sessile, même ombiliqué, remplis d'une liqueur visqueuse; des glandes oblongues, obtuses, relevées, disposées sur quatre rangs, remplissant l'espace qui est entre les étamines et les ovaires.

Le fruit est semblable à celui des *gouets*. *Voyez* ce mot.

Ce genre diffère donc des *gouets* par la situation et la structure de ses anthères, par la direction et la forme des glandes, par ses stigmates ombiliqués, et même par son pollen. Ventenat lui rapporte les GOUETS ESCULENT, OVALE, A FEUILLES DE SAGITTAIRES, ARBORESCENT, et trois autres moins connus. On doit lui donner pour type le CALADION BICOLOR, dont ce botaniste a donné une superbe figure pl. 30 de ses *Plantes du jardin de Cels*. Cette belle plante est originaire du Brésil, et se fait remarquer par ses larges feuilles, peltées, sagittées, d'un rouge cramoisi dans le milieu, et d'un vert foncé dans leur contour. On la multiplie de drageons. (B.)

CALAF, nom arabe d'un arbuste que quelques voyageurs ont appelé *saule*, et dont les Égyptiens distillent la fleur en en tirant une eau cordiale, qu'ils appellent *macahalef*, et dont ils font usage pour réprimer le trop grand desir de l'acte vénérien. On s'en sert tant intérieurement qu'extérieurement dans les fièvres ardentes et pestilentielles. Son odeur est si agréable et si pénétrante, qu'elle suffit pour dissiper la défaillance. Il est très-probable que ce *calaf* est un CHALEF. *Voyez* ce mot. (B.)

CALAGUALA, racine d'une plante du Pérou, dont on fait usage en Espagne, comme apéritive et sudorifique. On ignore à quel genre appartient cette plante. (B.)

CALAK, nom persan du CORBEAU. *Voyez* ce mot. (S.)

CALALOU, nom d'une espèce de *citrouille* de la division des PÉPONS, qu'on mange habituellement dans les colonies européennes de l'Amérique. *Voyez* au mot COURGE.

C'est aussi un mets propre aux mêmes contrées, que l'on fait avec la KÉTMIE ESCULENTE et quelques autres malvacées. (B.)

CALAMBAC. C'est une espèce d'AGALOCHE. *Voyez* ce mot. (B.)

CALAMBOURG, bois odoriférant, qui est employé en Chine à des ouvrages de tabletterie. Il diffère peu, à ce qu'il paroît, de l'AGALOCHE. *Voyez* ce mot. (B.)

CALAMENT, espèce de plante du genre MÉLISSE. *Voyez* ce mot. (B.)

CALAMINE ou PIERRE CALAMINAIRE, minérai composé pour l'ordinaire d'oxide de zinc, d'oxide de fer et de parties terreuses, ce qui forme un mélange couleur de rouille. On regarde aussi comme une *calamine* l'oxide pur de zinc, qui a une apparence vitreuse, et qui est d'une couleur blanche ou citrine. Celui-là est susceptible de poli comme une calcédoine, et il en a le coup-d'œil et la demi-transparence. Ce minérai est rare, et ne se trouve guère qu'en Angleterre, dans le comté de Sommerset, et dans les mines de la Daourie, à l'extrémité de l'Asie septentrionale. Cet oxide de zinc cristallise quelquefois en lames disposées les unes sur les autres, de manière qu'elles se touchent immédiatement par une extrémité, et qu'elles sont un peu écartées par l'autre comme un éventail fermé. *Voyez* ZINC. (PAT.)

CALAMITE, nom spécifique d'un CRAPAUD. *Voyez* ce mot. (B.)

CALAMUS AROMATIQUE, nom donné à plusieurs substances végétales odorantes qui viennent de l'Inde. Parmi elles, on peut citer la racine l'ACORE ODORANT, le ROTANG VRAI et de BARBON NARD. (*Voyez* ces mots.) Mais il y a peu d'accord sur le nom des autres plantes qui fournissent les autres espèces de *calamus* connues dans les boutiques d'apothicaires. (B.)

CALANDRE (*Alauda calandra* Lath., fig. pl. enlum. de Buffon, n° 363.), espèce d'ALOUETTE. (*Voyez* ce mot.) Elle est plus grosse que l'*alouette commune*, d'où on l'a encore appelée *grosse alouette*. Sa longueur totale est de sept pouces un quart, et son vol de treize pouces et demi ; ses ailes pliées aboutissent à l'extrémité de la queue, au lieu que celles de l'*alouette commune* ne sont pas à beaucoup près si longues. Son bec est aussi, proportion gardée, plus court, plus épais et plus fort. Du reste, la *calandre* est semblable à l'*alouette commune* par l'ensemble et les détails de conformation, ainsi que par le plumage. Toutes les plumes du dessus du corps ont une bordure grise sur un fond brun ; la gorge et le ventre sont blancs ; au-dessous de la gorge est un demi-collier noir, qui, dans quelques individus, devient une grande plaque de la même couleur, qui couvre le haut de la poitrine ; quelques mouchetures noires paroissent sur le blanc sale du devant du cou et de la poitrine ; les flancs sont d'un brun roussâtre, et les pennes des ailes brunes, bordées de blanchâtre ; les deux paires les plus extérieures des pennes de la queue sont bordées de blanc, la troisième paire terminée de même, la paire intermédiaire gris-brun, tout le reste noirâtre ; le bec, les pieds et les ongles sont blanchâtres. Le mâle est plus gros et plus noir autour du cou que la femelle, dont le collier est fort étroit.

Aux rapports de conformation et de couleurs avec l'*alouette commune*, la calandre en joint d'aussi saillans dans les habitudes et les mœurs. Sa voix est également agréable, mais plus forte ; elle a la même légèreté dans ses mouvemens et ses amours ; elle niche de même à terre sous une motte de gazon bien fourni, et sa ponte est de quatre ou cinq œufs. Elle a le même talent pour contrefaire parfaitement le ramage de plusieurs oiseaux et le cri de quelques quadrupèdes ; mais son espèce est moins nombreuse, et elle ne se trouve qu'au midi de la France, et sur-tout en Provence, où elle est commune, et où on l'élève à cause de son chant. Elle l'est aussi en Italie, et, selon Cetti, dans l'île de Sardaigne, où elle passe toute l'année. (*Uccelli di Sardegna*, pag. 147.) On ne voit pas les *calandres* en troupes ; elles se tiennent seules pour l'ordinaire. En automne, elles deviennent fort grasses, et sont alors un manger très-délicat. On les prend aux filets, que l'on tend à portée des eaux où elles ont coutume d'aller boire, ou aux collets et aux traîneaux, de même que les autres alouettes.

Si l'on veut élever les *calandres* pour jouir de l'agrément de leur chant et de la flexibilité de leur gosier imitateur, on doit les avoir jeunes, au sortir du nid, ou du moins avant leur première mue ; les nourrir d'abord avec de la pâte composée en partie de cœur de mouton ; leur donner ensuite des graines, de la mie de pain, et tenir dans leur cage du platras pour qu'elles s'aiguisent le bec, et du sable fin où elles puissent se poudrer à leur aise ; enfin, leur lier les ailes dans les commencemens, ou couvrir leur cage de toile, car elles sont fort sauvages, et pourroient se tuer en cherchant à s'élever ; mais lorsque ces oiseaux sont façonnés à l'esclavage, ils ne cessent plus de répéter leur chant propre et celui des autres oiseaux, qu'ils retiennent facilement.

La Calandre du Cap de Bonne-Espérance. *Voy.* Cravate jaune.

La Calandre de Mongolie (*Alauda Mongolica* Lath.). Cette espèce est plus grande que la *calandre ordinaire* ; son bec est épais, et l'ongle postérieur, à peine plus long que le doigt, est en ligne droite, gros, et a trois faces ; une couleur rougeâtre, tirant sur celle de la rouille, couvre la tête et le cou ; sur le sommet de la tête, cette nuance est plus foncée ; une bande blanche et circulaire l'entoure, et une tache de la même couleur en marque le milieu ; une autre tache noire, divisée en deux pièces, se voit sur la gorge : le reste du plumage ressemble à celui de la *calandre commune*.

M. Pallas a vu cet oiseau dans les terres salines et désertes de la Mongolie, entre l'Onon et l'Argoun ; son ramage est fort agréable ; mais il ne le fait entendre qu'étant posé à terre. *Voyez* les *Voyages de M. Pallas en Russie et au nord de l'Asie*, tom. 4, *in-4°.*, de l'édition française, pag. 309, et append. n° 19.

La Calandre de Sibérie (*Alauda calandra* Var. Lath.). M. Pallas, qui le premier a décrit et observé cet oiseau, le regarde comme une espèce distincte de toutes les autres alouettes. (*Voyages en Russie et dans l'Asie septentrionale*, tom. 5, *in-4°.*, de l'édition française, et append. n° 8.) Gmelin a adopté la même opinion ; mais M. Latham prétend que cette alouette de Sibérie n'est qu'une variété de la *calandre.*

Quoi qu'il en soit, cet oiseau ne fréquente que les régions glacées du nord de l'Asie; on l'y rencontre communément dans les campagnes exposées au soleil, et de préférence le long des chemins de la Sibérie près de l'Irtich; il vole seul, et à peu d'élévation, fait son nid dans l'herbe, et sa nourriture de sauterelles et de vermisseaux. Son chant n'est pas aussi agréable que celui de l'*alouette commune ;* son plumage ne diffère pas beaucoup du plumage de la *calandre*, et ses principales dissemblances se réduisent aux taches d'un jaune pâle, mêlé de couleur de rouille, sur la gorge et les couvertures supérieures de la queue, au gris blanchâtre du dessous du corps, au blanc qui règne sur presque toutes les pennes moyennes de l'aile, au brun livide du bec, et au gris des pieds. (S.)

CALANDRE. Ce nom est donné au *cochevis*, en Provence et dans l'Orléanois. *Voyez* Cochevis. (S.)

CALANDRE, *Calandra*, nouveau genre d'insectes, établi par l'auteur de l'*Entomologie Helvétique*, et adopté par Fabricius. Ce genre renferme plusieurs *charansons* à longue trompe et à cuisses mutiques, tels que ceux du palmier, du blé, du riz. *Voyez* Charanson. (O.)

CALANDRE. On a donné ce nom, dans quelques pays méridionaux de la France, à la larve du *charanson* qui attaque le grain. *Voyez* Charanson. (O.)

CALANDRINO, nom italien de la Farlouse. *Voyez* ce mot. (S.)

CALAO, *Buceros*, genre de l'ordre des Pies. *Voyez* ce mot.

Caractères désignatifs des oiseaux de ce genre : bec dentelé en scie; front osseux, très-souvent une grande excroissance, ressemblant à un autre bec, sur la mandicule supérieure; narines petites, rondes, placées à la base du bec; langue petite, courte; pieds marcheurs, c'est-à-dire trois doigts en avant, un en arrière, celui du milieu joint au doigt extérieur jusqu'à la troisième articulation, et à l'intérieur, jusqu'à la première seulement. *Latham.*

Le Calao a bec blanc (édit. de Sonnini de l'*Hist. nat. de Buffon*). Ce *calao* à bec blanc, a une très-grande analogie avec le *calao du Malabar*. En comparant ces deux *calaos*, il est difficile de ne pas les regarder comme oiseaux de la même espèce ; la dissemblance la plus remarquable ne consiste que dans la forme du casque ; mais l'on sait que sa conformation varie avec l'âge. L'on peut présumer qu'il habite le même pays ou dans les contrées voisines.

Le bec de ce *calao* a quatre pouces trois lignes, mesuré

en ligne droite ; il est dentelé irrégulièrement sur ses bords ; et il se termine en pointe mousse ; le casque en occupe les deux tiers et s'étend sur le front, auquel il est adhérent ; il a une huppe pendante, composée de longues plumes effilées ; la tête, le cou, le dos, le croupion et les couvertures des ailes, les pennes, ainsi que celles de la queue, d'un noir à reflets verdâtres ; une large tache blanche à l'extrémité de la plupart des pennes des ailes et de la queue ; tout le dessous du corps d'un beau blanc ; les pieds, les doigts et les ongles noirs.

Le CALAO A BEC CISELÉ, *Sonnerat*. Ce voyageur véridique, cet observateur exact, auquel l'Histoire naturelle a de grandes obligations, désigne ainsi, dans son *Voyage à la Nouvelle-Guinée*, le CALAO DE L'ILE PANAY. *Voyez* ce mot.

Le CALAO A BEC ROUGE DU SÉNÉGAL. *Voyez* TOCK.

Le CALAO A CASQUE CONCAVE (édition de Sonnini de l'*Hist. nat. de Buffon.*). La grandeur de ce *calao* est de trois pieds, du sommet de la tête au bout de la queue ; son bec a sept pouces de long, est plus gros et d'une conformation plus bizarre que celui du *calao rhinocéros* ; le casque est long de plus de cinq pouces, et haut de dix-huit lignes ; il est arrondi sur ses côtés, et très-relevé par-derrière, creusé en large gouttière, angulaire dans le milieu de sa longueur, se termine en pente douce, est ouvert par-devant et presque entièrement creux ; la mandibule supérieure est d'un rouge de cinabre à sa pointe, et d'un jaune d'ocre sur le reste : cette couleur est celle du casque et de l'extrémité de la mandibule inférieure, dont la teinte jaune s'affoiblit en s'approchant de la base, et sur laquelle on remarque une tache noire ; une huppe composée de plumes longues, déliées et d'un roux fauve, est couchée sur le derrière de la tête, dont les côtés sont noirs ainsi que la gorge ; le roux fauve se rencontre encore sur une moitié du cou ; et l'autre moitié, la poitrine, les scapulaires, le dos, les couvertures supérieures de la queue et les ailes, sont d'un noir mat ; un blanc mêlé de fauve est répandu sur le ventre ; les jambes, les couvertures inférieures et les pennes de la queue qui est arrondie et plus courte que celle du *calao rhinocéros* ; les pieds et les ongles sont noirs. Cette espèce a été apportée de Batavia.

Le jeune ou la femelle de ce *calao*, ne diffère qu'en ce que ses jambes, le bas de son ventre, les couvertures inférieures et les pennes de la queue, sont totalement noirs.

Le CALAO A CASQUE EN CROISSANT (édition Sonnini de l'*Hist. nat. de Buffon*). Le casque, dont les deux tiers du bec de cet oiseau sont surmontés, peut, dit Sonnini, se comparer à un diadême en croissant ; le bec est très-grand, très-fort,

et a près d'un pied de long ; l'un et l'autre sont presque totalement d'un jaune de chamois , et rougeâtres dans quelques
individus ; la taille de l'oiseau est celle du *calao rhinocéros ;*
mais sa queue est plus longue ; toutes les parties supérieures
sont d'un noir changeant en brun ou en bleuâtre ; le bas-
ventre et les jambes sont d'un blanc teint de fauve ; la queue
qui est arrondie, a son milieu noir et le reste d'un blanc sale ;
les pieds sont d'un brun noirâtre. On dit que cet oiseau est
commun aux îles Moluques, qu'il se tient dans les grands
bois , qu'il est très-sauvage et qu'il vit de cadavres.

Le Calao a casque festonné (*Hist. nat. d'oiseaux de
l'Amérique et des Indes,* par Levaillant.). Le bec de ce *calao*
n'a que cinq pouces de long et deux d'épaisseur ; la longueur
du corps est d'environ trente pouces ; les mandibules nullement dentelées sur leurs bords, sont d'un blanc jaunâtre,
et d'un brun clair à leur base ; le casque s'élève au-dessus du
bec de cinq à six lignes, et est coupé transversalement de
plusieurs festons blancs et bruns ; une peau nue et ridée enveloppe les yeux, couvre la base des mandibules et s'étend
sur la gorge ; les plumes du derrière de la tête sont longues ;
le plumage est d'un noir à reflets bleuâtres sur la tête, le cou,
le dos et les ailes ; sur les épaules est une plaque carrée , d'un
brun rougeâtre ; la poitrine et les flancs, le ventre et les jambes
sont d'un noir brunâtre , et les grandes pennes d'un noir
pur ; la queue est d'un blanc roussâtre. Ce *calao* a été apporté de Batavia.

La femelle diffère en ce qu'elle est plus petite, et n'a point
de plaque d'un brun rouge entre les deux épaules.

Le Calao a casque rond (*Buceros galeatus* Lath. *Voy.* le
bec pl. enl. n°933 de l'*Hist. nat. de Buffon*). L'on ne connoît de
cet oiseau que le bec et la tête : cette tête annonce par sa grosseur
que l'oiseau doit être l'un des plus grands et des plus forts de
ces congénères ; le bec , de six pouces de longueur , est presque droit , n'a point de courbure , et est sans dentelures, dit
Buffon ; mais, selon Edwards, il est dentelé à son extrémité ;
une espèce de casque haut de deux pouces , un peu comprimé
sur les côtés, forme avec le bec une hauteur verticale de quatre
pouces, sur huit de circonférence , il s'élève du milieu de la
mandibule inférieure , et s'étend jusque sur l'occiput. On ne
peut guère juger de ses couleurs, puisqu'elles sont flétries ; mais
Edwards (*pl. 281, marque* C.), dit qu'il est blanchâtre et couleur de vermillon , et que le bec est blanc sale vers la pointe ,
avec quelques taches brunâtres répandues sur le rouge qui le
couvre jusqu'à la tête.

Le Calao blanc (*Buceros albus* Lath.). L'on ignore quelle

est la contrée qu'habite ce *calao*. Il a été pris en mer, près les îles de l'Archipel des Larrons. L'on n'a de son physique qu'une description incomplète : grandeur d'une oie; bec très-grand , courbé en faulx et noir ; cou étroit et long d'un pied ; tout le plumage d'un blanc de neige; pieds pareils au bec.

Le **Calao d'Abyssinie** (*Buceros Abyssinicus* Lath. pl. enl., n° 779 de l'*Hist. nat. de Buffon.*). Cette espèce a trois pieds deux pouces de longueur ; le bec long de neuf pouces, légèrement arqué, applati et comprimé par les côtés ; les deux mandibules creusées intérieurement en gouttières, et finissant en pointe mousse ; la supérieure, surmontée à sa base d'une excroissance cornée, de deux pouces et demi de diamètre et de quinze lignes de large à sa base, si mince qu'elle cède au doigt ; la hauteur de cette corne et du bec, pris ensemble et verticalement, est de trois pouces huit lignes ; il y a sur les côtés de la mandibule supérieure, près de l'origine, une plaque rougeâtre ; les paupières sont garnies de longs cils, les yeux sont entourés, et la gorge et le devant du cou, sont couverts d'une peau nue, d'un brun violet. Cet oiseau est tout noir, excepté les grandes pennes des ailes qui sont blanches ; les moyennes et une partie des couvertures, d'un brun tanné foncé. C'est ainsi que ce *calao* est décrit dans Buffon.

Bruce, qui l'a observé dans son pays natal, et à qui nous devons la connoissance de ses mœurs et de ses habitudes, lui donne près de trois pieds sept pouces de longueur ; un plumage fuligineux, quelques protubérances sur le cou, comme celles du *dindon* mâle, d'un bleu clair, changeant en rouge dans certains momens ; les yeux rougeâtres.

Cet oiseau se trouve en Abyssinie, communément dans les champs où croît le *taff*. Il mange les gros coléoptères verts, qui se trouvent en abondance sur cette plante. Sa chair a une odeur fétide, ce qui fait croire qu'il se nourrit aussi de charognes. On le nomme dans la partie de l'est *abba gumba*, et dans celle de l'ouest, *erkooms* ; enfin, sur les frontières de *Sennara* et de *Raas el feel*, on l'appelle *l'oiseau du destin* (*teir el naciba*). Il niche sur les grands arbres les plus touffus, et quand il peut, proche des églises ; son nid est couvert comme celui de la *pie*, et quatre fois aussi large que celui de l'*aigle* ; il l'appuie, l'affermit contre le tronc, et ne le place pas à une grande hauteur ; l'entrée est toujours du côté de l'est. Il est à présumer que sa ponte est nombreuse, car on a vu des vieux accompagnés de dix-huit jeunes qui, à terre, les suivoient pas à pas ; mais lorsqu'ils sont forts, ils s'accouplent deux à deux, et chaque couple se tient éloigné l'un de l'autre, soit qu'ils volent, soit qu'ils soient à terre.

Le Calao d'Afrique. *Voyez* Brac.

Le Grand Calao d'Afrique. *Voyez* Calao d'Abyssinie.

Le Calao de Ceram (*Buceros plicatus* Lath.), grosseur d'une corneille; bec qui ressemble à la corne d'un bélier, cou assez long et d'une couleur de safran; corps noir et queue blanche; jambes courtes et fortes; pieds d'un pigeon. Telle est la description succincte que Dampier fait de cet oiseau (*Voyage autour du Monde*). Il se nourrit, dit-il, de baies sauvages, et se perche sur les grands arbres. Cet oiseau se trouve à Ceram et à la Nouvelle-Guinée.

Selon Willulgby, le bec a cinq à six pouces de long, est courbé en faulx, sans dentelures à ses bords, et surmonté par un casque haut d'un pouce, avec sept à huit feuillets au-dessus du front.

Le Calao de Gingi (*Buceros Gengianus* Lath. pl. coloriées, n° 122 du *Voyage aux Ind. et à la Ch.* par Sonnerat). Cet oiseau a deux pieds de longueur; le bec très-long, courbé en forme de faulx, terminé en pointe aiguë, déprimé sur les côtés, noir et blanc vers la pointe et les bords; une excroissance de même substance que le bec, s'élève à l'origine de la mandibule supérieure, et se recourbe aussi en arc. La forme de cette excroissance l'a fait nommer par les Indiens *l'oiseau à deux becs;* à l'angle de la mandibule supérieure, naît une large bande longitudinale noire, qui passe au-dessous de l'œil, et se termine un peu au-delà; un gris terreux couvre la tête, le cou, le dos, les petites plumes des ailes, et le noir les plus grandes; la poitrine et le ventre sont blancs; les deux premières pennes de la queue sont les plus longues, et d'un gris terreux roussâtre, terminées par une bande transversale noire; cette couleur teint les latérales jusqu'au trois quarts, ensuite c'est le brun; enfin, elles sont terminées par une bande transversale blanche; pieds noirs.

Le Calao de la côte de Coromandel. *Voyez* Second Calao du Malabar.

Le Calao de la Nouvelle-Hollande (*Buceros orientalis* Lath.). La Nouvelle-Hollande a aussi ses *calaos :* celui-ci, plus petit qu'un *geai*, a le bec convexe, le casque plus élevé sur le front, et creusé en gouttière dans le milieu de sa longueur; une peau nue, ridée et de couleur cendrée autour des yeux; la couleur générale du dessus du corps noirâtre, ainsi que les pennes des ailes et de la queue; les doigts divisés à leur origine.

Le Calao de l'île Panay (*Buceros Payanensis* Lath.

pl. enl. n° 780, le mâle; n° 781, la femelle; de l'*Hist. nat. de Buffon*.), taille du *corbeau* d'Europe, mais plus alongée; bec très-long, courbé en arc, dentelé sur les bords des deux mandibules, déprimé sur les côtés, finissant en pointe aiguë et sillonné en travers dans les deux tiers de sa longueur; partie convexe des sillons, et partie lisse vers la pointe brune; ciselures couleur d'orpin; cette excroissance de même substance que le bec, s'élevant à la base, applatie sur les côtés, tranchante en dessus, coupée en angle droit en devant, s'étendant le long du bec et finissant vers la moitié; yeux entourés d'une membrane brune et nue; cils durs, courts et roides; iris blanchâtre; tête, cou, dos, ailes, d'un noir verdâtre, à reflets bleuâtres, selon la direction de la lumière; haut de la poitrine d'un rouge brun clair, plus foncé sur le ventre, les cuisses et le croupion; queue d'un jaune roussâtre dans les deux tiers de sa longueur, et noire dans l'autre; pieds de couleur de plomb.

La femelle ne diffère du mâle qu'en ce qu'elle a la tête et le cou blancs, avec une large tache triangulaire, et d'un vert noir à reflets, qui s'étend de la base de la mandibule inférieure et derrière l'œil jusqu'au milieu du cou en travers sur les côtés.

Le CALAO DE MALABAR (*Buceros Malabaricus* Lath., pl. enl. n° 181 de l'*Hist. nat. de Buffon*.). Ce *calao* de la grosseur du *corbeau*, a près de trois pieds de longueur; le bec long de huit pouces, large de deux, arqué et pointu; la protubérance cornée appliquée et couchée sur le bec, a deux pouces trois lignes de largeur et six pouces de longueur; sa forme est celle d'un bec tronqué, fermé à la pointe, dont la séparation est tracée vers le milieu par une rainure très-sensible, et suivant toute la courbure de ce faux bec, qui ne tient point au crâne; sa tranche en arrière, ou sa coupe qui s'élève sur la tête, est une espèce d'occiput charnu, dénué de plumes et revêtu d'une peau vive. Ce faux bec est creux et fléchit sous les doigts. Sa cavité est composée de cellules osseuses, fort minces, en forme de rayons de miel, mais irrégulières. Sa pointe, jusqu'à trois pouces en arrière, est noire; le reste est d'un blanc jaunâtre ainsi que le bec. Une peau noire entoure la base et environne les yeux; de longs cils arqués en arrière garnissent la paupière; l'œil est d'un brun rouge; les plumes de la tête et du cou sont longues, effilées et d'un noir à reflets violets et verts. La poitrine, le ventre et l'extrémité de la queue, excepté les quatre pennes intermédiaires, sont blancs; le reste du plumage est pareil à la tête. Cet oiseau est frugivore; mais beaucoup plus carnivore. Il a un cri sourd qui paroît exprimer *ouck*, *ouck*, et dont le son bref et sec n'est qu'un coup de gosier enroué. Il en a encore un autre pareil au gloussement de la *poule d'Inde* qui conduit ses petits. Ce *calao* se tient dans les grands bois, se perche sur les arbres les plus hauts, et de préférence sur les branches sèches. Il niche dans le creux des troncs vermoulus. Sa ponte est de quatre œufs d'un blanc sale. Les petits naissent nus.

SECOND CALAO DE MALABAR (*Buceros Malabaricus* Var. Lath. pl. coloriées, n° 121, *Voyage aux Indes et à la Chine, par Sonnerat.*). Ce *calao* a de grands rapports avec l'autre *calao du Malabar.* Aussi Sonnerat, à qui l'on ne peut refuser, sans injustice, des connoissances en ornithologie, le regarde comme appartenant à la même race. Latham est de la même opinion.

La longueur de cet oiseau, suivant Sonnerat, est de deux pieds depuis la pointe du bec jusqu'à l'extrémité de la queue ; le bec est très-gros, presqu'aussi large à sa base que la tête, et dentelé le long de ses bords ; à sa racine s'élève une sorte de casque arrondi sur les côtés, s'étendant le long du bec jusques vers la moitié de sa longueur, où il finit en s'arrondissant ; il est noir à sa naissance et une bande blanche le termine ; le bec est de cette couleur ; l'espace entre lui et les yeux est noir et dénué de plumes ; parmi les pennes des ailes, il y en a deux qui sont totalement blanches, et d'autres qui ne le sont qu'à moitié ; celles de la queue le sont presque en entier, et les deux latérales le sont totalement ; le ventre et les parties subséquentes sont d'un blanc sale ; le reste du plumage est noir ainsi que les pieds ; l'iris est d'un rouge brun.

Cette espèce se trouve aussi au Bengale, où les Anglais la désigne par les dénominations de *cherry deanish* ou *bird of knowledge.*

Le CALAO DE MANILLE (*Buceros Manillensis* Lath. pl. enl. n° 891 de l'*Hist. nat. de Buffon.*). Le bec de ce *calao* est surmonté d'un léger feston proéminent, adhérent à la mandibule supérieure, et formant un simple renflement, il a deux pouces et demi de longueur, et il n'est point dentelé, mais assez tranchant par les bords. Le plumage est noir, brun et rougeâtre ; un blanc jaunâtre ondé de brun couvre la tête et le cou ; une plaque noire teint les oreilles ; le dessus du corps est d'un brun noirâtre avec des franges blanchâtres, filées dans les pennes de l'aile ; le dessous d'un blanc sale ; le milieu de la queue est traversé par une bande rousse d'environ un pouce et demi de largeur. Grosseur un peu au-dessus de celle du *calao tock.* Longueur, vingt pouces.

Le CALAO DES INDES. *Voyez* CALAO RHINOCÉROS.

Le **Calao des Moluques** (*Buceros hydrocorax* Lath., pl. enl. n° 283 de l'*Hist. nat. de Buffon.*). L'excroissance qui surmonte le bec de cet oiseau est assez solide et semblable à de la corne, elle est applatie en devant et s'arrondit jusques par-dessus la tête. Cette partie est blanchâtre; le reste et le bec sont d'un cendré noirâtre. Celui-ci a cinq pouces de longueur sur deux et demi d'épaisseur à son origine; la grosseur du corps de ce calao est un peu au-dessus de celle du *coq*, et sa longueur de deux pieds quatre pouces; les yeux sont grands et noirs; cette couleur domine sur les côtés de la tête, les ailes et la gorge; et cette partie de la gorge est entourée d'une bande blanche; un gris-blanchâtre règne sur les pennes de la queue; le brun, le gris, le noirâtre et le fauve sont répandus sur le reste du plumage; les pieds sont d'un gris-brun.

Cette espèce ne seroit pas carnivore, si, comme le dit Bontius, elle ne vit que de fruits et principalement de noix muscades. Aussi sa chair est-elle délicate et a un fumet aromatique. Charles White, dans ses *Recherches asiatiques (asiatic researches)*, ajoute que ce calao se nourrit aussi de noix vomiques, et que sa graisse est très-estimée des Insulaires, qui lui donnent le nom de *dhanésa*.

Le **Calao des Philippines** (*Buceros bicornis* Lath.). Le bec de ce *calao* a neuf pouces de longueur sur deux pouces huit lignes d'épaisseur; l'excroissance cornée, six pouces de long sur trois pouces de largeur. Cette excroissance un peu concave dans la partie supérieure, a deux angles qui se prolongent en avant en forme de double corne, et s'étend, en s'arrondissant sur la partie supérieure de la tête. Le tout est de couleur rougeâtre. Cet oiseau est de la grosseur du *dindon* femelle; il a la tête, la gorge, le cou, le dessus du corps, les couvertures supérieures des ailes et de la queue noirs, ainsi que les pennes alaires et caudales; une tache sur les premières; les latérales de la queue et les parties inférieures du corps sont blancs; pieds verdâtres. Cette espèce se trouve aux Philippines, et Linnæus dit qu'elle habite aussi la Chine.

Les ornithologistes donnent à ce *calao* une variété qui me paroît trop dissemblable dans les couleurs et la forme de son bec, pour ne pas constituer une espèce particulière. Quoi qu'il en soit, cet oiseau, qu'a fait connoître George Castel, habite aussi les îles Philippines. Il a le bec long de six à sept pouces, un peu courbé, diaphane et de couleur de cinabre; les mandibules égales, larges d'un pouce et demi dans le milieu; la supérieure recouverte en dessus d'une espèce de casque long de six pouces, et large de près de trois; la paupière bleue; l'iris

blanc ; les cils noirs et longs ; la tête petite , noire autour des
yeux ; et sur le reste, rousse ainsi que le cou ; le ventre noir ;
le croupion et le dos d'un cendré brun ; les pennes des ailes
d'une couleur fauve, les cuisses et les pieds jaunâtres ; la queue
blanche et longue de quinze à dix-huit pouces ; les doigts
écailleux et rougeâtres ; les ongles noirs.

Cette espèce ne fréquente point les eaux , mais habite les
endroits élevés et même les montagnes , où elle vit de figues,
d'amandes, de pistaches et autres fruits qu'elle avale tout entiers. Les Gentils ont rangé cet oiseau parmi leurs dieux.

Le CALAO GINGALA (*Hist. nat. d'ois. d'Amérique et de
l'Inde*, par Levaillant.). Cet oiseau s'éloigne des *calaos* par
la privation de toute excroissance sur le bec, et ne s'en rapproche que par sa courbure et ses dentelures, ainsi que par
les pieds ; les mandibules n'ont que trois pouces de longueur,
et sont noirâtres et blanches ; les narines sont cachées en
partie sous des poils roides ; le dessus de la tête, la huppe, le
derrière du cou , le manteau et les couvertures de la queue
sont d'un brun noir nuancé de gris bleuâtre ; cette teinte est
celle des ailes ; tout le devant du cou jusqu'à la poitrine, est
d'un blanc légèrement nuancé de gris , qui prend une teinte
cendrée sur les parties subséquentes, et rougeâtre sur les couvertures inférieures de la queue , dont les pennes sont pointues , étagées, blanches et d'un gris bleuâtre. Cette espèce
habite l'île de Ceylan.

Le CALAO GRIS (*Buceros griseus* Lath.). Ce *calao* a le bec
jaune , une tache noire à sa base , dont le tour , ainsi que le
coin de l'œil, sont garnis de soies très-nombreuses ; derrière
celui-ci est une peau bleue privée de plumes ; au-dessus du
bec est une espèce de casque tronqué par-derrière et s'abais-
sant progressivement vers la pointe ; le dessus de la tête est
noir ; le reste, le cou , le dos, la poitrine sont gris ; les ailes
en partie grises, en partie noires, et l'extrémité des pennes
blanche ; la queue longue, les deux pennes intermédiaires
noires , les autres blanches dans toute leur longueur. Cette
espèce se trouve à la Nouvelle-Hollande.

Le CALAO JAVAN (*Hist. nat. des oiseaux de l'Amérique
et de l'Inde* par Levaillant.). Cette espèce diffère des autres ,
ainsi que le *calao gingala* , en ce qu'elle n'a point le bec surmonté d'une protubérance. Elle a environ trente pouces ;
son bec est d'un brun clair à sa base et jaunâtre vers la
pointe. Il a quatre pouces et demi de longueur. sur vingt
lignes de hauteur et de largeur. Une peau nue , qui couvre
le dessous des yeux et le bas des joues , forme sur la gorge une
poche profondément ridée ; le cou et la queue sont blancs ;

IV.   H

le front, le dessus de la tête, les plumes longues de l'occiput sont d'un brun roux ; le dessus et le dessous du corps d'un noir à reflets verdâtres ; les pieds brunâtres et les ongles d'un blanc jaune. Cet oiseau, envoyé de Batavia, où on le nomme *jaar vogel*, paroît appartenir à un autre genre que celui des *calaos* : car il n'a aucun des caractères qui distinguent ces oiseaux, à l'exception des ongles, qui ont la coupe des leurs ; son bec est privé de toute excroissance, a absolument la même forme que celui du corbeau, et les mandibules ne sont ni échancrées ni dentelées.

Le Calao rhinocéros (*Buceros rhinoceros* Lath. *Voyes* le bec pl. enl. n° 934 de l'*Hist. nat. de Buffon*, et pl. 134 de l'*édition de Sonnini*.). Ce *calao* se trouve dans les îles de Java, de Sumatra, des Philippines, et dans divers autres pays de l'Inde. Sa grosseur est presque celle du *dindon* ; sa longueur, depuis la pointe du bec jusqu'au bout de la queue, de près de quatre pieds ; le bec est long de dix pouces, le cou d'environ un pied. Il y a sur la partie supérieure du bec une excroissance cornée qui prend naissance à la base, s'étend en avant et se recourbe ensuite en forme de cornes. Cette corne a huit pouces de longueur sur quatre de large à sa base ; elle est divisée en deux parties par une ligne noire, qui s'étend sur chacun de ses côtés suivant sa longueur (cette ligne manque à la corne de certains individus) ; ses couleurs sont le jaune et le rouge ; la teinte du bec est blanchâtre ; l'iris est rouge ; le corps noir ; le croupion et le bas-ventre sont d'un blanc sale ; les couvertures inférieures de la queue moitié noires, moitié blanches ; les pennes de cette dernière couleur, avec une large bande noire dans leur milieu ; les pieds d'un gris foncé.

Le jeune, selon Marsden (*Histoire de Sumatra*), est privé de l'excroissance qui est sur le bec ; l'iris des yeux est blanchâtre ; en captivité on le nourrit, à Sumatra, de riz cuit ou de viande tendre. Les habitans lui donnent le nom d'*engang*. Ces oiseaux se nourrissent dans l'état sauvage, dit Bontius (*Hist. nat. ind.*), de chair et de charogne ; ils suivent ordinairement les chasseurs de sangliers, de vaches sauvages et de cerfs, pour manger la chair et les intestins de ces animaux, qu'on veut bien leur abandonner. Ce calao vit aussi de rats et de souris ; c'est pourquoi les Indiens en élèvent. Avant de manger un de ces animaux, il l'applatit, en le serrant dans son bec afin de l'amollir, et l'avale tout entier en le jetant en l'air, et le recevant dans son large gosier. Cet oiseau triste et sauvage, d'un caractère craintif et stupide, a l'attitude pesante , ne marche pas, mais saute pour s'avancer d'une place à une autre.

Le Calao rouge (*Buceros ruber* Lath.) ; telle est la désignation d'un *calao* dont parle Latham, mais dont il ne connoît ni la taille, ni le pays : de tous les *calaos*, c'est celui de Ceram avec lequel il a, selon lui, le plus de rapport. Sa tête est couverte de plumes ; elle est un peu huppée et noire jusqu'aux yeux ; le reste du plumage est d'un beau rouge. L'on remarque une bande transversale blanche sur le dos. Le bec fort, un peu courbé vers le tiers de sa longueur, est noirâtre, excepté à la base , où il est entouré de blanc ; c'est dans la division de ces couleurs que sont placées les narines ; les pieds sont noirs ; la queue est cunéiforme et longue. *Espèce nouvelle.*

Le Calao vert (*Buceros viridis* Lath.). L'on ne connoît pas le pays qu'habite ce *calao*. Il a le bec d'un jaune pâle, et sur la mandibule supérieure une excroissance qui est tronquée dans sa partie postérieure ; le jaune en couvre la moitié, le noir couvre l'autre et la base de la mandibule inférieure ; cette même couleur règne sur la tête , le cou, le dos, les ailes et la queue ; mais sur les ailes , elle jette des reflets verts ; les pennes latérales de la queue et le ventre , sont blancs ; l'on remarque au-dessous des reins un pinceau de plumes très-effilées. Les pieds sont bleuâtres.

Le Calao violet (*Hist. nat. d'ois. de l'Amérique et des Indes* par Levaillant.). Ce *calao* a des rapports avec celui à *bec blanc* ; mais il a les couleurs plus vives. La tête , le cou , le manteau , le dos et le croupion sont d'un noir verdâtre à reflets verts, pourpres et violets ; les couvertures et les pennes des ailes , celles de la queue et les quatre pennes intermédiaires ont les mêmes nuances ; le dessous du corps est d'un blanc pur. Le bec est courbé en faulx, échancré sur ses tranches ; le casque s'élève de deux pouces au-dessus du bec , et s'étend jusqu'à passé la moitié de sa longueur ; il est plat sur les côtés et sillonnés par deux rainures longitudinales ; le devant est coupé en ligne droite et le derrière applati ; ses couleurs sont le noir, le jaune et le rouge , ainsi que celles des mandibules. On le trouve à l'île de Ceylan , et sur la côte de Coromandel.

Le Calao de Waygiou (édition de Sonnini de l'*Hist. nat. de Buffon.*). Cette espèce se trouve dans l'île de Waygiou , une des Moluques ; elle a deux pieds et demi de longueur ; le bec est long de sept pouces et demi , et dentelé sur ses bords ; le casque qui le surmonte est jaunâtre, applati et cannelé ; le noir couvre le corps et les ailes ; un roux assez brillant règne sur le cou. La queue est blanche. (VIEILL.)

CALATTI. *Voyez* TANGARA BLEU D'AMBOINE. (VIEILL.)

CALBOA, *Calboa*, plante à tige grimpante, de huit à dix pieds de long, à feuilles alternes, pétiolées, en cœur, glabres, à cinq lobes aigus et très - profonds ; à fleurs grandes, jaunes en dehors et rouges en dedans, disposées en corymbes sur des pédoncules communs axillaires.

Cette plante, qui est figurée pl. 476 des *Icones plantarum* de Cavanilles, forme, dans la pentandrie monogynie, un genre qui présente pour caractère, un calice à cinq divisions aiguës et persistantes ; une corolle monopétale, à tube ventru et à limbe divisé en cinq parties lancéolées ; cinq étamines très-longues ; un ovaire supérieur, ovale, à style recourbé, plus long que les étamines et à stigmate globuleux.

Le fruit est une capsule à quatre loges, à quatre valves, auxquelles les cloisons sont parallèles, et contenant quatre semences convexes et sillonnées d'un côté.

Le CALBOA A FEUILLES DE VIGNE, croît dans la Floride, et se rapproche des AZALÉES. *Voyez* ce mot. (B.)

CALCABOTTO ; c'est l'ENGOULEVENT dans le Bolonais. *Voyez* ce mot. (S.)

CALCAMAR, espèce de MANCHOT. *Voyez* ce mot. (VIEILL.)

CALCAIRE. En géologie, ce mot peut être pris comme substantif, et dans ce sens, il y a trois ordres de *calcaires*.

1°. Le *calcaire primitif*, qui comprend tous les marbres grenus ou salins qui ne contiennent jamais le moindre vestige de corps organisés, et qui ont leurs couches très-inclinées et très-irrégulières.

2°. Le *calcaire ancien*, que Werner appelle *de transition :* il ne contient que très-peu de corps marins. Ses couches sont très-épaisses, à-peu-près horizontales et régulières ; son tissu est compacte.

3°. Le *calcaire coquillier*. Il abonde plus ou moins en corps marins ; il en est quelquefois presqu'entièrement composé, sur-tout dans les bancs supérieurs. Ses couches sont beaucoup plus minces et plus multipliées que celles du *calcaire ancien ;* du reste, il n'y a point de ligne de démarcation précise entre ces deux ordres, comme il y en a une très-prononcée entr'eux et le calcaire primitif. (PAT.)

CALCANTHE, c'est-à-dire *fleurs de cuivre ;* c'est le nom que les anciens donnoient au *sulfate de cuivre*, vulgairement appelé *vitriol bleu* ou *vitriol de Chypre.* Voyez CUIVRE. (PAT.)

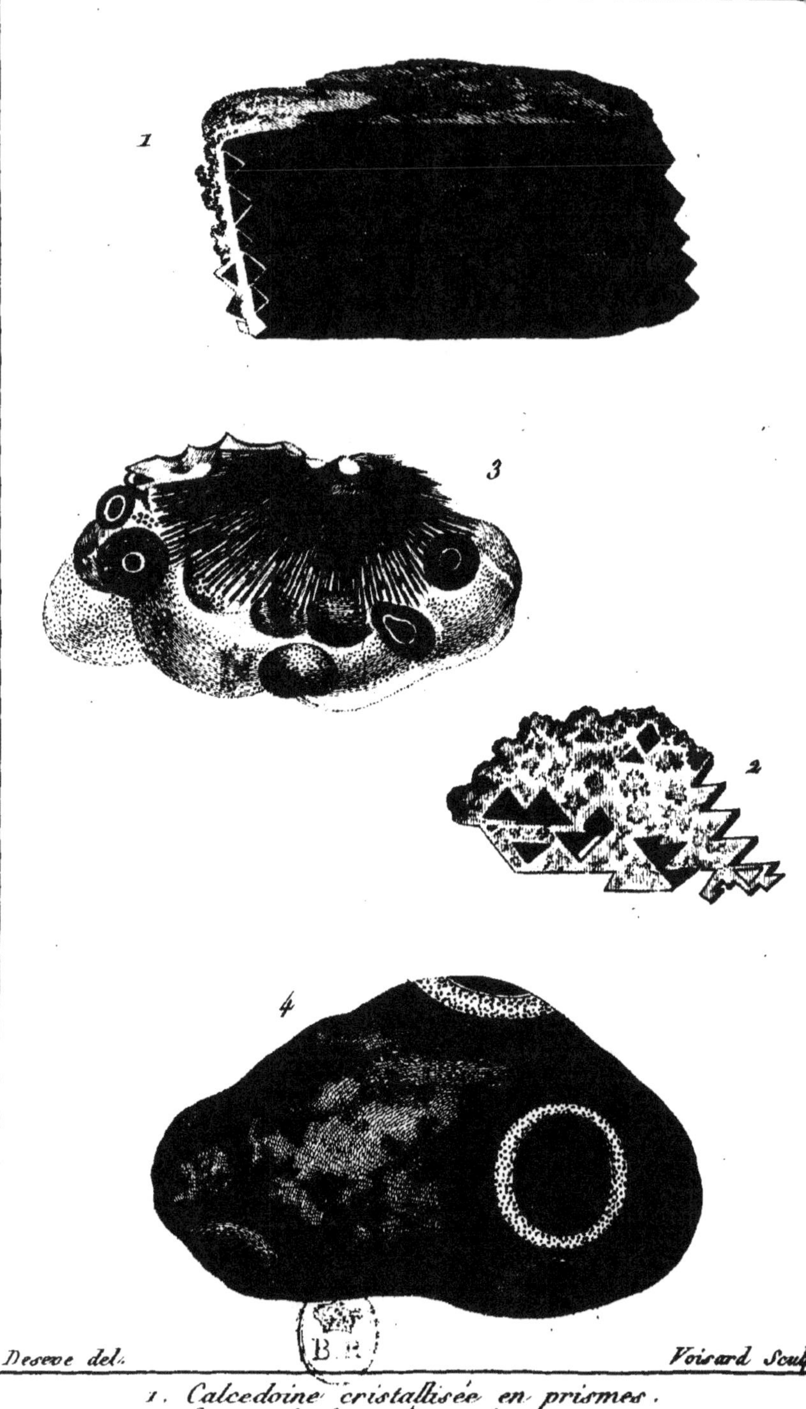

1. Calcedoine cristallisée en prismes.
2. Coupe de la même pierre.
3 et 4. Calcedoines œillées de Daourie.

CALCÉDOINE. C'est une pierre de la même nature que le *silex* ou *pierre à fusil* ; mais sa pâte est plus fine, sa couleur plus agréable, et sa dureté plus considérable, de même que sa densité.

La pesanteur spécifique de la *calcédoine* va de 2600 à 2700 : celle du silex n'est pas tout-à-fait de 2600.

Elle est susceptible du plus beau poli, et l'on en fait différens bijoux.

La plupart des minéralogistes réunissent la *calcédoine* avec les *agates*, qui n'en sont en effet qu'une variété ; mais l'usage paroît avoir consacré spécialement le nom de *calcédoine*, à celle qui n'est que d'une seule couleur, ou, tout au plus, de deux teintes peu différentes l'une de l'autre ; et l'on donne le nom d'agates à celles qui sont mêlées de diverses couleurs, et dont la pâte est rarement aussi fine, aussi homogène que celle de la calcédoine.

La couleur de celle-ci est le plus ordinairement d'un blanc roussâtre, comme la gelée animale, dont elle a d'ailleurs le coup-d'œil ; elle est aussi d'une teinte plus ou moins bleuâtre ; et celle dont la couleur bleue est un peu nourrie, est décorée du nom de *calcédoine saphirine* : elle est fort rare et très-estimée.

Le nom de *calcédoine* est celui d'une ville de Bithynie dans l'Asie mineure, de l'autre côté du Bosphore, vis-à-vis de Constantinople ; et comme cette pierre se trouvoit dans son voisinage, les anciens la nommèrent *lapis calcedonius*, pierre de calcédoine.

Le gîte ordinaire de cette pierre, est dans les anciennes laves dont elle remplit les soufflures, de même que les agates, les cornalines, les sardoines, &c. qui ne sont que des variétés de la même substance, et qui se trouvent quelquefois réunies dans la même colline volcanique.

Les contrées de l'Europe les plus riches en calcédoine, sont l'Islande et les îles de Ferroë. C'est de-là qu'on avoit tiré la belle collection que rapporta de Danemarck le président Ogier, où l'on voyoit des boules de la grosseur de la tête, et des stalactites de la plus grande beauté.

Dans l'Asie boréale, les anciennes coulées de lave, qui sont si fréquentes aux environs du fleuve Amour, en contiennent une grande quantité ; mais elles sont d'un petit volume : elles atteignent rarement la grosseur du poing ; il y en a quelques-unes qui sont d'une assez jolie couleur bleue. Celles-ci ne se présentent jamais qu'à la superficie du sol ; et il paroît certain que cette couleur est due à l'action de l'atmosphère, car j'ai fait fouiller dans beaucoup d'endroits, sans jamais en rencontrer une seule qui eût la moindre teinte bleuâtre. Celles que je trouvois détachées avoient toujours une teinte plus vive dessus que dessous ; et celles qui se trouvoient encore engagées en partie dans la lave, n'avoient de colorée en bleu que la portion qui se montroit au-dehors.

On trouve dans ces collines volcaniques, des géodes de *calcédoine*, qui démontrent clairement que la matière pierreuse qui les contient est bien une lave, et non pas une *amygdaloïde* ou *mandelstein*, comme semblent le croire quelques naturalistes ; ce sont des géodes à moitié remplies d'une substance calcédonieuse, disposée par couches planes, parfaitement parallèles les unes aux autres, qui n'ont qu'un quart de ligne d'épaisseur, et qui sont alternativement blanches et bleues. Celles qui se trouvent encore dans leur gîte sont blanches et grises, et toutes présentent ces couches dans une situation horizontale ; de sorte qu'il est évident que les cavités qu'elles occupent étoient vides, et qu'elles ont été remplies postérieurement. Et comme il n'existe, à ce que je crois, aucune espèce de roche qui offre des cavités sphéroïdes, si ce n'est la lave, ce fait, joint aux circonstances locales, ne m'a laissé aucun doute sur l'origine volcanique de la pierre qui contient les calcédoines de la Daourie. J'ai fait figurer une de ces géodes dans mon *Hist. nat. des minér. t. 11, p. 162.*

Calcédoine avec du bitume.

Parmi les collines volcaniques de la Daourie, il y en a une sur la rive droite de la *Chilca*, l'une des branches du fleuve Amour, qui est remarquable par une singularité que présentent ses calcédoines. Elles sont toutes en géodes, et n'ont qu'une coque très-mince, qui est, contre l'ordinaire, adhérente aux parois de la cavité qui la renferme ; mais comme la lave est dans un état de décomposition, du moins dans quelques-unes de ses parties, on peut les détacher assez aisément.

Elles sont de la grosseur du poing plus ou moins. Les unes sont entièrement remplies de spath calcaire, confusément cristallisé et parfaitement blanc ; d'autres, où il reste des cavités, offrent des cristaux de spath calcaire de diverses formes, accompagnés d'un *bitume* noir, d'une consistance solide, mais qui se coupe facilement ; il est à-peu-près sans odeur, et n'en donne que très-peu en brûlant.

Par-tout où le spath calcaire se trouve avec ce bitume, il en est souillé, même dans l'intérieur des cristaux, qui sont d'une couleur de fumée.

Quand la géode se trouve tapissée de cristaux de quartz,

le bitume n'y adhère nullement; et j'en ai des échantillons qui présentent un phénomène assez singulier. Les parois de la géode sont couverts de petits cristaux de quartz, sur lesquels sont différens groupes de spath calcaire en crête de coq. Les cristaux de quartz sont parfaitement nets, et n'offrent pas un atome de bitume : ceux de spath calcaire en sont au contraire totalement revêtus, de sorte qu'en les voyant, il n'est personne qui ne croie, au premier coup-d'œil, que c'est le bitume lui-même qui prend cette forme cristalline.

Ce seroit un problème curieux à résoudre que celui de savoir d'où vient ce bitume, et comment il s'est introduit dans ces géodes, qui n'en offrent pas la moindre trace à l'extérieur, et la lave elle-même n'en contient point du tout.

Le savant M. A. Pictet a observé le même phénomène dans des espèces de *ludus helmontii* des mines de fer, voisines de Carron en Ecosse.

Il paroît au surplus que la *calcédoine* a quelque sorte de rapports avec les *bitumes*, car les laves d'Auvergne offrent très-fréquemment ce mélange ; et l'on voit se former à leur surface, par une espèce de suintement, des mamelons de *calcédoine*, entremêlés de mamelons de bitume : on diroit que ce sont les mêmes élémens diversement modifiés qui produisent ces deux substances si différentes.

Ces *calcédoines* d'Auvergne présentent quelquefois les plus jolis petits accidens : il se forme dans le foyer du suintement des groupes de cristaux, moitié quartzeux, moitié calcédonieux, c'est-à-dire, qui ont la cristallisation ébauchée du quartz et la demi-transparence laiteuse de la calcédoine. Ils sont disposés en rayons qui partent d'un centre commun en se dilatant à leur extrémité, et qui forment ainsi des espèces de petits soleils ; et ce qui ajoute encore à leur beauté, c'est qu'ils sont parfois environnés de mamelons calcédonieux, applatis et entassés les uns sur les autres, de manière à représenter des nuages.

Calcédoine Œillée.

Les *calcédoines* de la Daourie présentent quelquefois un accident propre à intéresser ceux qui aiment à suivre la marche de la nature dans ses diverses productions. On voit sur leur surface des espèces de mamelons d'un pouce plus ou moins de diamètre, sur une ligne de relief, mais qui pénètrent de deux ou trois lignes dans l'intérieur. Ils sont composés d'un grand nombre de calottes emboîtées les unes dans les autres, et dont les bords présentent une teinte et une structure différente les unes des autres. Et j'observe qu'il faut écarter ici toute idée de décomposition : il n'y en a pas le moindre vestige. Mais ce qu'il y a de plus remarquable, c'est qu'on voit sur la même pierre plusieurs de ces mamelons qui sont parfaitement égaux entr'eux pour la grandeur, le nombre et la structure des couches qui les composent. Je possède en ce genre un échantillon bien intéressant. C'est une calcédoine bleuâtre, demi-transparente et parfaitement saine, de la grosseur d'un œuf, qui est en partie couverte par quatre de ces mamelons, de dix lignes de diamètre. Ils sont composés chacun de six assemblages de couches très-distincts le uns des autres, et qui sont si parfaitement semblables dans les quatre mamelons, par leur structure et par la manière dont ils se succèdent, qu'il n'est aucun naturaliste qui ne les prenne, au premier coup-d'œil, pour des vestiges de corps organisés ; et l'on ne revient de cette idée, que par la comparaison avec d'autres échantillons de la même nature, qui, par différentes circonstances, prouvent clairement que jamais ces corps n'ont appartenu ni au règne animal, ni au règne végétal.

Parmi ces échantillons, on en voit où la partie centrale de tous les yeux offre une prunelle d'environ deux ou trois lignes de diamètre, qui fait plus de saillie que le reste, et où l'on remarque une multitude de rayons qui partent exactement du centre et qui vont aboutir à la circonférence ; et tout cela d'une manière si juste, que l'organisation proprement dite ne pourroit pas faire mieux. Et ce qu'il y a encore de remarquable, c'est que ces espèces de prunelles se détachent et laissent une place vide, parfaitement nette, et semblable à la cupule d'un gland ; ces globules qui se séparent ainsi de leur mère, ont cinq à six lignes de diamètre, et ils sont aussi parfaitement sains, et tout aussi translucides que la calcédoine d'où ils sortent.

J'avoue que je regarde ces faits, ainsi que plusieurs autres, tels que la forme végétale du *flos ferri*, &c. &c. comme des transitions qui lient ensemble le règne minéral avec les règnes organisés.

Cachalon.

Nous avons adopté ce nom, que les Tartares de la Daourie donnent à la *calcédoine blanche* opaque, qu'on rencontre quelquefois sur les collines volcaniques de cette contrée. Plusieurs naturalistes ont regardé cette substance comme une *calcédoine* décomposée ; mais cette opinion paroît tout-à-fait dénuée de fondement, car j'ai un grand nombre d'échantillons où l'on voit des couches de calcédoine bleue, qui alternent d'une manière très-régulière avec des couches de cachalon, et dont la division est parfaitement nette : ces deux variétés ne diffèrent absolument que par la couleur, et sont parfaitement saines l'une et l'autre.

Le *cachalon*, quand il est sans mélange, est toujours disposé par couches planes et jamais en boules ; je ne l'ai pas du moins observé sous cette forme, dans les collections faites à Nertchinsk, quoiqu'elles fussent composées de nombreux échantillons.

On ne le rencontre point en morceaux volumineux ; le plus grand que j'aie vu avoit la forme d'une brique de six à sept pouces de long sur un pouce d'épaisseur ; mais les échantillons d'un pareil volume sont infiniment rares.

Je n'ai pas connoissance qu'on ait trouvé le *cachalon* immédiatement dans son gîte natal, mais toujours parmi des débris, à la surface du sol ; et comme il présente ordinairement quelques couches d'une teinte un peu différente, et qui sont constamment planes et parallèles à sa surface, je pense qu'il a fait partie d'un assemblage de couches horizontales qui se rencontrent quelquefois dans la partie inférieure de certaines géodes, semblables à celle que j'ai fait figurer et dont j'ai parlé plus haut.

Le *cachalon* présente quelquefois des indices évidens de cristallisation, de même que la calcédoine ; j'en possède des échantillons dont la surface est couverte de portions de rhomboïdes en relief, dont les faces sont très-bien prononcées et ont un poli parfait : on ne peut pas soupçonner que ce soient des impressions, puisqu'on voit dans la tranche de la pierre une contexture particulière vers la base des cristaux, et ceux-ci sont d'une pâte plus blanche et plus fine que celle de leur matrice.

Il me semble d'ailleurs qu'en général c'est un peu légèrement qu'on suppose ces prétendues *impressions* ; car elles entraînent des conditions qui semblent bien difficiles à réunir. Il faut par exemple supposer, 1°. qu'il a d'abord existé une matière quelconque cristallisée (un spath calcaire si l'on veut), qui a servi de type aux cristaux actuels ; 2°. que ce spath calcaire a été revêtu d'une chemise très-solide ; 3°. que ce spath calcaire a disparu très-complétement, on ne sait par quel moyen ; 4°. qu'il soit venu une matière calcédonieuse remplir ce vide ; 5°. que le moule lui-même ait disparu pour laisser à découvert les cristaux moulés, &c, &c. Toutes ces suppositions, je l'avoue, m'étonnent, et je ne puis que difficilement m'accoutumer à penser que la nature prenne tant de détours pour arriver à son but.

Cornaline.

On donne le nom de *cornaline* à une calcédoine de couleur rouge plus ou moins foncée ; on en trouve d'un beau rouge de sang : ce sont les plus estimées. Il y en a de toutes les nuances, depuis le jaune de miel et l'orangé jusqu'au brun rougeâtre.

La *cornaline* a les mêmes gîtes que la calcédoine blanche ou bleuâtre, et j'ai vu des échantillons de lave qui contenoient les unes et les autres.

Les plus belles *cornalines* viennent d'Arabie et d'autres contrées de l'Asie méridionale ; il est rare que celles d'Europe aient une pâte aussi fine et des couleurs aussi vives.

On trouve dans les collines calcaires des environs du Havre, des *silex* d'une pâte assez belle pour être mis au rang des *calcédoines*, et j'en ai rapporté des échantillons du poids de dix à douze livres, qui présentent des couches alternatives de cornaline et de calcédoine couleur d'eau ; ces couches sont ondulées, très-nombreuses, et n'ont pas une ligne d'épaisseur. Quand je reçus ces morceaux en 1788, la cornaline étoit d'une belle couleur rouge : elle a depuis ce temps-là pris une teinte un peu jaunâtre.

Sardoine.

Il seroit difficile de tracer une ligne de démarcation entre la *cornaline* et la *sardoine*, puisqu'on passe de l'une à l'autre par nuances insensibles ; elle prend le nom de *sardoine* quand elle est d'une belle couleur brune dorée. J'ai rapporté de Daourie un échantillon de cette variété, qui est de la plus belle pâte possible, et qui est d'un volume rare ; il pèse cinq à six livres.

On donne le nom de *sardonix* aux cornalines et aux sardoines qui forment des couches accolées à des couches de *cachalon*, de manière à pouvoir en faire des camées, c'est-à-dire des gravures en relief, où les figures soient d'une couleur et le fond d'une autre. *Voyez* AGATE. (Pat.)

CALCÉOLAIRE, *Calceolaria*, genre de plantes à fleurs monopétalées, de la diandrie monogynie, et de la famille des RHINANTOÏDES, dont le caractère est d'avoir un calice monophylle, persistant et partagé en quatre découpures inégales ; une corolle monopétale, irrégulière, labiée, ayant la lèvre supérieure petite, globuleuse, resserrée et bifide, et l'inférieure fort grande, enflée et ouverte par le haut ; deux étamines insérées dans la lèvre supérieure ; un ovaire supérieur, arrondi, surmonté d'un style très-court, dont le stigmate est obtus.

Le fruit est une capsule arrondie, à deux loges, s'ouvrant en quatre valves, et contenant beaucoup de semences.

Ce genre est figuré pl. 15 des *Illustrations* de Lamarck ; il est composé d'environ cinquante-six espèces, toutes de la partie australe de l'Amérique méridionale, annuelles ou bis-annuelles, à feuilles presque toujours opposées, à pédoncules axilliaires multiflores, ou à corymbes terminaux, la plupart figurées dans la Flore du Pérou, et dans les *Icones plantarum* de Cavanilles.

Une seule de ces espèces est cultivée dans les jardins de botanique ; c'est la CALCÉOLAIRE PINNÉE, c'est-à-dire dont les feuilles sont pinnées ; c'est une plante assez jolie, très-aqueuse, qui croît naturellement au Pérou dans les lieux humides. Elle est diurétique, sa tige est velue, fragile comme celle de la plupart de ses congénères ; une autre, la CALCÉOLAIRE TRI-FIDE, passe pour fébrifuge et antiseptique. (B.)

CALCEOLE, *Calceola*, coquille bivalve, régulière, à valves inégales, la plus grande en forme de demi-sandale ; la plus petite applatie, demi-orbiculaire, en forme d'opercule : la charnière d'une à trois petites dents. Cette coquille, qu'on a trouvée fossile en Allemagne, et qui semble faire un passage entre les coquilles bivalves et les univalves, par la forme et la situation de sa petite valve, qui est semblable à la porte d'un four, est solide, épaisse, de la grosseur du pouce ; son dos est applati ; son intérieur longitudinal et son opercule concentriquement strié. Knorr l'a figurée planc. 206, fig. 5 et 6 du *Supplément* à son *Traité des pétrifications*, et sa figure a été copiée pl. 8, fig. 2 et 3 de la partie des *vers* du *Buffon*, édition de Déterville. Elle forme seule un genre dans le *Systême des animaux sans vertèbres* de Lamarck. (B.)

CALCHILE. *Voyez* COLCOTAR FOSSILE. (PAT.)

CALCINELLE, nom qu'Adanson donne à une VÉNUS des mers du Sénégal ; c'est la *venus dealbata* de Gmelin. *Voy.* au mot VÉNUS. (B.)

CALCUL, *Calculus*, c'est-à-dire, petite pierre. Ce mot vient de *calx*, chaux. Comme les anciens se servoient de petits cailloux pour compter, on en a tiré le mot *calcul* ; mais il est spécialement employé ici pour désigner les concrétions pierreuses qui se forment dans la vessie, les reins, la vésicule du fiel, les bronches, les intestins, la glande pinéale, les articulations, et une foule d'autres lieux, soit dans l'homme, soit dans les animaux. On les confond quelquefois aussi avec les BÉZOARDS. (*Voyez* ce mot.) Nous ne parlons ici ni des yeux d'écrevisses, ni des perles, ni des autres concrétions trouvées dans plusieurs animaux invertébrés, à un seul système nerveux. Les principaux calculs sont la pierre de la vessie et la gravelle.

La gravelle des reins est un assemblage de petites pierres lisses, arrondies, d'un rouge de brique et assez dures. C'est une matière acide, concrète, peu dissoluble, qui se dépose dans le parenchyme des reins, et s'écoule par les uretères dans la vessie, où elle devient fréquemment le noyau d'une pierre plus grosse. Ces corps rougeâtres sont composés d'*acide urique* ou *acide lithique* assez pur ou mêlé avec une matière gélatineuse animale, analogue à celle qu'on a trouvée dans l'urine, et qu'on a nommée *urée*. *Voyez* Fourcroy, *Syst. conn. chim. t.* 10, *sect. 8, ord. 3.*

Les *calculs* de la vessie sont communément formés par couches successives; ils ont quelquefois pour noyau des corps particuliers qui peuvent avoir été introduits dans la vessie, comme des épingles, des bouts de sonde, des fétus de bois, &c. Jamais les *calculs* n'ont la densité des véritables pierres, puisque les plus lourds sont à l'eau :: 1976 : 1000. Lorsque leur surface est mamelonnée comme celle d'une mûre, on les nomme *calculs mûraux*; ils acquièrent souvent la dureté du marbre, et l'on rencontre même dans quelques-uns, de la silice ou de la matière du cristal de roche et du caillou.

Les chimistes modernes, et sur-tout Fourcroy et Vauquelin, ont trouvé dans les différens *calculs* de la vessie six substances différentes, outre l'urée, ou la matière animale qui se rencontre presque dans tous; 1°. l'acide urique; 2°. l'urate d'ammoniaque; 3°. l'oxalate calcaire, ou la combinaison de l'acide oxalique et de la chaux; 4°. le phosphate de chaux ou la terre des os; 5°. le phosphate d'ammoniaque et de magnésie, ou la matière perlée de Kerkingrius; 6°. enfin la silice. Ces matières sont rarement isolées, et on les trouve presque toujours mélangées dans les différens calculs dont le chimiste Fourcroy établit douze sortes que voici : 1°. Ceux composés d'acide urique; 2°. ceux d'acide urique, combiné à l'ammoniaque; 3°. ceux de l'acide de l'oseille ou acide oxalique et de chaux; 4°. ceux d'acide urique, de phosphates calcaire et ammoniaco-magnésien en couches séparées; 5°. *idem* mêlés intimement sans couche distinctes; 6°. urate d'ammoniaque et les phosphates terreux, précédens, en couches distinctes; 7°. *idem* mélangés intimement; 8°. les phosphates terreux en couches minces, ou mêlés ensemble; 9°. oxalate de chaux et acide urique en couches distinctes; 10°. des couches séparées des phosphates calcaire et ammoniaco-magnénien , avec l'oxalate calcaire ; 11°. l'urate d'ammoniaque ou l'acide urique avec l'oxalate de chaux et les précédens phosphates ; enfin , 12°. l'acide urique , l'urate d'ammoniaque , la silice et les phosphates terreux.

Les *calculs* composés d'acide oxalique combiné à la chaux forment les concrétions nommées *pierres mûrales*, car ils sont communément très-anguleux et raboteux à leur surface, qui est couverte d'aspérités, de mammelons, et de proéminences ; leur couleur brune approche de celle de la suie, ils sont fort durs, se décomposent difficilement et contiennent beaucoup de matière muqueuse animale qui retient leurs molécules. La présence de la silice dans les calculs est fort rare. Ceux formés de phosphate calcaire et de phosphate ammoniaco-magnésien sont très-légers, poreux, friables, d'un blanc opaque et crayeux.

Toutes les urines contiennent de l'acide urique et des phosphates terreux, mais ces corps ne se déposent pas toujours dans la vessie ou les reins ; il paroît qu'il faut la présence d'une matière animale gélatineuse qui soit le lien de ces molécules pierreuses. Les dissolutions alcalines, les lithontriptiques savonneux proposés contre les maladies calculeuses, ne peuvent dissoudre que les calculs formés d'acide urique et d'urate ammoniacal, mais sont insuffisans dans les autres cas.

Il y a des maladies calculeuses héréditaires, comme des maladies arthritiques. On trouve même beaucoup d'analogies entre ces deux genres d'affection ; les concrétions goutteuses sont composées d'urate de soude avec une matière animale gélatineuse. D'ailleurs les attaques de goutte sont souvent suivies de la gravelle et de la pierre, et réciproquement.

Les *calculs biliaires* du bœuf sont composés de carbonate de chaux et d'une matière gélatineuse animale. Les bézoards de chèvres, de chevaux, de moutons, appelés *bézoards occidentaux*, sont un phosphate de chaux ou de magnésie et d'ammoniaque. Les calculs des poumons et des bronches, dans l'homme, sont formés de phosphate calcaire.

Pendant les accès de goutte, l'urine des personnes arthritiques ne contient pas d'acide phosphorique, suivant Bertholet.

On observe une grande ressemblance entre la matière composante des calculs biliaires et le blanc de baleine ; excepté que les premiers sont colorés en verdâtre par l'humeur bilieuse. Il paroît que les *calculs* ou le gravier qui se trouve toujours dans la glande pinéale des hommes adultes, suivant Sœmmering, est composé de phosphate calcaire. Je ne pense pas qu'on veuille encore admettre aujourd'hui le siége de l'ame entre ces petites pierres du cerveau ; il me paroît d'ailleurs ridicule de donner une place déterminée à l'ame, qui n'est point une substance corporelle ou matérielle.

Les concrétions calculeuses des animaux à un seul systême nerveux, ou invertébrés, sont communément composées de CRAIE, ou de CARBONATE DE CHAUX, comme les yeux d'écrevisses et les perles. *Voyez* ces articles. *Consultez* aussi le mot BÉZOARD. (V.)

CALDERON, cétacé non décrit, que l'on dit être une BALEINE. *Voyez* ce mot. (S.)

CALDERUGIO, nom italien du CHARDONNERET. *Voyez* ce mot. (S.)

CALÉA, *Calea*, genre de plantes de la syngénésie polygamie égale, dont le caractère est d'avoir un calice commun imbriqué d'écailles un peu lâches, renfermant, sur un réceptacle commun chargé de paillettes, quantité de fleurons, tous hermaphrodites, infundibuliformes, réguliers, à limbe quinquéfide. Le fruit consiste en plusieurs semences oblongues, nues ou chargées d'une aigrette velue.

Ce genre est composé d'une dixaine d'espèces, presque toutes de l'Amérique méridionale, dont une seule est cultivée dans les jardins de botanique ; c'est la CALÉA DE LA CAROLINE, dont les fleurs sont paniculées, les feuilles alternes, lancéolées, dentelées, sessiles. Elle croît sur le bord des bois humides, mais non marécageux, où je l'ai fréquemment observée. Elle s'élève de trois ou quatre pieds.

Le CALÉA A BALAI a servi à Gærtner pour établir son genre SERGILLE. (*Voyez* ce mot.)

Le genre *caléa* est figuré pl. 669 des *Illustrations* de Lamarck. (B.)

CALEBASSE D'HERBE, nom commun d'une espèce de COURGE, *Cucurbita lagenaria* Linn., dont les nègres en Afrique et en Amérique font des meubles de ménage, surtout des vases propres à conserver des liquides. Il suffit pour transformer une de ces courges, dont l'écorce est unie et solide, en bouteille, en sceau ou en assiette, de la vider de sa pulpe et de la couper plus ou moins à son sommet. Ces vases se conservent souvent long-temps, quoiqu'employés journellement. (B.)

CALEBASSE DU SÉNÉGAL, fruit du Baobab. *Voyez* ce mot. (B.)

CALEBASSIER, *Couis*, arbre à calebasse, *Crescentia* Linn. (*didynamie angiospermie*), genre de plantes de la famille des SOLANÉES, et qui comprend des arbres d'Amérique, dont les fruits charnus sont, par leur forme et leur grosseur, assez semblables à nos *courges* ou *calebasses.* Son caractère est d'avoir un calice caduc, à deux divisions égales; une corolle monopétale, irrégulière, dont le tube est ventru, le limbe découpé en six parties inégales, dentées et sinuées, une baie solide, à une loge renfermant plusieurs semences. *Voyez* Lam. *Illustr des genr.*, pl. 547.

On connoît trois espèces de ce genre. Le CALEBASSIER A FEUILLES LONGUES, *Crescentia cujete* Linn., qui a deux variétés; le CALEBASSIER A FEUILLES LARGES, *Crescentia cucurbitina* Linn., et le CALEBASSIER A FRUIT DUR, *Cujete minima, fructu duro* Plum. Le premier est un petit arbre, dont le tronc tortueux et épais se divise en plusieurs branches, qui s'étendent horizontalement de tous côtés; elles sont garnies à chaque nœud de feuilles entières, oblongues et rassemblées en faisceaux. Les fleurs naissent sur les parties latérales de ces branches, et quelquefois sur le tronc même; un pédoncule épais les soutient; elles sont solitaires, d'un blanc sale et d'une odeur désagréable. Les fruits varient de forme et de grosseur selon les individus : tantôt ovoïdes, tantôt presque ronds, ils ont depuis deux pouces jusqu'à un pied de diamètre; ils sont recouverts d'une peau lisse et mince, d'un jaune verdâtre, et sous cette peau est une coque dure et ligneuse, qui renferme une chair molle, jaunâtre, d'un goût piquant et désagréable.

On tire un grand parti de ces fruits, aux Antilles, à la Nouvelle-Espagne, à la Guiane et dans tous les lieux où croît l'arbre qui les porte. Ils sont vidés et creusés par les naturels du pays, qui en forment des hochets, des instrumens et plusieurs ustensiles de ménage, tels que des seaux, des bouteilles, des assiettes, des verres, &c. Leur surface extérieure est polie et peinte en compartimens de diverses couleurs, que ces hommes apprêtent avec le *rocou*, l'*indigo* et la *gomme d'acacou.* Ils regardent la pulpe qu'ils en tirent comme un bon remède dans un grand nombre de maladies et d'accidens; ils l'emploient contre l'hydropisie, la diarrhée, et pour guérir les brûlures et les maux de tête. Dans nos colonies on prépare, avec cette pulpe, un syrop renommé sur-tout, pour son efficacité, dans les maux de poitrine : on en fait aussi usage avec succès dans les fortes contusions et après les chutes.

Le bois de ce *calebassier* est blanc, assez dur et susceptible de poli; on en fait communément des selles, des tabourets, des siéges et d'autres meubles de cette espèce.

Le CALEBASSIER A FEUILLES LARGES s'élève moins haut que le précédent; il en diffère sur-tout par la forme et la disposition de ses feuilles qui ne sont point réunies en paquets, et par ses fruits moins gros, dont les coques sont minces et très-fragiles. Il croît à Saint-Domingue et dans la terre-ferme de l'Amérique, aux environs de Campêche. Son bois, qui réunit la blancheur à la dureté, pourroit être employé utilement.

Le CALEBASSIER A FRUIT DUR, mis par quelques auteurs au nombre des variétés du premier, doit être regardé comme une véritable espece, non-seulement parce que c'est un arbrisseau très-bas, mais à raison aussi de la petitesse relative de ses feuilles et de son fruit sur-tout, qui est à peine gros comme un œuf; d'ailleurs ses feuilles, quoique venant en paquets, sont constamment inégales entr'elles. Il croît aussi à Saint-Domingue.

Ces arbres ne peuvent supporter l'air libre en Europe; ils doivent être toujours tenus en serre. On les multiplie de rejetons ou de graines fraîches; ils demandent une bonne terre et de fréquens arrosemens.

Le CALEBASSIER A FLEURS DE JASMIN, qu'on trouve dans les îles de Bahama, paroît appartenir à un autre genre de plantes. (D.)

CALEÇON ROUGE, nom que l'on donne à Saint-Domingue au COUROUCOU A VENTRE ROUGE. *Voyez* ce mot. (VIEILL.)

CALENDROTE, nom que le *mauvis* porte dans les campagnes des environs de Montbard; il se trouve mal-à-propos appliqué à la *litorne,* dans les planches enluminées de Buffon, n°. 490. *Voyez* MAUVIS. (S.)

CALESAN, *Calesjam.* C'est un arbre du Malabar, dont les feuilles sont ailées et les folioles ovales, entières et glabres; les fleurs en grappes terminales, composées d'un calice à quatre divisions, quatre pétales ovales pointus, huit étamines, un ovaire supérieur, chargé d'un style simple. Les fruits sont des baies ovales-oblongues, un peu comprimées, monospermes et vertes.

La poudre de l'écorce de cet arbre guérit le spasme et les convulsions, calme les douleurs de la goutte, des ulcères, et arrête la dyssenterie. (B.)

CALFAT ou CALFAT (*Emberza calfat* Lath.), oiseau du genre des BRUANTS et de l'ordre des PASSEREAUX. (*Voyez* ces mots.) Le *calfat* est plus petit que le moineau franc, d'un cendré bleuâtre sur toutes les parties supérieures, à l'exception de la tête qui est noire, ainsi que la gorge et une bordure à la queue; d'une couleur vineuse sur la poitrine et sur le ventre; et le bas-ventre blanc; une bande blanche située sur les côtés de la tête, depuis le bec à l'occiput; les yeux sont placés au milieu d'un espace dénué de plumes et couleur de rose; leur iris a la même couleur rose, ainsi que le bec et les pieds. Cet oiseau a été décrit à l'Ile de France par feu Commerson. (S.)

CALIBÉ. *Voyez* CALYBÉ. (S.)

CALI-CALIC (*Lanius Madagascariensis* Latham, pl. enl. n°. 299, mâle et femelle, de *l'Hist. nat. de Buffon;* ordre PIES, espèce du genre de la PIE-GRIÈCHE. *Voy.* ces deux mots.). Cette pie-grièche se trouve à Madagascar. Le mâle y porte le nom de *cali-calic*, et la femelle celui de *bruia*. Sa grosseur est à-peu-près celle du *friquet*, et sa longueur de près de cinq pouces. Elle a le dessus de la tête et du corps cendré, à l'exception du croupion qui est roux; il y a de chaque côté de la tête, entre le bec et l'œil, une tache noire, au-dessus de laquelle est une ligne blanche qui s'étend au-dessus de l'œil; les joues blanchâtres; la gorge et le dessous du cou noirs; le dessous du corps et les couvertures inférieures de la queue d'un blanc nuancé de roux sur la poitrine et le bas-ventre; les petites couvertures des ailes rousses; les pennes brunes; les deux intermédiaires de la queue rousses à leur origine, et d'un gris-brun dans le reste de leur longueur; les autres rousses, et terminées de gris-brun; le bec noir; les pieds de couleur de plomb.

La femelle diffère par des teintes plus ternes, et en ce que la gorge, tout le dessous du corps sont d'un blanc mêlé de roussâtre, et que les petites couvertures des ailes sont cendrées.

(VIEILL.)

CALICATZU. Belon dit que dans l'île de Crète, c'est le nom du PLONGEON et du PETIT PINGOUIN. *Voyez* ces mots. (S.)

CALICE, PÉRIANTE, *Calyx, Perianthium,* enveloppe extérieure de la fleur, produite par l'épanouissement de l'écorce du pédoncule. Cette enveloppe est ordinairement verte et quelquefois colorée. *Voyez* le mot FLEUR, et l'alphabet qui se trouve à la suite de l'article PLANTE. (D.)

CALICÈRE, *Calicera,* plante annuelle, à tige fistuleuse, à feuilles radicales nombreuses, pinnatifides ou profondément dentées, lancéolées, très-longuement pétiolées, à feuilles caulinaires plus courtes et peu nombreuses, à fleurs disposées en tête terminale, armée d'un grand nombre de cornes molles, laquelle forme un genre dans la pentandrie monogynie.

Ce genre offre pour caractère un calice commun polyphylle à folioles linéaires; un calice partiel pentagone, à cinq dents, devenant des cornes divergentes; une corolle monopétale, infundibuliforme à cinq dents; cinq étamines très-courtes, à anthères rapprochées; un ovaire supérieur, oblong, à style capillaire et à stigmate simple.

Le fruit est une semence solitaire oblongue, obtusément pentagone, et recouverte par une saillie de la base du calice.

La CALICÈRE HERBACÉE est figurée pl. 358 des *Icones plantarum* de Cavanilles, et elle se trouve au Chili. (B.)

CALICION, *Calicium*, genre de plantes de la famille des ALGUES, établi par Achard. C'est le même que le STEMONITE de Gmelin, la TRICHIE d'Hoffman, l'EMBOLE de Batsch. Les espèces qui le composent faisoient partie des LICHENS et des MOISISSURES de Linnæus. *Voyez* ces mots. (B.)

CALIGE, *Caligus*, genre de crustacés de la division des SESSILIOCLES, qui offre pour caractère un corps couvert de deux grands boucliers; deux antennes très-sensibles; une bouche peu distincte; huit à dix pattes, dont les postérieures ont des appendices branchiales; deux yeux marginaux; deux filets ou tuyaux formant la queue.

Ce genre, quoiqu'en apparence voisin de celui des LIMULES, s'en écarte beaucoup par la forme des organes et par les moeurs des animaux qui le composent. *Voy.* au mot LIMULE.

En effet, le corps des *caliges* est composé de deux pièces écailleuses, dont la première, plus grande, représente un segment de sphère très-applati, formé par un test coriace, semblable à celui des limules, le reste est différent. La bouche est une trompe ou mieux un suçoir, plus ou moins long; les yeux sont placés latéralement; les pattes varient en nombre, depuis quatre jusqu'à dix. Elles sont toujours beaucoup plus courtes que le test n'est large, et généralement la première paire est plus grande que les autres, et terminée par un ongle très-alongé, très-aigu, qui se replie, ou mieux qui est toujours replié en dedans, et les dernières le sont par des filets charnus, ciliés, qui sont de véritables branchies. Le nombre de ces filets varie suivant les espèces, et ils prennent même des formes qui semblent indiquer qu'ils ont la faculté de servir à la natation comme à la respiration. Le canal alimentaire traverse toute la première partie entre les pattes.

La seconde pièce, que Müller appelle l'*abdomen*, varie beaucoup dans sa forme, mais est de même nature que la première; dans l'une des espèces, elle représente un carré très-petit, attaché à la partie postérieure de la première pièce. Dans une autre elle est ovale, presque aussi large et beaucoup plus longue que la première pièce, mais quelle que soit la forme de cette pièce, elle a toujours l'appendice variable que Muller a appelée la *queue*, et deux longs tuyaux cylindriques qui paroissent cartilagineux, et que Muller a appelés les *ovaires*, non parce qu'on y a trouvé des œufs, mais parce qu'ils ne se montrent pas dans tous les individus, et qu'on soupçonne qu'il n'y a que les femelles qui en soient pourvues.

On ne connoît encore que très-imparfaitement l'histoire de ces animaux. Strom, qui est celui qui les a le plus étudiés, rapporte qu'ils vivent, comme les Lernées (*Voyez* ce mot.), cramponnés sous les écailles des poissons, à la faveur de leurs pattes onguiculées, et que là, ils sucent, par le moyen de leur trompe, le sang dont ils se nourrissent. Ordinairement ils restent très-long-temps, peut-être même toujours, fixés au même endroit, mais lorsque par l'effet de leur volonté ou d'une cause étrangère, ils quittent leur place, ils savent fort bien courir sur le corps du poisson, pour en chercher une autre, et même nager pour trouver un nouveau poisson lorsqu'ils ont été forcés de quitter le leur. Il y a lieu de croire cependant, que, dans ce dernier cas, ils parviennent rarement à leur but : on en sent les raisons.

On a lieu de soupçonner que plusieurs animaux imparfaitement décrits dans les anciens ouvrages sur l'histoire naturelle, sont des *caliges*, mais on n'ose les réunir à ce genre. En conséquence, il faut le regarder comme composé seulement de deux espèces, qui encore diffèrent assez l'une de l'autre, pour que quelques personnes pensent qu'elles pourroient faire chacune un genre particulier.

La première est le Calige court, figuré par Muller, pl. 21, fig. 1 et 2 de ses *Entomostraca*, et qui a pour caractère le test antérieur arrondi, et le postérieur carré et court. Il se trouve sur divers poissons de mer, et principalement sur les saumons et les merlans.

La seconde est le Calige alongé, dont le test antérieur est arrondi, et le postérieur ovale alongé. Il est figuré à côté du précédent, et se trouve sur les saumons et les squales. (B.)

CALIGNI, *Licania*. C'est un petit arbre dont les feuilles sont alternes, ovales, vertes en dessus, tomenteuses et blanches en dessous ; les fleurs en épis terminaux et composées d'un calice de deux folioles fort petites ; d'une corolle monopétale turbinée et à cinq dents ; de cinq étamines ; d'un ovaire supérieur, arrondi, velu, chargé d'un style courbe terminé par un stigmate obtus.

Le fruit est une baie ovale, glabre, blanche, pointillée de rouge, qui contient, dans une chair blanche, un noyau osseux qui renferme une amande.

Cet arbre croît dans les forêts de la Guiane. Ses baies sont mangées avec plaisir par les habitans. Il est figuré pl. 45 des *Plantes* d'Aublet. Il a été appelé *hedycraea*, par Schreber et Wildenow. (B.)

CALIMANDE, nom spécifique d'un poisson du genre PLEURONECTE. *Voyez* au mot PLEURONECTE. (B.)

CALIN, composition métallique dont la base est l'étain, et dont les Chinois, et autres peuples orientaux, font des boîtes à thé et autres ustensiles. (PAT.)

CALINÉE, genre de plantes établi par Aublet, et depuis réuni au TETRACÈRE, et par suite aux LITSÉES. *Voyez* ces mots. (B.)

CALISPERME, *Calispermum*, arbrisseau grimpant à feuilles alternes, ovales, lancéolées, crénelées, glabres, à fleurs blanches, disposées en grappes presque terminales, qui forme, selon Loureiro, un genre dans la pentandrie monogynie.

Ce genre offre pour caractère un calice persistant, à cinq divisions égales ; une corolle de cinq pétales ovales et concaves ; cinq étamines ; un ovaire supérieur, surmonté d'un style à stigmate épais.

Le fruit est une baie presque ronde, à une loge et à plusieurs semences.

Le *calisperme* se trouve dans les forêts de la Cochinchine. (B.)

CALLE, *Calla*, genre de plantes de la gynandrie polyandrie, et de la famille des AROÏDES, dont le caractère est d'avoir les fleurs disposées sur un chaton cylindrique, et accompagnées d'une spathe plane ou en cornet, colorée et persistante ; ces fleurs n'ont ni calice, ni corolle, et consistent en plusieurs étamines, tantôt entremêlées avec les ovaires, tantôt occupant la partie supérieure du chaton. Les anthères sont sessiles, les ovaires arrondis, avec un style très-court à stigmate aigu. Le fruit consiste en plusieurs baies qui renferment chacune six à douze semences oblongues, cylindriques et obtuses aux deux bouts.

Voyez pl. 739 des *Illustrations* de Lamarck, où ce genre est figuré.

Il y a trois espèces de calles :

L'une, la CALLE D'ÉTHIOPIE, a les feuilles sagittées et en cœur, la spathe en capuchon, et les fleurs mâles au sommet du chaton. C'est une belle plante dont le spathe est d'un blanc éclatant, et d'une odeur des plus suave. On la cultive dans beaucoup de serres, où elle fleurit au premier printemps.

L'autre, la CALLE DES MARAIS, est indigène à l'Europe ; ses feuilles sont en cœur, sa spathe plane, et ses fleurs mâles mêlées avec les fleurs femelles. Elle est inodore. On la trouve dans les marais. On en recueille les racines dans le nord de l'Europe, et on les fait dessécher pour les manger pendant l'hiver, cuites avec de la viande ou du poisson.

La troisième vient du Levant, et est peu connue. (B.)

CALLICARPA, *Callicarpa*, genre de plantes à fleurs monopétalées, de la tétrandrie monogynie, et de la famille des PYRÉNACÉES, dont le caractère est d'avoir un calice monophylle, à quatre dents; une corolle monopétale, à quatre découpures obtuses; quatre étamines; un ovaire supérieur, chargé d'un style dont le stigmate est en tête.

Le fruit est une petite baie globuleuse qui renferme quatre semences oblongues, un peu comprimées et calleuses.

Ce genre, qui est figuré pl. 69 des *Illustrations* de Lamarck, comprend une dixaine d'espèces, dont quatre sont d'Amérique, et les autres des Indes. Ce sont des arbrisseaux tomenteux, à fleurs axillaires, presque verticillées, à pédoncules dichotomes et multiflores.

La seule espèce à citer ici, est le CALLICARPE D'AMÉRIQUE, qui croît dans la Caroline, et qu'on cultive dans les jardins d'agrémens, quoiqu'elle craigne beaucoup le froid. Ses caractères sont d'avoir les feuilles dentelées et velues en dessous. Cette espèce s'élève à six ou huit pieds, même dans son pays natal où ses baies servent de nourriture aux jeunes dindons sauvages, et autres oiseaux baccivores, ainsi que je l'ai fréquemment observé. On la multiplie de marcottes ou de boutures. (B.)

CALLICÈRE, *Callicerus*, nouveau genre d'insectes, qui doit appartenir à la première section de l'ordre des COLÉOPTÈRES.

Ce genre, fort voisin de celui des STAPHYLINS, a été établi par M. Gravenhorst, naturaliste allemand. Il en est distingué par le dernier article de ses antennes, qui est très-long, cylindrique, avec l'extrémité arrondie.

Le corps du *callicère* est grêle, filiforme, glabre; la tête est orbiculaire, à-peu-près de la grandeur du corcelet, celui-ci est presque orbiculaire, avec les angles obtus, et de la largeur des élytres; les élytres sont presque carrées; l'abdomen est gros, obtus, rebordé; les pattes sont de moyenne longueur; les tarses sont composés de cinq articles.

La seule espèce connue de ce genre est le CALLICÈRE OBSCUR; il est d'un noir brillant; les antennes, la bouche et les pattes sont d'un roux testacé; les élytres sont obscures, avec les bords pâles. Il se trouve sous les pierres à Brunswick. (O.)

CALLICTE, poisson qui habite les ruisseaux d'Amérique, et que Bloch a placé dans son genre CATAPHRACTE, formé aux dépens des silures de Linnæus. *Voyez* au mot CATAPHRACTE. (B.)

CALLIDIE, *Callidium*, genre d'insectes de la troisième section de l'ordre des COLÉOPTÈRES.

Les *callidies* ont le corps alongé, le corcelet arrondi, quelquefois globuleux, rarement épineux ; deux ailes cachées sous des élytres plus ou moins convexes ; les antennes filiformes à-peu-près de la longueur du corps, composées de onze articles, la bouche munie de deux lèvres, dont l'inférieure cornée et échancrée, de deux mandibules cornées, de deux mâchoires membraneuses et bifides, et de quatre antennules presque en masse ; les yeux ovales, un peu échancrés antérieurement ; enfin, les tarses composés de quatre articles, dont le dernier assez grand et bilobé.

Les *callidies* ressemblent aux *capricornes* ; ils en diffèrent par les parties de la bouche, ainsi que par les antennes qui les distinguent aussi des *saperdes*, des *leptures* et des *stencores*.

On trouve la plupart des *callidies* dans les forêts, sur le tronc à moitié pourri des arbres, dans les chantiers, où on les saisit souvent au moment qu'ils sortent du bois dans lequel la larve s'est nourrie. Ils entrent aussi quelquefois dans les appartemens. Quatre espèces fréquentent les fleurs, et s'y nourrissent de leur nectar.

Ces insectes font entendre un bruit occasionné par le frottement du corcelet contre la base de l'écusson qui est chagrinée : ce bruit augmente à mesure qu'on les inquiète davantage, et que les mouvemens de flexion et de relèvement de la tête sont plus précipités.

Les *callidies* font souvent usage de leurs ailes : ils prennent aisément leur essor, et leur vol est assez soutenu.

Les larves ressemblent à des vers mous et alongés ; leur corps est composé de treize anneaux et de six pattes écailleuses, très-petites, que l'on distingue avec peine ; leur bouche est armée de deux fortes mâchoires, qui leur servent à ronger et réduire en poudre le bois dont elles font leur nourriture. Ce n'est aussi que dans les sillons qu'elles tracent dans le bois, qu'on peut les trouver ; et tandis qu'elles avancent en rongeant, elles remplissent les vides qu'elles laissent, de leurs excrémens, poussière même du bois qui a servi d'aliment, un peu liée, mais très-friable, et qui en conserve la couleur.

Ces larves restent dans leur premier état environ deux ans. Pendant ce temps, elles changent plusieurs fois de peau, jusqu'à ce que parvenues à leur entier accroissement, elles la quittent pour paroître sous la forme de nymphe. Celle-ci diffère de la larve; son corps est plus court et plus ramassé; ses anneaux sont moins apparens, et l'on distingue les élytres à travers l'enveloppe qui les cache : elles sont courtes et repliées à-peu-près comme l'aile du papillon l'est dans sa chrysalide.

On peut élever ces larves dans la farine, elles y vivent très-bien, et s'y changent en nymphes; mais il est rare qu'elles ne périssent dans cet état. On n'obtient presque jamais l'insecte parfait.

Parmi plus de quatre-vingt-dix espèces de *callidies*, les plus connues sont le PORTE-FAIX ; il est noirâtre; le corcelet est arrondi, légèrement déprimé, avec deux taches noires, luisantes, un peu élevées : le BLEUATRE est noirâtre, avec le corcelet fauve, arrondi, légèrement tuberculé, et les élytres bleuâtres : le VIOLET est noir, avec le corcelet arrondi, pubescent ; il a les élytres violettes. (O.)

CALLIGON, *Calligonum*, genre de plantes de la dodécandrie tétragynie, et de la famille des POLYGONÉES, dont le caractère est d'avoir un calice à cinq divisions inégales; point de corolle ; douze étamines ; un ovaire supérieur, oblong, terminé par trois stigmates. Le fruit est une capsule pyramidale, à quatre angles et à une semence.

Ce genre, figuré dans les *Illustrations* de Lamarck, pl. 410, renferme trois espèces, qui sont des arbrisseaux de la Turquie d'Asie, remarquables en ce qu'ils sont presque aphylles, que leurs rameaux sont souvent dichotomes, articulés, ont les articulations membraneuses, monophylles ou nues et florifères ; les feuilles linéaires presque cylindriques.

Le CALLIGON POLYGONIDE croît naturellement sur le mont Ararat, d'où il a été apporté par Tournefort, qui l'a figuré dans son *Voyage au Levant*. Ses caractères sont d'avoir la capsule couverte de poils qui se croisent.

Le CALLIGON DE PALLAS formoit un genre sous le nom de *Pallas*, qui l'a découvert près de la mer Caspienne; mais il a été supprimé. Ses racines coupées donnent une gomme claire, qui a les propriétés de la gomme adragante. Ses caractères sont d'avoir les fruits avec des ailes membraneuses et frisées ou dentées. (B.)

CALLIMUS, nom latin qu'on a conservé au *noyau* des géodes ferrugineuses, nommées *œtites* ou *pierres d'aigle*. (PAT.)

CALLIOMORE, *Calliomorus*, genre de poissons de la division des JUGULAIRES, établi par Lacépède aux dépens des *callionymes* de Linnæus. Ce nouveau genre offre pour caractère une tête plus grosse que le corps ; les ouvertures branchiales placées sur les côtés de l'animal; les nageoires jugulaires très-éloignées l'une de l'autre; le corps et la queue garnis d'écailles à peine visibles. Il ne renferme qu'une espèce, le CALLIOMORE INDIEN, *Platicephalus spathula* ou *Pelle* Bloch, qui a sept rayons à la membrane des branchies, deux aiguillons à la première pièce, et un aiguillon à la seconde de chaque opercule.

Le *calliomore indien* est d'un gris plus ou moins livide et sa mâchoire inférieure est un peu plus avancée que la supérieure. Il est figuré dans Bloch et dans le Buffon de Déterville. (B.)

CALLIONYME, *Callionymus*, genre de poissons de la division des JUGULAIRES, dont le caractère consiste à avoir une tête plus grosse que le corps; les ouvertures branchiales sur la nuque; les nageoires jugulaires très-éloignées l'une de l'autre; le corps et la queue garnis d'écailles à peine visibles.

Ce genre étoit composé de sept espèces; mais Lacépède en a ôté deux; l'une, ainsi qu'on vient de le voir, pour former celui qu'il a appelé CALLIOMORE, et l'autre le COMOPHORE. Il reste donc aujourd'hui composé de cinq espèces, que le Naturaliste français a séparées en deux sections fort inégales. La première comprend les *callionymes*, dont les yeux sont très-rapprochés l'un de l'autre, et on y trouve :

Le CALLIONYME LYRE, qui a le premier rayon de la nageoire dorsale de la longueur du corps et de la queue; l'ouverture de la bouche très-grande; la nageoire de la queue arrondie. Il est figuré dans Bloch, pl. 161; encore mieux dans Lacépède, vol. 2, pl. 10. Il l'est encore dans plusieurs autres auteurs. On le trouve dans la Méditerranée et autres mers d'Europe, où il parvient à la longueur de trois pieds au plus, et où il vit principalement d'OURSINS et d'ASTÉRIES. (*Voyez* ces mots.) Sa chair est blanche et agréable au goût. Son nom vient du rapport qu'on a trouvé ou cru trouver entre les longueurs des sept rayons de sa première nageoire dorsale et les cordes d'un instrument destiné à donner des accords parfaits, tels que ceux de la lyre. On l'appelle *lavandière* et *lacert* sur nos côtes.

La tête du *callionyme lyre* est blanche en dessus, applatie en dessous, et plus large que le corps; les yeux n'ont point de membrane clignotante; l'ouverture de la bouche est très-grande, les lèvres épaisses et les mâchoires hérissées de plusieurs petites dents; l'opercule branchial embrasse presque toute la circonférence de l'animal; l'ouverture de l'anus est beaucoup plus près de la tête que de la nageoire de la queue. Les couleurs de ce poisson varient beaucoup; mais le bleu domine sur les nageoires, le jaune sur les côtés du dos, et le blanc sur le ventre, ce qui lui fait une robe des plus riches.

Le CALLIONYME DRAGONEAU a les rayons de la première nageoire du dos beaucoup plus courts que le corps et la queue; l'ouverture de la bouche très-grande; la nageoire de la queue arrondie. Il se trouve dans les mêmes mers que le précédent, dont il seroit la femelle si on en veut croire Gmelin. On l'appelle *doucet* sur nos côtes. Il est figuré dans Bloch, pl. 162, dans la *Zoologie danoise* de Muller, pl. 20, et dans le Buffon, édition de Déterville, vol. 1, pag. 159. Ses couleurs sont beaucoup moins brillantes que celles du précédent; le brun y domine.

Le CALLIONYME FLÈCHE a trois rayons à la membrane des branchies; l'ouverture de la bouche petite; la nageoire de la queue arrondie. Il est figuré dans les *Spicilegia zoologica* de Pallas, tab. 4, n°ˢ 4 et 5. Il habite les mers d'Amboine.

Le CALLIONYME JAPONOIS, dont le premier rayon de la première mâchoire dorsale est terminé par deux filamens, et dont la nageoire de la queue est fourchue. On le trouve dans les mers du Japon.

La seconde division des *callionymes*, dans Lacépède, ne renferme qu'une espèce, dont les yeux sont très-rapprochés l'un de l'autre, c'est le CALLIONYME POINTILLÉ, qui a l'ouverture de la bouche très-petite, et la nageoire de la queue arrondie. Il vit dans les mers d'Amboine, et est figuré dans les *Spicilegia zoologica* de Pallas, pl. 41, n° 13. Sa grandeur est celle du doigt; et sa couleur le brun varié de gris et parsemé de points blancs et brillans. La femelle est un peu différente, soit par le rapport de ses parties, soit par ses couleurs. (B.)

CALLISE, *Callisia*. C'est une petite plante rampante, qui a beaucoup de rapport avec les *commelines*, ou mieux, qui n'en diffère que par l'absence du nectaire. Ses feuilles sont alternes, engaînées à leur base, ovales, pointues, rapprochées au sommet des rameaux; ses fleurs sont petites, presque sessiles, et ordinairement trois ensemble; chacune de ces fleurs consiste en un calice de trois folioles linéaires, lancéolées; en trois pétales lancéolés, aussi longs que le calice; en trois étamines, dont les filamens sont élargis, et portent chacun deux anthères adnées au bord interne de leur lame; en un ovaire supérieur, oblong, chargé d'un style que terminent trois stigmates frangés.

Le fruit est une capsule ovale, pointue, comprimée, biloculaire, bivalve, et qui contient dans chaque loge deux semences arrondies.

Cette plante se trouve dans les lieux humides et ombragés, à la Martinique et à Cayenne. (B.)

CALLISTE, *Callista*, genre de vers mollusques, établi par Poli, dans son ouvrage sur les testacés des mers des Deux-Siciles. Son caractère consiste à avoir deux siphons glabres, tantôt réunis dans toute leur longueur, tantôt séparés dans leur partie supérieure ; les branchies écartées, ouvertes, cependant quelquefois réunies à leur extrémité supérieure ; le bord du manteau ondulé et frangé dans quelques espèces et disjoint ; le pied lancéolé.

Il a pour type les animaux de toutes les *mactres* et des *venus chione*, *deflorée* et *galline*. *Voyez* au mot VENUS. (B.)

CALLISTE, *Callista*, plante parasite, vivace, à bulbe linéaire, à tige épaisse, sillonnée ; à feuilles alternes, lancéolées, très-entières, striées, épaisses, dures, engaînées ; à fleurs blanches, rongées dans leur centre, éparses sur de longues grappes simples latérales et recourbées, qui, selon Loureiro, forme un genre dans la gynandrie monandrie, mais qu'on peut également placer dans le genre ANGREC. *Voyez* ce mot.

Ce genre offre pour caractère un calice nul et remplacé par plusieurs écailles ovales, lancéolées, imbriquées avant la floraison ; une corolle de cinq pétales ouverts, dont trois sessiles, ovales, oblongs, deux opposés, onguiculés, plus larges, renflés à leur base ; un tube intérieur attaché à la base des pétales, grand, divisé en deux lèvres, l'intérieure oblongue, charnue, bicorne à sa base, l'extérieure turbinée, très-entière, velue, contournée en entonnoir ; une étamine attachée à l'extrémité intérieure du tube, à anthère operculée et bilobée ; un ovaire inférieur, filiforme, contourné, à style et stigmates nuls, à moins qu'on ne veuille prendre pour eux un sillon qui va de l'étamine au germe.

Le fruit avorte presque toujours.

Le *calliste* est une très-belle plante qu'on trouve à la Cochinchine, sur le tronc des vieux arbres. (B.)

CALLITRIC, *Callitriche*, genre de plantes à fleurs incomplètes de la monandrie digynie, dont le caractère est d'avoir un calice composé de deux folioles opposées et courbées en croissant ; une étamine plus longue que le calice ; un ovaire supérieur, arrondi, chargé de deux styles recourbés.

Le fruit est une capsule courte, tétragone, biloculaire, et qui contient quatre semences.

Voyez pl. 5 des *Illustrations* de Lamarck, où est figuré ce genre, qui contient trois espèces extrêmement peu différentes les unes des autres, toutes ayant les feuilles ovales, opposées ; les fleurs solitaires et axillaires, et toutes vivant au milieu de l'eau, où surnage, en forme de rosette, l'extrémité des tiges.

La première espèce, le CALLITRIC PRINTANIER se distingue cependant bien de la dernière, le CALLITRIC D'AUTOMNE, puisque l'un a les fleurs androgynes et l'autre les a hermaphrodites : l'intermédiaire se distingue à ses feuilles, qui sont légèrement échancrées.

Ces plantes couvrent quelquefois complétement les eaux, sur-tout celles des petites rivières qui coulent lentement. Les bons agriculteurs ne les laissent pas perdre ; ils les arrachent en automne avec des râteaux à dents de fer, et les transportent sur leurs fumiers, dont elles augmentent la masse. (B.)

CALLITRICHE, *Callitriche*, genre de vers mollusques établi par Poli, dans son *Histoire des testacés des mers des Deux-Siciles.* Son caractère consiste à avoir un seul siphon en forme de trou ; un abdomen ovale, comprimé, saillant ; point de pied, mais en place un muscle linguiforme comprimé, pour filer le byssus qui est toujours rameux.

Ce genre est formé par les animaux des MOULES, qui sont figurés planch. 32 de l'ouvrage précité. *Voyez* au mot MOULE. (B.)

CALLITRICHE. Ce mot grec, appliqué à une guenon, signifie *beau-poil*, qualification qu'Homère donnoit à ses héros. Le beau Pâris, le fougueux Achille étoient *callitriches.* Mais les modernes ont donné cette dénomination au *singe vert.* Le *callitriche* de Buffon (éd. Sonn., t. 36, p. 52, pl. 48.), et d'Audebert (*Hist. des sing.* fam. 4, sect. 2, fig. 4 et 5.), est la *simia caudata, imberbis, flavescens, facie atrâ, caudâ cinereâ, natibus calvis...* *simia sabœa* de Linnæus, *Syst. nat.* éd. 13, gen. 2, sp. 18. Ce singe est facile à distinguer par sa face d'un noir vif, par sa robe d'un vert assez pur sur le dos, et d'un blanc éclatant sur le ventre, la poitrine et la gorge. Au reste, il a des callosités aux fesses et des abajoues ; sa queue longue a un petit floccon de poils à son extrémité. Il habite non-seulement la Mauritanie, mais encore le Sénégal et les îles du cap Verd. Silencieux et léger, il se tient au sommet des grands arbres ; il ne crie point et ne s'effarouche point lorsqu'on tue un de ses compagnons à ses côtés : le blessé lui-même ne fait aucun bruit. Cet animal est long de quinze pouces, non compris la queue ; sa femelle a un écoulement périodique de sang. Les oreilles, les pieds et les mains sont noirs : il y a des variétés de couleur dans cette espèce. (V.)

CALLITRIX DES GRECS est le **CALLITRICHE**. *Voyez* ce mot. (S.)

CALLIXÈNE, *Callixene*, genre de plantes de l'hexandrie monogynie, et de la famille des **ASPARAGOÏDES**, qui est figuré dans les *Illustrations* de Lamarck, pl. 244. Il a pour caractère une corolle divisée en six parties égales, dont les trois alternes ont deux glandes à leur base; six étamines; un germe supérieur à stigmate trigone; une baie à trois loges, qui renferment chacune trois semences.

Ce genre ne contient qu'une espèce qui est un petit arbrisseau des Terres magellaniques, dont les feuilles sont alternes, sessiles, elliptiques, aiguës, très-entières; et les fleurs solitaires, terminales et pédonculées.

Ce genre a été appelé **ENARGÉE** par Gærtner et Wildenow. (B.)

CALMAR, *Loligo*. C'est le nom que l'on donne sur les bords de la Méditerranée, à une espèce de *sèche* qui a servi à Lamarck pour établir un genre auquel il a conservé la même dénomination. Ce genre a pour caractère un corps charnu, alongé, contenu dans un sac ailé inférieurement, et renfermant, vers le dos, une lame mince, transparente et cornée; une bouche terminale entourée de dix bras garnis de ventouses, et dont deux sont plus longs que les autres.

Ainsi donc il diffère des *sèches*, parce qu'il n'a pas d'os calcaire; et des *poulpes* du même auteur, parce qu'il a deux bras surnuméraires plus grands que les autres.

Malgré cela, le genre **SÈCHE** de Linnæus est si naturel, et les espèces qu'il renferme sont si peu nombreuses, que cette séparation peut être encore évitée. *Voyez* au mot **SÈCHE**. (B.)

CALMAR, nom spécifique d'une **COULEUVRE** d'Amérique. *Voyez* au mot **COULEUVRE**. (B.)

CALODENDRON, *Calodendrum*, arbre élevé dont les feuilles sont opposées, pétiolées, ovales, rapprochées aux extrémités des rameaux, et les fleurs disposées en panicules terminales.

Ces dernières sont composées d'un calice monophylle, persistant, velu en dehors et à cinq dents; d'une corolle de cinq pétales lancéolés, carinés et velus à l'extérieur; de cinq productions pétaliformes, linéaires, aussi longues que les pétales, mais plus étroites, insérées sur le réceptacle entre les pétales; de cinq étamines, dont une est stérile; d'un ovaire supérieur, hérissé, pédiculé, en tête, ayant un style filiforme qui s'insère latéralement et dont le stigmate est obtus.

Le fruit est une capsule hérissée, pédiculée, à cinq angles

obtus, à cinq sillons, à cinq valves et à cinq loges, qui contiennent chacune deux semences presque triangulaires.

Cet arbre croît en Afrique, où il a été observé par Thunberg. Il est figuré pl. 3 du *Journal d'Histoire naturelle*.

Lamarck, auteur du mémoire auquel appartient cette figure, observe que ce genre se rapproche si fort des *fraxinelles*, qu'il n'y auroit pas d'inconvénient de l'y réunir : c'est aussi ce qu'a fait Valh. *Voyez* au mot FRAXINELLE. (B.)

CALODION, *Calodium*, genre de plantes établi par Loureiro dans la *Flore de la Cochinchine*, mais qui ne diffère de celui appelé CASSYTE par Linnæus, que parce que les caractères de ce dernier avoient été d'abord mal exprimés. *Voyez* au mot CASSYTE. (B.)

CALOPE, genre d'insectes qui doit être placé dans la seconde section de l'ordre des COLÉOPTÈRES.

Ce genre paroît appartenir à la famille des CISTÈLES ; il a les antennes longues, en scie, les antennules antérieures longues et en masse, les mâchoires courtes et bifides, avec la division extérieure mince, à peine plus longue que l'autre ; il diffère des *capricornes* par le nombre des pièces des tarses. Les *calopes* ont cinq articles aux quatre tarses antérieurs, et quatre seulement aux postérieurs.

Cet insecte nous est étranger, et nous ne connoissons pas sa larve ; mais nous croyons qu'elle vit dans la substance du bois comme celle des *capricornes*, des *leptures*.

La seule espèce de *calope* connue, est le SERRATICORNE ; il est obscur, et a le corcelet cylindrique : il se trouve au nord de l'Europe, dans les bois. (O.)

CALORIQUE. Suivant un grand nombre de physiciens, le *calorique* est la matière même du feu ; c'est un fluide très-subtil et sans pesanteur, qui pénètre tous les corps sans exception, et qui peut se combiner plus ou moins avec eux. C'est le dégagement de ce fluide qui cause la sensation de la chaleur.

Suivant ses divers degrés d'abondance et d'intensité, il dilate les corps, il les fait ensuite passer à l'état liquide, et enfin il les convertit en gaz ; l'or lui-même est réduit en vapeurs par le calorique des rayons solaires, rassemblés au foyer d'une puissante lentille ou d'un grand miroir concave.

Sans le *calorique*, il est probable qu'il n'existeroit aucun fluide ; toutes les molécules de la matière obéiroient à leur attraction mutuelle, et se rapprocheroient de manière à ne former que des corps solides, comme nous le pouvons voir par l'exemple de l'eau et même du mercure, qui deviennent des corps durs par la soustraction d'une partie du *calorique* dont ils sont pénétrés.

Quand un corps passe de cet état solide à la fluidité, il absorbe une quantité de *calorique* souvent très-considérable. L'expérience nous apprend que, pour faire fondre une livre de glace qui est à la température de zéro, il faut une livre d'eau à la température de soixante degrés, c'est-à-dire, qui ait les trois quarts du *calorique* qui suffiroit pour la rendre bouillante ; et quand la glace est fondue, le mélange se trouve réduit à la température de *zéro ;* de sorte que la glace, pour passer à l'état liquide, absorbe soixante degrés de calorique qui se combinent avec l'eau. Et lorsque le calorique se trouve dans un état de combinaison, il est tellement enchaîné, qu'il n'a nulle influence ni sur les sens, ni sur le thermomètre.

Quand un liquide passe à l'état de vapeurs, il absorbe également une grande quantité de *calorique :* c'est par-là qu'on explique le refroidissement qu'éprouvent les corps sur lesquels se fait l'évaporation. Tout le monde connoît l'expérience triviale de faire rafraîchir une bouteille de vin en l'exposant au soleil, enveloppée d'un linge mouillé. Plus l'évaporation est prompte, et plus le refroidissement est sensible ; l'eau se convertit subitement en glace, dans un tube de verre sur lequel on fait évaporer de l'éther.

Rumford, Schérer, et d'autres physiciens célèbres, pensent que le *calorique* n'est point une substance proprement dite ; ce n'est qu'une simple modification des corps, qui résulte des vibrations imprimées aux molécules dont ils sont composés. Rumford a fait bouillir de l'eau par le seul frottement rapide et violent de deux pièces de métal plongées dans cette eau ; et il demande d'où émaneroit ce calorique, dont la source paroît inépuisable, quoique rien n'annonce qu'il ait été fourni à l'eau aux dépens des corps environnans.

Ce même physicien a fait diverses expériences qui semblent prouver que les *liquides* ne sont nullement conducteurs du calorique, et qu'ils ne s'échauffent que molécule à molécule, et par un déplacement successif ; mais d'autres physiciens ont fait des expériences qui paroissent prouver que les *liquides* sont seulement moins bons conducteurs du calorique que les corps *solides*.

Parmi les savans qui considèrent le *calorique* comme une véritable substance, les uns le regardent comme une simple modification du *fluide lumineux ;* d'autres disent que c'est un fluide absolument distinct, et ils rapportent en preuve de cette opinion, l'exemple d'une masse de fer ou autre corps semblable, qui peut se trouver éminemment pénétré de calorique sans être lumineux ; de même qu'un corps très-lumineux, tel que la lune et beaucoup de substances phosphorescentes, ne donne que de la lumière sans le moindre signe de chaleur.

Suivant le célèbre Herschel, le *calorique* émane, ou, suivant son expression, *rayonne* du soleil, en même temps et avec la même rapidité que la lumière, et il est plus ou moins mêlé avec les différens rayons lumineux. Les expériences qu'il a faites sur le spectre solaire formé par le prisme, lui ont prouvé que la *faculté calorifique* des différens rayons n'est point du tout la même, et qu'elle est en raison inverse de leur réfrangibilité. Les rayons *rouges*, par conséquent, sont ceux qui possèdent le plus éminemment cette faculté, et les rayons *violets*, ceux qui en sont les moins pourvus ; elle est graduelle dans les rayons intermédiaires.

La faculté calorifique des rayons *rouges* est à celle des rayons *verts*, comme 55 à 26 ; et à celle des rayons *violets*, comme 55 à 16.

Il a fait de plus une observation très-remarquable ; c'est que dans cette expérience, la plus grande *faculté calorifique* ne s'est point manifestée dans les limites du spectre solaire, mais à la distance d'un demi-pouce en dehors du rayon *rouge* ; c'est là que le thermomètre est monté de 9 degrés. A la distance d'un pouce, il montoit à 5 degrés $\frac{1}{4}$, et à la distance d'un pouce et demi, il montoit à 3 degrés $\frac{1}{3}$. Dans la partie opposée du spectre solaire, c'est-à-dire du côté du rayon *violet*, le thermomètre, placé dans la dernière teinte visible de ce rayon, ne monta que d'un degré $\frac{1}{4}$; mais hors de la limite de ce rayon, il ne donna pas le moindre signe de dilatation.

Il paroîtroit donc, d'après ces expériences, qu'il émane du soleil une grande quantité de rayons qui sont purement *calorifiques* sans être visibles ; que parmi ces rayons, il y en a qui ont les divers degrés de réfrangibilité des rayons lumineux, et d'autres qui sont moins réfrangibles que les rayons rouges eux-mêmes ; et il paroît que ces rayons invisibles sont les plus nombreux ou les plus énergiques, puisqu'ils produisent le plus grand effet sur le thermomètre.

Herschel, d'après différentes considérations, pense néanmoins que les rayons *lumineux* ne sont point essentiellement différens des rayons *calorifiques* ; il croit inutile d'admettre deux causes quand une seule paroît suffisante. La *chaleur rayonnante* lui paroît être composée de *lumière invisible*, c'est-à-dire de rayons venant du soleil avec un *momentum* ou une modification qui les rend incapables d'affecter notre vue.

Dans le cours de ses observations sur le disque du soleil, il a reconnu que les verres colorés en *rouge* interceptent fort bien la lumière, mais qu'ils transmettent à l'œil une chaleur intolérable ; les verres de couleur *verte* sont ceux qui transmettent le moins de chaleur.

Il me semble qu'on pourroit faire une application avantageuse de cette observation pour les serres chaudes et les orangeries : l'intention est d'y rassembler, autant qu'on peut, le *calorique* avec le moins de dépense possible ; et lorsqu'on emploie, suivant l'usage, des verres d'une couleur-verdâtre, on va directement contre son but, puisque les verres de cette couleur interceptent les *rayons calorifiques* ; il faudroit donc employer au vitrage des serres chaudes, des verres colorés en *rouge*, qui transmettent si bien les rayons de cette espèce.

Herschel a fait aussi des expériences qui confirment celles que le savant M. A. Pictet avoit déjà consignées dans son *Traité du feu*, qui parut en 1790, et qui prouvent que le *calorique* est susceptible d'être réfléchi et réfracté de la même manière et suivant les mêmes loix que la lumière, et que le *froid* est également susceptible d'être réfléchi. Ce dernier fait a confirmé le comte de Rumfort dans son opinion, que la lumière n'est pas plus une *émanation* que le froid lui-même.

Les rayons directs du soleil ont très-peu d'énergie *calorifique* ; ce n'est que par les différentes réflexions qu'ils éprouvent, et par une sorte de frottement qu'ils l'acquièrent à un certain point. C'est pour cela que, même au solstice d'été, ils n'ont pas la force de fondre la neige sur les hautes montagnes, attendu qu'ils sont dispersés dans un air libre et fort rare, où rien ne les réfléchit ; mais lorsque, par quelque circonstance particulière, ils s'y trouvent rassemblés et accumulés dans un même espace, ils ont autant d'énergie que dans la plaine ; c'est ce que prouve l'expérience que Saussure a faite sur le Cramont, le 16 juillet 1774, à une élévation de mille quatre cent deux toises. Il exposa au soleil, depuis deux heures jusqu'à trois, une boîte doublée de liége noirci, et dont l'ouverture étoit fermée par trois glaces, placées à quelque distance l'une de l'autre ; le thermomètre contenu dans cette boîte, monta jusqu'à 70 degrés, ce qui est, peu s'en faut, la température de l'eau bouillante ; quoiqu'en plein air, la chaleur ne fût que de cinq degrés.

Le même observateur est parvenu, au moyen d'un appareil fort ingénieux, à reconnoître qu'il faut six mois entiers pour que le calorique des rayons solaires pénètre dans l'écorce de la terre jusqu'à la profondeur de trente pieds, de sorte que le plus grand degré de chaleur s'y manifeste au solstice d'hiver; et comme la progression du refroidissement est la même, son *maximum* arrive au solstice d'été. La variation de l'un à l'autre n'est pas à la vérité fort considérable, elle n'est que d'un degré et ⅕; mais elle a été observée constamment la même pendant trois années consécutives. Au solstice d'hiver le thermomètre y marquoit 8.95, et au solstice d'été 7.75.

Cette expérience a été faite aux environs de Genève, dans un sol tout composé d'argile, qui est un fort mauvais conducteur du calorique; et l'on sent aisément que l'effet doit varier beaucoup, suivant la nature du sol, et sur-tout à des latitudes qui seroient fort différentes les unes des autres. Il est infiniment probable, par exemple, qu'entre les tropiques le calorique solaire pénètre plus avant dans la terre, et s'y soutient à un degré plus égal que dans les autres zones, puisque le refroidissement de la superficie n'a lieu dans aucune saison.

Ce qu'il y a de certain, c'est que dans les contrées boréales, telles que la *Sibérie*, le *calorique solaire* ne pénètre jamais le sol avec assez d'énergie pour fondre la glace au-dessous de deux ou trois pieds tout au plus de la superficie. Les racines des arbres ne pénètrent jamais au-delà de cette profondeur; et il y a une infinité d'endroits, même dans les plaines, où le dégel ne s'étend pas au-delà d'un pied : c'est ce que j'ai eu l'occasion d'observer différentes fois dans les fosses qu'on faisoit pour enterrer les morts; et dès qu'une fois les corps y sont déposés, on est sûr qu'ils s'y conserveront aussi long-temps que la température de ces contrées n'éprouvera pas de changement.

On en a la preuve dans le rhinocéros qui étoit enseveli dans le sable à très-peu de profondeur, sur les bords du *Viloui*, qui se jette dans la Léna à 64 degrés de latitude, où il gisoit probablement depuis une longue série de siècles. Il fut découvert par des chasseurs de zibelines, au mois de décembre 1771, et il étoit si bien conservé, que les cils de ses paupières n'étoient pas même tombés, ainsi qu'on peut le voir à sa tête, qui est conservée avec un de ses pieds, dans le *Muséum* de l'académie de Pétersbourg, où ces restes furent envoyés après avoir été soigneusement desséchés.

Dans ces régions glacées, ni le *calorique solaire*, ni le *feu central* (s'il existe), n'ont assez d'efficacité pour fondre la glace, à quelque profondeur que l'on pénètre. C'est ce qui m'a été attesté par tous les mineurs, et ce que j'ai moi-même observé dans plusieurs circonstances, et notamment dans un nouveau puits que l'on creusoit sur un filon de la mine d'*Ildi-kan* en Daourie. Pour observer la structure des roches, j'y descendis au mois de juin 1785, et je vis qu'à la profondeur de quarante pieds, où l'on étoit alors, les fissures étoient remplies de glace.

Mais ce qu'il y a de remarquable, c'est qu'une fois les excavations faites, quelque profondes que soient les mines, et dans quelque saison que ce soit, la température s'y soutient à plusieurs degrés au-dessus du zéro. Il n'y a rien de constant à cet égard : certaines mines n'ont qu'une chaleur de 5 à 6 degrés, tandis que d'autres mines de la même contrée, et d'une profondeur à-peu-près égale, jouissent d'une température de 15 à 16. C'est ce qui me fait penser que la température douce qu'on éprouve dans ces souterrains métallifères, est principalement due à l'influence actuelle de l'air atmosphérique, dont l'oxigène, en se combinant avec quelques substances minérales, occasionne ce dégagement de calorique.

Il peut se faire aussi que pendant l'été, le *calorique* de l'atmosphère pénètre dans les souterrains par les ouvertures extérieures, et s'y accumule jusqu'à un certain point, de manière à s'y rendre sensible pendant une partie de l'hiver, plus ou moins long-temps suivant les circonstances locales. C'est ce que me sembleroit prouver ce que j'ai vu dans une caverne qu'on trouve sur la rive gauche de la Chilca, près de la fonderie de Nertchinsk en Daourie, à 52 degrés de latitude.

L'entrée de cette caverne est une espèce de puits, presque vertical, de dix à douze toises de profondeur. J'y descendis le 1er mars (1784) : on étoit encore en plein hiver, et la température habituelle de l'atmosphère étoit de 20 à 25 degrés R. au-dessous de zéro. Car c'est une observation faite depuis long-temps, que dans toute la Sibérie, et sur-tout dans sa partie orientale, appelée Daourie, le climat est aussi rude que dans les pays d'Europe qui se trouvent à une latitude plus élevée de 10 degrés. Néanmoins la température de la grotte me parut être seulement de 3 à 4 degrés au-dessous de la congélation. J'y vis dans plusieurs endroits des stalactites très-volumineuses de glace solide, qui sont formées par les eaux qui s'infiltrent pendant l'été. Mais ce qui m'avoit principalement attiré dans cette caverne, c'étoit la curiosité de voir les congélations de la voûte, qu'on m'avoit dit être de la plus grande beauté, et que je trouvai en effet d'un éclat éblouissant : c'étoient de longs festons d'une glace presque aussi légère que des bulles de savon, formés d'un assemblage de tubes hexaèdres qui s'épanouissoient à leur extrémité, et présentoient des pyramides creuses. Cette glace légère et papiracée étoit produite par les vapeurs qui s'élevoient du fond de la grotte au commencement de l'hiver, où la température étoit, me dit-on, sensiblement plus chaude que dans le moment où je m'y trouvois. J'ai rapporté ces différentes observations dan un des mémoires que j'ai publiés sur la Sibérie. (Voyez *Journ. de Phys. mars 1791*, p. 232 et 236.) (P**AT**.)

CALOSOME, *Calosoma*, nouveau genre d'insectes établi par Fabricius, qui doit appartenir à la première section de l'ordre des C**OLÉOPTÈRES**.

Les *calosomes*, long-temps confondus avec les *carabes*, sont d'assez grands insectes, ornés souvent des couleurs métalliques les plus brillantes. Leur corps est oblong, déprimé; la tête est grande, ovale; les yeux sont globuleux, proéminens; les mandibules et les antennules sont saillantes; les antennes sont sétacées, un peu plus longues que le corcelet: elles sont insérées en avant des yeux; le corcelet est plane, ses bords sont arrondis: il est tronqué postérieurement, moins large que la base des élytres. L'écusson est très-petit, et même n'existe pas dans quelques espèces; les élytres sont dures: leur bord externe embrasse à peine l'abdomen. Les pattes sont fortes, propres à la course; on remarque un trochanter à la base des cuisses de la dernière paire de pattes; les cuisses sont comprimées; les jambes sont un peu arquées en dedans; celles des pattes antérieures sont munies de quelques épines. Tous les tarses sont composés de cinq articles.

Ces insectes forment un genre composé de dix espèces, presque toutes étrangères à notre pays. Nous en possédons cependant deux, le C**ALOSOME INQUISITEUR** et le C**ALOSOME SYCOPHANTE**. Réaumur a donné l'histoire de la larve de ce dernier, qui vit dans le nid des *chenilles processionaires*, et en est l'ennemi le plus redoutable: la chenille, qu'elle attaque et perce par le ventre, a beau se donner des mouvemens, s'agiter, se tourmenter, marcher, elle ne l'abandonne pas jusqu'à ce qu'elle l'ait entièrement mangée. La plus grosse chenille ne suffit pas pour la nourrir un jour; elle en tue et elle en mange plusieurs dans la même journée; et lorsque la gloutonnerie l'a mise hors d'état de se pouvoir remuer, elle est attaquée par d'autres larves de son espèce, encore jeunes et assez petites, qui lui percent le ventre et la mangent, quoique les chenilles ne lui manquent pas.

Dans l'état parfait, le *calosome sycophante* est d'un noir bleuâtre, luisant; ses élytres sont striées, et marquées de trois rangées de petits points enfoncés: elles sont d'une belle couleur verte, avec des reflets cuivreux sur les côtés.

Le *calosome inquisiteur* (*calosoma inquisitor*) est vert bronzé en dessous ; bronzé en dessus , ses élytres sont marquées de trois rangées de petits points enfoncés.

Ces deux insectes , décrits par Geoffroi, le premier sous le nom de *bupreste carré couleur d'or* , et le second sous celui de *bupreste carré couleur de bronze antique* , se trouvent aux environs de Paris. Ils se tiennent ordinairement sur les arbres et principalement sur les chênes, où ils donnent chasse aux différens insectes dont ils se nourrissent : il paroît qu'ils attaquent principalement les chenilles. (O.)

CALOUASSE ou COLOUASSE, nom vulgaire que porte en Sologne la PIE-GRIÈCHE GRISE. *Voy.* ce mot. (VIEILL.)

CALP , pierre argileuse ou plutòt marneuse, de couleur noire, qui forme des carrières considérables près de *Lucan*, lieu connu par ses eaux minérales hépatiques , à quelques milles à l'ouest de Dublin : on ne la trouve pas ailleurs.

C'est le célèbre minéralogiste Kirwan qui lui a donné le nom de *calp* , et qui l'a placée dans le genre *argileux*, parce qu'elle possède les caractères distinctifs de cette terre plus que ceux d'aucune autre ; car , quoiqu'elle fasse effervescence avec les acides , et qu'elle raye le verre , elle ne sauroit être placée ni dans le genre *calcaire*, ni dans le genre *siliceux :* elle ne donne pas de chaux lorsqu'on la calcine, et elle ne fait pas de feu au briquet ; tandis que d'autre part elle exhale, lorsqu'on l'humecte avec l'haleine, l'odeur particulière à la terre argileuse.

Relativement à cette dernière propriété , le savant M. A. Pictet observe que l'odeur terreuse ne paroît point appartenir à l'argile pure , et l'on n'a pas fait assez d'attention à ce phénomène.

Le *calp* a beaucoup plus de densité que les pierres calcaires ordinaires ; sa pesanteur spécifique approche beaucoup de celle du marbre : elle est de deux mille six cent quatre-vingt ; celle des pierres calcaires des environs de Paris , est de deux mille , plus ou moins ; celle du marbre de Carrare est de deux mille sept cents.

Suivant l'analyse faite par Kirwan , le *calp* contient :

Carbonate de chaux	68
Silice	18
Alumine	7 5
Oxide de fer	2
Carbone et bitume	3
Eau	1 5
	100

Les circonstances géologiques de cette pierre sont assez remarquables : sous la terre végétale est un lit mince de gravier calcaire, ensuite, et jusqu'à une profondeur assez considérable, sont des couches de pierre calcaire d'une couleur foncée, séparées les unes des autres par des bancs de schiste argileux.

« A mesure que la carrière devient plus profonde, on remarque que la pierre calcaire se rapproche davantage de la nature du *calp* ; elle y arrive enfin par une transition lente et à peine perceptible ». (*Bibl. britan. n° 140.*) (Pat.)

CALQUIN, grand oiseau de proie du Chili, dont l'abbé Molina a donné une trop courte description, et qui lui a paru différer de l'*itzquautlsthli* du Mexique et de l'*urutaurana* du Brésil (*Hist. nat. du Chili, traduct. française,* page 215.), c'est-à-dire de l'*aigle couronné d'Amérique*, ou de la Harpye. (*Voyez* ce mot.) L'envergure de cette espèce d'aigle est d'environ dix pieds et demi ; un panache bleu décore sa tête ; du noir bleuâtre teint les plumes de son cou et de son dos, aussi bien que ses ailes ; sa poitrine, blanche, est picotée de brun, et des raies brunes et noires traversent alternativement les pennes de sa queue. (S.)

CALUMET. C'est une pipe des sauvages américains, dont le tuyau est fort long, et qui est couverte de différens ornemens, de figures d'hommes, ou peinte de plusieurs couleurs. Il y a le *calumet de paix* et le *calumet de guerre ;* celui-ci est rouge, l'autre est orné de plumes blanches. En signe de réconciliation, les chefs des nations ennemies fument dans le même *calumet de paix.* Ce *calumet* est une sauve-garde pour celui qui se présente dans l'armée ennemie comme parlementaire.

Lorsqu'on traite de la paix, des députés apportent cette pipe en cadence, chantent l'hymne du *calumet*, et agitent les plumes blanches, qui sont le symbole des alliances. Rien n'est plus sacré que cette réconciliation des peuples sauvages. Lorsqu'ils entonnent le chant de la paix, et que les guerriers fument ensemble, on laisse dormir la hache de la guerre, et les enfans se reposent tranquillement sur le sein de leurs mères. Le père fume son calumet sur le berceau de son fils, et se réjouit en le voyant agiter dans ses foibles mains les armes qu'il prendra quelque jour pour la défense de la patrie, ou saisir le calumet de paix qui réconciliera les héros. (V.)

CALUMET, nom qu'on donne, à Saint-Domingue, à une plante, de la tige de laquelle les nègres se servent pour faire des tuyaux de pipe. C'est un Panic. *Voyez* ce mot. (B.)

CALYBÉ (*Paradisea chalybea* Lath. pl. 10 *des oiseaux de paradis*, tom. 2 de l'*Hist. des oiseaux dorés* ou *à reflets métalliques*. Ordre PIES, genre PARADIS. *Voyez* ces deux mots). Ce bel *oiseau de paradis*, qui se trouve à la Nouvelle-Guinée, a près de douze pouces de longueur, le bec noir; le tour des mandibules et le front d'un noir de velours; la tête verte; le cou d'un vert plus clair; les plumes de la gorge, de la poitrine et du dos, à reflets bleus, violets et verts; les ailes et la queue de couleur d'acier bronzé; les pieds noirâtres. (VIEILL.)

CALYCANT, *Calycanthus*, genre de plantes de l'icosandrie polygynie, et de la famille des ROSACÉES, dont le caractère est d'avoir un calice turbiné, écailleux, se terminant en plusieurs folioles linéaires, lancéolées, un peu pubescentes et colorées; plusieurs pétales ligulés portés sur le calice; vingt étamines plus courtes que les pétales, et insérées sur le calice: plusieurs ovaires supérieurs, situés au fond du calice, se terminant en style en alène.

Le fruit est composé de plusieurs semences, munies chacune d'une queue ou pointe particulière, et enfermée dans le calice, qui s'est épaissi et a pris la forme d'une baie ovale.

Ce genre comprend trois espèces d'arbrisseaux, dont deux sont confondus sous le nom de CALYCANT DE FLORIDE. Tous deux ont les feuilles opposées, ovales, lancéolées, dépourvues de stipules, mais l'une les a velues et plus grandes, l'autre glabres et plus petites. Les fleurs de la première sont également plus grandes, d'un rouge de sang plus foncé, et, de plus, répandent une odeur forte, que l'autre n'a pas. Je les ai observées en Caroline. On les cultive toutes deux en France, où elles passent fort bien l'hiver en pleine terre, et où elles fleurissent tous les ans, mais sans porter de fruit.

On a indiqué les fleurs et l'extrémité des rameaux de la première de ces espèces, comme fournissant par l'infusion dans l'eau-de-vie une liqueur de table fort agréable.

Ses graines passent en Amérique pour être un poison pour les chiens et les renards.

La troisième espèce est le CALYCANT DU JAPON, *Calycanthus precox* Linn. C'est un arbrisseau bien plus petit que les précédens, dont les fleurs sont jaunâtres et d'une suavité peu commune. Elles paroissent avant les feuilles et de très-bonne heure. On le cultive dans quelques orangeries.

Les *calycants* sont figurés pl. 445 des *Illustrations* de Lamarck. (B.)

CALYCANTHÊMES, famille de plantes dont la fructification est composée d'un calice libre, tubuleux ou urcéolé et persistant ; d'une corolle formée de pétales en nombre déterminé, insérés au sommet du calice, et alternes, avec ses divisions, quelquefois nulle; d'étamines en nombre égal à celui des pétales, quelquefois en nombre double, attachées au milieu du calice ; d'anthères petites, s'ouvrant en deux loges par des sillons latéraux ; d'un ovaire simple, libre ; d'un style unique ; d'un stigmate souvent capité; d'une capsule entourée ou recouverte par le calice, uni ou multiloculaire, polysperme ; à semences à périsperme nul, à embryon droit, à radicule inférieure, insérée sur un placenta central.

Les plantes de cette famille sont en général herbacées et annuelles, rarement frutescentes. Elles ont une tige souvent cylindrique, droite et garnie de rameaux tétragones, alternes, ou opposés. Les feuilles, qui sortent de boutons coniques et nus, sont simples, opposées ou alternes, sessiles ou presque sessiles. Les fleurs, presque toujours hermaphrodites, souvent dépourvues de corolle, résident dans les aisselles des feuilles ou sont placées au sommet des tiges et des rameaux.

Dans cette famille, qui est la septième de la quatorzième classe du *Tableau du Règne végétal*, par Ventenat, et dont les caractères sont figurés pl. 20, n° 3 du même ouvrage, ouvrage dont on a emprunté l'expression caractéristique ci-dessus, il se trouve onze genres sous deux divisions, savoir, ceux à fleurs pétalées, PEMPHIS, GINORE, HENNÉ, SALICAIRE, ACISANTHÈRE, PARSONSIE, CUPHÉE, et ceux à fleurs souvent apétales, ISNARDIE, AMMANIE, GLAUCE et PEPLIDE. *Voyez* ces mots. (B.)

CALYCOPTÈRE, *Calycopteris*, genre de plantes de la décandrie monogynie, figuré par Lamarck, pl. 357 de ses *Illustrations*, mais dont le caractère n'a pas encore été publié par ce naturaliste. (B.)

CALYDERME, *Calydermos*, nom que les auteurs de la *Flore du Pérou* ont donné à un genre qu'ils ont établi avec la BELLADONE PHYSSALOÏDE de Linnæus. (*Voy.* au mot BELLADONE.) C'est le même que celui appelé NICANDRE par Adanson. *Voyez* ce mot. (B.)

CALYPLECTE, *Calyplectus*, arbre du Pérou, qui constitue dans l'icosandrie monogynie un genre, dont le caractère offre un calice campanulé, coriace, caduc, à dix à douze plis, à dix à douze dents; dix à douze pétales adnés aux plis du calice ; une trentaine d'étamines insérées au calice; un ovaire supérieur, globuleux, strié, surmonté d'un style à stigmate simple; une capsule globuleuse, uniloculaire, striée longitudinalement dans sa partie supérieure, se fendant irrégulièrement, et contenant plusieurs semences applaties et membraneuses en leurs bords.

Ce genre est figuré pl. 13 du *Genera* de la *Flore du Pérou.* Il se rapproche du LAFOENSIE de Vandelli. (B.)

CALYPTRANTE, *Calyptranthes*, genre établi par Swartz pour placer quelques plantes jusqu'à lui confondues avec les *myrtes* ou les *jambosiers*. Il est le même, suivant Lamarck, que l'*eucalypte* de l'Héritier; mais il a cependant des caractères qui semblent plus que suffisans pour l'en distinguer, tels que le germe inférieur et le fruit. Il renferme six espèces, savoir, les CALYPTRANTES SUZYGIE et CHYTRACULIE, qui étoient des *myrtes*, et qui viennent de la Jamaïque. Les CALYPTRANTES A FEUILLES DE GIROFLIER ET JAMBOLANE, qui étoient des *jambosiers*, et viennent de l'Inde; leurs fruits se mangent cruds, mais ils sont acerbes; et il n'y a que les pauvres ou les enfans qui les recherchent. Enfin, les CALYPTRANTES DE GUINÉE ET A FEUILLES ROIDES, qui sont nouveaux. *Voyez* aux mots MYRTE, JAMBOSIER, et EUCALYPTE. (B.)

CALYPTRÉE, *Calyptræa*, genre de coquilles conoïdes, à sommet vertical, entier et en pointe, dont la cavité intérieure est munie d'une languette en cornet, tantôt isolée, tantôt s'épanouissant, d'un côté, en une lame décurrente en spirale.

Ce genre faisoit partie des PATELLES de Linnæus, dont Lamarck l'a séparé, en lui donnant pour type la PATELLE CABOCHON, vulgairement appelée le *bonnet de Neptune* (*patella equestris* Linn.), figuré par Dargenville pl. 2. fig. K. *Voyez* au mot PATELLE. (B.)

CALYTRIPLEX, *Calytriplex*, plante herbacée du Pérou, qui forme un genre dans la didynamie angiospermie. Elle offre pour caractère un calice triple, persistant, l'extérieur de deux folioles subulées; l'intermédiaire à trois divisions ovales et aiguës; l'intérieur de deux folioles lancéolées; une corolle irrégulière, à tube court, à limbe divisé en cinq parties presque rondes, dont les deux supérieures sont plus larges; quatre étamines; un ovaire supérieur, comprimé, à style filiforme, décliné, de la longueur des étamines et à stigmate en tête; une capsule ovale, biloculaire, bivalve, contenant plusieurs semences petites, sillonnées et striées, attachées à un réceptacle adné aux valves.

Ces caractères sont figurés pl. 19 du *Genera* de la *Flore du Pérou*. (B.)

CALIXHYMÈNE, *Calixhymenia*, genre de plantes

établi par Ortega dans ses *Décades botaniques.* Il offre pour caractère un calice à cinq divisions ; une corolle campanulée à limbe à cinq divisions plissées ; trois étamines ; un ovaire supérieur surmonté d'un style courbé, à stigmate en tête.

Le fruit est un drupe ovale, monosperme, renfermé dans le calice.

Ce genre contient quatre espèces, toutes originaires du Pérou, et figurées pl. 75 de la *Flore de ce pays.* Ce sont des plantes herbacées, à tiges articulées, à feuilles opposées, pétiolées, ovales, entières, qui ont les plus grands rapports avec les nictages, et auquel doit être réuni le *nictage visqueux* de Cavanilles, qu'on a déjà établi en titre de genre sous les noms de VITMANE et OXYBAPHE. *Voyez* ces mots. (B.)

CAMAA, nom du *bubale* chez les HOTTENTOTS. *Voyez* BUBALE. (S.)

CAMAGNOC, espèce de *manioc* qu'on cultive à Cayenne, et dont on peut manger la racine, immédiatement bouillie ou rôtie, sans aucun danger. On ignore si cette plante est une variété du *manioc* ordinaire, ou si c'est une plante différente. *Voyez* à l'article MÉDICINIER. (B.)

CAMAIL (*Tangara menalopis* Lath. pl. enl. n° 714, fig. 2 de l'*Hist. nat. de Buffon;* ordre, PASSEREAUX; genre, TANGARA. *Voyez* ces deux mots.). Ce *tangara*, fort rare, se trouve à la Guiane dans les lieux découverts. Il a le devant et le derrière de la tête, la gorge et le haut de la poitrine noirs; le reste du plumage cendré, un peu plus clair sur le ventre, plus foncé sur les ailes et la queue, excepté sur le bord extérieur des pennes; le bec blanc à la base de sa partie supérieure, et noir au bout et en dessous ; la queue un peu étagée, et sept pouces de longueur. (VIEILL.)

CAMARA, *Lantana*, genre de plantes à fleurs monopétalées, de la didynamie angiospermie, et de la famille des PYRÉNACÉES, dont le caractère est d'avoir un calice quadridenté, court; une corolle monopétale un peu irrégulière, à tube cylindrique plus long que le calice, un peu courbé, à limbe plane, partagé en quatre divisions inégales; quatre étamines, dont deux plus grandes, et insérées au milieu du tube; un ovaire supérieur, oblong, chargé d'un style, dont le stigmate est courbé en crochet.

Le fruit est composé de baies globuleuses qui contiennent chacune un noyau à deux loges. Ces baies sont sessiles et ramassées plusieurs ensemble en tête ovoïde et pédonculée.

Voyez *Illustrations* de Lamark, pl. 540.

Ce genre renferme dix à douze espèces, qui, à une près,

sont toutes des arbrisseaux dont les tiges sont carrées, les rameaux quelquefois épineux, les fleurs rapprochées en paquets ombelliformes, axillaires et pédonculés, munies chacune d'une bractée. Toutes sont d'Amérique, et la plupart ont leurs feuilles odorantes.

Les plus communes dans les jardins sont:

Le CAMARA A FEUILLES DE MÉLISSE, *Lantana camara* Linn., dont les caractères sont d'avoir les feuilles opposées, la tige rameuse, sans épines, et les fleurs en tête ronde. Cet arbrisseau a les fleurs jaunes, mais elles deviennent rouges après la fécondation. On se sert en Amérique de ses feuilles, qui sont très-odorantes, pour composer les bains aromatiques.

Le CAMARA PIQUANT, *Lantana aculeata* Linn., dont les feuilles sont opposées, presque en cœur, les rameaux couverts d'épines crochues et les fleurs en tête alongée. Cet arbuste a les fleurs semblables, et sert aux mêmes usages que le précédent. Il croît dans les mêmes pays. On l'appelle la *sauge de montagne* à Saint-Domingue.

Il y a encore le CAMARA A FEUILLES OBTUSES, *Lantana involucrata* Linn., qu'on appelle *mont-joli* à Cayenne, où il croît naturellement, et le CAMARA TRIFOLIÉ. Celui-ci est herbacé, même annuel; ses feuilles sont ternées, ses baies rouges et bonnes à manger. Il croît dans l'Amérique méridionale. (B.)

CAMARIA, nom que l'on donne à l'HIRONDELLE ACUTIPENNE DE CAYENNE. *Voyez* ce mot. (VIEILL.)

CAMARINE, *Empetrum*, genre de plantes de la dioécie triandrie, et de la famille des BICORNES, dont le caractère est d'avoir les fleurs quelquefois hermaphrodites souvent dioïques, et composées d'un calice divisé en trois parties; d'une corolle de trois pétales oblongs; de trois étamines; d'un ovaire supérieur, un peu applati en dessus, surmonté d'un style terminé par un stigmate à neuf divisions.

Le fruit est une petite baie globuleuse qui contient trois à neuf semences.

Voyez pl. 803 des *Illustrations* de Lamarck.

Ce genre est composé de trois espèces, qui sont des sous-arbrisseaux à feuilles ramassées, alternes, presque verticillées, petites, à fleurs presque sessiles, axillaires ou terminales. L'espèce la plus commune croît dans les montagnes élevées de l'Europe. En France elle est connue sous le nom de BRUYÈRE A FRUITS NOIRS. La seconde a les fruits blancs, et se trouve en Portugal. La troisième vient de l'Amérique méridionale; elle a les feuilles pinnées. (B.)

CAMAX , *Camax*, nom donné par Wildenov, au Rou-
POURIER d'Aublet. *Voyez* ce mot. (B.)

CAMBING , arbre des Moluques , dont on ne connoît
pas le genre , et dont l'écorce passe pour un bon remède contre la dyssenterie. (B.)

CAMBOGE, *Cambogia*. C'est un arbre de l'Inde , qui fournit la *gomme gutte*. Il formoit un genre particulier sous ce
nom. Gærtner ayant prouvé que ce genre devoit être réuni
avec celui du MANGOUSTAN , on l'y trouvera décrit comme
espèce. (B.)

CAMBROUZE , sorte de roseau qui devient gros comme
le bras , et qui s'élève beaucoup sur le bord des rivières de la
Guiane , où il est commun. On l'emploie aux mêmes usages
que le bambou. *Voyez* au mot ROSEAU. (B.)

CAM-CHAIN , espèce d'orange qui croît dans le Tonquin , et qu'on regarde comme une des meilleures qui soient
connues. (B.)

CAME , *Chama*, genre de coquilles bivalves , dont le caractère est d'avoir les valves inégales , adhérentes aux rochers ;
une charnière composée d'une seule dent oblique , épaisse ,
crénelée ou raboteuse, et articulée dans une cavité de la valve
opposée.

Ce genre, suivant les caractères ci-dessus , ne contient
qu'une petite partie des coquilles qui entroient dans celui de
Linnæus. Bruguière , et après lui Lamarck , en ayant formé
quatre nouveaux à ses dépens , savoir , CARDITE , TRIDACNE ,
ISOCARDE et HIPPOPE. (*Voyez* ces mots.) Il contient encore
bien moins des coquilles appelées *cames* par Dargenville et
autres conchyliologistes français.

D'après ce qui vient d'être dit , lorsqu'on trouvera le mot
CAME dans un ancien auteur , il faut en étendre la significa-
tion , l'appliquer à des *bucardes* , à des *mactres* , à des *vénus*
et des *donaces* , &c. Il est difficile de fixer le point où il faudra s'arrêter , parce que chaque auteur a varié dans son acception ; ainsi Geoffroi l'applique aux *cyclades*, Lister aux
tellines , &c. *Voyez* tous ces mots.

Les *cames* proprement dites vivent ordinairement à une
petite profondeur dans la mer. On les y trouve toujours attachées aux rochers ou aux coraux , ou groupées ensemble
d'une manière très-variée. Elles offrent rarement des couleurs brillantes ; leurs valves s'entr'ouvrent fort peu, et diffèrent
beaucoup dans la même espèce , à raison de la gêne qu'elles
éprouvent souvent dans leur croissance.

L'animal de la CAME GRYPHOÏDE a été figuré par Adanson ,
pl. 15 , fig. 1 de l'*Histoire des coquillages du Sénégal*. Le

manteau est fort épais, relevé en son contour d'un nombre infini de petits tubercules jaunes, disposés sur cinq rangs et fort serrés. Il est percé de trois ouvertures, dont l'une laisse passer le pied de l'animal, et les deux autres, qui sont sur le dos, sont l'un la bouche et l'autre l'anus ; le pied, qui a la forme d'une hache en croissant, est une fois moins long que la coquille, et porte, dans son milieu, un petit lobe charnu de forme carrée.

Les parties intérieures de cet animal sont assez semblables à celles de l'*huître* ; mais au lieu d'un seul muscle d'attache aux battans de la coquille, on en voit deux dont les impressions sont très-marquées.

Poli, dans son ouvrage sur les testacés des mers des Deux-Siciles, appelle cet animal PSYLOPE (*Voyez* ce mot), et le figure, avec des détails anatomiques, pl. 23, n° 20 du même ouvrage. Il est ovipare, et ses œufs sont enveloppés d'une membrane terminée en queue. On le regarde comme un excellent manger.

Personne n'a encore observé la manière dont les *cames* se propagent ; mais il est très-probable que vivant fixées et réunies en société, comme les *huîtres*, elles jouissent du même mode de génération. *Voyez* au mot HUÎTRE.

On mange par-tout les *cames* comme les *huîtres*.

On en trouve fréquemment de fossiles en France et ailleurs.

Le nombre des *cames* est peu considérable, on en compte à peine une douzaine d'espèces, parmi lesquelles il faut remarquer :

La CAME FEUILLETÉE, dont le caractère est d'être couverte de feuillets lâches, tuilés, déchiquetés, les bords légèrement plissés. Elle est figurée dans Dargenville, pl. 17, fig. F, et se trouve dans la Méditerranée, et dans toutes les mers entre les Tropiques.

La CAME GRYPHOÏDE, dont le caractère est d'être couverte de feuillets serrés, tuilés, plissés, ou épineux ; le dedans et le bord des valves légèrement striés. Elle est figurée dans Adanson à la planche citée plus haut. Elle se trouve dans toutes les mers entre les Tropiques et dans la Méditerranée. (B.)

CAMÉAN, petit arbre mentionné dans Rumphius, qui paroît avoir quelques rapports avec le CROTON ; mais dont on ne connoît les parties de la fructification que d'une manière fort incomplète. *Voyez* au mot CROTON. (B.)

CAMÉE (*Voyez* AGATE.). On appelle en général *camée* toute gravure sur pierres fines, composées de deux couches de couleur différente, dont l'une sert à former les figures, et l'autre le fond. (PAT.)

1. Acrochorde de Java.
2. Amphisbene enfumé.
3. Anguis orvet.
4. Anguis lombric.
5. Anguis lamproye.
6. Bipede canelé.
7. Boa devin.
8. Boa brodé.
9. Caméléon nain.

CAMELEE, *Cneorum*, petit arbrisseau toujours vert qu'on trouve dans les lieux pierreux des parties méridionales de l'Europe. Ses feuilles sont alternes, sessiles, alongées, entières et un peu épaisses. Ses fleurs sont petites, jaunes, terminales ou axillaires, solitaires ou réunies deux ou trois ensemble ; chacune de ces fleurs consiste en un calice à trois dents ; en trois pétales oblongs ; en trois étamines, en un ovaire supérieur, globuleux, trigone, surmonté d'un style court, dont le stigmate est trifide.

Le fruit est formé par trois coques dures réunies, et renfermant chacune deux à trois semences.

Le suc de cet arbrisseau est âcre, drastique et caustique ; on l'emploie aussi quelquefois comme détersif; mais son usage est très-dangereux.

Voyez pl. 27 des *Illustrations* de Lamarck, où ce genre est figuré. (B.)

CAMÉLÉON, *Cameleo*, genre de reptiles de la famille des LÉZARDS, qui offre pour caractère un corps comprimé, tuberculé, sans écailles ; une queue prenante ; quatre pattes ; cinq doigts réunis trois par trois et deux par deux ; une langue vermiforme, terminée par un tubercule spongieux ; des mâchoires sans dents et séparées ; deux yeux, grands, recouverts, et n'ayant qu'une petite ouverture ; point de trou auditif externe.

Ce genre avoit été confondu par Linnæus avec les LÉZARDS, mais il en a été retiré par Alexandre Brongniard. *Voyez* aux mots LÉZARD, HERPÉTOLOGIE et SAURIEN.

Une espèce de ce genre est connue de toute antiquité, et a été long-temps célèbre, à raison de la faculté qu'on lui supposoit de se nourrir d'air, et de changer de couleur selon les objets dont elle s'approchoit. Aujourd'hui l'observation a fait justice des fables dont elle a été l'objet ; mais le *caméléon*, dans le langage oratoire et dans celui de la poésie, n'en est pas moins encore l'emblème de ces hypocrites, qui prennent la manière de penser et d'agir des hommes puissans, et qui en changent toutes les fois que cela est nécessaire aux fins de leur vile ambition.

Ce n'est que dans les parties les plus chaudes de l'Afrique et de l'Asie qu'on a trouvé les *caméléons* ; il est très-probable qu'il n'y en a pas en Amérique, quoique Séba en mentionne comme venant de cette partie du monde. Le premier de ces pays paroît être principalement celui que leur a destiné la nature, puisque de quatre espèces que l'on connoît, trois s'y rencontrent.

La tête du *caméléon* est triangulaire, applatie sur les côtés ;

sa bouche est très-fendue ; les os des mâchoires sont dentés, mais ils ne sont point garnis de dents comme ceux des autres lézards ; les yeux sont gros ou très-saillans, ils se meuvent indépendamment l'un de l'autre, et sont recouverts par une membrane chagrinée, qui en suit tous les mouvemens ; cette membrane est divisée par une fente horizontale, au travers de laquelle on apperçoit une prunelle vive, brillante, comme bordée d'or ; aussi le *caméléon* jouit-il du sens de la vue au plus haut degré, et la membrane dont il vient d'être question, sert à la préserver de la trop grande vivacité de la lumière ; la gorge a un gonflement comme dans les *iguanes*, mais ce-pendant moins marqué ; son corps est couvert d'une peau lâche et granulée ; ses pattes sont fort longues, et n'annoncent pas un animal rampant ; aussi se tient-il presque conti-nuellement sur les branches des arbres ; les cinq doigts de chacun de ses pieds sont également longs, garnis d'ongles crochus, et réunis, par des peaux, en deux paquets, avec cette différence qu'aux pieds de devant c'est le paquet extérieur qui n'a que deux doigts, et qu'aux pieds de derrière c'est l'in-térieur. Une telle disposition dans ces parties donne à ces ani-maux une très-grande facilité pour saisir les branches des ar-bres et s'y tenir perchés à la manière des oiseaux ; leur queue longue et douée d'une assez grande force prenante, leur sert encore à s'y fixer plus solidement.

La démarche des *caméléons* est fort lente ; on les voit quelquefois des jours entiers sur la même branche ; ce n'est qu'avec une sorte de circonspection, après avoir tâtonné, s'être fixés fortement avec la queue, qu'ils se hasardent à faire quelques pas. Cette lenteur de mouvement, et leur dénuement d'armes défensives et offensives, les rendent victimes de tous les ennemis qui veulent les attaquer, aussi s'en fait-il annuelle-ment une immense destruction, et l'espèce seroit bientôt anéantie si sa fécondité n'étoit pas aussi grande.

C'est d'insectes, et principalement de mouches, que vivent les *caméléons* ; ils les saisissent avec vivacité, au moyen de leur langue longue et gluante, et les broient entre leurs mâchoires. Ils peuvent rester, comme les autres reptiles, des mois sans manger, c'est ce qui avoit fait croire qu'ils vivoient d'air ; mais enfin ils succombent au besoin. Leur ponte est de neuf à douze œufs, que la femelle dépose dans le sable, où ils éclosent par le seul effet de la chaleur.

On ignore la durée de la vie des *caméléons* ; mais on peut présumer que peu d'individus arrivent naturellement au terme fixé par la nature, puisque, comme on vient de le dire, ils ne peuvent, que par un grand hasard, échapper aux nombreux animaux qui leur font la guerre , et qu'un caméléon apperçu est un *caméléon* perdu. Dans les pays un peu froids , comme dans la Basse-Égypte , sur les côtes de Barbarie , ils se cachent pendant l'hiver dans les trous , sous des tas de pierres , où ils restent dans un état de parfaite immobilité , mais sans être endormis.

Les Indiens et les Africains regardent les *caméléons* comme des animaux utiles , et les voyent avec plaisir , autour de leurs maisons , détruire les insectes qui les tourmentent ; ils ne lui font jamais de mal , et se plaisent même à le caresser. Le caméléon de son côté est fort doux , on peut le prendre dans la main , lui mettre même le doigt dans la bouche , sans craindre qu'il cherche à mordre. Les uns disent qu'il ne peut pousser de véritables cris ; les autres qu'il fait entendre un petit sifflement lorsqu'on le surprend et qu'on le saisit.

« Mais , dit Lacépède , soit que le *caméléon* grimpe le long des arbres , soit que, caché sous les feuilles, il y attende paisiblement les insectes dont il se nourrit, soit enfin qu'il marche sur la terre , il paroît toujours assez laid ; il n'offre ni proportions agréables , ni légèreté dans sa démarche ; ce n'est qu'avec circonspection qu'il se remue : s'il ne peut pas embrasser les branches sur lesquelles il veut grimper , il s'assure à chaque pas qu'il fait, que ses ongles sont bien entrés dans les fentes de l'écorce ; s'il est à terre , il tâtonne , il ne lève un pied que lorsqu'il est sûr du point de gravité des trois autres : par toutes ces précautions il donne à sa démarche une sorte de gravité pour ainsi dire ridicule ».

Le *caméléon* n'arrêteroit donc pas les regards de ceux qui ne cherchent à remarquer que les objets les plus saillans du règne animal , si la faculté de présenter , suivant ses différens états , des couleurs plus ou moins variées , comme on l'a déjà dit , ne l'avoient depuis long-temps rendu célèbre.

Ces couleurs , en effet , changent avec autant de fréquence que de rapidité ; mais il n'est pas vrai , on le répète , qu'elles soient déterminées par celles des objets environnans ; leurs nuances dépendent de la volonté de l'animal, de l'état de son ame , de sa bonne ou mauvaise santé , et sont subordonnées d'ailleurs au climat, à l'âge et au sexe.

On croyoit , du temps de Pline , qu'aucun animal n'étoit aussi timide que le *caméléon;* et en effet , n'ayant , comme on l'a vu , aucun moyen de défense , et ne pouvant sauver sa vie par la fuite , il doit souvent éprouver des craintes , des agitations intérieures plus ou moins considérables. Son épiderme est transparent; sa peau est jaune, et son sang d'un bleu violet fort vif. Il en résulte que , lorsque la passion, ou une impres-

sion quelconque fait passer plus de sang du cœur à sa surface
et aux extrémités, le mélange du bleu, du violet et du jaune
produit plus ou moins de nuances différentes. Aussi, dans l'état
naturel, lorsqu'il est libre, et qu'il n'éprouve aucune inquiétude, sa couleur est d'un beau vert, à quelques parties près, qui
offrent une nuance de brun rougeâtre ou de blanc gris. Est-il
en colère? sa couleur passe au vert-bleu foncé, au vert-jaune,
et au gris plus ou moins noir. Est-il malade? il devient gris-
jaune et jaune feuille-morte : telle est celle de presque tous
les *caméléons* qu'on apporte à Paris ou dans les autres pays
froids, et qui ne tardent pas à mourir. En général, les couleurs des *caméléons* sont d'autant plus vives et plus variables,
qu'il fait plus chaud, que le soleil brille d'un plus grand éclat.
Elles s'affoiblissent toutes pendant la nuit. Ces observations
ont été faites nouvellement par d'Opsonville et Golberry, et je
les ai vérifiées, un très-grand nombre de fois, sur un animal de
la même famille, mais d'un genre différent : l'IGUANE ROUGE
GORGE, *Lacerta bullaris* Linn. (*Voyez* ce mot.), qui est également
ment d'un vert clair dans son état naturel lorsqu'il fait chaud,
et qui change à volonté et fort rapidement au vert-noir, au
vert-jaune, au gris et au brun ; selon qu'il est plus ou moins
affecté par la présence des objets étrangers qui peuvent agir sur
lui. Lorsqu'il fait froid (c'est en Caroline qu'il a été observé,
et il y gèle quelquefois), il est d'un gris nuancé de brun dans
quelques parties, et il n'a plus la faculté de varier ses teintes,
parce que son sang ne peut plus venir à la surface de sa peau,
modifier le jaune qui la colore. Il est positivement, pendant
l'hiver, comme les *caméléons* que j'ai vus à Paris.

Le caméléon jouit d'une autre propriété qui mérite un
examen particulier. Il peut enfler à volonté les différentes
parties de son corps, et leur donner, par-là, un volume plus
considérable. Il est probable que c'est-là, avec sa couleur semblable aux feuilles, les foibles moyens de différence que la nature lui a donnés pour ne pas paroître entièrement marâtre à
son égard.

« C'est, dit encore Lacépède, par des mouvemens lents
et irréguliers, et non pas par des oscillations progressives, que
le caméléon se gonfle. Il se remplit d'air au point de doubler
son diamètre. Son enflure s'étend jusques dans les pattes et
dans la queue. Il demeure dans cet état quelquefois pendant
deux heures, se désenflant un peu de temps en temps. Sa dilatation est toujours plus soudaine que sa compression. Il est
plus que probable qu'elle a lieu par l'introduction de l'air
des poumons entre l'épiderme et la peau, mais il n'y a pas
d'observations positives sur cet objet digne, sans doute, des re-

cherches des voyageurs. On est certain, du moins, que ces animaux peuvent aussi considérablement gonfler leurs poumons, car ceux qui les ont disséqués sont fort discordans sur le volume de cet organe : les uns le disent très-petit et les autres très-gros ».

On connoît aujourd'hui six espèces de *caméléons*, savoir :

Le Caméléon commun. C'est le plus grand de tous. Il est très-reconnoissable à sa tête chargée de gros tubercules, à son casque très-tranché, dont l'arête postérieure est très-forte et à un enfoncement derrière chaque œil. Le dos et la carène inférieure du corps ont une crête formée par des dents fines et serrées. Il est figuré dans Séba, pl. 82, n° 1 du premier volume, et pl. 3 de l'*Hist. nat. des quadrupèdes ovipares*, par Lacépède.

Le Caméléon du Sénégal, qui est plus petit que le précédent, dont le casque est ellipsoïde, et applati en dessus, et dont le dos et la carène sont garnis de dents moins prononcées.

Le Caméléon du Cap de Bonne-Espérance, dont le casque est presque plan en dessus, qui a une ligne de plus gros tubercules derrière chaque œil, dont les dents du dos et de la carène du col sont écartées et ne se prolongent pas sous le ventre et sous la queue.

Le Caméléon fourchu, dont le museau est avancé et terminé par deux prolongemens comprimés, dont le dessus de la tête est applati, dentelé dans son contour ainsi que le commencement de l'arête du dos. Il se rapproche du reste pour la forme et la grandeur du caméléon commun. Il a été figuré par Brongniard, à qui Riche l'a envoyé de Java, n° 36 du *Bulletin des Sciences*, et par Latreille, dans son *Hist. nat. des Reptiles*, faisant suite au *Buffon*, édition de Déterville.

Le Caméléon d'Afrique est noir ; son casque et la carène de son dos sont garnis de dents courtes et blanches. Il est figuré dans Séba. pl. 83, n° 4 du tome premier, et dans l'*Hist. nat. des reptiles*, faisant suite au *Buffon*, édition de Déterville.

Le Caméléon nain a le casque plat, oblong, à bords dentelés et plissés sur le derrière. Il a au plus six pouces de long. Il se trouve au Cap de Bonne-Espérance, et est figuré dans Séba, pl. 83, fig. 5 du tom. 1er, et dans Daudin, pl. 53. (B.)

CAMÉLÉON-MINÉRAL. On a donné ce nom à l'oxide de manganèse combiné avec la potasse, parce qu'il paroît rouge dans l'eau froide, et vert dans l'eau chaude. Ce phénomène prouve à combien peu de chose tiennent les couleurs ;

aussi, seroit-il bien difficile d'en donner une explication précise. Peut-être, suivant un célèbre chimiste, l'azote qu'il regarde comme le principe alkalifiant, en se dégageant de la
potasse, est-il en partie la cause de ces singulières modifications. (PAT.)

CAMÉLÉOPARD, du latin *cameleo-pardalis*, nom de la
GIRAFFE. *Voyez* ce mot. (S.)

CAMELINE CULTIVÉE, *Myagrum sativum* Lin., (*tétradynamie siliculeuse*), plante annuelle d'Europe, de la famille
des CRUCIFÈRES, cultivée en Flandre pour sa graine, dont on
retire par expression une huile bonne à brûler. Elle n'est pas
rare aux environs de Paris ; elle croît naturellement dans les
seigles, les *orges* et les *avoines*. Sa tige est droite, cylindrique
et rameuse vers son sommet ; ses rameaux sont lisses et remplis d'une moelle spongieuse ; ses feuilles un peu velues,
vertes, molles et pointues, embrassent la tige par leur base, où
elles ont deux petites oreillettes ; leurs bords sont légèrement
dentelés. Ses fleurs, portées par des pédoncules d'un pouce
de longueur, forment des épis clairs ou lâches aux extrémités des branches. Elles sont composées d'un calice peu ouvert et à quatre folioles ; de quatre pétales jaunâtres et en croix ;
de six étamines, deux courtes et quatre longues, avec des anthères simples ; d'un germe supérieur et ovale ; et d'un style
conique ou en alène, persistant et terminé par un stigmate
obtus. Les silicules de la plante sont petites, ovoïdes ou en
forme de poire, plus larges dans leur partie supérieure, bordées et couronnées au sommet, par le style de la fleur ; chaque
silicule est à deux loges et renferme dix à douze petites semences ovoïdes et rouges. (D.)

Cette plante change de nom, selon le canton où on la cultive.
Dans les pays circonvoisins de Calais, on l'appelle *camomen*,
dans la Picardie, *camomille*, et dans d'autres, *sésame d'Allemagne*. Elle s'apperçoit dans tous les lins, parmi lesquels sa
graine se mêle. Les cultivateurs, à la vérité, ne se plaignent
pas du dommage qu'elle leur cause, parce qu'on peut la rouir
et la filer avec le lin : cependant, il faut l'avouer, si la graine
de *cameline* s'y trouvoit dans une certaine quantité, ils ne
manqueroient pas de chercher et de trouver les moyens de
s'en débarrasser, vu que sa filasse lui est inférieure.

Dans les campagnes des environs de Béthune, on cultive
beaucoup de *cameline* ; elle est destinée à remplacer le lin,
le colsa, les pavots ou œillets que l'intempérie des saisons a
détruits, tantôt par des gelées inattendues, tantôt par l'ardeur
du soleil ou par des sécheresses prolongées ; alors les culti-

vateurs remplacent ces plantes par la *cameline*. Elle ne trompe jamais leur attente, parce que pouvant être semée beaucoup plus tard, et n'exigeant que trois mois au plus pour parcourir tous les périodes de sa végétation, elle n'est pas exposée aux mêmes inconvéniens. Ce sont là de ces avantages qu'on ne sauroit assez apprécier dans les cantons où les gelées tardives anéantissent en un instant toutes les ressources de leurs habitans.

Dans les environs de Mont-Didier, on ne sème presque toujours la *cameline* que sur les parties des pièces de froment où ce grain a manqué. On est encore à temps de profiter de la ressource qu'offre cette plante, pour tirer parti de ces places vides dans le courant d'avril.

La *cameline* se cultive comme le lin, mais elle n'exige pas une aussi bonne terre. Après lui avoir donné deux labours avec un hersage, on sème à la volée la graine, qu'on mêle avec du sable, à cause de sa ténuité. Une mesure qui en contient environ deux livres suffit pour couvrir un arpent de cent perches à vingt-deux pieds la perche ; les pieds doivent se trouver espacés à environ six pouces les uns des autres, afin de multiplier davantage la graine.

Si la *cameline* est semée drue, elle étouffe toutes les autres plantes. Si elle est semée clair, il faut enlever les pieds afin qu'elle n'en soit pas incommodée.

Trois mois après l'ensemencement, la graine de la *cameline* est mûre, mais, pour la récolter, il ne faut pas attendre que les capsules soient parfaitement sèches, il suffit qu'elles commencent à jaunir ; autrement on seroit exposé à en perdre beaucoup. Cette graine est jaune, un peu oblongue, et exhale à sa maturité une odeur d'ail, qu'elle perd par sa dessication ; elle ne conserve pas sa vertu germinative aussi long-temps que celle de beaucoup d'autres plantes, et ne réussit qu'étant semée un an après sa récolte.

Des usages économiques de la Cameline.

Lorsque la graine est vannée, on l'envoie au moulin pour en tirer l'huile par la pression ; cette huile est bonne à brûler, et a moins d'odeur que celle de *colsa* ; cette dernière paroît cependant plus estimée, car sa graine se vend 13 fr. lorsque la même mesure de *cameline* ne vaut que 11 fr.; l'huile qu'on en extrait suit à-peu-près les mêmes proportions : à la vérité il semble que depuis quelque temps elle est plus recherchée à cause vraisemblablement de ses usages plus multipliés. Plusieurs fabriquans nous ont assuré qu'elle étoit employée aux vaisseaux, à la peinture, et sur-tout à l'éclairage, parce qu'elle a l'avantage de donner moins de fumée que les autres huiles dont on se sert dans les parties du nord de la France, pour le même objet; on l'emploie encore dans la confection du savon, en hiver, de préférence aux autres huiles; car dans les temps chauds elle n'a pas le même degré d'utilité, mais c'est mal-à-propos, que dans quelques endroits on appelle cette huile, *huile de camomille*, au lieu de *cameline*; la *camomille* est une plante fort différente, dont on ne tire pas d'huile. *Voyez* au mot CAMOMILLE.

Quand la tige de cette plante est battue, dépouillée de sa graine et séchée, on la conserve en tas, qu'on appelle *moie*, on s'en sert pour se chauffer; elle est aussi employée à la couverture des maisons des habitans de la campagne.

Quoique dans les pays où le lin vient mal, la *cameline* pourroit fournir une filasse utile, c'est spécialement pour son produit huileux qu'elle est cultivée, et qu'on peut se flatter d'en retirer un grand profit; la matière filamenteuse est si abondamment répandue dans la nature, qu'il n'y a pas d'arbres, d'arbrisseaux, ou de plantes qui ne la contiennent, soit dans l'écorce, soit dans les feuilles, soit enfin dans le fruit; on peut donc se dispenser de songer à cette dernière ressource dans la culture de la *cameline*.

Cependant, quand on considère que l'huile de la *cameline*, quoique, dans le commerce, son prix soit inférieur à celui des autres huiles, appartient à une plante qui en donne une très-grande quantité, qu'elle peut se semer dans des terres sèches et légères sur lesquelles le lin ne réussiroit point, qu'elle supplée les récoltes avortées, et en fournit deux dans un cas urgent à cause de l'extrême promptitude de sa végétation, et du peu qu'elle exige du sol, on a droit d'être étonné, formalisé même, que la *cameline*, qui réunit tant d'avantages, soit encore dédaignée dans les endroits et dans les circonstances où elle pourroit remplacer le *colsa*, la *navette*, l'*œillette*.

Mais supposons que l'huile de la *cameline* ne soit propre qu'à la lampe, et que ce soit par fraude qu'on en alonge l'huile de colsa pour dégraisser les laines, ne seroit-il pas possible que la chimie parvînt à la rendre moins grossière? Lendormy, médecin à l'hôpital militaire d'Amiens, à qui les objets d'économie ne sont point étrangers, a obtenu quelques résultats qui lui font croire que si, avant l'extraction, on faisoit digérer la graine dans une lessive alkaline, on pourroit parvenir à l'améliorer.

Les hivers rigoureux des années précédentes ayant détruit un grand nombre de noyers et beaucoup d'oliviers, on a

cherché à réparer cette perte, en introduisant dans les cantons du midi de la France des plantes annuelles, telles que le
pavot, la *navette*; mais la *cameline*, dont l'huile est destinée à
brûler ou à dégraisser les laines, ou à fabriquer des savons,
doit être adoptée dans tous les endroits où les gelées tardives
détruisent ces dernières plantes.

Au lieu d'aller chercher dans les plantes sauvages le filament
ou l'huile qu'on peut en retirer et qui ne sont jamais que des
ressources précaires, pourquoi ne pas accorder plus d'extension à celles pour lesquelles le sol de la France est si favorable?
Cultivons plus de lin, de chanvre, de navette, de pavots
et de *cameline*, alors nous ne serons pas obligés de tirer de
l'étranger pour des sommes exorbitantes, de la graine et de
l'huile de lin, du lin et du chanvre en masses, filés ou ouvra-
gés, que peuvent fournir nos fabriques nationales. Les végétaux propres à fournir de l'huile ont bien trouvé quelques
écrivains, et dans ce nombre nous distinguons Rozier; mais
il est honteux que nous ne possédions pas encore de traité
complet à cet égard, quand on en a tant composé pour des
plantes dont les avantages sont au moins problématiques; il
reste cependant beaucoup de recherches à faire pour perfectionner leurs produits, doubler le prix des huiles, et les
rendre en même temps d'un usage plus général et plus économique. Nous saisirons l'occasion, au mot OLIVIER, pour
présenter quelques vues sur cette branche de l'industrie agricole, et du commerce national. (PARM.)

CAMELLI, *Camellia*, arbrisseau toujours vert, que l'on
cultive dans les jardins de la Chine et du Japon, à raison de
la beauté de ses fleurs. Ses feuilles sont alternes, ovales, pointues, dentées, coriaces et luisantes. Ses fleurs sont grandes,
d'un rouge vif, sessiles, solitaires, et réunies trois à quatre
ensemble au sommet des rameaux.

Chacune de ces fleurs consiste en un calice imbriqué, composé de plusieurs écailles arrondies, concaves, caduques; en
six pétales ovales, obtus, beaucoup plus grands que le calice,
et cohérens à leur base; en un grand nombre d'étamines dont
les filamens sont réunis inférieurement; en un ovaire supérieur, oblong, surmonté d'un style simple, dont le stigmate est aigu.

Le fruit est une capsule turbinée, à trois ou cinq côtes arrondies, divisé intérieurement en un pareil nombre de loges qui
contiennent chacune un ou deux noyaux.

On cultive cet arbuste dans quelques jardins de botanique, mais il demande l'orangerie.

Il double facilement, et c'est principalement dans cet état qu'on le voit représenté sur les papiers et tapisseries chinoises.

Ses feuilles sont ovales, oblongues, un peu dentées ; ses fleurs en nombre de deux ou trois sur le même pédoncule, et le drupe a quatre loges. On tire de ses amandes une huile fort estimée pour graisser les cheveux, et faire des préparations médicales, attendu qu'elle est odorante et ne rancit pas facilement.

Il est figuré dans les *Illustrations* de Lamarck, pl. 594.

On cultive à la Cochinchine, une plante que Loureiro a appelée *cameline*, quoiqu'elle s'éloigne de celle-ci par ses caractères. (B.)

CAMÉRIER, *Cameraria*, genre de plantes à fleurs polypétalées, de la pentandrie monogynie, et de la famille des Apocinées, dont le caractère est d'avoir un calice monophylle à cinq dents ; une corolle monopétale, infundibuliforme, à tube cylindrique, à limbe plane, à cinq divisions tournées obliquement ; cinq étamines très-petites dont les filamens sont munis d'un appendice à leur base et les anthères conniventes ; un ovaire supérieur, à deux lobes, surmonté d'un style, dont le stigmate est bifide.

Le fruit est composé de deux follicules, oblongs, comprimés, lancéolés, ayant deux lobes opposés à leur base, écartés horizontalement l'un de l'autre. Ces follicules sont univalves et renferment plusieurs semences ovales, applaties, terminées chacune par une aile membraneuse et imbriquée.

Ce genre, qui est figuré pl. 175 des *Illustrations* de Lamarck, renferme quatre espèces. Ce sont des arbres ou des arbrisseaux à rameaux dichotomes, à feuilles opposées, à fleurs axillaires ou terminales. Trois croissent à la Guiane, et une dans l'île de Ceylan.

L'un des premiers, est le Camérier a larges feuilles, dont les feuilles sont ovales, aiguës des deux côtés, et transversalement striées ; il vient de Cayenne. L'autre est le Camérier a fleurs jaunes, dont les feuilles sont ovales, oblongues, aiguës, les fleurs grandes et très-odorantes ; il vient du même pays. Le *camerier* de Ceylan ressemble si fort au premier, qu'il avoit été d'abord confondu avec lui par Linnæus. (B.)

CAMÉRINE, *Camerina*, genre de coquilles dont on ne connoît encore que des espèces fossiles, vulgairement connues sous le nom de *numismales* ou de *pierres lenticulaires*. Ses caractères sont d'avoir une seule valve, sans spire extérieure, et l'intérieur divisé en un grand nombre de cloisons imperforées.

Ainsi les *camérines* ressemblent à une lentille, et ne

laissent voir aucune organisation à l'extérieur. Pour bien les observer, il faut diviser la coquille parallèlement, et alors on remarque dans l'intérieur une spire, tournant sur un plan horizontal, et se terminant, sur le tranchant de la lentille, en une ouverture qu'on ne peut voir, quand elle est entière, qu'avec beaucoup de difficulté, parce qu'elle est bouchée, et qu'on ne sait l'endroit où il faut la chercher. Les tours de cette spire sont coupés transversalement par de petites cloisons imperforées, très-rapprochées, sans aucune trace de siphon. Les surfaces convexes, qui la recouvrent, sont composées de lames appliquées les unes sur les autres, qui se réunissent au centre. Le moyen le plus simple d'opérer cette séparation, est de mettre au feu la *camérine*, et de la jeter très-chaude dans de l'eau froide : alors un petit coup, sur la tranche, la sépare en deux parties égales.

La petitesse de la dernière loge de cette coquille, la seule que l'animal ait pu habiter, ainsi que la structure des lames qui recouvrent la spire des deux côtés, ont fait penser, à Bruguière, que l'animal devoit s'étendre à l'extérieur, recouvrir la coquille en tout et en partie. Ses conjectures, à cet égard, sont très-ingénieuses, et méritent d'être lues dans l'*Encyclopédie méthodique*.

Les anciens, qui avoient été frappés de la forme organisée de ces fossiles, ont publié sur sa nature des opinions fort bizarres qui ne méritent pas d'être rapportées. La plus grande partie des naturalistes ne doutent pas aujourd'hui que ce ne soit de vraies coquilles fossiles, qui ne diffèrent des nautiles que parce que la spire tourne entièrement dans l'intérieur, et que les cloisons ne sont point perforées. Lamarck a, dans ces derniers temps, prétendu que c'étoient des *polypiers*; mais cette opinion ne soutient pas un examen approfondi. Il les appelle des *nummulites*, avec quelques anciens naturalistes.

Les *camérines* se rencontrent dans beaucoup de pays, et dans quelques-uns avec une telle abondance, que des montagnes entières en sont formées. Ordinairement, dans ce dernier cas, elles sont aglutinées entr'elles, et alors leur union est si forte, que leur masse est taillée pour la bâtisse comme les pierres calcaires ordinaires. Les fameuses pyramides d'Egypte en sont construites, ainsi que beaucoup de maisons des environs de Soissons.

Dans un mémoire sur les camérines, dernièrement lu à la société philomatique de Paris, on en compte six espèces. Les deux plus communes sont la CAMÉRINE LISSE et la CAMÉRINE NUMISMALE. Les caractères de la première sont d'être lenticulaire et lisse; elle se trouve dans la Picardie, etc. Les caractères de la seconde sont d'être applatie et unie : on la trouve dans les environs de Soissons. (B.)

CAMÉRISIER. C'est le nom vulgaire d'une espèce de chèvrefeuille, le *Lonicera chamaecerasus* Linn., que Tournefort avoit fait entrer, avec plusieurs autres plantes, dans un genre particulier par lui nommé *xylosteon*. Jussieu et Ventenat ont rétabli ce genre sous le même nom latin et sous le nom français de *camérisier*. Il renferme tous les *chèvrefeuilles biflores*, qui forment une division dans Linnæus, et a pour caractère un calice à cinq dents, muni de bractées rapprochées, et même adnées l'une à l'autre; une corolle infundibuliforme ou campanulée, à limbe régulier ou irrégulier; cinq étamines saillantes; un ovaire inférieur à style court et stigmate un peu épais. Le fruit est composé de deux baies, tantôt connées à leur base, à une ou trois loges polyspermes, tantôt réunies en une seule, marquée au sommet de deux ombilics. Les espèces de ce genre sont au nombre de huit, et toutes des arbrisseaux à tiges droites et à fleurs axillaires. *Voyez* au mot CHÈVREFEUILLE. (B.)

CAMICHI. *Voyez* KAMICHI. (S.)

CAMIRION. C'est le nom que Gærtner a donné au genre ALVRITE de Forster. *Voyez* ce mot. (B.)

CAMOMILLE, *Anthemis* Linn. (*syngénésie polygamie superflue.*), genre de plantes de la famille des CORYMBIFÈRES ou RADIÉES, et qui a des rapports avec les *anacycles*. Sa fleur pose sur un réceptacle garni de paillettes; le calice commun est hémisphérique et imbriqué, avec des écailles linéaires et presqu'égales; les fleurons hermaphrodites et à cinq dents, placés au centre, sont entourés de demi-fleurons femelles et fertiles, beaucoup plus longs que le calice, et ordinairement découpés en trois parties à leur extrémité; chaque fleuron renferme cinq étamines courtes, dont les anthères sont réunies, et un style ayant deux stigmates; les demi-fleurons ont un germe oblong et deux styles réfléchis; les semences sont nues, oblongues, et souvent couronnées d'une petite membrane. *Voyez* la pl. 685 des *Illustrations* de Lamarck.

Toutes les espèces de ce genre, au nombre de dix-sept à vingt, actuellement connues, sont des herbes annuelles ou vivaces, qui ont les feuilles alternes, et presque toujours très-découpées. Nous ne décrirons que celles dont on fait usage en médecine ou dans les arts; ce sont les suivantes :

La CAMOMILLE ODORANTE OU ROMAINE, la CAMOMILLE DES BOUTIQUES, *Anthemis nobilis* Linn. Elle est la plus intérassante de toutes, tant par son odeur agréable, que par ses propriétés médicinales. Ses tiges foibles, et presque couchées, sont garnies de feuilles d'un verd clair, étroites, légèrement velues, et à découpures courtes et aiguës. Ses fleurs ont leur calice et leur pédoncule un peu blanchâtres; elles doublent dans la variété que l'on cultive. On trouve cette plante dans les pâturages secs en Italie, en Espagne, en France. Elle est vivace et se multiplie aisément par les racines que ses branches poussent. Ses fleurs, prises en infusion, sont fébrifuges, stomachiques, anodynes et carminatives, et toute la plante, appliquée en cataplasme ou en fomentation, est très-résolutive. On en retire une huile d'un bleu de saphir, qui a les mêmes propriétés que les fleurs.

La Camomille puante, ou la Maroutte, *Anthemis cotula* Linn. Elle est annuelle, et croît dans les terreins incultes et dans les champs de l'Europe. On la distingue des autres à son odeur forte et désagréable, à ses semences nues, et à son réceptacle conique, garni de paillettes extrêmement fines. On a observé que les crapauds aiment à se cacher sous cette plante. Elle est résolutive, vermifuge et anti-hystérique. L'herbe et les fleurs sont employées en décoction pour les lavemens et les bains de vapeur.

La Camomille pyrèthre, *Anthemis pyrethrum* Linn. Sa racine est vivace et longue; ses tiges sont inclinées, simples et uniflores; ses feuilles ailées et à folioles découpées; ses fleurs grandes, belles, solitaires et terminales, ayant leurs demifleurons blancs en dessus et pourprés en dessous. On la trouve dans le Levant, l'Italie, l'Allemagne, et aux environs de Montpellier, selon Sauvages. Dans le nord de la France, elle exige une chaleur artificielle pendant l'hiver, et ne peut être cultivée que dans les jardins de botanique ou par les amateurs. La racine de cette plante est sans odeur; mais sa saveur est piquante et poivrée. Si on la mâche, elle fait couler une quantité considérable de salive; prise en poudre par le nez, elle fait éternuer, et excite l'écoulement d'une grande abondance de sérosités. On s'en sert dans les maux de dents, dans les catharres, les fluxions de la bouche et la paralysie de la langue. On en fait rarement usage à l'intérieur, si ce n'est en lavement dans les maladies soporeuses. Elle entre dans les compositions des poudres sternutatoires et de quelques vinaigres.

La Camomille des teinturiers, ou l'Œil de bœuf, *Anthemis tinctoria* Linn. Elle croît en Italie et dans le midi de la France, auprès de la mer, dans les pâturages secs et montueux. Sa forme est élégante, et elle mérite d'être cultivée

comme plante d'ornement. Elle a une racine vivace, une
tige rameuse, et des feuilles deux ou trois fois ailées, à dentelures fines et aiguës, blanches et cotonneuses en dessous,
imitant celles de la *tanaisie*. Ses fleurs naissent en corymbes
terminaux, portées par des pédoncules nus et blanchâtres;
elles se succèdent depuis le milieu de l'été jusqu'à la fin de
l'automne, et produisent un très-bel effet par le mélange varié
de leurs couleurs. Les unes sont blanches, d'autres couleur
de soufre, d'autres jaunes : ces dernières, dit Miller, sont
sujettes à varier de semence. Cette espèce n'est employée en
médecine qu'à l'extérieur. Elle passe pour vulnéraire et dé-
tersive. Ses fleurs donnent une teinture jaune et brillante très-
estimée dans le nord. On multiplie cette *camomille* par ses
graines, qu'on sème au printemps dans un terrain ordinaire.
Quand les jeunes plantes qui en proviennent sont assez fortes,
on les transplante dans un endroit découvert, laissant entre
elles et les autres espèces une distance au moins de trois
pieds. (**D.**)

*Observations sur la culture, la récolte et la conservation des
fleurs de Camomille romaine.*

Un membre correspondant de la société d'agriculture de
Paris, Descroisilles, cultive en grand cette plante aux portes
de la ville de Dieppe. J'ai vu tous les soins qu'il donne à cette
culture avec d'autant plus d'intérêt, que la fleur de *camomille*
ne laisse pas que d'être d'une assez grande consommation
dans l'usage médical, et que les procédés employés à sa
dessication et à sa conservation m'ont paru mériter d'être
connus.

Cette plante vivace, basse, traînante, originaire des pays
chauds, aime les terres un peu fortes et l'aspect du soleil;
elle se multiplie par marcottes enracinées au printemps, ce
qui a lieu en partageant le plant de l'année précédente. On
place une seule marcotte à un pied et demi de distance au
cordeau, et on choisit pour la plantation un temps un peu
humide; et pour éviter les dégâts des ouvriers lors de la
récolte, il faut avoir la précaution de tenir chaque sentier
éloigné au moins de trois pieds l'un de l'autre, parce que la
plante peut occuper un pied d'étendue.

Les principaux soins que demande cette culture, sont
des sarclages, qu'il faut répéter jusqu'à ce que la plante soit
parvenue à étouffer l'accroissement des herbes parasites. On
peut, au dernier sarclage, butter légèrement chaque pied
que l'on relève : par ce moyen, les fleurs ne traînent point

à terre. Cette plante produit assez ordinairement un effet agréable à la vue dans les petites plates-bandes, lorsqu'elle s'y trouve placée avec art.

En plantant la *camomille* de bonne heure, c'est-à-dire, au commencement de mars, la récolte peut s'en faire dès les premiers jours de juin, et se continuer jusques dans le mois de septembre. On remarque que les premières fleurs sont semi-doubles, c'est-à-dire, composées en grande partie de fleurons jaunes ; mais, à mesure qu'on approche du terme de la récolte, elles finissent par être tout-à-fait doubles, sem-blables, en quelque sorte, à cette fleur appelée vulgairement par les jardiniers-fleuristes *bouton-d'argent*, qui n'est autre chose qu'une renoncule double à fleurs blanches, c'est-à-dire, qu'on n'apperçoit plus de fleurons jaunes. Cette différence ne pourroit-elle pas être attribuée à ce que la plante étant déjà dépouillée d'une grande partie de ses fleurs, la sève nourricière se trouve portée par surabondance à celles qui se développent ensuite ? Les étamines alors se convertissent en pétales.

On recherche beaucoup, dans le commerce, les fleurs de camomille romaine tout-à-fait doubles, à cause de leur plus grande blancheur ; mais, s'il est permis de le dire, c'est un luxe médical qu'on ne peut guère obtenir qu'au préjudice de leur vertu ; car, si on les distille chacune séparément, on observe qu'elles donnent beaucoup moins d'huile essentielle que les jaunâtres ou semi-doubles : on sait que sa couleur est d'un beau bleu.

Le vrai moment de cueillir la *camomille romaine* est assez difficile à saisir ; l'état de son épanouissement influe beaucoup sur la blancheur des fleurs. On a observé cependant qu'il valoit mieux quelquefois les rentrer aux trois quarts ouvertes, que de les laisser trop long-temps sur pied, sur-tout quand on craint un orage. Alors on est forcé d'augmenter le nombre des ouvriers ; car, pour en obtenir un millier pesant dans l'espace d'un jour, il faut le concours de plus de cinquante personnes. Mais c'est sur-tout le point de maturité qu'il faut trouver, pour éviter qu'elles ne perdent de leur couleur, et ne roussissent à l'ardeur du soleil ; on remarque même à celles qui sont restées trop long-temps sur pied, que les pétales inférieurs commencent à devenir grisâtres, et que ce défaut gagne jusqu'au sommet quand on les fait sécher trop len-tement.

Il importe d'étendre les fleurs de *camomille* aussi-tôt qu'elles sont cueillies ; car, lorsqu'on les laisse amoncelées en tas, elles s'échauffent considérablement, et ne tardent pas à perdre de leur blancheur.

La méthode que suit Descroisilles, pour dessécher la fleur de camomille, consiste à l'exposer à l'ardeur du soleil sur des châssis revêtus en toile, et à la surface desquels on a collé du papier gris, et à faire en sorte que les couches soient très-minces, afin de multiplier les surfaces.

Quand la dessication est complète, il faut s'occuper de leur conservation. Le mieux seroit peut-être de comprimer les fleurs dans des tonneaux, garnis intérieurement de papier bien collé, qu'il faut placer dans un lieu sec, frais et obscur; car la lumière les colore, quoiqu'elles soient parfaitement séchées, et elles se moisissent facilement dans les endroits un peu humides.

Les droguistes de Paris et des autres villes de France tirent encore aujourd'hui une grande partie des fleurs de camomille qu'ils débitent, de la Suisse et d'Italie : nous leur assurons qu'elle n'est pas comparable, pour l'odeur et la couleur, à celle que cultive Descroisilles. Il mérite d'être encouragé par le commerce, puisque, par sa culture, il fait vivre beaucoup de femmes et d'enfans, et que la plante qui en est l'objet a une efficacité reconnue. On en prend l'infusion comme du thé, lorsqu'il s'agit de rétablir l'appétit dépravé par des humeurs pituiteuses, de calmer les coliques venteuses, ou celles qui surviennent après l'accouchement.

Un des avantages de la culture de la *camomille* en plein champ, est de n'être pas attaquée par les moutons et par les autres bestiaux, vraisemblablement à cause de la forte odeur et de l'excessive amertume de toute la plante. (PARM.)

CAMPAGNOL, nom d'un genre de quadrupèdes, dans la cinquième famille de l'ordre des RONGEURS. (*Voyez* ce mot.) L'on assigne à ce genre, pour caractères, d'avoir les dents molaires sillonnées, et la queue fournie de poils courts et non comprimée. (S.)

CAMPAGNOL (*Mus arvalis* Linn., fig. dans l'*Hist. nat. de Buffon.*), quadrupède du genre qui porte son nom. *Voyez* ci-dessus.

Voici une de ces espèces ennemies déclarées et des plus redoutables de l'homme, puisqu'elle l'attaque sans cesse et avec de funestes succès dans ses subsistances. Par-tout où le laboureur a dirigé vers un but utile la fécondité de la terre, le *campagnol* profite de ses travaux, et s'en approprie les fruits ; mais il ne se contente pas des droits de propriétaire qu'il s'arroge, car après avoir dévoré et quelquefois anéanti les moissons, souvent il en détruit jusqu'à l'espérance pour l'avenir. Dès que les blés sont mûrs, les *campagnols* arrivent de tous côtés, coupent les tiges pour en ronger l'épi, n'abandonnent pas les champs tant qu'il reste une tige sur pied, moissonnent avec le cultivateur, enlèvent au glaneur une portion des trop foibles ressources de la misère, et quand le sol dépouillé ne présente plus que les tuyaux desséchés du chaume, ces petits animaux voraces courent se jeter sur les champs nouvellement ensemencés, et y consomment d'avance la récolte de l'année suivante. Ils préfèrent le blé à toute autre nourriture ; cependant ils se répandent dans les prés comme dans les champs, et y detruisent les racines des herbes et des plantes ; ils gagnent aussi les jardins et les vergers, où ils recherchent les noix, les noisettes et les autres fruits : à l'approche de l'hiver, ils se retirent dans les bois, auxquels ils ne sont pas moins nuisibles, par la multitude de glands et de faines qu'ils dévorent. Enfin dans les temps de disette ils se déchirent et se mangent les uns les autres.

A une grande activité dévastatrice et à beaucoup d'agilité, les *campagnols* joignent le désastreux avantage du grand nombre ; ils ont tout ce qui assure les succès des brigands ; ils se pratiquent des repaires souterrains, où ils se réfugient au moindre danger et où il est difficile de les atteindre. Dans certaines années leur multiplication est prodigieuse ; ils couvrent en peu de temps une vaste étendue de terrein, et leurs déprédations causent la ruine de tout un canton, et y amènent la désolation et la disette. C'est ce qui est arrivé ces années dernières ; une énorme quantité de *campagnols* s'est montrée sur plusieurs points de la France; à l'Ouest, par exemple, ils occupèrent en quelques mois un espace de quarante lieues carrées. Deux années auparavant, le sol de la France fut jonché presqu'en entier d'araignées. L'on n'a pas assez observé la marche à-peu-près périodique de ces débordemens de matière vivante. Quelle cause doit-on leur assigner ? on l'ignore absolument ; car ce n'est pas une explication bien satisfaisante que de dire, comme on le répète tous les jours, que les circonstances en telle ou telle année se sont rencontrées favorables à la propagation subite et étonnante de quelques animaux. De pareilles explications, qui, si elles étoient de quelque justesse, devanceroient le fait au lieu de le suivre, n'ont rien que de vague et de très-incertain ; et il faut en convenir, elles laissent le champ libre aux partisans de la génération spontanée.

Il est vrai que les *campagnols* produisent deux fois par an dans nos climats, au printemps et en été, et que leurs portées ordinaires sont de cinq ou six, quelquefois de sept ou huit, et même de douze petits, ainsi que M. Pallas l'a observé (*Glir.* pag. 78, n°. 14.). Mais outre que chaque année il engendrent dans la même proportion, une pareille fécondité ne suffiroit pas pour former les myriades de ces animaux, dont la terre, à quelques époques, se trouve tout-à-coup infestée. L'on ne doit pas, ce me semble, ajouter une foi entière aux rapports de quelques cultivateurs, qui, justement effrayés des ravages des *campagnols*, ont attribué à ces animaux une portée par mois, au point, disent-ils, que les femelles deviennent pleines tout en alaitant encore leurs petits. L'observation repousse des conjectures fort excusables ; il paroît même que plus au nord il n'y a par an qu'une seule portée, et qu'elle a lieu au mois d'avril ; quelquefois les femelles mettent bas des moles en même temps que des petits vivans.

Les trous des *campagnols*, qui leur servent à -la- fois de demeure et de magasin, ne sont ni fort spacieux, ni profondément enfoncés sous terre, mais ils se divisent presque toujours en deux ou trois loges : ces petits animaux y habitent plusieurs ensemble. Les galeries occupées par diverses familles ou petites colonies, ne sont pas contiguës, il reste toujours entr'elles un espace plus ou moins grand. Si les habitans de ces loges souterraines les abandonnent ou périssént, d'autres ne viennent pas s'y établir, et ils préfèrent de travailler plus loin sur de nouveaux frais ; tous ne creusent guère au-delà d'un demi-pied ou d'un pied, mais souvent les femelles, avant de mettre bas, prolongent l'excavation jusqu'à deux pieds de profondeur, par une tranchée à peine large d'un pouce, et qui, après plusieurs sinuosités, aboutit à un cul-de-sac de la largeur du poing, mollement garni d'herbes découpées : c'est sur cette couche douillette que les petits sont déposés.

On voit des *campagnols* dans toute l'Europe ; le froid ne les empêche pas d'habiter dans les campagnes incultes, au nord de la Russie, où ils vivent de graines sauvages, et établissent leur demeure autour des tas de foin, sur les bords escarpés des torrens et des ruisseaux, et dans tous les lieux bien fournis d'herbes. Ils remontent même jusqu'en Sibérie, le long de l'Irtirch, et dans les contrées septentrionales, arrosées par l'Oby, près de Beresof, aussi-bien qu'aux environs de la mer Caspienne. (Pallas, *Glir. loco citato.*) Erxleben dit qu'ils se trouvent également au nord de l'Amérique (*Syst. règn. animal*, pag. 397.). Ce sont des animaux voyageurs ; et l'on a remarqué que des rivières et des canaux larges et profonds ne les arrêtent pas dans leur marche.

Le *campagnol* a un peu plus de trois pouces, depuis le

bout du nez jusqu'à l'origine de la queue ; il est remarquable par la grosseur de sa tête ; son museau est obtus ; ses dents incisives sont très-jaunes ; celles de la mâchoire supérieure sont un peu plus longues que celles d'en-bas, et marquées dans leur milieu par une raie à peine apparente ; ses oreilles sont petites et presqu'entièrement cachées par le poil ; ses yeux sont saillans et sa queue est courte, tronquée, à demi-couverte de poil, avec une sorte de petite touffe à son extrémité : elle varie de longueur dans les différens individus, et quelques-uns ne l'ont pas plus grande que de deux tiers de pouce. Un mélange de brun, de couleur de rouille et de noir, teint le dessus de la tête et du corps ; le dessous est d'un cendré très-foncé. Ce quadrupède est tourmenté par de petits insectes parasites.

Après avoir signalé le *campagnol* comme un des fléaux de l'agriculture, je vais indiquer quelques moyens de s'en débarrasser. M. Pallas a entendu dire que les feuilles d'aulne répandues sur les champs et enterrées à la charrue faisoient fuir ces animaux ; c'est un essai aussi simple que facile, qui mérite d'être répété. L'on a essayé dans ces derniers temps de semer, sur les champs de blé, de l'avoine macérée dans une dissolution d'arsenic ; ce moyen dangereux a fait périr à la vérité un grand nombre de *campagnols*, mais il a empoisonné aussi beaucoup de lièvres et de perdrix, qui, portés au marché, ont pu occasionner des accidens. Un procédé au moins aussi sûr et exempt de tout inconvénient, consiste à pratiquer dans les campagnes, soit avec une bêche à fer étroit et tranchant, soit avec une espèce de tarrière, de petites fosses, dont les parois soient coupées net, afin que les *campagnols* ne puissent s'accrocher pour sortir du trou quand ils y sont tombés, ce qui ne manque guère d'arriver. On détruit encore beaucoup de ces animaux lorsqu'on donne aux terres le second labour ; des enfans suivent la charrue, poursuivent les *campagnols* à mesure qu'ils sortent de leur trous ; un seul enfant en a tué de cette manière jusqu'à trois cents en un jour. (*Voyez les Renseignemens sur les ravages exercés par les campagnols dans la Vendée*, par Cavoleau, insérés dans les *Annales d'agriculture*, tome 10, quatrième cahier.)

Le garou (*daphne thymelea* Linn.), regardé comme un poison pour plusieurs animaux, s'emploie avec succès pour faire périr les *campagnols*. On le pile dans un mortier pour en extraire le suc, dans lequel on fait tremper pendant quelques jours des grains de blé ; on les distribue sur des morceaux de tuile que l'on place çà et là dans les champs ; les grains sont bientôt mangés par les campagnols, qui ne tardent

p.is à mourir. A défaut de garou, on se sert du suc de thyti-
male. (*Observation* de Gerard, *ibid.*)

Mais, pour élever une barrière qui s'oppose avec succès à
la multiplication des *campagnols*, il faut que l'homme renonce
à ses vues irréfléchies de destruction; il faut appeler à notre
secours les ennemis que la nature a formés contre une espèce ex-
cessivement malfaisante, les ménager, et se reposer sur eux du
soin de la maintenir en assez petit nombre, pour que ses dégâts soient peu sensibles. Toutes les espèces d'oiseaux de proie
se jettent sur les *campagnols* et les mulots; mais une guerre
vive et imprudente a rendu ces oiseaux fort rares; ils sont
néanmoins les protecteurs de nos moissons, auxquelles ils ne
touchent jamais: et si on continue de les tuer, il n'est pas
douteux que la quantité de petits animaux nuisibles ne s'ac-
croisse de jour en jour, et que, par une conséquence nécessaire,
nos ressources alimentaires diminuent. Dans l'immensité
des êtres et des substances que la nature a placés sur notre
globe, elle a établi un sage équilibre, qui les retient dans de
justes bornes: en rompant cet équilibre, l'homme s'est entouré de désordres et de maux qui, chaque jour, deviennent
plus difficiles à réparer. (S.)

CAMPAGNOLO, nom italien du Campagnol. *Voyez*
ce mot. (S.)

CAMPAGNOL VOLANT (*Vespertilio hispidus* Linn.),
quadrupède du genre des Noctilions, de la famille des
Chauve-souris et de l'ordre des Carnassiers. (*Voyez* ces
mots.) C'est Daubenton qui, le premier, a décrit cette *chauve-
souris* du Sénégal, et qui lui a imposé le nom de *campagnol
volant.* (*Mémoires de l'académie des sciences*, année 1749.)
Elle est singulière par la forme de sa tête et de son museau;
celui-ci est alongé, tandis que le front est très-enfoncé. Il n'y
a point de cloison cartilagineuse entre les narines, qui sont
placées chacune au-devant d'une gouttière ouverte d'un bout
à l'autre par le dessus, avec le bord interne fort petit, et
l'externe terminé à son extrémité postérieure par un petit
oreillon. Les bords externes des deux gouttières se réunissant
au-dessus de la lèvre supérieure, forment l'extrémité d'un
grand sillon qui s'étend depuis la lèvre le long du chanfrein
jusqu'au front, où il y a une fosse large, profonde et garnie
de longs poils sur ses bords. Les oreilles sont longues et étroites; la queue est à-peu-près de la longueur du corps. Le *campagnol volant* est d'un roux brun en dessus, et d'un blanc
jaunâtre en dessous. (S.)

CAMPAN, marbre veiné de blanc, de vert et de rouge,

qui tire son nom d'une grande vallée des Hautes-Pyrénées
où on le trouve. *Voyez* MARBRE. (PAT.)

CAMPANE JAUNE, nom jardinier d'une plante du
genre des NARCISSES. C'est le *narcissus pseudo narcissus* de
Linn. (*Voyez* au mot NARCISSE.) On a préconisé l'extrait de
cette plante, il y a quelques années, pour la guérison des
convulsions. (B.)

CAMPANETTE. *Voyez* au mot BULBOCODE. (B.)

CAMPANULACÉES, *Campanulaceæ* Jussieu, famille de
plantes dont la fructification est composée d'un calice inférieur, divisé à son limbe ; d'une corolle insérée au sommet du
calice, ordinairement régulière, à limbe divisé, souvent marcescente ; communément cinq étamines insérées un peu au-
dessous des divisions de la corolle, presque toujours alternes et
égales en nombre avec ces divisions, à filamens souvent élargis, squamiformes, connivens autour du style, à anthères distinctes ou quelquefois réunies ; d'un ovaire simple, inférieur
au calice dans toute son étendue ou quelquefois seulement
dans sa partie inférieure, glanduleux à son sommet ; d'un style
unique, et à stigmate simple ou divisé ; d'une capsule très-souvent triloculaire, quelquefois divisée en deux ou cinq ou six
loges, presque toujours polyspermes, et s'ouvrant sur les côtés ;
de semences attachées à l'angle intérieur des loges, à périsperme charnu, à embryon droit, à cotylédons semi-cylin-
driques, à radicule inférieure.

Les plantes de cette famille, en général herbacées et vivaces par leurs racines, rarement frutescentes et suffrutes-
centes, contiennent un suc laiteux. Leurs tiges cylindriques
et rameuses, portent des feuilles simples, ordinairement alternes, quelquefois sinuées, plus souvent garnies de dents
terminées, selon l'observation d'Adanson, par un petit tubercule blanchâtre. Les fleurs distinctes, ou, plus rarement,
agrégées dans un calice commun, affectent différeutes dispositions.

Dans cette famille, qui est la quatrième de la neuvième
classe du *Tableau du règne végétal*, par Ventenat, et dont
les caractères sont figurés pl. 12, folio 2 du même ouvrage,
duquel on a emprunté l'expression ci-dessus, il se trouve
dix genres sous deux divisions ; savoir : ceux dont les anthères sont distinctes, MICHAUXIE, CANARINE, CAMPANULE,
TRACHÈLE, ROELLE, RAPONCULE, SÉVOLA et GOUDÈNE ; et
ceux dont les anthères sont réunies, LOBÉLIE et JASIONE.
Voyez ces mots. (B).

CAMPANULE, *Campanula* Linn. (*Pentandrie monogynie.*), genre de plantes de la famille des CAMPANULACÉES,

IV.

qui offre des rapports avec la *canarine* et les *roelles*. Ses caractères sont un calice d'une feuille, ayant cinq découpures profondes et aiguës, ou dix découpures, dont cinq réfléchies; une corolle monopétale, en cloche à cinq divisions et marcescente; cinq étamines, dont les filets, dilatés à la base, portent des anthères plus longues qu'eux, droites et linéaires; un long style posé sur un ovaire inférieur au calice, et couronné par un stigmate épais, divisé en trois et quelquefois en cinq parties. Le fruit est une capsule de différentes formes, selon les espèces, ayant communément trois loges (rarement cinq), dont chacune est percée à sa base d'un trou par où s'échappent, dans leur maturité, les semences nombreuses qu'elle renferme. *Voyez* Lam. *Illustr. des Genr.* pl. 123.

Ce genre comprend un grand nombre d'espèces, dont la plupart sont des herbes, et quelques-unes des sous-arbrisseaux. Toutes ont les feuilles simples et alternes, et les fleurs munies de bractées. Les espèces utiles ou qui servent à l'ornement des jardins, sont :

La Campanule raiponce, *Campanula rapunculus* Linn. Elle est bisannuelle, et se trouve en France, en Angleterre, en Suisse, dans les prés, dans les vignes et le long des haies et des fossés. Elle a des tiges grêles, cannelées et hautes de deux pieds; ses feuilles, radicales, sont lancéolées, ovales; les supérieures sont étroites, pointues, adhérentes par leur base et légèrement dentelées à leurs bords; ses fleurs bleues, rarement blanches, naissent en panicule serrée au sommet des tiges. Toute la plante est laiteuse. On la cultive dans les jardins potagers. Sa racine est blanche, tendre et rafraîchissante; on la mange en salade, au printemps, avec les jeunes feuilles.

On sème la graine de cette *campanule* au mois de juin, dans une terre bien-labourée et ameublie; on recouvre la semence avec du terreau fin, et on arrose souvent; l'ombre est l'exposition qui lui convient le mieux.

La Campanule a feuilles de pêcher, *Campanula persicifolia* Linn. Elle croît dans nos bois; les chèvres et les chevaux la mangent. Sa racine contient abondamment le principe muqueux nutritif; les feuilles, radicales, sont ovales, oblongues; celles de la tige sont étroites, lancéolées, légèrement dentelées, sessiles et distantes. Cette espèce est vivace; elle offre quatre variétés à fleurs simples, doubles, blanches ou bleues. On ne cultive que la variété à fleurs doubles, qu'on appelle *campanule des jardins*. On la multiplie en séparant les œilletons qui se forment aux pieds. Elle ne craint point la gelée, on ne doit l'arroser que dans les grandes sécheresses; il lui faut une bonne terre, et le plein air est l'exposition qui lui est la plus naturelle; elle fleurit au milieu de l'été.

La CAMPANULE PYRAMIDALE, *Campanula pyramidalis* Linn. C'est une des plus belles espèces. Elle croît naturellement dans la Carniole, et elle est employée comme ornement dans les jardins, sur les terrasses, &c. Elle pousse plusieurs tiges très-droites, effilées, simples, lisses, hautes de quatre ou cinq pieds, et feuillées dans toute leur longueur (les tiges vigoureuses poussent des rameaux latéraux); les feuilles radicales sont en cœur et dentées; les supérieures, lancéolées. Les fleurs bleues, quelquefois blanches, viennent plusieurs ensemble par bouquets latéraux et terminaux, sur des pédoncules courts, et forment, dans la partie supérieure de chaque tige, un long épi pyramidal d'un aspect très-agréable.

Cette *campanule* est bisannuelle. On doit en semer la graine, qui est très-fine, à la fin de l'été, dans une terre douce et légère, et avoir soin de ne pas couvrir la semence. Au printemps on relève les jeunes pieds, on les met ou en pleine terre, ou dans des pots exposés au grand soleil, et on n'épargne pas les arrosemens; ils s'éleveront à une grande hauteur, et se couvriront de fleurs en août; pour leur en faire produire davantage et plus long-temps, on met quelquefois les pots dans une terrine d'eau; la plante alors n'a pas besoin d'être arrosée.

La CAMPANULE GANTELÉE, ou GANT DE NOTRE-DAME, *Campanula trachelium* Linn. On la trouve en Europe, dans les bois et le long des haies. Elle a une grosse racine blanche et fibreuse, une tige angulaire et des feuilles pétiolées. Ses fleurs bleues, violettes ou blanches, ont des calices velus et sont portées par de courts pédoncules divisés en trois parties. Cette espèce est vivace et peu employée en médecine. Elle est pourtant vulnéraire et astringente, et sa décoction forme un bon gargarisme dans les inflammations de la bouche et de la gorge. Ses jeunes racines peuvent se manger en salade, au printemps, comme celles de la raiponce. Elle a une variété à fleurs doubles, qu'on cultive dans les jardins et qu'on multiplie en divisant ses racines en automne; cette opération doit être renouvelée tous les ans.

La CAMPANULE GENTIANOÏDE, *Campanula gentianoïdes* Linn. Elle est lisse dans toutes ses parties, a des tiges foibles et peu droites, et des feuilles ovales, lancéolées, dentées en scie et presque sessiles. Ses fleurs sont grandes, solitaires sur chaque rameau et d'un bleu magnifique, comme celles de la *gentiane d'automne*; la corolle est très-évasée, et le style, moins long qu'elle, a un stigmate divisé en cinq parties. Le pays natal de cette campanule est la Sibérie ; elle est vivace, et mérite, par la beauté de ses fleurs, d'être cultivée dans les jardins.

La **Campanule conglomérée**, *Campanula glomerata* Linn. Celle-ci est remarquable par la disposition de ses fleurs réunies en tête ou en épi terminal ; elles sont bleues ou blanches ; la tige qui les porte est ordinairement simple, légèrement anguleuse et garnie de feuilles ovales, pointues, qui l'embrassent à demi ; les feuilles radicales ont au contraire de longs pétioles. Cette espèce, qui est vivace, croît dans les lieux secs et montueux de l'Europe. Elle a deux variétés, l'une à fleurs éparses, l'autre à feuilles luisantes.

La **Campanule miroir de Vénus**, *Campanula speculum* Linn. Jolie espèce annuelle, et à tige basse, rameuse et diffuse. Elle croît dans les champs parmi les blés, est nutritive, et se mange en salade. Ses feuilles sont oblongues et crénelées, ses fleurs en roue et d'un pourpre violet ; la corolle, dont le limbe est découpé jusqu'à moitié en cinq parties, se ferme ordinairement le soir, et forme alors un pentagone à angles tranchans. Les capsules sont prismatiques.

On la sème en place au mois de mars, soit en bordure, soit dans un petit carré ; elle donne ses fleurs en août. Elle aime le soleil, et demande une terre meuble et un arrosement ordinaire.

Cette espèce, avec un certain nombre d'autres, qui ne sont pas mentionnées ici, ont été séparées de ce genre pour en former un particulier, qui a été appelé **Légouzic** par Durande, et **Prismatocarpe** par l'Héritier. *Voyez* ce dernier mot.

La **Campanule a grosses fleurs**, ou la **Violette marine**, *Campanula meducia* Linn. Sa tige est cylindrique, haute de deux pieds et garnie de feuilles oblongues, sessiles et rudes au toucher. Ses fleurs sont droites, ordinairement bleues ou purpurines, quelquefois blanches. Les capsules ont cinq loges. On trouve cette *campanule* dans les bois et les lieux arides de la Provence, de l'Italie et de l'Allemagne. Elle est bisannuelle et cultivée dans les jardins. On en sème la graine au printemps ; on repique la jeune plante dans un endroit séparé du parterre, et au printemps suivant on la place où l'on veut qu'elle fleurisse. (D.)

CAMPÊCHE, BOIS DE CAMPÊCHE, *Hæmatoxylon campechianum* Linn., arbre épineux toujours vert, de la famille des **Légumineuses**, originaire de la *baie de Campêche*, d'où il a tiré son nom. On le trouve aussi à la Jamaïque et à Saint-Domingue, où il a été apporté du continent de l'Amé-

rique. Il ne faut pas le confondre avec le Brésillet de fer-
nambouc (*Voyez* ce mot.), quoiqu'il ait avec lui beaucoup
de rapports. Son bois, propre à la teinture, forme une branche considérable de commerce dans une partie des possessions espagnoles du Nouveau-Monde. Cet arbre croît rapidement, et s'élève à trente ou quarante pieds avec une tige
à côtes, assez droite, mais dont le diamètre n'est pas proportionné à son élévation. Son écorce est d'un brun gris, son
aubier d'un blanc jaunâtre, et le cœur du bois rouge. Il pousse
de tous côtés des branches irrégulières, courbées et armées
d'épines, axillaires, solitaires et droites. Les feuilles ailées sans
impaire, et composées de quatre à huit folioles en forme de
cœur, sont tantôt seules, tantôt en faisceaux, et toujours alternes. Les fleurs petites et jaunâtres, offrent au sommet des
branches des grappes simples et érigées. Ces fleurs ont chacune un calice persistant, découpé en cinq segmens ovales
d'un pourpre violet; une corolle à cinq pétales égaux à peine
plus grands que le calice; dix étamines dont les filamens libres et un peu velus portent de petites anthères ovales; un
style presqu'aussi long que les étamines, avec un stigmate épais
et comme échancré. Le fruit est une gousse membraneuse,
très-plate, amincie aux deux extrémités; elle renferme deux
ou trois semences oblongues et en forme de rein. Ces caractères sont figurés dans l'*Illustr. des Genres*, pl. 340.

Le *bois de campêche*, dépouillé de son aubier, est transporté en Europe, où il est très-recherché pour les teintures;
par sa simple infusion dans l'eau, il donne une couleur d'un
très-beau noir, laquelle, mêlée avec des gommes, peut tenir
lieu d'encre pour écrire. Par la décoction, il fournit une couleur rouge foncée, et même pourprée, dont on varie les teintes en y mettant plus ou moins d'eau. Les Espagnols, chez lesquels on va chercher ce bois dans le golfe du Mexique, sont
très-jaloux d'en faire seuls le commerce; ils empêchent, autant qu'ils peuvent, les autres nations, les Anglois sur-tout,
de venir le couper en fraude; ils ont eu souvent avec ces
derniers des différends graves à ce sujet. Aujourd'hui le *campêche* croît en abondance à la Jamaïque et à Saint-Domingue;
il est comme naturel à ces îles. Cependant on ne le cultive pas
communément dans nos colonies, pour tirer parti de son
bois, mais pour clore les habitations; il est très-propre à
cet usage, et forme des haies aussi défensives que le citronier, d'un vert gai, et aisées à tailler; mais il faut les tailler
trois ou quatre fois dans l'année, autrement les branches s'é-
leveroient bientôt à une hauteur considérable, et produiroient
des graines qui infecteroient le voisinage de jeunes plants. C'est

l'inconvénient de ces haies, auprès desquelles rien ne croît. Il faut des soins suivis et fréquens pour empêcher le campêche de s'emparer des terres qui le touchent ; quand il s'y est une fois établi, on a beaucoup de peine à le détruire, tant il croît avec facilité et promptement.

Les curieux, pour se procurer cet arbre en Europe, ont recours aux couches et aux serres chaudes. Élevé ainsi de graines qu'on apporte souvent de l'Amérique, il vient d'abord assez vîte, et se garnit très-bien de feuilles ; mais dans la suite il a de la peine à les conserver, et il fait très-peu de progrès. Rarement atteint-il la hauteur d'un grand arbrisseau. (D.)

CAMPHRE, *Camphora*. Les chimistes, d'après un assez grand nombre d'observations, regardent le *camphre* comme un principe immédiat des végétaux. C'est une substance blanche, transparente, concrète, légère, friable, très-volatile, d'une odeur aromatique très-forte, d'une saveur âcre légèrement amère, laissant un sentiment de fraîcheur dans la bouche ; insoluble dans l'eau, soluble dans l'esprit-de-vin, les jaunes d'œufs, les huiles, les graisses, les acides minéraux et la bile ; peu soluble dans le vin et le vinaigre ; liquéfiable par le moyen du feu ; surnageant l'eau, et brûlant à sa surface ; inflammable enfin au plus haut degré, et à la manière des huiles essentielles, et cependant différente des huiles et des résines par plusieurs propriétés qui lui sont particulières.

La grande combustibilité du *camphre* le rend propre à être employé dans la matière des feux d'artifice. On soupçonne qu'il étoit un des principaux ingrédiens du *feu grégeois*. On le mêle dans quelques compositions de vernis, particulièrement dans celui qui est destiné à imiter le vieux laque. On dit que, dans les cours des princes Orientaux, on le brûle avec de la cire pour éclairer pendant la nuit; après sa combustion, il ne laisse aucun résidu charbonneux ; ses émanations sont très-multipliées, et s'étendent à une grande distance; on le sent de très-loin, et il est si volatil, qu'il s'évapore entièrement à l'air, lequel s'en imprègne facilement. Si l'on jette du *camphre*, dit Bomare, dans un bassin sur de l'eau-de-vie, qu'on les fasse bouillir jusqu'à leur entière évaporation dans quelque lieu étroit et bien fermé, et qu'on y entre ensuite avec un flambeau allumé, tout cet air renfermé prend sur le champ, et paroît comme un éclair, sans incommoder les spectateurs, ni endommager le bâtiment.

Le *camphre* se forme dans plusieurs végétaux différens. On peut en retirer du *thym*, du *romarin*, de *l'auronne*, de la racine de *cannellier*, de beaucoup de *labiées*, de quelques *lauriers*, et d'un grand nombre d'autres plantes aromatiques. Mais la plus grande partie de celui qui se débite dans le commerce, provient d'une espèce de laurier qu'on appelle *laurier camphrier*. (*Voyez*-en la description à l'article LAURIER.) Il est retiré de cet arbre par la sublimation, et apporté en Europe, où, comme aux Indes, on en fait usage dans la médecine et dans les arts.

Cette substance si singulière est dispersée sur toutes les parties de l'arbre. Kœmpfer dit que dans les provinces de Salsuma et de Gotéo, les paysans coupent la racine et le *bois du camphrier* par petits morceaux ; ils les font bouillir avec de l'eau, dans un pot de fer fait en vessie, sur lequel ils placent une sorte de grand chapiteau argileux, pointu et rempli de chaume ou de natte : le *camphre* se sublime comme de la suie blanche ; ils le détachent en secouant le chapiteau, et ils en font des masses friables, grénelées, jaunâtres ou bises, comme de la cassonade, remplies d'impuretés.

A la Chine, selon un auteur célèbre de ce pays (*Lettres édifiantes*, tom 22.), l'arbre dont on retire le *camphre*, se nomme *tchang*, et le camphre *tchang-nao*. Cette matière n'en découle ni naturellement ni par incision. Voici comment on l'obtient. On prend des branches nouvelles de cet arbre, on les coupe par petits morceaux, et on les fait tremper durant trois jours dans de l'eau de puits. Lorsqu'elles ont été macérées de la sorte, on les jette dans une marmite où on les fait bouillir ; et pendant ce tems, on les remue sans cesse avec un bâton de bois de saule. Quand le suc de ces petits morceaux de l'arbre s'attache en quantité au bâton, sous la forme de gelée blanche, on passe le tout, ayant soin de rejeter le marc et les immondices. Alors ce suc est versé dans un bassin de terre neuf et vernissé. On l'y laisse toute une nuit ; le lendemain on le trouve coagulé, et formant une espèce de masse.

Pour purifier cette production, on se sert d'un bassin de cuivre rouge, au fond duquel on met de la terre de vieille muraille réduite en poudre très-fine. Sur cette couche de terre on en répand une de *camphre* ; l'on arrange ainsi par ordre, couche sur couche jusqu'à quatre, et sur la dernière qui doit être de terre, on place une couverture faite avec les feuilles de la plante *po-ho*, c'est-à-dire, du *pouliot*. Le bassin de cuivre étant ainsi garni, on le couvre d'un autre, et on les lutte tous deux ensemble par leurs bords avec une terre jaune. L'inférieur est mis sur un feu qui doit être égal et réglé, ni trop fort, ni trop foible. On entretient ce feu pendant un temps

déterminé ; et l'on retire après les bassins qu'on laisse refroidir. Alors on les sépare, et on trouve le *camphre* sublimé
et attaché au couvercle. Quand on veut l'avoir plus pur, on
répète deux ou trois fois la même opération.

Ainsi on ne peut point assurer que le *camphre* de la Chine
soit apporté crud en Europe, c'est-à-dire, sans avoir passé par
le feu, puisqu'il y passe, comme on voit plusieurs fois. Peut-
être les Chinois, pour en augmenter le volume et le gain qu'ils
en retirent, le vendent-ils aux marchands européens, après
une légère cuisson donnée à leur masse ou mélange de terre,
de *camphre* et de la plante *po-ho*. La forme des pains de *camphre* qui se débitent dans le commerce, et qui ressemblent à
un couvercle de pot, le fait aisément soupçonner.

Le *camphre* ordinaire ne coûte à Pekin que 2 sols l'once ;
le meilleur de ce pays ne vaut pas celui de Bornéo.

« Les Hollandais, dit Bomare, possèdent seuls en Europe,
l'art de raffiner cette matière en grand ; et quoique Pomet,
Lémery et Geoffroy nous en aient donné le procédé, on a
été toujours fort indécis sur la méthode que les Hollandais emploient pour y parvenir. L'opinion la plus commune et la
plus reçue, est que l'état où nous recevons le *camphre*, est
un effet de la fusion. Cette opinion est fondée sur ce que les
huiles essentielles concrètes (comme est le *camphre*) ne peuvent se fondre qu'à un degré de chaleur semblable à celui
de l'eau bouillante, et qu'elles se décomposent à un degré plus
fort et pourtant nécessaire pour opérer leur sublimation. Cet
objet, ajoute ce naturaliste, excita ma curiosité dans un de
mes voyages en Hollande. J'entrai dans un laboratoire à raffi-
nerie de *camphre*, et je vins à bout de découvrir une grande
partie de l'appareil nécessaire à l'opération. De retour à Paris,
je voulus m'assurer si mon soupçon étoit fondé, et je fis à ce
sujet plusieurs expériences sur divers *camphres* bruts, tant du
Japon que de Bornéo. »

Il résulte des expériences et des observations de Bomare,
que la purification ou le raffinement du *camphre* ne s'opère
point par la fusion de cette substance, mais par sa sublimation.

Malgré ce qui vient d'être dit, nous proposons au lecteur
le procédé suivant pour purifier le *camphre* en grand, sans
sublimation, lorsqu'il n'est pas mêlé de substances étrangères,
colorantes et dissolubles dans l'esprit-de-vin.

Faites dissoudre du *camphre brut* dans de l'esprit-de-vin,
qui s'en charge ordinairement de moitié de son poids, c'est-
à-dire qu'une livre d'esprit-de-vin dissout une demi-livre de
camphre : filtrez la dissolution ; versez ensuite de l'eau dans

ce mélange filtré, afin que tout le *camphre* se précipite au fond du vase; laissez reposer la liqueur jusqu'à ce que le *camphre* soit tombé. Décantez la liqueur qui surnage; retirez le camphre; jetez dessus certaine quantité d'eau bien claire pour le laver; mettez-le sur un filtre pour qu'il sèche, et enfermez-le dans des bouteilles, bouchées seulement avec du coton. Vous les placerez sur un bain de sable, suffisant seulement pour mettre le *camphre* en fusion : dès qu'il est fluide, ôtez les bouteilles du bain de sable; laissez-le refroidir, et bouchez les vaisseaux, que vous casserez pour en retirer le *camphre* au besoin. Cette opération ménage beaucoup de travail et de dépense. Si le *camphre* est mêlé de substances étrangères colorantes, il faut nécessairement distiller.

Le *camphre* est un des meilleurs remèdes connus dans la médecine humaine et vétérinaire : il est calmant, antispasmodique, antiputride, alexitère, diaphorétique et résolutif. On l'emploie intérieurement et extérieurement : pris à l'intérieur, il résiste aux poisons et à la malignité des humeurs; c'est pourquoi l'on en a fait un fréquent usage dans la peste, les fièvres putrides, la petite vérole, et les autres maladies qui ont un caractère de malignité. Il excite les règles et les urines; il guérit la suffocation utérine; il remédie aux ulcères de la matrice, des reins et de la vessie; on le recommande aussi dans la gonorrhée et les fleurs blanches, et pour diminuer la fréquence des pollutions nocturnes. Enfin, on dit qu'il est utile dans les hémorragies, et sur-tout dans le crachement de sang, qu'il calme le délire, fait cesser les convulsions, et dispose au sommeil.

L'observation rejette l'usage du *camphre*, 1°. dans la plupart des maladies convulsives, accompagnées de vives douleurs de tête; 2°. dans toute espèce de maladie où le sang se porte vers la tête avec trop d'impétuosité; 3°. au commencement des maladies inflammatoires, particulièrement de celles du foie, de l'estomac, des intestins; 4°. dans le plus grand nombre des maladies de rétention ; 5°. dans les fièvres intermittentes, &c. Son usage est nuisible, en général, aux enfans, aux vieillards, aux tempéramens bilieux et sanguins. L'eau-de-vie camphrée réussit quelquefois dans les plaies avec contusion, contre la gangrène humide, les tumeurs érysipélateuses essentielles.

Les plus habiles praticiens regardent le nitre comme propre à être le correctif du *camphre*; aussi ils les associent souvent. On donne communément le *camphre* depuis demi-grain jusqu'à dix, mêlé avec le double ou le quadruple de son poids de sucre, incorporé avec un sirop, ou en solution dans un jaune d'œuf.

Dans les épizooties, soit putrides, soit inflammatoires, on peut donner le *camphre* aux animaux, à la dose de quinze à vingt-cinq grains, uni à pareille dose de nitre, et incorporé dans du miel, mais non pas, ainsi qu'il a été dit, dans le commencement de l'inflammation. Dans tous les cas où l'on administre le *camphre* aux animaux, s'ils ont l'estomac rempli d'alimens, ils en éprouvent de mauvais effets. La dose, pour le cheval, est depuis une demi-drachme jusqu'à une drachme, parce qu'il agit moins sur lui que sur le bœuf et sur la brebis. Il facilite l'éruption de la clavelée : les maréchaux l'administrent ordinairement à trop forte dose. Le *camphre* est très-propre à conserver les étoffes de laine, les fourrures et pelleteries ; son odeur chasse les teignes et autres insectes qui s'y attachent ordinairement pendant l'été. (D.)

CAMPHRÉE, *Camphorosma*, genre de plantes à fleurs incomplètes, de la tétrandrie monogynie, et de la famille des CHÉNOPODÉES, dont le caractère est d'avoir un calice urcéolé, persistant, divisé en quatre découpures pointues, dont deux opposées sont un peu plus grandes que les autres ; quatre étamines, dont les filamens sont saillans hors du tube ; un ovaire supérieur, chargé d'un style bifide à stigmates aigus.

Le fruit est une capsule environnée par le calice, et contenant une semence ovale, un peu applatie et luisante.

Ce genre est figuré pl. 86 des *Illustrations* de Lamarck, et renferme cinq espèces. La plupart sont de petites plantes frutescentes, à tiges rameuses, étalées sur la terre, à feuilles linéaires très-serrées, à fleurs axillaires. La plus connue est la CAMPHRÉE DE MONTPELLIER, qui est velue dans toutes ses parties, et dont les feuilles ont une odeur aromatique qui approche un peu du camphre, mais qui ne se développe que lorsqu'on les frotte entre les doigts. Elle passe pour vulnéraire, incisive, diurétique, sudorifique, emménagogue, &c. Elle croît dans les lieux sablonneux des parties méridionales de l'Europe.

La CAMPHRÉE D'ARABIE, *Camphorosma pteranthus* Linn. est une plante annuelle à pédoncules ensiformes et à bractées en crête. Elle a été établie en titre de genre par l'Héritier, *Stirpes*, pl. 65, sous le nom de LOUICHEA, et ensuite sous celui de PTÉRANTHE. *Voyez* ces mots. (B.)

CAMPHUR. A en croire d'anciennes relations, le *camphur* seroit un quadrupède d'Arabie, espèce d'âne sauvage, portant une corne sur le front ; mais comme l'observation a prouvé que les anciennes relations ne méritoient nulle croyance à cet égard, il suit que le *camphur* est un animal fabuleux. (S.)

CAMPOMANÈSE, *Campomanesia*, arbre du Pérou, intermédiaire entre les MYRTES et les GOYAVIERS, qui paroît congénère avec le DICASPERME de Forster. Il forme, selon la *Flore du Pérou*, un genre dans l'icosandrie monogynie, auquel on a donné pour caractère un calice persistant, à cinq divisions ovales ; cinq pétales ovales et concaves ; un grand nombre d'étamines insérées au calice ; un ovaire inférieur surmonté d'un style incliné à stigmate pelté et ombiliqué ; une baie globuleuse, comprimée, uniloculaire, couronnée par le calice, et renfermant une douzaine de semences réniformes, attachées à un réceptacle charnu. *Voyez* le *genera* de la *Flore du Pérou*, où ces caractères sont représentés. (B.)

CAMPSIS, *Campsis* Loureiro a donné ce nom au genre appelé INCARVILLE par Lamarck. *Voy.* ce mot. (B.)

CAMPULOTE, nom donné, par Guettard, aux tuyaux marins dont les spires sont régulières : ce sont quelques espèces du genre VERMICULAIRE. *Voyez* ce mot. (B.)

CAMPYLE, *Campylus*, arbrisseau grimpant à rameaux presque nuls, à feuilles en cœur, aiguës, très-entières, velues, pétiolées, quelquefois alternes, à fleurs d'un blanc rougeâtre, disposées sur des grappes terminales, longues, flexueuses et garnies de bractées à trois lobes.

Cet arbre, qu'on trouve à la Chine, sur les montagnes sèches, forme, dans la pentandrie monogynie, un genre qui offre pour caractère un calice tubuleux, velu, tuberculeux, divisé en cinq parties inégales ; une corolle monopétale, tubuleuse, bilabiée, la lèvre supérieure en alène, et l'inférieure ovale ; cinq étamines inégales ; un ovaire supérieur surmonté d'un style à stigmate à cinq lobes.

Le fruit est une capsule presque ronde, à cinq loges polyspermes. (B.)

CAMUS, nom vulgaire d'un poisson du genre POLYNÈME, *Polynemus decadact. lus.* Voyez au mot POLYNÈME. (B.)

CAMUSA, nom italien du CHAMOIS. *Voy.* ce mot. (S.)

CAN ou QUAN, nom vulgaire que l'on donne, dans la Brie, au MAUVIS. *Voy.* ce mot. (VIEILL.)

CANADE, nom spécifique d'un poisson, du genre GASTÉROSTÉE de Linnæus, qu'on trouve en Caroline. *Voyez* au mot GASTÉROSTÉE. (B.)

CANAL DE MER. *Voy.* DÉTROIT. (PAT.)

CANAMELLE, *Saccharum* Linn. (*Triandrie digynie*) ; genre de plantes à un seul cotylédon, qui appartient à l'utile famille des GRAMINÉES, et qui a de grands rapports avec les *roseaux*. Il comprend sept à huit espèces, parmi lesquelles se trouve celle qu'on cultive en Afrique, en Asie et dans les deux Indes, sous le nom de CANNE A SUCRE. (*Voy.* ce mot.) C'est la CANAMELLE OFFICINALE, *Saccharum officinale* Linn. Les autres espèces n'offrent rien d'intéressant.

Le caractère du genre est d'avoir les fleurs chargées extérieurement d'un duvet farineux ou soyeux très-remarquable, ce qui les distingue de celles des *roseaux*, dont le duvet est intérieur ; elles sont disposées en panicule ou en épi. La bâle calicinale, qui quelquefois n'existe pas, est composée de deux parties, et ne contient qu'une fleur : chaque fleur est formée d'une bâle à deux valves lancéolées, droites et concaves, surmontées d'une arête ou sans arête ; de trois étamines dont les filets capillaires ont à-peu-près la longueur de la bâle florale, et portent des anthères oblongues ; et d'un ovaire supérieur chargé de deux styles que couronnent des stigmates simples et plumeux. Le fruit est une semence oblongue, à pointe aiguë, et enveloppée par les valves. Ces caractères sont figurés dans la pl. 40 des *Illustrations* de Lamarck. (D.)

CANANG, *Uvaria*, genre de plantes à fleurs polypétalées, de la polyandrie polygynie, et de la famille des GLYPTOSPERMES, dont le caractère est d'avoir un calice petit, persistant, et profondément divisé en trois découpures ovales, pointues ; six pétales lancéolés, sessiles, plus longs que le calice ; un grand nombre d'étamines dont les anthères sont oblongues, et recouvrent en grande partie le pistil ; beaucoup d'ovaires supérieurs, serrés et ramassés en un corps ovale, dépourvus de style, et terminés chacun par un stigmate simple. Le fruit consiste de six à quinze capsules, ou espèces de baies ovales ou oblongues, pédiculées, uniloculaires, ne renfermant qu'une à six semences, attachées à un placenta latéral ; les pédicules de ces capsules naissent d'un point commun, qui, auparavant, étoit le centre de la fleur.

Ce genre est figuré pl. 495 des *Illustrations* de Lamarck : il contient une douzaine d'espèces, qui, à deux près, viennent des Indes ou des îles qui en font partie, et qui, la plupart, sont intéressantes sous plusieurs rapports.

La première est le CANANG ODORANT, dont les feuilles sont ovales, oblongues, aiguës, très-entières ; les pétales lancéolés, linéaires, aigus, planes, et très-longs. Elle est figurée dans Rumphius, amb. 2, tab. 65. C'est un grand arbre que l'on cultive dans les villages, près des maisons, aux Moluques et à

Reseve del.

1. Cameli du Japon.   2. Canang aromatique.
3. Canari vulgaire.   4. Canjala gorite.

la Chine, à cause de l'odeur agréable que répandent au loin
ses fleurs. Les Indiens en mettent dans leurs appartemens et
dans leurs pommades.

La seconde est le CANANG AROMATIQUE, *Uvaria aroma-
tica* Lamarck, qui a été confondue avec l'*uvaria zeylanica*
Linn. Elle vient dans l'Amérique méridionale, et ses fruits
sont employés comme épicerie, sous les noms de *maniguette*
et de *poivre d'Éthiopie*; ses caractères sont d'avoir les feuilles
ovales, oblongues, aiguës, très-entières, unies et les pétales
oblongs, concaves, coriaces. Wildenow l'a placée dans le
genre URÈNE. *Voyez* ce mot.

La troisième, le CANANG SARMENTEUX, *Uvaria zeylanica*,
dont les feuilles sont lancéolées, ovales, aiguës, très-entières;
les pétales courts et arrondis. C'est un arbrisseau sarmenteux,
qui s'appuie sur d'autres arbres, qui croît dans les Indes, et
dont les fruits ont un goût d'abricot. Son écorce et ses feuilles
sont aromatiques.

La quatrième, le CANANG A LONGUES FEUILLES, que l'on
cultive à Pondichéry à raison de son ombre, et que Sonnerat
a figuré pl. 131 de son *Voyage aux Indes*, sous le nom
d'*arbre de mâture*.

La cinquième, le CANANG A TROIS PÉTALES, qui vient
des Moluques, a les semences aromatiques, et laisse couler
une gomme également odorante.

Les autres sont moins remarquables.

Les genres PORCÈLE et GUATTÈRE de la *Flore du Pérou*,
se distinguent à peine de celui-ci. *Voyez* ces mots. (B.)

CANARD, dénomination donnée vulgairement au *chien
barbet*, parce qu'il va à l'eau comme les *canards :* dans le
même langage vulgaire, la femelle du *chien canard* s'appelle
caniche. Voyez CHIEN. (S.)

CANARD, *Anas*, genre d'oiseaux de l'ordre des PALMI-
PÈDES. (*Voyez* ce mot.) Caractères : Bec lamelleux, dentelé,
convexe et obtus ; narines ovales ; langue ciliée et obtuse ;
pieds palmés ; les trois doigts antérieurs unis par des membranes entières, et celui de derrière dégagé. (M. Latham.)
Ce genre est très-nombreux en espèces, principalement dans
les livres d'ornithologie méthodique, où les *cygnes* et les *oies*
sont joints aux *canards proprement dits*. Le bec de ceux-ci
est large, applati en dessous, convexe en dessus, plus large
qu'épais, et terminé par un onglet plus dur que le reste,
au lieu que les *oies* ont le bec plus épais que large. Leur
queue est très-courte, et leurs jambes, plus courtes que le
corps, sont avancées vers son milieu et hors de l'abdomen.
De cette position des jambes résulte la difficulté de marcher

et de garder l'équilibre sur terre ; mais dans l'eau, ces oiseaux ont les mouvemens très-faciles.

Nous nous contenterons, dans cet article, de donner la description et l'histoire des *canards proprement dits*, et nous renvoyons aux articles du Cygne et de l'Oie celles de ces oiseaux, généralement distingués des vrais *canards*.

Le Canard de Bahama. *Voyez* Marec et Mareca.

Le Canard de la baie d'Hudson. *Voyez* Canard a tête grise.

Le Canard de Barbarie, dénomination appliquée assez généralement au *canard musqué*, qui est cependant originaire des climats chauds du nouveau continent. *Voyez* Canard musqué.

Le Canard barboteux. *Voyez* Canard domestique. (S.)

Le Canard a bec courbé (*Anas recurvirostra* Lath.). Cet oiseau, un peu plus grand que le *canard sauvage*, et remarquable par son bec retroussé, est presque tout noir ; cette couleur jette des reflets de vert obscur sur la tête, le cou et le croupion ; les cinq premières pennes des ailes sont blanches, et cette même teinte forme une tache ovale sur la gorge ; l'iris est fauve. (Vieill.)

Le Canard a bec étroit, dénomination donnée par quelques-uns au Fou. *Voyez* ce mot. (S.)

Le Canard a bec membraneux (*Anas membranacea* Lath.). Des dissemblances, soit dans la forme du corps ou du bec, soit dans la singulière disposition des couleurs ou dans la conformation et la longueur des plumes, caractérisent la plus grande partie des oiseaux des terres australes. Parmi les palmipèdes, l'on distingue le Canard chevelu, remarquable par les longues plumes effilées qui couvrent l'occiput et la nuque ; le Canard caronculé (*Voyez* ces deux mots.), qui porte une membrane pendante au-dessous de la mandibule inférieure, et celui-ci, dont le bec long et augmentant de largeur depuis sa base jusqu'à son extrémité, est en partie mou et membraneux ; consistance qui caractérise aussi le bec d'un autre *canard* habitant de la même contrée, mais qui diffère dans ses couleurs. (*Voyez* Canard gris bleu.) La teinte des mandibules est noire, et celle de l'iris bleue ; le dessus de la tête, une grande tache qui entoure les yeux, et le dessus du cou sont noirâtres ; le dos et les ailes d'un brun ferrugineux ; deux stries de cette même couleur passent sur les côtés de la tête, une au-dessus et l'autre au-dessous des yeux ; quelques pennes des ailes, la partie inférieure du croupion, et la queue ont des taches très-pales ; les côtés, le devant du cou et tout le dessus du corps sont d'un blanc sale varié transversalement et bigarré d'un gris qui devient noirâtre sur les côtés du bas-ventre et sur la partie des flancs que cachent les ailes. Grosseur du *canard commun*; longueur de dix-huit à dix-neuf pouces.

Cette espèce, que les naturels de la Nouvelle-Galle du Sud désignent par le nom de *Wongi*, s'y trouve rarement. *Espèce nouvelle*.

Le CANARD A BEC TACHÉ DE ROUGE (*Anas poekiloryncha* Lath.). Quoique ce *canard* soit commun à l'île de Ceylan et dans les Indes Orientales, les ornithologistes anglais, qui nous l'ont fait connoître, ne donnent ni sa longueur ni sa grosseur. Son bec est alongé, noir en plus grande partie, blanc à sa pointe, et a une tache rouge de chaque côté de sa base; une raie noire part du bec, traverse les yeux et s'étend sur les côtés de la tête; les joues, et une partie du devant du cou sont d'un cendré blanchâtre; le bas-ventre est noir, ainsi que les grandes pennes des ailes, et le reste du plumage, excepté les secondaires, qui sont blanches, et le miroir, qui est d'un vert luisant, bordé de noir et de blanc. Les pieds sont d'un jaune roux.

Le CANARD BRANCHU OU D'ÉTÉ. *Voyez* le BEAU CANARD HUPPÉ.

Le CANARD DU BRÉSIL, OU CANARD DE BAHAMA. *Voyez* MAREC.

Le CANARD BRUN (*Anas minuta* Lath. pl. enl. n° 1007 de l'*Hist. nat. de Buffon.*). Ce *canard* a une si grande analogie avec la *sarcelle brune et blanche*, que Latham regarde l'un et l'autre comme le même oiseau. Celui-ci est d'une taille moyenne, entre le *canard sauvage* et *la sarcelle*. Il a le dessus du corps d'un brun noirâtre; le cou et la poitrine d'un brun roussâtre nué de gris blanc; le ventre, une tache sur les ailes et une autre entre le bec et l'œil de couleur blanche.

On a trouvé, sur les bords de la mer Caspiène, un *canard* qui ne diffère de celui-ci que par le croupion, qui est totalement blanc.

Le CANARD BRUN DE NEW-YORK (*Anas obscura* Lath.) a deux pieds environ de longueur, des raies longitudinales noirâtres sur le cou; les plumes du dessous du corps légèrement bordées de jaune; le miroir bleu, bordé de noir; les grandes pennes des ailes et de la queue noirâtres, avec un liséré blanc à l'extrémité de leurs barbes; le reste du plumage brun; les pieds d'un brun jaunâtre, et la queue étagée.

Ce canard se trouve, pendant l'hiver, aux environs de New-York.

Le Canard caronculé (*Lobated duck*. pl. 255. *nat. misc.*) Ce *canard* de la Nouvelle-Hollande se distingue de tous les autres par une grande membrane arrondie et d'une couleur très-sombre, qui part de la base de la mandibule inférieure et pend sur la gorge. Sa taille est celle du *canard sauvage*; son bec est grand, courbé à son extrémité, et d'un noir foncé; cette couleur s'étend sur presque tout son plumage et est mélangée de lignes nombreuses, longitudinales, transversales, vermiculées, et de très-petites taches plus ou moins pâles et blanchâtres; le menton, le dessous du cou et le ventre ont des taches irrégulières, noires, sur un fond blanc; la queue est pointue à son extrémité, et les pieds sont de couleur de plomb. *Espèce nouvelle.*

Le Canard chevelu (*Anas jubuta* Lath.). Sur les bords de la rivière d'Hawsbury, dans la Nouvelle-Galle du sud, et souvent sur les arbres des forêts voisines, l'on voit un *canard* remarquable par des plumes longues, effilées, qui, naissant à l'occiput et sur la nuque, ombragent une partie du cou; un point noir-velouté et placé à leur extrémité, se détache avec d'autant plus d'éclat, que leur couleur dominante est d'un roux sale; mais, ce qui complète la beauté de ce palmipède, c'est le joli mélange de teintes qui parent la poitrine; chaque plume, d'un brun roussâtre, terminée par un gris argentin, a sur ses bords deux petites taches noirâtres; cette distribution offre un accord si parfait, que cette partie paroît en même temps ondulée de gris, de brun, et tachetée de noir; une couleur de chocolat couvre la tête et le cou; un brunâtre cendré règne sur le haut du dos, les couvertures des ailes, et les scapulaires dont le bord extérieur est noir, ainsi que le croupion; le milieu du ventre, les parties subséquentes et les pennes de la queue, les côtés de la poitrine et les flancs sont gris et variés de petites lignes transversales et vermiculées; enfin, un vert bronzé, bordé d'un blanc de neige en dessus et en dessous, caractérise le miroir qui distingue les *canards*. Grosseur du *vingeon*; longueur, vingt pouces et demi; bec noir, plus court que ne l'ont ordinairement les canards; pieds bruns.

La femelle diffère en ce que le bas-ventre est blanc, et que le miroir est plus petit et même peu visible.

M. Latham désigne un autre mâle, dont les couleurs ont plus d'éclat, et dont les plumes de la nuque ont plus d'étendue. La tête et le cou sont d'un beau roux; la partie inférieure de la poitrine et le milieu du ventre sont d'un joli gris, et chaque plume est terminée par un croissant brun; quatre à cinq grandes taches noires, et d'une forme irrégulière, sont éparses sur le dos; les pieds sont noirs. *Espèce nouvelle.*

Le Canard a collier de Terre-Neuve (*Anas histrionica* Lath. pl. enl. n° 798, le *mâle*; n° 799, la *femelle*, de l'*Hist. nat. de Buffon.*). Ce joli palmipède, à-peu-près de la grosseur du *canard domestique*, se trouve non-seulement dans le nord de l'Amérique, mais encore au Kamtschatka, sur nos côtes, près du lac Baikal, en Sibérie, et au Groënland, où il fréquente pendant l'été les lieux ombragés et les rivières; en hiver les glaces le forcent de s'en éloigner; il se retire alors sur les côtes et même gagne la haute mer. L'on assure que c'est un gibier préférable au *canard sauvage*. Le mâle a le dessus de la tête, le cou noirs; une tache blanche sur les oreilles et une autre entre le bec et l'œil; une petite bande au-dessus de ce dernier, de même couleur, qui prend une nuance roussâtre en approchant de l'occiput; les côtés de la tête d'un bleu pourpré; de chaque côté du cou une bande longitudinale blanche; un ruban de même couleur, et liséré d'un noir de velours, traverse la poitrine; un second passe au-dessus de l'origine des ailes; le dos d'un brun noirâtre; le croupion et les couvertures de la queue d'un noir bleu très-foncé; la poitrine gris de fer; le ventre gris brun; les flancs d'un roux vif; les pennes des ailes et de la queue brunes; le miroir d'un bleu pourpré; le bec noirâtre; les pieds de couleur de plomb et les ongles gris.

La femelle est privée de cette belle parure; le gris domine sur tout son plumage, et prend un ton noirâtre sur la tête, et presque blanc sur le devant du cou et la poitrine; enfin, cette dernière couleur est pure sur le ventre. Latham assure que cette femelle est le *canard* décrit sous le nom de Canard brun, et la Sarcelle brune et blanche. *Voyez* ces deux mots.

Le Canard a crête rouge (édition de Sonnini de l'*Hist. nat. de Buffon.*). Ce *canard*, de la nouvelle Zélande, mais qui n'y est pas commun, se trouve au fond de la baie *Dusky*. Une crête rouge s'élève sur sa tête; un gris noir très-luisant domine sur le dos; et une couleur de suie grisâtre foncée sur le ventre; le bec, les pieds sont couleur de plomb, et l'iris est doré. (Vieill.)

Le Canard du détroit de Magellan. Des navigateurs ont désigné par cette dénomination, le Marec. *Voyez* ce mot.

Le Canard domestique est de la même espèce que le Canard sauvage. (*Voyez* ce mot.) La domesticité a produit plusieurs variétés dans cette portion captive de l'espèce.

IV.   N

Voyez aussi l'article CANARD , *Économie rurale et domestique.* (S.)

Le CANARD DOMINICAIN DU CAP DE BONNE-ESPÉRANCE (*Anas dominicana* Lath.). C'est à un savant voyageur et naturaliste éclairé que nous devons la connoissance de ce canard. Sonnerat, qui l'a observé au Cap de Bonne-Espérance, le décrit ainsi. Cet oiseau est de la taille du *canard sauvage ;* le masque et la gorge sont blancs ; à l'angle supérieur du bec il naît une bande longitudinale noire , qui étant coupée par l'œil , se termine en angle aigu un peu au-delà ; le derrière de la tête , le cou et la poitrine sont noirs ; le dos et les petites plumes des ailes sont d'un gris cendré foncé , traversées par deux bandes d'un gris cendré très-clair ; les grandes plumes des ailes et de la queue sont noires ; le ventre et les couvertures de la queue en dessous d'un gris clair ; le bec et les pieds noirs. (VIEILL.)

Le CANARD A DUVET , dénomination donnée par quelques-uns à l'EIDER. *Voyez* ce mot. (S.)

Le CANARD A FACE BLANCHE (*Anas viduata* Lath. , pl. enl. , n° 808 de l'*Hist. nat. de Buffon.*). On rencontre en Espagne et sur la côte de Barbarie cette belle espèce qui est plus grande et plus grosse que le *canard sauvage.* Son bec et ses yeux sont noirs ; le front , les joues , le menton d'un blanc pur ; cette couleur couvre aussi le derrière de la tête, dont le sommet est noir , et est celle du collier qui entoure le cou ; le dos et la poitrine sont d'un ferrugineux brillant , et chamarrés d'ondes , de festons noirâtres et roux ; les ailes et la queue sont noirâtres ; le ventre est brun et tacheté de noir ; les pieds sont bleuâtres. Les Espagnols donnent le nom de *vindila* à cette espèce , dont le cri est perçant , et qui est très-commune sur les lacs des environs de Carthagène. (VIEILL.)

Le CANARD FRANC. Les colons de la Guiane française appellent ainsi le CANARD MUSQUÉ. *Voyez* ce mot.

Le CANARD FRANÇAIS. Les habitans de la Louisiane appellent ainsi le *canard sauvage* qui se trouve dans cette partie de l'Amérique , et qu'ils ont reconnu pour être le même que celui de France. *Voy.* CANARD. (S.)

Le CANARD DE GÉORGIE (*Anas Georgica* Lath.). On trouve dans l'Amérique septentrionale, sur les lacs et les rivières de la Géorgie , cette espèce de canard qui passe pour un fort bon gibier. Sa longueur est d'un peu plus de dix-huit pouces ; le bec un peu recourbé en haut , est noir à sa pointe , et jaune dans le reste ; une teinte cendrée , variée de rougeâtre , est répandue sur son plumage ; la grande tache des ailes est verte et bordée de blanc ; les pennes des ailes et

de la queue sont noirâtres ; et les pieds d'un cendré verdâtre.

Le Canard des glaces. *Voyez* Canard a longue queue
de Terre-Neuve.

Le Canard gloussant (*Anas glocitans* Lath.). Le cri de
ce *canard* imite le gloussement de la *poule* : il se trouve dans
la partie orientale de la Sibérie , sur le lac Baïkal , et se voit
quelquefois en Angleterre. Il a dix-huit à dix-neuf pouces
de longueur ; le bec de couleur de plomb ; l'iris brun ; le
dessus de la tête de la même teinte , à reflets verts ; une
tache ronde et de couleur de rouille entre le bec et l'œil ; un
petit croissant d'un vert soyeux changeant en violet sur les
côtés de la tête , derrière les oreilles ; les plumes de l'occiput
assez longues pour former une petite huppe ; la gorge d'un
beau pourpre foncé ; une raie longitudinale d'un vert brillant sur le cou , et qui s'étend un peu sur la tête ; la poitrine
d'un brun ferrugineux , brillant , tacheté de noir ; le ventre
noirâtre et piqueté ; le dessus du cou et du corps d'un brun
foncé ondoyé de noir ; les couvertures des ailes d'une couleur cendrée ; les plus petites striées de jaunâtre ; les pennes
primaires pareilles aux grandes , et inclinant au brun ; les
secondaires d'un beau vert ombré de noir, et bordées de blanc;
les couvertures de la queue d'un vert changeant ; les pennes
intermédiaires de la queue noires , les autres brunes bordées
de blanc ; les pieds petits et jaunes ; les membranes noirâtres.

Le Canard grisbleu , *Anas malacorhincos* Latham.). Ce
palmipède de la Nouvelle-Zélande a le même cri que le *canard siffleur* , et porte dans cette île , où il paroît au mois
d'avril , le nom de *he-wego*. Sa grosseur est celle du *vingeon* ,
et sa longueur d'environ dix-sept pouces. Il a le bec de couleur cendrée , mais membraneux et noir à son extrémité ; le
dessus de la tête d'un cendré verdâtre ; le plumage en général d'un bleu pâle ; une tache blanche sur les ailes ; la
poitrine mélangée de ferrugineux ; les pieds d'une couleur
de plomb sombre. Ce *canard* est remarquable en ce que son
bec est d'une substance molle , de manière qu'il ne peut
vivre qu'en suçant les vers qu'il cherche dans la vase.

Le Canard gris d'Égypte (*Anas damiatica* Lath.). La
grosseur de ce *canard* , que Sonnini a vu sur les lagunes voisines d'Aboukir, est à-peu-près celle de notre *canard sauvage*.
Son plumage est généralement gris , mais il prend une teinte
noirâtre sur le cou , les plumes scapulaires et la queue. On
remarque une espèce de croissant qui embrasse la nuque :
les pennes des ailes et de la queue sont d'un vert noirâtre.

2

Cette espèce est commune dans les lacs et les mares de la partie septentrionale de l'Egypte : les habitans lui font la chasse avec des filets.

Le PETIT CANARD A GROSSE TÊTE (*Anas bucephala* Lath.) est d'une taille moyenne entre le *canard commun* et la *sarcelle* ; sa longueur est d'environ quinze pouces ; une touffe de plumes longues, effilées, d'un vert brillant et à reflets bleus et violets, couvre la tête que cette touffe grossit beaucoup par son épaisseur, dont lui est venu le nom de *canard à tête de buffle* ; les joues sont blanches ; le dos, le cou et les couvertures supérieures de la tête noirs ; le cou, le dessous du corps et les scapulaires blancs ; une large bande de cette même couleur s'étend longitudinalement sur les ailes, qui sont noires ; les pennes de la queue sont grises ; les pieds rouges ; et le bec est couleur de plomb.

La femelle est totalement brune, selon Brisson, et c'est, selon Latham, le *canard* décrit sous le nom de SARCELLE DE LA CAROLINE. (*Voyez* ce mot.) Cette espèce se trouve pendant l'hiver, non-seulement à la Caroline, mais à New-York et à la Louisiane.

Le CANARD D'HIVER. *Voyez* PETIT CANARD A GROSSE TÊTE. (VIEILL.)

Le CANARD DE HONGRIE. En Lorraine l'on connoît, sous ce nom, le GARROT. *Voyez* ce mot.

Le CANARD HUPPÉ, MORETON, OU MOLLETON DE SALERNE est le *canard siffleur* ou VINGEON. *Voyez* ce mot. (S.)

Le BEAU CANARD HUPPÉ (*Anas sponsa* Lath., pl. enl. n°s 980 et 981, mâle et femelle, de l'*Hist. nat. de Buffon.*). Cette espèce, par la richesse de son plumage et le goût exquis de sa chair, doit tenir une des premières places parmi les plus beaux et les plus précieux palmipèdes. Un faisceau de plumes longues, soyeuses, variées de blanc, de vert brillant et de pourpre, s'élèvent sur la tête du mâle, et forment une superbe aigrette qui en arrière se balance sur le cou ; un violet bronzé domine sur le front et les joues ; la mandibule inférieure est entourée d'un blanc pur, qui se présente sous l'œil comme une petite échancrure, et s'étend longitudinalement au-dessus ; un joli roux moucheté de blanc, couvre le bas du cou et la poitrine, et est coupé sur les épaules par deux bandes noires et blanches ; un brun éclatant, à reflets verts dorés, règne sur les ailes, le dos, le croupion et les couvertures supérieures de la queue, dont quelques plumes, longues, effilées et d'un beau roux, tombent sur les côtés ; celles des flancs d'un joli gris, sont lisérées, vermiculées de petites lignes noirâtres, et terminées par deux rubans, l'un d'un noir velouté, et l'autre d'un blanc de neige ; le ventre est de cette dernière couleur ; les pennes des ailes sont brunes , quelques-unes ont des petites taches blanches à leur extrémité , d'autres ont leur côté intérieur vert doré : la plupart ont l'extérieur blanc, et réflètent en bleu et en violet. Le miroir offre la réunion des teintes les plus brillantes ; le brun et le vert cuivreux sont répandus sur la queue , qui est étagée et composée de seize pennes ; le rouge est pur sur les paupières et l'iris , tacheté de noir sur le bec , et tirant à l'orangé sur les pieds , dont les membranes sont d'un brun léger ; les ongles sont noirs ; grosseur du *vingeon* ; longueur de dix-huit pouces.

La femelle , plus petite , et dont la robe ne présente que des couleurs simples et modestes , est privée de ce bouquet de plumes qui pare si pompeusement la tête du mâle. Une couleur brune domine sur presque tout son plumage ; le blanchâtre sur la gorge ; un mélange de bleu et de vert sur les couvertures , les pennes des ailes et de la queue ; et un blanc sale sur le ventre ; enfin , cette teinte se présente sur la poitrine en taches triangulaires confusément distribuées.

Cette espèce se trouve dans l'Amérique septentrionale, depuis le Canada , peut-être plus au nord , jusqu'au Mexique ; mais à l'époque des grands froids , elle quitte les contrées glaciales. Les cantons qu'elle fréquente le plus souvent, sont les bois , les taillis où serpentent de petites rivières ; elle se perche quelquefois sur les branches qui les ombragent, d'où lui est venu le nom de *canard branchu ;* et elle place son nid dans des creux d'arbres : sa ponte est de huit à douze œufs.

Ce canard , qui à la beauté joint une chair savoureuse, lorsqu'il se nourrit de graines , de gland et de faines , est d'un caractère sauvage et méfiant. Néanmoins , pris très-jeune, il s'apprivoise volontiers ; on l'acclimate aisément en France, et l'on peut , avec quelques soins , se procurer des générations domestiques, et par-là augmenter le nombre de nos volailles les plus précieuses. Pour cela , il faut le tenir dans un lieu où les chiens et les chats ne puissent l'inquiéter ; il ne faut pas qu'une curiosité , toujours déplacée lorsque des oiseaux couvent , trouble la femelle pendant l'incubation, ce qui souvent lui fait abandonner ses œufs. En captivité , elle aime à couver dans une petite loge posée sur le bord d'une eau courante ou stagnante, ombragée d'arbres ; l'entrée doit être placée de manière qu'elle puisse en sortir ou s'y retirer, sans quitter cet élément. Il seroit encore mieux , pour la mettre à l'abri de tout accident, de former, au milieu d'un bassin , un petit îlot où seroit un arbre, au pied duquel on placeroit la petite cabane. Cette position a des attraits pour ces oiseaux, qui ne se plaisent que dans les bois. Avec ces précautions on peut être sûr de réussir ; mais il est très-prudent de leur couper les pennes d'une aile, sans quoi on s'expose à les perdre.

Le Canard huppé de la·terre des États (*Anas cristata* Lath.). Cet habitant de l'extrémité de l'Amérique méridionale, a la grosseur du *canard sauvage*, mais il est beaucoup plus alongé, car il a vingt-cinq pouces de longueur ; une huppe pare sa tête ; un jaune paille mélangé de taches de couleur de rouille est répandu sur la gorge et le devant du cou ; le miroir des ailes est mi-parti de bleu et de blanc ; le bec, les ailes et la queue sont noirs ; l'iris est rouge ; et tout le reste du corps gris cendré. (Vieill.)

Le Canard d'Inde, c'est le *canard musqué*, apporté de l'Amérique ou de l'Inde occidentale. *Voyez* Canard musqué. (S.)

Le Canard d'Islande (*Anas Islandica* Lath.). Les Islandais donnent à ce palmipède le nom de *hra-fas-aund*. La tête est ornée d'une huppe ; le dessous du corps est blanc, et le reste du plumage noir ; les pieds sont couleur de safran. (Vieill.)

Le Canard jensen de la Louisiane. *Voyez* Vingeon.

Le Canard a large bec de M. Salerne est le Petit Morillon. *Voyez* ce mot.

Le Canard a large bec et pieds jaunes. Dénomination que M. Salerne a donnée dans son ornithologie au Souchet. *Voyez* ce mot. (S.)

Le Canard a longue queue. *Voyez* Pilet.

Le Canard a longue queue de Terre-Neuve (*Anas glacialis* Lath., pl. enl. n° 1008 de l'*Hist. nat. de Buffon*.). L'on trouve ce *canard* non-seulement à Terre-Neuve, mais au Canada et à New-York pendant l'hiver, l'on assure même que dans les hivers rigoureux il s'avance en Europe jusqu'au nord de l'Angleterre ; il se tient pendant l'été sur les côtes du Groënland et de la baie d'Hudson, où il niche au mois de juin ; sa ponte est de cinq œufs de la grosseur et de la même forme de ceux d'une jeune poule, et d'un blanc bleuâtre ; son vol est rapide, sinueux et balancé, de sorte qu'il présente obliquement et alternativement tantôt le dos et tantôt le ventre ; son cri semble exprimer *a-a-aglik* ; son duvet le dispute en beauté, en finesse et en élasticité à celui de l'*eider*.

La taille de cet oiseau est inférieure à celle du *canard sauvage*, mais il paroît plus long, parce que les deux brins de sa queue augmentent sa dimension totale ; il a la tête, le cou jusqu'au haut de la poitrine , et le dos blancs , avec une bande d'un fauve orangé , qui part des yeux et descend le long des côtés du cou ; le ventre et les scapulaires de la même couleur que la tête , le reste du plumage noir ; l'iris rouge ; le bec et les pieds d'un rouge noirâtre.

La femelle a le sommet de la tête et les côtes du cou en partie noirâtres ; un collier et le bas-ventre blancs , le dos et le croupion noirs , et rayés transversalement de gris ; le bec noir , entouré d'une bande blanchâtre ; les pennes de la queue étagées , mais privées des deux longs brins qu'a celle du mâle. (Vieill.)

Le Canard de Madagascar. C'est , dans Albin , tome 3 , pl. 99 , le même oiseau que notre *canard* privé. (S.)

Le Canard du Maragnon. *Voyez* Canard a face blanche. (Vieill.)

Le Canard du Mexique. Brisson désigne ainsi le Souchet. *Voyez* ce mot. (S.)

Le Canard de Miquelon. *Voyez* Canard a longue queue de Terre-Neuve.

Le Canard moine (*Anas monacha* Lath.). L'on ne connoît pas le pays qu'habite ce *canard* ; il a des rapports avec le *musqué* ; mais il est un peu plus grand ; sa tête est blanche, et tachetée de noir ; cette dernière couleur couvre la poitrine ; une grande tache verte et violette pare les ailes , dont les pennes et celles de la queue sont blanches et terminées de brun , le reste du plumage est varié de noir et de blanc ; le bec est jaunâtre et sa pointe noire. (Vieill.)

Le Canard de montagne. *Voyez* Eider.

Le *Canard des montagnes du Kamtschatka* est le Canard a collier de Terre-Neuve. *Voyez* l'article de cet oiseau.

Le Canard de Moscovie. Albin a mal-à-propos appliqué cette dénomination au Carnad musqué. *Voyez* ce mot.

Le Canard mulard , nom donné aux *canards* qui proviennent du mélange de la race *musquée* et de la race *domestique*. Voyez l'article Canard , *économie rurale et domestique*.

Le Canard musqué (*Anas moschata* Lath. , fig. pl. enlum. de l'*Histoire naturelle de Buffon* , n° 989.). L'épithète de *musqué* a été donnée à ce *canard* parce qu'il exhale une assez forte odeur de musc , due à une humeur qui filtre de glandes placées près du croupion. Pour ôter à la chair cette saveur musquée , il faut , dès qu'un oiseau de cette espèce est tué , lui enlever le croupion et lui couper la tête ; c'est alors un fort bon mets , et aussi succulent que le *canard sauvage*.

Cet oiseau est beaucoup plus grand que notre *canard com-*

mun ; sa longueur totale est de plus de deux pieds , et son envergure en a près de trois ; une large plaque de peau nue d'un rouge fort vif et semé de papilles, couvre la plus grande partie des joues , s'étend jusqu'en arrière des yeux , et s'enfle sur la racine du bec en une caroncule rouge , que Belon compare à une cerise ; ce tubercule manque à la femelle , ainsi que le bouquet de plumes étroites et un peu contournées qui pend derrière la tête du mâle ; elle est aussi moins grande ; tous deux sont bas sur jambes , ont les ongles courts, et celui du doigt intérieur crochu ; tous deux, depuis que leur espèce, ou plutôt une portion de leur espèce , a été élevée dans nos basse-cours, ont subi toutes les variétés de plumage que produit une longue domesticité. « Tantôt, dit Belon, le mâle est » blanc , tantôt la femelle blanche ; tantôt tous deux sont noirs , » tantôt de diverses couleurs ; par quoi l'on ne peut écrire bon- » nement de leur couleur, sinon en tant qu'ils sont sembla- » bles à une *cane ;* mais sont plus communément noirs et » mêlés de diverses couleurs ». (*Nat. des oiseaux* , page 176.) Dans l'état de liberté le mâle est entièrement d'un noir brun , lustré de vert sur le dos , et coupé d'une large tache blanche sur les ailes ; son bec , ses pieds, ses doigts et leurs membranes sont rouges ; mais il y a des bandes noirâtres sur le bec ; le plumage de la femelle est d'un brun noirâtre , et joue à l'œil de beaucoup moins de reflets que celui du mâle.

Quoique l'on appelle communément cette espèce *canard de Barbarie* ou de *Guinée*, il paroît qu'elle n'est sauvage qu'au midi de l'Amérique. Marcgrave l'a observée au Brésil ; elle est aussi naturelle à la Guiane. Ces oiseaux se perchent sur les grands arbres qui bordent les rivières et les marécages, comme les oiseaux terrestres ; ils y établissent leur nid , et dès que les canetons sont éclos, la mère les prend l'un après l'autre avec le bec et les jette à l'eau : la ponte a lieu deux ou trois fois dans l'année , et chacune est de douze à dix-huit œufs , tout-à-fait ronds , et d'un blanc verdâtre ; la mue commence en septembre , et elle est quelquefois si complète que les *canards*, se trouvant presque entièrement dénués de plumes , ne peuvent plus voler , et se laissent prendre vivans par les Indiens. Ces oiseaux sont aussi farouches que nos *canards sauvages* , et ce n'est que par surprise que l'on peut les tirer.

Le *canard musqué* peuple les basse-cours de nos colonies ; on l'a depuis long-temps apporté dans les nôtres, où il est d'un bon rapport par sa fécondité , sa grosseur et la facilité avec laquelle il s'engraisse ; mais il est de plus grande dépense que toutes les autres volailles , et si l'on veut en retirer un parti avantageux , il faut le nourrir largement. Scaliger et Olivier de Serres ont dit que ce *canard* étoit muet ; peut-être que nouvellement transporté dans nos climats il avoit perdu la voix, comme nos chiens la perdirent en Amérique ; mais il est certain qu'il fait entendre un cri grave et fort bas, à moins qu'il ne soit en colère. (*Voyez* la description de l'organe de sa voix dans ma note de la page 370, vol. 61 de mon édition de l'*Hist. nat. de Buffon.*) Plus gros que nos *canards*, celui-ci est aussi plus lourd et plus lent dans sa marche ; le mâle est très-ardent en amour, et il se distingue entre les oiseaux de son genre par le grand appareil de ses organes pour la génération. « L'on s'émerveillera, dit Belon, d'entendre » que tel oiseau ait si grand membre génital, qu'il est de la » grosseur d'un gros doigt, et long de quatre à cinq, et rouge » comme sang ». (*Nature des oiseaux.*) Toutes les femelles lui conviennent ; il s'apparie avec la cane commune, et de cette union proviennent des métis qui n'engendrent pas entr'eux, mais qui se mêlent et produisent avec l'espèce commune ; les individus qui résultent de ces mélanges, se reproduisent ensemble et avec les canards domestiques. C'est en croisant ainsi les deux espèces, que l'on obtient de belles et utiles variétés.

Voyez l'article du Canard domestique. (S.)

Le Canard du Nil (*Anas Nilotica* Latham.). Sonnini soupçonne que ce *canard* n'est autre que l'*oie d'Égypte.* (*Voyez* tom. 59, pag. 578 de son édition de l'*Hist. nat. de Buffon.*) Ce palmipède a la callosité du bord du bec et la caroncule de sa base de couleur pourpre ; l'iris jaune ; le dessus de la tête, le cou blancs et tachetés de gris ; une raie blanche qui s'étend derrière les yeux ; le dos blanchâtre ; le dessous du corps grisâtre et rayé de noir ; les flancs rayés de gris ; la queue arrondie.

Cette espèce se prive aisément, et les Égyptiens la nourrissent dans leurs basse-cours. (Vieill.)

Le Canard noir de M. Salerne, est la *double macreuse*, et le *petit canard noir* du même auteur, est la Macreuse. *Voyez* ce mot et celui de Double macreuse.

Le Canard noir et blanc. C'est, dans Edwards, la Sarcelle blanche et noire. *Voyez* ce mot.

Le grand Canard noir et blanc. C'est l'Eider, dans Edwards. *Voyez* ce mot.

Le Canard du Nord. *Voyez* Macreuse a bec rouge. C'est aussi, suivant quelques-uns, le Macareux. *Voyez* ce mot.

Le Canard du Nord, appelé le Marchand. *Voyez* Macreuse a long bec.

Le **Canard paille-en-queue**. Dénomination mployée par quelques-uns pour désigner le **Pilet**. *Voyez* ce mot. (S.)

Le **Canard pie** (*Anas labradoria* Lath.). Cette espèce, qui n'habite pendant l'été que les terres glacées du **Labrador**, les fuit lorsque l'extrême rigueur du froid les rend inhabitables. A cette époque, elle se retire dans l'état de **New-York**, le **Connecticut** et la **Nouvelle-Angleterre**. Elle voyage en troupes, et visite aussi les côtes occidentales du **Cap Fear**. Sa grosseur est celle du *canard sauvage* ; et sa longueur d'un pied et demi environ ; elle a une bande noire qui descend du sommet de la tête à la nuque ; une teinte roussâtre sur la tête et le cou, un collier noir et un ruban de la même couleur sur la poitrine ; le dos, les ailes et le ventre bruns ; les plumes scapulaires blanches, ainsi que les pennes moyennes des ailes, le bec noirâtre, avec un cerle orangé qui entoure sa base ; les pieds jaunes, et les membranes brunes.

La femelle est variée de brun sur les parties supérieures, et blanchâtre sur les inférieures ; une tache blanche se fait remarquer sur les ailes ; les pieds sont noirs.

Le **Canard presque brun** (*Anas fuscescens* Lath.). Ce *canard*, que l'on trouve à Terre-Neuve, a quinze pouces de longueur ; le bec bleuâtre et noir à son extrémité ; la tête et le cou d'un brun très-pâle ; les plumes du dos, du croupion, de la poitrine, de la même teinte, et bordées de jaunâtre ; les ailes cendrées ; et le miroir bleu, avec une bordure blanche.

Un observateur très-éclairé, Bosc, un des collaborateurs de ce Dictionnaire, a rapporté de la Caroline du Sud, un *canard* qui est peu différent du précédent, et qui lui paroît, s'il n'appartient pas à la même espèce, être d'une race très-voisine. Ce *canard* niche à la Caroline. Son genre de vie est à-peu-près semblable à celui de la sarcelle. Il a quinze pouces de longueur ; le bec d'un brun verdâtre, et très-courbé à son extrémité ; l'iris jaune ; les paupières blanchâtres ; le dessus de la tête d'un brun cuivré ; les côtés gris ; une tache blanche au-dessous des yeux et près des oreilles ; une brune en avant ; les plumes de l'occiput longues ; le cou brun en dessus, mi-partie blanc, mi-partie gris en dessous ; la poitrine brune ; et le milieu de chaque plume, vers l'extrémité, d'un blanc ferrugineux ; le ventre gris, et chaque plume brune dans son milieu ; le dos d'un brun verdâtre ; le croupion et la queue bruns, et l'extrémité des pennes blanchâtres ; les ailes pareilles au dos ; les six premières pennes vertes à leur extrémité, et bordées à l'extérieur d'un blanc argenté ; les secondaires terminées de cette dernière couleur, et vertes à l'extérieur, toutes sont cendrées en dessous, et les couvertures inférieures blanches et brunes.

Le **Canard royal** (*Anas regia* Lath.) se trouve au Chili : il est beaucoup plus gros que le *canard domestique ;* une sorte de crête rouge et membraneuse qui s'élève sur sa tête , lui a fait donner la dénomination qui distingue ce *canard ;* un beau collier blanc entoure le cou; un riche bleu couvre tout le dessus du corps ; le dessous est brun. (Vieill.)

Le **Canard sauvage** (*Anas boschas* Lath. fig. du mâle et de la femelle , pl. enl. de Buffon , n°s 776 et 777.). Dans cette espèce, comme dans toutes celles du même genre, le mâle est toujours plus grand que la femelle ; sa longueur totale est ordinairement de vingt-un pouces , et celle de son bec de deux pouces et demi : il se distingue par une petite boucle de plumes relevées sur le croupion ; et, comme dit Belon, *revirées contremont ;* il est aussi paré des plus belles couleurs , tandis que la robe de la femelle est unie et de peu d'apparence.

Un riche vert d'émeraude , à reflets d'acier poli brille sur la tête et la moitié du cou du mâle ; au-dessous est un petit collier blanc ; le reste du cou sur le devant et les côtés, est d'un beau brun pourpré , ainsi que la poitrine ; le dessus du cou est rayé de noirâtre sur un fond gris, de même que le dos , les flancs et le dessous du corps ; le croupion est d'un noir changeant en vert foncé ; les ailes sont grises, avec une large bande d'un bel azur éclatant , bordée en haut et en bas d'une bande étroite, de gros bleu velouté et brillant , laquelle est encore surmontée par une autre de couleur blanche. Les pennes de la queue , au nombre de vingt , sont grises , bordées extérieurement, et terminées de blanc , excepté les quatre du milieu , qui sont recourbées en demi-cercle et de la même couleur que le croupion ; le bec est d'un vert jaunâtre, et l'iris des yeux de couleur brune ; la partie nue des jambes , les pieds et les doigts sont orangés , et les ongles de devant noirâtres ; celui du doigt postérieur est rougeâtre. Le plumage de la femelle est varié de brun et de gris-roussâtre : elle a sur l'aile deux bandes transversales, mais celle qui, sur le mâle, est d'un azur brillant , approche du violet sur la femelle ; son bec est rougeâtre , avec des taches noires à la mandibule supérieure.

Il y a quelques variétés dans l'espèce du *canard sauvage :* 1°. Le *grand canard sauvage,* que les Allemands appellent *grosse ente , grosse wild-ente,* &c. et les Catalans *aneh coll vert ;* cette race ressemble entièrement à la race commune , si ce n'est qu'elle est un peu plus grande, et que les plumes de son dos ont la couleur de la suie. 2°. Le *grand canard sauvage gris,* en allemand *schmael endte, schmil endte* et *schmelichen.* Il est d'une couleur cendrée, et son bec , ses pieds , ses doigts, aussi bien que leurs membranes sont noirs. 3°. Le *petit canard sauvage*, désigné par Schwenckfeld, et qui paroît être la *petite sarcelle. (Voyez* SARCELLE.) 4°. Le *canard sauvage noir* (*anas nigra* Linn., éd. Gmel. var. N.), n'a de noir que la tête et le cou : du reste, il ressemble au *canard commun.* 5°. Le *grand canard sauvage tacheté*, en allemand, *rosz endte, mertz endte* et *grosse wilde endte*, ne diffère du *canard commun*, qu'en ce que son dos est tacheté de jaunâtre sur un fond noir. 6°. Le *canard sauvage à large collier.* Cette variété, observée par Picot Lapeyrouse, est remarquable par son large collier blanc au bas du cou ; le ventre a la même couleur. 7°. Le *canard sauvage brun*, autre variété vue par Picot Lapeyrouse ; elle est d'un fauve brun, uniforme et sans taches. 8°. Le *Journal des savans*, du 16 novembre 1684, fait mention d'un *canard à quatre ailes* ; mais cette apparence de quatre ailes n'étoit due qu'à un accident individuel, par lequel une partie des pennes des ailes, qui, ordinairement sont couchées le long du corps, s'en écartoient un peu.

L'espèce du *canard sauvage* est à présent partagée en deux tribus distinctes : l'une qui a conservé sa liberté, et l'autre que l'homme a rendue captive, qui se propage dans nos basse-cours, et y forme une des plus utiles et des plus nombreuses familles de nos volailles. La portion de l'espèce restée libre, a tous les caractères de l'indépendance : elle se répand sur une grande partie du globe ; ne séjourne pas long-temps dans les mêmes contrées ; ne fait que passer et repasser en hiver dans nos pays, et va en grand nombre s'enfoncer dans les régions du Nord, pour y nicher sur les terres les plus éloignées de l'empire de l'homme. Ce sont des oiseaux très-défians ; leur vol est élevé, et on les reconnoît aux lignes inclinées, aux triangles réguliers tracés par la disposition de leur troupe ; ils ne s'abattent jamais sans avoir fait plusieurs circonvolutions sur le lieu qu'ils ont choisi, comme pour le reconnoître, et s'assurer s'il ne récèle aucun ennemi ; ils ne s'abaissent qu'avec précaution, et lorsqu'ils nagent, c'est toujours loin des rivages. Ils se reposent sur l'eau, et on les y voit souvent la tête cachée sous une aile, dans l'attitude d'un oiseau qui dort ; mais il y a toujours quelques-uns de la bande qui veillent à la sûreté commune, et donnent l'alarme dès qu'il y a péril ; aussi, sont-ils fort difficiles à surprendre, et la chasse aux *canards* est une de celles qui exigent le plus de finesse, de ruses, de peines, et souvent de patience. Les *canards*, de même que tous les oiseaux nageurs, en sortant de l'eau, s'enlèvent verticalement ; et comme ils sont fort pesans, ils font beaucoup de bruit de leurs ailes au moment qu'ils partent, et le sifflement de leur vol les décèle pendant la nuit, car leurs allures sont plus de nuit que de jour. Ils quittent les eaux une demi-heure avant le coucher du soleil, et c'est ordinairement dans l'obscurité qu'ils voyagent et qu'ils paissent. Ceux que l'on voit pendant le jour ont été forcés de prendre leur essor par les chasseurs ou par les oiseaux de proie. Leurs voyages se font en troupes nombreuses, et ils vivent presque toujours en société ; ils se nourrissent de petits poissons, de grenouilles, d'insectes aquatiques, et de graines des plantes marécageuses. Pendant les gelées, ils vont à la lisière des bois ramasser les glands qu'il aiment beaucoup : ils se jettent aussi sur les champs de blé. Quand les eaux stagnantes commencent à se couvrir de glace, ils se rabattent sur les rivières encore coulantes, ou près des sources. Les hivers les plus rudes ne les incommodent point, et ils vont dans les contrées les plus âpres, chercher un climat froid, dès que le nôtre commence à s'adoucir ; ils se portent jusque dans les régions les plus septentrionales de l'Europe et de l'Asie, en Laponie, en Sibérie, au Siptzberg, au Groenland, &c. et tous les voyageurs qui y ont pénétré, s'accordent à dire que ces oiseaux s'y rassemblent en nombre prodigieux, et qu'ils y couvrent tous les lacs et toutes les rivières : cependant, leur départ de nos pays n'est pas général, et il en reste quelques-uns qui passent l'hiver en France, et même dans des contrées plus tempérées.

Les *canards sauvages* ne font qu'une couvée par an ; la pariade a lieu dès la fin de février ou le commencement de mars : elle dure environ trois semaines, et nos chasseurs prétendent que l'époque de la ponte, est celle de la floraison de l'*hépatique*. Alors, ces oiseaux cessent de vivre en troupes ; ils se séparent : les mâles recherchent les femelles, se les disputent même par des combats ; les couples s'isolent et se tiennent cachés dans les joncs et les roseaux pendant la plus grande partie de la journée, et n'en sortent que la nuit. Avec un naturel vorace, les *canards* ont aussi beaucoup d'ardeur pour l'acte de la génération, et les femelles, à cet égard, ne le cèdent point aux mâles. Tout le monde connoît la forme singulière de la verge du mâle ; elle est tournée en spirale, et dans certains momens, elle paroît longue et pendante, ce qui a fait imaginer à des gens de la campagne, que l'oiseau, ayant avalé une petite couleuvre, on la lui voit ainsi pendante vive au bas du ventre.

C'est ordinairement dans une touffe de joncs, épaisse et isolée au milieu d'un étang, que la femelle fait sa ponte, en pliant et coupant les joncs et les arrangeant en forme de nid.

Cependant, elle préfère souvent des bruyères assez éloignées des eaux, des meules de paille dans les champs, des chênes tronqués dans les forêts. Quelquefois même la *cane* s'empare de vieux nids abandonnés par les pies et les corneilles, sur des arbres très-élevés. Quelque part qu'elle fasse son nid, elle en garnit l'intérieur du duvet qu'elle s'arrache sous le ventre. On y trouve ordinairement seize œufs fort obtus, sphéroïdes, à coquille dure et blanchâtre; et suivant la remarque de Belon, à moyeu rouge, au lieu d'être jaune, comme dans les œufs des oiseaux terrestres. L'incubation dure trente jours, et la femelle s'en charge seule : lorsqu'elle quitte ses œufs pour chercher sa pâture, elle a soin de les couvrir avec le même duvet dont elle a fait une couche épaisse au fond du nid ; et quand elle retourne après quelques instans d'absence, vers l'objet de ses espérances et de ses sollicitudes, elle n'en approche qu'avec précaution ; elle se rabat cent pas plus loin, et ne s'y rend que par des allures tortueuses qui indiquent sa défiance : mais quand une fois elle s'est remise à couver, elle quitte difficilement, et le bruit ni l'approche de l'homme ne la font pas enlever. Les soins du mâle, pendant cette longue et constante incubation, se bornent à rester aux aguets près du nid, à suivre sa femelle dans ses courses que le besoin commande, et à la défendre des persécutions des autres mâles.

Tous les petits naissent dans la même journée, et dès le lendemain la mère descend du nid, les appelle à l'eau. Mais si le nid est trop élevé ou loin de l'eau, le père et la mère les prennent à leur bec et les transportent l'un après l'autre sur l'eau. Ce fait, rapporté par Belon (*Nature des oiseaux*, page 160), a été vérifié par d'excellens observateurs. Une fois sortis du nid, les petits n'y rentrent plus; le soir, la mère les rallie dans les roseaux et les réchauffe sous ses ailes. Tout le jour, ils nagent avec beaucoup de facilité, et guettent à la surface de l'eau et sur les herbes, les moucherons et autres insectes dont ils font leur première nourriture. Les *canetons* sont long-temps couverts d'un duvet jaunâtre; leurs plumes, et sur-tout les pennes de leurs ailes, ne poussent que fort tard, et ce n'est guère qu'à trois mois qu'ils commencent à pouvoir voler. Dans cet état, on les nomme *hallebrans*. Du reste, ils acquièrent en six mois tout leur accroissement et toutes leurs couleurs. Si l'on prend des *hallebrans*, on ne parvient à les apprivoiser qu'en leur brûlant le bout des ailes qui sont long-temps à revenir, et en les mettant avec beaucoup de canetons domestiques.

Ces oiseaux sont sujets à une mue presque subite, dans la-

quelle ils perdent quelquefois toutes les pennes des ailes en
une seule nuit. Elle arrive aux mâles après la pariade, et aux
femelles après la nichée, ce qui paroît indiquer que cette mue
si prompte est l'effet de l'épuisement.

La voix du *canard* est bruyante et rauque, et cette réson-
nance est due à la conformation de la trachée-artère, qui,
avant sa bifurcation pour arriver aux poumons, se dilate en
une sorte de vase osseux et cartilagineux. L'on a remarqué
que cette partie évasée de la trachée-artère, est plus alongée
dans le *canard privé* que dans le *canard sauvage*. Les Latins
voient le verbe *tetrinire* pour exprimer le cri du *canard* :
nous n'en avons point dans notre langue, si ce n'est celui de
cankan, qui est l'expression même de ce cri. Les femelles
font bien plus de bruit ; leur voix est plus forte, plus susceptible d'inflexions, et elles sont plus loquaces que les mâles,
dont la voix est beaucoup plus foible, monotone et enrouée.

On retrouve l'espèce du *canard sauvage* dans les régions du
Nord du nouveau continent, où elle suit le même ordre de
voyage que dans l'ancien. Mais les *canards* qui peuplent les
bords des rivières, les lacs et les savanes noyées de l'Amérique
méridionale, n'appartiennent pas à cette espèce. Ce sont des
espèces distinctes que nous décrivons dans cet article.

De toutes les propriétés que les anciens attribuoient aux
différentes parties du *canard sauvage*, il n'y a de bien constaté
que l'excellence de sa chair, plus fine, plus succulente, et de
meilleur goût que celle du *canard domestique*. C'est un mets
recherché pour les meilleures tables : et les pâtés de canards
d'Amiens sont en grande réputation chez les gourmands.
Aussi a-t-on imaginé une foule de moyens pour prendre les
canards sauvages ; il n'y a point de pays, point de canton
même qui soit fréquenté par ces oiseaux, où l'on n'emploie
quelque méthode particulière pour les attraper ou les tuer. Il
faudroit un volume pour rapporter toutes ces méthodes, et
nous nous bornerons à indiquer celles qui sont les plus simples
et en même temps les plus sûres. Nous ferons précéder cette
notice des chasses aux *canards*, par quelques détails que les
chasseurs ni les gourmets ne doivent point ignorer.

Pour distinguer les jeunes *canards* des vieux, on examinera
les pattes que les vieux ont plus lisses et d'un rouge plus vif ;
ou bien on leur arrachera une penne de l'aile, dont le bout
est mou et sanguinolent si le canard est jeune. La différence
entre le *canard sauvage* et le *canard privé*, est très-sensible : le
premier a les formes et les contours plus élégans ; les écailles
des pieds plus fines, égales et lustrées ; les membranes des doigts

plus minces; les ongles plus aigus et plus luisans, et les jambes plus déliées. On le reconnoît aussi aisément lorsqu'on le sert sur nos tables, à son estomac toujours arrondi, tandis que cette partie forme un angle sensible dans le *canard domestique*, quoique celui-ci soit surchargé de beaucoup plus de graisse que le sauvage.

Chasse aux Canards.

A la glanée. De toutes les chasses aux *canards*, la plus simple et en même temps la moins dispendieuse, et l'une des plus productives, est celle qu'on nomme *glanée*. Il faut pour cette chasse, avoir des tuiles plates, les plus grandes de celles qui servent à couvrir les toits : on en perce le milieu d'un trou, à travers lequel on passe quatre fils de fer de moyenne grosseur, et longs d'un pied ; on les tord et on en courbe les quatre extrémités, à chacune desquelles on attache solidement un collet de six ou huit crins ; on garnit de terre glaise le dessus de la tuile, et on y sème du blé cuit dans de l'eau commune; on répand aussi du blé à l'entour du piége pour servir d'amorce. Cette chasse se fait à la sourdine, de manière qu'un *canard* se prend à côté de son voisin, sans l'appercevoir et sans se douter du piége, qui se place sur le bord d'une rivière, d'un étang, d'un marais ou dans des prés inondés, en sorte que la tuile soit recouverte de quatre pouces d'eau au moins, étant indifférent que les collets surnagent horizontalement ou entre deux eaux. Les canards s'y prennent également, en plongeant pour manger le grain cuit qui sert d'appât, et sans qu'ils puissent s'en débarrasser. Pour empêcher qu'en se prenant le canard ne déplace le piége, on en attache plusieurs après un même cordeau, qu'on passe par-dessous, à travers l'anneau qu'on a formé avec les fils de fer qui tiennent les collets : dans ce cas on place les piéges à une certaine distance les uns des autres, et on y prend différentes espèces d'oiseaux nageurs.

A la pince. Aux mêmes endroits où l'on place le piége que l'on vient de décrire, on peut tendre une sorte de pince qu'on nomme d'*Elvaski*, du nom de son inventeur. Cet instrument ressemble en grand à celui dont les fumeurs allemands se servent pour prendre les charbons ardens dont ils allument leurs pipes. La *pince* en se détendant par le moyen d'un ressort, attrape le canard par les pattes ou par le cou.

Au fusil. En été, lorsqu'il y a dans un étang une couvée de *hallebrans*, ou de très-jeunes *canards sauvages*, et qu'ils commencent à voler à l'entour de cet étang, on est sûr de les rencontrer, dès le grand matin et vers midi, barbotant sur

les bords, dans les grandes herbes, où ils se laissent approcher
de très-près pour les tirer. On peut encore les chasser sur l'é-
tang, à toute heure du jour, en se plaçant dans un bateau, ce
qui réussit sur-tout dans les petits étangs où il est aisé de tuer
jusqu'au dernier, parce qu'ils s'écartent moins, et qu'on ne les
perd pas de vue ; cela est encore plus facile, si l'on a tué la
mère : alors on prend une cane domestique, qu'avec une
ficelle on attache par un pied, à un piquet fixé sur les bords
de l'étang, de manière qu'elle ait la liberté de se promener
un peu dans l'eau ; on se tient un peu à l'écart, la cane se met
à *caneter*, et dès que les hallebrans l'entendent, ils s'en approchent aussi-tôt, la prenant pour leur mère ; alors on les
tue à coups de fusil. Si l'on veut les avoir sans les tirer, on
jette sur l'eau, aux environs de l'endroit où est la cane, des
hameçons garnis de mou de veau, de glands, de petits poissons, de grenouilles et même de petits morceaux de chair ou
de vers ; ces hameçons sont attachés à des ficelles retenues par
des piquets plántés au bord de l'eau.

Il n'est presque point d'étang, qui, dès le commencement
de l'automne, ne soit hanté par quelques bandes de *canards
sauvages* : lorsque ces étangs ne sont que d'une médiocre
étendue, deux chasseurs placés d'un côté et de l'autre, en
jetant des pierres dans les joncs, font partir le gibier qu'ils
tirent, et dont ils tuent une certaine quantité, sur-tout si l'é-
tang n'a que peu de largeur et qu'il se resserre vers la queue ;
mais le plus sûr est de se faire conduire en bateau sur l'étang,
de pénétrer entre les joncs et sans bruit, de cette manière les
canards se laissent ordinairement approcher d'assez près pour
pouvoir les tuer au vol, ceux qui échappent reviennent quelques momens après se rabattre sur l'étang, et avec les mêmes
précautions on réussit à en tuer encore. Au reste, l'on ne
doit pas précipiter le coup de fusil dès qu'on le juge possible, le
canard, ne s'éloigne pas, en s'enlevant, autant qu'un oiseau qui
file droit, et on a tout autant de temps pour ajuster un canard
qui part à soixante pas de distance, qu'une perdrix qui par-
tiroit à trente.

A l'affût. En hiver, et sur-tout dans les temps de gelée, les
canards circulent et sont en mouvement plus que dans tout
autre temps, alors on les attend à la brune au bord des petits
étangs, et on les tire au vol ou à leur chute. Lorsque les étangs
et les rivières sont pris par la glace, on se met à l'affût près
des sources ou des fontaines qui ne sont pas gelées.

A la hutte. La chasse à *la hutte*, est celle qui détruit le plus
de *canards*. La hutte est une petite cabane très-basse, propre
à contenir une ou deux personnes seulement, on la construit

dans un marais, avec des branches de saule recouvertes de terre et plaquées de gazon. On l'établit près d'un endroit où le terrein se creuse et fait la *jatte*, et où l'on conduit l'eau de quelque fossé voisin ; cela forme une petite mare de cinquante à soixante pas de diamètre, à l'extrémité de laquelle est la hutte qui doit être avancée de quelque pas dans l'eau, et sur un sol assez exhaussé pour qu'on puisse y être à sec. Le *hutteur* est muni de deux ou trois *appelans*, un canard et deux ou trois canes domestiques qu'on place dans l'eau à quelques distance du bord, et qui sont attachés par la patte, avec des ficelles de deux ou trois pieds de longueur, à des piquets qui n'excèdent point la surface de l'eau. Le *hutteur* a des bottes pour cette opération, ainsi que pour gagner sa hutte ; il est accompagné d'un chien barbet pour aller chercher les canards qu'on a tués. Il attend que les canards et autres oiseaux d'eau qui sont attirés par la voix des appelans, viennent descendre dans la mare où il les tue à coups de fusil par les meurtrières pratiquées à la hutte. A défaut d'appelans vivans, on peut figurer des canards, soit en bois peint, soit en terre. Cette chasse dure depuis le commencement de novembre jusqu'à la fin de mars, et ne se fait que la nuit, excepté dans les premiers jours de gelée ou de dégel. Elle se pratique aussi sur les bords des rivières, dans les endroits où les eaux sont dormantes, et au lieu de hutte on peut se placer dans les creux que présentent quelquefois les bords escarpés d'une rivière ; et de-là avec des fusils de gros calibre, on peut tuer douze à quinze canards d'un seul coup.

Une autre chasse qui ressemble beaucoup à celle qui vient d'être décrite, est celle qui se pratique dans des mares à une lieue ou deux de la mer, et dont l'étendue est d'environ un demi-arpent ; à six ou huit pieds du bord est un petite île, soit naturelle, soit faite par une jetée, couverte d'un massif de roseaux et de jeunes plants de saules ou d'osier : au milieu de cette île est une petite cabane recouverte en chaume et très-basse. Pour faire descendre dans la mare, les canards et autres oiseaux d'eau, le chasseur attache sur le bord un ou deux canards privés, et il a en outre dans sa cabane un canard mâle qu'il lâche en l'air dès qu'il apperçoit une volée de *canards sauvages*, le canard privé va se joindre à ceux-ci, les amène dans la mare, et il a l'instinct particulier de s'en séparer dès qu'il est à l'eau, afin de n'être pas tué avec eux. A la chute du jour, et le matin avant qu'il paroisse, voilà le temps le plus favorable pour cette chasse.

Outre ces différentes manières de tirer le *canard* à l'affût, il en est plusieurs autres que les localités indiquent et qu'on peut facilement imaginer d'après les principes indiqués dans les différentes chasses que je viens de mettre sous les yeux du lecteur.

Au réverbère et au flambeau. C'est ainsi que pendant la nuit, sur une rivière dont le cours est lent, un chasseur placé sur un bateau qu'il laisse aller au fil de l'eau, et en devant duquel est une perche posée horizontalement, au bout de laquelle est attachée une terrine remplie de suif, avec trois mèches allumées, on attire les *canards* des bords de la rivière au lieu qui est éclairé, et on les tue avec de longs fusils nommés *canardières*, et qui portent fort loin; on obtient le même avantage, lorsque de deux chasseurs qui suivent, pendant la nuit, les bords d'une rivière hantée par les *canards sauvages*, l'un d'eux porte un chaudron bien écuré, dans lequel est placée la terrine.

Aux filets. Sur les bords de la mer, lorsque les *canards* en sortent vers la nuit, ou lorsqu'ils y reviennent à l'aube du jour, non-seulement les chasseurs cachés dans des huttes les tuent au vol, mais ils leur font, ainsi qu'aux autres oiseaux nageurs, une guerre qui est encore plus sûre et plus productive : elle consiste à tendre à marée basse et à deux cents pas du rivage, des filets à trois mailles qu'on place verticalement à l'aide de perches plus élevées que le niveau de l'eau; lorsque ces oiseaux sont chassés par les hautes marées ou par des vents forcés, ils donnent dans ces filets et s'y prennent.

Aux filets d'alouettes. Dans les marais, dans les étangs dont les bords sont peu profonds et dans les prairies inondées par le débordement des rivières, on prend beaucoup de *canards* avec des *filets à alouettes*, qu'on tend de la même manière que pour la chasse *au miroir*, qu'on trouvera décrite au mot ALOUETTE. La différence que nécessite le local, c'est qu'on se sert de barres de fer pour monter et fixer les nappes au fond du marais, de l'étang ou de la prairie noyée, sur laquelle on tend; et que si là monture des nappes est en bois, on les garnit de balles de plomb pour les faire tenir à fond; en observant encore de placer les nappes dans un endroit couvert de deux pieds d'eau, et au lieu d'avoir un miroir et une alouette pour appeau, il faut avoir plusieurs canes privées, que le chasseur attache entre la rive et les nappes qu'il fait jouer de la hutte qu'il a établie sur les bords, et cela par le même procédé et dans les mêmes circonstances que pour la chasse *au miroir*. Pour assurer davantage le succès de cette chasse, on a dans la hutte quelques canards mâles privés, que le chasseur lâche lorsqu'il apperçoit une volée de sauvages; les privés les joignent, les appeaux femelles les rappellent, les mâles privés se rendent à leur voix, et sont suivis par les sauvages, et lorsque ceux-ci traversent les *formes* ou *nappes* , le tendeur les fait jouer, on en prend souvent plus d'une douzaine à la fois. Si les appeaux sont des femelles sauvages, cela n'en va que mieux. Cette chasse ne se fait que pendant la nuit au clair de la lune et avant l'aube du jour, les vents de nord et nord-ouest sont les plus favorables ; tout chasseur intelligent reconnoîtra les différences que le local exige, entre la manière de monter les *nappes* aux alouettes et celles aux canards.

A la nasse ou *grand piége*. La plus grande et la plus productive des chasses , est celle qui se pratique sur le bel étang d'Arminvilliers, et qui peut être faite sur d'autres étangs qui présentent la même facilité. Sur un des côtés de cet étang qu'ombragent des roseaux, et que borde un petit bois, l'eau forme une anse enfoncée dans le bocage et comme un petit port ombragé où règne toujours le calme ; de ce port , on a dérivé des canaux qui pénètrent dans l'intérieur du bois , non pas en ligne droite , mais en arc sinueux ; ces canaux, nommés *cornes* , assez larges et profonds à leur embouchure dans l'anse , vont en se rétrécissant et en diminuant de largeur et de profondeur à mesure qu'ils s'enfoncent dans le bois, où ils finissent par un prolongement en pointe et tout-à-fait à sec. Le canal , à-peu-près à la moitié de la longueur , est recouvert d'un filet en berceau, d'abord assez large et élevé , mais qui se resserre et s'abaisse à mesure que le canal se rétrécit, et finit à la pointe en une nasse profonde et qui se ferme en poche. Tel est le grand piége où des troupes nombreuses de *canards* , mêlés de *rougets* , de *garots* et de *sarcelles* viennent s'abattre sur l'étang dès le milieu d'octobre ; mais pour les attirer vers l'anse et les fatales cornes , voici comme on s'y prend : au centre du bocage et des canaux on bâtit une petite maison où loge un garde qu'on nomme le *canardier :* cet homme va , trois fois par jour, répandre le grain dont il nourrit, pendant toute l'année , plus de cent canards demi-privés , demi-sauvages , et qui , nageant tout le jour dans l'étang , ne manquent pas à l'heure accoutumée , et au coup de sifflet, d'arriver à grand vol , en s'abattant sur l'anse , pour enfiler les canaux où leur pâture les attend. Ce sont ces oiseaux, que le canardier appelle *traîtres* , qui, dans la saison, se mêlant sur l'étang aux troupes des sauvages , les amènent dans l'anse , et les attirent ensuite dans les cornes , tandis que, caché derrière une suite de claies de roseaux, le canardier va jetant du grain devant eux pour les amener jusque sous l'embouchure du berceau de filets ; alors , se montrant dans les intervalles des claies , disposées obliquement , et qui jusqu'alors le cachoient aux canards arrivans , il effraie ceux qui sont avancés sous le berceau de filets, et qui se jettent dans le cul-de-sac, d'où ils vont pêle-mêle s'enfoncer dans la nasse : on en prend ainsi jusqu'à soixante à-la-fois, et par milliers dans le cours d'une saison. Il est rare que les demi-privés entrent dans la nasse ; ils sont faits à ce jeu, et retournent sur l'étang recommencer leur manœuvre, et engager une nouvelle capture.

Voyez encore l'article CANARD. *Économie rurale et domestique.*

Le CANARD SAUVAGE DU BRÉSIL. *Voyez* CANARD MUSQUÉ.

Le CANARD SAUVAGE DE SAINT-DOMINGUE. *Voyez* CANARD MUSQUÉ.

Le CANARD SAUVAGE A TÊTE ROUSSATRE, dans l'Ornithologie de Salerne, c'est le MORILLON. *Voyez* ce mot. (S.)

Le CANARD SIFFLEUR. *Voyez* VINGEON.

Le CANARD SIFFLANT A BEC MOU. *Voyez* CANARD GRIS-BLEU.

Le CANARD SIFFLEUR DU CAP DE BONNE-ESPÉRANCE (*Anas capensis* Lath.). Sa taille est la même que celle du *Vingeon*. Un bleu, mêlé de cendré et pointillé d'une teinte plus sombre, couvre la tête ; les plumes du dos sont d'un brun rougeâtre, et bordées de jaunâtre ; une teinte tendre, verte et bleue, indique le miroir des ailes ; le cendré est répandu sur le reste du plumage ; le bec et les pieds sont rouges et les ongles noirs.

Le CANARD SIFFLEUR A QUEUE NOIRE (*Anas melanura* Lath.). Cet oiseau que Scopoli a indiqué le premier, mais sans faire connoître le pays qu'il habite, a beaucoup de rapport au *Vingeon*. Il n'est pas tout-à-fait aussi gros que le *canard sauvage* ; le dessus de la tête et le dos sont roux ; le cou et le corps cendrés, le croupion est varié de taches blanches sur un fond noir ; les pennes et les ailes sont de cette dernière couleur ; le bec et les pieds d'un rouge de brique. (VIEILL.)

Le CANARD SPATULE. *Voyez* SOUCHET. (S.)

Le CANARD DE STELLER (*Anas dispar* Lath. *Mus. carl. fasc. 1, tom. 7, 8. Sparm.*). Le nom que porte ce *canard* est celui du savant voyageur qui, le premier, l'a fait connoître. C'est dans les écueils et dans les rochers inaccessibles du Kamtschatka, que Steller l'a découvert. Cette espèce y place son nid, et ne s'éloigne jamais des eaux de la mer pour entrer dans les fleuves ; elle fréquente aussi les côtes les plus septentrionales de l'Amérique ; sa taille, son port et sa démarche, sont ceux du *petit morillon* ; elle a sur le derrière de la tête une sorte de petite huppe ; deux taches d'un vert d'émeraude, l'une transversale sur la nuque, l'autre plus large, qui va d'un œil à l'autre en passant sur le front ; les yeux entourés de petites plumes soyeuses et noires ; le bec de cette couleur, l'iris brun clair, le devant du cou, la gorge, le dos, pareils au bec, mais à reflets violets ; un collier encore plus éclatant ; la poitrine légèrement teinte de roussâtre ; le reste du corps blanc ; les grandes pennes des ailes d'un brun brillant ; les moyennes d'un riche mélange de noir, de bleu et de blanc ; les petites d'un noir violet à l'extérieur, et blanches à l'intérieur : ces pennes sont pointues et recourbées à leur extrémité ; la queue est brune, courte et terminée en pointe ; les pieds sont noirs ; longueur, quinze pouces et demi.

La femelle de ce superbe et rare *canard* n'est variée que de brun et de fauve rougeâtre ; son plumage a de la ressemblance avec celui de la *bécasse* ; elle n'a de remarquable que deux taches blanches sur les couvertures des ailes, dont les pennes sont droites et noirâtres. C'est à cette femelle que doit être rapporté le *canard ferrugineux* de Gmelin et de Latham. (*anas ferruginea*).

Le CANARD A TÊTE COULEUR DE CANNELLE (*Anas caryophyllata* Lath.). Cette espèce qui se trouve dans plusieurs parties de l'Inde, s'apprivoise facilement, se réunit rarement en troupes, et vit presque toujours par paires. Sa taille est celle du *canard siffleur à bec noir*, et sa longueur de dix-neuf pouces ; le miroir peu brillant, qui occupe trois ou quatre pennes de l'aile, est d'un rouge pâle ou couleur de rouille ; le bec de près de deux pouces et demi de long, un peu courbé à son extrémité, est, ainsi que la tête et la moitié du cou, d'une teinte vive de cannelle ; un brun de chocolat couvre l'autre partie du cou et le reste du corps ; les couvertures des ailes sont longues et recourbées ; les pieds d'un gris bleuâtre, et l'iris rouge. La femelle diffère très-peu du mâle.

Le CANARD A TÊTE GRISE (*Anas spectabilis* Lath.) est beaucoup plus gros que le *canard domestique*, et a près de deux pieds de longueur ; le dessus de la tête d'un cendré bleuâtre ; les côtés, au-dessous des yeux, d'un vert pâle ; trois petites bandes longitudinales noires sur le front, et qui s'avancent en pointe sur le haut du bec, et deux autres qui s'étendent en arrière sous ses angles ; le tour des yeux de la même couleur ; le cou, la gorge et la poitrine blancs ; le ventre d'un brun noirâtre ; le dos, les scapulaires et le croupion de cette même teinte et à reflets pourprés ; les couvertures du dessus et du dessous de la queue d'un noir brillant ; de chaque côté, au-dessus du croupion, une grande tache blanche ; les pennes des ailes brunes ; les couvertures d'un pourpre luisant, et chaque plume terminée par un point blanc ; la queue d'un brun foncé et étagée ; le bec rouge ; un tubercule musculeux qui surmonte le bec à sa base ; les pieds d'un rouge sale.

La femelle n'a sur le bec qu'un renflement peu apparent ; les yeux entourés de blanc ; le plumage tacheté de brun, de noir et de rougeâtre ; les pennes de la queue et l'extrémité de celles des ailes cendrées, avec une bande blanche qui les traverse en dessus ; les pieds noirs. Les jeunes mâles ont à-peu-près les mêmes couleurs que la femelle.

Cette espèce habite pendant l'été le nord de la baie d'Hudson, et pendant l'hiver elle s'avance jusqu'à New-Yorck. On la trouve au Kamtschatka, en Sibérie, en Norvège ; et là, elle se nourrit de coquillages qu'elle va chercher au fond des eaux, et qu'elle n'avale que lorsqu'elle a regagné la surface. Ses œufs sont blanchâtres ; son duvet est aussi fin et aussi moelleux que celui de l'*eider*, et sa chair très-savoureuse. On fait la chasse à ces oiseaux avec des traits adaptés pour tuer plusieurs autres espèces d'oiseaux d'eau : on les surprend au moment où ils plongent pour attraper leur proie, effrayés des cris des chasseurs, ils n'osent pas prendre leur vol et se réfugient sous l'eau ; mais ne pouvant s'y tenir long-temps, et décélant le lieu où ils sont par les bulles d'air qu'ils laissent échapper, ils sont frappés au moment où ils montrent leur tête à la surface de l'eau. (VIEILL.)

Le grand Canard a tête rousse. C'est, dans l'*ornithologie* de Salerne, le *canard siffleur* ou VINGEON. *Voyez* ce mot. (S.)

Le Canard varié a calotte noire (*Anas Jamaicensis* Lath.) ne paroît à la Jamaïque qu'en octobre et novembre. Sa taille est celle du *petit canard à grosse tête* ; il a près de quinze pouces de longueur ; son bec est large et un peu recourbé en haut à son bout, la mandibule supérieure est bleuâtre sur son arête, orangée sur ses côtés et autour des narines ; l'inférieure est de cette dernière couleur, l'iris est d'un brun clair ; une calotte noire couvre le dessus de la tête, et une teinte brune domine sur le dos, les ailes et la queue ; la gorge est blanche et tachetée de noir ; sur tout le reste du plumage il y a des raies couleur de rouille et de safran, agréablement variées ; la queue est cunéiforme. (VIEILL.)

Le Canard aux yeux d'or. M. Salerne a désigné ainsi le Garrot. *Voy.* ce mot. (S.)

CANARD (*Economie rurale et domestique.*). Nous nous bornerons à présenter ici les qualités les plus essentielles des *canards*, et à indiquer aux cultivateurs qui desireroient s'occuper de leur éducation, les moyens d'en tirer tous les avantages qu'on peut en obtenir. Mais avant d'entrer dans ces détails, qu'il nous soit permis de commencer l'article par une réflexion générale, que vraisemblablement ont déjà faite plusieurs bonnes fermières, auxquelles le gouvernement de la basse-cour est naturellement dévolu.

Il n'est pas douteux que le *canard*, devenu domestique, ne soit d'une assez grande ressource pour les habitans des campagnes; il vit et se multiplie au milieu de nos habitations, exige peu de soins, même dans son premier âge; pourvu qu'il ait à sa disposition une rivière, un étang, un filet d'eau, une mare, un bourbier, peu lui importe; l'humidité est son élément; il ne sauroit profiter que dans des lieux frais et aquatiques; inutilement on s'obstineroit à vouloir élever des *canards* dans des endroits secs et arides, leur chair ne seroit ni aussi tendre ni aussi savoureuse; dans ce cas, il vaut mieux leur préférer d'autres oiseaux auxquels les localités conviennent davantage, pour les vues qu'on doit se proposer.

Des Espèces ou Variétés de Canards.

Dans le très-grand nombre des variétés de *canards* dont les naturalistes ont donné la description, il n'en existe communément que deux ou trois au plus dans nos basses-cours, savoir, le *canard commun* ou *barboteux*; le *canard musqué* ou *de Barbarie*; enfin le *canard métis*, qui résulte de l'accouplement du *canard d'Inde* et de la *cane commune*.

Canard sauvage.

Le *canard sauvage* a fourni le *canard domestique*, auquel il se mêle volontiers; il vit en troupe sur les étangs voisins des lieux habités, et la troupe ne descend qu'après avoir reçu le signal de sécurité de ceux qui vont en avant comme *éclaireurs*; il a l'ouïe, l'odorat très-fins; on le prend à l'hameçon, aux lacs tendus dans les grands joncs. Le chasseur prudent, placé en opposition de la lune et du vent, peut en surprendre un grand nombre. Sa chair est plus estimée que celle du *canard domestique*. Souvent la *cane sauvage* fait sa ponte sur la crête d'un arbre; descend ses petits en les portant avec son bec dans l'eau voisine; les habitans du Nord attachent près des grandes eaux de petits caissons aux arbres, et y mettent un ou deux œufs de cane pour attirer les pondeuses; ils les visitent à la ponte, et en retirent les nouveaux œufs par le fond qui est à bascule.

Canard musqué.

Les naturalistes connoissoient dès le seizième siècle le *ca-*
rd musqué, ainsi appelé à cause de l'odeur de musc qu'il
pand ; on le nomme encore *canard d'Inde*, *de Guinée*, *de*
arbarie ; mais cette espèce n'est pas assez propagée: étant
lus grosse, plus belle, plus propre et plus paisible et aussi
onne que le *canard domestique*, elle devroit être multipliée
e préférence à toute autre. M. Schrenk de Gera, en Haute-
avière, en a suivi l'éducation avec le plus grand soin, et il
consigné le résultat de son expérience et de ses observa-
ons dans un mémoire particulier dont nous allons offrir un
ourt extrait.

Comme ce *canard* est encore assez sauvage, il s'avance
ans l'eau aussi loin qu'il peut, et conséquemment, quand
est sur des ruisseaux un peu considérables, il lui est diffi-
le de retrouver le chemin de la ferme. Les étangs et les vi-
ers, sur-tout lorsqu'ils sont clos de murs ou placés dans le
oin d'un jardin, lui conviennent le mieux ; il se plaît aussi
ans les mares ou gués destinés à abreuver les chevaux ; mais
faut que, de loin ou de près, il puisse appercevoir d'autres
bjets propres à le distraire, ne fût-ce que des bâtimens,
arce qu'il ne s'apprivoise pas aussi facilement que le *canard*
rdinaire.

La nourriture qu'il trouve dans l'eau ou sur la terre, lui
t insuffisante ; c'est pourquoi nos économes placent, sur le
ord des eaux qu'il fréquente, des augets pleins d'avoine
nflée par l'eau qu'on a versée dessus, et de mies de pain
empées qui lui réussissent à merveille. Il convient aussi de
i procurer une quantité suffisante de vase et de lavures ;
se jette dessus avec avidité, même quand il a une autre
ourriture en abondance. En observant ces règles, il est
utile de lier les ailes à cet oiseau ; on peut être sûr qu'il ne
olera pas plus loin, tant qu'il trouvera autour de lui ce qui
i est nécessaire. Mais, dans aucun cas, il ne faut arracher ses
umes ou éjointer ses ailes, parce que cette opération, qui ne
fait ordinairement que sur les plumes les plus essentielles,
l'influence la plus funeste sur la santé de l'animal.

Canard barboteux.

Comme tous les *canards barboteux* proviennent originaire-
ent d'œufs de *canard sauvage*, et que tous s'accoutument
cilement à la domesticité, il paroîtroit plus naturel de dis-
nguer les *canards* en grande, moyenne et petite espèce.

La première est plus belle dans la Normandie que dans tout autre canton de la France.

Dans la Picardie, au contraire, et dans d'autres cantons limitrophes, on préfère l'espèce moyenne, plus connue sous le nom de *canard barboteux*, parce qu'en effet il paroît avoir encore plus de disposition que les autres espèces à se vautrer dans les lieux bourbeux, dans les ruisseaux, au bord des étangs et des marais, où il trempe le bec pour y trouver sa nourriture. Cette espèce est plus féconde, plus vivace, exige moins de soins, et n'a pas le défaut de déserter la ferme pendant plusieurs jours de suite, ni de devenir par conséquent la proie des renards, des fouines et autres animaux destructeurs.

Au reste, si les *canards* dits *barboteux* ne se mêlent qu'avec leur espèce, ceux de Barbarie, en revanche, s'accommodent très-bien des canes ordinaires, d'où résultent, par cet accouplement, des métis, mulets ou bâtards qui forment toutes les variétés supérieures en grosseur et en saveur, que nous voyons dans les fermes des différens cantons de la France.

Canards mulards.

C'est ainsi que dans plusieurs parties méridionales de la France, on nomme les *canards* qui proviennent du *canard d'Inde* avec la *cane* ordinaire ; leur plumage est d'un vert très-foncé, et leur grosseur moyenne entre celle du *canard d'Inde* et du *canard commun* ; mais ils n'ont pas ces excroissances qui distinguent les premiers, et ils perdent presqu'entièrement cette odeur qui les caractérise. Plusieurs observateurs prétendent que le mâle de cette espèce étant très-chaud, il falloit bien se garder de ne lui donner qu'une cane, sans quoi on courroit les risques de n'avoir que des œufs clairs et de nul rapport ; mais ces *canards* étant le produit d'animaux d'espèce différente, ils sont rarement féconds. A peine, suivant la remarque de Puymaurin, sur cent œufs obtient-on vingt individus vivans ; mais si ces *canards métis* se régénèrent difficilement entr'eux, ils peuvent, en s'appariant avec les canes ordinaires, fournir une excellente postérité ; c'est ce qu'Olivier de Serres a très-bien exprimé dans son *Théâtre d'agriculture*, par deux paragraphes que nous rapportons littéralement, dans la crainte d'en altérer le texte.

« Une troisième espèce de canes sort par l'accouplement » du *canard d'Inde* avec *la cane commune* ; recommandable » en ce que, pour la fertilité de la femelle, et facile esleua-

ment des petits qui sortent de ces œufs, l'on en peut auoir
abondamment. Ceste cane tient du masle la grosseur du
corps, la bonté de la chair et le silence : et de la femelle
les fertilités des œufs qui s'augmentent par ce mariage, pon-
dans les femelles plusieurs fois l'année. Mais œufs qui ne sont
bons qu'à manger, ne pouuans esclorre, pour le meslange
des semences, partant stériles en génération (comme les
mulets) en eux défaillant leur race.

» Pour en conseruer l'engeance, se faut soigner de tenir,
suffisant nombre de canards d'Inde au troupeau des canes
communes : comme pour cinq ou six femelles, vn masle
(ceux-cy ne pouuant fournir à tant de femelles que les
autres) afin d'auoir abondance des œufs que demandés,
lesquels couuer ainsi que dit est, par des poules communes,
satisferont à vostre intention. A la charge toutesfois, qu'autre
masle que d'Inde n'y ait au troupeau des canes communes,
pour le danger de gaster tout. Et à ce que cela se puisse
commodément faire, sera bon loger en lieu séparé, cette
bande ainsi assortie ; par le moyen de laquelle, sans destour-
bier, cette race bastarde se maintiendra. Dont tirerez plai-
sante vtilité, par les chairs et œufs qu'elle vous fournira en
abondance ».

De la Cane.

Elle est dans toutes les variétés de *canards,* moins volumineuse que le mâle ; son cri est plus aigu et plus perçant, et
ses couleurs ne sont ni si belles ni si vives. Une autre marque
la distingue encore, c'est un assemblage de quelques plumes
de la queue, placées en rond et retroussées vers son extrémité supérieure.

Un seul *canard* suffit à huit et dix *canes.* Il en faut moins à
un *canard d'Inde,* et ses petits sont d'une éducation plus difficile, sans cependant être moins voraces. Elles commencent
leur ponte vers la fin de février, et la continuent jusqu'au
mois de mai, lorsqu'elles ont une nourriture suffisante et
sont logées dans un endroit qui leur plaise. Alors il faut les
veiller de près, car elles déposent par-tout leurs œufs où elles
se trouvent, dans les lieux les plus ombragés, les plus écartés,
quelquefois dans l'eau. Souvent même, après les avoir dé-
robés à l'œil vigilant de la ménagère, elles les couvent furti-
vement, et amènent un beau jour à la ferme leur nais-
sante famille pour demander à manger, sans qu'on en ait
aucun soin, aucun embarras. Il est prudent, à l'approche
du printemps, de leur donner à manger trois ou quatre fois
le jour, mais peu à-la-fois, et toujours dans les lieux où l'on

desire qu'elles pondent, en disposant leurs nids où elles ont pondu une seule fois.

Il y a eu long-temps, sous mes fenêtres, une petite basse-cour où les canards, les poules et les pigeons vivoient, pour ainsi dire, en commun et sous le même toit; j'ai vu une cane monter dans le pondoir pour y déposer son œuf, comme si le poulaillier étoit son habitation. Elle paroît moins timide que les autres pondeuses.

Des Œufs de Cane.

La *cane* ordinaire pourroit pondre de suite cinquante à soixante œufs, depuis le mois de mars jusqu'en mai, si la couvaison ne venoit pas interrompre la poule. Aussi nourrissans que ceux de la poule commune, ils ont seulement un peu plus de grosseur, et la coque paroît plus lisse et moins épaisse. Leur couleur est assez ordinairement verdâtre à l'extérieur; il s'en trouve d'un blanc terne : le jaune est gros et assez foncé. Cuits à la coque, le blanc ne devient pas laiteux; il acquiert une consistance de colle, a une couleur d'un blanc pâle, et un goût un peu sauvageon; mais bouillis ou en omelette, ils sont fort délicats.

Dans la Picardie, les femmes de campagne sont fort empressées de rechercher ces œufs, avec lesquels elles préparent leurs gâteaux. Comme il s'établit parmi elles une sorte d'émulation pour faire briller, dans les grandes solemnités, leur talent en fait de pâtisserie, il n'est pas rare, aux approches d'une fête religieuse, de les voir courir à trois ou quatre lieues pour se procurer des œufs de canes, qu'elles emploient de préférence, parce qu'ils donnent un meilleur goût, une plus belle couleur, et n'exigent point autant de beurre. A la vérité, si, au lieu de levure, elles ne se servoient que de levain de pâte ordinaire, leurs gâteaux seroient plus délicats et ne sécheroient pas si promptement : nous ajouterions même que quelques jaunes d'œufs de cane, brouillés avec des œufs de poule ordinaire, rendroient les omelettes plus délicates, s'il n'étoit pas plus économique de les réserver pour la couvaison, et de les consommer ensuite sous forme de *canards*.

Des Œufs de Cane sauvage.

Lorsqu'on a la possibilité de se procurer des œufs de cane sauvage, il est facile de les faire éclore en les confiant à une cane domestique, ou mieux à une poule. On trouve les nids dans les joncs, près des étangs, des rivières, sur-tout dans es endroits solitaires, dans les bruyères qui avoisinent les pièces d'eau fréquentées par ces oiseaux. Rien ensuite ne s'apprivoise plus aisément que les petits qui en proviennent ; ils s'accoutument au milieu des autres canetons privés, dès qu'on a eu soin de leur couper la partie extérieure d'une des deux ailes. Sans cette précaution, ils s'envoleroient avec les canards sauvages qui séjournent habituellement dans certains cantons, ou qui y passent par troupes à une époque fixe de l'année ; mais quand l'amour les a unis, ils ne pensent plus à s'éloigner du lieu qui a été témoin de leurs premières affections.

La très-grande facilité d'avoir, dans certains cantons, des œufs de canes sauvages, a fait songer à Gouffier de proposer aux économes un renouvellement, tous les quinze à vingt ans, de la race primitive de nos canards par une rééducation domestique de canards sauvages. Ils réussissent au moins aussi bien que nos canards ordinaires ; ils sont infiniment meilleurs, et ils coûtent moins à nourrir, parce qu'étant, par leur nature, plus portés que nos canards domestiques à chercher leur pâture, ils vont toute la journée et dans tous les temps de l'année le long des pièces d'eau, où ils en trouvent d'analogue à leur goût et à leur tempérament.

Les individus de la première génération sont, à la vérité, un peu plus petits que nos canards domestiques ; mais à la seconde, et sur-tout à la troisième, ils deviennent au moins aussi gros ; ils ont la délicatesse des canards sauvages, et toute la bonté et la graisse de nos *barboteux*.

Couvaison des Canes.

La *cane* n'est pas naturellement disposée à couver ; c'est pour l'y inviter que, vers la fin de la ponte, on laisse ordinairement deux autres œufs dans chaque nid, ayant soin d'enlever, tous les matins, les plus anciens, afin qu'ils ne soient pas gâtés. On lui en donne depuis huit jusqu'à douze, selon qu'elle est plus en état de les embrasser, en prenant garde sur-tout de les asperger d'eau froide, comme quelques auteurs le conseillent assez mal-à-propos. Cette précaution est au moins superflue, si elle n'est pas nuisible. Pour bien faire, il faut, autant que l'on peut, que ce soit toujours ses propres œufs, ou du moins qu'ils dominent dans le nombre ; car il semble qu'elle ne couve les œufs d'une autre cane qu'avec peine, et par complaisance pour les siens.

Le seul temps où la cane demande quelques soins, c'est lorsqu'elle couve : alors, comme elle ne peut aller chercher sa pâture, il faut avoir l'attention de la mettre devant elle mais aussi, quelle qu'en soit la quantité, elle s'en contente on a même remarqué que trop bien nourrie, elle couve mal il faut la rationner.

La couvaison dure un mois, et les premières couvées sont ordinairement les meilleures, parce que les chaleurs de l'été contribuent beaucoup à leur développement : le froid empêche toujours les dernières couvées de se fortifier et de donner des canards aussi vigoureux.

On reproche à la cane de laisser refroidir ses œufs quand elle couve. Cependant, Réaumur dit avoir eu une cane de l'espèce la plus commune, qui paroissoit encore plus inquiète de ce refroidissement auquel les œufs alloient être exposés pendant qu'elle prendroit de la nourriture, que les poules ne paroissoient l'être pour les leur ; elle ne quittoit son nid qu'une fois par jour, vers les huit à neuf heures du matin ; et avant de les abandonner, elle les couvroit d'une couche de paille, qu'elle tiroit du corps du nid pour les mettre à l'abri des impressions de l'air. Cette couche, épaisse de plus d'un pouce, cachoit si bien les œufs, qu'il étoit impossible de s'imaginer qu'ils s'y trouvoient.

Il s'en faut, à la vérité, que toutes les canes de la même espèce donnent des preuves d'une aussi grande prévoyance pour la conservation de la chaleur de leurs œufs, que celle dont il s'agit. Il arrive souvent qu'elles les laissent refroidir. D'ailleurs, à peine les canetons sont-ils nés, que la mère les mène à l'eau, où ils barbotent et mangent d'abord, et il en périt beaucoup si le temps est froid.

Toutes ces raisons, et tant d'autres trop longues à détailler dans un ouvrage destiné à offrir une grande variété d'objets, déterminent ordinairement les fermières à faire couver les œufs de cane par des poules ou par des poules-d'Inde : plus douces et plus assidues que les canes, ces mères empruntées affectionnent très-bien leurs petits, dont la surveillance exige une certaine attention, parce que, ne pouvant être accompagnées dans les endroits aquatiques, pour lesquels ils montrent, dès en naissant, la plus grande propension, ils suivent la poule sur terre, et s'endurcissent un peu auparavant de s'exposer à l'eau sans aucun guide.

Il est probable que si on pouvoit réunir une quantité considérable d'œufs de cane pour en former une grande couvée, l'art de faire éclore artificiellement les poulets, appliqué aux *canards*, ne fût suivi d'une réussite plus complète, vu que ces derniers oiseaux sont moins difficiles à élever que les poulets. Il suffiroit de les tenir enfermés une douzaine de jours dans cet endroit appelé la *poussinière*, et où il faudroit leur laisser quelques baquets d'eau pour barboter. Au bout de ce temps, on pourroit les mettre en liberté, et ils viendroient à merveille, pourvu qu'ils eussent dans l'enclos où on les lâcheroit une mare, un petit ruisseau.

On dit et on répète que la *cane* refuse de couver ses œufs, lorsqu'elle a été elle-même couvée par une mère d'emprunt; mais c'est un préjugé. L'instinct de la nature triomphe de tout. Jamais je n'ai apperçu aucune répugnance à l'incubation des canes, quoique couvées originairement par des gallines ou par des poules-d'Inde. Dès que les petits sont éclos, ils se traînent machinalement à la première mare voisine. Dambourney, dont toute la vie a été consacrée à des objets d'utilité publique, croit avoir remarqué que, jusqu'à ce qu'ils soient à-peu-près croisés, une couvée ne se mêle ni sur l'eau, ni sur la terre; chacune s'isole, mais sans se battre ni paroître se haïr.

Des Canetons.

Ils sont trente-un jours à éclore, soit qu'on laisse à la *cane* le soin de couver ses œufs, soit qu'on les ait confiés à la *poule* ou à la *poule-d'Inde*. Il est possible d'en élever beaucoup et à peu de frais, parce qu'ils vont chercher une partie de leur nourriture presqu'au sortir de la coquille.

Les *canetons* peuvent se passer de la mère aussi-tôt qu'ils sont nés. Leur nourriture, dans les premiers jours, est du pain émietté, imbibé de lait, d'eau, d'un peu de vin ou de cidre. Quelques jours après, on leur prépare une pâte faite avec une pincée de feuilles d'ortie, tendres, cuites, hachées bien menues, et d'un tiers de farine de blé de Turquie, de sarrazin ou d'orge : on y ajoute les œufs de rebut préalablement cuits.

Dès qu'ils ont acquis un peu de force, on leur jette beaucoup d'herbes potagères, crues et hachées, mêlées avec un peu de son détrempé dans l'eau ; l'orge, le gland écrasé, les pommes de terre cuites et divisées par morceaux ; de petits poissons, quand on en trouve, conviennent également à ces oiseaux, qui se jettent sur les différentes substances qu'ils rencontrent, et montrent, dès leur plus tendre enfance, une voracité qu'ils conservent toute leur vie.

Les *canards* sont si vivaces, qu'un œuf cassé par curiosité ou par accident, deux ou trois jours avant le terme de la couvaison, peut encore donner un caneton, si on le recouvre adroitement avec une autre coquille : j'ai vu faire souvent ces raccommodages avec succès.

Pour fortifier les petits avant d'aller à l'eau, il faut les teni[r] enfermés sous une mue ou auge à poulet, pendant huit à di[x] jours, et avoir soin d'y mettre un peu d'eau, ce qui est facil[e] quand ils ont eu pour couveuse la poule ou la poule-d'Inde : alors ils s'endurcissent sur la terre : en leur laissant la liberté, un penchant naturel les entraîne bientôt vers l'eau; ils s'y plongent. Les poules ne pouvant les suivre, témoignent, par des cris et des gémissemens qu'ils ne comprennent point, leur inquiétude et leur alarme sur la famille adoptive, état que Rosset a si bien rendu dans son *Poëme de l'Agriculture.* Mais il faut insensiblement les accoutumer à revenir le soir à la maison, pour prévenir les accidens qui pourroient leur arriver s'ils en restoient éloignés.

On doit prendre encore quelques précautions avant de laisser aller les *canetons* avec les vieux canards, dans la crainte que ceux-ci ne les maltraitent, et leur donner à manger comme aux autres volailles, toujours dans le même endroit et aux mêmes heures, afin qu'ils s'y trouvent régulièrement et ne s'écartent point. Il est nécessaire de les tenir enfermés sous les toits qui leur sont destinés, et de placer ces toits, autant que le local le permet, à portée de la mare où de la fosse de la basse-cour.

Nourriture des Canards.

On peut les abandonner une partie de l'année à eux-mêmes. Ils se nourrissent de grains répandus dans la basse-cour. Avec ces oiseaux il n'y a rien de perdu : les criblures et balayures de greniers, les farineux fermentés sous forme de pain, les résidus des brasseries et des bouilleries, les herbages, les racines potagères, les fruits, tout leur est propre, pourvu que ce qu'on leur donne soit un peu humide. Il arrive même que quand ils sont à portée de l'eau, ils y trempent eux-mêmes leurs alimens. Aussi aiment-ils de prédilection la pomme de terre cuite, et l'a-t-on substituée dans quelques endroits, avec profit, au maïs et à l'orge. C'est à cause de cet attrait pour l'humidité, qu'ils se plaisent dans les prairies et dans les pâturages qu'on pourroit facilement couvrir des espèces de plantes que les *canards* recherchent et aiment le plus.

Mais il paroît que tout ce qui approche du charnage est fort de leur goût, et concourt singulièrement à accélérer leur croissance. La grande et belle espèce ne réussit si bien dans les environs de Rouen, sur les bords de la Seine, que par la faculté qu'on a de la nourrir avec des vers de terre qu'on prend dans les prairies, et dont on leur distribue, trois fois par jour, une portion dans les toits où on les enferme séparément : c'est ce qui forme ces canetons hâtifs, grands, gras, blancs, qu'on voit, au mois de juin, dans les marchés.

Les *canards* sont si gloutons, qu'ils se mettent souvent en besogne pour avaler un poisson ou une grenouille entière, qui les échauffe souvent, s'ils ne les rejettent pas promptement. Extrêmement friands de viande, ils la mangent avec avidité, quoique corrompue. Les limaces, les araignées, les crapauds, les tripailles, les insectes, toutes ces substances, en un mot, conviennent à leur appétit carnassier. Aussi sont-ils les oiseaux de la basse-cour, qui pourroient rendre le plus de service dans un jardin, en détruisant une foule d'insectes qui y font ordinairement un tort irréparable, si leur voracité n'exposoit pas à d'autres inconvéniens qui doivent balancer cet avantage, et y faire renoncer.

Ennemis des Canards.

Le plus redoutable, c'est le renard, aux incursions duquel les *canards* sont les plus exposés, parce qu'ils s'éloignent assez ordinairement de l'habitation ; on ne sauroit trop lui faire la chasse pour en délivrer la contrée, et il faut envoyer conduire les canards à l'eau le matin et les ramener le soir.

Il faut prendre garde aussi que les eaux où les canards ont la liberté d'aller, ne contiennent pas de sang-sues, qui occasionnent la perte des canetons, en s'attachant à leurs pattes. On parvient à détruire ces sang-sues, au moyen de tanches et autres poissons qui en font leur pâture.

On ne sauroit trop s'empresser non plus de détruire dans tous les endroits où les canards peuvent aller, ainsi que les autres volailles, la jusquiame ; ces animaux ne manquent pas de manger de cette plante vénéneuse pour la plupart des animaux, qui leur cause bientôt la mort.

Engrais des Canards.

La grosseur du *canard* varie infiniment. Il y en a qui, dans le cercle de huit à neuf semaines, à partir de leur naissance, pèsent jusqu'à sept à huit livres, tandis que d'autres du même âge et de la même espèce, n'acquièrent point la moitié de ce poids. On sait qu'il n'est pas nécessaire de les chaponner pour les engraisser.

Quoique cet oiseau chérisse sa liberté au-dessus de tout autre bien, et qu'on ait remarqué qu'il pouvoit aisément s'engraisser sans être renfermé, l'expérience a cependant prouvé qu'on y parvient plutôt en le mettant sous une mue, en lui administrant une quantité suffisante de grains, ou de son gras, et un peu d'eau pour seulement mouiller son bec : autrement il pourroit se noyer.

En Angleterre, on engraisse les *canards* au moyen de la drêche moulue et pétrie avec du lait ou de l'eau. Dans la Basse-Normandie, où l'on en fait commerce, parce que le terrein y est très-frais, on prépare une pâte avec de la farine de sarrasin, et on en forme des gobes, avec lesquelles on les gorge trois fois par jour pendant huit à dix jours, après quoi ils sont bons à vendre un prix qui dédommage des soins et des frais, sur-tout si on saisit l'à-propos pour s'en défaire.

Dans le Languedoc, quand les canards sont assez gras, on les enferme de huit en dix dans un endroit obscur. Tous les matins et tous les soirs une servante leur croise les ailes, et, les plaçant entre ses genoux, elle leur ouvre le bec avec la main gauche, et avec la droite leur remplit le jabot de maïs bouilli. Dans cette opération, plusieurs canards périssent suffoqués, mais ils n'en sont pas moins bons, pourvu qu'on ait soin de les saigner au moment. Ces malheureux animaux passent ainsi quinze jours dans un état d'oppression et d'étouffement qui leur fait grossir le foie, les tient toujours haletans, et presque sans respiration, et leur donne enfin cette maladie appelée la *cachexie hépatique*. Quand la queue du canard fait l'éventail et ne se réunit plus, on connoît qu'il est assez gras : alors on le fait baigner, après quoi on le tue.

J'ai ouvert, dit Puymaurin, deux canards, dont l'un n'avoit pas été ainsi gorgé. Le foie du premier étoit de grandeur naturelle, la peau également épaisse, et les poumons parfaitement sains ; mais celui qui avoit été gorgé avoit un foie énorme, qui, recouvrant toute la partie inférieure du ventre, s'étendoit jusqu'à l'anus. (Les canards sont ordinairement suffoqués, quand, par la pression du foie, l'anus s'ouvre, et le foie paroît à son orifice.) Les poumons étoient gorgés de sang, la peau du ventre qui recouvroit le foie, étoit de l'épaisseur d'une pièce de six sous. Les canards, surabondamment nourris de cette manière, semblent des boules de graisse.

Salaison des Canards.

Deux jours après qu'on a tué les *canards* engraissés, on les fend par la partie inférieure, et on enlève à-la-fois les cuisses, les ailes, et la chair qui recouvre le croupion et l'estomac. On met le tout avec le cou et le bout du croupion dans un saloir, et on les laisse couverts de sel pendant quinze jours ;

après quoi on les coupe en quatre quartiers, et on les met dans des pots. On a soin auparavant de les piquer de clous de girolle, et d'y jeter quelques épices. On a mis précédemment dans la saumure quelques feuilles de laurier d'Espagne et un peu de nitre, pour donner à la viande une belle couleur rouge.

Commerce des Canards.

Il n'y a presque point de nation qui ne fasse un commerce de *canards*. Les Chinois sur-tout sont ingénieux pour les élever. Beaucoup ne vivent absolument que de ce commerce. Les uns achètent les œufs, et les vendent ; les autres les font éclore dans des fourneaux, et trafiquent leurs couvées. Il y en a enfin qui s'appliquent uniquement à élever les canetons.

Quelques Anglais, à l'imitation de ces peuples, se sont aussi attachés à perfectionner cette éducation. Leur méthode consiste à entretenir un petit nombre de vieilles canes, et à donner les œufs à couver à une poule pendant huit à dix jours seulement ; après quoi ils les enterrent dans du fumier de cheval, ayant soin de les retourner sens-dessus-dessous, de douze en douze heures, jusqu'à ce qu'ils soient éclos.

C'est ordinairement depuis le mois de novembre jusqu'en février, qu'on les apporte à Paris, plumés et effilés, pour les mieux conserver. Le *canard* de Rouen payoit aux entrées le double de ce qu'on exigeoit pour le canard barbotier. Cette différence ne venoit pas seulement de son volume, qui est en effet plus considérable, mais encore relativement à la qualité de sa chair plus estimée ; le premier se rapproche de la volaille ferme engraissée, et le second tire sur le gibier aquatique et sauvageon.

Les *canards* de la grande espèce sont plus beaux dans la Normandie que dans tout autre canton de la France. Les Anglais viennent souvent en acheter de vivans dans les environs de Rouen, pour enrichir leur basse-cour, et perfectionner leurs espèces dégénérées ou abâtardies : ils les mettent dans des parcs clos, pour procurer à l'opulence les plaisirs d'une chasse excessive.

Les *canards* alors sont un commerce pour les capitaines caboteurs de cette nation, qui, en passant pour retourner chez eux, les revendent aux riches propriétaires, assez sages pour résider sur leurs domaines. Le profit des exportateurs dépend de la brièveté et du beau temps de leur trajet, qui préviennent plus ou moins la mortalité de leurs passagers.

Le *canard d'Inde*, ou *de Guinée*, est un assez médiocre

manger, à cause de la forte odeur de musc qu'il répand. Il faut lui supprimer, lorsqu'il est tué, le croupion, qui est le foyer où réside cette odeur. Les métifs la perdent presqu'entièrement. Peut-être est-ce cette odeur qui empêche que les canards domestiques mâles ne s'apparient point avec les canes musquées.

Le *canard sauvage* ou *domestique*, au contraire, est un excellent manger ; mais il faut qu'il soit jeune, et plutôt étouffé que saigné. Les cultivateurs qui en élèvent pour les vendre, sont forcés de les saigner avant de les exposer au marché, parce qu'ayant la peau rouge, on croiroit qu'ils sont morts naturellement. Dans plusieurs cantons de la France, il est le mets le plus ordinaire des gens aisés, et par conséquent l'objet d'un commerce d'autant plus lucratif, qu'il s'accommode de tout, qu'il n'est pas susceptible de maladies, et que s'il mue comme les autres oiseaux de la basse-cour, cette crise périodique lui est moins funeste ; elle ne dure quelquefois qu'une nuit. Chez le mâle, c'est après la pariade, et chez la femelle après la couvée ; ce qui paroîtroit indiquer que la mue est l'effet de l'épuisement, du moins pour ces oiseaux. La cane aime les plumes au point que, si l'on n'y prend garde, elle en enlève des paquets aux poules. J'ai vu des poules ordinaires, dont le croupion étoit déplumé par ce manége. Il faut avoir soin d'empêcher qu'elle n'en approche.

Des plumes de Canards.

Les *canards* offrent encore un autre bénéfice dans leurs plumes, si on a eu soin, aux mois de mai et de septembre, de les enlever sous le ventre, les ailes, et autour du cou, pendant qu'ils vivent et avant la mue. Ces plumes demandent à être séchées au four, lorsque le pain en est ôté, et cela à différentes reprises, à cause de leur nature huileuse, analogue à celle de la plume de tous les oiseaux aquatiques.

Mais si les œufs et la chair du canard sont infiniment meilleurs que ceux d'oie, sa plume a en récompense une qualité bien inférieure : cependant elle est assez élastique, et ne laisse pas encore de se vendre certain prix. Dans la Normandie, on en fait des oreillers, des matelas et des traversins, en la mêlant à celle d'oie : l'*édredon*, et par corruption l'*aigledon*, si connu dans le commerce à cause de l'avantage précieux qu'il réunit d'être fort chaud, et d'avoir une très-grande légèreté, provient du duvet recueilli sur le mâle des canards d'Islande du même genre que l'oie, et qui n'en diffère que par quelques nuances du plumage. *Voy.* ÉIDER.

Au reste, les œufs, la chair, les plumes et la fiente des canards sont un assez bon revenu de la basse-cour, pour fixer l'attention des fermiers dans les cantons où les prairies jointes à l'humidité du sol peuvent favoriser l'éducation de ces oiseaux, et devenir une branche essentielle d'industrie agricole pour leurs habitans.

Canardière.

C'est le lieu destiné aux canards, dans les endroits où ils vivent en liberté ; on leur construit sur le bord de l'eau des toits pour les retirer ; alors il faut renoncer au poisson, à moins qu'on n'y entretienne que de grosses pièces, mais la canardière est destinée plus spécialement encore à un lieu couvert et préparé dans un étang ou un marais pour prendre des canards sauvages ; sa description, et les différentes méthodes employées pour procéder à cette chasse, ou plutôt à cette pêche, se trouvent dans Varon et dans Columelle. *Voyez* aussi l'article de la Chasse aux canards sauvages. (Parm.)

CANARD DE PRÉ DE FRANCE. *Voyez* Petite Outarde. (S.)

CANARDEAU. *Voyez* Albrand. (S.)

CANARDIÈRE ; c'est un terme de chasse, un lieu couvert et préparé dans un étang pour prendre les *canards sauvages*. C'est aussi le nom d'un grand fusil, avec lequel on peut tirer de loin les *canards*, qui sont très-difficiles à approcher ; la portée de ce fusil, à charge ordinaire, est de cent cinquante pas. (S.)

CANARI. *Voyez* Serin. (Vieill.)

CANARI, *Canarium*, arbre de la dioécie pentandrie, dont les feuilles sont alternes, ailées avec une impaire, et les fleurs blanches, disposées en panicules terminales ; chaque fleur a un calice de deux ou de cinq folioles ovales, concaves, persistantes ; trois pétales oblongs ; les mâles ont cinq étamines, et les femelles un ovaire supérieur, ovale, dépourvu de style, et chargé d'un stigmate en tête trigone ; le fruit est une espèce de noix ovale, acuminée, entourée à sa base d'une membrane crénelée, qui renferme un noyau ovale, trigone, pointu, à trois loges et à trois semences.

Cet arbre, dont le fruit est figuré pl. 812 des *Illustrations de Lamarck*, croît dans les Indes et îles qui en dépendent. Les habitans tirent de son fruit une partie de leur nourriture, soit en le mangeant, ou soit en exprimant une huile qui sert à l'assaisonnement de leurs autres alimens. Les vieux

pieds donnent une résine blanche, dont on fait des espèces
de chandelles Le bois est très-bon à brûler.

Loureiro a établi ce même genre sous le nom de Pimèle,
et outre cette espèce, qu'il appelle Pimèle blanche, il en
décrit deux autres, que l'on trouve à la Cochinchine et pays
voisins.

Le Pimèle ou Canari noir, qui a les feuilles pinnées,
unies, les grappes de fleurs latérales, et les noix biloculaires:
on tire de son drupe une huile non moins agréable que celle
de l'olive, mais plus pesante sur l'estomac.

Le Pimèle ou Canari oléifère, a les feuilles pinnées
par quatre folioles de chaque côté, les pédoncules latéraux
poliflores, et les noix uniloculaires. Il est figuré dans Rumphius, vol. 1, pl. 54. Ses drupes se mangent comme ceux de
la première des espèces, et on en tire une huile comestible.
Il découle des entailles faites à son écorce une résine huileuse,
jaunâtre, odorante, semblable au *copale*, vulnéraire et résolutive comme elle, et dont on se sert pour vernir les meubles de bois, soit seule, soit unie à la résine liquide de l'Augie,
c'est-à-dire au vernis de la Chine. (*Voyez* le mot Augie.)
La substance qu'on emploie dans l'Inde sous le nom de *Da-
mar* ou *Dammar*, pour calfater les vaisseaux, est composée
de cette résine mêlée avec de l'écorce de bambou réduite en
poudre, et un peu de chaux : cette substance est préférable à
toutes les autres connues pour cet objet, soit relativement à
sa durée, soit relativement à sa ténacité, et elle n'a point
d'odeur comme la poix d'Europe.

Le bois de *canari oléifère* est très-beau, et s'emploie à faire
des tables et autres meubles ; mais il est de peu de durée.

CANARI MAKAQUE, est à Cayenne le Quatelé. *Voy.*
ce mot. (B.)

CANARI DE MONTANYA. C'est en Catalogne le Cini.
Voyez ce mot. (S.)

CANARI SAUVAGE, nom qu'on donne à la Pendu-
line. *Voyez* ce mot. (Vieill.)

CANARINE, *Canarina*. C'est une plante dont la racine
est tubéreuse, la tige herbacée, noueuse et foible, les rameaux
opposés, les feuilles opposées ou ternées, petiolées, hastées,
inégalement dentées, glabres, molles et glauques en dessous ;
les fleurs d'un rouge jaunâtre, solitaires, axillaires et pendantes.

Chacune de ces fleurs est composée d'un calice à six divisions lancéolées, lisses et persistantes ; d'une corolle monopétale, campanulée, et à six découpures ovales pointues ; de
six étamines, dont les filamens sont élargis à leur base ; d'un

ovaire inférieur, duquel s'élève, dans la fleur, un style presqu'aussi long que la corolle, ayant un stigmate en massue, à
six divisions, et cotonneux. Le fruit est une capsule obtuse,
sexangulaire, et divisée, intérieurement, en six loges qui contiennent des semences petites et nombreuses.

Cette plante est figurée pl. 259 de *Illustrations* de Lamarck :
elle est originaire des Canaries. On la cultive au Jardin des
plantes de Paris. (B.)

CANCAME, gomme résine d'Afrique, qui paroît être un
mélange de plusieurs espèces de gommes et de résines, opéré
par des insectes ou des oiseaux. Ce n'est que par hasard que
l'on trouve des masses de cette substance ; aussi est-elle très-
chère. On l'emploie, comme l'encens, contre le mal de
dent. (B.)

CANCELLAIRE, *Cancellaria*, genre de testacés univalves établi par Lamarck, dont l'expression caractéristique est
d'avoir une coquille ovale ou subturriculée, à bord droit,
sillonné intérieurement ; à base de l'ouverture presqu'entière
et un peu en canal, avec quelques plis comprimés ou tranchans
sur la columelle.

Ce genre a pour type la *voluta cancellaria* de Linnæus,
coquille des côtes d'Afrique, qui est figurée dans Adanson,
pl. 8, fig. 16, sous le nom de *biset*, et dans Lister, *Conch.*,
tab. 850, fig. 52. *Voyez* au mot VOLUTE. (B.)

CANCER ; constellation qui forme le quatrième signe du
zodiaque ; elle est composée de 32 étoiles remarquables. Le
soleil entre dans ce signe au solstice d'été, c'est-à-dire le
21 juin : le tropique qui est au nord de la ligne passe par ce
signe, qui lui a donné son nom. (PAT.)

CANCERILLE. C'est un nom vulgaire de la LAURÉOLE
GENTILLE, *Daphne mezereum*, Linnæus. *Voyez* au mot
LAURÉOLE. (B.)

CANCHE, *Aira*, genre de plantes de la triandrie digynie,
et de la famille des GRAMINÉES, dont les caractères sont
d'avoir la bâle calicinale composée de deux valves qui renferment deux fleurs, consistant chacune en une bâle à deux
valves ; en trois étamines ; en un ovaire supérieur chargé de
deux styles, dont les stigmates sont pubescens. Le fruit est
une semence presque ovale, couverte ou enveloppée dans la
bâle floréale, qui lui est adhérente.

Ce genre est figuré pl. 44 des *Illustrations* de Lamarck, et
renferme quinze à vingt espèces, dont les unes ont les fleurs
sans barbes, et les autres en sont pourvues ; aucune ne peut
entrer dans la formation d'une prairie, à raison de la petitesse

de leurs feuilles ; mais plusieurs sont recherchées par les animaux pâturans.

Les espèces les plus communes sont :

La CANCHE AQUATIQUE, que l'on trouve dans les marais, sur le bord des fossés, et qui fournit un fourrage très-savoureux, et par conséquent très-recherché des bestiaux ; mais rare et court. Ses caractères sont d'avoir la panicule ouverte, les fleurs sans barbes, unies, aussi longues que le calice, et les feuilles plates.

La CANCHE ÉLEVÉE, dont les caractères sont d'avoir les feuilles planes, striées, rudes, la panicule écartée, avec une très-courte arête. Elle se trouve dans les prés couverts et les bois, et s'élève jusqu'à hauteur d'homme : elle est rare et vivace.

La CANCHE FLEXUEUSE, et sa variété, la *canche des montagnes*, que l'on trouve dans les bois secs, sur les montagnes arides. Ses caractères sont d'avoir les feuilles sétacées, le chaume presque nu, la panicule écartée, les pédoncules tortueux. C'est un très-joli gazon que les moutons recherchent ; mais que les autres bestiaux trouvent trop dur : elle est vivace.

La CANCHE BLANCHATRE, qui a les feuilles sétacées, et la base de la panicule renfermée dans une gaîne. Elle se trouve dans les lieux sablonneux. On en fait, dans quelques jardins, des bordures fort agréables à la vue : elle est vivace.

La CANCHE ŒILLETÉE, *Aira caryophyllea* Linn., dont les feuilles sont sétacées, la panicule écartée, et les fleurs pourvues d'une barbe. On la trouve dans les lieux secs, sur le bord des bois : elle est annuelle.

La CANCHE PRÉCOCE a les feuilles sétacées, la gaîne anguleuse, les fleurs en épis paniculés, et la base des bâles garnie d'une barbe. Elle se trouve dans les lieux sablonneux et humides des bois : elle est annuelle. C'est une des premières plantes qui fleurisse au printemps. (B.)

CANCOINE, nom vulgaire de la LITORNE. *Voyez* ce mot. (VIEILL.)

CANCRE ; mot aujourd'hui synonyme de CRABE. (*Voy.* ce mot.) Il désignoit autrefois généralement tous les crustacés, plus ou moins applatis, plus ou moins approchant de la forme ronde, et dont la queue est courte et cachée entièrement sous le ventre, enfin les *cancri brachiuri* de Linnæus. *Voyez* au mot CRUSTACÉ. (B.)

CANCRE CAVALIER, c'est l'OCYPODE CÉRATOPHTALME (*Voyez* ce mot.), qui court aussi vîte qu'un homme à cheval. (B.)

CANCRE MARBRÉ. C'est le Grapse peint. *Voyez* ce mot. (B.)

CANCRE OURSE. C'est le Maja ours de la Méditerranée. *Voyez* ce mot. (B.)

CANCRE A PIEDS LARGE. C'est la Portune de Rondelet. *Voyez* ce mot.

CANCRE DE RIVIÈRE. C'est le Crabe fluviatile. *Voyez* ce mot. (B.)

CANCRE SQUINADE. C'est le Maja squinade. *Voyez* ce mot. (B.)

CANCRELAS. C'est la Blatte d'Amérique. *Voyez* ce mot. (B.)

CANCRITES. On appelle ainsi les *crustacés fossiles*. Voy. au mot Crustacé. (B.)

CANDIDE , nom français donné au papillon qu'Esper appelle *phicomène*. (*Pap. d'Europe d'Engramelle.*) (L.)

CANDOLLINE , *Candollea*, genre de plantes cryptogames, de la famille des Fougères, établi par Mirbel aux dépens des Acrostiques de Linnæus. Son caractère consiste à avoir la fructification disposée régulièrement en points , et les follicules logées dans de petites fossettes.

La plupart des *candollines* ont la surface inférieure de leurs feuilles entièrement garnie d'écailles ou de poils , ce qui les avoit fait prendre pour des *acrostiques* par Linnæus; mais en les examinant avec attention , on voit que ces écailles recouvrent les vraies parties de la fructification , disposées comme dans les *polypodes* , mais nichées dans des fossettes particulières. On connoît quatre espèces de ce genre , qui sont les Acrostiques hétérophille , lancéolée et polypodioïde de Linnæus , et longue feuille de Burman , toutes plantes des Indes , rares dans les herbiers , et sur lesquelles on n'a aucun renseignement. *Voyez* au mot Acrostique. (B.)

CANE , femelle du Canard. *Voyez* ce mot. (S.)

CANE (GROSSE) DE GUINÉE. *Voyez* Canard musqué. (S.)

CANE A COLLIER BLANC. Belon a appelé ainsi le Cravant. *Voyez* ce mot. (S.)

CANE A COLLIER , dénomination de la *bernache* dans l'*Ornithologie* de Salerne. *Voyez* Bernache. (S.)

CANE A TÊTE ROUSSE de Belon et d'Albin , est le Millouin. *Voyez* ce mot. (S.)

CANE BLANCHE. M. Salerne dit qu'en Sologne, c'est le nom de la Piette. *Voyez* ce mot. (S.)

CANE DU CAIRE. *Voyez* Canard musqué. (S.)

CANE DE GUINÉE, dénomination impropre du *canard musqué*, qui ne vient pas de Guinée, mais de l'Amérique. *Voyez* Canard musqué. (S).

CANE DE LIBYE, *Voyez* Canard musqué. (S.)

CANE DE MER, l'une des dénominations que Belon a données au Cravant. *Voyez* ce mot. (S.)

CANE DE MER A COLLIER. C'est un des noms du *cravant* dans Belon. *Voyez* Cravant. (S.)

CANEFICIER. C'est l'arbre qui produit la casse du commerce, le *cassia fistula* de Linnæus. (B.)

CANEFICIER BATARD. C'est la Casse bicapsulaire. *Voyez* au mot Casse. (B.)

CANELUDE ou CANELADE. Lorsque les fauconniers veulent que leurs oiseaux soient plus chauds et plus ardens au vol du *héron*, ils leur donnent la *canelude*, c'est-à-dire, une curée composée de cannelle, de sucre et de moelle de héron. (S.)

CANEPETIÈRE, nom vulgaire de la *petite outarde*; ce nom vient, selon toute vraisemblance, de quelque rapport que la *petite outarde* présente par sa figure et son vol avec le *canard*, et aussi de ce qu'elle se plaît parmi les pierres. On l'appelle encore *canepétrace*, et en Berri, *canepétrote*. Voyez Outarde. (S.)

CANEPHORE, *Canephora*, genre de plantes à fleurs conjointes, de la pentandrie monogynie, dont on doit l'établissement à Jussieu, et qu'on trouve figurée pl. 151 des *Illustrations* de Lamarck.

Il a pour caractère un calice commun tubuleux, denté et multiflore; un calice particulier de cinq à six divisions; une corolle monopétale du même nombre de divisions; cinq étamines très-courtes; un ovaire inférieur, terminé par un style bifide; un fruit à deux semences.

Deux espèces sont réunies sous ce genre. L'une, la Canephore axillaire, a les feuilles ovales, et les fleurs solitaires et axillaires; l'autre, la Canephore en tête, a les feuilles lancéolées et les fleurs terminales réunies plusieurs dans un involucre. Toutes deux ont les feuilles opposées, et viennent de Madagascar. (B.)

CANETON et CANETTE, petits du Canard. *Voyez* ce mot. (S.)

CANEVAROLA. C'est, dans Aldrovande, la *fauvette à tête noire*. Voyez Fauvette. (S.)

CANEVAROLE, nom vulgaire de la FAUVETTE BABIL-
LARDE. *Voyez* ce mot. (VIEILL.)

CANJALAT, *Ubium* Rumphius, *Amb.* 5, tab. 129. C'est
une plante d'Amboine, dont les racines sont composées de
tubérosités nombreuses, cylindriques, noires, succulentes et
d'un goût amer et désagréable. Ses tiges sont cylindriques,
glabres, sarmenteuses, et grimpent sur les arbres ; ses feuilles
sont opposées, pétiolées, cordiformes ; ses fleurs axillaires
solitaires, et composées d'un calice de quatre pièces, d'une
corolle de quatre pétales étroits, épais et plus courts que le
calice, de beaucoup d'étamines, et d'un ovaire supérieur,
chargé de plusieurs styles. Ses fruits sont des capsules ova-
les-coniques, comprimées et polyspermes.

Cette plante croît à Amboine, dans les lieux humides. On
confit ses racines, et on les mange en prenant le thé. (B.)

CANIARD. Belon appelle ainsi le GOELAND VARIÉ. *Voy.*
ce mot. (S.)

CANIBELLO, nom italien de la CRESSERELLE. *Voyez*
ce mot. (S.)

CAÑICA, espèce d'épicerie en usage dans l'île de Cuba.
On ignore quel genre de plante la produit. Peut-être est-ce
le *myrte-piment*, si employé pour le même objet à la Jamaïque. (B.)

CANICHE. *Voyez* CANARD, *chien*. (S.)

CANICULE, étoile qui fait partie de la constellation du
grand-chien. C'est la plus belle de toutes les étoiles fixes, et
on la désigne plus ordinairement sous le nom de *sirius*. Les
jours *caniculaires* commencent dans le temps où le soleil se
lève avec cette étoile : un préjugé populaire les a fait regarder
comme dangereux pour la santé, probablement à cause de
la grande chaleur qui règne à cette époque. (PAT.)

CANIDAS, CANIDÉ et CANIDÉ JOUVE, noms sous
lesquels les sauvages de quelques contrées de l'Amérique méridionale connoissent l'ARA BLEU. *Voyez* ce mot. (S.)

CANIFICIER. *Voyez* CANEFICIER. (S.)

CANILLÉE. C'est un des noms vulgaires de la LENTICULE.
Voyez ce mot. (B.)

CANIVET. *Voyez* CANIDAS et ARA BLEU. (S.)

CANNA (*Antilope orcas* Linn.). C'est le même animal
que le COUDOUS. *Voyez* ce mot. (S.)

CANNABINE, *Dastica*, plante de la dioécie dodécandrie, qui a l'aspect du chanvre, ou dont les feuilles sont al-

ternes, ailées avec une impaire, composées de neuf à onze folioles lancéolées, aiguës et dentées. Les fleurs sont petites, jaunâtres, disposées aux sommités des tiges, et munies d'une bractée.

Les mâles ont un calice de cinq à six folioles linéaires, pointues, inégales, et environ quinze étamines.

Les femelles ont un calice supérieur, très-petit, persistant et à deux dents; un ovaire inférieur, oblong, chargé de trois styles fourchus, dont les stigmates sont longs et velus.

Le fruit est une capsule oblongue, triangulaire, uniloculaire, à trois petites cornes, s'ouvrant par trois valves et contenant des semences menues et nombreuses.

Cette plante est figurée pl. 823 des *Illustrations* de Lamarck. Elle croît dans l'île de Candie, et est vivace. Sa saveur est amère.

Il y a une seconde espèce de ce genre, qu'on dit venir de Pensilvanie. (B.)

CANNANGOLI. *Voyez* Angoli. (S.)

CANNE A SUCRE, ou CANAMELLE OFFICINALE, *Saccharum officinale* Linn., plante de la famille des Graminées, dont on retire cette substance végétale si agréable et d'un usage si général, connue sous le nom de *sucre*. De toutes les plantes de la même famille, c'est, après le riz et le froment, la plus intéressante et la plus utile ; elle est, par cette raison, cultivée dans les quatre parties du monde, et elle enrichit les pays où sa culture est établie en grand.

La racine de la *canne à sucre* est genouillée, fibreuse, pleine de suc, et oblique ; elle pousse plusieurs tiges, hautes de huit à douze pieds, articulées, lisses, luisantes, du diamètre d'un pouce ou d'un pouce et demi, et garnies de nœuds écartés les uns des autres de trois à quatre pouces. Il y a communément de quarante à soixante nœuds sur une tige, quelquefois davantage : chacun d'eux présente au-dedans une cloison qui sépare les articulations ; au-dehors il offre à sa surface, 1°. de petits points disposés circulairement en quinconce sur deux ou trois rangs, lesquels, en se développant dans la terre, forment des racines ; 2°. un bouton plus gros qu'une lentille et terminé en pointe, qui renferme le germe d'une canne nouvelle. De tous ces nœuds partent des feuilles qui tombent à mesure que la *canne* mûrit ; elles s'élèvent alternativement sur deux plans opposés, et présentent dans leur expansion une espèce d'éventail. Elles sont composées de deux sections ; la section inférieure, longue à-peu-près d'un pied, embrasse la tige par un tour et demi ; la supérieure, qui a de trois à quatre pieds de longueur, s'élève droite, et forme, avec l'axe de la canne, un angle d'autant moins aigu,

Calebassier d'Amérique.   3 . Canne à Sucre
Campeche des tinturiers   4 . Carambolier cylindrique.

...ué le nœud d'où elle part est plus près du terme de son accroissement parfait : sa plus grande largeur est de deux pouces ; elle va, en diminuant toujours, se terminer en pointe allongée ; ses bords sont rudes, et ses surfaces lisses et striées, avec une côte ou nervure moyenne longitudinale.

Lorsque la *canne* fleurit, elle pousse à son sommet un jet sans nœuds, de quatre à cinq pieds de hauteur, qu'on appelle *flèche* ; ce jet porte une panicule ample, longue d'environ deux pieds, à ramifications grêles et nombreuses, et garnie d'un grand nombre de très-petites fleurs soyeuses et blanchâtres. (*Voyez* CANAMELLE.) La tige de la *canne*, dans sa maturité, est lourde, cassante, et d'une couleur jaunâtre, ou violette, ou quelquefois blanchâtre, selon la variété ; elle est remplie d'une moelle fibreuse, spongieuse et blanchâtre, qui contient un suc doux très-abondant. Ce suc est élaboré séparément dans chaque entre-nœud, dont les fonctions particulières sont à cet égard indépendantes de celles des entre-nœuds voisins, et qui, par conséquent, peut être regardé comme une espèce de fruit isolé. Ce suc exprimé, porte vulgairement le nom de *vin de canne* : c'est de cette liqueur qu'on extrait le *sucre*.

I. *Histoire de la Canne à sucre.*

La *canne* est, dit-on, originaire des Indes orientales. Les Chinois, dès la plus haute antiquité, ont connu l'art de la cultiver et d'en extraire le sucre, art qui a précédé cette plante en Europe de près de deux mille ans. Les anciens Egyptiens, les Phéniciens, les Juifs, les Grecs et les Latins ne l'ont point connue. Elle fut transportée en Arabie à la fin du treizième siècle, et cultivée d'abord dans l'Arabie Heureuse ; de-là elle passa en Nubie, en Egypte et en Ethiopie, où l'on fit du sucre en abondance. Vers la fin du siècle suivant, on la porta en Syrie, en Chypre, en Sicile : le sucre qu'on en tira étoit, comme celui d'Arabie et d'Egypte, gras et noir. Dom Henri, régent de Portugal, ayant fait la découverte de Madère en 1420, y fit transporter des *cannes* de Sicile, où on les avoit introduites depuis peu. Elles y furent cultivées avec succès, ainsi qu'aux Canaries, et bientôt le sucre qu'elles y produisirent, fut préféré dans le commerce à tous les sucres de ce temps-là. Les Portugais portèrent la *canne* à l'île Saint-Thomas aussi-tôt que cette île leur fut connue, et en 1520 il y avoit plus de soixante manufactures à sucre. On essaya aussi de planter ce roseau en Provence, mais il ne put y réussir à cause de la température de l'hiver. Il prospéra cependant en

Espagne, où on le cultive encore dans quelques parties méridionales de ce royaume.

Après la découverte de l'Amérique, cette belle plante fut
transportée à Saint-Domingue, vraisemblablement des îles
Canaries, et vers l'an 1506; c'est au moins ce qu'assurent les
plus anciens auteurs espagnols qui ont parlé du Nouveau-
Monde : il n'est pas prouvé cependant qu'elle ne soit pas naturelle à ce continent. Dans le siècle dernier, on en a trouvé
dans l'île d'*Otahiti*, située dans la mer du Sud. D'où y avoient-
elles été apportées ? Il est vraisemblable que plusieurs espèces
ou plusieurs variétés de *cannes* croissent naturellement dans
divers pays, sans y avoir été introduites. On en voit à Madagascar, où les insulaires ignorent la manière d'en obtenir le
sucre, aux côtes de Coromandel et de Malabar, à Ceylan,
dans le Bengale, au Pégu, à Siam, à Manille, au Japon, aux
îles Moluques, à Java et à la côte orientale d'Afrique : ainsi
on ne sauroit affirmer, comme l'ont fait quelques auteurs,
que la partie de l'Asie située au-delà du Gange, est, exclusivement à tout autre, le lieu natal de la *canne à sucre*.

Dans presque tous les pays dont nous venons de parler,
elle se propage de graine. Rumphius en cite trois espèces cultivées aux Moluques : la première, celle dont on se sert communément, est blanche, avec des nœuds espacés de cinq
doigts, presque toujours jaunâtres ou blanchâtres en dehors ;
son écorce est mince ; elle rend beaucoup de jus et de sucre.
La seconde est rougeâtre, a ses nœuds plus rapprochés, une
écorce dure, et produit moins de sucre, mais plus doux. Dans
la troisième espèce, la tige n'a que la grosseur du pouce ;
l'écorce est mince, les cannelures sont vertes, les nœuds très-
espacés ; celle-ci a une saveur très-douce, et donne une
grande quantité de sucre : les Javans la cultivent beaucoup.
Toutes les trois mûrissent vers le neuvième ou dixième mois.
A Java, on emploie la méthode des boutures, comme dans
nos colonies ; ailleurs, où l'on consomme moins de sucre ou
de cannes, on enfouit les vieux rejetons dans des sillons parallèles. A la Cochinchine, il y a dans les champs plusieurs
espèce de cannes, qui y viennent et s'y multiplient d'elles-
mêmes : les habitans n'en cultivent que deux espèces plus
productives que les autres. Outre la canne violette de Batavia,
on en connoît une autre du même pays, qui est verte, plus
grosse et plus touffue. Celle d'Otahiti présente une nuance
blanchâtre, ou d'un jaune moins foncé que celui des cannes
des Antilles.

On voit que cette plante varie beaucoup, comme toutes
celles qui sont soumises à la culture ; cependant l'espèce qu'on

ultive à Saint-Domingue depuis près de trois siècles, n'y a
subi, pendant ce temps, aucune altération ; elle n'a ni dégénéré, ni été perfectionnée ; elle n'y est jamais venue de
semences répandues par l'homme ou par la nature, puisque
les fleurs qu'elle y porte quelquefois sont stériles ; mais elle se
reproduit de bouture, et se multiplie ainsi avec une mer-
veilleuse fécondité. C'est de cette île que sont sortis les premiers plants qui ont servi à propager les *cannes à sucre* dans
toutes les Antilles. Cette plante aime de préférence la température de la zone torride ; cependant sa culture peut s'étendre
dans les zones tempérées, jusqu'au quarantième degré de
latitude à-peu-près.

II. *NAISSANCE et développement de la Canne à sucre.*

Pour cultiver avantageusement la *canne*, et pour en retirer
le plus de sucre possible, il importe de connoître la manière
dont son germe se développe et donne naissance aux différens nœuds ; l'influence de l'air et de l'eau dans ces dévelop-
pemens et dans la végétation entière de la plante ; les sucs
propres qu'elle renferme, et les modifications successives
qu'ils éprouvent pour arriver à l'état de sel essentiel ; l'action
enfin des feuilles tant dans la végétation que dans l'élaboration
des sucs, et comment elles indiquent, par leur verdeur ou
sécheresse, la croissance de chaque entre-nœud ou son degré
de *maturation* (1).

Une même souche ou plançon de *canne*, produit ordinairement plusieurs tiges : on distingue la souche *primitive*

---

(1) Quoique j'aie cultivé la *canne à sucre* sur mes propres biens
pendant plusieurs années, et que j'aie suivi avec beaucoup de soin et
d'attention tout ce qui a rapport, non-seulement à sa culture, mais
à la fabrication même du sucre, j'ai cru devoir, dans cet article,
joindre à mes propres observations, les expériences et observations
intéressantes de Dutrône, consignées dans son *Précis sur la canne à
sucre*, 1 vol. *in-8'*. C'est le meilleur ouvrage qui ait été fait sur cette
plante ; j'y ai puisé beaucoup de choses, et j'en ai particulièrement
extrait ce paragraphe tout entier, ainsi que le suivant, et les paragraphes 8, 13, 14 et 18. Obligé de me resserrer, je n'ai pas toujours
employé le même ordre d'idées et les mêmes expressions que Dutrône ; mais je n'ai rien omis de tout ce qu'il dit d'intéressant sur
l'économie végétale de la *canne*, sur ses sucs, sur la manière d'en
extraire le sel essentiel, &c. Ce naturaliste condamne, avec raison,
la méthode suivie jusqu'à ce jour pour fabriquer le sucre ; il en propose une nouvelle dont il a fait lui-même un heureux essai à Saint-
Domingue. Je la fais connoître avec assez de détail pour qu'on puisse
monter une sucrerie d'après les principes de cette méthode, sans
avoir recours à d'autre livre qu'à ce Dictionnaire.

et la souche *secondaire*. Lorsqu'un plançon est mis en terre, les deux à trois boutons dont il est pourvu, sont d'abord pénétrés par l'eau qui les enfle : les petites feuilles qui les recouvrent s'étendent : les points radicaux s'alongent et donnent des racines. Ce sont ces trois parties qui forment la *souche primitive ;* elles travaillent au développement de la plantule, auquel cette souche paroît uniquement destinée. Le bouton est doué de toutes les conditions nécessaires à ce développement ; car Dutrône a mis en terre des boutons tenant à une petite portion d'écorce seulement, ils se sont bien développés, et ont donné des *cannes ;* ce qui paroît démontrer que, dans cette espèce de germination, la plantule ne tire rien que de la souche primitive. Les premiers *nœuds-cannes* (1) de la plantule produits par cette souche, donnent des racines et des feuilles avec lesquelles ces nœuds forment la *souche secondaire*, qui doit servir à l'accroissement le plus étendu de la plante. Quand les circonstances favorisent beaucoup sa végétation, le bouton que présente le premier de ces derniers nœuds, fournit d'autres nœuds radicaux, formant une seconde filiation sur la première, et souvent cette seconde filiation en produit une troisième de la même manière.

Du centre du dernier nœud radical, sort le germe du premier nœud-canne qui se montre au-dehors. Ce germe renferme le principe de la vie de la *canne* et de la génération des nœuds ; le premier nœud-canne, en se formant, devient la matrice du second ; celui-ci d'un troisième, et ainsi de suite. Le plus voisin de la racine parvient ordinairement dans cinq ou six mois, au terme de son accroissement. Pendant ce temps il est suivi de quinze à vingt nœuds ; et chacun de ceux-ci arrive, à son tour, au même terme indiqué toujours par le dessèchement complet de sa feuille. Après six ou sept mois, lorsque les feuilles des trois ou quatre premiers nœuds-cannes qui paroissent hors de terre, sont desséchés, la canne présente douze à quinze feuilles vertes disposées en éventail. Alors, considérée dans son état naturel, elle a acquis tout son accroissement ; car si elle se trouve à l'époque de sa floraison, elle fleurit, et sa sève est employée, presque toute entière, au développement des parties de sa fructification. A cette époque les nœuds-cannes qui se forment, présentent bien deux parties, c'est-à-dire le nœud proprement dit et l'entre-nœud : mais on ne voit sur le premier, ni boutons, ni ces points dont il a été parlé, et qui sont les élémens des racines.

(1) Par *nœud-canne* on doit entendre l'entre-nœud joint au nœud proprement dit.

La nature cesse en ce moment de s'occuper de l'individu, pour ne songer qu'à l'espèce. Les feuilles des derniers nœuds placés immédiatement au-dessous de la flèche, ainsi que les nœuds d'où elles partent, se dessèchent en même temps que la flèche, et tombent avec elles; cependant, quoique le principe de la génération des nœuds se trouve anéanti, les nœuds-cannes pourvus de boutons qui n'ont point encore atteint le dernier terme de leur croissance, n'en sont pas moins pleins de vie; leurs feuilles conservent leur direction et leur verdure : ce qui démontre, entr'elles et la souche, un mouvement particulier, dont les bénéfices se rapportent au nœud de chaque feuille.

Si la *canne*, arrivée au terme naturel de son développement, ne se trouve pas à l'époque de la floraison, ou si à cette époque la culture l'éloigne trop de son état naturel, elle ne fleurit pas; alors le principe de vie passe à la formation de nouveaux nœuds.

La feuille est la partie de la *canne* la première formée. En paroissant à l'air libre, au moment où le nœud d'où elle part se développe, elle annonce que ses fonctions sont nécessaires au développement et à l'accroissement de ce nœud, et l'expérience le prouve; car si on enlève à une canne ses feuilles, non-seulement les nœuds où elles étoient insérées, cessent de se développer, mais la canne même périt. C'est dans la feuille du nœud-canne que le suc aqueux reçoit le premier mouvement qui doit le conduire à l'état muqueux herbacé.

On peut compter quatre temps dans les révolutions que subit le nœud-canne depuis l'instant de sa génération jusqu'à celui de sa maturité. Le premier temps est marqué par sa génération même qui dure huit à dix jours; il se montre alors sous la forme d'un petit cône. Au second temps, il se développe, et dans ce développement son suc est modifié à divers degrés. Le troisième temps est celui de son accroissement, pendant lequel le suc reçoit un degré d'élaboration de plus. Enfin sa maturation embrasse le dernier temps : il a cessé alors de croître. A l'époque de sa formation, toutes ses parties sont ébauchées par le mouvement qui vivifie la plante entière. Mais après cette époque, presque abandonné à lui-même, c'est de ses propres forces qu'il semble subir les révolutions, et convertir le corps muqueux en sel essentiel, après lui avoir fait éprouver diverses modifications que nous allons suivre. Ainsi il y a deux fluides principaux circulant dans la *canne*, et par conséquent deux mouvemens indépendans, en quelque sorte, l'un de l'autre, savoir : le mouvement de la sève qui se porte dans toute la plante dont elle entretient la vie, et le mouvement du suc propre muqueux qui tient au système des vaisseaux propres, et entretient la fonction particulière à chaque nœud.

On doit considérer trois choses dans la tige de la *canne* 1°. l'ensemble des sections articulées qui la composent dep[uis] la racine jusqu'à la naissance de la flèche; c'est ce qu'on appelle la *canne à sucre*; 2°. la partie supérieure de la tige, dont les nœuds étant toujours en relation avec la souche par leurs feuilles, élaborent dans leur sein le suc muqueux; 3°. l'ensemble des nœuds inférieurs, qui, parvenus au terme de leur accroissement, contiennent le sucre tout formé, et n'ont plus besoin du bénéfice de la végétation. Ces nœuds-ci peuvent être regardés comme autant de fruits mûrs, dont le degré de maturité est relatif à la distance où chacun d'eux est de la racine : c'est la partie de la canne qu'on récolte pour en extraire le sucre.

La *canne*, envisagée sous le rapport de sa reproduction, se distingue en *canne plantée* et en *canne rejeton*. La première qu'on appelle vulgairement *grande canne*, est produite par le développement des boutons d'un plançon mis en terre; la seconde, qui porte le seul nom de *rejeton*, sort des nœuds de la vieille souche.

III. *Sucs de la Canne*, considérés dans la canne même.

Quand on examine les sucs de la *canne* dans la canne même, on trouve un suc *séveux*, un suc *muqueux*, et un suc *savonneux-extractif*.

L'eau considérée dans le système des vaisseaux séveux n'est pas parfaitement pure. Elle tient en dissolution une matière qui forme avec elle la sève ou suc séveux. Cette matière selon Dutrône, est le corps muqueux pur qui, subissant différentes modifications, passe de l'état de corps muqueux herbacé à celui de corps muqueux doux, et enfin de corps muqueux sucré (1).

Lorsqu'il est dans l'état herbacé, si on exprime le suc de

(1) Le corps muqueux pur, dit cet auteur, paroît être la substance alimentaire du règne végétal. Il existe dans toutes les plantes; il se forme dans les vaisseaux séveux, y reçoit son premier degré d'élaboration. Non-seulement il sert d'aliment à la plante, mais il paroît qu'elle trouve encore en lui la base de tous ses produits. Uni à une grande quantité d'eau, il forme la *sève*; s'il est très-rapproché, il prend de la consistance, et porte le nom de *gomme*; entièrement privé d'eau, il devient *amidon*. Décomposé, il donne un acide et une matière fibreuse qui semble être un gluten.

la *canne*, ce suc, en se décomposant, fournit toujours un acide et une moisissure abondante. Dans sa seconde modification, le suc muqueux acquiert une couleur citrine et ambrée, une saveur douce, et le parfum des pommes reinettes. La décomposition spontanée de ce suc est ou acide ou spiritueuse : elle présente une liqueur analogue au cidre. Modifié une troisième fois, sa partie colorante prend un caractère résineux, qui change son odeur de pommes en l'odeur balsamique propre à la canne. Sa saveur douce devient douce-sucrée : ce suc, dans ce nouvel état, a la plus grande analogie avec le miel, et porte le nom de suc muqueux sucré. Sa décomposition est comme celle du suc muqueux doux, c'est-à-dire acide ou spiritueuse, et elle laisse appercevoir les mêmes principes. Enfin, dans sa quatrième et dernière modification, le suc muqueux sucré est tout-à-fait dépouillé de sa couleur citrine et de son odeur balsamique, et sa saveur sucrée est beaucoup plus développée. Cet état est celui qui constitue le suc muqueux, sel essentiel, renfermé dans les cellules que forme la substance médullaire du nœud-canne. Comme chaque cellule est entièrement isolée, et qu'il n'y a aucune communication entr'elles, ce suc ne s'échappe que par expression. Cette particularité rapproche encore le nœud-canne de la condition des fruits muqueux doux et sucrés ; comme eux il peut être entamé et gâté dans une de ses parties, sans que les autres éprouvent aucune altération.

La *canne* consomme beaucoup d'eau de végétation dans l'élaboration de ses sucs ; sa souche est pourvue d'une très-grande quantité de racines, et ses vaisseaux séveux sont très-nombreux.

Le suc savonneux extractif, dont il nous reste à parler, s'élabore dans le système des vaisseaux propres. La sève, dit Dutrône, portée dans les vaisseaux propres des feuilles et de l'écorce, présente dans la matière glutineuse (*Voyez* la note précédente.), une base aux principes que ces organes tirent de l'air, de la lumière et de l'eau. Ce sont ces principes qui rendent cette matière colorée, odorante, sapide et dissoluble. Plusieurs faits prouvent que la base du suc savonneux extractif est une matière glutineuse. La couleur de l'écorce de la *canne* tient en partie à ce suc qu'on enlève aisément par l'eau ; elle tient encore, dans une plus grande proportion, à une matière résineuse qui n'est soluble que dans l'alcohol. La substance médullaire, quoique blanche, contient aussi une petite quantité de suc savonneux, que l'eau bouillante dissout. Enfin, l'alcohol, comme l'eau, tient en dissolution le suc savonneux de l'écorce et de la moelle. Les acides ne paroissent avoir aucune prise sur lui : ils semblent au contraire le fixer davantage à la partie solide de la canne. Les alkalis le dégagent dans une proportion d'autant plus grande , qu'ils sont plus caustiques , et qu'ils sont aidés d'un plus fort degré de chaleur. La substance médullaire , après avoir été dépouillée du suc savonneux par les alkalis , porte une forte couleur citrine résineuse. Le suc savonneux passe dans l'expression de la canne , à la faveur du suc séveux qui sert à l'étendre.

En parlant bientôt des moyens employés pour l'extraction du sucre, nous analyserons le suc exprimé de la *canne* coupée à sa maturité. Il faut auparavant faire connoître sa culture.

IV. *Culture de la Canne à sucre.*

Toutes les terres ne conviennent pas à la *canne*. Dans celles qui sont grasses , humides , basses et nouvellement défrichées, elle vient très-belle , mais elle ne produit qu'un suc aqueux, peu sucré , de mauvaise qualité , difficile à cuire et à purifier. Dans un sol sans fond , elle est presque toujours avortée et donne peu de sucre. Les terres fortes ne sont pas non plus favorables à sa végétation. Elle demande une terre substantielle médiocrement légère , un peu limonneuse , très-divisée, ou facile à diviser. Les meilleures terres à sucre ont un coup-d'œil gris , et ne présentent ordinairement aucun mélange de sable , de gravier , ni d'argile. Quelquefois une heureuse exposition et l'abondance des pluies compensent la médiocrité du sol. Ainsi les établissemens situés dans des lieux élevés ou au pied des montagnes , et dont le terrein n'est tout au plus que passable , peuvent pourtant prospérer , parce qu'ils sont arrosés souvent. Ceux qui se trouvent placés dans les plaines , et sur-tout dans le voisinage de la mer , ont moins besoin d'eau , parce que le sol y est communément meilleur , et a plus de fond. Dans tous les pays , et aux Antilles plus qu'ailleurs, les plaines s'enrichissent de la terre et des débris des montagnes. La plupart des rivières de ces îles sont de vrais torrens qui , ayant un lit étroit , grossissent très-fréquemment et couvrent leurs bords d'un limon productif qui convient très-bien à la canne. C'est vraisemblablement ainsi que se sont formés , avec le temps , les terreins bas et plats , où ce végétal précieux est communément cultivé.

L'art des engrais est peu connu dans les colonies ; et l'art d'alterner les objets de culture ne l'est pas du tout , ou plutôt on ne peut pas l'y mettre en pratique. Il seroit, pour l'ordinaire , désavantageux au colon de faire succéder une culture à une autre , ou de faire marcher ensemble deux cultures différentes (1). Cependant , dans quelques cantons de Saint-Domingue, on cultive à-la-fois sur le même bien le *cotonnier* et l'*indigo*. Cette dernière plante est semée en longues et larges plattes-bandes qu'on entoure d'allées de cotonniers. La blancheur éblouissante des fruits de cet arbrisseau contraste agréablement avec la verdure gaie de l'indigo. Mais la *canne* ne souffre aucun mélange , et les travaux d'une sucrerie sont trop multipliés et trop dispendieux , pour permettre qu'on s'y occupe à faire autre chose que du sucre. Que le sol soit mauvais , médiocre ou excellent , ces travaux et les dépenses qu'ils entraînent sont les mêmes : d'où résulte la nécessité de n'établir ces sortes de plantations que sur un bon fonds , si l'on ne veut pas que les produits soient au-dessous des frais. Il n'est point de biens plus productifs, quand le sol est bon ; il n'en est pas de plus ruineux , lorsqu'il est mauvais. Dans les terreins médiocres , le propriétaire d'une sucrerie peut vivre et entretenir sa famille , mais il ne s'enrichit jamais : il tirera cependant un plus grand parti de sa terre, s'il sait faire un usage bien entendu des engrais (2).

Lorsqu'on en coupe des *cannes* , leurs pailles ou feuilles sèches restent ordinairement sur le champ ; elles pourrissent , et forment bientôt un engrais naturel excellent. Quelquefois on les enterre, d'autres fois on les brûle ; leurs cendres , mêlées à celles des vieilles souches , sont très-propres à diviser et fertiliser un terrein gras et argileux. Le fumier convient mieux aux terres légères. Il n'est point d'établissement agricole qui puisse en fournir autant qu'une sucrerie, parce que son exploitation exige un grand nombre de mulets et de bœufs , sans compter les chevaux employés au service du maître , et les moutons qu'on pourroit, comme en Europe, faire parquer successivement dans les terreins destinés à être plantés.

C'est la nature du sol, ce sont les saisons et le climat qui doivent déterminer l'espèce de préparation à donner alors à la terre , ainsi que l'époque et le mode de plantation. Mal-

---

(1) Nous parlons des grandes cultures, c'est-à-dire de la culture des plantes les plus utiles, et qui donnent un riche produit , telles que la *canne* , le *coton* , &c.

(2) J'ai vu à Saint-Domingue un terrein où l'herbe croissoit à peine , produire au bout de quelques années de très-belles *cannes*. Il faisoit partie d'une grande habitation fort médiocre qui appartenoit à un colon tres-actif. Ce colon venoit souvent en France , emportant toujours avec lui plusieurs caisses des différentes terres de son habitation , qu'il soumettoit à l'analyse des chimistes de Paris , et qu'il rendoit ensuite productives, en employant les engrais qui lui avoient été indiqués.

heureusement, on suit dans chaque pays les méthodes reçues, bonnes ou mauvaises. Dans nos colonies, la charrue est peu connue ; on y travaille et dispose le terrein avec la houe ; tout s'y fait à force de bras. Il faut espérer que le besoin de rétablir promptement les cultures dans ces contrées, y introduira les instrumens aratoires de l'ancien continent. On y gagneroit beaucoup. Ce seroit pourtant une erreur de penser que la charrue peut être, avcc profit, mise en usage par-tout sous la zone torride comme en Europe. Dans ces brûlans climats, une terre trop ameublie est exposée à perdre plutôt les sels et les principes qui la fécondent. On ne doit donc y ouvrir son sein qu'à propos, et ne pas le tenir ouvert trop long-temps. Il faut suivre, à cet égard, un juste milieu, et consulter les saisons et les localités.

La *canne* se multiplie de bouture dans toute l'Amérique. On distingue deux parties dans sa tige quand on la coupe, savoir : une inférieure, et dans laquelle le sucre est tout formé, qui est presque dépouillée de feuilles, et qui présente quelquefois jusqu'à quarante et même cinquante articulations ; et une partie supérieure beaucoup moins longue, qu'on nomme *tête de canne*. Celle-ci est garnie d'un petit nombre de feuilles vertes, et formée d'entre-nœuds plus rapprochés que les inférieurs, et qui sont à divers degrés d'accroissement. C'est dans ces têtes qu'on prend les boutures ; on en coupe les feuilles, et on en forme un plançon de la longueur à-peu-près d'un pied. Cette partie étant plus tendre que le corps de la canne, est plutôt pénétrée par la pluie ou par l'humidité de l'atmosphère, et elle pousse plus aisément des racines. Dans quelques pays, comme à la Grenade, où les sucreries n'ont pas ordinairement une grande étendue, on laisse tous les ans croître, jusqu'en octobre et novembre, les rejetons des cannes coupées en janvier et février, pour en faire du plant. A Saint-Domingue, on emploie le plant à l'instant même de la récolte.

Après avoir nettoyé le terrein destiné à la plantation, on le partage en carrés égaux. Chaque carré, appelé *pièce de canne*, a ordinairement deux cents pas d'étendue sur toutes les faces, et le pas est de trois pieds et demi. On laisse entr'eux une allée de dix-huit à vingt pieds de large, qu'on nomme *division*, et tirée au cordeau. Elle est communément plantée en pois ou patates, qui servent à la nourriture des noirs. Par ce moyen, il n'y a pas de surface perdue. On aligne ensuite les trous destinés à recevoir le plant de *canne*. Pour cet effet, on pose près de terre une ligne, le long de laquelle on fait, avec la houe, un trou ou marque ; on répète cette opération dans toute la largeur de la pièce de canne. Les marques doivent être parallèles entr'elles ou disposées en quinconce, et distantes les unes des autres de deux, trois ou quatre pieds, suivant la nature du sol. C'est aussi la qualité du terrein qui détermine la largeur et la profondeur des trous. Ils ne peuvent pas avoir moins de sept à dix pouces de profondeur, et de quinze à dix-huit pouces carrés. On les fouille de façon qu'ils se terminent en plan incliné. Les boutures y sont couchées à plat au nombre de deux ou trois, et recouvertes avec la moitié de la terre qu'on a tirée : on réserve l'autre pour chausser les jeunes plants à la première sarclaison. La fosse est alors dans la disposition la plus favorable pour recevoir et conserver l'eau, soit de pluie, soit d'arrosage, et l'état de division où est la terre permet aisément aux racines de la pénétrer et de s'étendre.

Les jeunes *cannes* commencent à se montrer au bout de trois semaines ou un mois. Rien ne contribue plus à favoriser leur accroissement que les sarclaisons ; deux ou trois suffisent ordinairement. On remplit alors de terre les trous, et on chausse les pieds des cannes. Si les chenilles s'y mettent, il faut différer de sarcler, parce que cet insecte paroît préférer les autres herbes, dont la substance est moins dure.

Tous les plants ne réussissent pas. On doit remplacer ceux qui manquent, et ceux qui sont pourris ou desséchés ; on appelle cela *recourir*. Quand les cannes ont cinq ou six mois, il est convenable d'extirper les bourgeons qui poussent à leur pied. Ces bourgeons ne pouvant parvenir aussi-tôt que les premiers jets, à la même grandeur et à la même maturité, ne donnent, lors de la récolte, qu'un suc imparfait, capable d'altérer celui des bonnes tiges. Il est aussi très-utile d'épailler les cannes ; elles croissent alors plus grosses et sont plus mûres, parce qu'elles reçoivent mieux les impressions de l'air. De-là vient que les lisières des pièces de canne sont toujours plus belles que l'intérieur. Une habitante de Saint-Domingue, guidée sans doute par ce principe, avoit imaginé de planter les siennes en carrés très-longs et fort étroits. De cette manière, toutes les touffes et presque toutes les tiges étoient également bien aërées et de la plus belle venue. Sur une surface égale à celle employée à la même culture par ses voisins, elle faisoit un tiers de revenu de plus ; elle avoit, en outre, plus de divisions, c'est-à-dire, plus de terrein disponible pour la nourriture des cultivateurs. Il seroit pourtant désavantageux d'éclaircir ou d'épailler les cannes dans un sol léger ou sablonneux, sur-tout l'été, parce que les chaleurs de cette saison dessécheroient trop leur racine, et même la terre.

C'est pour prévenir cet inconvénient que, dans les terreins de cette nature, on a soin de planter les cannes près à près, afin qu'elles puissent se garantir mutuellement des effets de la sécheresse.

Les *cannes rejetons* (*Voy*. le paragraphe II), toutes choses égales, ne viennent jamais aussi hautes ni aussi belles que les *cannes plantées ;* mais elles do.nent en proportion plus de sucre, qui est en même temps plus beau et meilleur. L'extraction du sucre des cannes plantées demande plus de soin.

Dans les mauvaises terres, les *cannes* sont petites et minces; elles portent aux îles le nom de *rotins*. Dans les terres vierges, elles viennent d'une hauteur et d'une grosseur extraordinaires, mais mûrissent difficilement ; on n'en peut point extraire de sucre, ou celui qu'on en extrait ne graine point, et garde la consistance de sirop. Pour tirer parti de ces cannes, il faut les couper trois ou quatre fois tous les huit ou dix mois, et quand elles sont sèches, les brûler ou les abandonner en vert aux animaux. Par ce moyen, on dompte la terre, et on diminue la vigueur de la canne, dont le quatrième ou cinquième rejeton peut donner du sucre passable. Dans de semblables terres, les cannes sont quelquefois productives pendant vingt à vingt-cinq ans, sans qu'on ait besoin de les replanter. J'ai vu chez moi des pièces de cahne produire, à leur dix-huitième rejeton, de vingt à trente milliers de sucre.

On appelle aux Antilles *cannes créoles*, celles qui rejetonnent, c'est-à-dire, qui poussent des bourgeons à leurs nœuds le long des tiges. Elles ne sont bonnes à rien. Cet accident a pour cause une trop grande humidité et une surabondance de sève.

L'époque de la plantation des *cannes* n'est pas aisée à déterminer. Elle ne doit pas être la même par-tout, à raison de la variété des climats, des saisons, des sites, des terreins. La canne étant un roseau, ne peut se passer d'eau pour croître. C'est sur-tout dans les premiers six mois de sa croissance qu'elle en a besoin. Il est donc raisonnable de planter à la veille des pluies modérées. Les boutures se pénètrent d'eau par degrés, et donnent promptement des plantes qui se fortifient assez, lors des grandes pluies, pour résister à la sécheresse et pour couvrir la terre. Voilà la règle générale; c'est au cultivateur à en faire l'application. Que la canne soit arrosée par les eaux pluviales ou par celles des rivières, par submersion ou par infiltration, peu importe, pourvu qu'elle le soit à propos et modérément. Dans les terreins légers, naturellement secs ou disposés en pente, il lui faut beaucoup d'eau. Elle s'en passe plus aisément dans un sol plat, substantiel et frais.

Toutes les fois qu'on plante des *cannes* à Saint-Domingue, on est assez dans l'usage de semer en même temps du maïs sur le même terrein. Ce grain étant récolté au bout de quatre mois, ne nuit point à la croissance des cannes; au contraire, leur enfance est protégée par l'ombre légère des tiges et des feuilles du blé de Turquie.

V. *Récolte de la Canne à Sucre.*

La récolte des *cannes* ne se fait pas en même temps dans les divers établissemens des Européens en Amérique. Elle est nécessairement subordonnée à l'époque des plantations, qui varie beaucoup, ainsi qu'il a été dit au paragraphe précédent. Si, dans la culture de la canne, on avoit pour objet de recueillir ses graines, il faudroit faire sa récolte au temps de sa maturité absolue; mais, comme le seul but qu'on se propose est l'extraction d'un sel précieux, on doit, pour couper ce roseau, choisir le moment où le sucre y est le plus abondant, et où il a acquis sa perfection. Ce moment, suivant M. de Caseaux, est celui où les vingt-deux nœuds inférieurs de la tige sont dépouillés de leurs feuilles. Cette règle est trop générale. J'ai fait couper souvent des cannes, crues sur le même sol, qui avoient un plus petit ou un plus grand nombre de tels nœuds, et qui ont donné également de très-beau sucre et en même quantité. Tant de causes concourent à la croissance de la canne et à l'élaboration de son suc, qu'il faudroit pouvoir les combiner toutes pour déterminer, d'une manière invariable, l'époque précise où il est plus avantageux de la couper. Tout ce qu'on peut dire à cet égard de certain, c'est que les nœuds de ce beau graminée, ne mûrissant point à-la-fois, mais successivement, comme les fruits d'un même arbre, laissent toujours au cultivateur une latitude de deux ou trois mois pour la récolte; avantage inappréciable dans un établissement où les travaux sont si multipliés, et où il est essentiel d'en savoir faire une juste distribution, afin qu'aucun ne soit omis ou perdu. Car voilà ce qui importe le plus. Le colon n'est pas toujours le maître de couper ses cannes au point juste de maturité convenable pour en extraire le plus de sucre; il en est souvent empêché par d'autres travaux que nécessitent la saison ou les circonstances. Mais si, pour avoir hâté ou différé sa récolte, il éprouve quelque perte, cette perte est ordinairement compensée. Une coupe anticipée donne plus de vigueur aux rejetons, et rapproche l'époque où ils doivent être coupés à leur tour; une coupe tardive a laissé au propriétaire le temps d'assurer les plantations commencées, soit en cannes, soit en vivres.

À la Grenade et dans la partie du nord de Saint-Domingue, on récolte à toutes les époques de l'année, mais particulièrement pendant les quatre mois de la plus belle saison, savoir : février, mars, avril et mai. Il en résulte un grand avantage pour les noirs et pour le propriétaire. Les premiers ont plus de repos, et le second peut vaquer plus facilement aux autres travaux de l'habitation dans les intervalles que laissent les roulaisons (1). Chaque année, on coupe ordinairement les trois quarts de tous les carreaux cultivés en cannes; souvent on en coupe les quatre cinquièmes, et quelquefois la totalité. Cela dépend des saisons, du point de maturité de la canne, et sur-tout de l'ordre qui a été suivi dans les travaux.

Les cannes qui viennent de plants, ne sont bonnes à couper qu'à quatorze ou quinze mois ; les cannes-rejetons peuvent être coupées à onze et douze mois ; aussi, sur les habitations où l'on est obligé de replanter souvent, c'est-à-dire après le premier ou deuxième rejeton , on a tous les ans (toutes choses égales d'ailleurs) moins de pièces de cannes à récolter. Sur un établissement où on les laisseroit toujours repousser de leurs souches, il est clair qu'on les couperoit nécessairement toutes dans la même année.

Un de mes voisins à Saint-Domingue, pour gagner un an sur cinq, avoit imaginé de ne jamais replanter ses cannes, ou du moins que très-rarement. Il faisoit recourir les carreaux qui en avoient besoin , c'est-à-dire qu'aussi-tôt la coupe finie , il garnissoit de plants les chambres ou vides, après avoir fait labourer ou fumer la place. Par cette méthode , il évitoit les travaux des grandes plantations , qui sont considérables, qui fatiguent beaucoup les nègres, et dont le succès d'ailleurs n'est pas toujours assuré. Le temps qu'il gagnoit étoit consacré à planter ou à sarcler des vivres (2). Ses noirs en étoient mieux nourris; et comme il coupoit toutes ses cannes dans l'année, il faisoit, disoit-il, en quatre ans le revenu, ou à-peu-près, qu'il n'eût fait qu'en cinq, en suivant la méthode ordinaire. Heureusement pour lui , son habitation étoit située dans un quartier assez souvent arrosé par les eaux du ciel. Sans cet avantage , sa pratique

---

(1) *Voyez* au parag. 17 , ce qu'on entend par *roulaison*.
(2) C'est le nom général qu'on donne , dans nos colonies, aux légumes, racines et fruits destinés à nourrir les nègres.

eût été mauvaise, parce que les rejetons auroient nécessairement étouffé les jeunes cannes. On doit encore observer que
lorsque celles-ci réussissent, elles donnent des produits plus
abondans.

Je pense que pour hâter, accroître et assurer les revenus
d'une sucrerie, il seroit peut-être avantageux d'avoir des pépinières de *cannes*. On pourroit aussi les multiplier quelquefois de drageons enracinés. Il seroit à desirer que quelqu'un
essayât ces méthodes dans une possession bornée.

VI. *Expression de la Canne à sucre*.

Les *cannes* coupées sont réunies en paquets, et portées au
moulin. Le moulin est formé principalement de trois gros
rouleaux appelés *tambours*, faits d'un bois très-dur et compacte, bien uni et poli, dans lequel on enfonce trois cylindres
de fer creux, de la hauteur de quinze à dix-huit pouces, et
d'un pouce environ d'épaisseur. Ces rouleaux sont élevés
sur un plan horizontal, nommé *table*, rangés perpendicu-
lairement sur la même ligne, et presque contigus. Celui du
milieu mû sur son axe par une puissance quelconque, communique aux deux autres le mouvement qui lui est imprimé.
Ils présentent ensemble deux faces opposées. Vis-à-vis de chaque face est une négresse. L'une d'elles engage d'abord les
cannes entre le rouleau du milieu et l'un des deux autres, à
droite ou à gauche. Ces cannes prises, tirées et comprimées
fortement dans toute leur longueur, sont reçues par la seconde négresse, qui les engage à son tour entre le même
rouleau central et l'autre rouleau latéral, afin qu'elles soient
exprimées de nouveau. Après avoir subi deux expressions,
la canne reparoît sur la première face entièrement applatie,
toute désorganisée, et privée de ses sucs, qui dans l'une et
l'autre expression tombent sur la table, se confondent dans
la gouttière pratiquée à une des extrémités, et coulent dans
les réservoirs nommés *bassins à vin de canne.* Ces bassins sont
ordinairement au nombre de deux, et placés au-dehors ou
au-dedans de la sucrerie (1); quand ils sont en dehors, on
les couvre d'un appentis.

Ce sont communément les négresses qui font le service du
moulin. Depuis trente ans environ, on a imaginé d'adapter
à l'une des deux faces une machine appelée *doubleuse*, qui

---

(1) La *sucrerie* est le bâtiment dans lequel se fait le travail du
sucre. On donne aussi ce nom à toute habitation établie en cannes,
pour la distinguer des établissemens appelés *indigoterie*, *caféterie*, &c.

sert à engager les *cannes* une seconde fois, et qui économis
une ou deux négresses. Un jeune nègre veille à ce que les
débris de la canne, tombant sur la table, ne s'opposent point
à l'écoulement du suc exprimé, et ne forment point d'enga-
gement dans la gouttière. On lave deux fois par jour les rouleaux et la table, pour empêcher que le jus de canne qui s'y
colle, en s'aigrissant, ne communique sa qualité à celui qu'on
exprime.

Les puissances qui mettent les moulins en mouvement,
sont les animaux, l'air ou l'eau. On pourroit employer la
pompe à feu.

Un moulin à bêtes est mû par deux attelages de mulets,
appliqués à deux leviers, lesquels sont fixés l'un sur l'autre,
à l'axe du rouleau central. Chaque attelage est formé de deux,
ou plus communément de trois mulets, qu'on relaye toutes
les deux heures, temps qu'on appelle *quart*. On ne doit les
faire travailler qu'une fois dans les vingt-quatre heures, si
l'on veut qu'ils soient toujours vigoureux et bien portans. Il
faut avoir par conséquent cinquante à soixante mulets, destinés seulement au moulin qui, dans une grande habitation,
va nuit et jour tant qu'il y a des cannes à récolter. On a en
outre dix-huit à vingt mulets et sept à huit paires de bœufs,
pour les charrois de toute espèce.

Les moulins à eau sont plus commodes et moins dispendieux; leur mouvement est plus uniforme et n'est jamais in-
terrompu. La puissance qui leur est appliquée étant plus
forte, les *cannes* sont mieux comprimées et plus également.
D'ailleurs le service de ces moulins se fait plus rondement :
on ne perd pas de temps à relayer, et on ne craint pas la
mortalité des animaux.

Il est étonnant que dans les Antilles, où les vents sont cons-
tans et réglés, on n'ait pas généralement adopté l'usage des
moulins à vent. J'en ai vu deux à Saint-Domingue, Il y en a
plusieurs à la Guadeloupe et dans quelques îles anglaises : ils
seroient moins coûteux à établir que les moulins à eau, et
conviendroient sur-tout aux établissemens situés loin des
rivières.

Les moulins sont ordinairement couverts et renfermés
dans des bâtimens qu'on appelle *cases à moulins*.

La *canne* exprimée deux fois, prend le nom de *bagasse*.
On la lie par gros paquets et on la porte sous des hangards
qu'on nomme *cases à bagasse*. On en forme quelquefois de
grandes piles à l'air libre. Quand elle est desséchée, on l'emploie à chauffer les fourneaux de la sucrerie.

VII. *Disposition des bâtimens, fourneaux, et chaudières nécessaires pour extraire le sucre du jus de la Canne.*

C'est dans la sucrerie que se fait le premier travail du sucre. Pour retirer cette substance du jus de la *canne*, on a besoin de feu, de chaudières et de fourneaux. Autrefois on employoit quatre, cinq, six ou sept chaudières de cuivre de différentes grandeurs, montées les unes près des autres dans la même direction, chacune sur un foyer particulier. Dans la première, on séparoit les écumes à l'aide de la chaleur; dans la seconde, on enlevoit les matières grasses à la faveur des alcalis; dans la troisième, on évaporoit le vesou jusqu'à consistance de sirop; la quatrième servoit à cuire ce même vesou; les autres étoient un supplément à la troisième et quatrième. Le produit de chaque chaudière, dont la contenance alloit toujours en diminuant, passoit en entier de la première dans la seconde, de celle-ci dans la troisième, &c. On filtroit le liquide en le passant d'une chaudière dans une autre : ce filtre étoit de toile ou de laine.

Depuis 1725, on a établi, à l'exemple des Anglais, toutes les chaudières sur un seul foyer; et l'on a substitué à celles de cuivre, des chaudières de fer fondu, que les Hollandais ont introduites les premiers dans le Nouveau-Monde (1). Maintenant dans les sucreries bien montées, il y a deux laboratoires appelés *équipages*. Chacun d'eux est composé de plusieurs chaudières (ordinairement cinq) placées sur la même ligne, presque contiguës les unes aux autres, et enchâssées dans la voûte du fourneau, de manière que les deux tiers de la chaudière reçoivent l'action du feu. Le fourneau est commun à toutes les chaudières. Il consiste dans un canal, dont l'ouverture est en dehors de la sucrerie, pratiqué dans la muraille, presque vis-à-vis de la dernière chaudière, et qui se termine par une cheminée placée un peu au-dessus de la première. On observe de faire l'ouverture de la cheminée qui communique au canal, aussi large que celle de l'entrée, et celle-ci doit être en face du vent. Ce canal est large ordinairement de deux pieds et demi, et haut de trois pieds sous la batterie : il est moins haut sous les autres chaudières, en raison proportionnelle de leur profondeur. Outre ce fourneau, il y en a dans le même bâtiment deux autres, dont l'un porte des chaudières à cuire les sirops, et l'autre

---

(1) Les Anglais se servent toujours de chaudières de cuivre.

une seule surmontée d'un glacis très-élevé , pour les clarifications.

Les cinq chaudières qui composent un *équipage* ont chacune un nom particulier. La première , c'est-à-dire la plus voisine du bassin se nomme *grande* , parce qu'elle est d'une plus grande capacité que les autres ; la seconde est appelée *propre* , parce que dans cette chaudière le suc doit être dépuré et amené au plus haut degré de propreté ; on nomme la troisième le *flambeau* , parce que le suc de canne déjà échauffé , présente des signes qui indiquent le degré et la proportion de lessive qu'on doit employer ; la quatrième le *sirop* , à cause de la consistance qu'y prend le vesou (1) ; enfin , la cinquième est la *batterie* , ainsi nommée , parce que la dernière action du feu que reçoit le vesou-sirop dans cette chaudière , occasionne quelquefois un boursoufflement considérable , qu'on arrête en battant fortement la matière avec une écumoire. Ces chaudières sont soutenues entr'elles par de la maçonnerie qui s'élève au-dessus de leurs bords , en suivant leur évasement , et forme un glacis plus ou moins haut , qui augmente d'autant leur contenance.

Près de la batterie , il y a deux chaudières nommées *rafraîchissoirs.* Quand le vesou-sirop est cuit , au point convenable , on le transvase successivement dans l'un et l'autre de ces rafraîchissoirs.

A la surface du bord de l'équipage , entre chaque chaudière , est un petit bassin d'un pied de diamètre , et de deux à trois pouces de profondeur , où l'on verse les écumes qui sont portées par une gouttière dans la *grande ;* près de celle-ci , et hors de la ligne du laboratoire , se trouve une autre chaudière pour recevoir les grosses écumes.

La disposition du fourneau principal , procure à la batterie un feu vif , qui perd insensiblement de sa force en montant le canal pour sortir par la cheminée. Ainsi , les chaudières bouillent suivant les proportions qui conviennent pour l'évaporation lente et graduée , nécessaire à la fabrique du sucre.

La galerie des fourneaux est en dehors du bâtiment ; son service est entièrement séparé de celui de l'intérieur de la sucrerie. Il a pour objet le transport du chauffage , son introduction dans le foyer , l'extraction et le transport des cendres. Cette galerie répond à toute l'étendue des fourneaux ; elle est ouverte presque de tous côtés , et couverte par un appentis qui garantit le chauffage et les chauffeurs.

---

(1) On donne ce nom au suc dépuré de la canne , lorsque les fécules qu'il contenoit en ont été séparées. *Voyez* le paragr. suivant.

Les vaisseaux ou vases dans lesquels on met le sucre à cristalliser, sont des grands canots de bois ou des cônes de terre cuite, placés dans la sucrerie. Les canots ont huit à dix pieds de longueur, sur cinq à six de largeur, et un pied de profondeur; les cônes appelés *formes*, ont environ deux pieds de hauteur, avec une base de treize à quatorze pouces de diamètre; leur sommet est percé d'un trou qui a un pouce d'ouverture.

Avant de dire comment on obtient le sucre par l'application de la chaleur au suc exprimé de la canne, il est nécessaire d'analyser ce suc, et d'en faire connoître les principes.

VIII. *Analyse du suc exprimé de la Canne.*

Les sucs de la *canne*, chassés par la pression du moulin, rompent les vaisseaux qui les contenoient, et en emportent des débris auxquels ils restent plus ou moins intimement unis. Ces sucs forment un tout homogène, connu sous le nom de *jus de canne*, de *vin de canne*, ou de *suc exprimé*. Le jus de canne est un fluide opaque, d'un gris terne olivâtre, d'une saveur douce et sucrée; il a l'odeur balsamique de la canne; il est doux au toucher, et légèrement poisseux; et il est formé de deux parties, l'une solide, l'autre fluide, plus ou moins unies entr'elles, suivant les circonstances.

Ce sont les fécules qui composent la partie solide contenue dans le suc exprimé. Elles sont de deux sortes : l'une grossière, qui provient de l'écorce, et qui porte, avec une portion du suc savonneux, une matière verte résineuse très-abondante; l'autre, d'une finesse extrême, dans laquelle se trouve aussi une petite portion du suc savonneux, qui quelquefois y adhère fortement. Plusieurs agens, tels que l'air, la chaleur, les alcalis, &c. décomposent le suc exprimé en séparant les fécules de la partie fluide.

Lorsque ce suc est exposé à l'air en très-grande surface, les fécules se séparent et se précipitent au fond du vase. La partie fluide qui surnage, a une couleur citrine très-foible, due au suc savonneux qui a passé dans l'expression; car dans cette décomposition, le suc savonneux tenant aux fécules, n'en a point été séparé. La partie fluide décantée, prend le nom de suc *dépuré* ou de *vesou*. L'eau, que contient le vesou laissé à l'air et au soleil, s'évapore d'une manière constante et graduée. Les molécules du sel essentiel suivent, en se rapprochant, la marche lente de l'évaporation la plus favorable pour leur union cristalline et régulière. Le sucre se présente alors sous la forme de cristaux, couverts d'une légère teinte ci-

trine, dont le suc savonneux vernit leur surface. J'ai souven
observé de pareils cristaux sur la table même du moulin qu
sert à broyer les *cannes* ; leur formation étoit l'effet de l
seule évaporation libre et spontanée de l'eau qui les tenoit en
dissolution. Ce moyen d'extraire le sel essentiel du suc exprimé, est le plus naturel et le plus simple. Mais, étant impra-
ticable en grand, on doit, comme le dit très-bien Dutrône,
faire en sorte de s'en rapprocher le plus possible, dans le choix
de tous ceux qu'on peut employer.

La chaleur décompose le suc de canne (comme presque
tous les sucs exprimés) au simple degré du bain-marie. Mais
son action, portée même à la plus forte ébullition, suffit rarement pour séparer en entier la fécule de la seconde sorte ;
souvent même elle favorise son union à la partie fluide, et
la rend plus intime. C'est alors qu'on est obligé d'avoir recours aux alcalis. En séparant les fécules, et les réunissant
sous la forme de gros flocons, la chaleur en enlève tout le suc
savonneux qu'elle en peut dissoudre. La présence de ce suc,
mêlé au vesou, met celui-ci dans une circonstance moins favorable, pour l'extraction du sel essentiel que n'est le vesou
qui a été soumis à la seule action de l'air.

Les fécules et le vesou qui ont éprouvé l'action de l'air et
de la chaleur seulement, conservent l'odeur balsamique de
la *canne*.

Les alcalis sont, de tous les agens, ceux dont l'action sur
le suc de *canne* est plus forte et plus marquée. Ils le décomposent à l'instant, en séparant les deux sortes de fécules
sous la forme de très-gros flocons qui se précipitent, si leur
action se passe à froid ; ils enlèvent à ces fécules tout leur suc
savonneux, auquel ils se combinent. Si la séparation des fécules a lieu par la réunion de la chaleur et des alcalis, elle s'o-
père d'autant mieux que la partie colorante résineuse qu'elles
portent, est plus abondante. Et lorsque la fécule de la seconde
sorte en est privée, ou qu'elle n'en a qu'une petite quantité
elle peut alors être ténue, plus divisée par la chaleur, et même
dissoute par les alcalis. Ainsi les alcalis, en dépouillant l
fécules de tout leur suc savonneux, et en les dissolvant même
dans certaines circonstances, doivent nuire, sous ce rapport
à la cristallisation du sel essentiel.

L'action de l'alcohol sur les fécules dans le jus de *canne*
n'est point sensible ; il suspend seulement pour quelques
heures leur décomposition spontanée. Les acides semblent
diviser davantage les fécules, et favoriser leur union à la partie fluide.

Lorsque le suc exprimé de *cannes* fraîches est abandonn

à lui-même en grande masse, les fécules se décomposent les premières, et déterminent la fermentation acide. Celles de la première sorte se séparent; une partie se précipite, l'autre surnage; celles de la seconde sorte, sont tenues plus divisées dans ce premier moment par l'acide qui se développe, puis elles se précipitent. Dans cette décomposition spontanée, l'acide, en divisant les fécules, les tient plus unies à la partie fluide, et leur séparation par la chaleur et les alcalis en est plus difficile.

Si, après avoir enlevé au jus de *canne* par la chaleur et les alcalis, les fécules de la première sorte et une partie de celles de la seconde, on l'abandonne à lui-même, il passe alors à la fermentation spiritueuse. La portion de fécule restée unie à la partie fluide se décompose, et bientôt s'en sépare complètement. La partie fluide traitée après ce premier mouvement, donne un sel essentiel de qualité bien supérieure à celui qu'on eût obtenu.

Le jus de *canne*, dépouillé de fécules, présente les sucs séveux, muqueux et savonneux, réunis en diverses proportions, formant ensemble un fluide homogène, clair, transparent, d'une couleur citrine ambrée, qu'on appelle *vesou*. L'eau que ce fluide contient, doit y être considérée sous deux états différens. Dans le premier état, elle est en rapport avec les sucs muqueux et savonneux qu'elle tient en dissolution, et elle prend avec ces sucs le nom de *vesou - sirop*. Dans le second, elle est surabondante à l'eau de dissolution, dans une proportion plus ou moins grande; et cette surabondance, quelle qu'elle soit, donne à l'ensemble le nom de *vesou*. Sous ce dernier rapport, l'eau varie de soixante à quatre-vingt-cinq livres par quintal de vesou.

Le suc muqueux, dont la quantité proportionnelle varie en raison inverse de celle de l'eau, varie aussi dans sa qualité, en ce qu'il est plus ou moins éloigné de l'état qui le constitue sel essentiel. Le *vesou* de bonne qualité, est celui dont le suc muqueux est tout entier dans l'état de sel essentiel. Celui de qualité médiocre contient une quantité plus ou moin grande du même suc, privé de quelques-unes des conditions nécessaires à sa constitution de sel essentiel, état qui a été désigné sous le nom de suc muqueux sucré (*Voyez* le paragr. III.): enfin le vesou de mauvaise qualité porte encore une portion de corps muqueux doux. Dans ce troisième vesou, le corps muqueux ne peut, sans se décomposer, souffrir un degré de chaleur au-dessus du terme de 84, échelle de Réaumur; le corps muqueux dans l'état sucré, se décompose à 86 ou 87 degrés, tandis que le corps muqueux sel essentiel peut supporter, dans le suc de canne de bonne qualité, une chaleur de plus de 100 degrés. On voit combien la présence du corps muqueux doux et sucré peut nuire à l'extraction du sucre, en s'opposant tant à la cuite qu'à la cristallisation.

Le suc savonneux extractif est plus ou moins abondant, suivant la constitution de la canne. C'est à lui que le *vesou* doit sa couleur, qui varie du citrin léger au brun foncé, selon que la chaleur et les alcalis, en dépouillant les fécules de ce suc qu'elles contenoient, en ajoutent davantage à celui qui a passé dans l'expression. Les alcalis, en se combinant au suc savonneux, donnent à sa couleur d'autant plus d'intensité, qu'ils sont plus purs; et en détruisant l'odeur balsamique de la canne, ils donnent aussi au *vesou* une odeur de lessive. Les acides minéraux et le vinaigre radical avivent la couleur citrine du *vesou*, et la changent en couleur jaune ambrée, suivant leur degré de concentration. Les acides végétaux, tels que la crême de tartre, le sel d'oseille, l'acide citrique, affoiblissent sa couleur, et la détruisent en partie. L'acide oxalique (*acide saccharin*) la détruit entièrement. Alors la base de ce suc, privé du principe colorant qui la tenoit en dissolution, paroît sous forme solide, blanche et insoluble à tous les menstrues. On doit penser que le suc savonneux ayant pour base une matière solide, dissoute par un principe colorant, sera d'autant plus nuisible à l'extraction du sel essentiel, que ce suc se trouvera en plus grande proportion dans le *vesou*.

IX. *Travail général du suc exprimé pour en retirer. le sucre.*

Tous les vaisseaux étant propres, les fourneaux nettoyés et approvisionnés de chauffage, dès qu'un bassin est rempli de suc exprimé, on le fait couler dans la *grande chaudière*, qu'on charge à un point déterminé. On met alors dans le suc qu'elle contient de la chaux vive en substance, dont la proportion doit être relative à son degré de pureté et à l'état des *cannes* qui ont fourni le suc. Cet état dépend de leur âge, de la qualité du sol où elles ont cru, et de la saison où on les récolte. La charge de cette *grande*, ainsi lessivée, est transvasée dans les chaudières suivantes, et partagée entre le *sirop* et le *flambeau*. Chargée de nouveau au même point, on y jette la quantité convenable de chaux, et on la transvase en entier dans la *propre*. Enfin, remplie une troisième fois à sa mesure, et ayant reçu la chaux nécessaire, on la laisse en cet état, et l'on commence à chauffer, la *batterie* étant pleine d'eau. Les matériaux employés au chauffage sont la *bagasse*, et les pailles des cannes, nommées *ouaouala*.

Le *sirop* et le *flambeau* sont, après la *batterie*, celles des chaudières qui s'échauffent le plus et le plus promptement. Les matières féculentes du suc exprimé se séparent et se présentent à la surface sous la forme d'*écumes*, qu'on enlève. Le suc entre en ébullition; tou'es les écumes étant enlevées, on vide la *batterie*, et on la charge avec moitié du produit de la chaudière *sirop*. Alors, s'il est nécessaire, on ajoute aux chaudières *sirop*, *flambeau* et *batterie*, un peu de chaux vive ou d'eau de chaux, ou de dissolution d'alcali. La *propre* et la *grande* s'échauffent successivement; on en ôte les écumes à mesure. L'évaporation étant très-rapide dans la batterie, on la charge du surplus du produit du *sirop*; on passe celui du *flambeau* dans le sirop, et on transvase moitié de la *propre* dans le *flambeau*, ayant soin, pendant le cours du travail, d'ajouter, dans ces deux dernières, la chaux ou les dissolutions alcalines, lorsqu'il en est besoin.

La *batterie* reçoit partiellement la charge de deux, trois ou quatre *grandes*, plus ou moins, suivant le degré de richesse et la qualité qu'a le suc exprimé après avoir passé dans les autres chaudières, et après y avoir été lessivé et écumé.

Quand on a rassemblé dans la *batterie* la quantité suffisante de *vesou*, on continue l'action du feu pour opérer la cuite, qu'on porte à 94 ou 97 degrés du thermomètre de Réaumur, si le sucre ne doit pas être terré, ou à 90 ou 93, s'il doit être terré.

Le produit de la *batterie* cuit au point convenable, on suspend le feu, et on transvase la liqueur en entier dans le premier rafraîchissoir. On remplit de nouveau la *batterie* avec le produit du *sirop*; le feu reprend, et on continue le même travail sur le suc exprimé, à mesure qu'il arrive du moulin.

Le vesou de la batterie reçu dans le rafraîchissoir, est nommé *cuite* ou *batterie*; il est transvasé aussi-tôt dans le second rafraîchissoir, où on le laisse jusqu'à ce qu'on ait obtenu une seconde *batterie*. Celle-ci reçoit un degré de cuite un peu plus fort que la première à laquelle on la réunit tout de suite. Leur réunion se nomme *empli*; on le mêle bien. Si le degré de cuite a été donné avec l'intention de laisser le sucre dans un état brut, ce qu'on appelle *cuite en brut*, on porte l'*empli* dans un bac où il cristallise aussi-tôt, et on charge le bac de quatre ou cinq emplis successifs; si on veut terrer le sucre, ce qu'on appelle *cuite en blanc*, le degré de cuite étant moins fort, l'empli est partagé entre les cônes rangés dans la sucrerie, qu'on charge à trois ou quatre reprises.

Le sucre tiré de la batterie est la matière de toutes les préparations qu'on fait pour avoir les différentes espèces de sucre depuis le brut jusqu'au royal. Comme on l'obtient directement du jus de canne, on l'appelle par cette raison, *sucre de canne*, par opposition à celui qu'on retire des sirops en les cuisant, et aux autres sucres qui ont reçu plusieurs préparations et cristallisations, tels que les raffinés.

Le sucre de canne est brut ou terré.

X. *Du Sucre de Canne brut.*

Le *sucre de canne brut* est le produit du *vin de canne* après qu'il a été lessivé, cuit et cristallisé. C'est un sel essentiel (1) qu'on obtient sous une forme concrète et solide. Il devient blanc quand on le purifie. Cette substance, ainsi que l'amidon, est homogène dans tous les végétaux, et forme un de leurs principes immédiats. Il n'y a qu'une espèce de sucre, soit qu'on le retire de la canne, soit d'autres plantes, arbres, fruits ou légumes qui en contiennent, tels que l'érable, le raisin, la betterave. Les différens sucres ne diffèrent entre eux, que par le plus ou le moins de pureté.

En général il faut plusieurs purifications des sels, pour les avoir dans leur plus grande pureté et blancheur ; mais comme ces purifications prennent du temps et occasionnent une diminution sur la matière, il est essentiel de tirer le meilleur parti de la première façon ou cristallisation du sucre.

De la lessive. Elle a pour objet d'enlever au vin de canne toutes les parties solides, grasses et visqueuses qui s'opposent à la cristallisation du sucre. On y parvient en employant la chaux ou tout autre corps de nature alcaline. La chaux agit comme absorbant ; elle se combine avec les parties étrangères au sucre, et les rassemble sous la forme d'écumes avec lesquelles elle fait une espèce de savon.

Autrefois on lessivoit beaucoup avec de différentes cendres. On a renoncé à cette méthode, parce que la cendre grisoit le sucre. La soude a le même inconvénient. Cependant, il est probable que si l'on employoit de l'alcali fixe végétal, ou de l'alcali minéral bien purs, ils n'altéreroient pas la blancheur du sucre. La cherté de ces sels suffit seule pour les exclure ; et l'on doit s'en tenir à la chaux, tant par son bas prix et la facilité de se la procurer, que parce qu'elle lessive très-bien le

---

(1) Cette substance peut conserver le nom de *sel essentiel* dans l'art du sucrier ; elle le perd en passant dans l'art du raffineur et dans le commerce, où elle prend le nom de *sucre*, avec diverses épithètes qui désignent son état et sa qualité.

sucre. La plus vive est la meill[...] : il en faut une plus grande quantité, à proportion de ce q[...]lle est plus éteinte.

Un *vin de canne* qui n'est pas assez lessivé est celui qui n'a pas assez reçu de chaux, il en résulte un sucre gras : c'est le plus grand défaut qu'il puisse avoir. Un vin de canne trop lessivé, est au contraire celui qui a reçu trop de chaux ; il en provient un sucre gris : c'sst le plus grand vice après le sucre gras. La précision de la lessive est une des principales parties du travail du sucre ; mais ce point capital est difficile à saisir.

Le *vin de canne* varie non-seulement à raison du sol et de l'ancienneté de la culture, mais encore à raison des saisons, de la pluie ou de la sécheresse et de l'âge des cannes. Il y a des vins de cannes terreux. Outre qu'ils contiennent peu de sucre, celui qui en provient est presque toujours gris, par la quantité de parties terreuses qu'ils tiennent en dissolution et qui entrent dans la combinaison des cristaux ; le sirop en est amer. Les cannes qui croissent dans des terres grasses et argileuses donnent ces vins de canne qui demandent à être très-peu lessivés. Il y a des vins de canne visqueux : ils produisent peu de sucre, et d'une cristallisation difficile, par l'obstacle qu'y apporte l'abondance du mucilage. Ce sont des cannes venues dans de mauvaises terres, ou des terres neuves trop vigoureuses qui donnent un pareil vin. Leur sirop est d'une douceur fade et mielleuse. Il y a des vins de canne aqueux : ils sont plats au goût ; le sucre n'y est pas abondant, mais assez bon. L'excès d'eau rend l'évaporation très-longue. Ceux-ci sortent de cannes venues dans des terres humides, ou ont pour cause des saisons trop pluvieuses.

Le meilleur *vin de canne* est celui qui contient le plus abondamment de sucre. Il est agréable au goût. Son sirop a une douceur fine et relevée : c'est le plus facile de tous à traiter. Les terres de rapport, profondes, légères et anciennement cultivées, ont l'avantage de le produire.

Les *cannes*, dont le point de maturité est passé, donnent un vin de canne fermenté. Celles qui ont beaucoup souffert de la sécheresse, qui ont été entamées par les rats ou piquées par les insectes, sont sujettes au même défaut. Il n'y a point d'âge déterminé pour la coupe des cannes ; il faut les prendre quand elles sont mûres. *Voyez* le paragraphe V.

Comme il est impossible de connoître la quantité de parties étrangères au sucre que contient chaque espèce de *vin de canne*, on ne peut, par la seule inspection, apprécier la lessive ou la quantité de chaux qu'il demande. On la met donc nécessairement la première fois à tâtons, par approximation. Alors on doit risquer plutôt moins de chaux que plus, parce qu'il est facile d'en ajouter, difficile de diminuer ses effets. Il y a beaucoup de marques sur la lessive, quelquefois bonnes, quelquefois défectueuses. Il est nécessaire de les connoître toutes, et, dans certains cas, il faut en comparer plusieurs ensemble.

Voici les six indications les plus généralement suivies, dont deux sont tirées du vin de canne, deux des écumes, et deux du sucre.

Première indication. *Couleur du vin de canne.* En général, un vin de canne d'une couleur louche, d'un jaune pâle ou trop légèrement ombré, manque de lessive, tandis que celui qui est noir ou d'un vert noirâtre en a ordinairement trop. Cette indication n'est pas toujours sûre, parce que la couleur est un accident des corps, qu'elle varie nécessairement dans le vin de canne, suivant le plus ou moins d'eau, de terre, d'huile, de mucilage qu'il contient. Elle varie encore dans le même vin de canne, à raison de l'évaporation et de l'écumage d'une chaudière à l'autre. Enfin, le rapport d'une couleur présente à une couleur passée, n'est qu'une affaire de mémoire, et dès-lors sujet à tromper.

Seconde indication. *Bouillon de vin de canne.* Quand ce bouillon est sec, menu et vif, il prouve que le vin de canne ne manque pas de chaux. Un bouillon gros, lourd et lent, annonce au contraire qu'il en manque : mais un vin de canne peut être trop lessivé avec un bouillon sec, et un vin de canne très-aqueux ou très-abondant en mucilage, aura nécessairement un plus gros bouillon, quoique bien lessivé, qu'un bon vin de canne.

Troisième indication. *Couleur des écumes.* Elle varie comme celle du vin de canne. En général, elle prouve un défaut de lessive, lorsqu'elle est blanche, et un excès quand elle est trop foncée ou noire.

Quatrième indication. *Cordon que les écumes forment au bord de la chaudière.* Il arrive communément que les écumes poussées en haut par l'action du feu, s'amassent et s'attachent au tour des chaudières dans le flambeau et le sirop : c'est ce qu'on appelle *le cordon*. Il n'existe pas quand la lessive est très-foible. Il est au contraire abondant quand elle est forte. Mais plus le vin de canne contient d'écumes, plus le cordon indique assez bien qu'il y a assez de chaux, mais non pas qu'il y en a trop. Ainsi il est très-possible, et même assez ordinaire, de lessiver trop sur cette seule remarque.

Cinquième indication. *Sucre dégouttant de l'écumoire.* On croit communément que le sucre qui se détache avec facilité et netteté de l'écumoire et qui est cassant, est assez lessivé, et qu'il manque de chaux quand il est mou et filant ; mais cette preuve est plus propre à connoître le corps de sucre que la lessive ; car un sucre abondant en mucilage, quoique bien lessivé, sera toujours filant, et celui abondant en parties salines cassera bien, quoique foible de lessive.

Sixième indication. *Fleurs blanchâtres dans le rafraîchissoir et sur le mouveron.* Il est ordinaire que le bon sucre bien lessivé forme promptement et abondamment des fleurs dans le rafraîchissoir et sur le mouveron. Le sucre gras au contraire en forme difficilement. Mais quand cette remarque indiqueroit avec certitude un sucre bien ou mal lessivé, elle ne pourroit servir que pour le sucre fait et non pour celui à faire.

On peut voir, d'après ce détail, que les indications ordinaires sur la lessive sont séparément peu sûres, souvent trompeuses : qu'elles annoncent plutôt le trop ou le trop peu, que le juste point. Cependant, quand elles se réunissent toutes, c'est-à-dire, quand les écumes ne sont ni trop blanches ni trop noires, que la couleur du vin de canne n'est ni trop pâle ni trop louche, que le bouillon est sec, que les écumes marquent un cordon, que le sucre se détache bien de l'écumoire, qu'il *coupe* avec netteté et qu'il laisse des fleurs abondantes sur le mouveron, alors, on peut être à-peu-près certain que le sucre ne pèche pas par la lessive.

Le moyen le plus prompt et le plus sûr de trouver le juste degré de lessive, est d'observer la manière dont les écumes se détachent du vin de canne, et la facilité plus ou moins grande avec laquelle s'opère cette séparation. Quand elle est parfaite, les écumes sont alors épaisses et gluantes ; elles s'attachent à l'écumoire dans la grande et la propre ; elles s'échappent avec rapidité du bouillon qu'on entrevoit bouillant et transparent. Dans le flambeau et le sirop, le vin de canne se gonfle aisément, les écumes s'élèvent de même et se réunissent en flocons séparés.

Quand le *vin de canne* manque de lessive, il est terne et trouble dans la propre, le flambeau et le sirop, parce que les écumes s'en séparent difficilement : et celles-ci sont d'une couleur claire, rares, peu épaisses, et s'échappent à travers l'écumoire. Si le vin de canne est trop lessivé, on s'apperçoit dans le flambeau et le sirop, qu'il s'élève et se gonfle difficilement, et que les écumes qui surnagent sont chargées de couleur. Elles ont également peu d'épaisseur, et passent facilement à travers l'écumoire, comme lorsque le vin de canne n'est pas assez lessivé (mais par un défaut contraire), par trop de pesanteur, due à l'excès de chaux dont elles sont chargées, et qui les fait se précipiter dans le vesou qu'elles rendent trouble.

On remédie au défaut de lessive, par une addition de chaux.

Mais lorsque cette substance se trouve avec excès dans le vesou , il est impossible de la retirer. Il faut alors recourir à des corps ou à des ingrédiens qui en diminuent l'effet, soit en ajoutant du vin de canne , soit (ce qui est plus ordinaire et préférable) en passant de l'eau dans les chaudières. L'eau affoiblit d'un côté la chaux, et de l'autre facilite l'écumage. On ne peut plus corriger la lessive dans la batterie , parce que la matière a pris alors trop d'épaississement. C'est dans les premières chaudières qu'il faut tâcher de la perfectionner.

Quoique l'écumage soit une partie purement mécanique et qui n'exige que les bras du nègre , on doit pourtant y veiller. Anciennement, pour plus de commodité , on écumoit d'une chaudière dans l'autre ; mais cette façon étoit vicieuse, en ce qu'elle augmentoit les écumes des premières chaudières , et qu'il falloit toujours les extraire du vin de canne. Aujourd'hui on écume chaque chaudière dans des bailles.

Les grosses ou premières écumes se donnent ordinairement aux animaux. Celles de la propre , du sirop et du flambeau se mettent dans des barriques à déposer. Après sept à huit heures , temps suffisant pour éclaircir le vin de canne qu'elles contiennent , on les soutire et on les passe dans la grande ou la propre , suivant leur netteté ; par ce moyen , l'écumage a lieu sans aucune perte de matière. Les écumes de la batterie étant abondantes en sucre , on les passe sans inconvénient dans les autres chaudières.

De la Cuite. La cuite est le degré d'épaississement du vesou , convenable pour opérer la cristallisation du sucre. Il est impossible de déterminer au juste quel doit être cet épaississement. Il dépend de la qualité de la matière , qui contient plus ou moins de parties salines.

On juge de la *cuite* par un fil que l'on fait former à une goutte de matière entre deux doigts ; en général , plus il se retire lentement , plus il y a d'épaississement ou de cuite.

On cuit communément à deux batteries (*Voyez* le paragr. précédent.). Mais quand la matière est maigre et le sucre difficile à faire , il faut cuire à trois, quatre ou cinq batteries, suivant l'exigence des cas ; la première doit être plus foible , la seconde plus forte , ainsi des autres graduellement, à raison du nombre des batteries.

Le fil qui sert d'épreuve , se diversifie , non-seulement suivant le degré d'épaississement , mais encore suivant la quantité de la matière , la quantité de lessive , et le degré de chaud ou de froid.

Si le sucre est gras ou sans corps, le fil est gros, mou et filant. Quand on laisse trop refroidir la goutte de matière , le il se rend plus ferme, toutes choses égales, et fait croire la cuite plus forte ; ce qui trompe souvent les gens peu attentifs. Il faut donc éviter le vent en prenant la preuve, former son il le plus promptement possible, le rapprocher de la qualité de la matière, et le combiner sur le nombre des batteries. Le plus ou le moins de feu qui se trouve sous les chaudières, au moment où on prend la preuve, l'espèce de chauffage même peut influer sur le degré d'épaississement ou de cuite que cette preuve présente. Pour éviter toute incertitude à cet égard, on fait cesser le feu et retirer le chauffage avant de tirer la batterie.

On manque la cuite en cuisant trop ou trop peu. Si la cuite est beaucoup trop foible, on peut repasser la batterie dans le vesou : on peut encore, dans ce cas, diminuer le volume de la batterie, en ôtant un ou deux corbins (1) de sucre. Enfin on peut alors tirer l'*empli* à trois batteries, et suppléer, par les deux dernières, au défaut de la première. Si la cuite est trop forte, on la diminue en mêlant dans la batterie tirée un peu de vesou-sirop.

De la Cristallisation. La *cristallisation* est l'arrangement régulier des parties constituantes de certains corps. Ce mot est principalement affecté aux sels, qui, par leur transparence, leur blancheur et le coup-d'œil, ressemblent assez au cristal.

Le sucre est un des sels dont la cristallisation s'opère par refroidissement insensible. Le suc de canne a cela de particulier, qu'il contient beaucoup plus de parties grasses, visqueuses et mucilagineuses, que le suc des plantes dont on extrait d'autres sels. C'est ce mucilage surabondant qui forme le principal obstacle à la cristallisation du sucre. Cependant le mucilage est une partie constituante du sucre, et le fluide où s'opère la cristallisation ; mais, quand il est trop abondant, il y nuit, autant qu'il la favorise, lorsqu'il se trouve dans une juste proportion. C'est encore ce mucilage surabondant, après qu'on en a séparé toutes les parties saccharines le plus qu'il est possible, qui forme ce qu'on appelle le *sirop amer*, lequel est d'autant plus propre au *tafia* (2), qu'il contient moins d'eau et de sucre.

La cristallisation a lieu naturellement de la manière la plus parfaite, quand rien ne s'y oppose, par la tendance que les

---

(1) Ustensile de cuivre, qui sert à transporter le sucre de la batterie dans les rafraîchissoirs et dans les formes.

(2) Nom donné dans les colonies françaises à l'eau-de-vie de sucre. *Voyez* le parag. xvii de cet article.

parties similaires de la matière ont les unes vers les autres. La véritable cristallisation du sucre est le *candi*.

Il résulte de ces principes, 1°. que dans les manufactures où le sucre se fabrique en grand, il est impossible d'obtenir une cristallisation parfaite (1), et que celle qui se rapproche du candi est la meilleure.

2°. Que si l'épaississement du vesou est trop grand ou la cuite trop forte, la cristallisation devient trop rapide ; les parties salines étant, dans ce cas, trop subitement rapprochées, s'accrochent indistinctement par toutes les faces ou points de contact dont elles sont susceptibles, et leur arrangement devient très-irrégulier. C'est une masse saline qu'on obtient alors au lieu de cristaux. Il en résulte un autre inconvénient. Le mucilage étant trop épaissi, et se trouvant interposé entre les parties salines, ne peut être séparé facilement par le *terrage* (2) soit par le défaut de fluidité, soit par le vice des couloirs, ce qui s'oppose à la blancheur naturelle du sucre, dont les cristaux sont ternis par ce mucilage.

3°. Que par un effet contraire au précédent, lorsque la matière n'est pas suffisamment épaissie ou que la cuite est trop foible, les parties salines étant trop divisées, trop éloignées les unes des autres, se réunissent avec difficulté. Une certaine quantité de ces parties reste mêlée intimement avec le mucilage en état de dissolution, d'où résulte une mauvaise cristallisation, c'est-à-dire des cristaux petits, mous, plus susceptibles de prendre l'humidité, de se décomposer et tomber en poussière. Dans ce cas, le mucilage ayant une grande fluidité, s'échappe aisément. Le sucre est facile à blanchir sous le terrage ; mais faute de solidité (ou de corps) cette blancheur est terne.

4°. Que c'est dans les rafraîchissoirs que commence la cristallisation, et que c'est dans les formes qu'elle s'achève.

5°. Que le degré de refroidissement apporte une différence nécessaire dans la cristallisation ; qu'il faut dès-lors conserver le plus de chaleur qu'il est possible aux rafraîchissoirs et aux formes, et garantir, pour cet effet, les uns et les autres du vent.

6°. Enfin qu'un froid trop subit, épaississant le mucilage ou sirop, s'oppose au rapprochement des parties salines. Ce n'est plus une cristallisation, mais une véritable congélation

----

(1) On verra bientôt qu'en suivant la méthode de Dutrône, on obtient une cristallisation aussi parfaite qu'il est possible.

(2) *Voyez* dans le paragr. suivant ce que c'est que *terrage.*

Voilà pourquoi un rafraîchissoir froid produit plus de grain, mais bien moins cristallisé qu'un rafraîchissoir échauffé.

Le sucre qui a cristallisé ou dans les canots ou dans les formes, est encore brut. Soit qu'on veuille le vendre en cet état, soit qu'on se propose de le terrer, il est essentiel de le purger auparavant, c'est-à-dire de lui enlever son sirop. On donne le nom de *purgeries* aux bâtimens destinés à ce travail ; ils doivent être adjacens à la sucrerie. Celui où l'on purge le sucre brut, a communément de soixante à quatre-vingts pieds de long, sur vingt à vingt-quatre de large. Dans toute son étendue est une espèce de réservoir appelé *bassin à melasse* (1), creusé à six pieds de profondeur au-dessous du sol, et recouvert par un plancher formé de grosses pièces de bois rangées parallèlement à deux ou trois pouces de distance. On place debout, sur ce plancher, des barriques, dont le fond est percé de trois à quatre trous d'un pouce à-peu-près d'ouverture, et on y porte le sucre des canots, quand il est cristallisé et refroidi à un certain degré. Le sirop qui s'en sépare s'échappe par les trous et les fentes des barriques, et tombe dans le *bassin à melasse*. Après avoir subi cette dépuration, qui n'est jamais complète, le sucre brut est mis dans le commerce.

XI. *Du Sucre de Canne terré.*

On donne ce nom au sucre qu'on a retiré immédiatement du jus de la canne, et qui, après avoir été purgé, a encore été terré, puis séché à l'étuve, opérations qui ont pour objet de le purifier entièrement, et de le blanchir.

Les purgeries où l'on terre le sucre, sont composées ordinairement d'un corps principal de bâtiment et de deux ailes, ayant ensemble deux cent cinquante à trois cents pieds de longueur et quelquefois davantage. Elles sont presque toutes construites en pierre. Leur intérieur est divisé en compartimens, nommés *cabanes*, par le moyen de traverses mobiles, placées à des distances égales. Après quinze ou dix-huit heures de refroidissement, le sucre qui a cristallisé dans des formes, est porté dans ces cabanes. Chaque forme, dont on a soin de déboucher en ce moment le trou qui se trouve à son sommet, est implantée dans des pots d'une grandeur proportionnée à la sienne. Le sirop se sépare du sucre et s'écoule dans les

---

(1) On appelle *melasse*, les sirops provenant du sucre brut mis dans les barriques de la purgerie.

pots ; on en substitue d'autres sous les formes, et on rang*
celles-ci avec ordre, pour recevoir le terrage.

Du Terrage. Son objet est d'enlever, à la faveur de l'eau ,
la portion de sirop qui reste à la surface des petits cristaux de
sucre, réunis et agrégés en une masse conique, nommée
pain. Pour cet effet, on unit bien la base du pain en tassant
un peu le sucre , puis on verse dessus une terre argileuse
délayée dans l'eau à consistance de bouillie. Cette terre fait
fonction d'éponge ; emportée par son propre poids , l'eau dissout le sirop, qui, devenu plus fluide , est entraîné vers la
partie inférieure de la forme, et découle dans le pot sur lequel
elle est placée. Toute terre argileuse peut être employée au
terrage , pourvu qu'elle soit bien battue et bien délayée.

Quand la première terre dont on a couvert la base du
pain est desséchée , on l'enlève et on la remplace par une
seconde, qui, devenue sèche , est remplacée à son tour par
une troisième. Celle-ci est pareillement enlevée après sa dessication. On laisse alors le pain dans sa forme pendant vingt
jours , afin que le sirop s'écoule entièrement ; après ce temps
on retire le sucre des formes, et on l'expose au soleil pendant
quelques heures sur de fortes toiles bien sèches, ou sur un plan
horizontal fait en maçonnerie , appelé *glacis ;* il est mis dans
cet état à l'étuve.

De l'Étuve. C'est un bâtiment adossé aux purgeries, très-
élevé, et ressemblant à-peu-près à une tour carrée ; il est composé en dedans de plusieurs étages, formés chacun de quelques planches légèrement espacées entr'elles, et sur lesquelles
on dispose les pains de sucre ; l'air intérieur est échauffé par
un énorme poêle, dont le foyer est en dehors , et dont le feu
est rarement bien gradué. Il doit être modéré dans le commencement. Au haut de l'étuve est une fenêtre en forme
de trappe qu'on laisse ouverte cinq à six jours. Après ce
temps on la ferme , et on chauffe alors fortement : il faut environ trois semaines pour sécher le sucre ; le feu doit être
entretenu également ; s'il est trop fort, le sucre roussit , et
l'étuvée est imparfaite. On nomme *étuvée* la quantité de pains
mis dans l'étuve ; elle en contient communément 5 à 700 ,
c'est-à-dire 20 à 50 milliers de sucre , car chaque pain , quand
il est sec , pese environ 40 livres.

Du Triage et de la Pilaison. C'est le jour où l'on retire le
sucre de l'étuve et où on le pile , que le propriétaire jouit
enfin du fruit de ses travaux. Les nègres sucriers se rassemblent
dans la purgerie , ils dressent une grande table , ou bien ils
étendent des cuirs de bœuf , sur lesquels le sucre est jeté à
mesure qu'on le trie. Ce triage est indiqué par le raffineur ,

uquel chaque pain est présenté l'un après l'autre ; on les coupe sous ses yeux avec une serpe , en deux portions , dont on fait deux qualités , connues dans le commerce par les noms de sucre blanc et de sucre commun ; ce dernier doit former tout au plus un quart ou un tiers de l'étuvée , s'il y en a davantage , le sucre a été mal fait ou mal séché.

Comme on ne peut point exporter des colonies de sucre en pain , on est obligé de le piler ; cette opération se fait dans de grands canots d'un bois très-dur, d'où le sucre est mis en barriques , où on le tasse à grands coups de pilon.

XII. *Vices de la méthode suivie jusqu'à ce jour dans le travail du sucre.*

La préférence donnée aux chaudières de fer sur celles de cuivre, et leur disposition sur un seul foyer , présentent, il est vrai, une grande économie de chauffage ; mais elles rendent la fabrication du sucre très-défectueuse.

Les chaudières de fer sont sujettes à se fendre ; leur fracture arrête le travail ; alors il y a non seulement perte de temps , mais encore perte de chaudières et de matériaux ; car le fer fondu une fois brisé n'est plus bon à rien et n'a aucune valeur. Pour remettre l'équipage en état , il faut le démonter et démolir en partie le fourneau , qui souffre souvent de cette réparation , sur-tout quand elle se fait à la hâte , comme cela arrive presque toujours. La chaudière neuve demande un nouveau glacis, qui apporte de nouvelles saletés.

La forme elliptique des chaudières de fer contribue à altérer le sucre ; plongeant presque tout entières dans le feu, qu'on n'arrête que rarement , le vesou qui se trouve au-dessous du point où elles sont scellées, reçoit un degré de chaleur qu'il ne peut supporter et se décompose ; il est noirci par les croûtes charbonneuses qui se forment dans la batterie.

Il est difficile , en employant ces chaudières , d'établir une marche constante dans le travail qu'on se propose ; 1°. la *grande* est ordinairement chargée de 1,500 à 2,000 livres de suc ; comme elle se trouve éloignée du foyer proprement dit, le suc qu'elle contient ne peut entrer en ébullition , et c'est inutilement qu'il reçoit l'action de la chaleur pendant environ une heure ; 2°. quand on le transvase dans la *propre* , les fécules qui s'étoient déjà réunies en flocons se divisent de nouveau , et la défécation devient plus difficile ; 3°. à peine le vesou de la *propre* est-il dépouillé d'une partie de ses fécules , qu'il faut en passer une portion dans le *flambeau* , lequel n'étant pas vidé en entier , reçoit avec celui qu'il contient un

vesou beaucoup moins lessivé et écumé ; 4°. un instant après le
même mélange a lieu dans le *sirop*, quand on y verse une portion du vesou du *flambeau* ; 5°. enfin lorsqu'il s'agit de charger
la batterie, on y passe une partie du vesou du *sirop*, qui n'est
jamais entièrement écumé, et dont le plus grand rapprochement ne porte pas au-delà de vingt degrés de l'aréomètre;
quelquefois il ne porte que douze degrés. Ce vesou se mêle à
celui de la batterie, qui est beaucoup plus rapproché, dès-lors
sa portion de fécules se trouve empêtrée et ne peut se dégager;
6°. on laisse la matière de la batterie s'épaissir jusqu'à consistance de sirop, puis on la charge de nouveau ; de sorte que le
vesou d'une batterie arrive plusieurs fois à l'état de sirop,
qu'il dépasse souvent ; plusieurs fois il en est éloigné par l'accès d'un nouveau vesou ; celui du *sirop* subit cette alternative
presqu'aussi souvent que celui de la batterie ; celui du *flambeau* presqu'aussi souvent que celui du *sirop* ; la propre seule
reçoit sa charge d'une seule fois.

Il est clair que dans une telle marche on ne peut ni régler
l'emploi de la chaux, ni enlever toutes les fécules avec l'écumoire ; il est sur-tout impossible de débarrasser le vesou des
matières terreuses qui s'y trouvent mêlées naturellement ou
résultantes des saletés des chaudières et des glacis. Plus l'action du feu sur la batterie est forte, plus le vesou est riche,
plus cette marche est vicieuse, parce que le rapprochement
du vesou dans cette chaudière étant plus rapide, on a moins
de temps dans les autres pour juger le point de lessive et pour
ôter les fécules.

Quel que soit l'état et la qualité du vesou-sirop qu'on va
cuire pour en obtenir le sel essentiel en brut, on tend toujours à lui donner un degré de cuite d'après lequel on puisse
l'obtenir en masse agrégée ; et on est persuadé que la lessive
bien entendue met le vesou-sirop dans la condition la plus
convenable pour supporter ce degré ; mais comme celui de
mauvaise qualité, malgré la précision de la lessive, s'oppose
à ce but par la proportion du suc muqueux dans l'état
doux et sucré qu'il porte : comme on ne conçoit pas qu'il
soit possible d'obtenir le sel essentiel autrement que sous la
forme agrégée ; dans l'intention de l'amener à cet état on
applique aux vesou-sirops un degré de chaleur d'autant plus
fort qu'ils sont plus mauvais, et ce degré s'élève à quatre-vingt-
dix-sept (thermomètre de Réaumur), et même plus. Il arrive
souvent que les sucs muqueux, doux et sucré, entrent en décomposition beaucoup au-dessous de ce degré ; néanmoins
on continue toujours l'action du feu, quoique cette décomposition soit annoncée par des fusées d'une vapeur blanche,

et par une odeur piquante qui prend à la gorge : quelquefois la décomposition est poussée si loin que la matière s'enflamme.

La matière bien ou mal cuite est jetée dans un bac, où elle se prend très-promptement en une masse solide, qu'on porte ensuite dans les barriques. La mélasse s'échappe d'abord autant qu'elle peut par toutes les ouvertures que laissent entr'elles les pièces qui forment ces barriques, mais bientôt les ouvertures se trouvent bouchées, et l'écoulement ne pouvant plus avoir lieu que par le fond, devient très-lent, parce que la melasse, quelque fluide qu'elle soit, a alors une masse de trois à quatre pieds à pénétrer.

On convient généralement que, pendant la traversée des colonies en France, la quantité de melasse qui s'écoule des barriques de sucre brut, fait dix à trente pour cent de perte laquelle tombe toute entière sur le propriétaire, soit qu'il charge pour France, soit qu'il vende chez lui ; car le marchand n'achète jamais de sucres bruts dans les colonies qu'en raison du déchet que ces sucres doivent éprouver, et qu'il value toujours au plus haut. Ce déchet se continue dans les magasins des ports de France et pendant le transport des ucres dans l'intérieur ou à l'étranger (1).

Le propriétaire colon éprouve encore une autre perte dans un pays ; c'est celle d'une portion de la melasse contenue dans le bassin qui lui est destiné ; elle en décompose très-promptement le ciment et le mortier, pénètre la maçonnerie, et va se perdre en partie dans la terre.

La cuite des vesou-sirops dont on veut *terrer* le sel essentiel étant fondée sur les mêmes principes que la cuite en *brut*, présente aussi les mêmes inconvéniens, d'où résulte celui qu'offre encore le terrage, car lorsqu'il s'agit de dépouiller par cette opération le sucre du sirop surabondant, les matières solides, féculentes et terreuses qu'il contient défendent ce sirop de l'action de l'eau ; il reste avec elles et salit le sel essentiel, qui, après le terrage, est d'autant moins pur et moins blanc, que la proportion de ces matières étoit plus abondante (2).

---

(1) Saint-Domingue, dit Dutrône (il parloit en 1790), met annuellement cent vingt millions de sucre brut dans le commerce. Soit vingt pour cent de perte (terme moyen du déchet qui a lieu dans la traversée), il n'en arrive en France que quatre-vingt-seize millions. La colonie et la métropole perdent donc annuellement vingt-quatre millions de sirop, qui, si le vesou étoit travaillé d'après une meilleure méthode, donneroit à-peu-près douze à quinze millions de sucre marchand, et plusieurs millions de rhum ou de *tafia*.

(2) Les sucres terrés de la partie du Cap sont, en général, les plus

Il est donc démontré que si, par un travail bien enten[d]
et bien ordonné, l'on parvenoit à priver le suc exprimé [d]
toute matière solide, le sel essentiel qu'on en retireroit sero[it]
aisément dépouillé de tout sirop dans le terrage, et rend[u]
parfaitement pur ; or c'est à la plus grande pureté possib[le]
que doivent tendre toutes les opérations qui constituent l'a[rt]
du sucrier. C'est aussi vers ce but qu'ont été dirigés tous le[s]
moyens proposés et établis par Dutrône : nous allons e[n]
faire une courte exposition.

XIII. *Exposition des nouveaux moyens d'extraire le se[l]
essentiel de la canne à sucre, employés par Dutrône.*

Le suc exprimé étant formé de parties solides et fluide[s,]
unies entr'elles et étendues dans une très-grande proportio[n]
d'eau, le premier but dans le travail de ce suc, est la séparation et l'enlévement des parties solides ou fécules ; c'est c[e]
qu'on nomme *défécation.* Ces matières enlevées, restent l'eau[,]
le suc muqueux et le suc savonneux extractif, qui formen[t]
ensemble le vesou. *Voyez* le paragr. VIII.

L'enlévement dans le vesou de l'eau surabondante à cel[le]
qui est en rapport avec les matières solubles, est l'objet d'un[e]

---

beaux de Saint-Domingue, parce que, dans cette partie, les sucrerie[s]
sont beaucoup mieux tenues, et que les raffineurs veillent au travai[l]
avec plus de soin.

Les sucres bruts de la partie du Port-au-Prince, sont les plus beau[x]
de la colonie, et les plus estimés dans le commerce et dans les raffi-
neries, particulièrement ceux de la plaine du *Cul-de-sac* et des *Vases*[.]
Leur supériorité est due à ce que, dans ces plaines, les *cannes* son[t]
parfaitemeut bonnes, et leur suc exprimé de la meilleure qualité possible ; mais les sucreries y sont en général si malpropres, et le travai[l]
y est conduit avec si peu de soin, que l'habitant ne jouit pas des ava[n]-
tages que lui offrent les circonstances locales les plus favorables.

J'ai vu (c'est Dutrône qui parle) dans la plaine du *Cul-de-sac,*
un habitant vendre son sucre terré moins cher que son sucre brut. O[n]
n'en sera pas étonné, quand on saura que la portion de melasse qu[i]
recouvre le sucre brut, masque, en le colorant, toutes les matière[s]
féculentes et terreuses qu'on n'apperçoit point du tout, et dont l[a]
présence n'influe nullement sur le prix, qu'on évalue toujours d'aprè[s]
la couleur, la dureté, la sécheresse, &c. du sucre. Mais lorsque, pa[r]
le terrage, la melasse a été enlevée, alors toutes les saletés paroissen[t]
à découvert, et c'est sur le degré d'altération que cause leur présence qu'on règle le prix du sucre terré. La différence de ce pri[x]
avec celui du sucre brut ne paie pas toujours les frais de déchet dan[s]
le terrage, ni la main-d'œuvre ; aussi beaucoup d'habitans, persuadé[s]
qu'il est impossible que leurs sucres puissent jamais devenir blancs[,]
ont renoncé à le terrer, et fabriquent tout en brut ; tel est l'effe[t]
des préjugés et de l'ignorance. DUTRÔNE.

second travail. On appelle *évaporation* l'action de la chaleur sur cette eau.

Les fécules et l'eau surabondante enlevées, reste l'eau qui tient en dissolution les parties salines. On donne le nom de *cuite* à l'opération par laquelle on rapproche ces parties, en enlevant une certaine portion de l'eau dans laquelle elles sont dissoutes.

Ainsi le travail du suc exprimé se réduit à trois opérations principales et successives ; savoir : la *défécation du suc exprimé*, l'*évaporation du vésou*, et la *cuite du vesou-sirop*.

De la Défécation et de l'Evaporation. Pour séparer les fécules, on emploie la chaleur et les alcalis ; pour les enlever, ainsi que les matières terreuses, on se sert de l'écumoire, du filtre ou du repos.

La chaleur, dans sa première action, sépare les premières fécules et les élève à la surface du fluide, d'où elles sont enlevées avec l'écumoire. Celles de la seconde sorte exigent une forte ébullition. Quelquefois la chaleur seule opère la séparation complète des secondes fécules ; quoique les flocons qu'elles forment ne soient pas toujours assez volumineux pour pouvoir être écumés, il suffit qu'elles soient bien séparées, parce qu'alors elles n'échappent pas au filtre et au repos. On est dispensé dans ces circonstances de se servir de chaux et d'alcalis ; on ne doit les employer que lorsque les fécules résistent à la chaleur, et pour aider son action. Il faut toujours préférer la chaux, parce qu'elle n'enlève aux fécules qu'une petite portion de suc savonneux ; quand son action est trop foible, ce qui est rare, on la seconde de l'action de la potasse ou de la soude.

L'écumoire est insuffisante pour enlever les fécules, et elle ne peut rien sur les matières terreuses ; il est donc indispensable de filtrer et de laisser déposer le vesou avant de le cuire.

Voici comment est disposé le laboratoire (1) où se font les opérations qu'exige le travail du suc exprimé. Il présente trois ou quatre chaudières de cuivre, placées sur la même ligne, et dont la contenance doit être de quatre à cinq milliers. La première, celle qui reçoit le suc de canne, est nommée *première chaudière à déféquer* ; la deuxième, *seconde chaudière à déféquer* ; la troisième, *chaudière à évaporer* ; la

---

(1) Dans le travail actuel on filtre le vesou en le passant du sirop dans la batterie ; mais dans cette filtration, on n'enlève que des matières solides extrêmement grossières, parce que les filtres dont on se sert, sont ou un tamis de laiton, ou un canevas. Aussi cette filtration est-elle à-peu-près nulle. DUTRÔNE.

IV.   S

quatrième, *chaudière à cuire*. Ces chaudières sont très-rapprochées et scellées dans une maçonnerie. Entre chacune d'elles, et sur le bord du laboratoire, se trouvent de petits bassins où les écumes, enlevées avec l'écumoire, sont reçues et portées par des gouttières dans la première à déféquer. Entre celle-ci et le mur est un bassin qui reçoit les premières fécules. Ces bassins et gouttières sont faits en plomb laminé, et soudés à une garniture de cuivre qui recouvre toute la surface des parois du laboratoire, lequel offre la plus grande propreté.

Deux bassins destinés à filtrer et à laisser déposer le vesou évaporé à un degré déterminé, se trouvent à peu de distance du laboratoire. Ils doivent être assez grands pour contenir tout le suc exprimé (amené à l'état de vesou, portant 24 à 26 degrés à l'aréomètre) que peut fournir le moulin en vingt-quatre heures. Ils doivent être faits en maçonnerie, doublés en plomb et recouverts de plusieurs caisses dont le fond soit formé d'une claie d'osier. Sur ce fond, on dispose plusieurs filtres l'un sur l'autre, d'abord une laine, puis une toile et un tamis de laiton. Deux canaux en plomb établissent une communication entre ces bassins et le laboratoire. L'un porte le vesou évaporé, dans un chaudron placé au pied de chaque bassin, d'où un nègre le verse sur les filtres; l'autre, dont l'ouverture au fond du bassin est fermée par une soupape, rapporte le vesou filtré et décanté à la chaudière à cuire.

Les deux bassins qui reçoivent immédiatement le suc de canne venant du moulin, sont placés en dehors de la sucrerie. Ils doivent contenir chacun 3000 livres au moins de suc. On les remplit à une mesure fixe toujours égale; on fait passer cette charge dans la première chaudière à déféquer; on pèse avec une balance hydrostatique (1) la quantité de chaux nécessaire à la séparation des fécules; on l'étend; on agite la charge avec une cuiller pendant une minute ou deux; puis on la transvase en entier, dans la chaudière à cuire. Après avoir rempli toutes les chaudières d'une charge ainsi lessivée, on commence à chauffer.

Les chaudières reçoivent un degré de chaleur relatif à leur proximité du foyer proprement dit. Le suc de la chaudière à cuire est le premier dont les fécules se séparent. L'action de la chaleur se porte successivement sur les chaudières suivantes. Les premières et secondes fécules sont enlevées. Tant que

---

(1) Elle a été inventée par un Anglais, et introduite à Saint-Domingue en 1787 ou 88. Elle sert à faire connoître la quantité de fécules qui existent dans le suc exprimé, et le rapport de la chaux nécessaire pour le séparer.

l'évaporation se fait, on écume toujours, et on ajoute, à chaque charge, si cela est nécessaire, soit de la chaux en substance, soit une lessive de chaux ou d'alcali.

Lorsque le vesou de la chaudière à cuire porte 22 à 24 degrés de l'aréomètre, on suspend le feu, et on fait passer ce vesou dans le chaudron placé au pied du bassin à décanter, qu'on veut remplir. La chaudière à cuire est remplie de nouveau avec la charge entière de la chaudière à évaporer; celle-ci est remplie avec la charge de la chaudière précédente; il en est de même des deux autres. A mesure que le vesou arrive dans le chaudron, il est versé sur les filtres. On continue ainsi jusqu'à ce que le bassin à décanter soit rempli. On doit disposer la marche du travail de telle manière que le premier bassin à décanter se trouve plein vers les six ou huit heures du soir. Alors le vesou évaporé toujours au même degré, est porté de la même manière dans le second bassin, par le canal qui lui répond. On poursuit ce travail pendant la nuit.

Vers les cinq ou six heures du matin, on éteint le feu; on vide la chaudière à cuire, et après l'avoir bien lavée, on y fait passer le vesou qui a été filtré dans le bassin et qui a déposé, pendant huit ou dix heures de repos, les matières féculentes et terreuses qui, par leur extrême finesse, ont pu échapper aux filtres.

La chaudière à cuire, chargée d'une quantité de vesou convenable pour faire une cuite, on s'assure si la défécation est bien faite (1); on remédie au défaut ou à l'excès de lessive; on cuit cette charge, et successivement tout le produit du bassin à décanter.

Pendant cette opération, on continue d'écumer et d'évaporer dans les trois chaudières précédentes; et, à mesure que le vesou de la chaudière à évaporer, arrive au point d'évaporation déterminé, on le fait couler de cette chaudière dans le second bassin à décanter, jusqu'au moment où tout le produit du premier se trouve cuit, ce qui doit arriver sur les six ou huit heures du soir. A ce moment on passe la charge de la chaudière à évaporer dans celle à cuire, qui alors sert à évaporer. On remplit de nouveau le premier bassin. Le second est abandonné au repos pendant la nuit, et le matin à cinq heures, on procède à la cuite du vesou de ce bassin, ainsi

---

(1) Pour cet effet, on prend du vesou dans une cuiller d'argent; on le tourne sous différens aspects; on y mêle quelques gouttes d'eau de chaux filtrée. Si, après une ou deux minutes, on n'apperçoit aucun corps solide nager dans la liqueur, et que le vesou soit de bonne qualité, on peut être assuré que la défécation est complète.

2

qu'on a fait la veille pour celui du premier. Une fois ce travail établi, on le continue en suivant toujours l'alternative.

Les avantages qu'il présente sont évidens. 1°. Chaque charge passe, sans être confondue, d'une chaudière dans l'autre, où elle reçoit successivement le degré de chaleur qui convient à la marche de la défécation et de l'évaporation. 2°. On peut régler la lessive sur chaque charge, et suivre les signes que présentent les écumes et les bulles de vesou en ébullition. 3°. Dans la filtration et la décantation, toutes les matières solides qui ont échappé à l'écumoire, sont enlevées avec le plus grand succès. 4°. La défécation et l'évaporation commencent presqu'en même temps, et vont ensemble jusqu'aux bassins à décanter. 5°. Avec les chaudières de cuivre, on est le maître de graduer l'action de la chaleur et de régler l'évaporation jusqu'au degré convenable (1). La marche des chaudières de fer, bien loin d'avoir aucun de ces avantages, a tous les vices opposés.

De la Cuite. Quand on commence à cuire le vesou, il est dépouillé de toutes les matières solides, et on est à temps de remédier à l'excès ou au défaut de lessive, On cuit d'ailleurs en somme et pendant le jour ; ainsi le raffineur peut donner ses soins à toutes les cuites, sans être obligé de passer une partie de la nuit dans la sucrerie.

Le but qu'on doit se proposer, en cuisant le vesou-sirop, est d'en extraire, dans le meilleur état possible, la plus grande quantité de sel essentiel. La *cuite* n'est autre chose que l'action de la chaleur sur l'eau de dissolution du sucre. Les rafineurs d'Amérique et d'Europe n'en ont jamais eu qu'une idée très-imparfaite. Pour s'assurer du degré de cuite, ils se bornent à des épreuves particulières et vagues qui marquent la routine de l'art. Il convient cependant, et il est bien plus sûr, de régler cette opération sur les principes de la chimie. C'est ce que fait Dutrône.

« Il faut, dit-il, à une température de 22 degrés, trois parties d'eau et cinq de sucre, pour satisfaire l'affinité réciproque de ces deux êtres, dont le produit fluide au point de saturation,

---

(1) On s'assure de ce degré, au moyen d'un aréomètre formé d'une boule de cuivre de deux à trois pouces de diamètre, portant un tube de six à huit pouces de hauteur. On charge cet aréomètre avec du plomb en grains, de manière qu'au degré 24 de l'aréomètre de Baumé, la boule, plongée dans le fluide, se trouve couverte jusqu'à la naissance du tube. *Voyez* dans l'ouvrage de Dutrône, pag. 94, la table qu'il donne pour connoître à chaque instant la rapidité de l'évaporation. Cette table doit servir à en régler la marche, en suivant les divers degrés avec l'aréomètre.

est nommé *sirop*. L'action de la chaleur appliquée à ce fluide, doit nécessairement commencer et finir à un degré du thermomètre toujours fixe. L'expérience a prouvé que le premier terme de cette action commençoit à 85 degrés, thermomètre de Réaumur, et que le dernier finissoit à 110. On peut donc établir entre ces deux termes, l'échelle suivante, qui, à chaque degré, annonce par la somme du sucre passé à l'état solide après la cuite, la proportion d'eau que la chaleur a enlevée dans cette opération. Or, si on porte sur un quintal de sucre dissous et mis dans l'état de sirop par 60 livres d'eau, l'action de la chaleur à un degré déterminé (88 livres, par exemple)*, on obtient une somme de sucre déterminée, qui, une fois connue (52 livres), fait nécessairement connoître la proportion d'eau (31 livres 3 onces 2 gros) qui a été enlevée, et celle (28 livres 12 onces 6 gros) qui reste encore combinée dans l'état de sirop, à l'autre portion de sucre (48 livres). *Voyez* la table qui suit.

» Quoiqu'il se trouve dans l'eau de dissolution que porte le vesou-sirop, des matières solubles qui ne sont pas sel essentiel, l'eau néanmoins est unie à ce sel dans une proportion relative et déterminée. Le thermomètre doit donc être employé pour en fixer la cuite, dont le produit solide est toujours relatif à la proportion d'eau que la chaleur a enlevée à chaque degré de cet instrument.

» L'usage du thermomètre dans la cuite, bien loin d'exclure la preuve du doigt, qui est très-commode, sert au contraire à l'éclairer et à en rendre la pratique moins équivoque. Il donne au raffineur des termes fixes et de rapport sur lesquels il peut se régler avec sûreté ».

ECHELLE des divers degrés de l'action de la chaleur sur l'eau de dissolution du sucre, au point de saturation.

TABLE de la quantité d'eau que la chaleur n'a point enlevée, et qui, aux divers degrés de son action, reste unie au sucre dans l'état de sirop.

THERMOMÉT. degrés.	Eau de dissolution enlevée à chaque degré de cuite.			Produit en sucre cristallisé à chaque degré de cuite.			Eau qui reste à chaque degré de cuite, combinée au sucre, dans l'état de sirop, après la cristallisation.			Sucre qui reste à chaque deg. de cuite, combiné à l'eau, dans l'état de sirop, après la cristallisation.		
degrés.	livres.	onces.	gros.	livres.	onces.	gros.	livres.	onces.	gros.	livres.	onces.	gros.
83	0	..	...	0	...	...	60	..	...	100	..	...
84	4	12	7	8	...	...	55	3	1	92	..	...
85	11	8	7	19	4	...	48	7	1	80	12	...
86	18	..	...	30	...	...	42	..	...	70	..	...
87	24	9	5	41	...	...	35	6	3	59	..	...
*88	31	5	2	52	...	...	28	12	6	48	..	...
89	33	11	5	56	...	...	26	6	3	44	..	...
90	36	3	...	60	5	...	23	13	...	39	..	...
91	38	1	...	63	4	...	21	15	...	36	12	...
92	39	4	...	66	3	...	19	12	...	33	13	...
93	41	7	5	69	2	...	18	8	3	30	14	...
94	45	4	...	72	1	...	16	12	...	27	15	...
95	45	..	...	75	...	...	15	..	...	25	..	...
96	46	7	2	77	...	...	13	8	6	22	9	...
97	48	7	4	80	5	...	11	8	4	19	11	...
98	50	1	5	83	3	...	9	14	3	10	15	...
99	51	..	...	85	...	...	9	..	...	15	..	...
100	52	5	7	87	4	...	7	10	1	12	12	...
101	53	1	3	88	6	...	6	14	5	11	10	...
102	54	1	...	90	1	...	5	15	...	9	15	...
103	55	3	5	91	4	...	4	12	3	8	12	...
104	55	12	...	92	7	...	4	4	...	7	9	...
105	56	7	5	94	2	...	3	8	...	5	14	...
106	57	3	4	95	5	...	2	12	4	4	11	...
107	58	6	4	97	...	...	1	9	4	3	..	...
108	58	14	4	98	2	...	1	1	4	1	14	...
109	59	7	5	99	2	...	..	8	3	...	14	...
110	60	..	...	100	...	...	..	0	...	...	0	...

XIV. *Méthode nouvelle proposée et mise en usage par Dutrône, pour la purgation et la cristallisation du sucre.*

« Lorsqu'on laisse, dit-il, au sucre qu'on fait cristalliser une grande proportion d'eau, il forme de très-gros cristaux bien réguliers; dans cet état, il porte le nom de *sucre candi*. On sait que les sels sont d'autant plus purs et plus parfaits, que la forme sous laquelle ils se présentent approche davantage de celle que la nature leur a assignée. Le sucre candi est donc dans l'état le plus parfait qu'on puisse desirer, et les moyens qu'il convient d'employer pour extraire le sel essentiel de la canne, doivent donc être fondés sur ce principe de chimie, *cristalliser à grande eau*, établi pour tous les sels qui cristallisent par refroidissement. C'est d'après ce principe qu'on doit établir la cuite du vesou sirop, et donner aux vases dans lesquels on fait cristalliser le sucre, la forme et la contenance les plus favorables pour sa cristallisation et sa purgation ».

Dutrône propose, pour cet effet, de substituer aux cônes de terre cuite des caisses de bois, faites avec des planches d'un pouce d'épaisseur, et doublées en plomb laminé très-mince; elles doivent avoir cinq pieds de long sur trois de large; leur fond est composé de deux plans inclinés de six pouces, dont la réunion forme une gouttière percée de douze à quinze trous d'un pouce de diamètre, pour l'écoulement des sirops : leur profondeur est de neuf pouces sur les côtés; elle va en augmentant vers la gouttière, où elle a quinze pouces. Ce chimiste s'est arrêté à cette dimension, parce que l'expérience lui a démontré que la somme de matière qui réunissoit le plus grand nombre de circonstances favorables pour la cristallisation du sucre, étoit de quinze à seize pieds cubes.

Ces vaisseaux, appelés *cristallisoirs-caisses*, sont destinés à recevoir, les uns le vesou-sirop ou sucre de canne, les autres les premiers, seconds ou troisièmes sirops cuits. Ils sont établis sur des traverses fixes, à huit ou dix pouces du sol, et au-dessus de gouttières qui se terminent à des bassins. Chaque espèce de cristallisoir a sa gouttière et son bassin particuliers; de cette manière les produits en sucre et les sirops ne se confondent point.

« On fixe la cuite du vesou-sirop au thermomètre; le degré qui convient pour obtenir, dans la plus grande proportion, le sel essentiel cristallisé en caisses sous la forme la plus belle et la plus régulière, est $87\frac{1}{2}$ à 88. Lorsqu'on s'est assuré de ce degré, on éteint le feu; on vide le produit de la chaudière à cuire dans le rafraîchissoir, qui fait partie du laboratoire; de-là on le porte tout de suite dans une caisse, dont on a eu soin de boucher les trous avec des chevilles de bois, garnies de paille de maïs.

» Les caisses font fonction de second rafraîchissoir; on les emplit de deux cuites qu'on mêle ensemble. Au bout de vingt-quatre heures, on imprime à la masse, fluide encore, un léger mouvement avec un mouveron (1), en ayant soin d'élever vers la surface le sel essentiel, qui s'est déjà déposé au fond. Après cette opération, la cristallisation a lieu simultanément dans toute l'étendue de la caisse; en cinq ou six heures, elle devient générale et égale. Quatre à cinq jours après, la masse totale étant refroidie, on tire les chevilles; alors la purgation se fait très-promptement : elle est complète au bout de six à huit jours.

» Le sel essentiel bien purgé de son sirop, est légèrement humide; mais, pour peu qu'il soit exposé à l'air, il devient parfaitement sec. Dans cet état, il peut être mis en barrique, où on doit le piler fortement comme les sucres terrés.

» En cuisant le vesou-sirop à quatre-vingt-huit degrés, on obtient moitié et même plus de la quantité de sel essentiel qu'il porte; et si la défécation et la cristallisation ont été bien entendues, ce sel est alors dans le plus haut degré de pureté et de beauté qu'il puisse acquérir en brut ».

Si on veut terrer le sel essentiel provenant du vesou-sirop, purifié de la manière que nous venons d'exposer, on se sert alors, pour le mettre à cristalliser, ou des caisses décrites ci-dessus, ou de formes. Lorsqu'on se sert de caisses, il faut augmenter le degré de cuite et le porter de 88 à 90. Si l'on fait usage de formes, on les dispose comme dans la méthode ordinaire; mais elles ne peuvent être employées que lorsque le vesou-sirop est de bonne qualité, attendu le degré de cuite que leur contenance et leur forme conique exigent, degré qu'il faut élever de 90 à 92, et que les vesou-sirops de médiocre et de mauvaise qualité ne peuvent supporter. Dans ce cas, il faut nécessairement avoir recours aux caisses, ainsi que pour la cristallisation du sel essentiel qu'on veut extraire de toutes sortes de sirops.

« On procède, dans la purgation des pains de sucre, dans la préparation qu'il convient de leur donner pour le terrage, et dans cette dernière opération, de la manière qui a été décrite paragr. XI.

____

(1) Spatule de bois.

» On doit observer ici que le vesou ayant été complètement dépouillé de toute matière solide, il ne se présente dans la cristallisation, la purgation, le terrage et l'étuvage du sel essentiel, aucunes difficultés (1), et qu'après avoir subi ces diverses opérations, ce sel est parfaitement pur, et aussi blanc qu'on puisse le desirer ».

XV. *Cannes a sucre du Tonquin et de la Cochinchine, d'Egypte, de Batavia et d'Otahiti.*

Nous avons dit que la *canne à sucre* étoit originaire de la presqu'île au-delà du Gange. On cultive ce roseau à la Chine et dans toutes les provinces méridionales du Tonquin et de la Cochinchine. Le sucre candi ne s'y vend aux Européens que quatre sous la livre, c'est-à-dire que les naturels du pays l'achètent à meilleur marché. Le peuple mange beaucoup de ces cannes; et il est surprenant que l'usage de ce fruit, qui est nuisible à la santé dans nos colonies, ne cause, à la Cochinchine, aucune maladie.

On trouve et on cultive au Tonquin deux sortes de *cannes;* l'une, très-grosse et très-haute, qui a les nœuds fort éloignés, une couleur toujours verte et une grande abondance de sucre; l'autre plus mince, plus petite, et dont les nœuds sont plus serrés. Lorsque celle-ci mûrit, elle prend une couleur jaune; elle contient moins d'eau que la première, mais elle est plus chargée de sel.

Les Tonquinois multiplient la *canne* de boutures, qui sont enfoncées à dix-huit pouces en terre, et plantées en échiquier à six pieds de distance les unes des autres. On choisit, pour cette opération, la fin de la saison des pluies. Douze ou quinze mois après la plantation, on coupe les cannes; et quand leur suc est exprimé, on le fait bouillir quelques heures, pour faire évaporer une partie de son eau; puis on le transporte au marché le plus voisin, pour le vendre en cet état. Ici finissent l'industrie et les profits du cultivateur tonquinois.

Des marchands achètent ce sucre ou plutôt ce jus sucré.

---

(1) Dutrône a fait construire, pour étuver le sucre extrait et terré selon sa méthode, une étuve imitant à-peu-près une serre chaude. Le sucre y reçoit l'action du soleil; ce qui dispense de le mettre sur le glacis. Cette étuve est échauffée pendant le jour par le soleil; pendant la nuit, un très-petit feu suffit pour la soutenir à la température convenable, qui est de 36 à 40 degrés. Cette manière d'étuver est plus expéditive, moins dispendieuse, et donne au sucre un œil plus brillant et plus blanc.

Ils le font cuire de nouveau, et jettent dans les chaudières
quelques matières alcalines, telles que la cendre des feuilles
de *musa*, et de la chaux de coquillage. Ces ingrédiens occasionnent une écume considérable, que le raffineur enlève.
L'action des alcalis hâte la séparation du sel d'avec l'eau.
Enfin, à force d'ébullitions, on réduit le suc de la *canne* en
consistance de sirop; et dès que ce sirop commence à perler,
on le décante dans un grand vaisseau de terre; on le laisse se
rafraîchir environ une heure; bientôt il se couvre d'une
petite croûte molle, de couleur jaunâtre; on le vide alors dans
un vase conique, et quand il a pris consistance de sel, on le
terre pour le blanchir et le purifier.

On voit par cet exposé (*lisez* les *Lettres édifiantes*, &c.),
que la méthode des Tonquinois, dans la culture de la *canne*
et dans l'extraction du sucre, a beaucoup de rapport avec
celle que nous suivons dans les Antilles.

En Egypte, cette culture est assez considérable. On y plante
la *canne*, appelée par les Egyptiens *kassabmas*, non-seulement pour l'usage du pays, mais encore pour exporter le
sucre raffiné dans la Turquie, et quelquefois en Moscouade
(*Voyez* ce mot.), à Livourne et Venise. Tout ce qu'on en
cultive aux environs des villes, se mange, les cannes encore
vertes; les marchés en sont remplis depuis novembre jusqu'en
mars; on y en trouve même pendant toute l'année. Les
pauvres gens font un usage général du sirop, dans lequel ils
trempent leur pain, comme les gens riches trempent le leur
dans le miel. Dans la Haute-Egypte, les habitans coupent les
cannes par morceaux de trois pouces de longueur, et après
les avoir fendus, ils les font macérer dans l'eau, ce qui leur
procure une boisson agréable.

Les plantations des *cannes* se renouvellent tous les ans dans
cette contrée. Elles exigent des levées et des fossés. Le sol qui
y est le plus propre à ce roseau, est à-peu-près noir, et formé
par les dépôts du Nil. On plante les cannes à la mi-mars,
après trois labours. Leurs sommités choisies, sont étendues
dans des rigoles faites avec la charrue, peu profondes et peu
distantes les unes des autres. Chaque nœud pousse sa tige,
qui s'élève, dans le *Saïdy*, de neuf à dix pieds, tandis qu'aux
environs du *Caire* à peine les cannes parviennent-elles à six
pieds. Dans le Saïdy, où s'en fait la plus grande culture, on
les récolte ordinairement à la fin de février.

Il a été parlé, au commencement de cet article, des deux
espèces de *cannes* qui croissent à Batavia, dont l'une (la *rouge*
ou *violette*) préfère les terres vieilles et un peu sèches, et l'autre
(la *verte*) se plaît dans les terreins neufs et humides.

« Dans ce pays, dit l'auteur d'un mémoire inséré par extrait
» dans la *Feuille du Cultivateur*, *tome 7*, un propriétaire
» riche divise en général ses plantations en trois cents arpens ;
» sur chaque division il fait construire des bâtimens solides.
» Il loue ensuite chacune de ces divisions à des Chinois qui les
» habitent sous le titre de *fermiers*, et les sous-afferment à des
» personnes libres, par parties de cinquante arpens, sous la
» condition de les planter en cannes à sucre, et sous la rede-
» vance de tant par chaque pécule (1) de sucre de produit.

» Le principal fermier fait ensuite venir, pour la récolte,
» des ouvriers des villages qui avoisinent sa ferme. Aux uns
» il confie la coupe des *cannes* et leur transport au moulin ;
» les autres sont chargés de faire bouillir le jus qui en pro-
» vient ; les troisièmes l'enduisent d'argile pour le purifier, &c.
» Ces différens ouvriers sont payés à tant par pécule. Chaque
» fermier ne fait que les dépenses indispensables. La récolte
» finie, les ouvriers qui y ont été employés, s'en retournent
» chez eux pour sept mois, et il ne reste sur le terrein que
» les sous-fermiers ou planteurs, qui le préparent pour la
» récolte prochaine. L'ouvrage ainsi divisé ; est mieux fait
» et à meilleur marché. Le sucre terré n'est vendu que douze
» livres la pécule, un peu plus de sept liards la livre. Le prix
» commun d'une journée est de 18 à 20 sous.

» Il n'y a aucune distillation sur les plantations à sucre ; les
» écumes et les melasses sont vendues au marché, où un dis-
» tillateur peut acheter le produit pour la distillation de cent
» plantations ou de trente mille arpens. Le rhum vaut à Ba-
» tavia 4 sous le gallon (2).

» Tandis qu'aux Antilles la houe est presque le seul usten-
» sile connu pour cultiver la *canne à sucre*, on se sert à Ba-
» tavia, avec un grand succès, d'une charrue légère, traînée
» par un seul buffle, après laquelle on fait passer un cylindre.
» Une personne, avec deux paniers suspendus à chacun des
» bouts d'un bâton porté sur l'épaule d'une autre personne,
» fait tomber alternativement de chaque panier un plançon
» de canne dans des trous faits exprès, et à la même distance
» que se trouvent les deux paniers : la même personne pousse
» avec son pied de la terre pour couvrir le plant.

» On prend autant de soin à Batavia à réduire la *canne* en
» sucre qu'à la cultiver. L'évaporation étant en proportion
» de la surface des vases, les bouilloires ont la plus grande
» surface possible. Le jus des cannes est d'abord tempéré et

---

(1) La pécule pèse cent trente-trois livres et demie.
(2) Le gallon contient quatre pintes de Paris.

» bouilli à consistance de sirop ; il est versé ensuite dans des
» cuves et arrosé avec de l'eau , pour précipiter les mauvaises
» parties. Après six heures de repos , on le fait couler par trois
» trous faits à différentes hauteurs ; d'abord par le premier
» trou , dans une bouilloire de cuivre placée sur le feu, où le
» suc est encore tempéré une fois , et réduit en sucre avec un
» feu modéré. Il se met en grain ; l'ouvrier , au moyen d'une
» épreuve , juge quand il est suffisamment bouilli. Les cuves
» dont il a été fait mention, sont toutes placées à la gauche
» des bouilloires en cuivre. Après y avoir fait couler tout ce
» qui est clair par le premier trou , on passe le reste. Ce qui
» se trouve clair , tiré par le second trou , est jeté dans la bouil-
» loire ; le reste, ou les lies , tiré par le troisième trou , est
» destiné à la distillation : on enduit ensuite le sucre d'argile,
» dans l'Orient comme dans l'Occident ».

Par ce qui vient d'être dit sur le mode de culture de la
canne en usage à Batavia , on voit combien la culture de la
même plante est encore imparfaite dans nos colonies. Il est
évident que la houe est un instrument trop léger pour ouvrir
facilement une terre endurcie et desséchée par le soleil
qu'elle emploie un trop grand nombre d'ouvriers, qu'elle les
fatigue , et que l'inégalité de leur force et leur plus ou moins
de bonne volonté , jointes à l'imperfection de l'instrument
doivent amener souvent de mauvais résultats. Il seroit donc
essentiel, pour la prospérité des plantations aux Indes Occidentales, qu'on y préférât la charrue à la houe ; qu'on donnât
plus de travail aux animaux, et beaucoup moins aux hommes
que des machines suppléassent quelquefois à ceux-ci : qu'on
employât une plus grande partie des terreins en pâturages ou
en prairies artificielles : qu'on établît, par-tout où il seroit
possible , de petits canaux, soit pour transport, soit pour
irrigation ; qu'on adoptât, pour les arrosemens des cannes ou
d'autres plantes , la nouvelle découverte de Montgolfier et
Argan , qui , dans un courant d'eau quelconque, peut donner
les moyens d'en enlever, à trente-trois pieds de hauteur, au
moins la cinquième partie. Il y auroit encore beaucoup
d'autres changemens et beaucoup d'améliorations à introduire dans les établissemens agricoles de ces heureuses contrées ; mais on ne peut en faire mention dans cet article
déjà trop long pour un dictionnaire.

C'est Cossigny qui , le premier, a multiplié sur sa terre, à
l'île de France , la *canne* de Batavia , dont il avoit reçu des
plants dès 1782. Il en a fait passer dans nos îles de l'Amérique , notamment à la Guadeloupe. Martin , botaniste à
Cayenne, a propagé aussi , dans cette dernière colonie, la

canne rouge et verte de Batavia. La rouge ou violette, selon Moreau de Saint-Méry (1ᵉʳ vol. des *Mémoires de la société d'agricult. de Paris.*), donne un sixième de sucre de plus, et mûrit trois mois plutôt que celle de Saint-Domingue ; mais le sucre en est médiocre, et garde une teinte violette. Le contraire est affirmé par d'autres, qui prétendent que le sucre de la même canne n'a point cette teinte foncée, quand il est bien fabriqué et la canne bien cultivée.

Une espèce particulière de *canne à sucre*, très-belle et plus hâtive que la nôtre, a été trouvée à Otahiti (1), où elle croît spontanément. Y est-elle indigène, ou y a-t-elle été apportée du continent ou des îles de l'Amérique ? c'est ce qu'on ignore. Les Anglais l'ont transportée à Antigoa, une des petites Antilles. Elle s'y est naturalisée avec un grand succès. De ce pays, elle a été envoyée par ordre du gouvernement britannique dans d'autres colonies anglaises, notamment à la Jamaïque.

Cette espèce, dit-on, réussit dans des terres médiocres, et dans des temps contraires à la canne de nos îles ; elle est mûre souvent à neuf mois, toujours à un an. Outre sa précocité, on vante encore beaucoup sa bonne constitution et ses produits. S'il faut en croire Lachenaie, elle a des fibres plus ligneuses que la canne des Antilles, elle pèse beaucoup plus, donne un cinquième de vin de canne de plus, et à quantité de jus égale, fournit un sixième de sucre de plus ; de manière que son produit est au produit de l'autre comme 40 est à 30, et un peu plus. Son grand avantage, selon le même naturaliste, est de donner quatre récoltes, quand la canne des Antilles n'en donne que trois : mais elle épuise plus la terre. Elle a moins de parties extractives, moins de fécule et moins de principe colorant ; et son gluten, qui n'est qu'en petite proportion, rend le sucre plus facile à faire et plus beau. De sa cristallisation plus régulière résultent de grands vides entre les cristaux, d'où il a une légèreté spécifique plus grande. Ainsi, il porte plus d'encombrement, et donne, par conséquent, plus de fret. Les procédés pour l'extraire sont les mêmes que ceux déjà connus.

La *canne* d'Otahiti n'existe encore que dans une de nos colonies, la Guadeloupe (2), et se trouve pourtant dans toutes les îles anglaises, et même à la Trinité, île ci-devant espagnole, où un Français l'a introduite. Elle a été cultivée à la Martinique : si l'éloge qu'on en fait est mérité et appuyé par

---

(1) Ile située au milieu de la mer du Sud.
(2) Il est possible qu'on ait négligé de l'y cultiver pendant la révolution.

des expériences suivies, son introduction, en ce moment, dans l'île de Saint-Domingue, seroit un bienfait pour cette colonie. On peut en dire autant de la canne de Batavia.

XVI. *Accidens et Maladies auxquels les Cannes sont sujettes. Ennemis qu'elles ont à redouter.*

La *canne à sucre*, pour végéter convenablement et d'une manière qui soit profitable à celui qui la cultive, exige un certain ordre de saisons, et un état de l'air tellement modifié, qu'elle puisse éprouver alternativement la chaleur et l'humidité dont elle a besoin aux diverses époques de sa croissance. Une sécheresse trop long-temps prolongée l'épuise ou s'oppose à son développement. J'ai vu souvent des cannes de huit à dix mois auxquelles on n'en auroit pas donné cinq, tant l'ardeur du soleil les avoit desséchées et tenues rabougries. L'excès d'humidité est également contraire à ce roseau; il détruit sa texture, et nuit à l'élaboration et concentration de ses sucs. Quelques intervalles de pluie entre de plus grands intervalles de chaleur, voilà ce qui rend cette plante vigoureuse, et en même temps remplie de sucre. Quelquefois de fortes pluies, qui succèdent à une longue sécheresse, *désucrent* pour ainsi dire les cannes; la sève, trouvant les vaisseaux oblitérés, ne peut plus les enfiler. Dans un terrein argileux et plat, les grandes pluies, dont l'eau séjourne, noyent les racines et les pourrissent.

La *canne* redoute les vents, le feu, la rouille, et plusieurs sortes d'animaux.

Les vents violens qui règnent à certaines époques de l'année, et particulièrement vers novembre et décembre, renversent aux Antilles beaucoup de *cannes*. Abattues et posant sur un sol humide, elles pourrissent ou sont la proie des rats.

Le feu du ciel tombe quelquefois sur ces plantes; mais il y est mis plus souvent par l'imprudence des noirs. On l'arrête alors en lui faisant une part, et en coupant toutes les *cannes* qui entourent de plus près celles qui brûlent. En passant au moulin les *cannes* brûlées qui touchoient à leur maturité, on en retire encore un peu de mauvais sucre ou du sirop.

La *rouille* est une maladie qui attaque les feuilles des *cannes*, comme celles de beaucoup d'autres plantes; elles y sont plus sujettes dans les terres grasses et humides, et dans les années pluvieuses. On peut prévenir une partie de ses effets en préparant la terre convenablement, en la divisant, en y mêlant du sable, des cendres ou du fumier non consommé, et sur-tout en procurant de l'écoulement aux eaux.

Les pucerons ralentissent la végétation de la *canne*, en dévorant les feuilles; mais aux Antilles, ils tiennent rarement contre les vents impétueux de la fin de l'année.

Il se forme, dans l'intérieur des *cannes*, des vers qui diminuent l'abondance du sucre, et en altèrent la qualité. Celles qui ont été plantées en octobre et novembre, lorsqu'elles contiennent de ces vers, se gangrènent après la chute de la flèche. Suivant M. de Caseaux, le préservatif seroit de planter en mai et juin. Mais un ver particulier, ennemi des cannes plantées à cette dernière époque, exige aussi la vigilance du colon; c'est le *ver brûlant*. « En se promenant, dit Pouppé » Desportes, le long d'une pièce qui commence à pousser, » on voit quelques tiges sèches; si on les tire, elles viennent » à la main, et on trouve quelquefois à l'extrémité un petit » ver, quelquefois on n'y trouve rien; l'insecte, ou est resté » dans le plant, ou bien, devenu papillon, il s'est échappé. On » doit ordinairement cet accident au peu d'attention qu'on a » de choisir le plant. Les cannes, comme les fruits, sont su-» jettes à être piquées. Si le plant qu'on met en terre est ver-» moulu, il n'est pas surprenant que le ver en détruise peu » à peu l'intérieur en grandissant, s'y fraie un chemin vers » la partie la plus tendre, qui est celle de l'œilleton, et qu'y » trouvant une issue quand il a subi ses métamorphoses, il » sorte par cet endroit aux dépens de la tige qui en seroit » provenue ». (*Traité des Plantes usuelles de Saint-Domingue.*) C'est sur-tout quand le mois d'août est sec et coupé par de petits grains de pluie, que ce ver paroît. On peut prévenir ou diminuer le dégât qu'il fait, en saupoudrant d'un peu de chaux vive ou la plante ou la terre dont on la chausse, soit au premier, soit au second sarclage.

Les rats aiment beaucoup la *canne.* Quelquefois ils se multiplient tellement au milieu de ses touffes nombreuses, qu'ils portent un grand préjudice au colon. Une canne parvenue à sa maturité, et rongée par le bas, est une canne perdue. Il n'y a qu'un seul moyen de détruire ces animaux, et il ne peut être mis en usage qu'après deux, trois ou quatre récoltes, c'est-à-dire, lorsqu'on se propose de replanter. Alors on brûle les pailles de la pièce de cannes que l'on coupe; mais, avant d'y mettre la serpe, il faut prendre quelques mesures d'avance. On doit avoir attention d'entamer la pièce par les quatre coins ou angles, et avancer en proportion égale jusqu'au milieu, où on laisse un bouquet assez considérable pour servir de retraite et de nourriture aux rats. On

met ensuite le feu aux quatre coins et autour de la pièce
dans un temps calme : de cette manière, ils sont surpris et
brûlés.

De tous les ennemis de la *canne à sucre*, il n'en est point
qui, dans certains temps, se soient montrés plus redoutables
que les fourmis. Elles ont été, il y a une vingtaine d'années,
un fléau terrible pour la Martinique ; ni les vents, ni les
pluies ne pouvoient arrêter leurs ravages. Ces insectes ne
s'attachoient pas au tronc de la canne, mais ils creusoient
sous la souche comme pour s'y loger ; ils dépouilloient ses
principales racines de la terre qui les environne ; la plante,
suspendue, se desséchoit, et cédoit, si on vouloit l'arracher,
à des efforts peu considérables. On ne sauroit se faire une
idée du nombre incalculable et prodigieux de fourmis qui
couvroient alors le sol de la Martinique. Quatre ans après
leur introduction, on n'auroit pas trouvé dans cette île un
pied carré de superficie sur lequel on n'en eût compté plus
de cent, indépendamment de celles qui travailloient sous
terre. Elles se portoient par-tout, et traversoient même les
ruisseaux et les petites rivières sur des ponts volans de fourmis
mortes. On a tenté alors inutilement tous les moyens possibles
pour les détruire. Les pièces de cannes fourmillées étoient
brûlées après la récolte, et labourées en tous sens ; mais ces
insectes, plus forts que les cultivateurs, mettoient en défaut
toute leur industrie. On promit une somme de deux millions
à celui qui réussiroit à en purger la colonie, et personne, ni
en Amérique, ni en Europe, ne mérita cette récompense.
Enfin, toutes les plantations de la Martinique étoient me-
nacées d'une ruine totale, si la nature ne fût venue au secours
de l'homme. Heureusement une branche d'ouragan fit disparoître entièrement et tout-à-coup ces fourmis, on ne sait
comment.

XVII. *Produits de la Canne à sucre.*

Les produits de la *canne* sont immenses et d'une grande
richesse. Sa culture a pour objet principal, l'extraction du
sucre qui est plus abondant dans cette plante que dans toute
autre. *Voyez* au mot Sucre, l'analyse de cette substance végétale, ainsi que ses propriétés et ses divers usages.

Indépendamment du sucre, les *cannes* fournissent à-peu-
près un douzième de sirop.

On distingue les *gros sirops*, les *sirops fins*, les *sirops bâtards* et les *sirops amers*.

Le *gros sirop* est celui qui sort immédiatement du sucre de
cannes avant le terrage. Celui qui s'écoule après les terrage se

nomme *sirop fin*. On appelle *sirops bâtards*, ceux qui proviennent des sirops mêmes, c'est-à-dire, du sucre qu'on a formé des sirops, après qu'on l'a couvert de terre. Enfin, les *sirops amers* sont ceux qui résultent de la cuite et purification des gros sirops ; ils sont vendus ou portés à la rhummerie, pour y fermenter et être distillés comme les melasses. On cuit les autres sirops pour en faire du sucre. Celui qu'on obtient des sirops bâtards porte le nom de *vergeoise*.

On retire du sucre, ou plutôt des sirops amers et des melasses, une espèce d'eau-de-vie appelée *rhum* chez les Anglais, et *tafia* dans nos colonies. Cette liqueur est très-recherchée et très-répandue dans le commerce. Les bâtimens particuliers destinés à sa distillation se nomment *rhummeries* ou *guildives*. On étend les sirops dans l'eau, en telle proportion, qu'ils portent onze à douze degrés à l'aréomètre. Dans cet état, ils prennent le nom de *rapes*. Quand ils ont fermenté, on les met dans un alambic pour être distillés. Le produit qu'on en obtient est du rhum et du tafia, suivant la qualité du sirop et les circonstances qui ont accompagné la fermentation et la distillation des rapes. On trouvera dans ce Dictionnaire, au mot RHUM, plus de détails sur sa préparation, avec un exposé succinct des procédés employés par les Anglais de la Jamaïque, pour composer cette liqueur, dont on fait dans toute l'Europe, et sur-tout en Angleterre, une si grande consommation.

On peut encore obtenir une autre sorte d'eau-de-vie avec le suc même de la *canne*, ou en composer un vin très-agréable. *Voyez* le paragraphe suivant.

Le propriétaire d'une sucrerie trouve dans la *canne* beaucoup de ressources, pour la facile exploitation de son bien. Elle donne à-la-fois le plant qui sert à la multiplier, la paille ou le fumier qui fertilise la terre où elle croît, et du chauffage pour les fourneaux de la sucrerie et pour l'étuve. Avec ses sommités desséchées, on couvre les cases des nègres, et quelquefois celle du maître. Quand les *têtes à cannes* sont vertes, on les donne aux mulets et aux bœufs, qui en sont très-friands. On les nourrit aussi pendant la roulaison (1), avec de la bagasse hachée que l'on trempe dans les écumes retirées des chaudières, ou dans du mauvais sirop. Quoique ces animaux soient alors surchargés de travail, ils engraissent pour-

(1) On donne le nom de *roulaison* à l'ensemble de tous les travaux qu'exigent tant la récolte et l'expression de la canne, que la fabrication du sucre. Ces travaux se font tous en même temps.

IV.   T

tant à vue d'œil, tant cette nourriture est saine et substantielle.

On a souvent calculé quel pouvoit être le produit net en argent d'un établissement planté en *cannes*, auquel il ne manque ni bras, ni ustensiles, ni bâtimens. Suivant Raynal, sur une sucrerie ainsi établie et placée dans un bon sol, deux hommes peuvent exploiter un carré de cannes, c'est-à-dire, environ trois arpens. « Ce carré, dit-il, doit donner com-
» munément soixante quintaux de sucre brut. Le prix moyen
» du quintal, rendu en Europe, sera de 20 livres tournois,
» déduction de tous frais. Voilà donc un revenu de 600 liv.
» pour le travail de chaque homme. 120 livres auxquelles on
» joindra le prix des sirops et des tafias, suffiront aux dépenses
» d'exploitation. Le produit net d'un arpent et demi sera donc
» de 480 livres. On trouveroit difficilement une culture plus
» avantageuse ».

Le calcul de Raynal approche beaucoup de la vérité. Une habitation établie en sucrerie et dans un bon fonds, doit produire, année commune, de huit à dix pour cent. Ainsi, celle, par exemple, qui, avec tous ses accessoires, est estimée 15 à 1,600,000 livr., argent des colonies, donnera à ses propriétaires 50,000 écus de rente, qui représentent 100,000 liv. tournois. Les habitations dont le sol est médiocre rendent beaucoup moins.

XVIII. *Vin et eau-de-vie qu'on peut retirer du suc même de la Canne.*

Des *cannes*, dit Dutrône, coupées et abandonnées à elles-mêmes pendant huit à dix jours, prennent après ce temps, une odeur de pomme forte. Si on les exprime, la fermentation spiritueuse, qui est déjà très-avancée, se continue dans leur suc exprimé, et on en retire un vin parfaitement analogue au cidre.

Si la *canne* est abandonnée quelques jours de plus, l'odeur et la saveur de pommes disparoissent, ou au moins diminuent considérablement. Le suc qu'elle donne alors est très-vineux : la fermentation spiritueuse s'achève bientôt, et on obtient un vin très-analogue au vin blanc de raisin.

Comme les nœuds de la *canne à sucre* ne mûrissent que successivement, il est à propos de la partager en plusieurs tronçons, et de les mettre à fermenter séparément.

Le moût de *canne* mis dans des tonneaux continue à fermenter comme les sucs des poires, pommes, &c. Les matières féculentes se séparent; une partie se précipite, l'autre est chassée au-dehors, sous la forme d'une écume mousseuse. Une portion du suc est aussi rejetée, et il se fait un vide qu'il faut remplir une ou deux fois par jour, soit avec de l'eau sucrée, soit avec du sable bien lavé.

Après plusieurs jours, la fermentation étant arrivée au point convenable, on perce le tonneau à quatre ou cinq pouces au-dessus du fond; et si le vin est clair, il convient de le soutirer dans un vaisseau propre qu'il faut remplir en entier. S'il est un peu trouble, ce qui arrive quand la matière féculente et très-abondante, il faut le coller et le soutirer après vingt-quatre heures de repos.

Le vin seroit alors trop doux pour en faire usage comme boisson ordinaire. Aussi, convient-il de l'abandonner à lui-même pendant quelque temps, comme le vin et le cidre. Si on le met tout de suite en bouteille, il mousse et pétille comme le vin de Champagne. Sa couleur est plus ou moins ambrée, suivant l'état et la qualité des cannes.

Les meilleures cannes pour donner du sucre, sont les meilleures pour donner du vin de bonne qualité.

L'état du moût de *canne* est tel, que la fermentation se continue et s'achève avec succès même dans les plus petits vases. En y ajoutant du suc d'ananas, ou d'orange, ou d'abricot, &c. on obtient un vin qui a la saveur et le parfum du fruit que l'on a employé; on peut le rougir avec la raquette.

Le suc de *canne* de qualité médiocre, soumis à la distillation, donne une eau-de-vie (1). Dix pintes de vin de canne donnent quatre pintes d'eau-de-vie, portant dix-sept degrés à l'aréomètre de Baumé. L'eau-de-vie de canne est très-agréable, et le dispute au meilleur rhum.

En considérant la *canne à sucre*, par rapport aux produits spiritueux qu'on en peut retirer, elle offre au cultivateur, des avantages plus certains et plus grands qu'aucune autre denrée coloniale.

Un carreau de terre qui présente une surface de trois mille quatre cents toises, peut produire deux à trois cabrouées de cannes, pesant mille livres chacune. La canne sucrée donne ordinairement moitié de son poids en suc exprimé. En supposant un cinquième de perte dans la confection du vin pour le coulage et pour la lie, il résulteroit quatre cents livres d'une liqueur, cidre ou vin, produit d'une cabrouée de cannes. Trois cents cabrouées donneroient donc cent vingt

---

(1) Il ne faut pas confondre l'eau-de-vie dont il est ici question, avec celle dont on vient de parler au paragraphe précédent, laquelle se retire des sirops amers, et non immédiatement du suc de la canne.

mille livres de vin, ou soixante mille pintes, mesure de Paris, dont le produit distillé donneroit vingt-quatre mille pintes d'eau-de-vie. Mais en réduisant ce produit à moitié, et n'estimant l'eau-de-vie que dix sols la pinte, un carreau de terre produiroit au moins 6000 livres en argent.

Le *coton*, l'*indigo*, le *café*, la *canne*, exploitée pour faire du sucre, ne donnent jamais dans les circonstances les plus heureuses, par carreau de terre, un produit de 6000 liv. en argent.

La confection et la distillation du *vin de canne* ne demandent pas plus de peine ni de soin que la fermentation et la distillation des melasses. Toutes les opérations peuvent se faire successivement. Un petit moulin et un alambic suffisent. La culture des cannes nécessaires à cet établissement n'exige ni de grandes dépenses, ni beaucoup de bras. On peut la commencer avec dix nègres. (D.)

CANNE BAMBOCHE. C'est la même chose que le Bambou. *Voyez* ce mot. (B.)

CANNE CONGO. On appelle ainsi le Costus à Cayenne. *Voyez* ce mot. (B.)

CANNE ÉPINEUSE. C'est une espèce de Rotang. *Voyez* ce mot. (B.)

CANNE D'INDE. C'est le Balisier. *Voyez* ce mot. (B.)

CANNE A MAIN. C'est une espèce du genre Rotang. *Voyez* ce mot. (B.)

CANNE MARONNE, plante de Saint-Domingue, qui croît sur le bord des rivières, et qui passe pour un poison violent. C'est le Gouet vénéneux. *Voyez* ce mot. (B.)

CANNEBERG. C'est un des noms vulgaires de l'Airelle des marais, *Vaccinium oxycocos* Linn. *Voyez* ce mot. (B.)

CANNELLE, *Cinnamomum*, seconde écorce d'une espèce de laurier, connu sous le nom de Cannellier, ou Laurier cannellier. *Voyez* ces mots. (D.)

CANNELLE BLANCHE. C'est l'écorce du Drymis aromatique, ou du Drymis ponctué. C'est aussi celle du Winterian cannelle. *Voyez* ces mots. (B.)

CANNELLE DE LA CHINE. C'est, selon Bomare, une espèce de *cannelle*, qui croît sur les montagnes de la Chine, et qui est assez bonne et assez abondante pour qu'on n'ait pas besoin, dans ce pays, de celle de Ceylan. Elle est plus épaisse, et moins odoriférante que celle-ci, et d'une couleur grise. (D.)

CANNELLE GIROFLÉE. C'est le Ravelana. *Voyez* ce mot. (B.)

CANNELLE MATTE, nom donné à l'écorce des vieux troncs de *cannelliers* ; cette écorce est rejetée comme très-inférieure à la fine cannelle. (D.)

CANNELLE POIVRÉE. C'est le **Drymis aromatique.** *Voyez* ce mot. (B.)

CANNELLE SAUVAGE. C'est le nom que porte aux Indes occidentales un véritable *cannellier,* dont l'écorce pourroit acquérir la bonté de celle de Ceylan, si cet arbre y étoit cultivé. (D.)

CANNELLIER , LAURIER CANNELLIER , vulgairement le **Cannellier de Ceylan**, *Laurus cinnamomum* Linn. C'est le nom d'un arbre aromatique, appartenant au genre **Laurier** (*Voyez* ce mot.), qui croît naturellement dans l'île de Ceylan, et dont la seconde écorce, si recherchée pour la médecine, et pour la préparation de divers mets, porte, dans le commerce, le nom de *cannelle.*

Cet arbre très-rameux, a un port élégant et s'élève à dix-huit ou vingt pieds ; quelquefois son tronc acquiert jusqu'à un pied et demi de diamètre. L'écorce extérieure qui le recouvre, ainsi que celle des branches, est d'abord verte ; elle rougit avec le temps, et devient ensuite d'un brun grisâtre. Ses feuilles sont ovales-oblongues, presqu'opposées, et assez semblables à celles du laurier commun ; elles en diffèrent par leur odeur et leur saveur de cannelle , qui est très-agréable. Leur surface supérieure est verte et luisante ; l'inférieure est blanchâtre et terne : on y remarque trois (et quelquefois cinq) nervures longitudinales, qui partent en divergeant de la base de chaque feuille , et disparoissent un peu avant d'avoir atteint son sommet.

Le *cannellier* porte des fleurs dioïques, disposées en bouquets à l'extrémité des rameaux. Les mâles et les femelles ont un semblable calice, découpé en six parties, et qui leur tient lieu de corolle ; on compte dans les mâles neuf étamines. Ces fleurs sont petites, nombreuses, jaunâtres intérieurement , blanchâtres et un peu veloutées en dehors. Elles exhalent une odeur admirable , et qui se fait sentir en mer à une grande distance du rivage, lorsque les vents soufflent de terre. Le fruit qui leur succède est un drupe ovale, long de quatre à cinq lignes, et d'un brun bleuâtre dans sa maturité ; il contient une pulpe verte et onctueuse, qui recouvre un noyau dans lequel on trouve une amande de couleur purpurine. Le cannellier fleurit en février ou en mars, et conserve sa verdure toute l'année.

Il y a aux Indes, selon Leblond , dix espèces de *cannelliers,* dont quatre seulement fournissent la *cannelle* du commerce.

Il est défendu d'exploiter les autres, parce qu'elles sont mauvaises. Cela n'empêche pas que la bonne n'en soit quelquefois falsifiée. Il faut être connoisseur pour se garantir de cette fraude.

« Les Hollandais (*Encyclop. méth. botanique*, *t. 3.*) sont » presque parvenus à faire seuls le commerce de la cannelle, » ainsi que celui du girofle, en conquérant sur les Portugais, » d'un côté, les îles Moluques, qui produisent seules le girofle » (*Voyez* Giroflier.), et de l'autre, l'île de Ceylan, seule » féconde en cannelle. Les Hollandais, pour se rendre » maîtres exclusivement du commerce de cette écorce pré- » cieuse, après avoir chassé les Portugais de Ceylan, conqui- » rent encore sur eux le royaume de Cochin, sur la côte de » Malabar, pour leur enlever le commerce d'une cannelle » qui croissoit dans ce pays, et qu'ils vendoient sous le nom » de *cannelle portugaise, cannelle sauvage,* ou *cannelle grise.* » La première chose qu'ils firent après cette conquête, fut » d'arracher cette cannelle sauvage.

» Toute la cannelle dont les Hollandais fournissent les deux » hémisphères, se récolte dans un espace d'environ qua- » torze lieues, le long des bords de la mer, à Ceylan. Cet » endroit qui porte le nom de *Champ de la cannelle*, est de- » puis Négambo jusqu'à Gallières. Ils ne laissent croître » qu'une certaine quantité de *cannelliers*, et ont grand soin » de faire arracher de temps en temps une partie de ceux qui » viennent sans culture, ou même qui seroient cultivés ail- » leurs que dans certains districts de l'île, connoissant, par » une expérience de plus de cent vingt ans, la quantité de » cannelle qu'il leur faut pour le commerce, et persuadés qu'ils » n'en débiteroient pas davantage, quand même ils la don- » neroient à meilleur marché. On estime que ce qu'ils en » apportent en Europe, va à six cent mille livres par an, » et qu'ils en débitent à-peu-près autant dans les Indes. Il » s'en consomme aussi une grande quantité en Amérique, » particulièrement au Pérou, pour le chocolat, dont les Espa- » gnols ne peuvent se passer. Mais ce commerce des épi- » ceries fines, que les Hollandais font seuls depuis long- » temps, va bientôt cesser d'être exclusif, car les arbres qui » les produisent, sont maintenant dans nos possessions des » Deux-Indes. On cultive, depuis quelques années, le *cannel-* » *lier* à l'île de France, à Cayenne, et dans les Antilles ». *Même ouvrage cité ci-dessus.*

C'est, dit Aublet, aux soins de M. le commandeur de Godheu, et aux ordres de M. son frère, directeur de la compagnie des Indes, et commandant général de nos établissemens dans cette partie, qu'on doit les arbres de la vraie *cannelle*. Ces messieurs employèrent une somme considérable pour cet objet, et M. Porché, commandant à Mahé, chargé de cette mission, procura, par Carical, plusieurs baies de *cannellier*, tirées de Ceylan même. Une partie de ces baies fut cultivée dans le jardin de Pondichéry, par M. Bordier, médecin. Les autres furent mises dans une caisse confiée à M. de la Loude, capitaine de vaisseau, qui me la remit à l'île de France (c'est toujours Aublet qui parle). Cette caisse contenoit cinq baies de cannellier dont le germe sortoit hors de terre. Je fis transporter ces jeunes plants au jardin du *Réduit*, et c'est par les soins que j'en pris, qu'ils fleurirent, et donnèrent des baies en abondance cinq années après.

De l'Ile-de-France on a transporté le *cannellier* aux Indes Occidentales. Cet arbre intéressant est cultivé à Cayenne avec le plus grand succès, et l'espèce de cannelle qu'il donne est une des meilleures. On la distingue aisément de la CANNELLE BLANCHE (*Voyez* ce mot.), qui croît dans plusieurs contrées de l'Amérique, dont la couleur est d'un blanc mat, et dont l'odeur et la saveur tiennent du girofle et du gingembre. On ne la confondra pas non plus avec la *cannelle giroflée ou bois de crave*, qu'on trouve au Para et dans quelques parties de la Guiane.

Dans l'Inde, la récolte de la *cannelle* se fait deux fois par an ; la grande récolte a lieu d'avril en août, pendant la mousson pluvieuse ; et la petite, de novembre en janvier ou février dans la mousson sèche : voici la manière dont on recueille la *cannelle*.

On choisit les arbres ; on coupe les branches de trois ans ; on emporte l'écorce extérieure, en la râclant avec une serpette dont la courbure, la pointe et le dos sont tranchans : on fend avec la pointe la deuxième écorce d'un bout à l'autre de la branche, et avec le dos du même outil on la détache peu-à-peu : on ramasse toutes ces écorces ; les plus petites sont mises dans les plus grandes ; elles sont exposées au soleil, où elles se roulent d'elles-mêmes de plus en plus en séchant.

Après la récolte de la cannelle, l'arbre reste nu pendant deux ou trois ans. Au bout de ce temps, il se trouve revêtu d'une écorce nouvelle qu'on peut alors enlever.

L'âge des arbres, leur exposition, leur culture, les diverses parties de l'arbre dont on retire la *cannelle*, en font distinguer trois sortes, la *fine*, la *moyenne*, et la *grossière*. La fine est menue, un peu pliante, de l'épaisseur d'une carte à jouer, d'une couleur tirant sur le jaune tant soit peu rembruni, d'un goût doux et agréable, mais pas plus fort ni plus piquant que ce qu'on en peut éprouver sur la langue sans cuisson, ne laissant après l'épreuve aucun arrière-goût désagréable. Plus la cannelle s'éloigne de ces qualités, moins elle est estimée ; ainsi, lorsqu'elle est dure ou très-cassante, de l'épaisseur d'un écu ou plus épaisse, brune ou noirâtre, chaude ou très - piquante, elle est de moyenne qualité ; enfin, si elle laisse dans la bouche un goût astringent ou mucilagineux, elle est grossière.

On ne trie point la *cannelle* à Cayenne comme dans l'Inde ; elle y est recueillie sans choix pendant toute l'année. Cependant l'écorce d'un arbre dépouillé à la fin de l'été, sera moins chargée de parties aromatiques, qu'à l'époque de la floraison ou dans le temps de la sève. Dans ce pays, le *cannellier* fleurit régulièrement deux fois par an ; sa végétation y est rapide. Au lieu de trois ans nécessaires, dans l'Inde, aux jeunes pousses pour qu'elles arrivent à leur maturité, deux ans sufroient peut-être à Cayenne.

M. Poivre, qui a été en Cochinchine, nous apprend qu'il s'y trouve, quoiqu'en petite quantité, une *cannelle* supérieure à celle de Ceylan, et que les Chinois payent trois ou quatre fois plus cher.

Les *cannelliers* qui croissent dans les vallées ou dans un sable léger, peuvent être écorcés plutôt que ceux qui sont plantés dans des lieux humides ou ombragés. Ces derniers donnent moins promptement la cannelle, ou en donnent une moins parfaite, moins aromatique, et qui contient moins d'huile essentielle.

L'écorce de la racine de cet arbre a une odeur de camphre, qui est plus sensible, lorsque le *cannellier* a crû à l'abri d'autres arbres, ou dans un sol marécageux ; car lorsqu'il végète dans un terrein sablonneux et découvert, l'influence du soleil rend alors le camphre si volatil, que se mêlant facilement avec les sucs de l'arbre, et se répandant parfaitement entre ses branches et dans les feuilles, il ne se laisse plus distinguer.

Quand la *cannelle* est sèche, on la dépose dans des magasins, où elle continue à sécher, en paquets d'environ trente livres, qu'on couvre avec des nattes. Avant de la charger, on la trie ; on la coupe de trois à quatre pieds de longueur ; on en fait des balles d'environ quatre - vingt - cinq livres qui ne comptent que pour quatre-vingts livres, à cause du déchet qu'elles éprouvent dans la traversée. Chaque balle est liée avec des cordes, et couverte d'une étoffe de laine mise en double, et cousue très-étroitement, pour préserver la cannelle de moisissure. En cet état, les balles sont mises à bord dans le lieu le plus sec. On jette du poivre en quantité sur chaque lit de balles , pour remplir les vides ; par sa qualité chaude et sèche , il attire l'humidité qui reste dans la cannelle , et lui donne plus d'énergie.

Au défaut de poivre et d'étoffes de laine , on pourroit à Cayenne , dit Le Blond , faire usage de caisses garnies de papier gris en dedans , et dont les joints en dehors le seroient de bandes de toiles collées. On les rempliroit de cannelle , en interposant entre les couches , des feuilles du *cannelier* séchées et grossièrement pilées : les caisses bien fermées par un couvercle cloué , seroient emballées comme à l'ordinaire.

Le *cannellier* vient par-tout , plus ou moins bien , même de bouture ; il est propre aux avenues , peut être planté dans les terreins inutiles , s'ils sont un peu humides , et n'exige que quelques soins. On doit planter ces arbres à deux ou trois pieds les uns des autres ; ils se servent ainsi mutuellement d'ombrage. Au bout de deux ou trois ans , ils n'ont poussé qu'une ou deux tiges longues de huit à dix pieds , dont on obtient aisément l'écorce : c'est la meilleure cannelle. On les coupe à environ deux pieds de terre ; ils fournissent bientôt des rejetons , qu'on peut également couper quand ils sont parvenus à une croissance convenable. Les troncs acquièrent peu-à-peu la forme d'un saule étété , et on en recueille les branches. Il faut de même éclaircir les cannelliers à mesure qu'ils grandissent.

Cet arbre , dit Le Blond , est si vivace , sur-tout dans les bonnes terres un peu humides , que si on en coupe le tronc presqu'à ras terre , il pousse beaucoup de rejetons qui sont bons à prendre au bout d'un an environ ; l'écorce en est plus abreuvée de sève , la cannelle de meilleure qualité. Le *cannellier*, qu'on laisse croître isolé et à plein vent, pousse , comme tout autre arbre , des branches qui se ramifient de proche en proche et dans tous les sens ; l'écorce en est épaisse , coriace , blanchâtre , et difficile à exploiter : c'est la cannelle la moins estimée de toutes.

Utilité du Cannellier ; propriétés et usages de la Cannelle (1).

Toutes les parties du *cannellier* sont utiles ; son écorce , sa racine , son tronc , ses branches , ses feuilles , ses fleurs et ses fruits ; on en retire des eaux distillées , des sels volatils , du camphre , du suif ou de la cire , des huiles précieuses ; on en

____

(1) Cette section est extraite presqu'entièrement de la *Nouvelle Encyclopédie*. Voyez le mot LAURIER , tom. 3 de la *Botanique*.

compose des sirops , des liqueurs , des essences odoriférantes ,
en un mot, le cannellier peut être regardé, à tous ces égards,
comme un des arbres les plus précieux que l'on connoisse.

Son écorce récente (la plus épaisse , celle qui passe pour
grossière dans le commerce) donne une huile appelée *essence
de cannelle*, que les Hollandais font à Ceylan et à Batavia , et
portent toute préparée de l'Inde. Une livre d'écorce fraîche
peut en produire pour quarante ou cinquante francs. Comme
cette huile est très-chère , et vaut jusqu'à soixante-dix livres
l'once, on la falsifie quelquefois , en y mêlant de l'huile de
girofle , ou mieux encore de l'huile de ben : l'excellence de
son parfum la fait employer dans les mélanges d'aromates,
qu'on nomme *pots pourris*. Les Indiens en oignent leurs bougies pour parfumer leurs appartemens. Lorsque cette huile
est pure, elle va au fond de l'eau ; elle demande à être gardée
dans un flacon hermétiquement bouché. Par son âcreté caustique, elle est propre à calmer les douleurs des dents , en desséchant et brûlant le nerf.

On retire aussi, par la distillation , de l'écorce de la racine ,
une huile et un sel volatil ou camphre. Cette huile est limpide,
jaunâtre , subtile; elle se dissipe aisément à l'air ; elle est d'un
goût fort vif; son odeur tient le milieu entre celle du camphre et de la cannelle. Aux Indes , on l'emploie extérieurement dans les paralysies et les rhumatismes ; et en y ajoutant
du sucre, on la donne intérieurement pour exciter les sueurs
et les urines, fortifier l'estomac , chasser les vents , et dissiper
les catharres.

Le camphre du *cannellier* est très-blanc , et surpasse, par
la douceur de son parfum , le camphre ordinaire ; il est très-
volatil, s'enflamme promptement, et ne laisse , après sa combustion , aucun résidu. Les Indiens le regardent comme le
meilleur dont on puisse faire usage en médecine ; on le garde
avec soin , et on le destine pour les rois du pays, qui le prennent comme un cordial d'une efficacité peu commune.

Les vieux troncs du *cannellier* fournissent des nœuds résineux , ayant l'odeur du bois de rose : ils peuvent être employés dans l'ébénisterie.

Des feuilles du même arbre , on distille une huile particulière qui a un peu l'odeur du girofle , et dont les propriétés
sont presque les mêmes que celles de l'huile retirée de l'écorce.
Elle est pesante , d'abord trouble, et devient, avec le temps,
transparente et jaunâtre. Elle passe dans le pays pour un
correctif des purgatifs violens : on fait usage des feuilles dans
les bains aromatiques.

L'eau distillée des fleurs a une odeur des plus agréables ;

elle est bonne contre les vapeurs ; elle ranime les esprits, adoucit la mauvaise haleine, et donne du parfum et de l'agrément à différentes sortes de mets : on prépare encore avec ces fleurs une conserve d'un très-bon goût.

Les fruits du *cannellier* donnent deux sortes de substances; on en tire, par la distillation, une huile essentielle, semblable à l'huile de genièvre, qui seroit mêlée avec un peu de cannelle et de clou de girofle ; et par la décoction, une certaine graisse épaisse, d'une odeur pénétrante, ressemblante au suif par sa couleur, sa consistance, et qu'on met en pain comme du savon. La compagnie des Indes Orientales hollandaise nous l'apporte sous le nom de *cire de cannelle*, parce que le roi de Candie, province du Mogolistan, en fait faire ses bougies et ses flambeaux, qui rendent une odeur agréable, et sont réservés pour son usage et celui de sa cour. Cette même substance sert d'un remède intérieur et extérieur chez les Indiens, soit pour les contusions, les luxations, les fractures, soit dans les onguens nervins, les emplâtres résolutifs, céphaliques.

De toutes les parties du *cannellier*, nous n'employons guère en Europe que son écorce, l'eau spiritueuse, et l'huile essentielle qu'on en retire par la distillation.

On prépare l'eau spiritueuse, en faisant macérer, pendant vingt-quatre heures, une livre de cannelle concassée, dans trois livres d'eau de mélisse distillée, et trois livres de vin blanc. On distille la liqueur à un feu violent dans l'alambic avec un réfrigérant : on conserve pour l'usage les trois livres d'eau qui passent les premières. Cette eau est trouble, blanchâtre, laiteuse, à cause des parties huileuses de la cannelle qui y sont incorporées, et qui lui donnent beaucoup de force.

Les propriétés de l'huile essentielle de *cannelle* sont très-actives. Quand elle est pure, elle est caustique ; adoucie par le sucre, elle est d'un goût délicieux : on la prescrit encore depuis une goutte jusqu'à six dans un œuf ou quelques liqueurs convenables.

Voici ce qu'on lit, dans la *Pharmacopée de Lyon*, par Vitet, sur les propriétés de la cannelle : « Il est peu de maladies de foiblesse, dit ce médecin, pour lesquelles la *cannelle* n'ait été tentée et célébrée. Elle échauffe beaucoup, réveille puissamment les forces vitales et musculaires, constipe et diminue l'expectoration et le cours des urines ; rarement elle augmente la transpiration insensible, mais elle fortifie l'estomac et les intestins affoiblis par des humeurs séreuses ou pituiteuses. Elle est, pour l'ordinaire, nuisible

» dans les maladies convulsives et inflammatoires. L'eau dis-
» tillée de cannelle flatte l'odorat, échauffe peu ; à haute dose
» elle réveille à peine les forces vitales : la plus légère infusion
» de cannelle est plus efficace. L'eau spiritueuse accroît sur-
» le-champ les forces vitales ; l'esprit-de-vin agit plus alors
» que les parties aromatiques de la cannelle. L'huile essen-
» tielle convient dans toutes les maladies où il s'agit d'aug-
» menter la sensibilité et le mouvement de quelque partie foi-
» ble; mais il faut bien se garder d'en faire un usage déplacé :
» on doit toujours la mêler avec deux ou trois parties de
» graisse ou d'huile ». (D.)

CANONNIER. *Voyez* BOMBARDIER. (S.)

CANOT, nom vulgaire du HIBOU. *Voy.* ce mot. (VIEILL.)

CANOTS DES SAUVAGES ou PIROGUES. Ce sont les barques, les chaloupes des nations barbares qui n'ont point encore appris à construire des vaisseaux de haut bord. Il leur faut peut-être plus d'intrépidité pour s'abandonner sur de frêles embarcations aux vagues et aux tempêtes, qu'aux Européens, parce que les bâtimens de ceux-ci sont moins sujets à faire naufrage.

> Illi robur et æs triplex
> Circà pectus erat, qui fragilem truci
> Commisit pelago ratem
> Primus.
>
> *HORAT. Od. III, l. I.*

Les *canots des sauvages* sont faits ordinairement d'une seule pièce. C'est un tronc d'arbre aminci aux deux bouts et creusé dans son milieu avec des haches de pierres, ou par le feu. Trois ou quatre hommes se tiennent dedans et rament avec des pagaies, ou branches d'arbre applaties en palettes. La plupart de ces pirogues sont légères et servent pour traverser des fleuves. Lorsqu'il se rencontre une cataracte, une chute d'eau, l'Indien tire son canot à terre, le charge sur son dos, le porte au-delà de la cataracte, et le remet à flots pour suivre son chemin. Quelquefois les canots sont formés d'écorce d'arbres jointes ensemble, ou de planches grossièrement réunies. Comme toutes ces pirogues ne sont jamais lestées ni assez creuses, elles chavirent très-souvent, mais les sauvages ne s'en inquiètent pas beaucoup ; ils nagent comme des poissons, retournent phlegmatiquement leur barque, et continuent leur voyage sans s'émouvoir. Ils ont la précaution d'attacher au fond de leur barque les objets qui pourroient se perdre lorsque leur pirogue fait capot. Les insulaires de la mer du Sud construisent des pirogues très-étroites, légères et peu pro-

ondes, avec un bâton qui sert de mât, et une voile triangulaire faite d'écorces d'arbre entrelacées, ou de nattes de jonc.
En outre, il y a un banc de rameurs qui se servent de la pa-
gaie ou palette avec beaucoup de dextérité. Ces sauvages fendent l'onde sur leur fragile pirogue avec une extrême rapidité.
En peu de jours ils parcourent de très-grandes étendues: mais
ne pouvant pas se diriger par la boussole qu'ils ne connoissent
pas, ils sont contraints de côtoyer les rivages. Rien n'est plus
fréquent que ce cabotage dans les Archipels des îles Moluques, des Maldives, des Philippines, et dans les îles de la
Méditerranée.

Les *canots* des Groënlandais sont très-singuliers; ils sont
formés d'une carcasse intérieure de baguettes de bois; celles-
ci sont couvertes de peaux de chiens marins et de phoques,
bien cousues et graissées, de manière que l'eau ne passe point
au travers. Ces canots ressemblent à de grosses outres de cuir,
pointues aux deux extrémités, et ouvertes dans leur milieu
d'un large trou dans lequel se place le Groënlandais, une
rame légère à la main. Dans son canot, il vogue avec une
étonnante légèreté sur les ondes, sans crainte d'en être jamais submergé. C'est dans cette petite pirogue qu'il s'avance
avec intrépidité vers l'énorme baleine, pour l'harponner, la
percer de sa lance, et dépécer son lard en lambeaux. Il sait
éviter avec adresse la furie de ce vaste animal, et s'échapper
entre les glaces, qui menacent d'écraser son frêle bâtiment.

Les Nègres de Guinée construisent aussi des canots avec
les troncs des arbres, et y mettent des voiles de nattes de
jonc; mais ces pirogues ne sont pas aussi légères que celles des
Malais. Ceux-ci en construisent pour exercer leurs pira-
teries et leurs violences dans tous les rivages des Indes.
Leurs bâtimens sont si légers, et exécutent si facilement tous
leurs mouvemens, qu'on a beaucop de peine à les atteindre.
On montre dans les cabinets d'Histoire naturelle, des mo-
dèles de canots des différens peuples, pour constater l'état de
leur industrie sociale. Beaucoup de ces pirogues sont peintes
et sculptées avec un grand soin, mais sans goût. Ces premiers
essais de l'habileté humaine intéressent, lorsqu'on les compare à nos grands vaisseaux de guerre, et nous montrent les
nuances diverses par lesquelles passe l'esprit en se perfection-
nant. Le sauvage américain fait des canots moins parfaits que
ceux des Nègres; et ceux-ci construisent les leurs moins ha-
bilement que les Malais et les autres peuples maritimes des
Indes. Enfin les vaisseaux des nations européennes surpassent
pour la grandeur, la figure et la perfection tous les bâti-

mens des autres peuples de la terre. *Voyez* la suite du mot
HOMME. (V.)

CANSCHY, est un gros arbre du Japon, dont on fait du
papier. On ignore si c'est la BROUSSONNETIE, *Morus papyrifera* Linn. *Voyez* aux mots BROUSSONNETIE et MEURIER. (B.)

CANSCORE, *Canscora* Rhéed, mat. 10, lat. 52. C'est
une plante dont la tige est menue, anguleuse, presque paniculée et feuillée ; les feuilles opposées, sessiles, ovales,
pointues et glabres ; les fleurs réunies en petit nombre au
sommet de chaque rameau, et ayant à leur base une bractée
arrondie et perfoliée.

Chaque fleur consiste en un calice monophylle, oblong,
ventru aux deux bouts, anguleux et à deux petits lobes en
son limbe, en quatre pétales inégaux, onguiculés, veinés, à
lames obtuses, et dont deux sont plus grands que les autres ;
en quatre étamines inégales ; en un ovaire supérieur, conique, chargé d'un style simple que termine un stigmate en
tête applatie.

Le fruit est une capsule ovale-conique, environnée par
le calice, et qui contient des semences menues et noirâtres.

Cette plante croît au Malabar, dans les lieux sablonneux. (B.)

CANSJÈRE, *Cansjere*, genre de plantes établi aux dépens
des LAURÉOLES de Linnæus. Il offre pour caractère un calice
inférieur urcéolé, quadrifide ; une corolle nulle ; huit étamines ; un ovaire environné de quatre écailles ; une baie pisiforme monosperme. *Voyez* au mot LAURÉOLE. (B.)

CANTÉ, nom vulgaire d'un poisson, du SPARE SPARAILLON. *Voyez* au mot SPARE. (B.)

CANTHARIDE, genre d'insectes de la seconde section
de l'ordre des COLÉOPTÈRES.

Les *cantharides* ont le corps alongé, presque rond ou cylindrique ; deux ailes recouvertes par des étuis durs, mais
flexibles ; les antennes filiformes, de la longueur de la moitié
du corps, et composées de onze articles ; la tête inclinée ; la
bouche pourvue d'une lèvre supérieure, de deux mandibules simples, arquées, de deux mâchoires bifides, et de
quatre antennules filiformes ; cinq articles aux tarses des
quatre pattes antérieures, et quatre aux pattes postérieures.

Ce genre est distingué de ceux du *méloë*, du *mylabre* et de
la *cérocome*, par les antennes ; et de celui de l'*oedemère*, par
les tarses.

Les larves des *cantharides* ont leur corps mou, d'un blanc
jaunâtre, composé de treize anneaux ; la tête arrondie, un

...eu applatie, munie de deux antennes courtes, filiformes ; la bouche pourvue de deux mâchoires assez solides, et de quatre antennules ; six pattes courtes, écailleuses.

Ces larves vivent dans la terre, et se nourrissent de diverses racines. Parvenues à toute leur croissance, elles se changent en nymphe dans la terre, et elles n'en sortent que sous la forme d'insecte parfait.

La *cantharide* est un des insectes le plus anciennement et le plus universellement connu. Les médecins, qui ont été les premiers physiciens et les premiers observateurs de la nature, en ont fait mention dans des temps très-reculés; mais ils ne l'ont considéré que sous le rapport qui leur convenoit, et comme fournissant à la médecine un de ses plus puissans agens. Le naturaliste, qui cherche moins à connoître dans les *cantharides* les vertus médicinales dont on peut faire usage après leur mort, que les habitudes qui leur sont propres pendant la vie, est encore loin d'avoir acquis à cet égard des connoissances certaines, étendues et satisfaisantes. La seule espèce qu'on a cru douée de propriétés utiles, a fait oublier toutes les autres qui composent le genre entier; et tout ce que nous savons en général sur ces insectes, c'est qu'ils vivent dans nos climats, sur les plantes, dévorent les feuilles de certains arbres, craignent le froid, et paroissent vers la fin du printemps, pour disparoître au commencement de l'automne. Nous ne pouvons dès-lors que présenter quelques notions sur la *cantharide*, spécialement appropriée aux vésicatoires.

Baglivi ne paroît pas fondé, lorsqu'il avance que l'usage des *cantharides* a été introduit en médecine par les Arabes, puisqu'il est assez prouvé que cet usage n'étoit pas inconnu à Hippocrate même; mais il faut dire aussi que les *cantharides* des anciens et celles des Chinois, ne sont pas les mêmes que celles des Européens. Les Chinois emploient la *mylabre* de la chicorée; et il paroît, par ce qu'a dit Dioscoride, que les *cantharides* des anciens étoient les mêmes que celles dont les Chinois se servent encore aujourd'hui.

« Les *cantharides* les plus efficaces, dit Dioscoride, sont celles de plusieurs couleurs, qui ont des bandes jaunes, transverses, avec le corps alongé, gros et gras; celles d'une seule couleur sont sans force ». Cette description ne convient point à notre espèce qui est d'une belle couleur verte; elle convient très-bien au contraire au *mylabre* de la chicorée, très-commun dans le pays qu'habitoit Dioscoride, et dans tout l'Orient.

On a peut-être trop négligé de faire des expériences sur les insectes, relativement à leur utilité dans la médecine et dans les arts; leur petitesse sans doute les a trop fait mépriser. Il n'est pas douteux cependant qu'il n'y en ait un grand nombre dont les vertus soient égales à celles de la *cantharide ;* et plusieurs autres, moins âcres, moins caustiques, pourroient, dans divers cas, être pris intérieurement avec moins de danger et plus de succès. Nous pouvons assurer que toutes les espèces qui tiennent au genre de *cantharide*, jouissent à-peu-près des mêmes vertus que l'espèce la plus connue; et par conséquent, dans tous les pays où on les trouve, on pourroit en faire le même usage. Parmi les insectes pris dans d'autres genres, qui pourroient fournir des particules caustiques et irritantes, et qu'on pourroit substituer jusqu'à un certain point à la *cantharide*, nous pouvons ranger les *méloës*, les *mylabres*, les *carabes*, les *ténébrions*, les *cicindèles*, les *scarites*, les *coccinèles*, &c. La dépouille de la plupart des chenilles produit une poussière qui, dispersée par les vents, soulève des pustules sur le visage qui la reçoit. Le même effet est occasionné par le poil et la laine de quelques phalènes, lorsqu'on les touche. Mérian a trouvé à Surinam des espèces de larves de lépidoptères, qu'on ne pouvoit toucher sans ressentir soudain une inflammation.

Parmi plus de vingt espèces de *cantharides*, après la VÉSICATOIRE, qui est d'un vert doré, à antennes noires, les plus connues sont la DOUTEUSE; elle est noire, à tête rougeâtre, à corcelet et élytres sans taches; et la SYRIENNE, d'un vert bleuâtre foncé, à corcelet rougeâtre, arrondi. (O.)

NOTE sur la manière de recueillir les cantharides, et de procéder à leur conservation.

C'est dans le courant de juin que les mouches *cantharides* se réunissent pour préluder à leur accouplement. Il faut donc savoir saisir cet instant pour en faire la récolte, particulièrement le soir au coucher du soleil, ou le matin à son lever.

Cet insecte se trouve presque par toute l'Europe, mais plus communément dans les contrées chaudes: il varie prodigieusement pour la grandeur. La nature l'a superbement habillé : tout son corps est d'un beau vert luisant, azuré, mêlé de couleur d'or, à l'exception de ses antennes qui sont noires.

Les *cantharides* usitées en médecine ont environ neuf lignes de longueur, sur deux ou trois de largeur; elles se jettent sur les frênes, les chèvrefeuilles, les lilas, les rosiers, les peupliers, les noyers, les troënes, les ormeaux, dont elles devorent les feuilles; et souvent, lorsque cette pâture leur manque, elles attaquent les blés, les prairies, et leur causent de grands dommages. L'intérêt de l'agriculture réclameroit donc leur destruction, si l'art de guérir ne trouvoit dans ces insectes une de ces ressources les plus importantes que rien jusqu'à présent n'a pu remplacer.

De leur récolte.

Comme les *cantharides* paroissent en troupes et par essaims, qu'elles sont précédées par une odeur fétide, approchant celle de la souris, il est facile de les découvrir et de les ramasser, moyennant quelques précautions qu'il est prudent de ne jamais négliger.

Il y a deux manières de procéder à la récolte des *cantharides*; la plus simple consiste à disposer sous l'arbre chargé de cet insecte un ou plusieurs draps sur lesquels on les fait tomber en secouant les branches; on les rassemble ensuite sur un tamis de crin à la vapeur du vinaigre qui les fait mourir, ou bien on les réunit dans une toile claire qu'on trempe à diverses reprises dans un vase rempli de vinaigre, coupé avec de l'eau : c'est la méthode de récolter la plus généralement adoptée.

La seconde méthode de récolter les *cantharides*, est plus embarrassante et plus dispendieuse que la première : on étend des toiles sous les arbres, et tout autour on met du vinaigre en évaporation, en le faisant bouillir dans des terrines placées sur des réchauds ; on secoue les arbres pour faire tomber les *cantharides*; on les ramasse aussi-tôt, et on les enferme promptement pendant vingt-quatre heures dans des vaisseaux de bois, de terre ou de verre, qu'on a exprès disposés pour cela. Il convient ensuite de s'occuper des moyens de les sécher.

De leur dessication.

Pour parvenir à la dessication des *cantharides*, on les expose au soleil, ou mieux dans un grenier bien aéré, sur des claies recouvertes de toile ou de papier; on les remue avec un petit bâton ou avec les mains garnies de gants; car, sans cette précaution, les ouvriers pourroient être exposés à des ardeurs d'urine, à éprouver des douleurs aiguës autour du col de la vessie, à des ophtalmies et à des démangeaisons considérables. Quand les *cantharides* ont acquis le degré de dessication convenable, elles deviennent si légères, que cinquante pèsent à peine un gros.

IV.   v

De leur conservation.

La conservation des *cantharides* est facile. On les tient dans des boîtes ou des barils revêtus intérieurement de papier et fermés ; mais avant, il faut qu'elles soient parfaitement sèches, sans quoi elles contracteroient une odeur détestable, qui ne permettroit plus de les employer.

C'est une erreur de croire qu'il soit nécessaire de renouveler toutes les années les *cantharides*, et de ne les pulvériser qu'un instant avant leur application ; en vieillissant, elles tombent, à la vérité, en poussière ; mais il ne faudroit pas pour cela les rejeter, sous le prétexte qu'alors elles sont sans vertu. On sait que les animaux ont, comme les végétaux, chacun leur insecte particulier, la cantharide a aussi les siens, et malgré sa faculté corrosive, elle n'en devient pas moins la nourriture d'un petit ver qui la déforme et la réduit en poussière. Dans cet état de débris, elle peut encore opérer l'effet vésicatoire, ainsi qu'une suite d'expériences exactes et comparatives l'ont suffisamment démontré.

On se formeroit difficilement une idée de l'embarras où l'on se trouve quelquefois, lorsqu'on veut s'en procurer une grande quantité, et combien il en coûte pour tirer de loin une production que l'intérieur de la France offre sur tous les points ; car les cantharides d'Italie et d'Espagne n'ont pas plus d'efficacité que celles de plusieurs contrées de notre pays. Affranchissons-nous donc encore de cette redevance pour une branche de commerce que nous payons si cher à l'étranger. (PARM.)

CANTHARIDIES (LES), *Cantharidiæ*, famille d'insectes de l'ordre des COLÉOPTÈRES, établie par Latreille, et qui appartient à la seconde section ; elle renferme les genres MÉLOÉ, MYLABRE, ÆNAS, CÉROCOME, CANTHARIDE, SITARIS et ZONITIS. *Voyez* ces mots. (O.)

CANTHÈNE ou CANTHÈRE, nom spécifique d'un poisson du genre SPARE, *Sparus cantharus* Linn., qu'on trouve dans la Méditerranée. *Voyez* au mot SPARE. (B.)

CANUDE. On appelle ainsi vulgairement, sur les bords de la Méditerranée, un poisson du genre LABRE, *Labrus cynœdus* Linn., qui se pêche dans cette mer. *Voyez* au mot LABRE. (B.)

CANTI, *Canthium*, genre de plantes à fleurs monopétalées, de la pentandrie monogynie, et de la famille des RUBIACÉES, dont le caractère est d'avoir un calice monophylle à cinq divisions ; une corolle monopétale, courte et à limbe partagé en cinq découpures ouvertes ; cinq étamines ; un ovaire inférieur à style simple et à stigmate épaissi en tête. Le fruit est une espèce de baie ovoïde, à écorce dure, ombiliquée au sommet, biloculaire, et à deux semences.

Ce genre contient deux espèces, dont l'une avoit été rapportée au genre GARDENIE. (*Voyez* ce mot.) Toutes deux sont des arbrisseaux épineux, à feuilles opposées, petites, ovales, et à fleurs axillaires ou terminales. L'un s'appelle le CANTI COURONNÉ, et l'autre le CANTI A PETITES FLEURS. Ce dernier fait aujourd'hui partie du genre VEBÈRE. (*Voyez* ce mot.) Sa racine est aromatique. (B.)

CANTU, *Periphragmos*, genre de plantes à fleurs monopétalées, de la pentandrie monogynie, et de la famille des POLÉMONACÉES, dont le caractère est d'avoir un calice monophylle, tubuleux, persistant, à trois ou cinq dents un peu inégales ; une corolle monopétale, infundibuliforme, à tube plus long que le calice, un peu courbé et à limbe partagé en cinq lobes ; cinq étamines ; un ovaire supérieur, ovale-oblong, inséré sur un corps glanduleux, et surmonté d'un style terminé par trois stigmates.

Le fruit est une capsule ovale, oblongue, à trois loges, environnée, à sa base, par le calice, et qui s'ouvre par son sommet en trois valves partagées dans leur longueur par une crête. Chaque loge contient plusieurs semences ovales, munies d'une aile membraneuse, et attachées à un placenta ou colonne triangulaire.

Ce genre est extrêmement voisin des BIGNONES. (*Voyez* ce mot.) Il est composé de neuf espèces venant du Pérou. Ce sont des arbrisseaux élevés, dont les feuilles sont alternes, simples ; les fleurs en corymbes terminaux.

Lamarck en a figuré deux, pl. 106 de ses *Illustrations ;* Ruiz et Pavon, quatre, dans leur *Flore du Pérou*, sous le nom de *periphragmos ;* et Cavanilles les autres, pl. 363, 364 et 436 de ses *Icones plantarum :* de sorte qu'elles sont beaucoup mieux connues que beaucoup d'autres plantes plus anciennement observées par les botanistes.

Il faut principalement remarquer :

Le CANTU FLEXUEUX, qui a les feuilles lancéolées, aiguës, velues en dessous, et les corymbes abondans en fleurs ; ses feuilles sont acides et un peu amères ; mâchées, elles teignent la salive en jaune ; froissées dans l'eau, elles la font mousser et peuvent servir, comme le savon, pour blanchir le linge.

Le CANTU FÉTIDE, qui a les feuilles lancéolées, glabres,

et les corymbes triflores. Ses feuilles ont les mêmes qualités que celles du précédent ; mais leur décoction est, de plus, employée en tisane ou en lavemens, regardée comme propre à guérir les ardeurs de sang, les dyssenteries et les fièvres.

La QUAMOCLITE A FLEURS ROUGES est congénère de ce genre , selon quelques botanistes. *Voyez* au mot QUAMO-CLITE. (B.)

CANUT (*Tringa canutus* Lath., pl. 276, *Glan.* d'Edwards. Ordre, ÉCHASSIERS ; genre, VANNEAU. *Voyez* ces deux mots.). Cet oiseau de rivage se trouve dans le nord de l'Europe ; cependant, on le voit quelquefois en Angleterre au commencement de l'hiver : alors ces oiseaux sont en troupes, et se tiennent sur les bords de la mer, où ils séjournent deux ou trois mois ; ensuite ils disparoissent. On les recontre encore sur les rives du lac Baïkal , et même à la baie d'Hudson , d'où il s'avance jusqu'à New-York, et peut-être encore plus au Sud.

Willulgby dit que si on les nourrit de pain trempé de lait , ils deviennent très-gras et d'un goût exquis.

Le *canut* a le bec d'un cendré obscur, l'iris noisette, une tache d'un brun obscur entre le bec et l'œil, un trait blanc au-dessus de celui-ci ; la tête, le dessus du cou, le dos, les ailes et la queue d'un cendré qui se rembrunit sur certains individus ; les grandes couvertures des ailes terminées de blanc, ce qui forme une barre blanche transversale sur chaque aile. Cette couleur borde aussi à l'extérieur les pennes secondaires et la tige des primaires ; elle est mélangée de cendré foncé sur le croupion et les couvertures de la queue, ce qui donne lieu à des taches de la forme d'un croissant ; enfin, elle couvre tout le dessous du corps, et est tachetée de brun sur la gorge et la poitrine ; pieds d'un cendré bleuâtre ; longueur d'environ neuf pouces. (VIEILL.)

CAOLIN. (*Voyez* KAOLIN.) C'est une argile à porcelaine. (PAT.)

CAOUANNE , nom spécifique d'une TORTUE. *Voyez* au mot TORTUE. (B.)

CAOUT-CHOUC. C'est le nom de la résine élastique qu'on retire de l'HEVÉ de Cayenne. *Voyez* au mot HEVÉ.

On retire encore du *caout-chouc* de l'URCÉOLE ÉLASTIQUE, plante de l'Inde nouvellement connue, et il est en quelque façon supérieur à celui de l'HEVÉ. *Voyez* au mot URCÉOLE.

Le JAQUIER A FEUILLES ENTIÈRES et le FIGUIER D'INDE en fournissent aussi, mais d'une qualité inférieure : c'est plutôt de la *glu.* Voyez au mots JAQUIER et FIGUIER. (B.)

CAOUTCHOUC-MINÉRAL , bitume élastique qu'on

trouve dans les mines de plomb du Derbyshire. *Voyez* Bɪ-
TUMES. (PaT.)

CAP, pointe de terre fort avancée dans la mer, ordinairement terminée par une montagne qui a résisté à l'action
des flots qui ont échancré les côtes voisines. Les *caps* les plus
connus des quatre parties du Monde, sont : le *Cap-Nord*,
qui est la terre la plus septentrionale de l'Europe dans la
Laponie Danoise; le *Cap de Bonne-Espérance*, à l'extrémité
méridionale de l'Afrique ; le *cap Comorin*, dans les Indes ;
et le *cap de Horn*, à l'extrémité méridionale de la Terre-de-
Feu. Quand on parle de l'histoire ancienne, on donne aux
caps le nom de *promontoires* ; quand la terre avancée dans la
mer est basse, on la nomme *pointe* ; quand elle est fort étroite
et un peu courbée, on lui donne le nom de *bec*. En Amérique, les petits *caps* sont appelés *mornes*. (PaT.)

CAP. On donne ce nom, dans le Nord, aux nœuds ou
loupes qui se forment fréquemment sur le bouleau. *Voyez* au
mot BOULEAU. (B.)

CAPARAROCH. *Voy.* CHOUETTE-ÉPERVIER. (VIEILL.)

CAPÉLA, ou CAPLAN, nom spécifique d'un poisson
du genre des GADES, *Gadus minutus* Linn., qu'on pêche
abondamment dans la Méditerranée. *Voy.* au mot GADE. (B.)

CAPELLA, nom du VANNEAU en latin moderne. *Voyez*
ce mot. (S.)

CAPELLINA, nom latin du *cochevis;* en italien, c'est
capellata. Voyez COCHEVIS. (S.)

CAPERONNIER, nom d'une variété jardinière dans le
genre des FRAISIERS. *Voyez* le mot FRAISE. (B.)

CAPILLAIRE. On donne vulgairement ce nom à diverses
sortes de fougères, considérées relativement à leurs propriétés
médicinales. Ce sont la plupart des espèces d'ADIANTES,
genre qui comprend le *capillaire de Montpellier* et celui du
Canada; plusieurs DORADILLES, telles que la *doradille noire*,
la *sauve-vie*, le *polytric*, le *ceterach*, le *polypode blanc*, &c.
Voyez ces différens mots. (B.)

CAPILLINE, *Trichia*, genre de plantes de la cryptogamie
et de la famille des CHAMPIGNONS, dont le caractère est d'a-
voir le péricarpe turbiné ou cylindrique, d'une consistance
mollasse, et d'une blancheur de lait, devenant insensiblement
opaque, et se prolongeant en une petite colonne formée à
l'intérieur d'un réseau filandreux, et à l'extérieur de fibres
chevelues, enlacées les unes dans les autres, d'abord très-
rapprochées sous la forme d'une enveloppe membraneuse,
ensuite lâches et disposées en forme de treillage. Les semences

s'échappent par toutes les petites ouvertures qui se trouvent à la surface du péricarpe.

Voyez pl. 890 des *Illustrations* de Lamarck, et pl. 477 et 502 des *Champignons* de Bulliard, où ce genre est figuré.

On compte six espèces de *capillines*, qui toutes viennent sur le bois mort. Elles ont, dans leur adolescence, beaucoup de rapports avec les *réticulaires* et les *moisissures*; mais elles en diffèrent, dans leur vieillesse, par leur forme cylindrique et par leur réseau chevelu, qui est persistant.

La Capilline axifère est ferrugineuse, et a ses pédicules noirs. Elle est d'abord ovale, et finit par être cylindrique.

La Capilline typhoïde est d'un brun rougeâtre et ses pédicules sont plus gros à leur base. Elle est cylindrique à tout âge.

La Capilline cendrée et la Capilline rouge portent dans leurs noms leur principal caractère.

Les deux autres sont très-petites; ce sont les Capillines leucopode et penchée. (B.)

CAPINERA, ou CAPONERA. C'est, en italien, la *fauvette à tête noire.* Voyez Fauvette. (S.)

CAPITAINE DE L'ORÉNOQUE. *Voyez* Grenadin. (Vieill.)

CAPIVARD de Froger et de *l'ancienne Encyclopédie;* c'est le Cabiai. *Voyez* ce mot. (S.)

CAP-MORE (*Oriolus textor* Lath., pl. enl. n° 375 et 376, de l'*Hist nat. de Buffon*, Pies, espèce du genre Loriot. *Voyez* ces deux mots.). Cet oiseau, comme la plupart de ceux qui habitent sous le climat ardent de l'Afrique, porte un habit dont les couleurs varient d'une saison à l'autre. Au printemps, sa tête est recouverte d'une espèce de capuchon d'un brun mordoré, qui est remplacé dans l'arrière-saison par une couleur jaune. Cette dernière teinte, plus ou moins orangée, règne sur le dos, ainsi que sur la partie inférieure du corps, et borde les couvertures des ailes, les pennes et celles de la queue, dont la couleur principale est noirâtre. Il paroît que le jeune est deux ans à parvenir à ce changement. Pendant ce temps, un jaune foible domine sur presque tout son plumage; il prend un ton brun-olivâtre sur la tête, derrière le cou et sur le dos. Grosseur, un peu au-dessous de l'*étourneau;* bec couleur de corne; iris orangé; pieds rougeâtres.

Cet oiseau se trouve au Sénégal, et dans le royaume de Congo et Cacongo. Son chant est singulier et fort gai. Ceux

qu'on a vus vivans en France annonçoient des dispositions à
nicher, quoiqu'ils n'y fussent pas excités par la présence de
leur femelle. Ils ont construit des nids avec des brins d'herbes
ou de joncs, qu'ils entrelaçoient dans le grillage de leur cage.
Il est très-probable qu'avec quelques soins, et en leur procurant une chaleur convenable, l'on parviendroit à les faire
multiplier. (VIEILL.)

CAPNIE, *Capnia*, genre de plantes de la cryptogamie,
et de la famille des ALGUES, qui a été fait aux dépens des
LICHENS de Linnæus. Il comprend les *lychen polyphyllus*,
deustus, *polyrhizus*, et autres dont les expansions sont presque
cartilagineuses, ombiliquées, d'une couleur obscure, et adhérentes aux rochers par le centre de leur surface inférieure.
Voyez au mot LICHEN. (B.)

CAPNOÏDE, *Capnoïdes*, genre de plantes établi par
Tournefort, et qui comprend quelques espèces du genre
FUMETÈRE de Linnæus. Gærtner l'a renouvelé sous la considération que la capsule, dans ces espèces, est bivalve, et
les semences attachées à un réceptacle intervalvulaire. *Voyez*
au mot FUMETÈRE. (B.)

CAP-NOIR (*Certhia cucullata*, pl. 60 des *Grimpereaux*,
t. 2 de mon *Hist. des Oiseaux dorés et à reflets métalliques*.
Ordre, PASSEREAUX; genre, GRIMPEREAU. *Voyez* ces deux
mots.). Ce bel oiseau, de la Nouvelle-Hollande, a la tête
couverte d'un capuchon noir, qui descend en forme de bandelette sur les côtés du cou; celui-ci et le menton d'un jaune
clair; une bande transversale d'un brun roussâtre sur la
gorge; la poitrine et les parties subséquentes d'une couleur
de souci; les couvertures des ailes, le dos et le croupion d'un
gris bleuâtre; les pennes des ailes et de la queue noires. Longueur totale, cinq pieds trois quarts. (VIEILL.)

CAPNOPHYLLE, *Capnophyllum*, plante d'Afrique,
que Linnæus avoit placée parmi les *conium*, sous le nom de
Conium Africanum, mais dont Gærtner a cru convenable de
faire un genre particulier. Ses caractères sont une ombelle à
peu de rayons; les rayons latéraux des ombelles partielles,
stériles, et ceux du centre très-petits, fertiles; les involucres
universelles et partielles de trois feuilles; les corolles irrégulières; les fruits sessiles et tuberculeux.

Cette plante a les feuilles composées, planes; les pédoncules
opposés et glabres. Elle est annuelle, et répand la même odeur
que le CÉLERI. *Voyez* ce mot. (B.)

CAPPA, quadrupède si mal décrit par Nieremberg,
qu'il n'est pas possible de le reconnoître. Cet auteur dit que

le *cappa* est plus grand qu'un âne, noir, velu, féroce, et funeste aux chiens ; il dévore tout ce qu'il rencontre, et comme le loup, il se jette sur les troupeaux. La forme de ses pieds est singulière; son ongle semblable à un talon, son front large et rond, et sa figure hideuse à voir. (*Hist. exot.* lib. 9, cap. 7.) Nieremberg soupçonne que le *cappa* est le même animal que le *tapir ;* l'abbé Ray, dans sa *Zoologie universelle*, présume la même chose : mais le *tapir* n'est ni velu, ni féroce, ni carnassier. (S.)

CAPPARIDÉES, *Capparides* Jussieu, famille de plantes dont la fructification est composée d'un calice polyphylle ou monophylle divisé; d'une corolle formée de quatre à cinq pétales, souvent alternes avec les folioles ou divisions du calice; d'étamines rarement en nombre déterminé, plus souvent en nombre indéterminé ; d'un ovaire simple, ordinairement stipité ; à stipe quelquefois staminifère, et glanduleux à sa base; à style nul ou très-court; à stigmate simple. Le fruit est siliqueux ou bacciforme, uniloculaire, polysperme ; à semences souvent réniformes, nichées dans la pulpe du fruit, ou portées sur des placenta latéraux; à périsperme nul ; à embryon semi-circulaire ; à radicule courbée sur les lobes, qui sont presque cylindriques, et appliqués l'un contre l'autre.

Les plantes de cette famille ont leur tige rarement herbacée, presque toujours frutescente ou arborescente, s'élevant le plus souvent dans une direction droite. Les feuilles sortent de boutons coniques nus et dépourvus d'écailles, et sont alternes, simples, entières, rarement ternées et digitées. On trouve quelquefois à leur base deux stipules, ou deux épines, ou deux glandes. Les fleurs, remarquables par leur ovaire stipité, souvent grandes, affectent différentes dispositions.

Dans cette famille, qui est la huitième de la treizième classe du *Tableau du Règne végétal*, par Ventenat, et dont les caractères sont figurés pl. 15, n° 5, du même ouvrage, de qui on a emprunté l'expression caractéristique qu'on vient de lire, il n'y a que six genres ; savoir, Mozambé, Caprier, Tapier, Mabouya, Réséda et Parnassie; encore ces deux derniers ne lui conviennent-ils pas complètement. (B.)

CAPRA, dans Gesner, est le nom du Vanneau. *Voyez* ce mot. (S.)

CAPRA DE MATTO. C'est, disent d'anciens voyageurs, le nom que les Portugais donnent à une espèce de *chien* de la Côte-d'Or. (S.)

CAPRAIRE, *Capraria*, genre de plantes à fleurs monopétalées de la didynamie angiospermie, et de la famille des

Personnées, dont le caractère est d'avoir un calice oblong, partagé en cinq découpures droites, linéaires et persistantes; en une corolle monopétale campanulée, plus grande que le calice, et dont le limbe est à cinq divisions oblongues et presque égales; en quatre étamines non-saillantes hors de la fleur, et dont les filamens sont tantôt égaux, tantôt inégaux deux par deux; un ovaire supérieur, conique, chargé d'un style qui est terminé par un stigmate en tête échancrée.

Le fruit est une capsule oblongue, conique, marqué d'un sillon longitudinal de chaque côté, s'ouvrant en deux valves, et divisé intérieurement en deux loges par une cloison opposée aux valves; chaque loge contient beaucoup de semences très-menues.

Voyez pl. 534 des *Illustrations* de Lamarck.

Ce genre comprend six à huit espèces, dont plusieurs ne lui appartiennent pas d'une manière bien positive.

L'espèce la plus certaine et la plus commune est la Capraire biflore, qui croît naturellement aux Antilles et dans presque toute l'Amérique méridionale, et dont on fait usage de la feuille en guise de thé: on l'appelle le *thé du Mexique*. C'est un petit arbrisseau à feuilles alternes, cunéiformes, dentées; rarement ciliées; à fleurs blanches, solitaires, et disposées deux par deux dans les aisselles des feuilles. On le cultive dans les jardins de botanique.

Ruiz et Pavon ont donné, dans la *Flore du Pérou*, le nom de Xuarèse à un genre établi sur un arbuste qui avoit été confondu par tous les botanistes avec la Capraire biflore; c'est la *capraire du Pérou de Feuillé*. *Voyez* au mot Xuarèse. (B.)

CAPRES. On donne ce nom aux boutons à fleurs du Caprier, qu'on confit dans le vinaigre. *Voyez* au mot Caprier. (B.)

CAPRICORNE, variété du Bouquetin. (*Voyez* ce mot.)

Ce quadrupède, qui fut donné au commencement du siècle dernier à la ménagerie de Versailles, sous le nom de *capricorne*, ressembloit beaucoup au *bouquetin*, et n'en différoit que par ses cornes, plus courtes et recourbées vers la pointe, comme celles du *chamois*, comprimées et annelées, à une seule arête, sans face antérieure, et ayant des rugosités sans tubercules. Buffon soupçonne que le *capricorne* forme une race intermédiaire entre le *bouquetin* et le *bouc domestique*. (S.)

CAPRICORNE, genre d'insectes de la troisième section de l'ordre des Coléoptères.

Les *capricornes* sont remarquables par la longueur de

leurs antennes sétacées, par leurs yeux figurés en croissant, par le corcelet souvent épineux ou tuberculé, par les tarses composés de quatre articles, dont le quatrième est large et bilobé : ils ont la bouche composée de deux lèvres, dont l'inférieure membraneuse et bifide, de deux mandibules arquées et cornées, de deux mâchoires membraneuses et bifides, et de quatre antennules filiformes.

Ces insectes, nommés par les anciens *capricorni, cerambyces*, font partie d'une famille très‑nombreuse, facile à reconnoître par la figure et la position des antennes, et par le nombre des pièces qui composent les tarses.

Les *capricornes* sont distingués des *priones* et des *saperdes* par le corcelet ; des *stencores*, des *leptures* et des *donacies* par les antennes ; des *callidies* par les antennes et les yeux.

Les *capricornes* ont dû être distingués depuis long-temps par les belles proportions et les couleurs variées que présentent la plupart des espèces, et sur-tout par la longueur des antennes qui caractérise le genre ; leur corps est alongé : les antennes diffèrent, par leur longueur, dans l'espèce même ; les mâles les ont ordinairement beaucoup plus longues que les femelles ; leur marche n'est ni lente ni précipitée, et ils font souvent usage de leurs ailes. Dès qu'ils se sentent saisis, ils cherchent à se défendre, et font entendre un son aigu assez fort, en frottant leur corcelet contre la base de l'écusson. On rencontre ordinairement les *capricornes* dans les bois et sur le tronc des arbres ; on les voit rarement sur les fleurs. Ils se nourrissent du bois ou des sucs qui découlent des arbres. La femelle se sert d'une espèce de queue ou tarrière, qu'elle a au bout de l'abdomen, pour percer le bois et pour y introduire et y déposer ses œufs.

Les larves ont le corps alongé, assez mou, composé de treize anneaux bien distincts ; leur tête est écailleuse, assez dure ; la bouche est pourvue de deux fortes mâchoires, par le moyen desquelles ces larves rongent la substance du bois, dont elles font leur nourriture. Elles changent plusieurs fois de peau, restent deux ou trois années dans leur premier état, se changent ensuite en une nymphe de la troisième espèce, et l'insecte parfait en sort au bout de quelque temps.

Parmi plus de quatre-vingts espèces de *capricornes*, les plus connus sont le CHARPENTIER ; il est d'un gris cendré ; le corcelet est épineux et marqué de quatre points jaunes : il se trouve communément en Suède et dans tous les pays élevés de la France.

Le HÉROS est noir avec les élytres brunes, sur-tout vers leur

Deseve del.

1 . Capraire biflore .　　2 . Caprier épineux

3 . Camara piquant .　　4 . Caroubier à Silique

extrémité ; le corcelet est épineux et raboteux : il se trouve dans presque toute l'Europe.

Le Rosalie se fait remarquer par ses antennes bleues avec le bout de chaque article très-noir et velu ; ses élytres, qui sont bleues, ont une large bande vers le milieu, une grande tache vers la base, et une petite vers l'extrémité, d'un beau noir de velours.

Le Capricorne musqué, qu'on trouve assez communément sur le saule, répand une odeur très-suave, semblable à celle de la rose, odeur qui se fait plus fortement sentir dans le temps de l'accouplement. Le corps de celui-ci est d'une belle couleur verte, quelquefois bleuâtre ou cuivreuse. (O.)

CAPRICORNE, constellation qui forme le dixième signe du Zodiaque, où le soleil entre au solstice d'hiver, c'est-à-dire le 21 de décembre. Ce signe a donné son nom au tropique austral, qui passe par son premier point. (Pat.)

CAPRIER, *Capparis* Linn. (*Polyandrie monogynie.*), genre de plantes de la famille des Caprifoliacées, qui comprend près de trente espèces, toutes étrangères à l'Europe, à l'exception d'une seule, qui est le Caprier commun, cultivé dans le midi de la France. Les *câpriers* sont des arbres ou des arbrisseaux qu'on peut diviser naturellement en deux sections : tous ont leurs feuilles simples et alternes; mais dans les uns les feuilles sont garnies à leur base de deux épines, et ceux-là ont un fruit qui ressemble à une baie; dans les autres, les feuilles sont ordinairement nues ou munies de deux glandes, et le fruit de ceux-ci imite une silique.

Les caractères du genre sont : un calice à quatre folioles ovales, concaves et caduques; une corolle à quatre pétales ouverts et plus grands que le calice; un grand nombre d'étamines communément plus longues que les pétales, et un ovaire supérieur soutenu par un pivot et chargé d'un stigmate obtus et sessile : cet ovaire devient une espèce de capsule ou de silique, cylindrique ou ovale, à une loge, et remplie d'une pulpe dans laquelle sont nichées beaucoup de semences réniformes. *Voyez* la pl. 446 des *Illustrat.* de Lamarck.

Les espèces les plus remarquables sont :

Le Caprier ordinaire, *Capparis spinosa* Linn. C'est un petit arbrisseau qui croît en Barbarie et au midi de l'Europe, dans les lieux pierreux, dans les crevasses des rochers et les fentes des vieilles murailles. Il vient en touffe lâche et diffuse, et a des tiges ou des sarmens nombreux, garnis de feuilles entières, lisses, un peu charnues, et d'une forme ovale arrondie; au bas de leur pétiole, on voit deux épines courtes et crochues, et de chacune de leurs aisselles s'élèvent des pédoncules portant une seule fleur large et très-ouverte, qui, par la blancheur de sa corolle et la teinte pourprée de ses étamines nombreuses, offre un aspect très-agréable. Les fruits qui lui succèdent ont la forme d'une poire.

Il se fait dans la Provence, en Barbarie, et aux environs de la ville de Tunis, un commerce important en *câpres*; c'est le bouton de la fleur du *câprier*. Cet arbuste n'est point originaire de ces pays, mais de l'Asie; aussi n'y vient-il que par le moyen de la culture. La *câpre* de Tunis est très-inférieure à celle de Provence, et l'on en fait moins de cas dans le commerce. C'est sur-tout entre Marseille et Toulon qu'on voit beaucoup de *câpriers*; des champs entiers en sont couverts, et on les y cultive en grand.

On les plante en quinconce, à environ dix pieds de distance les uns des autres; et comme ils multiplient beaucoup, et que la motte grossit continuellement par des œilletons qui s'appliquent toujours aux rejetons précédens, on s'en procure les plants en dégarnissant les mères. Les plantations réussissent toujours, les *câpriers* craignant peu la sécheresse et la chaleur; mais ils redoutent un froid trop fort, et sur-tout l'ombre. Au printemps, un labour leur suffit; en automne, pour les abriter, on coupe les montans à environ six pouces de terre, et on couvre toute la plante avec la terre qui est entre les pieds: on les laisse tout l'hiver sous cet abri.

Le printemps suivant, on découvre les vieux jets jusqu'auprès du collet des plantes, qui bientôt en repoussent de nouvelles. Les *câpriers* ne tardent pas à fleurir au commencement de l'été, et ils continuent à porter des fleurs tant que les fraîcheurs des nuits ne resserrent pas leur sève.

Les femmes et les enfans vont tous les matins recueillir les boutons; on n'y manque point, parce que la grosseur de la *câpre* en diminue la valeur. Quelques précautions qu'on apporte dans la cueillette, il y a toujours des boutons qui échappent et qui fleurissent; on les laisse venir en graine; et quand les capsules, encore vertes, sont grosses comme une olive, on les cueille et on les confit: elles forment un mets agréable, et c'est ce qu'on appelle le *cornichon de câpre*.

A mesure qu'on apporte ces récoltes journalières, on les jette dans des tonneaux remplis de vinaigre, où l'on ajoute un peu de sel; alors des mains des cultivateurs elles passent dans celles des *saleurs* commerçans, qui préparent les olives, les anchois, les sardines et autres poissons ou provisions. Ceux-ci, au moyen de plusieurs grands cribles, faits d'une plaque de cuivre rouge un peu creuse, et percée de trous de diverses grandeurs, en séparent les différentes qualités, et les rangent sous des numéros particuliers : ils en renouvellent le vinaigre, et les remettent en tonneaux pour être transportés. Cette petite branche de commerce est très-lucrative.

Dans les pays tempérés de la France, il faut planter les *câpriers* au pied des murailles exposées au midi, les rabattre avant les froids, les butter abondamment, et les couvrir de manière à pouvoir être garantis de la trop grande humidité : comme elle pénètre facilement, l'hiver, dans les lieux salpétrés, on doit éviter de les y placer; ils n'aiment point non plus une terre forte, neuve ou grasse, mais une terre sablonneuse, légère, qui soit fraîche ou arrosée de temps en temps, et qui, sur-tout, ne soit pas chargée de substances putrides, telles que les eaux de fumier, le terreau, les immondices, &c. En choisissant bien le sol et l'exposition, on peut, même dans ces pays, les conserver quinze ou vingt ans : ils ne rapporteront jamais autant que dans les pays chauds; mais si on les laisse fleurir en liberté, ils feront l'ornement des jardins, et l'on en pourra recueillir les *cornichons*.

Les *câpres* confites excitent l'appétit et rafraîchissent; le vinaigre qui a servi à leur macération, appliqué extérieurement, est un bon résolutif. Elles doivent avoir une belle couleur verte. Quelques marchands, pour la leur donner, se servent de cuivre : cet usage est très-dangereux.

Le Caprier de Malabar, *Capparis baducca* Linn. C'est un arbrisseau toujours vert et non épineux, à feuilles ovales lancéolées et glabres, qui croît au Malabar dans les lieux sablonneux, et qui fleurit dans le mois de janvier. Les Indiens le cultivent à cause de la beauté de ses fleurs, qui naissent jusqu'à trois ensemble aux aisselles supérieures des rameaux ; leurs étamines sont bleuâtres, et de la longueur de la corolle.

Le Caprier a grosses siliques, *Capparis amplissima* Lam. Cette espèce, que Linnæus confond avec la précédente, en diffère pourtant beaucoup. Elle s'élève en arbre, avec une tige quelquefois très-grosse, et recouverte d'une écorce épaisse, noirâtre et ridée; ses feuilles sont glabres, ovales et veinées; ses fleurs solitaires sur leur pédoncule, et dont les nombreuses étamines sont blanches ainsi que la corolle, forment comme autant d'aigrettes aux aisselles des feuilles supérieures. Le fruit est ovoïde, et de la grosseur d'un œuf d'oie. Ce câprier se trouve à Saint-Domingue.

Le Caprier a siliques rouges, *Capparis cynophallophora* Linn., vulgairement le *pois mabouia*, ou la *fève du diable des Caraïbes*. Il croît aux Antilles, et s'élève beaucoup moins que le précédent : ses feuilles sont ovales, obtuses, persistantes, et munies de glandes au point de leur insertion sur la tige ; ses fleurs naissent trois ou quatre ensemble à l'extrémité des rameaux, sur de courts pédoncules ; elles sont blanches, grandes, fort belles et d'une odeur agréable. Ses fruits, longs d'environ six pouces, s'ouvrent en deux valves dans leur longueur, et d'un seul côté ; ils contiennent une chair d'un rouge très-vif, dans laquelle sont nichées des semences fort blanches, qui brillent sur ce fond comme autant de perles.

Le CAPRIER LUISANT, *Capparis breynia* Linn. Des feuilles ovales lancéolées, luisantes en dessus, ponctuées et un peu rudes en dessous ; des pédoncules supportant plusieurs fleurs blanches et très-odorantes ; des fruits cylindriques, noueux et un peu écailleux. Tels sont les caractères spécifiques de ce *câprier*, arbrisseau d'un port élégant, qui croît aux Antilles et dans le continent voisin, près de la mer.

Le CAPRIER A BELLES FLEURS, *Capparis pulcherrima* Jacq. Ce *câprier*, qu'on trouve sur les pentes des montagnes des environs de Carthagène, s'élève depuis trois jusqu'à douze pieds, suivant les lieux et la nature du sol. Ses feuilles sont obtuses et très-longues ; ses fleurs viennent en grappe à l'extrémité des rameaux ; elles sont d'un jaune blanchâtre, fort belles, et elles exhalent une odeur très-suave. (D.)

CAPRIFICATION. Opération pratiquée anciennement, et encore aujourd'hui au Levant, dans la vue de hâter ou faciliter la maturité des figues. Elle consiste à placer sur un figuier, qui ne produit pas de *figues-fleurs*, ou *figues-premières*, quelques-unes de celles-ci ; enfilées par un fil. Les insectes qui en sortent chargés de poussière fécondante, s'introduisent par l'œil dans l'intérieur des secondes figues, fécondent par ce moyen toutes les graines, et provoquent la maturité du fruit. Ces premières figues, comme on sait, paroissent un mois avant les autres. Les secondes mûrissent successivement depuis le mois d'août jusqu'en octobre et même plus tard.

Cette opération, dont quelques auteurs anciens et quelques modernes ont parlé avec admiration, ne m'a paru autre chose, dans un long séjour que j'ai fait aux îles de l'Archipel, qu'un tribut que l'homme payoit à l'ignorance et aux préjugés. En effet, dans beaucoup de contrées du Levant, on ne connoît point la *caprification* : on ne s'en sert point en France, en Italie, en Espagne ; on la néglige depuis peu dans quelques îles de l'Archipel où on la pratiquoit autrefois ; et cependant on obtient par-tout des figues très-bonnes à manger. Si cette pération étoit nécessaire, soit que la fécondation dût s'opérer par la poussière séminale qui se répandroit et s'introduiroit seule par l'œil de la figue, soit que la nature se fût servie, pour la transmettre d'une figue à l'autre, d'un petit *cynips*, comme on l'a cru communément, on sent bien que ces premières figues en fleur, ne pourroient féconder en même temps celles qui sont parvenues à une certaine grosseur, et celles qui paroissent à peine, ou ne paroissent pas encore, et qui ne mûrissent que deux mois après les autres.

Laissons tout le merveilleux de la caprification, et convenons, d'après l'observation, qu'elle doit être inutile, puisque chaque figue contient quelques fleurs mâles vers son œil, capables de féconder toutes les fleurs femelles de l'intérieur, et que d'ailleurs ce fruit peut croître, mûrir et devenir excellent à manger, lors même que les graines ne sont pas fécondées.

Bernard a donné sur cette matière, des mémoires aussi intéressans qu'instructifs. Il a observé que les figues que l'on cultive au midi de la France, ne sont jamais attaquées par des *cynips*, tandis qu'on les trouve constamment dans les graines des figues sauvages. Lorsque les figues sont assez grosses pour que les fleurs femelles soient bien sensibles, des *cynips* pénètrent dans l'intérieur par l'œil, et vont sur chaque semence déposer les germes qui doivent reproduire ces insectes. Un mois suffit pour que les larves parviennent à leur dernière métamorphose. Le *cynips* sort de chaque graine par une ouverture qui suit constamment la direction du pistil. On trouvera à l'art. CYNIPS la description de cet insecte. (O.)

CAPRIFIGUIER. On donne ce premier nom, dans le Levant, au *figuier sauvage*, dont les fruits servent à la CAPRIFICATION. *Voyez* ce mot, et le mot FIGUIER. (B.)

CAPRIFOLIACÉES, *Caprifolia* Jussieu, famille de plantes dont la fructification est composée d'un calice monophylle, presque toujours divisé à son limbe, rarement entier, souvent caliculé à sa base ou muni de deux bractées; d'une corolle ordinairement monopétale, régulière ou irrégulière, quelquefois fermée de plusieurs pièces dilatées ou réunies à leur base; d'étamines en nombre déterminé, le plus souvent simples, toujours épipétales et alternes avec les divisions de la corolle dans les fleurs monopétales; épigynes et alternes, avec les parties de la corolle, ou insérées sur la corolle et opposées à ses parties dans les fleurs polypétales: à anthères droites, biloculaires; d'un ovaire simple, inférieur, à style souvent unique, quelquefois nul, à stigmate simple, rarement triple.

Le fruit est une baie ou une capsule à une ou plusieurs loges, renfermant une ou plusieurs semences à embryon placé dans une petite cavité, située au sommet d'un périsperme charnu, et à radicule supérieure.

Les plantes de cette famille ont les tiges arborescentes ou frutescentes, rarement herbacées, presque toujours droites, quelquefois rampantes, quelquefois volubles. Les feuilles, qui sortent de boutons coniques, sont le plus souvent opposées, communément simples et toujours dépourvues de stipules; le pétiole, qui les porte, est très-court, quelquefois même il est nul, et alors elles se réunissent à leur base pour ne former, en apparence, qu'une seule feuille enfilée par la tige. Les fleurs, ordinairement hermaphrodites et rarement diclines ou stériles, affectent différentes dispositions.

Dans cette famille, qui est la troisième de la onzième classe, du *Tableau du règne végétal*, par Ventenat, et dont les caractères sont figurés pl. 15, n° 2 du même ouvrage, de qui on a emprunté l'expression caractéristique ci-dessus, on compte treize genres divisés en quatre sections; savoir :

Ceux qui ont le calice caliculé ou muni de bractées, le style unique et la corolle monopétale : la Linnée, la Trioste, la Symphoricarpe, la Dierville, le Camérisier et le Chèvrefeuille.

Ceux qui ont le calice caliculé ou muni de bractées, le style unique et la corolle presque monopétale : le Lorante, le Gui, le Palétuvier.

Ceux qui ont le calice muni de bractées, le style nul, trois stigmates et la corolle monopétale; la Viorne, le Sureau.

Ceux qui ont le calice simple, le style unique et la corolle polypétale : le Lierre. (B.)

CAPROS, *Capros*, genre de poissons de la division des Thorachiques, établie par Lacépède aux dépens des Zées de Linnæus. Son caractère consiste à avoir le corps et la queue très-comprimés et très-hauts; point de dents aux mâchoires; deux nageoires dorsales; les écailles très-petites; point d'aiguillons au-devant de la première ni de la seconde dorsale, ni de l'anale.

La seule espèce qui compose ce genre est appelée Capros sanglier, c'est le *Zeus aper* de Linnæus, le *Sanglier* de Rondelet. Il a neuf rayons à la première nageoire du dos; vingt-trois à la seconde; trois rayons aiguillonnés et dix-sept rayons articulés à la nageoire de l'anus; la caudale sans échancrure. On la trouve dans la Méditerranée. Sa chair est dure et répand quelquefois une mauvaise odeur. On l'a appelé *sanglier*, parce qu'il a le museau avancé, et une lèvre supérieure sus-

ceptible d'applatissement comme les cochons : de plus, ses
écailles sont striées et frangées sur leurs bords, ce qui leur
donne un peu l'apparence d'être couvertes de soies, semblables à celles du même animal. *Voyez* au mot Cochon. (B.)

CAPSE, *Capsa*, nouveau genre de coquilles bivalves, établi
par Lamarck pour placer quelques espèces des genres Telline et Vénus de Linn., qui ne conviennent point parfaitement aux caractères de ces genres. Celui que Lamarck indique
comme devant appartenir aux *capses*, sont : coquille transverse; deux dents cardinales sur une valve, et une dent bifide et
intrante sur la valve opposée. Il donne pour type de comparaison, la *Venus deflorata* Linn., qui est figurée pl. 131,
fig. 3 et 4 de l'*Encyclopédie* par ordre de matières, section
des *Vers*; et dans Gualtieri, Test. tab. 86, fig. B. C. *Voyez* aux
mots Telline et Vénus. (B.)

CAPSELLE, *Capsella*, genre de plantes établi par Ventenat, à l'imitation de Tournefort, pour placer quelques espèces du genre Thlaspi de Linnæus, dont les siliques présentent des différences lorsqu'on les compare à celles des
autres. Dans ce nouveau genre entre la plante, si commune,
appelée vulgairement *bourse à pasteur*, et dont on sait que la
capsule ou silicule est triangulaire et sans rebords, tandis que
dans les véritables *thlaspis*, elle est ronde et entourée d'un
rebord. *Voyez* au mot Thlaspi. (B.)

CAPSULAIRE, *Capsularia*, genre de vers intestins, établi
par Goèze. Il a pour caractère d'être mince, rond, aminci à sa
partie antérieure, obtus à ses extrémités, et renfermé dans
une vésicule capsulaire.

Il comprend deux espèces, dont l'une fait partie des *cu-
cullans* du *Systema naturæ*, édition de Gmelin. C'est le
cucullanus salaris qui se trouve dans le foie des poissons d'eau
douce. L'autre, des *ascarides* du même ouvrage. C'est l'*ascaris
halecis* qui se trouve dans les vésicules séminales du hareng.
Voyez aux mots Cucullan et Ascaride.

Il paroît que ce genre peut difficilement être séparé des
dragonaux ou des *filaires*, par ses caractères physiques; mais
son genre de vie l'en éloigne beaucoup, parce qu'il se trouve
toujours dans une capsule et roulé en spirale, tandis que les
espèces des genres cités plus haut sont libres, soit dans les intestins, soit entre les tégumens. (B.)

CAPSULAIRE, nom donné par Cuvier, dans les tableaux
qui font suite à ses leçons d'*anatomie comparée*, à un genre
de vers polypes intermédiaire entre les Tubulaires et les Sertulaires. Il est probable que ce genre est le même que celui
appelé Cellaire par Lamarck. *Voyez* ce mot. (B.)

CAPSULE, *Capsula*, péricarpe sec et creux, s'ouvrant d'une manière déterminée en une ou plusieurs parties appelées *valves* ou *battans*. Voy. les mots FLEUR, PÉRICARPE et l'*alphabet*, à la suite de l'article PLANTE. (D.)

CAPUCHON NOIR (*Merops crysopterus*, Lath., ordre PIES, genre du GUEPIER. *Voyez* ces deux mots.). Ce *guépier* se trouve à la Nouvelle-Galles du Sud, où il est connu sous le nom de *goo gwar-ruck*. Ce nom est commun à un autre oiseau du même pays, que je ferai connoître sous le nom de *goruck*. Il vit de mouches, d'insectes, et suce le miel de différentes espèces de plantes de la famille de celles que les Anglais nomment *baaksia* ; son plumage est généralement brun, mais plus pâle sur la tige des plumes, plus foncé sur les pennes des ailes, dont les quatre ou cinq des plus extérieures ont dans le milieu une tache orangée ; la queue est étagée, et toutes les pennes, excepté les deux intermédiaires, sont terminées de blanc, la langue est terminée par des soies ; le bec et les pieds sont noirs ; longueur d'environ douze pouces. *Espèce nouvelle.* (VIEILL.)

CAPUCIN. Nom vulgaire du *sajou brun*, à cause de sa couleur. *Voyez* SAJOU. (S.)

CAPUCIN (LE), nom donné par les marchands à une coquille du genre CÔNE, qui vient des mers d'Afrique. *Voy.* CONE. (B.)

CAPUCINE, *Tropæolum* Linn. (*Octandrie monogynie.*), genre de plantes très-beau, très-remarquable, qui n'appartient encore à aucune famille. Il a des rapports avec les *geraniums*, les *violettes* et les *balsamines*. Ses caractères sont, un calice coloré, d'une seule pièce, à cinq divisions profondes, lancéolées, et dont les trois supérieures se terminent en un éperon alongé ; une corolle irrégulière formée de cinq pétales larges et arrondis, deux supérieurs nus et rétrécis simplement à leur base, trois inférieurs ciliés et portés sur un onglet étroit et oblong ; huit étamines inégales, plus courtes que les pétales, et ayant leurs filamens inclinés ; un ovaire supérieur à trois lobes ; un style érigé de la longueur des étamines, et couronné par un stigmate à trois pointes.

Le fruit est formé par trois capsules charnues, réunies, convexes et sillonnées en dehors, angulaires en dedans et attachées à la base du style, qui persiste ; chacune d'elles renferme une semence de la même forme. *Voyez* la planche 277 des *Illustrations* de Lamarck.

Les espèces de ce genre, dont on ne connoît jusqu'à présent qu'un très-petit nombre, sont des herbes exotiques, qui ont les tiges foibles et grimpantes, les feuilles alternes, simples, et communément en rondache, et les fleurs axillaires. A l'exception d'une seule espèce trouvée aux environs de *Buenos-Ayres*, par Commerson (la *capucine à cinq feuilles*), toutes les autres sont originaires du Pérou, et maintenant très-communes dans nos jardins. Cependant on en cultive plus particulièrement deux, savoir : la GRANDE CAPUCINE ou le GRAND CRESSON D'INDE, *Tropœolum majus* Linn., et la PETITE CAPUCINE ou le PETIT CRESSON D'INDE, *Tropœolum minus* Linn. La première n'est connue en Europe que depuis 1684 ; la seconde y avoit été apportée dès 1580. Elles sont annuelles dans notre climat et vivaces, dit-on, dans leur pays natal. Elles diffèrent principalement par la grandeur respective de leurs parties. Toutes deux ont des tiges cylindriques et grimpantes, et des feuilles arrondies en bouclier et ombiliquées, c'est-à-dire attachées au petiole par leur centre ; mais les feuilles sont plus petites dans la seconde espèce, qui d'ailleurs s'élève moins. La fleur de la *grande capucine* est d'un jaune orangé ou d'un ponceau éclatant, et ses deux pétales supérieurs sont marqués à leur base de lignes noirâtres. La *petite capucine* a ses fleurs d'un jaune pâle, et les trois pétales inférieurs plus petits que les deux autres, et tachés de rouge. Cette différence dans la forme ou dans la couleur de leurs fleurs est constante, et suffit pour les distinguer. Dans l'une et l'autre espèce la surface supérieure des feuilles est lisse et verte, et la surface inférieure pâle, et quelquefois pubescente. Ces feuilles, grandes ou petites, ont la singulière propriété de rester sèches après avoir été arrosées.

La *capucine* est une des plus belles plantes qui nous soit venue de l'Amérique. La forme singulière de ses fleurs, leur grandeur et leur éclat, frappent et étonnent l'œil en le flattant agréablement ; elles se succèdent dans nos climats pendant tout l'été, et même jusqu'à l'entrée de l'hiver. Dans les pays chauds cette plante demeure verte et fleurit toute l'année. En lui donnant un appui, dont ses tiges foibles et lourdes ont besoin, on peut la faire monter à une assez grande hauteur, et en orner les murs des jardins, les berceaux, les terrasses ainsi que les cours et les fenêtres des maisons. Il y a une *capucine* à fleurs doubles, qui est fort recherchée des curieux ; c'est une variété de l'une des deux espèces dont nous venons de parler, elle se maintient plus droite, est moins grimpante, conserve plus facilement ou plus long-temps ses tiges, lorsqu'on la tient en serre chaude dans les temps convenables, et peut se propager facilement de bouture. Les espèces annuelles se multiplient d'elles-mêmes par leurs graines, qui tombent encore un peu vertes, achèvent de mûrir sur la terre, et germent au printemps. C'est dans cette saison qu'on doit les semer, ou en place ou dans de petits pots, pour pouvoir les transplanter plus aisément. Elles aiment le soleil et l'eau, et demandent une bonne terre.

Les fleurs de *capucine* ont l'odeur, le goût et les propriétés du cresson, aussi les mange-t-on en salade. On confit au vinaigre les jeunes boutons et même les jeunes fruits ; ils tiennent alors lieu de câpres, et ils sont plus parfumés. On jette ces boutons dans du bon vinaigre, ils doivent y tremper ; à mesure que le nombre en augmente, on ajoute de nouveau vinaigre. Il suffit de couvrir avec une toile ou avec une planche les vases destinés à cette préparation ; le vinaigre, par sa communication avec l'air, devient de plus en plus acide et fort, et les *câpres-capucines* en acquièrent plus de saveur. On peut, si l'on veut, y mêler un peu de sel ou de poivre.

La *grande capucine* offre un phénomène bien singulier, qui a été observé pour la première fois par la fille de Linnæus. Dans les jours chauds de l'été, vers le crépuscule du soir, il sort de ses fleurs une lumière vive comme l'éclair, et qui ressemble à une étincelle électrique ; on ne peut l'appercevoir qu'en fermant un peu l'œil, comme lorsqu'un éclat trop vif nous y oblige. C'est sur-tout dans le mois de juillet que ces petits éclairs sont le plus fréquens. Ce phénomène est digne de fixer l'attention des naturalistes physiciens ; il demanderoit à être observé de nouveau et d'une manière suivie, pour savoir s'il est l'effet des principes constituans de la plante, dans quelque sol qu'elle se trouve, ou s'il faut l'attribuer à la nature du terrein, ou à d'autres circonstances qui nous sont inconnues.

On trouve dans quelques jardins la CAPUCINE LACINIÉE, *Tropæolum perigrinum* Linn. C'est une fort jolie espèce, qu'on reconnoît aisément à son feuillage et à la forme élégante de ses fleurs ; elles sont un peu petites et d'un jaune orangé ; l'éperon du calice est plus long que la corolle ; et les pétales sont finement découpés en leurs bords. Cette *capucine* est grimpante aussi, et a ses feuilles médiocrement ombliquées et découpées profondément en trois ou cinq segmens un peu dentés.

La CAPUCINE BATARDE, *Tropæolum hibridum* Linn., est selon Linnæus une variété obtenue de l'espèce *à grandes feuilles*. Elle a le port des autres *capucines* ; mais les pétales de sa fleur varient et sont difficiles à déterminer, et ses feuilles au lieu d'être ombiliquées, sont en coin élargi, et à cinq lobes très-entiers. (D.)

CAPURE, *Capura*. C'est un arbre dont les rameaux sont

opposés ; les feuilles opposées, ovales, entières ; les fleurs purpurines et disposées en faisceaux axillaires.

Chaque fleur est dépourvue de calice, et a une corolle monopétale , tubuleuse , cylindrique , à limbe à six découpures
arrondies , dont trois, extérieures et alternes , sont plus étroites ;
elle a de plus six étamines , a les anthères presque sessiles ,
et dont trois sont plus élevées que les autres : un ovaire supérieur , arrondi , trigone , tronqué , chargé d'un style très-
court, ayant un stigmate un peu alongé. Le fruit est une baie.

Cet arbre croît dans l'Inde. (B.)

CAPYBARA , nom brasilien du CABIAI. *Voy*. ce mot. (S.)

CAQUEPINIE , genre de plantes adopté par Gmelin ,
d'après Sonnerat , qui l'avoit établi dans son *Voyage à la
Nouvelle-Guinée* sous le nom de *berkias*. C'est la *gardène thun-
bergique*. Voyez au mot GARDÈNE. (B.)

CARA , liseron d'Afrique dont les nègres mangent la racine. On ignore à quelle espèce cette plante doit être rapportée.
Peut-être est-ce tout simplement le *liseron patate*. Voyez au
mot LISERON. (B.)

CARABACIUM , nom donné à un bois aromatique de
l'Inde , qu'on regarde comme un excellent remède contre le
scorbut. On ignore par quel arbre il est fourni. (B.)

CARABE , genre d'insectes de la première section de l'ordre
des COLÉOPTÈRES.

Les *carabes* ont le corps alongé ; le corcelet ordinairement
en cœur ; les élytres convexes, distinctes du corcelet ; les
antennes filiformes , de la longueur environ de la moitié du
corps ; la bouche munie de deux lèvres, de deux mandibules , grandes , arquées, dentées ; de deux mâchoires cornées,
et de six antennules ; une appendice à la base des cuisses
postérieures , avec les tarses filiformes, composés de cinq
articles.

Linnæus désigne ce genre sous le nom de *carabus* , du mot
scarabæus , légèrement changé. Geoffroi lui avoit restitué celui
de *buprestis* , que les anciens lui avoient donné , et qui est tiré
de la qualité malfaisante que l'on attribuoit à ces insectes ; le
mot *buprestis* , signifiant en grec faire crever les bœufs. Mais
le mot *carabus* a prévalu, et l'autre a été assigné aux *richards*
du même auteur.

Le genre des *carabes* est facile à reconnoître. Indépendamment des caractères génériques qu'offrent les antennes et les
tarses , ces insectes ont une forme particulière qui les distingue.
Ils diffèrent des *ténébrions* par les antennes et les tarses ; des
cicindèles , par la tête, les yeux, le corcelet , les pattes et les
tarses ; des *scarites* , par les antennes et les pattes antérieures.

La plupart des *carabes* sont aptères, quoique les élytres soient séparées l'une de l'autre, et qu'elles puissent s'ouvrir ou s'écarter du corps ; on ne trouve au-dessous qu'un moignon d'aile, c'est-à-dire, une petite pièce mince, étroite, membraneuse, garnie de nervures, plus ou moins longues, mais toujours trop courtes pour pouvoir servir au vol. Plusieurs espèces ont des ailes, dont elles font rarement usage.

Les larves des *carabes* vivent dans la terre, dans le bois pourri ; elles sont difficiles à rencontrer, et conséquemment peu connues. Ce sont des vers mous, dont le corps alongé a six pattes écailleuses, et une bouche armée de deux fortes mâchoires ou pinces, qui leur servent à saisir les larves et les insectes dont ils se nourrissent.

Les *carabes* sont très-agiles, on les rencontre très-fréquemment dans les champs et dans les jardins, courant avec beaucoup de vitesse, et se cachant le plus souvent dans la terre et sous les pierres. La plupart, parmi les grandes espèces sur-tout, évitent la lumière, et ne sortent que la nuit. Ils sont très-voraces ; ils se nourrissent de larves, de chenilles, et souvent d'insectes parfaits, dont ils se saisissent avec leurs grandes et fortes mâchoires : ils ne s'épargnent pas même entr'eux, car souvent ils se dévorent impitoyablement les uns les autres.

Les *carabes* répandent une odeur très-forte et très-désagréable, qui approche de celle du tabac, et de quelques plantes vénéneuses. Lorsqu'on les prend, on voit sortir de la bouche ou de l'anus, une liqueur d'un vert noirâtre, très-âcre, et très-caustique, et dont l'odeur est plus forte et plus pénétrante que celle que répand leur corps.

Les anciens avoient regardé ces insectes comme un poison pour les bœufs qui en avaloient quelques-uns, mêlés avec l'herbe dont ils se nourrissent dans les champs et dans les prés ; ils les croyoient capables d'enflammer les intestins de ces animaux, par leur causticité. C'est à cause de cette qualité malfaisante, qu'ils leur avoient donné le nom de *bupreste*.

Hippocrate, Pline, et les anciens médecins, attribuoient à ces insectes une vertu peu inférieure à celle des *cantharides*, ils en faisoient usage dans diverses maladies, dans l'hydropisie, dans les tympanites, et sur-tout dans quelques maladies auxquelles les femmes sont particulièrement sujettes. Ils les faisoient prendre intérieurement à très-petite dose, et ils les employoient quelquefois en pessaires, mêlés avec des substances aromatiques.

Comme ce genre vient d'être divisé en plusieurs par quelques auteurs étrangers, nous croyons devoir renvoyer à chacun d'eux ce qu'il y a de particulier à dire. On peut en cou-

séquence consulter les mots Cychrus, Calosome, Gale-
rite, Brachinus, Anthie, Manticore, Scarite, Les-
teve et Odacanthe. Malgré ces retranchemens, il reste plus
de deux cents *carabes* connus, qui se trouvent pour la plupart
en France ; les plus remarquables ou les plus connus, sont :

Le Carabe coriace, qui est aptère, noir, dont le corcelet
et les élytres sont rugueux. C'est le plus gros de ceux qu'on
trouve en France.

Le Carabe doré ; il est aptère, noir en dessous, d'un vert
doré en dessus, ses élytres présentent de larges sillons lisses.

Le Leucophtalme est ailé, noir, son corcelet est cannelé ;
ses élytres sont striées.

Le Vulgaire est ailé, d'un noir bronzé ; ses antennes et
ses pattes sont noires.

Le Carabe prasin, qui est ailé, noir, qui a la tête et le corcelet dorés, dont les élytres sont ferrugineuses, avec une grande
tache dorée.

Parmi les espèces étrangères, celui qui mérite le plus notre
intention, est le Savonier, que j'ai décrit dans mon *Entomologie*, et fig. pl. 3, fig. 26 ; il est noir avec le bord du corcelet
et des élytres fauves, les antennes et les pieds pales. Les nègres
du Sénégal, suivant la remarque de Geoffroy-Villeneuve, se
servent de cet insecte pour la composition d'un savon noir
qui a les mêmes propriétés que les nôtres. (O.)

CARABIQUES (LES), *Carabici*, famille de l'ordre des
Coléoptères, établie par Latreille, et qui appartient à la
première section. Elle se divise en Célérigrades, qui eux-
mêmes se subdivisent en :

Élaphriens ; ils comprennent les genres Élaphre et Bem-
bidion.

Graphiptérides ; les genres Anthia et Graphiptère.

Bombardiers ; les genres Brachinus, Odacanthe et Agra.

Longipalpes ; les genres Galérite et Drypte.

Barbus ; les genres Pogonophore, Loricère, Nébrie
et Omophron.

Métalliques ; les genres Cychre, Panagée, Calosome
et Carabe.

Mélanchlènes ; les genres Licine et Harpale.

Fossoyeurs ; ils renferment deux genres, Clivine et Scarites. (O.)

CARABOU, Rheède, mal. 4, tab. 53. C'est un bel arbre
qui a des rameaux lanugineux et des feuilles ailées, dont les
folioles sont ovales, ont une odeur désagréable et une saveur
acide amère. Les fleurs sont petites, viennent en panicules
terminales, et ont une odeur forte.

Elles consistent en un calice petit et à cinq divisions poin-tues; en cinq pétales lancéolés; en dix étamines de la longueur des pétales; en un ovaire supérieur, chargé d'un style menu, blanchâtre, ayant un stigmate en tête. Les fruits sont des baies rondes et monospermes.

Cet arbre croît dans l'Inde. Il fleurit deux fois l'année. On retire de ses graines une huile par expression.

Quelques botanistes pensent que c'est l'AZEDERACK AILÉ. *Voyez* ce mot. (B.)

CARACAL (*Felis caracal* Linn., *Syst. nat.*, éd. 13. *Voyez* t. 26, p. 357, pl. 16 de l'édit. de *Buffon*, par Sonnini.), quadrupède du genre CHAT, de la famille du même nom, et de l'ordre des CARNASSIERS, sous-ordre des CARNIVORES. (*Voy.* ces mots.) Le *caracal* se rapproche beaucoup du *lynx*, par la grandeur et la forme du corps, par l'air de la tête; et encore plus par l'existence d'un long pinceau de poil noir à la pointe des oreilles; cependant le *caracal* n'est point moucheté comme le *lynx*; il a le poil plus rude et plus court, la queue beaucoup plus longue et d'une couleur uniforme, le museau plus alongé, la mine beaucoup moins douce, et le naturel plus féroce. Le *lynx* n'habite que dans les pays froids et tempérés; le *caracal* ne se trouve que dans les climats les plus chauds; ces disconvenances du naturel et du climat, indiquent suffisamment que ces deux animaux sont d'espèces différentes.

Le *caracal* est commun en Barbarie, en Arabie et dans tous les pays qu'habitent le lion, la panthère et l'once. Comme eux il vit de proie: mais étant plus petit et bien plus foible, il a plus de peine à se procurer sa subsistance; il n'a pour ainsi dire, que ce que les autres lui laissent, et souvent il est forcé de se contenter de leurs restes. Il s'éloigne de la panthère, parce qu'elle exerce ses cruautés lors même qu'elle est pleinement rassasiée; mais il suit le lion, qui, dès qu'il est repu, ne fait de mal à personne; le *caracal* profite des débris de sa table, quelquefois même il l'accompagne d'assez près, parce que grimpant légèrement sur les arbres, il ne craint pas la colère du lion qui ne pourroit l'y suivre, comme fait la panthère. C'est par toutes ces raisons, que l'on a dit du *caracal*, qu'il étoit le *guide* ou le *pourvoyeur du lion*; que celui-ci, dont l'odorat n'est pas fin, s'en servoit pour éventer de loin les autres animaux, dont il partageoit ensuite avec lui la dépouille.

Ce quadrupède carnassier ne s'apprivoise que très-difficilement; cependant lorsqu'il est pris jeune et élevé avec soin, on peut le dresser à la chasse, qu'il aime naturellement, et à laquelle il réussit très-bien, pourvu qu'on ait l'attention de ne le jamais lâcher que contre des animaux qui lui soient in-férieurs et qui ne puissent lui résister ; autrement il se rebute et refuse le service dès qu'il y a du danger : on s'en sert aux Indes pour prendre les lièvres, les lapins, et même les grands oiseaux, qu'il surprend et saisit avec une adresse singulière.

(DESM.)

CARACARA (*Falco brasiliensis* Lath.), oiseau du genre des FAUCONS, et de l'ordre des OISEAUX DE PROIE. (*Voyez* ces mots.) Les Indiens du Brésil nomment *caracara* un oiseau de proie, dont Marcgrave donne une assez courte indication. (*Hist. nat. Bras.* pag. 211.) Il a la grandeur d'un milan, la queue longue de neuf pouces ; les ailes de quatorze, qui ne s'étendent pas, dans leur état de repos, jusqu'à l'extrémité de la queue ; la tête et les serres d'un épervier ; le plumage roux et pointillé de jaune et de blanc ; la queue variée de brun et de blanchâtre ; le bec et les ongles noirs ; enfin, les yeux et les pieds jaunes. Quelques individus ont le ventre et la poitrine blanchâtres. Marcgrave dit que le *caracara* est un grand ennemi des poules. Les Portugais l'appellent *ga-vion*. (S.)

CARACARA. Le Père Dutertre a parlé de l'*agami* sous cette dénomination de *caracara* (*Hist. des Antilles*, tom. 2.), et tout ce qu'il en dit doit être rapporté à l'AGAMI. *Voyez* ce mot. (S.)

CARACCA (*Falco cristatus* Lath.), oiseau du genre des FAUCONS, et de l'ordre des OISEAUX DE PROIE. (*Voyez* ces mots.) Dillon a vu et dessiné un oiseau vivant de cette espèce dans la ménagerie du roi d'Espagne à Buen-Retiro. (*Voyage en Espagne*, pag. 80, et pl. 3.) Son bec est fortement courbé en dessus, et presque droit en dessous ; il porte une huppe courte sur le derrière de la tête ; son ventre est blanc, et sa queue est traversée par quatre bandes cendrées ; le reste de son plumage est noir. Cet oiseau est de la grandeur d'un coq d'Inde, et paroît se rapprocher beaucoup de la famille des *aigles*.

L'on doit rapporter à cet oiseau de proie celui que Jacquin a observé dans les montagnes de la Nouvelle-Grenade, et qu'il présente mal-à-propos comme une espèce de *vautour*. (*Beytr. zur gesch. der voeg.* pag. 15, n° 11.) M. Latham en a fait une variété de l'*aigle huppé du Brésil*, décrite par Bris-son ; mais il n'est guère possible de se méprendre sur l'iden-tité de ces deux oiseaux. (*Voyez* mon article du *caracca* dans le vol. 38 de mon édition de l'*Histoire naturelle* de Buffon.) Au reste le *caracca*, au rapport de Jacquin, a tant de force musculaire, qu'il fend la tête à un homme d'un seul coup de bec : en le prenant jeune on parvient aisément à l'apprivoiser. (S.)

CARACO (*Mus caraco* Linn., éd. 13. *Voyez* tom. 32, pag. 217 de l'édition de Buffon, par Sonnini.), quadrupède du genre des RATS, de la famille du même nom, et de l'ordre des RONGEURS. (*Voyez* ces mots.) Le *caraco* ou *eharacho* a ordinairement six pouces de longueur depuis le bout du museau jusqu'à l'origine de la queue, longue de quatre pouces et demi. Son poil est brun cendré sur le dos, et cendré blanchâtre sous le ventre : ses pieds sont d'un blanc sale.

Cette grande espèce de *rat* est commune dans les provinces orientales de la Sibérie ; il aime le voisinage des eaux ; il y creuse son terrier, et y nage avec beaucoup de facilité : aussi les doigts de ses pieds sont-ils unis par des rudimens de membranes qui les rendent presqu'à demi palmés. Dans les cantons cultivés et habités, le *caraco*, de même que le rat commun, fréquente les maisons et y fait de grands dégâts. (DESM.)

CARACOLY, alliage métallique composé, dit-on, d'or, d'argent et de cuivre, dont on fait des bracelets et autres ornemens pour les Caraïbes. (PAT.)

CARACTERES DES MINÉRAUX. *Voyez* MINÉRALOGIE. (PAT.)

CARACURA, nom d'un petit oiseau maritime, qu'Henry Ruysch dit se trouver au Brésil, et désigne par un plumage gris cendré, des yeux rougeâtres, et la voix forte pour sa taille. (VIEILL.)

CARAGAN, *Caragana* Lam. (*diadelphie décandrie*.), genre de plantes de la famille des LÉGUMINEUSES, et qui a beaucoup de rapport avec le *robinia*, dont il diffère par son calice à cinq dents, par son stigmate non velu, sa gousse enflée et presque cylindrique, ses semences à-peu-près rondes et non comprimées, enfin par ses feuilles ailées, sans impaire, et dont une pointe épineuse termine le pétiole commun. Ce genre est figuré dans les *Illustr.* de Lamarck, pl. 607 ; il comprend de petits arbres et des arbrisseaux le plus souvent épineux, qui croissent presque tous dans le nord de l'Europe, et qu'on peut cultiver en France en pleine terre.

L'espèce la plus élevée est le CARAGAN ARBORESCENT, *Robinia caragana* Linn., vulgairement *arbre aux pois*. Ses feuilles sont en faisceaux, et composées d'environ cinq paires de folioles elliptiques ; ses stipules deviennent épineuses au bout de deux ans ; ses fleurs jaunes sont soutenues par des pédoncules simples, réunis trois à six ensemble parmi les feuilles : elles n'ont point d'odeur ; mais comme elles sont en grand nombre, et qu'elles paroissent en mai, cet arbre mérite de figurer dans les bosquets du printemps : il est originaire de Sibérie. On le multiplie par ses graines, qu'il faut semer en automne et à l'ombre ; il se propage aussi de plants enracinés. Sa croissance est rapide : il peut former en peu de temps la haie la plus épaisse et la plus durable. Il se plaît dans un sol sablonneux et léger, veut être exposé au nord, et ne craint pas les froids les plus violens. Dans un mauvais terrein sans abri, où l'on essaieroit inutilement de faire venir d'autres arbres, celui-ci réussit fort bien. On fait, dans son pays natal, de bonnes cordes avec son écorce, et une espèce de teinture avec les feuilles, qui sont en même temps un excellent fourrage pour les bestiaux. Ses semences se mangent : ce sont des espèces de pois fort oléagineux, plus nourrissans que les nôtres, et qui cuisent, dit-on, et se digèrent plus facilement. Il est étonnant qu'un arbre aussi utile soit négligé. Ceux qui le cultivent doivent, lorsqu'il est petit et tendre, en éloigner soigneusement le bétail et les cochons. Ces derniers animaux sont friands de sa racine, qui a un goût d'orge. La taupe est le plus mortel ennemi de cet arbre.

Le Caragan féroce, *Caragana ferox* Lam., est un petit arbrisseau qui ne paroît s'élever qu'à la hauteur de trois à cinq pieds. Il est horriblement hérissé d'épines, et très-propre à faire des haies. Il croît aussi dans la Sibérie. Ses feuilles sont ailées sans impaire, et ont huit ou dix folioles terminées en une petite pointe. Les stipules et les pétioles sont également épineux.

Le Caragan argenté, *Robinia holodendron* Linn., qu'on trouve dans le même pays, le long de la rivière *Irtisch*, peut être employé, comme le précédent, à clore les possessions ; il a beaucoup d'épines, mais le duvet court, blanchâtre et argenté dont il est couvert, en fait un joli arbrisseau. Ses feuilles sont composées de deux, quatre ou six folioles oblongues, ondées, élargies vers leur sommet, et terminées par une pointe épineuse. Les pédoncules sont axillaires, et portent chacun trois fleurs rougeâtres ou d'un rose pâle. (D.)

CARAGATE, *Tillandsia*, genre de plantes de l'hexandrie monogynie, et de la famille des Broméloïdes, dont le caractère est d'avoir un calice à trois divisions droites et pointues ; une corolle monopétale plus ou moins profondément trifide et plus grande que le calice ; six étamines dont les anthères sont sagittées ; un ovaire supérieur oblong, chargé d'un style aussi long que les étamines, à stigmate trifide et obtus.

Le fruit est une capsule oblongue, triloculaire, et qui contient plusieurs semences munies d'aigrettes.

Voyez pl. 224 des *Illustrations* de Lamarck, où ce genre est figuré.

Les *caragates* renferment quinze à seize espèces, la plupart parasites, et toutes propres à l'Amérique méridionale. Leur aspect varie beaucoup : les unes ont des feuilles radicales alongées, du milieu desquelles s'élève une hampe plus ou moins grande ; les autres ont des feuilles cylindriques, pendantes, des aisselles desquelles naissent des fleurs solitaires.

Les espèces de ce genre sont peu connues en Europe, aucune n'étant susceptible d'y être cultivée. Une de celles que l'on doit citer dans la première division, est la CARAGATE A ÉPI TRONQUÉ, *Tillandsia lingulata* Linn., dont le caractère est d'avoir les feuilles lingulées, lancéolées, très-entières ; les épis simples, feuillés, tronqué au sommet. C'est une très-belle plante dont les fleurs sont grandes, d'un jaune d'or, et qu'on trouve sur les troncs d'arbre dans les Antilles, où on l'appelle l'*ananas des bois*.

Une autre, encore plus digne de remarque, est la CARAGATE PANICULÉE, dont les feuilles sont arondinacées, très-longues, chargées de poussière, et le hampe central de la hauteur d'un homme. Ce hampe est composé d'une grande quantité de rameaux alternes qui sortent de l'aisselle d'une petite feuille amplexicaule, et qui supportent des épis lâches composés de fleurs dont le calice est panaché de vert et de pourpre, et la corolle violette, parsemée de points pourpres. Cette belle plante se trouve à Saint-Domingue sur les vieux arbres : elle est figurée pl. 237 des *plantes d'Amérique de Burmann.*

Parmi celles à feuilles cylindriques, la CARAGATE MUSCIFORME, *Tillandsia usneoides* Linn., est seule dans le cas d'être citée. Ses tiges sont filiformes, rameuses, diversement entrelacées, garnies à leurs articulations de feuilles en alêne, chargées d'un duvet poudreux et grisâtre : elles ressemblent à une mousse, à un lichen filamenteux ou à une barbe qui pend aux branches des arbres : aussi l'appelle-t-on la BARBE ESPAGNOLE dans les colonies françaises de l'Amérique, où elle se trouve très-abondamment. Les chênes, les érables, les liquidambars, les noyers, et quelques autres espèces d'arbres de la Caroline en sont quelquefois couverts, au point qu'on ne peut pas voir leurs branches, ainsi que je l'ai remarqué dans le pays ; mais elle ne croît point sur les pins , les cyprès , les gordons , &c. Sa fleur ne subsiste que quelques heures. Lorsqu'on met cette plante pendant quelques jours dans une eau croupissante ou dans la terre , la partie poudreuse qui la recouvre se pourrit, et il reste des filamens bruns , semblables à du crin , qu'on emploie aux mêmes usages , c'est-à-dire à faire des matelas , à rembourrer les selles des chevaux , et autres usages économiques. Presque toujours la plus grande partie de ce qui est sur un arbre est composée de fibres mortes qui subsistent extrêmement long-temps avant de se détruire. Les vaches mangent de cette plante , lorsqu'elles n'en ont pas d'autres qui leur plaisent davantage. (B.)

CARAGNE , nom d'une résine produite par un grand arbre d'Amérique , qu'on appelle l'*arbre de la folie.* Elle entre dans la composition du faux vernis de la Chine, et de quelques onguens. On n'est pas certain du genre de cet arbre , que Marcgrave représente comme un palmier , et qu'Hernandès appelle *arbor insania caragna nuncupata.* (B.)

CARAGNE. C'est le *sarigue*, selon De Laët. (*Hist. du Nouv. Monde ,* page 485.) *Voyez* SARIGUE. (S.)

CARAICHE , nom vulgaire des plantes du genre LAICHE. *Voyez* ce mot. (B.)

CARAINAL. *Voyez* GUÊPIER. (VIEILL.)

CARAIPÉ , *Caraipa ,* genre de plantes qu'Aublet a fait connoître , et qui comprend des arbres à feuilles simples et alternes , dont les fleurs viennent en bouquets ou en petites grappes aux extrémités des branches.

Ses caractères sont d'avoir un calice profondément divisé en cinq découpures arrondies et velues ; une corolle encore inconnue ; beaucoup d'étamines attachées au réceptacle du pistil ; un ovaire supérieur dont le style et le stigmate ne sont point connus.

Le fruit est une capsule ovale conique, pointue, un peu courbée à son sommet, qui s'ouvre en trois valves persistantes, qui contient trois loges à une seule semence anguleuse à l'intérieur, et arrondie en dehors. Chaque semence est attachée à un placenta à trois ailes.

Aublet cite et figure pl. 223 et 224 de ses *Plantes de la Guiane ,* quatre espèces de ce genre, peu différentes les unes des autres, et qui ne présentent rien de remarquable. Le bois de la première , la CARAIPÉ A PETITES FEUILLES , est rouge , dur , compacte , et sert à faire des meubles. (B.)

CARAMASSON. On donne ce nom à l'embouchure de la Seine au COTTE SCORPION. *Voyez* ce mot. (B.)

CARAMBASSE. C'est une espèce de Millet. *Voyez* ce mot. (B.)

CARAMBOLIER, *Averrhoa*, genre de plantes à fleurs polypétalées, de la décandrie pentagynie, et de la famille des Térébintacées, dont le caractère est d'avoir un calice de cinq feuilles ovales ou lancéolées, droites et persistantes; cinq pétales oblongs, onguiculés, plus grands que le calice; dix étamines alternativement grandes et petites; un ovaire supérieur, légèrement pentagone, chargé de cinq styles courts, à stigmates simples.

Le fruit est une espèce de baie charnue, oblongue ou arrondie, à cinq angles ou à cinq côtes, et divisée intérieurement en cinq loges qui contiennent une ou plusieurs semences. *Voyez* pl. 385 des *Illustrations* de Lamarck, où ce genre est figuré.

Les *caramboliers* sont des arbres de moyenne grandeur, originaires des Indes orientales, dont les feuilles sont alternes, ailées avec une impaire, les folioles alternes sur plusieurs rangs; les fleurs disposées en grappes paniculées, naissent sur le tronc ou à la base des rameaux, ou dans les aisselles des feuilles. On en compte trois ou quatre espèces, savoir:

Le CARAMBOLIER AXILLAIRE, *Averrhoa carambóla* Linn., dont le caractère est d'avoir les fleurs axillaires, et le fruit ovale, à angles aigus. Cet arbre est cultivé dans les jardins; il fructifie deux ou trois fois l'année. Ses baies sont de la grosseur d'un œuf de poule, se mangent crues, ont un goût agréable, et excitent l'appétit. On les ordonne pour les fièvres bilieuses, pour les dyssenteries. On les confit au sucre. Il fournit plusieurs variétés.

Le CARAMBOLIER CYLINDRIQUE, *Averrhoa bilimbi* Linn., a ses fleurs sur la tige; ses fruits sont alongés et obtusément anguleux.

Celui-ci est plus petit que le précédent dans toutes ses parties. Ses fruits ne se mangent pas crus, parce qu'ils sont trop acides, mais on les fait cuire avec la viande et le poisson, auxquels ils communiquent un goût relevé et agréable. On en fait un sirop qui est très-rafraîchissant. On les confit au sucre, au vinaigre et au sel pour les adoucir.

Le CARAMBOLIER A FRUITS RONDS, *Averrhoa acida* Linn., dont les fleurs se trouvent sur les branches, et dont le fruit est rond, légèrement sillonné, et à peine plus gros que la cerise. Les fleurs de celui-ci ont une odeur agréable et une saveur légèrement acide. L'acidité de ses fruits est plus agréable que celle des fruits du précédent; on les mange avec dé-

Deseve del.   Voisard Sc.

1. Caesiomore baillon.   5. Centrisque bécasse.   9. Cheline trélobé.
2. Caranx trachure.   6. Centrolophe negre   10. Cheilodiptere maur.
3. Cataphracte cote.   7. Chrysostosse lune.   11. Chetodiptere plum.
4. Callionyme lyre.   8. Centropome sandat.   12. Chetodon bordé.
                           13. Chetodon à bec.

ce, et on en fait d'excellentes confitures, dont le goût tient de l'*épine vinette*. La racine de ce carambolier rend un suc laiteux et âcre lorsqu'on l'entame.

Il y a encore une espèce de *carambolier* qui est cultivée, mais qu'on ne connoît qu'imparfaitement. C'est le *pomum draconum* de Rumphius. (B.)

CARANCROS. *Voyez* URUBU. (S.)

CARANDIER, *Caránda*, genre de plantes de la famille des PALMIERS, établi par Gærtner, mais dont on ne connoît encore qu'imparfaitement l'inflorescence. Le calice est trifide et coriace ; la corolle nulle ; le fruit supérieur, nu et pédicellé. Ce genre est rapporté par Gærtner à la plante figurée par Rumphius, Amb. 6, pl. 25. (B.)

CARANGUE. C'est un poisson de la Martinique qui entre de nuit dans les rivières. Sa chair est très-délicate. Il atteint jusqu'à quatre pieds de long. On ignore à quel genre il appartient. (B.)

CARANX, *Caranx*, genre de poissons établi par Lacépède, dans la division des THORACIQUES, et auquel il donne pour caractère deux nageoires dorsales ; point de petites nageoires au-dessus ni au-dessous de la queue ; les côtés de la queue relevés longitudinalement en carène ; une petite nageoire composée de deux aiguillons et d'une membrane au-devant de la nageoire de l'anus.

Les espèces qui composent ce genre faisoient partie des SCOMBRES de Linnæus. Elles ont de très-grands rapports de forme et de mœurs avec eux ; mais elles en diffèrent essentiellement par le défaut de petites nageoires au-dessus et au-dessous de la queue, caractère bien suffisant pour les en séparer. *Voyez* au mot SCOMBRE.

Lacépède a mentionné quatorze espèces de *caranx*, qu'il a divisées en deux sections.

La première renferme les *caranx* qui n'ont point d'aiguillon isolé entre les deux nageoires dorsales ; savoir :

Le CARANX TRACHURE, *Scomber trachurus* Linn., qui a trente-quatre rayons à la seconde nageoire du dos ; trente rayons à la nageoire de l'anus ; la ligne latérale garnie de petites plaques, dont chacune est armée d'un aiguillon. Il se trouve dans presque toutes les mers, sur-tout celles des pays chauds, et se voit figuré dans Bloch, pl. 56, dans *l'Hist. nat. des poissons*, faisant suite au *Buffon*, édition de Déterville, vol. 4, pag. 188, n° 3, et dans plusieurs autres ouvrages. Il est connu en France sous les noms de *saurel, sicurel, sicurel, gascon, gascanet, chicharou* et *maquereau bâtard*.

Ce poisson est mentionné dans Athénée et autres anciens. Sa grandeur varie beaucoup; car dans la Baltique il atteint rarement un pied, et dans la Méditerranée il en a souvent plus de trois. Il peut faire, en frappant avec sa queue, comme on l'a dit, latéralement hérissée d'épines, des blessures fort dangereuses.

Le corps du *caranx trachure* est alongé et comprimé; sa tête grosse et un peu inclinée: sa mâchoire inférieure plus longue et relevée; ses dents petites et ses yeux pourvus d'une membrane; sa couleur est d'un vert bleu en dessus et blanche en dessous; on voit une tache noire sur l'opercule des ouïes, et sur le dos une fossette destinée à recevoir la première nageoire; la nageoire de la queue est en croissant.

Il arrive au printemps sur les rivages pour déposer son frai, et c'est à cette époque qu'on en prend de grandes quantités au filet et à la ligne. Dans le Nord on estime sa chair, quoiqu'inférieure à celle du maquereau qu'on pêche en même temps que lui; mais à Rome on l'abandonne à la plus pauvre classe du peuple.

Le CARANX AMIE, *Scomber amia* Linn., a trente-quatre rayons à la seconde nageoire du dos, le dernier rayon de cette nageoire très-long, et vingt-quatre rayons à la nageoire de l'anus. On ignore son pays natal. Les figures rapportées à cette espèce par quelques naturalistes, ne lui appartiennent pas, d'après la remarque de Lacépède.

Le CARANX QUEUE JAUNE, *Scomber chrysurus* Linn., a vingt-six rayons à la seconde nageoire dorsale; trente à celle de l'anus; des dents très-petites ou nulles. Il se trouve dans les mers de la Caroline.

Le CARANX GLAUQUE, *Scomber glaucus* Linn., a vingt-six rayons à la seconde nageoire dorsale, le second rayon de cette nageoire très-long; vingt-cinq rayons à la nageoire de l'anus. Il se trouve dans la Grande-Mer et dans la Méditerranée. Il est connu sur nos côtes méridionales sous les noms de *derbio*, de *biche*, de *cabrole* et de *damo*. Il a été mentionné par Aristote. Son dos est de couleur glauque, et son ventre blanc. On voit souvent une tache à l'origine de la seconde nageoire dorsale et à celle de la queue; sa chair est blanche, grasse et de bon goût.

Le CARANX BLANC, *Scomber albus* Linn., a vingt-cinq rayons à la seconde nageoire du dos; vingt rayons à celle de l'anus; la queue non carénée latéralement; la couleur générale blanche; les côtés de la queue et la nageoire caudale jaunes. Il se trouve dans la mer Rouge.

Le CARANX QUEUE ROUGE, *Scomber hippos* Linn., a vingt-deux rayons à la seconde nageoire du dos; quarante à celle de l'anus; une tache noire sur la partie supérieure de chaque opercule. Il a été trouvé dans la baie de Charleston et à Otahiti.

Le CARANX FILAMENTEUX a vingt-deux rayons à la seconde nageoire du dos; dix-huit à celle de l'anus; des filamens à toutes les deux. Il se trouve dans les mers d'Asie.

Le CARANX DAUBENTON a vingt-deux rayons à la seconde nageoire du dos, quatorze à celle de l'anus; les deux mâchoires également avancées; la ligne latérale rude, tortueuse et dorée. Il habite les mers d'Amérique.

Le CARANX TRÈS-BEAU, *Scomber speciosus* Linn., a vingt rayons à la seconde nageoire dorsale; dix-sept rayons à celle de l'anus; un grand nombre de bandes transversales et noires sur un fond de couleur d'or. Il est figuré dans Lacépède, pl. 1 du troisième volume. Il se trouve dans la mer Rouge et dans celle des Indes.

La seconde division des *caranx*, renferme ceux qui ont un ou plusieurs rayons isolés entre les deux nageoires dorsales, tels que :

Le CARANX CARANGUE a trois aiguillons garnis d'une petite membrane, et placés entre les deux nageoires dorsales; les pectorales alongées jusqu'à la seconde nageoire du dos. Il se trouve autour de la Martinique.

Le CARANX FERDAU, *Scomber ferdau* Forskal, a vingt-neuf rayons à la seconde nageoire dorsale; vingt-quatre à celle de l'anus: la couleur générale argentée avec des taches dorées; cinq bandes transversales brunes; un seul aiguillon isolé entre les deux nageoires du dos.

Le CARANX GAEZZ, *Scomber fulvo-guttatus* Forskal, a vingt-huit rayons à la seconde nageoire dorsale, vingt-cinq à celle de l'anus; une membrane luisante sur la nuque; la couleur générale bleuâtre; des taches dorées; un seul aiguillon isolé entre les deux nageoires dorsales.

Le CARANX SANSUN, *Scomber sansun* Forskal, a vingt-deux rayons à la seconde nageoire du dos; seize à celle de l'anus; les carènes latérales de la queue très-relevées; la couleur blanche; un seul aiguillon isolé entre les nageoires du dos.

Le CARANX CORAB, *Scomber ignobilis* Forskal, a vingt rayons à la seconde nageoire dorsale; dix-sept à celle de l'anus; la couleur générale argentée, le dos bleuâtre; un seul aiguillon isolé entre les deux nageoires du dos.

Toutes ces espèces habitent la mer Rouge. (B.)

CARANXOMORE, *Caranxomorus*. C'est encore un genre de poissons établi par Lacépède, aux dépens des SCOMBRES de Linnæus. Celui-ci présente pour caractère une seule na-

IV.   Y

geoire dorsale ; point de petites nageoires au-dessus ni au-dessous de la queue ; les côtés de la queue relevés longitudinalement en carène ; la lèvre supérieure très-peu extensible ou non extensible ; point d'aiguillons isolés au-devant de la nageoire du dos. *Voyez* les mots CARANX, TRACHINOTE, et SCOMBRE.

Lacépède rapporte deux espèces à ce genre ; savoir : le CARANXOMORE PÉLAGIQUE, *Scomber pelasgicus* Linn., qui a quarante rayons à la nageoire du dos, et qui est figuré dans le *Muséum* d'Adolphe Frédéric, pl. 3, n° 3. On le trouve dans la haute mer.

Le CARANXOMORE PLUMERIEN, dont les pectorales sont une fois plus longues que les thoraciques et dont la dorsale, ainsi que l'anale sont en forme de faulx. Il est figuré dans l'ouvrage de Lacépède, vol. 3, pl. 2. C'est à Plumier qu'on en doit la connoissance. Il parvient à une grandeur considérable. (**B.**)

CARAPA, *Persoonia*, genre de plantes imparfaitement connu, qui comprend deux arbres, un de la Guiane, et l'autre des Moluques, dont les feuilles sont alternes et ailées sans impaire, et dont les fleurs produisent de grosses capsules quadrivalves, remplies d'amandes irrégulières et anguleuses. Les habitans de la Guiane tirent une huile des amandes de la première espèce, et les Européens emploient son tronc pour faire des mâts de navire. Elle est figurée dans Aublet, *Flore de la Guiane*, pl. 387, et dans les *Illustrations de* Lamarck, pl. 301. Wildenow l'a placée dans l'octandrie monogynie, et lui donne pour caractère un calice divisé en quatre parties, quatre pétales ; un nectaire cylindrique à huit dents, portant les anthères et la capsule mentionnée plus haut. (**B.**)

CARAPACE. On donne vulgairement ce nom au test des TORTUES. *Voyez* ce mot. (**B.**)

CARAPAT. C'est un des noms de pays du RICIN. *Voyez* ce mot. (**B.**)

CARAPE, nom spécifique d'un poisson du genre GYMNOTE, qui se pêche dans les fleuves et les lacs de l'Amérique méridionale. *Voyez* au mot GYMNOTE. (**B.**)

CARAPICHE, *Carapicha*. C'est un petit arbrisseau, dont les feuilles sont opposées, ovales, entières, à pétioles unis par deux stipules opposées et intermédiaires ; dont les fleurs naissent à l'extrémité des rameaux, et sont disposées en tête enveloppée par quatre écailles, dont deux plus grandes, et terminées par une appendice.

Chaque fleur consiste en un calice monophylle très-petit, à cinq dents ; en une corolle monopétale, infundibuliforme, supérieure, dont le limbe est à cinq découpures aiguës ; en cinq étamines ; en un ovaire inférieur, ayant un style long et bifide.

Le fruit est une capsule anguleuse, biloculaire, qui s'ouvre en deux parties, et contient une semence oblongue dans chaque loge.

Cet arbrisseau croît dans les forêts de l'Amérique méridionale, et est figuré pl. 64 des *plantes de la Guiane*, par Aublet. Il a été depuis réuni aux TAPOGONES. *Voyez* ce mot. (B.)

CARARA. C'est sous ce nom que les naturels de la Guiane connoissent l'ANHINGA. *Voyez* ce mot. (S.)

CARASSIN, nom spécifique d'un poisson du genre CYPRIN, qui habite les étangs et les petits lacs de l'Europe. *Voyez* au mot CYPRIN.

On appelle *Carassin de mer*, le SPARE GARUDSE de Lacépède, qui avoit été placé par Bloch parmi les *lutjans*. *Voyez* au mot SPARE. (B.)

CARATAS. On donne ce nom, dans les colonies françaises de l'Amérique, à plusieurs plantes des genres CARAGATE, ANANAS, AGAVE et DRAGONIER, dont les feuilles sont longues et épineuses. *Voyez* ces mots, et sur-tout le premier. (B.)

CARBONATE, combinaison de l'acide *carbonique* avec une base saline, terreuse ou métallique. Le *natron* est un carbonate de soude ; le *spath calcaire*, ou carbonate de chaux ; le *bleu de montagne*, ou carbonate de cuivre. (PAT.)

CARBONE. Dans la nouvelle nomenclature chimique, c'est le *charbon pur*, ou la base de l'*acide carbonique*.

L'un des phénomènes les plus singuliers qu'il présente, c'est qu'il forme à lui seul toute la matière du diamant. Cette pierre si transparente, si dure, si brillante, n'est, suivant les expériences modernes, qu'un charbon pur : elle en offre les propriétés chimiques.

Le *carbone* est regardé comme un principe simple : au moins n'a-t-on pu jusqu'ici le décomposer par aucun moyen.

On pense que le *charbon* existe tout formé dans les animaux et les végétaux ; mais, indépendamment de plusieurs autres raisons, il paroît difficile de concevoir que des matières très-blanches, telles que l'amidon, le bois de saule, &c., contiennent plus du tiers de leur poids en charbon, tandis que le plus fort microscope n'y sauroit faire découvrir la plus petite molécule noire. D'ailleurs, on voit ces matières passer graduellement et par nuances insensibles, du blanc au roux, au brun, et enfin au noir de charbon. Il sembleroit donc que celui-ci *se forme* graduellement ; et je trouve infiniment probable l'opinion de Buffon, qui considère le charbon comme la matière même du feu combinée avec les parties les plus fixes des corps combustibles, et même de quelques substances purement terreuses.

Un fait assez curieux me semble venir à l'appui de cette opinion. Desirant savoir si le sulfate de baryte, que j'ai rapporté de la mine d'argent de *Zméof* en Sibérie, contenoit de la strontiane, je priai Vauquelin de vouloir bien en faire l'analyse, dont il a rendu compte (*Journ. des Mines* , n° 52, *pag. 309.*). Il n'y trouva point de strontiane; mais voici ce qui arriva : après avoir débarrassé la baryte de l'acide sulfurique par le moyen du charbon ; après l'avoir fondue et ensuite dissoute dans l'acide muriatique, et filtrée, il resta sur le filtre une matière terreuse, assez abondante (qui fut ensuite reconnue pour être de la silice).

Ce résidu qui pesoit deux gros quarante-quatre grains, fut édulcoré avec beaucoup d'eau bouillante. « Il étoit alors, dit » Vauquelin, *parfaitement blanc* et insipide ; mais en le faisant rougir dans un creuset d'argile neuf, il prit une couleur *noire comme du charbon ;* la surface supérieure seule, qui avoit le contact de l'air, étoit blanche ».

Ce fait parut fort singulier à Vauquelin, qui me dit en riant : il y avoit sûrement du *charbon blanc* dans cette terre, et c'est le feu qui l'a rendu noir.

Il soumit cette matière à différentes épreuves, et il ajoute dans son mémoire : « D'après ces expériences, il est évident » que cette matière est de la silice noircie par une petite quantité de *carbone ;* mais on ne remarque pas, sans étonnement, » que ce *carbone*, mêlé à la silice dans la proportion d'environ six pour cent, *ne se soit pas manifesté par sa couleur noire avant d'avoir été rougi dans un creuset* ».

Vauquelin propose, à la vérité, une explication de ce phénomène, en supposant que dans le cours des expériences, il se soit *formé un composé analogue à une substance végétale*, qui étoit d'abord *sans couleur*, et qui a été ensuite décomposée par le feu, à la manière des corps organiques ; mais il convient que ce n'est qu'*une pure hypothèse* ; et il promet de se livrer à de nouvelles recherches à ce sujet. (PAT.)

CARBONE. *Voyez* les mots ENGRAIS et VÉGÉTAUX. (T.)

CARBURE DE FER ou PLOMBAGINE. *V.* FER. (PAT.)

CARCAJOU, nom du *glouton* au Canada et dans les autres parties de l'Amérique septentrionale. *Voyez* GLOUTON.

L'on a donné ce même nom de *carcajou*, dans plusieurs livres de voyages, au COUGOUAU. *Voyez* ce mot. (S.)

CARCAPULI. C'est le nom indien de l'arbre qui produit la *gomme gutte*. Voyez aux mots CAMBOGE et MANGOUSTAN. (B.)

CARCHARIAS , mot latin qui sert de nom spécifique en cette langue, au Squale lamie ou Requin. *Voy.* ces mots. (B.)

CARDAIRE. C'est la même chose que le *chardon*, espèce de raie épineuse. *Voyez* au mot Raie. (B.)

CARDALINE , nom vulgaire que l'on donne , dans le Périgord , au Chardonneret. *Voyez* ce mot. (Vieill.)

CARDAMINE. *Voyez* au mot Cresson. (B.)

CARDAMOME, *Cardamomum*, nom donné à l'*amome à grappes* et à son fruit (*Amomum cardamomum*, *A. granum paradisi* Linn.). Ses graines entrent dans le commerce, et on en fait usage en médecine.

Les auteurs de l'ancienne *Encyclopédie* et Bomare distinguent trois ou quatre espèces de *cardamome* , savoir : le *cardamome proprement dit*, le *grand*, le *moyen* et le *petit ou commun*. Ils en font une description confuse , et ils ne disent point à quelles plantes ils appartiennent. Peut-être ne sont-ce que des variétés d'une même espèce, et qui croissent dans divers pays de l'Inde.

Celui dont il s'agit ici, le véritable Cardamome , a une racine noueuse et traçante , des fleurs blanchâtres, et des feuilles d'un goût piquant, aromatique et un peu amer lorsqu'elles sont fraîches. Ses fruits sont disposés en grappes comme le raisin ; ce sont autant de capsules, presque rondes , marquées dans leur hauteur de quelques nervures parallèles et partagées intérieurement en trois loges, qui renferment des semences anguleuses, roussâtres, blanches en dedans , d'une saveur chaude et mordicante. Ces semences font un objet de commerce assez considérable sur la côte de Malabar , où elles sont connues sous le nom de *graines de paradis*. Elles ont un goût très-agréable , et à-peu-près les mêmes propriétés que le poivre. Aussi les Indiens les emploient-ils comme assaisonnement. Quand on les écrase dans la bouche , elles y produisent une sensation de fraîcheur qui plaît. Elles sont échauffantes, cordiales et stomachiques.

Le grand Cardamome de Madagascar (*Sonnerat, Voyage aux Ind.* , tom. 2), est la même plante que le *Longouze* de Flaccourt, et l'*amome de Madagascar* de Lamarck. Ses capsules charnues et rougeâtres sont remplies de semences ovales et luisantes, qu'environne une pulpe blanche et d'un goût aigrelet.

Les caractères génériques et spécifiques des *amomes* , sont décrits au mot Amome ; et au mot Gingembre, on trouvera une notice sur la manière dont ces plantes sont cultivées dans leur pays natal. (D.)

CARDASSE, nom qu'on donne dans les colonies françaises à la *raquette*. Voyez au mot CACTIER. (B.)

CARDÈRE, *Dipsacus*, genre de plantes à fleurs monopétalées, de la tétrandrie monogynie, et de la famille des DIPSACÉES, dont le caractère consiste à avoir les fleurs réunies en tête, sur un réceptacle hérissé de paillettes longues et piquantes, et entourées d'un calice commun de plusieurs folioles. Chaque fleurette consiste en un calice propre fort petit ; en une corolle monopétale, tubuleuse, à quatre découpures inégales ; quatre étamines saillantes ; un ovaire inférieur, surmonté d'un style à stigmate simple ; une semence nue, tétragone, couronnée par le calice.

Ce genre, qui est figuré pl. 56 des *Illustrations* de Lamarck, renferme quatre à cinq plantes d'Europe, à feuilles opposées, légèrement épineuses, et à fleurs solitaires portées sur de longs pédoncules terminaux ou axillaires.

Les plus importantes à connoître, sont la CARDÈRE DES BOIS, qui a les feuilles sessiles, dentées, et les paillettes droites, plante bisannuelle, très-commune dans les bois un peu humides, sur le bord des chemins, et qui s'élève à trois ou quatre pieds ; et la CARDÈRE A FOULON, qui a été long-temps regardée comme une variété de la précédente, mais dont les paillettes sont constamment recourbées en hameçon. On cultive cette dernière pour l'usage des drapiers, qui l'emploient à peigner leurs étoffes après qu'elles ont été foulées ; c'est pourquoi on l'appelle vulgairement *chardon à foulon*. Elle fait l'objet d'un commerce important pour quelques cantons. (B.)

Du Chardon à foulon.

C'est communément en octobre que se fait le semis du *chardon* dans une terre bien meuble, profondément défoncée et fortement fumée. Il faut qu'il soit un peu clair, de manière qu'il y ait un pied et demi de distance entre chaque plante ; par ce moyen, elle a la facilité d'étendre, de multiplier ses branches, conséquemment ses têtes. Pour tirer parti du terrein laissé entre les rangées, il faut semer des navets, dont la récolte est avantageuse pour les chardons, parce qu'on détruit en même temps les mauvaises herbes.

Quelquefois on sème le *chardon à foulon* avec le seigle ou le froment d'hiver, souvent avec les mars, ou bien avec la gaude, le carvi, les navets, les panais et les carottes ; mais, comme l'observe Tessier, ces cultures mixtes de plantes, qui exigent des soins particuliers, ne procurent jamais l'économie qu'on en attend ; on doit donc préférer de semer seul le chardon à foulon.

Dès que la graine a germé et que la plante a pris une certaine consistance, on arrache les pieds surnuméraires les moins bien venus, sans cependant déchausser ou attaquer les racines de ceux qui doivent rester en place : il ne seroit pas prudent d'exécuter rigoureusement ce sarclage ; il convient de le répéter à la fin de l'hiver, et alors de laisser seulement les pieds qui doivent produire. Les plantes arrachées à cette époque, serviront à remplacer celles qui auront péri par une cause quelconque. On le répète, ce *chardon* ne craint point le froid le plus rigoureux de la France, s'il n'est pas planté dans un sol qui retienne l'eau.

Il est important de sarcler souvent ; la plante profite de ce petit travail, et sa substance n'est pas dévorée par les mauvaises herbes. Dès que ses feuilles sont assez grandes, le sarclage devient inutile ; elles étouffent les plantes qui naissent à leur pied.

Dans les pays méridionaux, si on peut, lorsque le besoin l'exige, arroser les plantations, on sera assuré d'avoir une récolte abondante.

La récolte des têtes de *chardon* est longue, parce qu'elles ne mûrissent pas toutes en même temps ; l'époque de cette récolte est indiquée par la chute des fleurs qui se détachent de leur calice. Ainsi, tous les deux jours, il faut parcourir la chardonnière, couper la tige qui soutient la pomme, à la longueur d'un pied, ranger dans la main et par paquet ces tiges coupées, et mettre cinquante tiges au paquet ; lier chaque poignée avec de l'osier, les exposer sur-le-champ au soleil, suivant quelques-uns : et si on craint la pluie, les porter sous des hangars. On suspend ces paquets, et on les attache les têtes en bas à des cordes, afin qu'un libre courant d'air les dessèche plus vite. Lorsque la dessication est complète, les paquets sont secoués sur des planchers bien nets, afin d'en recueillir la graine ; mais ces procédés ne sont pas sans défauts.

1°. Lorsque la pomme est desséchée par le soleil, elle jaunit, elle rougit, et les piquans ou crochets deviennent trop roides. 2°. Cette graine n'est jamais bien mûre, et il faut en semer le double en pure perte ; il vaut mieux laisser sur pied le nombre des tiges proportionné à la quantité de semence dont on a besoin, et de temps à autre parcourir la chardonnière ; secouer sur un paillasson ou sur tel autre réceptacle les pommes qui paroissent mûres, et on sera assuré de n'avoir que des graines bien nourries.

Lorsque tous les paquets sont complètement desséchés, il faut les porter dans un lieu où l'on ne craigne pas les effets de l'humidité, et les mettre en monceaux, afin qu'ils tiennent moins de place. Les pommes de *chardon* les plus estimées, sont celles dont la forme est parfaitement cylindrique, alongée, et dont les crochets sont fins et roides; elles ont plus ou moins ces qualités, selon le terrein où on les a récoltées. On peut d'avance annoncer qu'elles sont bonnes, si en rompant la tige ou les pommes même, on trouve l'intérieur plein.

Pour ramasser la graine de chardon, il suffit d'en secouer légèrement les têtes lorsqu'elles sont sèches; la meilleure se détache facilement des calices; on la trouve même ordinairement dans les graines, sous les paquets de têtes.

Le *chardon* employé une année après sa récolte, est d'un meilleur service; les grosses et les meilleures têtes sont réservées pour les bonnetiers, les moyennes et les plus petites pour la draperie.

Nous avons déjà observé que les abeilles recherchoient beaucoup les fleurs du *chardon à foulon;* elles y trouvent dans un petit espace une abondante récolte. On a remarqué que ces insectes alloient boire de l'eau, qui s'amasse et se conserve dans les articulations des feuilles fermées et creuses du chardon, ce qui est pour eux une grande ressource en été. Ils ne sont point exposés à s'y noyer, comme dans les ruisseaux, les mares ou les rivières, et même dans les vases remplis d'eau qu'on place auprès des ruches. Que de motifs pour engager à élever des abeilles dans les cantons où l'on cultive le *chardon à foulon*, ou d'imiter les bons économes qui en plantent exprès quelques pieds dans les environs de leurs ruches! (PARM.)

CARDES. On donne ce nom aux côtes ou pétioles communs des feuilles d'une espèce d'ARTICHAUT, et aux pétioles et à la principale nervure des feuilles de BETTE. *Voyez* ces mots et celui de POIRÉE. (B.)

CARDIAQUE, nom d'une espèce du genre AGRIPAUME. *Voyez* ce mot. (B.)

CARDINA, nom du CHARDONNERET en Catalogne. *Voy.* ce mot. (S.)

CARDINAL AMÉRICAIN. *Voyez* ROUGE-CAP.

Le CARDINAL A COLLIER. *Voyez* SCARLATTE.

Le CARDINAL CARLSONIEN (*Loxia carlsoni Var.* Lath., *Tab. 41, fascic. 2, Mus. Carls.* Ordre, PASSEREAUX; genre, GROS-BEC. *Voyez* ces deux mots.). Cette espèce se trouve dans quelques îles de l'Océan austral. Elle a des couleurs analogues à celles du *cardinal huppé.* La seule différence remarquable qui existe entre ces deux espèces, consiste dans la huppe dont celui-ci est privé. La taille et toutes les proportions du corps sont les mêmes.

Le **Cardinal de Madagascar**. *Voyez* Foudi.

Le **Cardinal de Sibérie** (*Loxia Sibirica* Lath.). Cette très-belle espèce ne se rencontre que dans la Sibérie, où elle habite le voisinage des torrens et des ruisseaux, au milieu des bosquets les plus épais et les plus ombragés. Elle se nourrit de diverses graines, telles que celles de l'*armoise bleue* et de l'*armoise à feuilles entières*. Pendant l'hiver, ces oiseaux se réunissent en petites bandes, et se retirent dans des lieux plus tempérés, tels que les parties méridionales de la Sibérie. La nature a accordé à cet oiseau un brillant plumage; mais, avare de ses dons, elle lui a refusé ce ramage mélodieux qui distingue, parmi les beaux oiseaux, le *cardinal huppé*. Le chant de celui de Sibérie est enroué, glapissant, et n'est composé que de cris rauques.

Sa taille est celle de la *linotte*; mais il paroît plus gros, parce qu'il est plus fourni de plumes. Son bec est pareil à celui du *bouvreuil*; mais il a plus de longueur. La base est entourée d'un rouge pourpre; le dessus de la tête et le dos sont d'un vermillon foncé. D'autres ont ces parties d'une teinte rose, tachetée de brun comme les *linottes*; le dessous du corps offre la même teinte, mais plus pâle, et sans la moindre tache. Les plumes, autour de la tête, ont l'extrémité d'un blanc lustré. Cette couleur règne à la base, sur le bord extérieur des pennes alaires, et sur les petites couvertures des ailes qui sont terminées de noir; ce qui donne lieu à deux raies qui les traversent obliquement. La queue, plus longue que le corps, est presque carrée à son extrémité; les deux pennes latérales sont blanches, et les autres noires, avec un liséré blanchâtre.

La femelle et les jeunes ont les couleurs de la *linotte*, avec des nuances rouges sur le ventre et le croupion.

Le **Cardinal de Virginie a bec jaune** (*Loxia Virginica* Lath.). Cet oiseau, peu connu des auteurs qui l'ont décrit, a été rapporté de la Caroline du Sud par Bosc. C'est d'après les observations que cet exact et zélé naturaliste a bien voulu me communiquer, que j'entrerai dans quelques détails sur le genre de vie de ce *cardinal*.

Cette espèce rare paroît dans la Caroline au mois de mai, à l'époque de la maturité des baies de divers *vaccinium*, dont elle se nourrit. Ou cet oiseau change de plumage dans diverses saisons, ou les teintes n'ont pas la même distribution sur tous les individus de la même espèce; car, sur les uns, le rouge domine; sur d'autres, c'est l'olivâtre.

Sa longueur est d'environ six pouces; il a le bec alongé, un peu recourbé, et d'un jaune sale; les yeux bruns; la tête d'un rouge sanguin, mélangé d'olivâtre sur l'occiput, les cuisses et le croupion ; ce rouge est très-vif sur le cou et le dos, et foncé sur les pennes de la queue, dont les latérales sont olivâtres ; enfin, il couvre quelques-unes des couvertures supérieures des ailes, qui en dessous sont jaunes, ainsi qu'une tache fort large qui est sur le ventre.

Le CARDINAL DOMINICAIN. *Voyez* PAROARE.

Le CARDINAL DOMINICAIN HUPPÉ. *Voy.* PAROARE HUPPÉ.

Le CARDINAL DU CANADA. *Voyez* TANGARA DU CANADA.

Le CARDINAL DU CAP. *Voyez* FOUDI.

Le PETIT CARDINAL DU VOLGA (*Loxia erythrina.*). Ce second *cardinal* de Sibérie, peu méfiant, et dont le chant est désagréable, se trouve aussi dans les forêts épaisses et solitaires près des rives du Volga et de la Samara, où il est connu sous le nom de *moineau rouge.* Sa grosseur est celle du *verdier ;* mais sa tête est plus petite. Il a près de cinq pouces de longueur ; le bec d'une couleur de corne brune ; une tache grise entre celui-ci et l'œil ; la tête, le cou et la gorge rouges ; le dessus du corps cendré, avec des jets rougeâtres ; les couvertures des ailes brunes, et bordées de rougeâtre ; les pennes et celles de la queue brunes lisérées de jaune ; les pieds pareils au bec, et la queue fourchue.

La femelle a le dessus du corps d'un cendré jaunâtre ; les côtés de la tête et le menton blancs ; quelques marques d'un brun obscur sur le cou ; la queue noirâtre, et bordée de gris.

Le CARDINAL HUPPÉ (*Loxia cardinalis* Lath. , pl. enl. n° 103 de l'*Hist. nat. de Buffon.*). Ce *gros-bec* réunit, ce qui se rencontre rarement dans les oiseaux chanteurs, une voix éclatante et un très-joli plumage. Sa tête, parée d'une huppe qu'il peut remuer à volonté, et qu'il remue souvent, est, ainsi que la plus grande partie de son plumage, d'un beau rouge ; cette teinte devient plus foncée sur les ailes et la queue, dont la partie extérieure est brune ; elle est pâle sur le bec et les pieds ; une bande étroite noire entoure les mandibules, et s'étend un peu sur le menton. Les couleurs de la femelle sont moins vives : un brun rougeâtre plus clair et plus pâle dessous le corps, est sa couleur dominante. Les jeunes ont une huppe peu apparente, et leurs couleurs sont beaucoup plus ternes que celles de la femelle.

Cette espèce n'habite que les parties tempérées de l'Amérique septentrionale. Elle s'avance, pendant l'été, jusqu'à la Pensylvanie, et se retire pendant l'hiver dans la Louisiane et les Florides. Elle préfère les bois marécageux ; c'est-là que le mâle, perché à la cime du *magnolia*, déploie toute l'étendue de sa voix, et tire de son gosier les sons variés et mélodieux qui lui ont mérité, dans son pays natal, le nom de *rossignol* : mais ces sons, qui sont très-forts, et même perçans, n'ont pas dans un appartement le même agrément.

Ce *cardinal* se nourrit de graines et de maïs : l'on dit aussi qu'il est grand destructeur d'abeilles. En volière, il vit de millet et de chenevis ; mais cette dernière graine, dont il est très-friand, abrège ses jours. La volière dans laquelle on le tient en captivité doit être grande, au moins une fois plus longue que haute ; car cet oiseau, naturellement vif, d'un caractère inquiet, est presque toujours en mouvement, et saute continuellement d'un bâton à l'autre, mais horizontalement, et rarement, à moins qu'il n'y soit forcé, de bas en haut et de haut en bas. Il seroit facile de l'acclimater en Europe, et l'on pourroit même réussir à le faire multiplier en captivité.

Le **Cardinal huppé d'Afrique** (*Loxia cristata* Lath.). La huppe, la poitrine et le croupion de cet oiseau sont rouges ; le dessus du corps est blanchâtre ; la queue est cendrée ; les deux pennes intermédiaires de la queue sont plus longues que les autres ; les pieds sont rouges. Longueur, un peu plus de sept pouces. On le trouve dans l'Ethiopie.

Le **Cardinal pourpré**. *Voyez* **Bec d'argent**.

Le **Cardinal tacheté**. *Voyez* **Scarlatte**. (**Vieill.**)

CARDINAL, nom donné dans les papillons d'Europe, à un papillon voisin du tabac d'Espagne ; c'est le P. *pandora* d'Esper. (L.)

CARDINAL (LE), espèce de coquille du genre **Cône**, ainsi appelé par les marchands à cause de sa couleur rouge. Elle est figurée par Favanne, pl. 16, fig. 2, et vient de Saint-Domingue. *Voyez* le mot **Cône**. (B.)

CARDINALE, nom de deux espèces de plantes du genre **Lobelie**. *Voyez* ce mot. (B.)

CARDINALE. *Voyez* **Pyrochre**. (O.)

CARDITE, *Cardita*, nom imposé par Bruguière, à un nouveau genre de coquilles bivalves, qu'il a pris dans celui des **Cames** de Linnæus. Il offre pour caractère, une coquille inéquilatérale, libre, dont la charnière a deux dents, une à la base de la valve gauche, l'autre longitudinale et parallèle à sa face antérieure ; caractères que Lamarck a encore circonscrits en établissant son genre **Isocarde** aux dépens de celui-ci. *Voyez* au mot **Isocarde**.

Les *cardites* n'ont point une forme irrégulière, et ne sont jamais fixées par leurs valves comme les cames, mais quelques-unes d'entr'elles s'attachent aux rochers par un byssus, ce qui les rapproche des Moules. *Voyez* ce mot. Poli, dans son ouvrage sur les testacés des mers des deux Siciles, donne la figure, accompagnée de détails anatomiques, des animaux qui les habitent, et les appelle Glosse et Limnée. *Voyez* ces mots.

Il y a trois ou quatre espèces de Cardites dans la Méditerranée, et une dans la mer du Nord; le reste appartient aux pays chauds de l'Amérique et de l'Inde. On en trouve assez fréquemment de fossiles.

Les plus remarquables des *cardites* sont :

La Cardite cœur, qui est figurée dans Favanne, pl. 53, fig. G, et dans l'*Hist. nat. des vers*, faisant suite au *Buffon*, édition de Déterville, pl. 21, fig. 4, et avec son animal, qui est une Glosse (*Voyez* ce mot.), pl. 15, n°s 34—36, et pl. 23, n°s 1 et 2 de l'ouvrage de Poli, cité plus haut. C'est un Isocarde de Lamarck. Ses caractères sont d'être en forme de cœur, presque globuleuse, lisse, et d'avoir les sommets écartés et courbés en arrière en forme de spirale. Elle se trouve dans la Méditerranée, et fossile en divers lieux.

La Cardite jeson, *Cardita caliculata*, dont le caractère est d'être oblongue, comprimée sur le derrière; les côtés garnis d'écailles tuilées, les bords peu sensiblement plissés. *Voyez* Adanson, pl. 15, fig. 8; le *Buffon* de Déterville, et l'ouvrage de Poli précité, pl. 23, n°s 7, 8, 9 et 10, où son animal, qui est une Limnée, est figuré et anatomisé. Elle se trouve dans la Méditerranée, sur les côtes d'Afrique, et fossile près de Tours.

La Cardite arctique est ovale, marquée de stries transverses blanches, et a deux carènes garnies d'écailles tuilées sur chaque valve. Elle est figurée dans Lister, *Conch.* tab. 426, fig. 267. Elle se trouve dans la mer du Nord, sur les côtes d'Angleterre et de France.

La Cardite ajar, *Cardita antiquata*, qui est presque en cœur, épaisse, ventrue, sillonnée longitudinalement avec des écailles alternes, brunes, striée transversalement, recourbée à sa pointe, dentée en ses bords. Elle est figurée pl. 16, n° 2 de l'ouvrage d'Adanson, et avec son animal et des détails anatomiques, pl. 23, n°s 12 et 13 de celui de Poli. Cet animal, qui est une Limnée, renferme dans son manteau une humeur qui excite des nausées à ceux qui veulent le manger. *Voyez* au mot Limnée. (B.)

CARDITES, nom qu'on donne aux *cœurs* fossiles. (Pat.)

CARDON. C'est la plus grande et la plus volumineuse de nos plantes potagères, qu'on croit n'être qu'une variété de l'Artichaut. (*Voyez* ce mot.) Les jardiniers en distinguent deux espèces : les *cardons de Tours*, les *cardons d'Es-*

pagne ; l'une et l'autre se multiplient de graines, se cultivent de la même manière et demandent un fonds gras et humide. Mais malgré la bonne qualité du terrein et tous les soins qu'on peut prendre de la végétation de cette plante, on ne sauroit éviter dans la première saison qu'il n'en monte quelques pieds, et rarement ceux qui fleurissent ainsi donnent-ils des graines franches.

Comme c'est seulement pour la tige et pour la racine qu'on cultive cette plante, on la sème tous les ans à diverses époques, afin d'en prolonger la jouissance dans les différentes saisons. Pour en avoir de très-bonne heure, on met la graine en mars sous cloche, et quand le plant a de bonnes feuilles, on le repique sur du terreau et sous cloche ; si on veut l'avancer, on le repique une seconde fois en pleine terre avec une cloche sur chaque plant, jusqu'à ce qu'il ait bien repris : on obtient par ce moyen, des cardons bons à manger dès le commencement de mai.

Ce qui reste du plant levé sur couche, se repique en pleine terre, vers avril, afin d'avoir des *cardons* qui succèdent aux premiers. Chaque pied étant planté, on sarcle et on arrose fréquemment pour développer et accélérer. A la fin d'avril on fait un troisième semis de *cardons :* on répand la graine sur des planches bien préparées, en ne laissant que les pieds les plus vigoureux, et les distribuant à une distance convenable ; car Duhamel a observé que des *cardons d'Espagne* plantés à six pieds les uns des autres acquièrent un volume énorme. Lorsque la plante a atteint toute sa croissance, quelle que soit l'époque où elle ait été semée, il faut arrêter sa végétation par un procédé qu'on nomme ordinairement *blanchir les cardons*, et dont il va être question.

Les pieds destinés à porter semence ne doivent pas subir l'opération du blanchiment ; il faut les entourer avec de la litière légère ou du chaume de pois, pour les préserver des fortes gelées, et avoir soin de les découvrir quand le danger du froid est passé. En un mot, pour recueillir la graine de cardons, il faut employer les mêmes précautions que pour celle des artichauts, la prendre de préférence sur les vieux pieds, et la mettre dans un lieu sec et aéré. Le même pied peut servir à produire de la graine pendant plusieurs années. On prétend que la graine des *cardons de Tours* recueillie dans les parties méridionales de la France, dégénère sensiblement. Cependant, il est bien certain que cette plante ne se perfectionne pas au Nord.

Manières de blanchir les Cardons.

Lorsqu'on prive les plantes en végétation de l'influence de la lumière et de l'accès de l'air atmosphérique, on affoiblit tellement leur constitution physique, qu'elles deviennent plus susceptibles de l'action du froid et de l'humidité : leur couleur et leur tissu, leur saveur changent, c'est ce qu'on nomme *étiolement*. La chaleur et l'humidité qu'on entretient dans leur intérieur, déterminent nécessairement l'augmentation de la matière muqueuse aux dépens de la substance résineuse et fibreuse ; c'est ce qui arrive à nos céleris et à nos chicorées, lorsqu'on les enterre ; à nos laitues, quand on les lie sur pied : elles prennent un blanc jaunâtre, perdent de leur âcreté et de leur caractère filandreux. Ce n'est donc que par ce procédé qu'on parvient à rendre les tiges de cardon sèches, cassantes, et propres à devenir un mets fort recherché par les amateurs.

On conseille diverses méthodes pour blanchir le *cardon* : les uns ont proposé d'environner la plante après qu'elle est liée, avec une caisse semblable à une ruche à miel : d'autres, de l'environner avec du marc de raisin ; mais c'est beaucoup trop multiplier la main - d'œuvre et la dépense pour une plante qui ne fournit à l'homme qu'un mets de luxe et rien aux animaux. Tenons-nous-en à deux pratiques, l'une bonne pour le Midi, et la seconde pour le Nord. La principale attention consiste à ne lier les feuilles que par un temps sec, et à les butter dans les mêmes circonstances. Elle est indispensable dans toutes les méthodes qui ont pour objet de blanchir les plantes.

Quand il s'agit pendant l'été de blanchir les *cardons*, rien n'est plus facile : il n'est question que de rassembler les feuilles du cardon avec un lien de foin ou de paille, et de butter autour. On les entoure d'une grande litière secouée, en ne laissant à l'air que l'extrémité des feuilles : on leur donne ensuite quelque mouillure par-dessus, en versant l'eau dans le cœur de la plante au milieu de l'empaillage. Dans l'espace de trois semaines ou un mois, selon la saison, les *cardons* sont en état d'être coupés ; alors on ôte toute la paille que l'on fait sécher pour en garnir d'autres.

Si l'on veut avoir continuellement, et sans interruption, des *cardons*, il ne faut lier et couvrir de terre que peu de plantes à-la-fois, renouveler cette opération tous les quinze jours, et proportionner leur nombre à la consommation qu'on en fait.

Les *cardons* destinés pour l'hiver, ne sont empaillés qu'à
ur et mesure de la consommation. On commence par les plus
orts pieds. Quand la gelée approche, on lie ce qui reste sans
l'empailler, et on le butte un peu. La saison étant plus rigou-
reuse, on les enlève en motte, et on les enterre dans du sable
frais; ils y blanchissent. On les couvre seulement de paillassons, de feuilles.

Quand on n'a pas de serre, c'est-à-dire d'endroit à l'abri
de la gelée et de l'humidité, on peut faire dans un terrein
très-sec, des tranchées profondes de trois pieds, larges de
cinq et de longueur proportionnée aux plants de *cardons*.
A un bout de la tranchée, on fait un chevet, c'est-à-dire,
on tapisse, on couvre ce bout de la tranchée de deux ou
trois pouces de longue paille; on jette sur le bord de la
tranchée du côté du nord, du levant et du couchant, toutes
les terres qui sortent de la fouille. On les plombe bien, et on
les dispose en talus qui éloignent de la tranchée les pluies et les
neiges. Le long de la tranchée, du côté du midi, on plante des
échalas ou de grandes fourchettes, pour soutenir une perche sur laquelle on attache un nombre suffisant d'échalas,
pour porter une couverture grossière de paille ou de fougère,
ou de cosse de pois, et des paillassons par-dessus. Cette couverture, plus inclinée du côté du nord que du côté du midi,
sera appliquée par son extrémité, sur les terres qui bordent
la tranchée. Du côté du midi, on ménagera quelques ouvertures pour introduire l'air et le soleil quand il est possible, et afin de pouvoir descendre dans la tranchée et y soigner les *cardons*. Ces couvertures se bouchent avec de doubles
paillassons pendant les nuits et les temps rudes. On dispose,
comme ci-devant, les *cardons* entre les chevets de paille,
suivant la longueur de la tranchée du côté du nord, ou bien
comme dans une serre. Dans les pays tempérés, ces grandes
précautions sont assez inutiles. La méthode suivante suffit.

Dès le mois de novembre, et même plutôt, on peut lier
une certaine quantité de pieds de *cardons*, et tous les huit ou
quinze jours, suivant le besoin, en lier de nouveau, et le faire
blanchir à la manière du céleri, c'est-à-dire, relever la terre
autour des pieds dont les feuilles sont liées, et ne laisser que
les sommités à découvert.

Dans d'autres, on fait une fosse au pied de la plante; on
dégarnit ses racines d'un côté; on la couche dans la fosse,
sans rompre la racine; on recouvre la terre sur sept à huit
pouces de hauteur, et on laisse sortir quelques bouts des feuilles
pour l'indiquer. Si la terre est sèche, et qu'on la mette à l'abri

des pluies par de la paille longue qui en repousse les eaux, l
cardons se conserveront pendant plusieurs mois.

Usages économiques des Cardons.

C'est la feuille, ou pour mieux dire, la côte et la racine d
cardon, qui sont l'objet de la culture de cette plante : on le
mange au gras et au maigre, et souvent au jus da entremets : on en sert aussi sous la viande rôtie. Mais la classe peu
aisée fait rarement usage des *cardons*, parce que la préparation qu'ils exigent pour devenir alimentaire, est trop coûteuse
et que d'ailleurs il faut une sorte de tact pour en obtenir ur
mets passable, qui ne doit l'avantage de paroître sur nos tables
qu'à l'art de les accommoder. Aussi, nos *Lucullus* moderne
étoient-ils dans l'usage, avant d'engager à leur service un cuisinier, d'essayer son talent par l'apprêt d'un plat de *cardons*
et quand le ragoût réunissoit toutes les conditions, le can-
didat étoit admis au nombre de leurs officiers de bouche.

La médecine, qui a cherché à mettre à contribution toutes le
productions de la nature pour soulager l'espèce humaine n'
découvert dans les *cardons* aucune propriété capable d'en
richir le domaine de la pharmacie. Mais dans les fabrique
de fromage, l'économie domestique tire parti de leurs fleur
pour coaguler le lait comme la présure : on les détache de
pommes ou fruits ; on les fait sécher à l'ombre ; on en me
une pincée plus ou moins forte selon la quantité de lait. L
fleur d'artichaut sauvage, qu'on nomme la *chardonnette*, es
douée de la même vertu. (PARM.)

CARELET, espèce de poisson du genre PLEURONECTE
qu'on pêche communément sur nos côtes, et dont la chai
est très-bonne, quoique moins estimée que celle de plusieur
autres du même genre. *Voyez* au mot PLEURONECTE.

La tête du *carelet* est petite et large ; sa mâchoire inférieur
est plus avancée, et est armée, ainsi que la supérieure, de plu
sieurs rangées de petites dents pointues, dont les antérieure
sont les plus grandes ; ses deux yeux sont à gauche ; son corps
du même côté, est brun, marbré de brun foncé et de jaune
L'autre côté est jaune. Tous deux sont couverts d'écailles ob
longues et molles.

Ce poisson se tient au fond de la mer à moitié enfoncé dan
le sable, ou dans la vase, et y attend les petits poissons, le
crustacés et les coquillages, dont il fait sa nourriture. Il par
vient a une grandeur considérable, mais jamais autant qu
le *pleuronecte flétan*, ainsi il faut croire que c'est ce dernie
qu'on prit sous Domitien, et qu'on a cité comme un *carele*

de dix à douze toises de long. Au reste, ces deux poissons peuvent difficilement se confondre, car celui dont il est ici question est aussi large, ou mieux aussi long que haut, et au contraire, le *fletan* est beaucoup plus long que haut. *Voyez* au mot PLEURONECTE.

On prend le *carelet* principalement à la ligne de fond, amorcée de crustacés ou de morceaux de poissons. On le prend aussi à la fouëne, lorsque la mer est calme et qu'on peut l'appercevoir au fond. Il remonte quelquefois les rivières.

On a trouvé son empreinte fossile dans la carrière d'Œningen, près le lac de Constance en Suisse.

Dans le Nord, où il est encore plus commun que sur nos côtes, on sale, on fume, on marine tout ce que la population du pays ne peut pas employer frais, et on le vend, très-souvent sous le nom de *fletan*. Voy. au mot PLEURONECTE.

En France, on n'en mange point ainsi préparés, mais on en prend beaucoup, que l'on consomme frais. On en voit à Paris une partie de l'année, que l'on sert sur les tables, soit frits, soit cuits au court-bouillon. Ordinairement le prix n'est pas assez élevé pour être hors de la portée de la classe ouvrière. C'est le *turbot*, c'est la *sole* des pauvres de cette ville.

On appelle ce poisson *barbue* et *rhomboïde* dans quelques ports de mer. C'est le *pleuronectes rhombus* de Linnæus. (B.)

CARENE, *Carina*, nom donné au pétale inférieur d'une corolle papillonacée. (*Voyez* le mot FLEUR.) Une feuille est aussi appelée *en carène*, lorsqu'elle est relevée longitudinalement, dans le milieu de sa surface inférieure, par une saillie anguleuse et tranchante. (D.)

CARENÉ, nom d'un poisson du genre SILURE. *Voyez* ce mot. (B.)

CARET, nom spécifique d'une TORTUE DE MER. *Voyez* ce mot. (B.)

CARGOOS, nom vulgaire que l'on donne au GRÈBE HUPPÉ. *Voyez* ce mot. (VIEILL.)

CARIACOU (Fig. pl. 20, vol. 31 de mon édition de l'*Hist. naturelle de Buffon*.) C'est ainsi que l'on nomme à la Guiane une race de CHEVREUIL. (*Voy.* ce mot.) Elle ne fréquente que les grandes forêts de l'intérieur des terres ; sa taille est petite, et son pelage d'un gris blanchâtre ; ses bois sont droits et pointus. La femelle fait plusieurs portées par an, car l'on trouve des petits *cariacous* dans tous les temps de l'année, même pendant les plus fortes chaleurs de l'été. Ce sont de animaux sveltes, agiles, aussi jolis qu'innocens, doux et même caressans, lorsqu'on les a apprivoisés, ce qui n'est pas difficile ; mais ils portent aux yeux des hommes un puissant motif de proscription; on les chasse avec ardeur, parce qu'ils sont le meilleur gibier de l'Amérique méridionale, et que leur chair est aussi savoureuse que leur naturel est bon et aimable. (S.)

CARIAMA (*Palamedea cristata* Lath., fig. dans l'ornithologie de Willugby, pl. 51.), oiseau du genre des KAMICHIS, et de l'ordre des ÉCHASSES. (*Voyez* ces mots.) Ce nom *cariama* est, en langage du Brésil, celui d'un grand et bel oiseau de cette contrée du midi de l'Amérique, qui fréquente les marécages, et s'y nourrit de poissons et de reptiles. Il surpasse le *héron* en grandeur; il porte le cou élevé et la tête haute; son bec court et crochu est surmonté à la racine par une aigrette de plumes droites; les doigts qui terminent ses longs pieds sont unis par une portion de membrane jusqu'à leur première articulation; le doigt du milieu est le plus long de tous, et celui de derrière, fort court, est placé si haut qu'il ne peut appuyer à terre. Tout le plumage est gris, varié de brun et de roussâtre; le bec, les pieds et les yeux sont jaunes.

Le cri de cet oiseau ressemble à celui du coq-d'Inde, mais il est plus fort et se fait entendre de loin; sa chair est délicate, selon Pison, qui dit que de son temps l'on commençoit à rendre le *cariama* domestique. (*Hist. nat. et médic. ind.*, pag. 81.) (S.)

CARIAROU, plante sarmenteuse du Brésil, des feuilles de laquelle on tire une fécule propre à teindre en cramoisi. Barrère l'appelle *convolvulus tinctorius fructu vitigineo*. (B.)

CARIBOU (*Cervus caribou* Linn., var. *cervi tarandi*, fig. pl. 76, vol. 30 de mon édition de l'*Hist. naturelle de Buffon*.). Buffon avoit pensé que le *caribou* de l'Amérique est le même quadrupède que le *renne* de Laponie; il paroît néanmoins que quelques dissemblances distinguent ces deux animaux, qui n'en sont pas moins des races ou de simples variétés de la même espèce. *Voyez* RENNE. (S.)

CARICOÏDE, nom donné par Guettard, à quelques MADRÉPORES fossiles, de figure sphérique, et ayant une cavité circulaire à leur partie supérieure. Ils rentrent dans ce qu'on a appelé *figue fossile*. Voyez au mot MADRÉPORE et au mot FIGUE DE MER. (B.)

CARIE. C'est, en agriculture, le nom de deux maladies, qui attaquent, l'une les arbres, l'autre certaines plantes herbacées, et particulièrement le FROMENT. (*Voyez* ce mot et l'article BLÉ.) La *carie* des arbres est cette espèce de moisissure du bois, qui le rend mou et d'une consistance peu différente de celle de la moelle ordinaire; pour arrêter les suites de cette maladie, il faut couper jusques dans le vif la partie cariée, et recouvrir soigneusement la plaie. (D.)

ÇARIGUE ou ÇARIGUYA, nom brasilien du SARIGUE. *Voyez* ce mot. (S.)

CARIGUIEBÉJU. *Voyez* SARICOVIENNE. (S.)

CARILLONNEUR (*Turdus campanella* Lath., fig. pl. enlum. de Buffon, n° 700, fig. 2.), oiseau du genre des GRIVES, et de l'ordre des PASSEREAUX. (*Voyez* ces mots.) Il fait partie de la section des *fourmilliers*, oiseaux fort singuliers, répandus dans les forêts tranquilles et solitaires de la Guiane, et famille assez nombreuse que j'ai fait connoître le premier. *Voyez* FOURMILLIERS, *oiseaux*. Les hautes et antiques futaies qui croissent sous l'équateur, retentissent de sons qui frappent d'étonnement quiconque s'égare dans ces sombres déserts; la voix de plusieures espèces de *fourmillers* forme les plus remarquables de ces bruits éclatans. L'un siffle comme l'homme, et module la game et des airs harmonieux comme le musicien (*Voyez* ARADA.); l'autre sonne le tocsin (*Voyez* BÉFROI.); et les *carillonneurs*, réunis en petites troupes et sautillant sur les branches des arbrisseaux, forment entr'eux le carillon de trois cloches de ton différent; leur voix est très-forte, si on la compare à leur petite taille, et ils continuent leur singulier carillon pendant des heures entières sans interruption.

La longueur totale du *carillonneur* est de quatre pouces et demi; il est d'un blanc tacheté de noir sur la tête, la gorge, le cou et la poitrine, gris brun sur le dos, brun roux sur le ventre et les couvertures de la queue, brun sur les ailes et la queue, enfin, noirâtre sur le bec et les pieds; un trait noir de chaque côté de la tête passe au-dessus de l'œil, et un liséré roussâtre règne sur le bord extérieur de toutes les pennes. (S.)

CARINAIRE, *Carinaria*, coquille univalve, très-mince, en cône, applatie sur les côtés, à sommet en spirale involute et très-petit, et à dos garni d'une carène dentée; à ouverture ovale oblongue, rétrécie vers l'angle de la carène.

Cette coquille avoit été placée parmi les *patelles* par Linnæus, sous le nom de *patella cristata*; Dargenville, Favanne et autres en ont fait un ARGONAUTE, et Lamarck un genre nouveau. Elle a été figurée par Dargenville, *Appendix*, pl. 1, fig. B; et par Favanne, pl. 7, fig. C 2. C'est une des plus rares qui existent dans les cabinets, ce qui est dû sans doute à son extrême fragilité, qui permet difficilement de l'apporter entière des îles de la mer du Sud, où on la trouve : elle est aussi transparente que du verre. On en voit une fort belle au cabinet du Muséum d'Histoire naturelle de Paris, qui provient du voyage entrepris sous les ordres de d'Entrecasteaux, pour aller à la recherche de **La Pérouse.**

Bonnet, naturaliste de l'expédition du capitaine Baudin, a découvert la *carinaire* à la latitude du Cap de Bonne-Espérance, voguant sur la haute mer à la manière des ARGONAUTES et des NAUTILES. (*Voy.* ces mots.) Il se propose de publier, à son retour, la description de l'animal qui l'habite; on doit l'attendre avec d'autant plus d'impatience, qu'elle fixera sans doute nos idées sur la place que doit remplir cette coquille dans l'ordre naturel.

Denys Montfort, dans son *Histoire des mollusques*, faisant suite au *Buffon*, édition de Sonnini, indique la *patelle bonnet de dragon*, comme devant être réunie à ce genre; mais la forme de cette dernière coquille, dont on ne connoît pas l'animal, s'éloigne encore plus de celle de la *carinaire* que de celle des PATELLES. *Voyez* ce dernier mot. (B.)

CARINDE. Dans Thevet, c'est l'*ara bleu. Voy.* ARA. (S.)

CARIOCATACTES, nom donné par divers auteurs à la SITTELLE, au CASSE-NOIX, au CALAO DES MOLUQUES. *Voyez* ces mots. (VIEILL.)

CARIPIRA, nom brasilien de la FRÉGATE. *Voyez* ce mot. (S.)

CARIS. C'est, selon Thevet, *chap.* 71, un petit quadrupède de l'Amérique, gros comme un lapereau; et bon à manger. Il est probable que ce quadrupède est l'AGOUTI ou l'AKOUCHI. *Voy.* ces mots. (S.)

CARIS, *Caris*, genre d'insectes de ma famille des TIQUES, sous-classe des ACÈRES, ordre des SOLÉNOSTOMES. Ses caractères sont: organes de la manducation, formant une espèce de bec; palpes avancés, sétacés, de sa longueur, point renflés à leur base; six pattes. *Histoire naturelle des insectes,* tome 3, page 67, *Buffon*, édit. de Sonnini.

Je ne connois qu'une seule espèce de ce genre; je l'ai trouvée sur le corps d'une chauve-souris, d'où je l'ai nommée *caris de la chauve-souris, caris vespertilionis.*

Cet insecte n'a guère plus de deux lignes de longueur: le corps est rond, plat, et revêtu d'une peau assez ferme, comme celle de la *tique*, que Linnæus nomme *ricinus.* (L.)

CARLIN. C'est ainsi que l'on appelle, depuis quelque temps, le *doguin*, petit chien devenu fort à la mode. Son nez écrasé et son masque noir comme celui d'arlequin, rôle dans lequel Carlin, de la comédie Italienne, s'est acquis en France une grande réputation, lui ont fait donner le nom de cet acteur célèbre.

La race du *doguin* ou *carlin*, fournit de très-jolis chiens, mais qui n'ont pas l'intelligence ni les autres qualités aimables de plusieurs autres races ; et cette différence est produite par des organes moins délicats et moins sensibles ; l'odorat qui, pour les chiens, est le premier de tous, n'a presque point d'intensité dans le *doguin*, à cause de la déformation du siége de cet organe. *Voyez* CHIEN. (S.)

CARLINE, *Carlina*, genre de plantes de la syngénésie polygamie égale, et de la famille des CYNAROCÉPHALES, dont le caractère est d'avoir un calice commun, court, ventru, imbriqué, composé d'écailles lâches, pointues, dont les intérieures sont fort longues, lancéolées, linéaires, colorées, scarieuses et ouvertes ; des fleurons nombreux, tous hermaphrodites, tubulés, quinquéfides, réguliers, posés sur un réceptacle chargé de paillettes multifides, et entourés par le calice commun. Le fruit consiste en plusieurs semences un peu cylindriques, couronnées d'une aigrette plumeuse ou rameuse, et environnées par le calice commun de la fleur.

Voyez pl. 662 des *Illustrations* de Lamarck, où ces caractères sont figurés.

Les *carlines* sont au nombre d'une douzaine d'espèces, propres aux hautes montagnes ou aux parties méridionales de l'Europe et à l'Afrique : plusieurs sont très-élégantes, et deux sont esculentes.

Ces dernières sont la CARLINE CHARDOUSSE de Villars, le *Carlina achantifolia*, figuré par Allioni, *Flora Pedemontana*, pl. 51, et autres ; et la CARLINE SANS TIGE, *Carlina acaulis* Linn., plantes extrêmement voisines, et qui croissent sur les hautes montagnes de l'intérieur de la France. On les appelle *chardousses* dans les Basses-Alpes, et *loques* dans les Cévennes. Par-tout où elles se trouvent, les habitans en mangent les réceptacles, comme ceux des artichauts, auxquels ils ne sont point inférieurs en bon goût, et qu'ils surpassent très-souvent en grosseur. On les sèche pour l'hiver ; mais ces plantes, dont la nature est prodigue dans les lieux qui leur conviennent, ne souffrent que difficilement la culture ; et inutilement on a tenté plusieurs fois de les introduire dans les jardins même de leur climat. Leurs caractères sont d'avoir la fleur solitaire, presque sessile, et les feuilles toutes radicales, profondément sinuées, dentées et épineuses ; elles s'étalent sur la terre en rosette, et un seul pied couvre quelquefois un espace de deux à trois pieds de diamètre. Leurs racines, qui sont bisannuelles, très-grosses et aromatiques, passent pour diurétiques, sudorifiques et alexipharmaques.

Après ces deux espèces, il n'y a plus que la CARLINE

VULGAIRE, qui soit dans le cas d'être citée. Elle a la tige multiflore, en corymbe, les fleurs terminales, les rayons du calice blanc. Elle se trouve abondamment dans les lieux montueux, sablonneux et arides de presque toute l'Europe.

Les cinq à six autres, européennes, ne se trouvent que dans les parties les plus chaudes et les plus sèches des parties méridionales de la France. (B.)

CARLO. D'anciens voyageurs disent que c'est un oiseau de l'île de Ceylan, aussi gros qu'un cygne, à tête prodigieusement grosse, à crête de coq, à jambes courtes, à plumage noir et oreilles blanches, à cri de canard, et qui ne se pose jamais à terre. Il y a plus que de l'exagération dans cette description, et le *carlo* peut passer pour un oiseau imaginaire. (S.)

CARLUDOVIQUE, *Carludovica*, genre de plantes de la monoécie polyandrie, et de la famille des PALMIERS, qui offre pour caractère une spathe universelle de quatre folioles lancéolées, concaves, striées, s'enveloppant les unes sur les autres, caduques, et terminées par quatre à cinq pointes; une spathe commune, cubique, à quatre fleurs; une spathe propre, ovale, couronnée de plusieurs dents arrondies; point de corolle; un grand nombre d'étamines très-courtes, insérées au réceptacle dans les fleurs mâles; un ovaire cubique, creusé supérieurement de deux sillons en croix, portant quatre styles écartés, filiformes, très-longs, portant chacun un stigmate semblable à une anthère, dans les fleurs femelles.

Le fruit est une baie cubique, uniloculaire et polysperme, renfermant un grand nombre de semences, petites, oblongues et planes.

Dans ce genre, dont les caractères sont figurés pl. 31 du *Genera* de la *Flore du Pérou*, les fleurs mâles sont mêlées avec les femelles sur le même spadix.

On compte cinq espèces de *carludoviques*, toutes propres au Pérou. (B.)

CARMANTINE, *Justicia* Linn. (*Dyandrie monogynie*), genre de plantes de la famille des ACANTHOÏDES, renfermant un grand nombre d'espèces, qui sont toutes ou des herbes ou des arbrisseaux étrangers. Dans les *carmantines*, le calice est petit, et découpé profondément en cinq parties; la corolle, qui est monopétale, a deux lèvres très-distinctes; une supérieure, échancrée; une inférieure, réfléchie et à trois divisions; les étamines, au nombre de deux, sont attachées à la corolle sous la lèvre supérieure, et chacune d'elles porte une anthère droite à deux loges, réunies ou distantes; l'ovaire est supérieur; le style mince, et le stigmate simple. Le fruit est une capsule oblongue, à deux valves, s'ouvrant avec élasticité; cette capsule a deux cellules, séparées par une cloison opposée aux valves, et chaque cellule contient plusieurs semences rondes et comprimées. *Voyez* Lam. *Illustrations des genr.* pl. 12.

Toutes les *carmantines* ont la corolle labiée et les feuilles simples et opposées. Les unes ont la tige ligneuse, les autres l'ont herbacée; dans plusieurs les anthères sont à loges réunies, dans d'autres elles sont à loges séparées. Ces quatre caractères ont donné lieu à quatre divisions des nombreuses espèces de ce genre, qui en comprend environ cinquante-quatre. Parmi celles dont la tige est ligneuse, et dont les loges des anthères sont réunies, les plus intéressantes à décrire sont:

La CARMANTINE EN ARBRE, vulgairement le NOYER DE CEYLAN, le NOYER DES INDES, *Justicia adathoda* Linn. C'est l'espèce la plus élevée de ce genre; elle a un beau port et un aspect agréable, quand elle est en fleur: elle s'élève à la hauteur de huit à douze pieds, sur une tige grosse comme le bras, avec des rameaux redressés et des feuilles larges, ovales et lancéolées, qui ont l'apparence de celles du *noyer commun;* les fleurs sont grandes, blanches, et disposées vers le sommet des rameaux en épis courts, munis de bractées ovales et persistantes; les lèvres de la corolle sont courbées, et l'inférieure est veinée de pourpre à sa base.

Cet arbre croît dans l'île de Ceylan; il est cultivé depuis long-temps en Europe, dans les jardins. Ses fleurs paroissent à la fin de l'été; quelquefois les boutons ne sortent qu'à l'approche du froid, et ne s'ouvrent pas; en général il fleurit difficilement: il lui faut un grand soleil, une terre légère et substantielle, et continuellement de l'eau. On doit l'élever dans un grand pot ou dans une caisse, afin de le mettre dans l'orangerie aussi-tôt que les froids commencent, car il craint les moindres gelées: cependant il passe très-bien l'hiver dans une bonne serre, sans le secours d'une chaleur artificielle. On peut le multiplier, vers le milieu de l'été, de marcottes ou de boutures, qui prennent aisément racine; on le traite après comme les orangers: il conserve ses feuilles en hiver.

La CARMANTINE A CROCHET, *Justicia echolium* Linn. C'est un petit arbrisseau qui a des rameaux anguleux et des feuilles ovales lancéolées; les épis de fleurs munis de bractées ciliées, offrent quatre côtés, et ressemblent à un cône; la corolle est d'abord bleuâtre, et devient presqu'entièrement blanche en se développant; sa lèvre supérieure est étroite, bifurquée et recourbée en crochet. Cette espèce croît au Malabar et à Ceylan; elle se multiplie par semences et par boutures. Sa racine en décoction est bonne contre la goutte, et mêlée à celle de ses feuilles, elle est réputée salutaire dans les douleurs néphrétiques.

La **Carmantine tachée**, *Justicia picta* Linn., est un arbrisseau de cinq ou six pieds, qui croît dans les Indes orientales, dans les Moluques et à la Chine, où on le cultive comme ornement dans les jardins. Il est remarquable par ses feuilles ovales pointues, tachées de blanc jaunâtre, ou de rouge brun, et par ses beaux épis de fleurs purpurines, dont la corolle est renflée à son orifice.

La **Carmantine a fleurs rouges**, *Justicia pulcherrima* Linn. *J. Coccinea Aubl. et Mus.* C'est une très-belle espèce, qui a des fleurs grandes, d'un rouge éclatant; elles sont produites au sommet des rameaux, sur des épis droits à quatre côtés, et munis de bractées ciliées; les feuilles sont pétiolées, ovales, pointues aux deux bouts, et longues de huit à dix pouces. Cet arbrisseau croît dans l'Amérique méridionale, à Cayenne, à Carthagène : il pousse de la même racine plusieurs tiges droites, peu rameuses, de six pieds de hauteur.

Parmi les *carmantines* à tige ligneuse, dont les anthères sont à loges séparées, on distingue les deux suivantes:

La **Carmantine a deux fleurs**, *Justicia biflora* Lam. Dans cette espèce, qui croît en Arabie, les rameaux sont opposés et cylindriques, les feuilles ovales et obtuses ; chaque pédoncule ne porte que deux fleurs, et les fleurs ont un double calice ; elles sont d'un jaune rougeâtre. On applique les feuilles de cet arbrisseau sur les tumeurs enflammées, pour en calmer les douleurs.

La **Carmantine odorante**, *Justicia odora* Lam. C'est un arbrisseau d'un aspect agréable, et qui ressemble un peu au précédent. Il a des rameaux articulés et munis de chaque côté d'un sillon qui va d'un nœud à l'autre ; ses feuilles sont ovales, oblongues et obtuses ; ses fleurs viennent solitaires aux aisselles des feuilles, leur couleur est jaune ; elles n'ont point de pétiole, et sont velues en dehors. Cette plante croît en Arabie, dans les bois. Son odeur approche de celle de la *flouve ;* mais elle n'est bien sensible que lorsque la plante commence à se faner. Les paysans arabes s'en parent les jours de fêtes, et en font des couronnes de fleurs dont ils s'ornent la tête.

Dans les espèces à tige herbacée, et dont les anthères ont les loges réunies, nous n'en trouvons qu'une qui offre quelqu'utilité ; c'est la **Carmantine pourprée**, *Justicia purpurea* Linn. Elle a une tige rampante, articulée, et qui pousse de petites racines à ses nœuds ; ses feuilles sont ovales, très-entières, lisses et pointues ; les fleurs, dont la corolle est purpurine ainsi que les étamines, naissent en épis au sommet des rameaux et d'un seul côté. Cette plante croît à la Chine et dans les Moluques. Rumphe fait mention d'une variété dont les nœuds de la tige et les nervures des feuilles sont rougeâtres : on s'en sert pour teindre en rouge.

La Carmantine pectorale, *Justicia pectoralis* Jacq., est aussi une herbe, mais elle a des anthères à loges distantes. Sa racine périt tous les ans ; sa tige est noueuse et menue ; ses feuilles sont lancéolées, lisses et entières ; et ses fleurs petites, rougeâtres et à calice simple, sont disposées en épis grêles et paniculés. Cette plante croît à Saint-Domingue et à la Marti- nique : elle est vulnéraire et résolutive, et on en fait un sirop très-agréable, vanté, avec raison, pour les maladies de la poitrine.

Pour les détails de la culture des *Carmantines* dans l'Inde et dans nos climats, *voyez* Miller et la *Nouv. Encyclop. Dict. d'Agriculture*. Ruys et Pavon ont découvert, dans le Pérou, plusieurs espèces nouvelles de *Carmantines*. Voyez la *Flore du Pérou*, publiée récemment par ces botanistes (D.)

La Carmantine teignante a les feuilles lancéolées, presque ternées, pubescentes ; les fleurs ramassées en tête et axillaires. Elle croît dans la Cochinchine, où on emploie ses feuilles à teindre en vert. (B.)

CARMONE, *Carmona*, arbrisseau à feuilles alternes fas- ciculées sur des tubercules, ovales, oblongues, tantôt en- tières, tantôt tridentées, velues en dessous, ponctuées de blanc en dessus, très-peu pétiolées ; à fleurs rouges, disposées en grappes axillaires et très-velues.

Cet arbrisseau forme, dans la pentandrie digynie, un genre dont les caractères consistent en un calice persistant à cinq divisions aiguës ; une corolle monopétale à tube court et à limbe divisé en cinq parties aiguës ; cinq étamines ; un ovaire supérieur, globuleux, surmonté de deux styles à stigmates simples.

Le fruit est un drupe globuleux, contenant une noix à six loges et à six semences.

Le *carmone hétérophylle* est figuré pl. 458 des *Icones plan- tarum* de Cavanilles, et se trouve aux îles Mariannes. Il se rapproche beaucoup des Cabrillets, d'après l'observation de Ventenat. *Voyez* au mot Cabrillet. (B.)

CARNASSIERS. Ordre de quadrupèdes qui n'ont pas le pouce séparé des autres doigts. Cet ordre se divise en quatre sous-ordres, et ceux-ci en plusieurs familles. (S.)

CARNILLET. C'est une plante du genre CUCUBALE, le *cucubalus behen* de Linn. *Voyez* ce mot. (B.)

CARNIVORE, CARNASSIER. Lorsqu'on observe cette foule innombrable d'êtres vivans qui peuplant le domaine de la terre et l'empire des airs et des eaux, se font une guerre continuelle, et ne subsistent que de leurs déprédations, l'ame est affligée de douleur. Seroit-il donc vrai que la nature auroit armé le fort pour tyranniser le foible? donné la griffe et la dent au tigre, le bec crochu, la serre acérée au vautour, afin de déchirer leur proie vivante, et se repaître d'une chair encore toute palpitante? Pourquoi leur a-t-elle donné l'instinct de la cruauté, l'amour de la rapine, des antipathies implacables, la soif du sang, et toutes les qualités violentes et tyranniques, qui n'ont d'autre but que la destruction? La Nature cherche donc à détruire en même temps qu'elle reproduit? Quelle contradiction! Quelle cruauté! L'agneau dévoré par l'homme ou par le loup n'a-t-il pas le droit de se plaindre que la Nature l'a créé pour l'immoler? Que ne le laissoit-elle dans le néant, dont il n'a point demandé à sortir? c'étoit donc pour son malheur qu'elle l'avoit formé? Et ces espèces sanguinaires, nées pour la déprédation, ne sont-elles pas à l'abri des cruautés qu'elles exercent sur les animaux innocens et tranquilles? L'homme dévore le bœuf paisible qui cultive son champ, qui engraisse et fertilise ses campagnes; il mange la tendre colombe et il épargne le milan; il égorge l'agneau timide qui vient le caresser, il le déchire de ses mains; il enfonce son couteau dans le cœur des plus doux animaux, pour salaire de leurs services; mais il laisse en paix la bête féroce; il nourrit, il flatte le chien, animal sanguinaire, dont il se sert contre le cerf, la biche, le chevreuil, espèces douces et pacifiques, qui broutent l'herbe des champs.

Pourquoi cet instinct féroce? Lorsqu'aux premiers jours du monde l'homme se contentoit des fruits sauvages, du gland des chênes et du cristal des fontaines, étoit-il moins heureux? La vache lui offroit son lait, la brébis sa toison, le chevreuil venoit se désaltérer sans crainte à la même source, et chacun, satisfait de sa destinée, voyoit arriver la vieillesse et la mort sans effroi, il rendoit à la nature une vie que n'avoit souillée aucun crime, et que le bonheur n'avoit jamais abandonnée; mais avec la chasse sont nés la guerre, l'oppression, la tyrannie, les cachots et les brigandages. L'homme s'accoutumant à verser le sang des animaux versa bientôt celui de son semblable, celui même de son frère, et la barbarie croissant toujours dans les cœurs à mesure qu'ils s'endurcissoient, l'homme arriva au point de dévorer l'homme, de massacrer sans pitié les enfans sur le sein de leurs mères, d'arracher les fœtus de leurs entrailles palpitantes, et de les écraser contre la pierre.

Tels furent les effets de cette nourriture de sang et de chair parmi les hommes. C'est une remarque générale dans toute la terre, que les nations sont plus cruelles et plus indomptables à mesure qu'elles se nourrissent plus habituellement de chair. Comparez le pacifique Indien vivant de fruits, avec le farouche Tartare, qui boit le sang du cheval et mange sa chair toute crue. L'Anglais est plus cruel que le Français, parce qu'il mange plus de viande. Tous ces peuples barbares qui ne respectent aucun des droits de l'humanité sont carnivores et chasseurs. Les bouchers sont presque aussi insensibles que les bourreaux, et l'on en a vu de terribles exemples dans nos fureurs révolutionnaires.

Autant la nature nous paroît attentive à reproduire les individus, autant elle met d'activité à les détruire ; cette remarque est évidente et cet effet nécessaire, car comment auroit pu subsister une multitude innombrable d'animaux, s'ils n'avoient pas eu la puissance de s'entre-détruire ? Il y a telle espèce de rats, de souris, de mulots, qui se multiplieroit assez dans quelques années pour couvrir toute la terre, si rien ne les détruisoit proportionnellement ; de sorte que la cruauté est nécessaire pour maintenir l'équilibre dans la nature. Quelles immenses nuées de sauterelles, de mouches ; quelles fourmillières infinies d'insectes, si rien ne les faisoit périr ! Est-il raisonnable de se plaindre de ce qui est un bien ? Est-il juste d'accuser la nature de cruauté, avant de réfléchir combien il est nécessaire d'arrêter le débordement des générations ? Tantôt il faut un grand nombre d'insectes pour détruire une surabondance de productions ; tantôt il n'en faut plus : or qui réglera ces quantités, si ce ne sont pas la génération et la destruction ? Les années fécondes en productions vivantes, sont aussi fécondes en causes destructives ; et les animaux *carnivores* jouent un grand rôle dans cette pondération des êtres.

On accuse la nature de cruauté ! Mais ne faut-il pas que tout corps vivant meure un jour ? Est-il plus douloureux pour un insecte, un poisson, un animal quelconque, de périr sur-le-champ sous la dent d'une bête féroce, ou d'expirer dans les longues agonies de la vieillesse et de la maladie ? La nature demande la mort ; mais non pas la douleur. Et pourquoi veut-elle la mort ? n'est-ce pas pour donner la vie ? n'est-ce pas pour soutenir l'existence des êtres ? n'est-ce pas pour les re-produire ? n'est-ce pas pour le seul besoin des espèces ? la nature va-t-elle au-delà ? tue-t-elle pour le plaisir de tuer ? Élevons donc nos pensées à de plus hautes contemplations ; voyons le but réel que la nature se propose. Elle ne s'inquiète point des individus, mais seulement des espèces ; elle n'a point d'acception ni de prédilection injuste. Si le foible animal a ses ennemis, croyez-vous que le lion féroce n'ait pas aussi les siens dans les âpres rochers de la Guinée ? Le moucheron, tout foible qu'il est, ose bien attaquer ce roi des animaux, le harceler, le piquer, sans qu'il puisse détruire cet importun insecte. Et l'homme, qu'il faut mettre au premier rang des animaux déprédateurs, n'est-il pas la vile proie d'un ciron, d'une puce ? N'a-t-il pas des ennemis plus cruels encore ? Ne s'entr'égorge-t-il pas dans ses grandes et sanglantes querelles ? Il y a donc une guerre éternelle entre tous les êtres vivans de la nature, et les plus foibles ne sont pas plus malheureux que les plus forts. La somme des biens et des maux est à-peu-près égale pour l'insecte et pour l'aigle, pour le ver et pour le lion ; chacun mange pour être mangé à son tour, et l'on ne meurt qu'une seule fois. *Voyez* l'article ARMES.

Après avoir fait remarquer la nécessité des espèces *carnivores* ; après avoir montré que la nature n'est ni cruelle ni injuste, il nous reste à examiner les animaux *carnivores* en eux-mêmes. Nous ne nous occuperons pas à décrire les armes qu'ils emploient pour vaincre leur proie, nous en avons parlé dans l'article ARMES DES ANIMAUX.

Premièrement il faut reconnoître que tout être organisé est formé relativement au genre de vie auquel il est destiné. Tous ses parties concourent au même but, car il n'y a peut-être pas une fibre dans un animal qui n'ait pour objet la nutrition et la génération, quoique la manière en soit bien différente dans les diverses espèces. Prenons pour exemple de *carnivores*, dans les quatre classes d'animaux à vertèbre et à sang rouge, un lion, un aigle, un crocodile, un requin ; tout, dans ces êtres, respire la férocité ; tout représente la force, l'agilité, le courage, l'instinct âpre et sanguinaire ; la nature a tout disposé en eux pour les faire vivre de chair ; ils sont tous armés avec avantage ; ils ont tous l'appétit du sang ; leurs intestins, leurs os, leurs muscles, montrent évidemment leur destination ; de sorte qu'on pourroit deviner leur caractère, leurs appétits, leur genre de vie, à leur seule conformation ; qu'on me montre une dent d'un animal quelconque, et je dirai comment il vit. Tout est coordonné dans la nature ; quand on tient un fait, il se lie toujours à quelqu'autre ; c'est un anneau attaché à une longue chaîne.

Dans tous les *carnivores* on remarque deux faits généraux : le premier est la force de tous les organes extérieurs ; et le second la foiblesse des parties internes. Voyez un lion, un aigle ; qu'y a-t-il de plus musculeux, de plus robuste, de plus actif ? Mais examinez ses organes intérieurs de nutrition, ses intestins, son estomac, vous les verrez foibles à proportion de la force extérieure de l'individu.

En effet tous les *carnivores* n'ont qu'un seul estomac, d'une capacité médiocre, d'une texture membraneuse, délicate, et des intestins fort courts ; au lieu que dans les espèces herbivores, l'estomac est large, quelquefois multiple ou musculeux, les intestins sont amples et fort longs ; ces animaux ont même un appendice intestinal, une sorte de sac appelé *cœcum*, près de l'estomac, pour lui servir en quelque sorte de supplément ; les carnivores n'ont jamais qu'un estomac simple et d'une médiocre capacité. La longueur des intestins est même un caractère remarquable des animaux herbivores ; le bœuf, par exemple, a des intestins grèles de la longueur de cent quatorze pieds, et les gros sont longs de trente-quatre pieds ; les grèles ont cinquante-six pieds dans le cheval ; les intestins du lapin font onze fois sa longueur, et ceux du lamantin plus de vingt fois ; ceux du castor ont huit aunes ou vingt-huit pieds ; mais dans les carnivores ils sont fort courts ; ceux du tigre et du loup ne font que trois fois leur longueur totale ; ils n'ont que cinq pieds dans la panthère. Il en est de même chez les oiseaux ; l'aigle a des intestins longs de deux aunes et demie seulement ; les serpens en ont aussi de fort courts ; mais chez les poissons très-carnivores cette brièveté est encore plus remarquable ; dans le requin l'intestin est tout droit et n'a guère plus d'un pied, son intérieur est garni d'une valvule spirale, comme la vis d'Archimède. Ces proportions dans la longueur des intestins se font aussi appercevoir parmi les autres classes d'animaux, les mollusques, les crustacés, les insectes, les vers et les zoophytes. L'homme, qui est omnivore, a des intestins qui font six fois sa longueur, pour l'ordinaire. On remarque d'une manière frappante combien la longueur des intestins dépend de la nature des alimens ; car dans le têtard de la grenouille ils sont fort longs, parce que cet animal vit de plantes aquatiques ; mais lorsqu'il se transforme en grenouille, son système intestinal se raccourcit parce qu'il doit vivre désormais de vers et d'insectes.

Or, plus les organes internes d'un animal sont foibles, plus la force vitale se porte sur les parties extérieures, comme

on le voit évidemment chez les *carnivores*. Dans les herbivores la raison est contraire. Ne faut-il pas en effet que les
premiers puissent atteindre et subjuguer leur proie vivante
par l'agilité et la force ? Ne faut-il pas que les seconds aient
des intestins amples pour recevoir une grande masse de substances végétales, qui sont bien moins nutritives que la chair ?
N'est-il pas nécessaire que les matières animales sortent promptement du corps pour éviter une putréfaction dangereuse à
l'individu ? Au contraire ne faut-il pas que les substances végétales séjournent plus long-temps dans les intestins, pour fournir tous leurs principes alimentaires mêlés dans une grande
masse de matières ? On voit donc que les animaux n'ont pas
la volonté de choisir la nature de leurs alimens, mais qu'ils
sont forcés à la vie soit végétale, soit animale, selon leur conformation ; c'est à tort qu'on accuse le loup, le tigre d'être
cruels, ils ne veulent que vivre suivant leurs besoins.

Tous les *carnivores* ont non-seulement des muscles plus robustes que les herbivores, mais leurs sens sont encore plus
délicats ; leur vue est plus perçante, comme dans l'aigle ;
leur odorat plus exercé, comme dans le loup ; leur ouïe plus
fine, leur goût plus sensible, leur instinct plus étendu, leurs
sensations plus exactes, leur *jugement* plus vif : c'est ce qu'on
reconnoît dans leurs chasses, leurs finesses, leurs embûches,
leurs guerres, et toutes leurs habitudes extérieures.

Il semble donc que les facultés vitales des herbivores soient
toutes internes, celles des *carnivores* toutes externes; que plus
les organes extérieurs sont forts, plus les organes intérieurs
sont foibles, et réciproquement : c'est à cette foiblesse interne
de la vie qu'il faut attribuer la difficile digestion des carnivores, car les herbivores peuvent manger presque sans relâche ;
ils digèrent à mesure qu'ils avalent, mais les *carnivores* bien
repus, refusent de manger, et peuvent ainsi demeurer plusieurs jours sans autres alimens. On a vu des loups, des
chats, des fouines, demeurer huit et même quinze jours sans
prendre de nourriture ; un cheval, un bœuf, meurent au
bout de deux ou trois jours, parce que leurs alimens sont
d'ailleurs peu nourissans, tandis que la chair alimente beaucoup plus. C'est même à cause de cette nourriture de chair,
que les *carnassiers* sont si robustes et si vigoureux, mais un
animal herbivore est plutôt fatigué qu'eux. On voit des oiseaux de proie, des aigles, des faucons, des oiseaux frégates
voler pendant plusieurs journées, et faire dans les airs plusieurs centaines de lieues. Un cheval seroit bientôt mort, s'il
étoit forcé de courir pendant quelques jours sans se reposer.
Le lion, le tigre font des bonds à plusieurs toises de distance,

ce qui montre la prodigieuse fermeté de leurs muscles, de leurs tendons et de leurs os. D'un coup de dent, ils brisent l'épine du dos d'un taureau, ils déchirent l'éléphant, et cette grosse masse herbivore ne peut se défendre contre un médiocre *carnivore* agile et robuste.

L'homme est conformé comme les singes, pour être frugivore, ou plutôt omnivore. Les chauve-souris sont insectivores ; et les hérissons, les musaraignes, les taupes, sont vermivores. Les ours, blaireaux, kinkajous, mangoustes, martes, vivent de matières plus ou moins animales, mais il faut des animaux vivans, et du sang au lion, au tigre, à la panthère, &c. Les loups, hyènes, chacals aiment les charognes. Les autres quadrupèdes vivipares sont herbivores quoique plusieurs espèces de rongeurs ne dédaignent pas la chair. Parmi les oiseaux, tous les rapaces, et la plupart des palmipèdes veulent des nourritures animales ; les oiseaux à bec fin, les grimpeurs et les oiseaux de rivage, recherchent les vers et les insectes, il en est de même pour la plupart des reptiles. Les poissons vivent presque tous les uns des autres ; la mer est un champ de perpétuel carnage. Quelques mollusques dévorent des vers et des insectes, comme les crustacés. Plusieurs coléoptères détruisent beaucoup de charognes, tels sont les sylphes, nicrophores, carabes, dermestes, &c. Les araignées, libellules, hémérobes, &c. font la guerre aux autres insectes, et tous les aptères sont parasites. Il n'y a pas jusqu'aux zoophytes qui ne dévorent les vers, les insectes, les débris des animaux, de sorte qu'il y a plus d'un tiers du règne animal, en entier, qui vit sur sa propre substance. Les plantes parasites sont, pour ainsi dire, les herbivores du règne végétal, car elles vivent de destructions végétales, comme les moisissures, des champignons, et même le gui, l'orobanche, &c. On peut voir à l'article ALIMENS, ce que nous disons sur la matière nutritive en général, et combien elle influe sur tous les êtres. (V.)

CARNIVORES, division ou sous-ordre de quadrupedes, dans l'ordre des CARNASSIERS. (*Voyez* ce mot.) Les carnivores n'ont aucun des pouces séparé, et leurs pieds n'appuient que sur les doigts. Cette division comprend trois familles : les MARTES, les CHIENS et les CHATS. *Voyez* ces mots. (S.)

CAROCHUPA. C'est le SARIGUE, suivant quelques-uns. *Voyez* ce mot. (S.)

CAROLINE, nom spécifique de poissons du genre ARGENTINE et du genre TRIGLE. *Voyez* ces mots. (B.)

CAROLINÉE, *Carolinea*, genre de plantes appelé **Pa-**
chire par Aublet. *Voyez* ce mot (B.)

CARONCULE (*Sturnus carunculatus* Lath. ordre **Pas-**
sereaux ; genre **Étourneau**. *Voyez* ces deux mots.). Cet
étourneau a une petite caroncule de couleur orangée , qui
pend à chaque coin de la bouche, près de la base de la mandibule inférieure du bec ; le dos et les couvertures supérieures des ailes d'un brun rougeâtre ; le reste du plumage , le
bec et les ongles noirs ; les pennes de la queue sont terminées
en pointe.

La femelle est entièrement d'un brun rougeâtre ; les caroncules sont très-peu apparentes ; longueur neuf pouces et demi environ , grosseur de l'*étourneau*.

Cette espèce se trouve à la Nouvelle-Zélande. (**Vieill.**)

CARONDI , nom que les Indiens donnent généralement
à toutes les espèces de **Perroquets**. *Voyez* ce mot. (S.)

CAROTTE, *Daucus* Linn. (*Pentandrie digynie*), genre
de plantes de la famille des **Ombellifères** , dont le caractère est d'avoir des fleurs disposées en ombelles doubles, qui
sont planes pendant la floraison , et qui se contractent, et
deviennent concaves à mesure que le fruit approche de sa
maturité. La grande et les petites ombelles sont garnies d'un
involucre et d'involucelles découpés en lanières étroites.
Chaque fleur est composée d'un calice entier , de cinq pétales courbés en cœur et dont les extérieurs sont plus grands ,
de cinq étamines à anthères simples , et d'un ovaire inférieur
surmonté de deux courts styles. Les fleurs du centre et de la
circonférence sont sujettes à avorter. Le fruit consiste en deux
semences , planes d'un côté, convexes de l'autre , et toujours
hérissées de poils un peu roides. On trouve ces caractères
figurés dans l'*Illust. des Genr.* de Lamarck , pl. 192.

Les *carottes* sont des herbes qui ont beaucoup de rapports
avec les *caucalides* et les *ammis*. Elles diffèrent des premières par leur involucre dont les folioles sont profondément
découpées ; et leurs semences hérissées empêchent qu'on ne
les confonde avec les *ammis*. Leurs feuilles sont composées ,
et à découpures plus ou moins fines.

Les espèces connues de ce genre sont en petit nombre. La
plus intéressante de toutes est la **Carotte commune**, *Dau-*
cus carota Linn., qui comprend la *carotte sauvage* , et celle
que l'on cultive ; la racine de la *carotte sauvage* est plus grêle
et plus dure ; d'ailleurs elle ressemble entièrement à l'autre.

La *carotte commune* a une tige velue , rameuse , légèrement cannelée , et qui s'élève ordinairement à trois pieds.
Les découpures de ses feuilles sont étroites , linéaires et ai-

guës. Ses fleurs sont blanches et quelquefois rougeâtres. Cette plante est cultivée depuis long-temps dans les jardins ; elle offre à l'homme un aliment sain , et qui parfume et assaisonne les autres. Elle n'est pas moins bonne pour les animaux. Cependant on n'en sème la graine dans les campagnes que depuis quelques années , à l'imitation des Anglais. C'est au zèle de la société établie à Londres pour l'encouragement des arts , qu'on doit la culture en grand de cette plante ; comme elle pivote beaucoup , elle n'épuise point la superficie du terrein , et ne peut nuire, par conséquent, au blé ni aux autres grains qui sont semés après elle. On la sème même , avec avantage , parmi les grains du printemps. Elle est d'une grande ressource pour la conservation des bestiaux, auxquels elle fournit une nourriture abondante et substantielle. Les bœufs , les moutons , les chevaux et les porcs mangent cette racine avec plaisir ; elle les engraisse, les maintient en santé , et les rétablit promptement après la maladie. Le lait de vache en est augmenté et rendu meilleur, ainsi que le beurre. Enfin elle peut être ajoutée ou substituée en tout temps aux autres fourrages. Et comme cette plante est à l'abri des ouragans et de la grêle ; comme on la garantit aisément de la gelée , dans la terre ou hors de terre : qu'elle est peu sujette à manquer , levant facilement : qu'on peut la semer et la récolter dans plusieurs saisons, la replanter même au printemps pour avoir de la graine , après l'avoir gardée l'hiver dans du sable ; comme elle n'est point dévorée par les chenilles , ainsi que les navets , et qu'elle craint peu les autres insectes , à l'exception du ver de hanneton et de la courtillière qui l'attaquent quelquefois , mais dont on a des moyens de la défendre ; par tous ces avantages, elle mérite l'attention et les soins de tout cultivateur bon économe.

On compte trois espèces *jardinières* de *carotte* , distinguées par la couleur de leur racine , savoir : la *carotte rouge* ou *couleur d'orange* , la *blanche* et la *jaune*. La première est préférée en Angleterre , la seconde en Italie , et la troisième en France. Celle-ci passe pourtant pour la meilleure ; elle cuit mieux , et elle est plus tendre et plus délicate. La *blanche* craint moins l'humidité que les deux autres. Il y a aussi une petite *carotte* jaune , pâle , hâtive , et une petite rouge plus hâtive.

De toutes les plantes qu'on cultive pour leurs racines , il n'en est point qui exige un sol plus profond. Il doit être léger , gras , un peu sablonneux et un peu humide , ou plutôt ce qu'on appelle *frais* , afin que la *carotte* le pénètre et l'écarte aisément , et afin que l'eau des pluies ne séjourne pas sur les racines. On doit rendre tel celui qui seroit trop compacte ou trop serré. On peut employer pour cela le sable sec, et encore mieux le terreau bien consommé. Le fumier mis trop tard, ou trop de fumier, nuit à cette plante ; elle fourche alors, pousse des racines latérales, est sujette à devenir galleuse, à pourrir ou à être mangée des vers ; elle est en un mot moins saine et se conserve moins. On doit donc fumer la terre destinée aux *carottes* deux ans ou au moins un an avant de les semer. Elle doit avoir été préparée par trois labours, faits, le premier en automne, le second après les grandes gelées ou pluies, et le troisième au milieu de mars. Celui-ci doit être superficiel ; mais les deux précédens très-profonds. Le second labour peut être supprimé, si la terre est légère et meuble, et après le dernier il ne faut pas manquer de passer le râteau ou la herse sur le terrein, pour l'unir, et pour semer également

Dans le midi de la France, on peut semer les *carottes* de mars en septembre, juin et juillet exceptés. Dans le nord, on sème communément en automne et après l'hiver. Si on sème au printemps, il ne faut pas attendre qu'il soit trop avancé. Les plantes monteroient en graines, avant que leurs racines fussent parvenues à une grosseur médiocre : cela arrive souvent dans les pays chauds ; car la *carotte* n'est bisannuelle, qu'autant qu'elle ne fleurit pas dans la même année. Pour garantir de la gelée les semis faits en automne, on les couvre de paille longue.

Ses graines ayant des poils qui les unissent ensemble, on les mêle avec deux tiers de sable fin ; et après les avoir frottées dans les mains, on les sème, par un temps calme, à la volée ou en rayons séparés. Quelques personnes y mêlent plusieurs autres espèces de semences, comme des porreaux, des oignons, des panais, des raves, &c. Cette pratique est mauvaise. Si une de ces espèces réussit pleinement, elle détruit les autres, les *carottes*, pour avoir de l'air, poussent plutôt par le haut que par la racine. Au lieu que chaque espèce semée séparément, devient plus belle ; et la récolte finie, le terrein se trouve libre. Rozier parle de les transplanter quand elles ont acquis la grosseur d'un tuyau de plume à écrire. Nous croyons cette méthode vicieuse et contraire à ses principes, le pivot étant déplacé, fourchera ou poussera moins profondément. Il vaut mieux les éclaircir, et cela est indispensable. Cette opération ne se fait pas dans un même temps, mais à deux ou trois reprises, et chaque fois on laisse entre les *carottes* une plus grande distance, en observant de n'en jamais laisser deux ensemble. On sarcle, on bine, on arrose, si cela est nécessaire ; et ce qui est arraché, est mis à profit pour la table ou pour les animaux. On donne encore à ceux-ci les feuilles qu'on coupe vers la fin d'août, pour faire pousser davantage la racine.

En novembre, les *carottes* sont à leur perfection ; on peut commencer à en faire usage. Dans nos départemens méridionaux, il est inutile de les arracher avant l'hiver ; de petits soins, pendant la courte durée du froid, leur suffisent. Mais dans le nord de la France, il seroit imprudent de les laisser dans la terre après le commencement de décembre ; les gelées qui doivent suivre, les neiges et la grande humidité les altéreroient ; et, d'ailleurs, souvent il ne seroit pas facile de les arracher. Il vaut mieux les enlever à cette époque, et les serrer, après avoir coupé la fane, dans un lieu où il ne doive pas geler. Elles seront enterrées dans le sable ou rangées par tas séparés, recouvertes d'un peu de paille ou de chaume. C'est le moment de choisir les pieds les plus sains, pour les replanter après l'hiver, et se procurer de bonne graine. On les conserve aussi en creusant près de son habitation des fosses de sept à huit pieds de profondeur, dans un terrein sec : on en garnit le fond et les côtés de paille ou de fougère sèche : on fait alternativement un lit de *carottes* et un lit de paille, jusqu'à trois ou quatre pieds au-dessous du niveau du sol ; et on comble le trou avec la terre qu'on a ôtée, en la pilant bien. Par ce moyen on en garde toute l'année, qui sont excellentes. Les *carottes*, pour être bien belles, ne doivent avoir poussé qu'une seule racine. Si le terrein est favorable, elles acquerront une longueur et une grosseur considérable : on en a vu qui avoient deux pieds de long, sur un diamètre de près de cinq pouces vers le collet.

Quand on en recueille les graines, il faut choisir de préférence celles de l'ombelle principale, et sur cette ombelle, celles de la circonférence. Elles sont encore bonnes à semer au bout de deux ans ; mais la nouvelle graine est meilleure. Un cultivateur anglais, M. Walford, est dans l'usage de semer des *carottes* toutes les fois qu'il fait une plantation de pins ou d'arbres qui se dépouillent. En arrachant les *carottes*, on fait, selon lui, moins de tort aux petites racines des arbres qu'en labourant autour d'eux ; et le vide qu'elles laissent se remplissant de la terre la plus meuble, les racines encore tendres des jeunes arbres poussent avec plus de facilité. La récolte des *carottes* suffit quelquefois, dit-il, pour payer la dépense de la plantation.

La racine de *carotte* étant cuite a une douceur agréable.

On en retire, comme de la *betterave* et des *chervis*, un véritable sucre. Séchée et réduite en poudre, elle est utile aux voyageurs, et peut être employée sous cette forme dans les potages et dans les ragoûts. Ses semences sont aromatiques, carminatives et diurétiques; leur infusion, dans le vin blanc, provoque les règles et les urines, est utile dans les affections hystériques, et convient dans le calcul. On vante sur-tout, pour cette dernière maladie, leur infusion dans la petite bière. Elles sont au nombre des quatre semences chaudes mineures. M. Hornby, de la ville d'York en Angleterre, a fait avec des racines de *carotte* une eau-de-vie d'un bout goût et très-limpide. *Voyez* son procédé dans la *Feuille du cultivateur*, *Introd. pag.* 229.

Il y a encore la Carotte de Mauritanie, *Daucus Mauritanicus* Linn., qui croît aussi en Espagne et dans les environs de Perpignan. Elle a des feuilles deux ou trois fois ailées et à folioles ovales, dentées et très-glabres. Son involucre est moins long que les rayons de l'ombelle; et le réceptacle commun de ces rayons est épais, dilaté et comme hémisphérique. La Carotte gommifère, *Daucus gummifer* Lam., qu'on trouve dans les lieux pierreux et maritimes de l'Europe australe, et qui est remarquable par ses involucelles qui sont simples, larges, membraneux, verts dans leur milieu, et blancs sur leurs bords. De la tige et des rameaux de cette plante, il découle un suc visqueux gommo-résineux, d'une odeur agréable. La Carotte maritime, *Daucus maritimus* Lam., et à feuilles luisantes des environs de Montpellier. La Carotte polygame, *Daucus polygamus* Gouan, ainsi nommée, parce que les fleurs de la circonférence des ombelles n'ont point de style. Ses semences sont hérissées de poils plus nombreux et plus longs que ceux de la carotte ordinaire sauvage. Elle vient en Espagne. La Carotte hérissée, *Daucus muricatus* Linn., des côtes de la Barbarie, dont les graines sont garnies de pointes longues et rougeâtres. La Carotte d'Egypte, *Ammi copticum* Linn., qui a une tige lisse, des feuilles glabres, à découpures linéaires, très-menues, et des fleurs régulières. La Carotte a curedents, *Daucus visnaga* Linn., dont les semences sont unies, et les rayons des ombelles réunis à leur base. Elle se trouve dans les parties méridionales de l'Europe et en Barbarie. Dans ce dernier pays, on vend dans les marchés ses ombelles desséchées, dont les rayons, employés à nettoyer les dents, laissent une odeur agréable dans la bouche. (D.)

CAROTTE (LA). C'est le nom que quelques marchands donnent à une coquille du genre Cône, qui a été figurée par

Favanne, pl. 15, fig. O, et qui nous vient d'Amérique. *Voyez* au mot CÔNE. (B.)

CAROUBIER, CAROUGE, *Ceratonia siliqua* Linn., (*polygamie triæcie.*), arbre de moyenne grandeur, toujours vert, et de la famille des LÉGUMINEUSES. Il forme seul un genre. Sa fleur, qui manque de corolle, a un très-petit calice à cinq divisions, et cinq étamines distinctes (quelquefois six ou sept) beaucoup plus longues que le calice ; elles sont portées par un disque charnu, au centre duquel se trouve l'ovaire. Son fruit est une grande gousse, longue, applatie, un peu coriace, et divisée intérieurement en plusieurs loges par des cloisons transversales; chaque loge est remplie d'une pulpe succulente, et contient une semence luisante et dure. (Lamarck, *Illustr. des genr.* pl. 819.) Cet arbre a un tronc raboteux, des branches tortueuses, une cime étalée comme celle du pommier, et des feuilles ailées sans impaire, composées de quatre, six ou huit folioles, lisses, fermes et presque rondes. Les fleurs, tantôt unisexuelles, tantôt hermaphrodites, naissent à la partie nue des branches ou aux aisselles des feuilles, et forment de petites grappes rouges.

Le *caroubier* croît dans le midi de la France, dans le royaume de Naples, en Espagne, en Egypte et dans le Levant. Ses gousses renferment une pulpe noirâtre et mielleuse. C'est un fruit désagréable au goût lorsqu'il est verd ; mais mûr, il est passablement bon ; il est regardé comme béchique, et on le fait entrer dans quelques préparations pharmaceutiques ; il contient les mêmes principes, et il a les mêmes propriétés médicinales que la *casse*, mais à un degré moins fort.

Les fruits des *caroubiers*, rapporte Olivier dans son *Voyage en Grèce*, servent de nourriture aux pauvres, aux enfans et aux bestiaux. Sa pulpe, qui a la consistance d'un sirop noirâtre et une saveur mielleuse, mêlée avec la racine de réglisse, le raisin sec et divers autres fruits, sert à faire les sorbets dont les Musulmans font un usage journalier. On emploie aussi cette même pulpe pour confire les autres fruits, mais elle a une vertu laxative, et cause quelquefois des tranchées.

On dit que les *caroubiers* diminuent chaque année sur les côtes françaises de la Méditerranée où ils étoient très-communs autrefois, et où ils sont connus sous le nom de *carouge* ; mais ils sont encore abondans en Espagne, en Italie, et surtout dans l'île de Crète. La cause de cette diminution vient de ce qu'il n'y a plus que les enfans et les plus pauvres habitans des campagnes qui mangent des *caroubes*, et que l'arbre, quoique vivant dans les plus mauvais terreins, parmi les rochers, tient la place d'un arbre plus productif, ou nuit aux autres plantes herbacées qu'on cultive dans ses environs.

On trouve dans le second vol. des *Plantes d'Espagne*, par Cavanilles, une très-élégante dissertation sur cet arbre et sur sa culture.

Les feuilles du *caroubier* peuvent servir à la préparation des cuirs, en manière de tan ; et son bois est aussi dur et aussi utile que celui du chêne verd, et s'emploie dans les ouvrages de marqueterie.

Cet arbre est propre à figurer dans les bosquets d'hiver, mais il est délicat, et ne peut être cultivé avec succès que dans les bons abris du midi de la France ; il est difficile à élever en pleine terre dans le nord. Cependant, en le plaçant dans une situation chaude, et en le couvrant dans les hivers rigoureux, il seroit peut-être possible de l'y acclimater. On le multiplie de marcottes et de semences qu'on élève sur couche. Il demande à être peu arrosé. (D.)

C A R O U G E (*Oriolus banana* Lath. pl. enl. n° 87 de l'*Hist. nat. de Buffon*. Pies ; espèce du genre Loriot. *Voyez* ces deux mots.). Les *carouges* se distinguent des *troupiales* par moins de grosseur et un bec moins fort. Celui-ci a sept pouces de longueur ; la tête, le cou et la poitrine d'un brun rougeâtre ; le bec, les pieds, le dos, les grandes couvertures, les pennes des ailes et de la queue d'un beau noir ; les petites couvertures des ailes, les supérieures de la queue et le croupion orangés.

La femelle a les couleurs plus ternes. Cette espèce, que l'on trouve à la Martinique, construit un nid tout-à-fait singulier. Elle le compose de petits fibres de feuilles entrelacées les unes dans les autres, et lui donne la forme de la tranche d'un globe creux coupé en quatre parties égales. Elle sait fixer ce nid sous une feuille de bananier, de manière que celle-ci lui sert d'abri et en fait elle-même partie. Plusieurs habitans de la Martinique m'ont assuré que ce *carouge* a une qualité qui doit lui mériter une protection spéciale dans un pays où la morsure du *serpent à sonnette* est souvent mortelle et toujours très-dangereuse. Ennemi de ce reptile, ce n'est point en l'attaquant, qu'un aussi petit oiseau peut coopérer à sa destruction, mais par un cri qu'il ne fait entendre que lorsqu'il découvre cet animal. Alors, voit-il un homme ? il s'approche de lui, et redouble ses cris, voltige en avant de branches en branches, ou d'arbres en arbres, et le conduit ainsi jusqu'au repaire du serpent ; là il s'arrête, se pose sur l'arbre ou la branche la plus voisine, en répétant continuellement son cri indicateur, et il ne s'éloigne que lorsque le reptile a disparu.

Le Carouge du Mexique. *Voyez* petit Cul jaune de Cayenne.

Le Carouge olive de la Louisiane (*Oriolus capensis* Lath., pl. enl. n° 607, fig. 2 de l'*Hist. nat. de Buffon.*). C'est par erreur que cet individu est indiqué par Brisson et dans les planches enluminées, pour un oiseau d'Afrique, car il ne se trouve que dans l'Amérique septentrionale. L'olivâtre domine sur le dessus du corps ; il est fondu avec du gris sur la tête, avec du brun sur les parties subséquentes, avec du jaune sur les flancs et les cuisses : cette dernière teinte couvre le dessous du corps, et prend un ton orangé sur la gorge. Je regarde cet oiseau comme la vraie femelle du Baltimore bâtard. *Voyez* ce mot. (Vieill.)

CAROUGE. *Voyez* au mot Caroubier. (B.)

CAROUGE A MIEL. C'est le Févier a trois épines. *Voyez* ce mot. (B.)

CAROUSSE, nom vulgaire d'un poisson du genre des Sciènes, que Sonnini a figuré pl. 3 de son *Voyage en Egypte*. C'est la *perche-loup* d'Artédi, la *sciène-loup* de Bloch. *Voyez* ce dernier mot. (B.)

CAROXYLON. C'est une plante dont la tige est droite, arborescente, unie et très-rameuse ; les feuilles très-petites, très-nombreuses, imbriquées, sessiles, ovales, obtuses, presque globuleuses, velues, et placées sur les plus petits des rameaux. Chaque fleur consiste en un calice divisé en cinq parties crépues, membraneuses, ouvertes, et jaunâtres, garni en dehors de deux bractées presque orbiculaires et carénées sur leur dos, et en dedans de cinq écailles jaunâtres ; en cinq étamines ; en un ovaire supérieur, conique, chargé d'un style simple, et ayant deux stigmates roulés en dehors.

Le fruit est une semence ronde, déprimée, en spirale, enveloppée d'une membrane très-mince et des écailles intérieures du calice qui subsistent.

Cette plante croît sur les bords de la mer au Cap de Bonne-Espérance, et a beaucoup de rapport avec les *soudes :* aussi l'a-t-on réunie à ce genre. C'est la Soude sans feuilles. (*Voyez* ce mot.) Les Africains font du savon avec sa cendre et de la graisse de mouton. (B.)

CARPAIS, genre d'insectes aptères que j'ai établi dans mon *Précis des caractères génériques des insectes*, et qui appartenoit à ma classe des Acéphales, et que je range aujourd'hui dans mon ordre des Chélodontes de ma sous-classe des *acères*. Ce mot de *carpais* étant trop dur , je l'ai changé en celui de Gamase , *Gamasus. Voyez* ce mot. (L.)

CARPE , espèce de poissons du genre Cyprin, propre aux eaux douces des parties méridionales et tempérées de l'Europe , et qui présente pour l'homme des avantages économiques tels , qu'ils ne peuvent être mis en comparaison avec ceux d'aucun autre poisson. Je dis qu'elle est propre aux parties méridionales et tempérées de l'Europe , quoiqu'on la trouve aussi abondamment dans les parties septentrionales , parce que les documens historiques prouvent qu'elle n'y existoit pas autrefois. En effet , on sait d'une manière indubitable que Pierre Maschal la porta en 1514 en Angleterre , Pierre Oxe en 1560 en Danemarck , qu'elle a également été introduite quelques années après en Hollande et en Suède.

La *carpe* est , de tous les poissons, sans exception, celui qui est le moins délicat, qui se prête le plus facilement à tous les changemens de situation , dont la multiplication est la plus rapide, et la croissance la plus accélérée , qualités qui ont permis de la rendre pour ainsi dire domestique , et qui ont dû lui faire donner la préférence sur ceux même qui ont la chair plus délicate.

La tête de la *carpe* est grosse et applatie en dessus ; ses lèvres sont épaisses , jaunes , susceptibles d'alongement , et garnies en dessus de quatre barbillons dont les supérieurs sont très-courts ; ses mâchoires ont cinq larges dents , et on sent de grandes aspérités à l'entrée du gosier lorsqu'on y introduit le doigt ; ses yeux sont noirs avec un cercle jaune ; ses ouïes couvertes d'un opercule cannelé et d'une membrane soutenue par trois rayons ; son corps est un ovale alongé , épais , couvert d'écailles grandes , arrondies , et striées longitudinalement ; son dos est d'un bleu verdâtre ainsi que la tête ; son ventre blanchâtre , et des côtés jaunâtres variés de bleu ou de noir : ses nageoires sont de médiocre grandeur ; celle du dos est bleue et composée d'environ vingt-quatre rayons, dont le troisième est dentelé ; celle de l'anus est d'un brun rouge, et a neuf rayons , dont le troisième est également dentelé ; celle de la queue est fourchue et violette : les autres sont aussi violettes.

Mais ces couleurs sont sujettes à varier selon l'âge et le lieu de l'habitation des carpes : elles sont en général plus foncées dans la jeunesse , et deviennent presque blanches dans la vieillesse , comme ceux qui sont allés à Fontainebleau et à Chantilly , avant la révolution , ont pu s'en assurer. Dans les eaux vaseuses elles prennent des teintes plus obscures. Il seroit superflu d'entrer dans le détail de toutes les nuances dont elles sont susceptibles.

C'est dans les eaux qui coulent lentement , que les *carpes* se plaisent le plus , et que leur chair acquiert toute la finesse de goût qui lui est propre. C'est encore dans de telles eaux, lorsqu'elles y trouvent une nourriture abondante , qu'elles parviennent à la grosseur la plus considérable. En France , il n'est pas rare d'en voir de douze ou quinze livres; mais il paroît que c'est dans l'Allemagne que se pêchent les plus monstrueuses. Valmont de Bomare en cite une présentée sur la table du prince de Conti , dans un de ses voyages à Offenbourg , qui avoit près de quatre pieds de long, et qui pesoit quarante-cinq livres ; la plus gigantesque est celle indiquée dans Bloch , comme pêchée à Bischofshause , près de Francfort - sur-l'Oder ; elle étoit de deux aunes et demie de Prusse de long sur une de large , et pesoit soixante-dix livres. De telles carpes supposent une grande vieillesse , mais il est difficile de fixer leur âge. Les données d'après lesquelles on peut partir sont incertaines. Cependant on en a vu , en Lusace , qui avoient deux cents ans d'âge ; à Pontchartrain , qui avoient cent cinquante ; à Fontainebleau et à Chantilly , auxquelles on donnoit près d'un siècle ; mais toutes , excepté peut-être les premières , étoient renfermées dans de très-petits bassins , et n'avoient pas toujours une nourriture abondante : aussi étoient-elles loin de la grosseur de celles mentionnées plus haut. On trouvera au mot Poisson les calculs les plus probables sur la durée de la vie des *carpes :* on y trouvera aussi quelques données sur leur organisation générale : on y renvoie le lecteur.

La nourriture des *carpes* se fonde sur les larves d'insectes, les vers , les petits coquillages, le frai de poisson , les graines et les jeunes pousses des plantes. Quelques naturalistes ont prétendu qu'elles vivoient de limon ; sans doute elles en avalent souvent, mais on ne peut pas croire qu'il serve à les substanter. D'autres ont nié qu'elles vécussent de végétaux , mais il suffit de jeter une feuille de laitue dans un vivier où il y en a de grosses, pour s'assurer qu'ils ont eu tort. Bloch assure , d'après des observations positives , qu'elles recherchent de préférence les feuilles et les graines de *naïade* , et qu'elles grossissent plus vîte et engraissent davantage dans les étangs où il y en a beaucoup. (*Voyez* au mot Naïade et au mot Étang.) Elles recherchent aussi les insectes parfaits , car on les voit souvent sauter hors de l'eau pour prendre ceux qui en rasent, en volant , la surface ; et les meilleurs appâts qu'on puisse employer pour les prendre à la ligne , sont des grillons , tels que le *gryllus bigut-*

tulus, acheta campestris, &c. et des glossates, tels que les *bom-bix salicis, chrysorhœa*, &c. Ce poisson fait en mangeant un bruit particulier, qui se fait entendre à une certaine distance, et qui est produit, soit par le choc de ses mâchoires, soit par le *cloquement* de l'eau dans la commissure de ses lèvres. Comme les autres espèces de son genre, il peut rester long-temps sans manger, ou du moins en ne mangeant que les matières extractives, animales et végétales qui se trouvent dissoutes dans toutes les eaux; mais lorsqu'il a abondamment de la nourriture, il mange avec tant de gloutonnerie, qu'il en périt souvent : aussi lorsqu'on en conserve dans des viviers, on doit leur ménager la nourriture. Les objets qu'il convient de lui donner dans ce cas, sont les restes de la table, les rela-vures de la cuisine, les épluchures de salade, de pommes de terre, les fèces des purées de pois, de haricots, de lentilles; de l'orge cuit; les fruits pourris, &c. Dans les étangs d'une certaine grandeur, il faut joindre à ces objets d'autrés articles de nourriture, dont le principal peut être tiré d'une fosse creusée sur le bord même de l'étang, fosse dans laquelle on auroit entassé du fumier, sur-tout de celui de brebis, mêlé avec quelques lambeaux de matières animales. Cette com-position donne lieu à la naissance d'une prodigieuse quan-tité de larves de mouches, larves qui sont extrêmement du goût des poissons, et qu'on jette à pelletées dans l'eau. *Voyez* au mot ÉTANG.

Pendant l'hiver, les *carpes* s'enfoncent dans la boue, et passent plusieurs mois sans manger, réunies en grand nom-bre les unes à côté des autres.

On dit les *carpes* en état de reproduire leur espèce dès leur troisième année. On est certain que le nombre de leurs œufs augmente avec leur âge : leur fécondité est prodigieuse. Une femelle d'une livre a fourni à Bloch 237,000 œufs ; une autre d'une livre et demie en a donné 342,144 à Petit ; une troi-sième, qui pesoit neuf livres, a donné au même Bloch 621,600 œufs. Mais il s'en faut de beaucoup que tous ces œufs deviennent des carpes, et que ces carpes arrivent à l'âge adulte. Une très-grande partie du frai est mangé par les poissons, plusieurs causes empêchent une autre d'éclore. Les petits qui arrivent à bien, sont, les premières années de leur vie, exposés à de nombreux dangers, de sorte que fort peu atteignent l'âge de trois ans, époque où ils commencent à n'avoir plus à craindre que les gros brochets et les loutres. Cependant, dans les étangs où il n'y a que des *carpes*, et où une surveillance active les garantit de leurs ennemis, elles se propagent en tel nombre, qu'elles ne trouvent plus assez de nourriture, qu'elles restent toujours très-petites, ou meurent de faim. Dans ce cas il faut y circonscrire le nombre des mères, ou y introduire des brochets, des truites, des perches, et autres poissons propres à diminuer celui des petits. *Voyez* au mot ÉTANG.

On a dit que la *carpe* étoit le poisson d'eau douce qui croissoit le plus rapidement, et ce fait n'est révoqué en doute par aucun pêcheur, par aucun propriétaire d'étang ; mais, cependant, on manque de données qui le constatent d'une manière directe. Il est vrai que les expériences à faire pour remplir ce but, si aisées en apparence, ne seroient pas faciles dans la pratique ; elles ne pourroient, d'ailleurs, produire de résultats certains que lorsqu'elles auroient été répétées un grand nombre de fois dans des lieux et des temps différens. Tout ce qu'on peut conclure des observations jusqu'à présent faites sur ce sujet, c'est que les *carpes* croissent d'autant plus rapidement, qu'elles sont mieux nourries, et que le climat est plus chaud. On sait, cependant, qu'une carpe, de moyenne qualité, pèse trois livres au bout de six ans, et que la même en pèse six à huit au bout de dix ans.

Lors du frai, c'est-à-dire au milieu du printemps, les *carpes* cherchent les endroits couverts d'herbes. Ordinairement, plusieurs mâles suivent la même femelle. Celles qui habitent les rivières cherchent à entrer dans les étangs qui y communiquent, pour y déposer leurs œufs. Lorsqu'en voulant exécuter ce que leur instinct leur indique, elles trouvent un obstacle, tel qu'une grille, un batardeau, elles sautent par-dessus, eût-il quatre à six pieds de haut. Pour exécuter ce saut, elles se mettent sur le côté, courbent la tête et la queue au même instant, de manière que leur corps forme un cercle presque parfait ; ensuite, s'étendant avec une prodigieuse vivacité, elles frappent l'eau du milieu de leur corps. Cette manière de sauter, rapportée par Bloch, est différente de celle des saumons, qui certainement, dans le même cas, sautent par élancement, et la tête en avant. *Voyez* au mot SAUMON.

Quand on possède plusieurs étangs, et qu'on desire en tirer tout le parti possible, on en consacre un au frai des *carpes*, et c'est dans celui-là qu'on prend tous les ans l'alevin qu'on destine à peupler les autres. Les avantages de cette méthode sont nombreux. *Voyez* au mot ÉTANG.

Dans les lacs et dans les rivières, on pêche les *carpes* avec la seine et autres grands filets, ou à la nasse et à la ligne amorcée d'un gros ver, de quelqu'insecte ou d'un pois cuit. En général, on ne les prend pas aisément ; car, lorsqu'elles voient le filet, elles se mettent la tête dans la boue, et le laissent passer par-dessus leur corps, ou bien sautent par-dessus. J'en ai vu une très-grosse, dans un canal de trois à quatre toises de large, braver les efforts des pêcheurs pendant plusieurs années, quoiqu'on y traînât la seine presque toutes les semaines. Dans quelques cantons, on a des filets disposés de manière que celles qui sautent sont immanquablement prises.

On peut, sans inconvénient, mettre les *carpes* ainsi prises dans des réservoirs très-étroits, pourvu que l'eau, qui les alimente, soit un peu courante. Elles s'y nourrissent à la main fort aisément, comme on l'a déjà dit. On peut les transporter au loin sur des charrettes, dans des tonneaux dont on a soin de renouveler l'eau une ou deux fois par jour, selon la chaleur de la saison. On peut encore, pendant l'hiver, leur faire faire des routes fort longues, en les enveloppant dans des herbes fraîches ou dans des linges mouillés. On dit même, qu'en Hollande, on les garde dans des caves, suspendues dans un filet, en partie plein de mousse humide, et qu'on les y engraisse avec de la mie de pain trempée dans du lait. Mais la manière la plus sûre et la plus économique de faire voyager et garder les *carpes*, c'est de les mettre dans des bateaux construits exprès pour cet objet, et dont le milieu est percé de trous. On en amène ainsi à Paris de plus de cent lieues, et on les y conserve des années entières, avec fort peu de dépense, au milieu même de la rivière.

Toutes les *carpes* qui ont été prises dans un étang vaseux doivent être mises, pendant quelque temps, dans une eau pure ou courante, pour perdre le goût de marais qu'indubitablement elles ont plus ou moins. Les mêmes sont encore exposées à deux maladies, qui sont connues sous les noms de *petite vérole* et de *mousse*. La première consiste dans des pustules qui se manifestent entre les écailles; et la seconde, dans des petites excroissances sur leur tête et leur dos, qui ressemblent à de la mousse. Ces maladies sont rarement mortelles; mais elles altèrent la qualité de la chair, et elles exigent un séjour de quelque temps dans une eau limpide pour être guéries.

La chair de la *carpe* est un bon aliment, qui se digère aisément, et convient à tous les tempéramens; mais cependant on la permet rarement aux convalescens, et on la défend aux goutteux, de qui on croit qu'elle accélère les accès. Elle est en général d'autant plus molle, que les *carpes* ont vécu dans une eau plus tranquille. A Paris, on estime particulièrement les carpes de Seine, de Rhin, et celles de l'étang de Camières, près de Boulogne-sur-Mer. Celles qu'on y consomme, en si grande quantité, et qui s'y vendent si bon marché, y arrivent des étangs de la Bresse, du Forez, de la Sologne, et de quelques autres moins éloignés par la Loire et la Seine. Elles ont le temps de se dégorger pendant leur long voyage : aussi sont-elles passablement bonnes, quoique nées, pour la plupart, dans des étangs fangeux.

L'art du cuisinier s'exerce beaucoup sur ce poisson, mais cependant n'en varie pas beaucoup l'assaisonnement.

Lorsque la *carpe* est grosse, et vient de bon lieu, on l'apprête constamment au bleu. Pour cela, après l'avoir vidée et lavée, sans l'écailler, on jette dessus du vinaigre bouillant pour la rendre bleue, et on la fait cuire dans un vase appelé *poissonnière*, dans lequel on a mis d'un côté du beurre, du sel, du poivre, du girofle, des tranches d'oignon et de carotte ; de l'autre, un gros bouquet, ficelé, de persil, de ciboule, ail, thym, laurier et basilic, le tout noyé dans du vin blanc ou dans du vin mêlé d'eau. Il faut avoir attention que la cuisson ne se prolonge pas assez pour qu'il ne soit plus possible de retirer la carpe sans la briser, parce qu'on la sert entière sur une serviette garnie de persil. Ainsi préparée, elle compte pour un plat de rôti.

On mange aussi la carpe cuite sur le gril, après l'avoir vidée et écaillée, avec un ragoût de farce, ou une sauce aux câpres, ou une sauce piquante. On la fait frire ; on en compose des fricassées analogues à celle qu'on appelle *fricassée de poulet* ; on la fait entrer dans des pâtés froids ou chauds, &c.

Mais la manière la plus générale, et certainement la meilleure de la manger, est celle qui est connue sous le nom de *matelotte* ou de *meurette*.

Pour cela, après l'avoir vidée, écaillée et bien lavée, on la coupe en morceaux, qu'on met dans une casserole avec d'autres poissons, tels que brochet, anguille, barbillon, écrevisses, &c. On fait, dans une autre casserole, un petit roux avec du beurre et de la farine ; on y fait cuire de petits oignons ; on y ajoute du beurre, du vin blanc ou rouge, et du bouillon de bœuf. Lorsque le tout est suffisamment chaud, on le verse dans la casserole où est le poisson ; on y ajoute du sel, du poivre, des fines herbes, quelquefois des aromates, et on le fait bouillir pendant une demi-heure. Les laitances et les œufs ne se mettent que peu de temps avant d'ôter la casserole du feu, et les croûtes de pain qu'au moment de servir.

Les œufs de carpes se préparent comme le *caviar* (*Voyez* au mot ESTURGEON.), et se conservent de même pendant plus d'une année. C'est un très-bon manger, mais cependant bien moins recherché que ce qu'on appelle leurs *laites* ou *laitances*, qui sont regardées comme un mets très-délicat, qu'on paie en conséquence fort cher dans les grandes villes. Ces *laites*, qui ne sont autres que la semence du mâle, fournissent, dit-on, une nourriture si substantielle, qu'on a vu des étiques guéris par leur usage.

Les langues et les palais de *carpes* sont encore fort estimés des gourmets, et ordinairement les marchandes ont soin d'enlever les premières, qu'elles débitent pour les vendre séparément : on les accommode ordinairement à la *sauce blanche*.

On a beaucoup écrit sur les *carpes*, soit sous les rapports scientifiques, soit sous les rapports économiques. Comme c'est le poisson le plus commun, c'est sur elles qu'on a fait la plupart des expériences physiques et physiologiques que l'envie de perfectionner nos connoissances a fait tenter comparativement sur toutes les classes du règne animal. On trouve dans les *Mémoires de l'Académie*, année 1733, des observations anatomiques de Duverny l'aîné et de Petit le médecin, dont le résultat sera consigné au mot Poisson : on y renvoie le lecteur.

On a imaginé, en Angleterre, de châtrer les *carpes* mâles ou femelles, pour les rendre plus grasses et plus délicates. Cette opération réussit très-bien; mais elle est si barbare qu'on n'ose la conseiller. L'époque la plus favorable pour la faire est celle qui précède le frai, c'est-à-dire, lorsque les ovaires sont remplis. La méthode de procéder consiste à fendre le ventre de la carpe depuis les nageoires ventrales jusqu'à l'anus, à écarter l'ouverture de manière à pouvoir couper les ovaires sans blesser les intestins ni l'artère, et ensuite à recoudre le ventre.

Bloch a observé des carpes hermaphrodites, c'est-à-dire qui avoient des laites dans un de leurs ovaires, et des oeufs dans l'autre; mais ce fait doit être rare. *Voyez* au mot Poisson.

Le même naturaliste a décrit comme espèce, sous le nom de *reine des carpes*, un poisson qui diffère principalement de celui-ci, parce qu'il a deux ou trois rangées de larges écailles de chaque côté, et le reste du corps nu. D'autres, parmi lesquels je me range, pensent que ce n'est qu'une simple variété qui se multiplie dans les étangs d'Allemagne. *Voyez* au mot Reine des carpes et au mot Cyprin. (B.)

CARPE DE MER. On donne ce nom au Labre vielle sur les côtes occidentales de la France. *Voyez* au mot Labre. (B.)

CARPEAU. On donne ce nom, à Lyon, à une variété de

la *carpe*, dont la chair est beaucoup plus délicate que celle des *carpes* ordinaires. Il a été constaté, par Latourette, que ce poisson n'est qu'une *carpe* mâle, privée, dans sa jeunesse, de la faculté de se reproduire, par une espèce de castration accidentelle. Il diffère de la *carpe* par son corps plus court, par sa tête plus obtuse, plus large, les lèvres et le dos plus épais, et le ventre plus applati, sur-tout près de l'anus.

On ne trouve, dit-on, des *carpeaux* que dans le Rhône, dans la Saône, et dans les étangs de la Bresse et de la Dombe. Ils se vendent à Lyon un écu la livre; et quand ils sont gros, ils n'ont point de prix. Il est probable que cette espèce de castration naturelle a également lieu dans les autres rivières de France, mais qu'on n'y a pas fait attention. *Voyez* à la fin de l'article CARPE.

CARPEAU. On donne aussi ce nom à un poisson du genre SALMONE, *Salmo cyprinoïdes* Linn., qu'on trouve en Amérique. *Voyez* au mot SALMONE. (B.)

CARPION, nom spécifique d'un autre poisson du même genre, *Salmo carpio* Linn., qu'on pêche dans le Danube et dans quelques lacs d'Italie. *Voyez* au mot SALMONE. (B.)

CARPÉSIE, *Carpesium*, genre de plantes de la syngénésie polygamie superflue, et de la famille des CORYMBIFÈRES, dont le caractère est d'avoir un calice commun imbriqué d'écailles dont les extérieures sont réfléchies; un grand nombre de fleurons hermaphrodites, infundibuliformes, quinquéfides, placés dans son disque, et de fleurons femelles, semblables, placés à la circonférence; un réceptacle nu.

Le fruit consiste en plusieurs petites semences ovoïdes et nues.

Voyez pl. 696 des *Illustrations* de Lamarck, où ce genre, qui ne contient que deux espèces, est figuré.

La première de ces espèces a les fleurs terminales et recourbées; c'est pourquoi on l'appelle la CARPÉSIE PENCHÉE. Elle ressemble à une conise. On la trouve dans les lieux humides de l'Italie, de la Suisse et des parties méridionales de la France. La seconde vient de la Chine : elle a ses fleurs à l'aisselle des feuilles. (B.)

CARPHALE, *Carphalea*, arbrisseau de Madagascar, à feuilles linéaires, lancéolées, opposées, à fleurs en corymbe glomérulé, qui a servi à Lamarck pour établir un genre nouveau dans la tétrandrie monogynie.

Ce genre a pour caractère un calice supérieur, tétraphylle, à folioles ovales, scarieuses et persistantes; une corolle infundibuliforme, à tube long, grèle et ventru supérieurement,

velu dans l'intérieur et à limbe quadrifide ; quatre étamine[s]
très-courtes; un ovaire inférieur, à style surmonté d'un stigmat[e]
bifide ; une capsule couronnée par le calice, biloculaire, bivalve, polysperme, à cloisons opposées aux valves, et qui s[e]
partagent en deux.

Voyez pl. 59 des *Illustrations* de Lamarck, où ce genre es[t]
figuré. (B.)

CARPOBALSAME, espèce d'arbre du genre Balsamier
(*Voyez* ce mot.), qu'on croit être le même que le Balsamier
de la Mecque. Ses fruits se trouvent dans les boutiques, sous
le nom de *carpobalsamum*. (B.)

CARPODET, *Carpodetus*, nom d'une plante découverte
par Forster dans les îles de la mer du Sud, et dont il a publié le caractère générique seulement.

Ce caractère consiste en un calice turbiné faisant corp[s]
avec l'ovaire, et dont le bord est à cinq dents en alène et caduques ; en cinq pétales ovales, pointus et très-petits ; en cinq
étamines à filamens courts ; en un ovaire inférieur, charg[é]
d'un style plus long que les étamines, et à stigmate en tête.

Le fruit est une baie sèche, globuleuse, entourée d'un rebord annulaire, et divisée intérieurement en cinq loges qui
renferment plusieurs semences.

On croit que c'est la même plante que le Céanothe d'Asie.
Voyez ce mot. (B.)

CARPOLITES, fruits pétrifiés. Les *carpolites* les plus remarquables sont les noix converties en silex, et dont la coquille et le zeste étoient restés dans leur état naturel. Elle[s]
furent trouvées dans un puits des salines de Lons-le-Saunier.
Voyez Fossiles et Pétrification. (Pat.)

CARREAUX, nom vulgaire de l'Hirondelle de rivage, dans l'Orléanois. *Voyez* ce mot. (Vieill.)

CARRELET, nom vulgaire d'un poisson du genre Pleu-
ronecte, *Pleuronectes rhombus*, qu'on pêche sur les côtes d[e]
France, et dont on mange beaucoup à Paris. *Voyez* au mot
Pleuronecte. (B.)

CARRIÈRES, excavations faites dans des montagnes, et
quelquefois sous le sol des plaines, pour en extraire les pierre[s]
qui servent aux constructions. Presque toutes les *carrières*
sont établies sur des couches horizontales de pierre calcaire
ou de grès. Il est assez rare qu'on emploie d'autres pierre[s]
dans la maçonnerie, excepté dans les contrées volcanisées,
où les laves et les tufs sont exploités en carrière, comme le
pépérino des environs de Rome, qui est un tuf; le *piperno*
de Naples qui est une lave ; la *pierre de Volvic* en Auvergne,
qui est aussi une lave, et quelquefois un basalte, &c.

Dans les pays dont le sol est tout primitif, on a des *carrières* de granits, de gneiss, de schistes, &c. ; mais comme ces matériaux ne présentent que des formes irrégulières et qu'ils sont difficiles à travailler, on n'en fait que des constructions assez grossières, et on ne les emploie que par nécessité. Il y a peu de pays qui soient aussi bien pourvus d'excellentes carrières de différentes espèces de matériaux, que les environs de Paris. (Pat.)

CARTE GÉOGRAPHIQUE, nom marchand d'une coquille du genre des Porcelaines. C'est le *cyprœa mappa* de Linnæus. *Voyez* au mot Porcelaine. (B.)

CARTE GÉOGRAPHIQUE BRUNE, nom donné au *papilio levana* de Linnæus. (L.)

CARTE GÉOGRAPHIQUE FAUVE, nom donné au *papilio prorsa* de Linnæus. (L.)

CARTHAGÈNE, nom marchand d'une coquille du genre Porcelaine, qui vient des côtes de l'Amérique, où est bâtie cette ville. *Voyez* au mot Porcelaine. (B.)

CARTHAME, *Carthamus* Linn. (*Syngénésie polygamie-égale.*), genre de plantes de la famille des Cynarocéphales, qui a des rapports avec les *carlines* et les *chardons*. Les fleurons sont tous hermaphrodites, réguliers, divisés au sommet en cinq segmens et posés sur un réceptacle soyeux ; le calice commun est formé d'écailles terminées en pointe, qui se recouvrent les unes les autres, et dont les extérieures ont encore des épines latérales. Une aigrette couronne le plus souvent les semences qui sont ovales et anguleuses. (Lam. *Illust. des Genr.* pl. 661.) Ce genre comprend plusieurs espèces, qui sont des herbes plus ou moins épineuses, ayant des feuilles alternes. La plus utile de toutes est la suivante.

Carthame officinal , ou Safran batard , *Carthamus tinctorius* Linn. C'est une plante annuelle, originaire d'Egypte, qui peut servir à orner les jardins, et qu'on cultive en grand pour la teinture, dans qelques parties de l'Europe et dans le Levant. Elle est glabre dans toutes ses parties. Sa tige est droite et ferme, lisse, blanchâtre, et haute de deux pieds et demi ou trois pieds ; elle se divise vers son sommet en plusieurs rameaux garnis de feuilles simples, entières, ovales, pointues et bordées de quelques dents épineuses. Chaque rameau porte une fleur terminale assez grosse, dont les fleurons découpés en cinq lanières, sont d'un beau rouge de safran foncé. A ces fleurs nommées dans le commerce *safran bâtard* ou *safran d'Allemagne, safranum,* succèdent de petites graines blanches, luisantes, oblongues, quadrangulaires, et dont l'aigrette est tombée ; sous une coque assez forte, elles contiennent une amande huileuse, d'une saveur d'abord douce, et ensuite âcre. Ces graines, bonnes pour la volaille, sont connues sous le nom de *graines à perroquet*, parce que les perroquets en sont très-friands, et s'en engraissent sans être purgés ; car elles sont purgatives pour les hommes. Cependant elles purgent foiblement et avec lenteur à cause de leur viscosité ; aussi, quand on en fait usage, les combine-t-on avec des remèdes plus actifs. La fleur du *carthame* a les mêmes propriétés médicinales que celles du *safran*, mais beaucoup plus foibles.

Cette fleur est principalement employée en teinture, pour donner aux étoffes de soie les couleurs rose, cerise et ponceau ; mais ces couleurs sont peu solides, et les étoffes teintes avec le *safranum*, ne sont jamais d'un bon teint. On prépare avec les étamines un beau rouge qui sert aux peintres et aux femmes, appelé *rouge végétal, vermillon d'Espagne* ou *laque de carthame*. La même plante, bouillie dans l'eau, sert à mettre en couleur les parquets d'appartemens.

Il faudroit encourager en France la culture du *carthame*, pour n'être point tributaire à cet égard de l'étranger. Voici comment cette plante est cultivée en Allemagne, où on récolte une grande quantité de ses fleurs, et où ses semences mûrissent constamment bien. Comme elle aime un sol meuble et léger, on laisse en jachère, pendant un an au moins, le terrein qui lui est destiné pour pouvoir l'ameublir et détruire les mauvaises herbes. Après l'avoir labouré et hersé quatre fois dans cet espace de temps, on fait un cinquième et dernier labour à la fin de mars ; on trace avec une petite charrue des sillons étroits, sur lesquels on répand la semence fort claire ; elle est couverte avec une herse, dont les dents ont la longueur de la moitié du petit doigt ; et on passe le rouleau.

Les jeunes plantes paroissent communément en moins d'un mois ; dès qu'on peut les distinguer, on nettoie le terrein avec la houe, et on les éclaircit en même temps, en arrachant les plus foibles. Il suffit de laisser d'abord entr'elles un intervalle de trois ou quatre pouces. Au bout de six semaines on renouvelle ce travail, en éclaircissant davantage ; et un mois et demi après le second houage, on en fait un troisième. Les plantes doivent se trouver alors espacées d'un pied. Elles n'exigent plus aucun soin jusqu'au temps de la récolte, qui commence au milieu de juillet. Les fleurs se succèdent pendant près de deux mois. On doit les cueillir à mesure qu'elles paroissent et s'ouvrent : le trop grand épanouissement nuit à la beauté de la couleur ; on les fait sécher à l'ombre, et on les tient après à l'abri de l'humidité, en-fermées dans des sacs ou dans des caisses. Il faut rejeter dans le commerce le *safranum* qui offre une couleur terne et peu nette; c'est un indice que la fleur a été cueillie dans un temps de pluie, ou mal desséchée, et que la partie colorante est attaquée. Les marchands de mauvaise foi mêlent ces fleurs avec celles du véritable *safran*, parce que le prix des premières est de beaucoup inférieur à celui des secondes; mais en les examinant séparément avec attention, on reconnoîtra aisément la fraude.

Quand on cultive le *carthame* pour en avoir la graine, on doit se garder d'en couper les fleurettes, les graines alors avorteroient infailliblement. Cette plante ne souffre pas aisément la transplantation; ainsi, les curieux qui voudront en décorer leurs jardins, feront bien de la semer toujours à la place où elle doit rester.

En Egypte, où l'on cultive en grand le *carthame*, depuis long-temps, on le sème à la main quinze à vingt jours après le premier labour, sur la terre où il y avoit l'année précédente des fèves et d'autres plantes légumineuses. Il est exempt de pluie et d'orage pendant le temps de sa floraison. L'huile qu'on en retire est employée dans la cuisine. Les Européens achètent à-peu-près les sept huitièmes de la récolte de sa fleur, qui s'élèvent, année commune, de seize à dix-huit mille quintaux; l'excédent se consomme dans le pays et dans le reste de la Turquie.

De tous les procédés connus pour extraire la teinture du *carthame*, le plus simple est celui qu'on pratique dans ce pays, où le chimiste Bertholet l'a recueilli. Il l'a inséré dans les mémoires du ci-devant Institut du Caire. Le voici tel qu'il est décrit:

« Il y a dans la fleur du *carthame* deux substances colorantes très-distinctes; l'une jaune, qui est dissoluble dans l'eau; l'autre rouge, qui se dissout dans les alcalis. On ne fait point usage de la première dans la teinture; on l'enlève en mettant le *carthame* dans un sac, qu'on place dans un courant d'eau, jusqu'à ce qu'en l'exprimant, il ne donne plus de couleur. Le teinturier (dont Bertholet a examiné le procédé), s'est servi d'eau de puits pour dépouiller le *carthame* de la substance jaune qu'il faut séparer d'abord de celle qui doit teindre en rouge. Après une macération qui a duré vingt-quatre heures, il a exprimé le *carthame*, et il l'a remis dans une seconde eau pour vingt-quatre heures, puis, exprimé. Dans cet état, le *carthame* a été mêlé, avec un cinquième de son poids, d'une cendre peu abondante en soude, qui est achetée des Arabes, et il a été porté sous la meule verticale d'un moulin. Après plusieurs tours de meule, le *carthame* a été recueilli pour être employé. Le teinturier a fait filtrer à travers ce *carthame* une médiocre quantité d'eau du Nil, de sorte que le liquide qui a été filtré, étoit très-chargé de substance colorante. Il a séparé la dernière portion qui a filtré, et l'a employée la premére en y mêlant un peu de suc de *citron*. Le coton étoit impregné d'une foible couleur : alors le premier liquide a été mêlé, avec une quantité considérable de suc de citron, dans une chaudière placée sur un fourneau, et la teinture s'est faite dans un bain chauffé entre trente et cinquante degrés. Bientôt le coton a pris une couleur satinée et très-belle; au sortir du bain, il a été passé dans une eau rendue acidulée par le suc de citron, puis séché ».

Les différences de ce procédé avec celui qu'on suit en Europe, sont : 1°. qu'on se sert d'une eau un peu alcaline pour extraire la partie jaune, 2°. qu'on incorpore, au moyen d'une meule, l'alcali dans le *carthame*, au lieu de le mêler simplement; 3°. qu'on donne un peu de chaleur au bain, au lieu qu'en Europe, cette opération se fait à froid.

Le coton teint par le *carthame* ne supporte pas l'action du savon, parce que la partie colorante est soluble dans les alcalis. Il prend donc une teinte violette qui se délaye dans l'eau. On peut cependant lui faire subir un léger savonnage, en le passant immédiatement après dans une eau acidulée par le jus du citron; par-là, il ne reprend pas sa première couleur, mais une nuance lilas qui est encore agréable.

La couleur du *carthame* ne supporte pas long-temps l'action du soleil; mais elle s'affoiblit sans changer de ton. On peut donc lui rendre sa première intensité par une seconde teinture ; mais pour que cette opération réussisse, il faut commencer par tenir l'étoffe en bain dans l'eau alcaline de *carthame*, et n'y ajouter du suc de citron qu'après l'avoir ainsi imprégnée de substance colorante. La couleur du carthame est si fugace, qu'il n'est guère possible d'en profiter pour la peinture.

Après cette espèce, les autres n'offrent rien aux arts ou à l'homme, qui soit d'un grand intérêt. On distingue pourtant le CARTHAME LAINEUX, *Carthamus lanatus* Linn., ainsi nommé, parce que sa tige est lanugineuse, sur-tout entre les bractées où les poils ressemblent à de la toile d'araignée. C'est le *chardon bénit des Parisiens*. Il croît dans les lieux incultes, en France, et dans plusieurs contrées de l'Europe tempérée et australe. Miller dit qu'en Italie et en Espagne, les femmes se servent de ses tiges pour faire des quenouilles. Cette plante est amère, et passe pour fébrifuge et sudorifique. Le CARTHAME TA-CHÉ, *Carduus marianus* Linn., vulgairement appelé *chardon marie*, dont les feuilles sont vertes et parsemées de taches laiteuses, ou de veines blanches qui les font paroître agréablement panachées. On le trouve sur le bord des chemins dans presque tous les pays de l'Europe. Sa racine et ses semences sont diurétiques et pectorales. Le CARTHAME EN CORYMBE, *Carthamus corymbosus* Linn., d'un aspect remarquable par les nombreuses épines dont il est hérissé de tous côtés ; ses feuilles sont d'un vert foncé, ses fleurs, d'un bleu clair, et sa racine vivace. Il croît en Espagne, dans la Pouille, la Thrace et aux Dardanelles. On le cultive au Jardin des Plantes de Paris. Le CARTHAME GRILLÉ, *Atractylis cancellata* Linn., qui vient aux environs de Montpellier et dans l'île de Candie, dont les fleurs sont d'un bleu pourpre, et dont le calice offre une espèce de grillage, dans lequel les mouches sont quelquefois retenues. Enfin le CARTHAME GOMMIFÈRE, *Atractylis gummifera*, Linn. Cette espèce se trouve dans les îles de l'Archipel ; ses fleurs sont purpurines ; sa racine qui est vivace a une odeur agréable ; elle est remplie d'un suc laiteux et visqueux qui épaissi à l'air, se change en une sorte de gomme. (D.)

CARTILAGE. C'est un corps blanchâtre, très-élastique, dur, et demi-transparent, qui se rencontre aux extrémités articulées des os, au nez, aux oreilles, aux fausses côtes, à la trachée-artère, au larynx et à quelques autres parties. La matière qui le compose est d'une nature gélatineuse qui peut se conserver long-temps sans se putréfier. Comme les *cartilages* résistent facilement aux chocs par leur souplesse, et comme leur surface est extrêmement polie, la nature les a placés dans toutes les articulations mobiles des os, afin que leur action réciproque s'exerce mieux par une sorte de glissement. Doux à l'extérieur, les *cartilages* sont tapissés d'une membrane serrée et forte qui ressemble au périoste des os, et qui sécrète la liqueur synoviale. On ne trouve aucun vaisseau sanguin dans ces substances.

Dans le fœtus et la plus tendre enfance, les os ne sont encore que des cartilages mous et foibles ; peu à peu la terre des os, ou le phosphate calcaire s'y dépose, et les durcit à mesure que l'animal vieillit. Dans la jeunesse, le système cartilagineux domine ; c'est le contraire chez les vieillards.

Les poissons semblent demeurer dans une jeunesse perpétuelle, car leurs os sont toujours dans un état cartilagineux, sur-tout ceux des poissons *chondroptérygiens* ; aussi ces animaux jouissent d'une vie très-longue, et s'accroissent pendant la plus grande partie de leur existence. Les reptiles ont des os plus cartilagineux que ceux des oiseaux et des quadrupèdes. C'est pour cette raison qu'ils croissent avec beaucoup de facilité.

Ce qui compose la base des os, est un *cartilage*; car si vous mettez tremper un os dans de l'eau forte (*acide nitrique*) affoiblie d'eau, vous l'en retirerez dans un état de mollesse et de flexibilité très-analogue à celle des autres substances cartilagineuses. La matière qui le durcissoit est un sel terreux, composé d'acide phosphorique et de chaux, qui s'accumule avec d'autant plus d'abondance que l'animal est plus vieux, de sorte qu'il devient cassant à la fin. C'est ce qu'on observe dans les vieillards, chez lesquels les os se fracturent avec beaucoup de facilité, tandis que l'enfance, si exposée aux chutes et aux coups, offre bien moins de cas semblables.

Il existe en effet une gradation successive de durcissement dans tous les corps vivans, depuis leur naissance jusqu'à leur vieillesse. Le corps est d'abord gélatineux; il devient ensuite pâteux; puis, membraneux, tendineux, cartilagineux, et enfin osseux. La fibre se dispose en membranes, ensuite en aponévroses, puis en tendons, enfin en cartilage, dont l'ossification est la dernière nuance. On trouve en effet des portions tendineuses des muscles qui acquièrent la dureté du cartilage; et enfin celle d'un véritable os, comme on l'observe dans les tarses ou jambes des oiseaux. Les tendons de leurs doigts deviennent de véritables os dans leur longueur. Il en est souvent de même du gros tronc de l'artère aorte, à sa courbure près du cœur. Ses fibres se serrent en tendons, reçoivent les qualités d'un *cartilage*, et prennent ensuite une nature osseuse. (*Voyez* AORTE.) Les os sesamoïdes qui se forment dans différens endroits du corps, commencent toujours par l'état tendineux; puis, cartilagineux. Lorsque la corne des cerfs est jeune et nouvelle, on lui trouve toutes les qualités du cartilage.

Les maladies qui attaquent les articulations et les cartilages, ont toutes un caractère de lenteur qui les fait ranger parmi les affections chroniques, semblables à celles des os. Comme les cartilages reçoivent des vaisseaux qui charrient un fluide blanc et non du sang, ils entrent rarement en inflammation. Dans la jaunisse, ils sont colorés par la bile.

De toutes les parties du corps des animaux, il n'en est point d'élastiques à un degré aussi éminent que les cartilages; c'est pourquoi la nature les a placés aux articulations et à tous les organes qui ont besoin de repousser les chocs qu'ils reçoivent. Il paroît que cette qualité élastique dépend de la gélatine. Les cartilages ne s'étendent et ne se contractent pas sensiblement; leur ossification commence toujours par leur milieu et dans leur portion la plus épaisse. Communément les cartilages sont appliqués sur les os en manière de croûtes dans les cavités articulaires. Les cartilages placés entre les vertèbres, sont d'une nature tendineuse. Ils peuvent s'applatir et s'alonger. De-là vient que l'homme est un peu plus grand le matin que le soir, parce que les parties supérieures du corps pesant sur ces cartilages, les affaissent et les applatissent; mais ils reprennent leur épaisseur lorsqu'on demeure couché. Après une longue maladie qui force à garder le lit, on est plus grand que dans la pleine santé, par cette même cause.

Il se trouve des cas de maladies qui, diminuant la quantité du phosphate calcaire dans les os, les font retourner à l'état cartilagineux, et les rendent si mous qu'ils se déforment. Tel paroît être le *rachitisme. Consultez* l'article Os et le mot Squelette. (V.)

CARTILAGINEUX, (Poissons) nom d'une division des poissons qui renferme ceux qui sont privés d'arêtes. On les subdivise en Cartilagineux branchiostéges et Cartilagineux chondroptérigiens. *Voyez* ces mots.

Les *cartilagineux* avoient été séparés des poissons par Linnæus, sous la considération qu'ils ne respirent pas par des ouïes ou branchies comme les autres. Il les avoit placés parmi les *amphibies* sous la dénomination d'*amphibia nantes*. Aujourd'hui on est généralement d'accord qu'ils doivent faire partie des poissons. *Voyez* au mot Poisson et au mot Ichtiologie. (B).

CARUDE. On appelle ainsi un poisson du genre des Labres, *Labrus rupestris* Linn., qu'on pèche dans les mers du Nord. *Voyez* au mot Labre. (B.)

CARVI, *Carum*, genre de plantes à fleurs polypétalées, de la pentandrie digynie, et de la famille des Ombellifères, dont le caractère est d'avoir les involucres universels monophylles, et les partiels nuls; une corolle de cinq pétales relevés en carène, échancrés, presqu'égaux; cinq étamines; un ovaire supérieur à deux styles; deux semences réunies, planes d'un côté, convexes de l'autre, et marquées de cinq nervures.

Ce genre est composé de deux espèces, qui ont été réunies avec les Seselis (*Voyez* ce mot.) par Lamarck. La plus commune se trouve dans les parties méridionales de la France. C'est une plante bisannuelle, dont les feuilles sont découpées très-menues, les fleurs blanches, et sujettes à avorter dans le centre de l'ombelle. Les graines sont odorantes, et entrent dans la composition de plusieurs liqueurs. On en retire, par la distillation, une huile essentielle. Ces graines font partie des quatre grandes semences chaudes. (B.)

CARVIFEUILLE, *Carvifolium*. Villars a donné ce nom à un genre qu'il a établi avec le SÉLIN A FEUILLES DE CARVI. *Voyez* au mot SÉLIN. (B.)

CARYOCAR, *Caryocar*. C'est un grand arbre de l'Amérique méridionale, dont les feuilles sont opposées, ternées, les folioles lancéolées, dentées, et qui porte des fleurs à calice et à corolle de couleur pourpre.

Chaque fleur consiste en un calice coloré, caduc, partagé en cinq découpures obtuses et concaves; en cinq pétales grands et ovales; en un grand nombre d'étamines; en un ovaire supérieur, globuleux, chargé le plus souvent de quatre styles, dont les stigmates sont obtus.

Le fruit est une grosse noix sphérique, charnue, qui contient quatre noyaux ovales-triangulaires, à surface réticulée, qui ont une saveur d'amande, sont bons à manger, et servent à faire de l'huile.

Ce genre a été réuni aux PEKEA d'Aublet (*Voy.* ce mot.), dont Gærtner et Schréber ont changé le nom en celui de RHIZOBOLE. Il est figuré pl. 486 des *Illustrations* de Lamarck. Cavanilles lui a consacré un long article dans le quatrième volume de ses *Icones plantarum.* (B.)

CARYOLOBE, *Caryolobis*, genre de plantes établi par Gærtner, sur la considération du fruit seulement. Ce genre approche beaucoup du RAISINIER. *Voyez* ce mot. (B.)

CARYOPHYLLATE, *Caryophyllata*. Les anciens botanistes appeloient la BENOITE de ce nom. *Voyez* au mot BENOITE. (B.)

CARYOPHYLLÉES, famille de plantes dont la fructification est composée d'un calice monophylle, tubuleux ou divisé, presque toujours persistant; d'une corolle rarement nulle, plus souvent formée de pétales onguiculés, alternes avec les découpures du calice, et en même nombre qu'elles; d'étamines en nombre déterminé, quelquefois en nombre moindre que celui des pétales, plus souvent en nombre égal, et alors alternes avec les pétales, ou en nombre double de ces mêmes pétales, une moitié des étamines étant hypogyne, et l'autre moitié alterne épipétale; d'un ovaire simple, à style multiple, rarement unique, à stigmates en nombre égal à celui des styles; d'un fruit capsulaire, presque toujours polysperme, uni ou multiloculaire; de semences insérées à un placenta central, ou attachées chacune au fond de la capsule par un petit cordon ombilical; à périsperme farineux, central, c'est-à-dire, entouré par l'embryon, qui est courbé et roulé en spirale, et à radicule inférieure.

Les plantes de cette famille sont, en général, herbacées et

originaires d'Europe. Leurs tiges, ordinairement cylindriques, ne s'élèvent tout au plus qu'à trois ou quatre pieds de hauteur. Elles sont garnies de rameaux axillaires, opposés, et comme articulés à chaque nœud. Les fleurs, opposées et connées à leur base, et rarement verticillées, sont constamment simples et entières, ordinairement dépourvues de stipules. Les fleurs, presque toujours hermaphrodites, sujettes à doubler par la culture, naissent communément dans les aisselles des feuilles : quelquefois elles résident au sommet des tiges et des rameaux.

Dans cette famille, qui est la vingt-unième de la treizième classe du *Tableau du règne végétal*, par Ventenat, et dont les caractères sont figurés pl. 18, n° 2, du même ouvrage, ouvrage dont on a tiré l'expression caractéristique ci-dessus, on compte trente-un genres sous six divisions :

1°. Genres dont le calice est divisé, qui ont trois étamines, un style unique, ou plus souvent triple. ORTÈGE, LŒFLINGIE, HOLOSTÉE, POLYCARPE, MOLUGINE, MINUART et QUÉRIE.

2°. Genres dont le calice est divisé, qui ont quatre étamines et deux ou quatre styles. BUFONIE et SAGINE.

3°. Genres dont le calice est divisé, qui ont cinq ou huit étamines, et un ou quatre styles. MORGELINE, HAGÉE, PHARNACE, MŒRHINGE et ELATINE.

4°. Genres dont le calice est divisé, qui ont dix étamines, et trois ou cinq styles. SPARGOUTE, CÉRAISTE, CHERLERIE, SABLINE et STELLAIRE.

5°. Genres dont le calice est tubuleux, qui ont dix étamines, dont cinq alternes hypogynes, et cinq alternes ordinairement épipétales, à deux, trois ou cinq styles. GYPSOPHYLE, SAPONAIRE, ŒILLET, SILÉNE, CARNILLET, LYCHNIDE, AGROSTÈME et GITHAGE.

6°. Genres dont le calice est tubuleux, les étamines audessous de dix, et qui ont deux ou trois styles. VELLÉZE et DRYPIS.

Les genres du LIN et de la FRANKÉNIE ont aussi beaucoup d'affinités avec les *Caryophyllées* ; mais ils ne leur conviennent pas par tous leurs caractères comme ceux précités.

Il est bon d'observer que le nom de *caryophyllæus* avoit été donné à l'*œillet* par Tournefort, et que c'est de ce genre que la famille prend le sien, et non du genre *caryophyllæus* de Linnæus, le *giroflier*, avec qui elle n'a aucun rapport. (B.)

CARYOPHYLLYE, *Caryophyllea*, genre de polypiers établi par Lamarck aux dépens des MADRÉPORES de Linnæus. Son caractère est d'être pierreux, fixé, simple, ou fasciculé, ou rameux ; d'avoir les tiges ou les rameaux turbinés ou cylindracés, striés longitudinalement à l'extérieur, et terminés chacun par une étoile lamelleuse, plus ou moins concave.

Ce genre se divise en deux sections :

Les *caryophyllies à tiges simples isolées* ou *fasciculées*, dont le type est le Madrépore goblet, *Madrepora cyathus* Linn., figuré pl. 28, fig. 7, de l'ouvrage d'Ellis, édition de Solander, et dans la partie des *vers* du *Buffon*, édition de Deterville, pl. 23, fig. 3.

Les *caryophyllies à tiges rameuses et dendroïdes*, dont le type est le Madrépore rameux, *Madrepora ramea* Linn., figuré dans les mêmes ouvrages, pl. 38 et 23, fig. 4 et 5.

Voyez l'article Madrépore, où se trouve décrit l'animal de cette dernière espèce. (B.)

CARYOPHYLLOÏDES, nom donné par les oryctographes aux espèces fossiles du genre précédent. On les trouve généralement dans les terrains argileux de seconde formation, avec les Ammonites. (B.)

CARYOTE, *Caryota*, genre de plantes de la famille des Palmiers, dont le caractère est d'avoir une spathe polyphylle, un spadix rameux, couvert de fleurs sessiles, les unes mâles, et les autres femelles.

Chaque fleur mâle consiste en un calice entier, en trois pétales oblongs et concaves, et en un grand nombre d'étamines.

Chaque fleur femelle a le calice et la corolle de la fleur mâle, et, à la place des étamines, un ovaire supérieur, ovale, pointu, légèrement trigone vers son sommet, se terminant en un style très-court, dont le stigmate est simple.

Le fruit est une baie arrondie, rouge dans sa maturité, uniloculaire, qui contient deux semences dures, de substance marbrée, applaties d'un côté, et arrondies de l'autre.

Voyez pl. 897 des *Illustrations* de Lamarck, où ces caractères sont figurés.

Le *caryote* a un tronc droit, cylindrique, de deux pieds de diamètre, rempli de moelle, couronné par une cime composée de quelques feuilles deux fois ailées, et à pinnules opposées, garnies dans toute leur longueur de deux rangs de folioles, à bord supérieur tronqué obliquement, et comme rongé et denté. Elles sont minces, finement striées et luisantes. Le pétiole commun est creusé en gouttière, et embrasse le tronc par sa base.

Ce palmier croît dans les Indes et dans les Moluques. Les

1. Casoar de la nouvelle hollande.
2. Coq et Poule sauvages.

fruits, qui sont de la grosseur d'une petite prune, ont leur pulpe extérieure si caustique, qu'elle cause des démangeaisons très-cuisantes à la bouche. On peut faire, avec sa moelle, une farine semblable à celle du *sagou;* mais on n'y a recours que dans les temps de disette, cette moelle n'ayant pas une saveur aussi agréable que celle du SAGOU. (*Voyez* ce mot.) La partie ligneuse se fend aisément, et on en fait des planches et des solives propres à la construction des maisons. (B.)

CASARCA. *Voyez* OIE KASARKA. (S.)

CASCADE. *Voyez* au mot CATARACTE. (S.)

CASCARA. *Voyez* au mot QUINQUINA. (B.)

CASCARILLE. C'est l'écorce d'un arbre du genre CROTON, qu'on emploie en médecine contre la dyssenterie, contre les fièvres putrides, &c., et qui donne une teinture noire solide, même sur la toile. *Voyez* au mot CROTON. (B.)

CASCHIVE, nom arabe d'un poisson du genre MORMYRE, *Mormyrus anguilloïdes* Linn., qu'on pêche dans le Nil. *Voyez* au mot MORMYRE. (B.)

CASCARIE, *Cascaria*, nom donné par Jacquin à un genre que Lamarck a décrit sous le nom d'ANAVINGUE. *Voyez* ce mot. (B.)

CASOAR, *Casuarius*, genre d'oiseaux de l'ordre des AUTRUCHES. (*Voyez* ce mot.) Caractères : bec déprimé, droit et à-peu-près conique ; ouvertures des narines ovales ; ailes très - courtes et inutiles pour le vol ; bas des jambes dénué de plumes ; trois doigts aux pieds, tous en devant ; point de queue.

L'on ne connoît que deux espèces de ce genre ; ce sont :

Le CASOAR PROPREMENT DIT (*Struthio emeu* Lath., fig. pl. 22, vol. 40 de mon édition de l'*Hist. nat. de Buffon*.). Oiseau qui, de même que l'*autruche*, le *dronte*, &c., n'a guère de l'oiseau que le nom ; il ne peut s'élever dans les airs, et ses ailes, tout aussi inutiles pour le vol, sont encore plus petites que celles de l'AUTRUCHE. (*Voyez* ce mot.) Elles ne consistent qu'en cinq tiges ou tuyaux de plumes, rouges à leur extrémité, creux dans toute leur longueur, sans barbes, luisans, un peu courbés, et dont celui du milieu a environ douze pouces de long, et trois lignes de diamètre ; les latéraux vont en décroissant de part et d'autre comme les doigts de la main et à-peu-près dans le même ordre. Le *casoar* n'a point de queue ; il a seulement les plumes du croupion pendantes et longues de quatorze pouces. Voilà déjà des détails de conformation fort singuliers pour un oiseau : ceux qui suivent ne le sont pas moins. Une espèce de casque conique, brun par devant, et jaune dans tout le reste, s'élève sur le front, et s'étend depuis la base du bec jusqu'au milieu du sommet de la tête, et quelquefois au-delà : c'est à-peu-près un cône tronqué qui a trois pouces de haut, un pouce de diamètre à sa base, et trois lignes à son sommet ; il est formé par le renflement des os du crâne, et recouvert par des couches concentriques d'une substance analogue à la corne. La tête est presque nue, et la peau qui la revêt, et sur laquelle sont des poils noirs et clair-semés, est bleuâtre sur les côtés, d'un violet ardoisé sous la gorge, et rouge par-derrière en plusieurs places, mais principalement vers le milieu ; et ces places rouges sont un peu plus relevées que le reste, par des espèces de rides ou de hachures obliques dont le cou est sillonné. Les trous des oreilles sont fort grands, découverts et environnés de petits poils noirs ; un rang de poils semblables se dessine en sourcil au-dessus de la paupière supérieure. L'œil est fort petit, et son iris a la couleur de la topaze. Sur le devant du cou, au-dessus de l'endroit où il commence à être garni de plumes, il y a deux barbillons charnus, mi-partis de rouge et de bleu, arrondis par le bout, longs d'un pouce et demi, et larges de neuf lignes. A la partie intérieure du sternum est une callosité nue et décolorée comme à l'autruche. Les plumes les plus courtes sont au bas du cou ; ensuite elles augmentent en longueur jusqu'au croupion, mais ces plumes ne ressemblent point à celles des autres oiseaux ; la plupart sont doubles, c'est-à-dire que chaque tuyau donne ordinairement naissance à deux tiges plus ou moins longues, souvent inégales entr'elles, applaties, noires, luisantes, et divisées par nœuds en dessous, dont chacun produit une barbe ou filet : les barbes sont désunies et sans adhérence entr'elles ; depuis leur origine jusqu'au milieu de la tige, elles sont courtes, souples, branchues, et d'un gris tanné ; au-delà elles deviennent plus longues, plus dures et noires ; et comme ces dernières recouvrent les autres, et sont les seules qui paroissent, le *casoar*, vu de quelque distance, semble être un animal velu, et du même poil que l'ours ou le sanglier. Les pieds sont très-gros et courts, proportion gardée avec la taille de l'oiseau, presque aussi gros que l'autruche ; leur couleur, de même que celle du bec, est noirâtre, et les ongles très-durs sont noirs au-dehors, et blancs en dedans.

A l'intérieur, le *casoar* a la langue dentelée et fort courte, les intestins aussi courts que ceux des animaux carnassiers, un cœcum double, une vésicule de fiel, &c. Les parties de la génération du mâle sont assez semblables à celles de l'*autruche.* La femelle pond des œufs plus étroits et plus alongés que ceux de l'*autruche*, et d'un cendré verdâtre semé d'une multitude de petits tubercules de couleur verte.

Cet animal, d'une nature équivoque, qui n'est proprement ni oiseau ni quadrupède, et qui réunit les estomacs des granivores avec les intestins des carnassiers, court fort vîte ; mais comme il est plus massif et plus lourd que l'*autruche*, son allure est bizarre, et sa démarche de mauvaise grace. L'on a prétendu mal-à-propos qu'il avaloit tout ce qu'on lui présentoit, même les matières les plus dures et les plus nuisibles, et c'est parce qu'il a des rapports communs avec l'*autruche*, qu'on a voulu lui prêter encore celui d'une grande force dans les organes de la digestion ; c'est aussi par la même raison que presque tous les contes débités au sujet de l'*autruche* ont été appliqués au *casoar*. Ce grand oiseau compose le fond de sa nourriture de fruits, de racines, de plantes, et il les mange fort goulument ; en un mot son régime est purement végétal. Son naturel est néanmoins farouche et méchant, et il le conserve même dans l'état de domesticité : il frappe également de son bec et de son pied, et les coups de cette dernière partie sont bien plus rudes et plus dangereux que les atteintes de son bec. L'on voit dans les basse-cours de Batavia quelques *casoars* qui, quoiqu'ils y soient nourris depuis long-temps, et ayant l'air apprivoisé, laissent quelquefois appercevoir leur naturel féroce, et attaquent à coups de bec les personnes qui s'avancent trop près d'eux. (*Voyage du lord Macartney en Chine*, tom. 1 de la traduction française, pag. 326.) Le *casoar* de la ménagerie du jardin des Plantes à Paris, ne paroît pas méchant ; mais il vit depuis long-temps en captivité, dans des climats tellement opposés à celui dont il est originaire, que l'on doit le regarder comme un individu dégénéré, et que l'on ne peut rien en conclure au sujet du naturel et des habitudes de l'espèce.

Le pays natal de cette espèce est la partie orientale de l'Asie, comprise sous la zone torride. On la trouve aussi aux îles Moluques, à Banda, à Java et à Sumatra. Par-tout elle est rare, parce qu'habitant les contrées de la terre les plus anciennement peuplées, elle a été en butte à des moyens de destruction plus multipliés, tandis que l'*autruche*, au milieu des déserts brûlans de l'Afrique, est beaucoup plus difficilement inquiétée. Suivant Labillardière, quoique les *casoars* forment à Amboine des oiseaux de basse-cour, il n'est pas facile de s'en procurer, parce qu'ils ne sont pas nombreux à Amboine, et qu'on les y apporte des îles voisines. Ces oiseaux supportent difficilement les voyages de mer. (*Voyage à la recherche de Lapérouse*, tom. 1, pag. 336.)

Aux Indes même , l'on n'élève guère les *casoars* qu'à cause de leur beauté et de leurs attributs singuliers ; du reste ils sont à-peu-près inutiles , leur chair étant dure, noire et peu succulente. Swammerdam trouvoit les piquans de leurs ailes fort commodes pour souffler des parties très-délicates , comme les trachées des insectes, &c. &c.

Le Casoar de la Nouvelle-Hollande (*Casuarius Novæ-Hollandiæ* Lath. , fig. dans cet ouvrage.). Dans le nombre des oiseaux curieux que l'on découvre à la Nouvelle-Hollande, une espèce de *casoar* se fait distinguer par sa haute stature et par des caractères particuliers. Plus grand que le *casoar* des Indes , il n'a guère moins de sept pieds de long ; il est plus élevé sur ses jambes , et son cou est plus alongé, mais ce qui le sépare plus distinctement du *casoar asiatique*, c'est que sa tête n'est point chargée d'un casque osseux , ni le devant de son cou accompagné de deux caroncules charnues ; ses ailes sont encore plus courtes et à peine apparentes, elles n'ont pas de piquans , et elles sont revêtues de plumes semblables à celles du corps.

Toutes ces plumes sont soyeuses et ont leur extrémité recourbée : elles s'étendent jusques près de la gorge ; et la peau, à-peu-près nue du haut du cou, est d'une couleur bleuâtre, mais sans rides ni hachures. Sur la tête sont des plumes clairsemées, assez semblables à des poils , et variées de gris et de brun , aussi bien que celles du bas du cou et de toutes les parties supérieures. Les plumes du dessous du corps ont une teinte blanchâtre. Le bec , dont la forme se rapproche de celui de l'autruche , est tout noir ; et les pieds , qui sont bruns , ont des dentelures saillantes le long de leur face postérieure.

Le foie de cet animal est si petit, qu'il n'excède pas la grosseur du foie d'un *merle* ; la vésicule du fiel est large, et le canal intestinal a près de six aunes de long.

Ce *casoar* est plus léger à la course que le lévrier le plus vîte ; il a , comme celui de l'Inde , le naturel très-farouche, et se nourrit également de végétaux. Dans des terres peu habitées , et sur-tout encore peu fréquentées par les hommes civilisés, et par conséquent destructeurs , l'espèce du *casoar de la Nouvelle-Hollande* est assez nombreuse ; c'est même un gibier qui, sans être délicat, n'est point mauvais à manger, et auquel les Anglais de Botany-Bay trouvent un goût approchant de la viande du bœuf. (S.).

CASOAR A BEC ROUGE D'AUTRUCHE. *Voyez* Autruche de Magellan. (S.)

CASQUE , *Cassidea* , genre de coquilles univalves qui

été établi par Bruguière aux dépens du genre BUCCIN de Linnæus, mais qui avoit été indiqué avant lui par Klein, Gualtiéri, Dargenville, et autres.

Le nom de ce genre indique la forme des espèces qui le composent. Ce sont des coquilles bombées, à ouverture plus longue que large, terminée à sa base par un canal court, recourbé vers le dos de la coquille, et à columelle plissée inférieurement.

Les *casques* diffèrent des *buccins*, par la forme de leur ouverture qui est oblongue et presque toujours dentée, par l'applatissement de leur lèvre gauche, qui fait une saillie considérable sur ce côté de leur coquille, et principalement par le canal tourné à gauche, qui termine leur base, et enfin par leur lèvre droite garnie en dehors d'un bourrelet épais.

Tout ce qu'on sait des animaux qui habitent les *casques*, se réduit à la figure que l'on voit dans la *Zoomorphose* de Dargenville, pl. 31, fig. H, figure qui n'a pas d'explication.

Les *casques* vivent ordinairement dans la mer, à quelque distance des rivages, sur les fonds sablonneux où ils ont la faculté de s'enfoncer en totalité. Nulle part ils ne sont très-abondans; la plupart, et presque tous, fournissent de la pourpre. Dans quelques endroits on les mange : la chair du *casque bezoard* a naturellement une odeur d'ail.

Daudin a encore subdivisé ce genre par la considération des épines qui se voient, dans quelques espèces, à la lèvre droite. Ce caractère est bon, mais le genre n'est pas assez nombreux pour exiger cette nouvelle division; car on n'en trouve que vingt-deux espèces dans l'*Encyclopédie*, et il est probable que Bruguière en a peu laissé échapper à sa perspicacité dans les collections de Paris et dans les auteurs.

Les espèces les plus saillantes ou les plus communes de ce genre sont :

Le CASQUE BAUDRIER, qui est ovale, luisant, et a le bas de la lèvre droite garni de dents épineuses. Il est figuré dans Dargenville, pl. 14, fig. H, et se trouve dans la Méditerranée.

Le CASQUE SABURON, qui est ovale, garni de stries transverses, et dont la lèvre gauche est ridée. Il est figuré dans Adanson, pl. 39, fig. G. On le trouve dans la Méditerranée et sur la côte d'Afrique.

Le CASQUE PAVÉ, qui a pour caractère d'être ovale, lisse, marqué de taches carrées, disposées sur plusieurs rangs; la spire saillante, garnie de stries treillisées, et qui est figuré dans Dargenville, pl. 15, fig. I. On le trouve dans la Méditerranée.

Le CASQUE TUBERCULEUX, qui est ovale, transparent,

bouclé, garni de stries transverses, et de quatre à cinq côtes tuberculeuses, et dont les tours de la spire sont convexes et légèrement carenés. Il est figuré dans Dargenville, pl. 17, fig. P., et dans le *Buffon*, édition de Déterville, partie des vers, pl. 56, fig. 3.

Le CASQUE TYRRÉNIEN est ovale, transparent, marqué de côtes transverses ; les deux du haut saillantes, tuberculeuses ou plissées ; l'ouverture dentée de chaque côté. *Voyez* Favanne, pl. 26, fig. 1 et 2. Il se trouve dans la Méditerranée, et fournit de la pourpre. *Voyez* le mot BUCCIN. (B.)

CASQUE MILITAIRE. On donne ce nom à l'ORCHIDE MILITAIRE, à raison de la forme de sa fleur. *Voyez* au mot ORCHIDE. (B.)

CASQUE NOIR (*Turdus atricapillus* Lath. Ordre, PASSEREAUX, genre de la GRIVE. *Voyez* ces deux mots.). Ce *merle*, que Brisson dit se trouver au Cap de Bonne-Espérance, a dans son plumage de grands rapports avec le *brunet* et le *merle à cul jaune* du Sénégal. Le *casque noir* est moins gros que le *mauvis* ; sa longueur est de neuf pouces ; la tête, le dessus du cou sont noirs ; le dos, le croupion et les ailes bruns ; le dessous du corps est roussâtre ; les flancs sont rayés de petites lignes brunes ; les grandes pennes des ailes ont une tache blanche vers leur origine ; les pennes de la queue sont étagées, noirâtres et terminées de blanc, à l'exception des deux intermédiaires ; les pieds sont bruns. (VIEILL.)

CASQUÉ, espèce de SILURE d'Amérique, *Silurus galeatus* Linn. *Voyez* au mot SILURE. (B.)

CASQUES. On appelle ainsi en Amérique, selon le Père Labat, des chiens que les chasseurs ont laissés dans les bois, et qui sont devenus sauvages, y ont multiplié, et marchent toujours en meute. On ne peut croire, ajoute cet auteur, le dommage que ces chiens causent dans les troupeaux. Lorsqu'ils sont petits, on les apprivoise aisément ; ils ont, pour l'ordinaire la tête plate et longue, le museau alongé, le corps mince et maigre, et la physionomie farouche. (*Nouv. voyages aux îles de l'Amérique*, tome 6, page 199.) *Voyez* à l'article CHIEN. (S.)

CASSARE, nom de la *buse*, en vieux français. *Voyez* BUSE. (S.)

CASSAVE, nom de la fécule qu'on retire de la racine du MANIOC, *Croton manhiot* Linn. *Voyez* au mot CROTON. (B.)

CASSE, *Cassia* Linn. (*Décandrie monogynie.*), genre de plantes de la famille des LÉGUMINEUSES, et qui a des rapports avec les *poincillades* et les *brésillets*. Il renferme un très-grand nombre d'espèces, toutes exotiques et des pays

chauds, parmi lesquelles on compte quelques arbres, plusieurs herbes et beaucoup plus d'arbustes ou d'arbrisseaux.
Son caractère est d'avoir un calice formé de cinq folioles,
concaves, colorées et caduques : une corolle à cinq pétales
également concaves, ouverts, arrondis, et dont les inférieurs
sont écartés, et un peu plus grands que les autres : dix étamines distinctes inégales, trois supérieures très-courtes, souvent stériles, quatre latérales moyennes, et trois inférieures
et abaissées fort grandes : un germe supérieur long, à-peu-
près cylindrique, et terminé par un style court et recourbé
vers le haut. *Voyez* Lamarck, *Illustr. des Genr.* pl. 332.

Dans toutes les *casses*, les feuilles sont alternes et ailées
sans impaire ; les fleurs, ordinairement jaunes, sont disposées sur des grappes axillaires ; et le fruit est une gousse, variant de forme et de grosseur, garnie intérieurement de cloisons transversales qui renferment les semences. Dans quelques espèces ce fruit est sec, membraneux, applati, large ou
étroit, et plus ou moins long ; dans les autres il est ligneux,
presque cylindrique ; il s'ouvre à peine, et contient souvent
une pulpe dont la graine est entourée. Quoique cette différence dans les fruits du même genre semble le partager en
deux sections bien naturelles, cependant, c'est sur le nombre des folioles des feuilles que Lamarck a établi la division
des quarante-huit espèces qu'il a décrites. Notre objet et notre intention n'étant pas de parler de toutes, nous nous contenterons de faire connoître à nos lecteurs celles qui sont ou
utiles ou les plus belles.

On doit mettre au premier rang la CASSE DES BOUTIQUES,
ou CASSE SOLUTIVE, vulgairement le *Caneficier*, *Cassia fistula* Linn. C'est un grand arbre, d'un beau port, et d'un
aspect agréable, qui croît naturellement en Egypte et dans
les Indes Orientales, d'où il a été, dit-on, transporté en
Amérique, sur-tout aux Antilles, au Brésil et au Mexique, où
il se trouve maintenant comme naturalisé. Il s'élève à la hauteur de quarante ou cinquante pieds. Son tronc, dont l'écorce
est unie et d'un gris cendré, se partage en plusieurs branches
garnies de feuilles pétiolées et composées de dix à douze folioles lancéolées, lisses, marquées de nervures saillantes, et
longues de trois à cinq pouces, sur deux de largeur. Les
fleurs sont grandes, d'un jaune foncé, et à pétales veinés ;
elles ont chacune un pédoncule particulier, assez long, et
un calice uni, trois fois plus court que la corolle. Réunies en
grand nombre sur de belles grappes un peu lâches, elles
offrent un coup-d'œil charmant. Les fruits pendent en gousses
ou bâtons cylindriques, droits et longs d'un pied et demi

environ , sur un pouce d'épaisseur ; une coque ligneuse et mince , d'un noir châtain, forme leur écorce. Dans leur maturité , pour peu qu'ils soient agités par le vent , ils se heurtent les uns contre les autres , et tombent. Si on les frappe légèrement avec un petit marteau , ils se divisent à l'endroit des sutures , en deux parties longitudinales , et leur intérieur offre un grand nombre de loges et de cloisons transversales et parallèles ; dans chaque loge se trouvent une ou deux semences en cœur , dures et plates , enveloppées d'une pulpe moelleuse, noire et un peu sucrée.

C'est cette pulpe dont on fait un si grand usage en médecine , sous le nom de *casse*. Le principe mucilagineux sucré qu'elle renferme , la rend très-propre à évacuer les humeurs sans occasionner d'irritation. C'est un purgatif très-doux et un des meilleurs laxatifs qu'on connoisse. On la confit quelquefois avec du sucre ou du sirop de violette , et on l'aromatise avec l'eau de fleur d'orange. On a trouvé aussi le moyen de confire les bâtons ou gousses de *casse* encore jeunes , tendres et verts.

La Casse lancéolée ou Séné d'Alexandrie , *Cassia senna* Linn. , est encore une espèce très-utile , et même d'un usage plus général en médecine que l'espèce précédente. Tout le monde connoît le *séné* : ce sont de petites feuilles sèches en forme de lance , d'un vert tirant sur le jaune , d'une odeur de drogue , mais qui n'est pas désagréable , d'un goût un peu âcre , amer , qui excite des nausées , et qu'on emploie ordinairement pour purger. Ces feuilles qui nous viennent du Levant en balles , se recueillent sur une plante qui porte le même nom , et qui n'a pas encore été bien décrite par les botanistes. Elle croît en Arabie et en Egypte. Ses fruits , appelés *follicules de séné* , sont (dit Geoffroi, *Mat. méd.*) des gousses , membraneuses , oblongues , recourbées , lisses , applaties , d'un vert roussâtre ou jaunâtre , qui contiennent des graines presque semblables à celles du raisin , applaties , pâles ou noirâtres. La tige de cette plante s'élève à deux ou trois pieds ; elle est dure , et comme ligneuse ; les rameaux sont plians , et les feuilles alternes et composées de cinq paires de folioles lancéolées et pointues ; le pétiole est glanduleux , les fleurs sont jaunes.

La Casse d'Italie ou Séné d'Italie, *Cassia senna* Linn. , n'est pas la même espèce que la dernière , quoique Linnæus les ait confondues. Elle en diffère sur-tout par la forme de ses folioles , qui sont obtuses ou elliptiques et plus larges , et par leur pétiole commun , qui n'est point glanduleux. Ses fleurs sont aussi d'un jaune plus brillant ; cette plante ne s'élève qu'à un pied et demi; elle est annuelle et originaire des Indes Orientales ; c'est parce qu'on la cultive en Italie, dans les champs, qu'on lui a donné le nom de ce pays, d'où ses feuilles et ses follicules nous sont apportées. Elles ont une vertu purgative, mais beaucoup moins efficace que celles de l'espèce ci-dessus. Ce *séné* est pourtant le plus répandu dans le commerce ; c'est celui dont on fait communément usage parmi nous, en médecine; mais il ne vaut pas le *séné* d'Égypte ou d'Alexandrie.

« **Dans** les deux espèces, les feuilles et les gousses ou follicules ont une saveur amère nauséabonde, et une odeur forte, lorsqu'elles sont fraîchement recueillies. Leur vertu purgative réside principalement dans leur principe huileux éthéré-volatil, et dans leur partie résineuse fixe. Ce premier principe purge doucement et avec sûreté, et le second est sujet à exciter des tranchées assez vives. C'est pourquoi on doit se contenter de faire infuser les feuilles, et ne point les faire bouillir, à moins qu'on ne veuille les donner en lavement. La partie gommeuse qu'elles contiennent pousse plutôt les urines qu'elles ne lâchent le ventre, et tous ces principes réunis sont assez fortement sudorifiques, sur-tout lorsqu'on fait prendre ces feuilles en poudre. On les prescrit ordinairement en infusion, en y mêlant une décoction de pruneaux, et en y faisant entrer quelques substances aromatiques, comme l'anis et le citron, et quelque sel alkalin végétal, soit pour en adoucir l'âcreté ou en faciliter l'action, soit pour en corriger la saveur désagréable. On ne doit point s'en servir dans les maladies convulsives ou de la poitrine, ni dans celles où il y a quelque disposition inflammatoire ». *Mill. Dict. des Jard. Notes.*

Puisqu'une des deux plantes qui produisent le *séné* est cultivée avec succès en Italie, pourquoi ne la cultiveroit-on pas aussi dans le midi de la France, où la chaleur est forte et soutenue ? ce seroit introduire une nouvelle branche de commerce. Les feuilles et follicules de ce *séné* seroient sans doute inférieures en qualité à celles qui viennent d'Egypte, mais elles pourroient au moins être employées utilement par la médécine vétérinaire qui en fait une si grande consommation. Nous joignons en conséquence ici la méthode qui peut être suivie par ceux qui seront tentés d'essayer cette culture.

On sèmera la graine de *séné* sur une couche sourde, dans un lieu bien abrité, et au plus tard à la fin de février : il faudra semer clair. Chaque soir et chaque jour un peu froid la couche sera couverte de paillassons, qu'on ôtera le lendemain, si le temps le permet. Lorsque les jeunes plantes seront assez fortes pour être transplantées, on les enlèvera de la couche, sans les arracher, ayant soin de n'enlever que ce qu'on peut planter dans une matinée. Elles seront mises dans un panier couvert, et tenues à l'abri du hâle et du soleil jusqu'au moment de la transplantation. Le terrein destiné à les recevoir doit avoir été préparé d'avance, soit à la bêche, soit à la charrue. Par le premier travail, un seul labour suffira; et il faut que le second soit tel, que la terre se trouve après bien ameublie et entièrement émiettée. Les plantes, une fois mises en place, n'exigeront plus aucun soin, sinon d'être débarrassées des mauvaises herbes.

Outre les trois espèces de *casse* décrites ci-dessus, il y en a encore quelques autres utiles, ou qu'on peut élever comme plantes d'ornement. Ce sont les suivantes.

La CASSE BICAPSULAIRE, *Cassia bicapsularis* Linn. C'est le *caneficier bâtard*, arbrisseau de six à huit pieds, remarquable par ses gousses longues, cylindriques, et divisées dans leur longueur en deux loges, qui forment comme deux tubes réunis; ses fleurs sont jaunes; il croît dans l'Amérique méridionale. La CASSE A FEUILLES ÉCHANCRÉES DES ANTILLES, *Cassia emarginata* Linn. Ses feuilles sont purgatives, et peuvent être employées comme celles du *séné*; la pulpe de son fruit a la même saveur et les mêmes vertus que celles de la *casse des boutiques*. La CASSE DE LA CHINE, *Cassia Chinensis* Linn., plante d'ornement, cultivée depuis peu au jardin des plantes de Paris; ses fleurs sont grandes, d'un beau jaune, et réunies deux ou trois ensemble sur des pédoncules courts et solitaires aux aisselles des feuilles supérieures. La CASSE PUANTE, *Cassia occidentalis* Linn. Cette espèce croît aux Antilles, où il y en a trois variétés. On trouve la première dans les savanes et dans les haies, et la seconde le long des rivages; la troisième est entièrement velue; toutes les trois sont fétides dans toutes leurs parties, ce qui leur a fait donner le nom de *pois puant*. Leurs feuilles sont résolutives et très-purgatives; on les fait entrer aussi dans les cataplasmes. La CASSE A GOUSSES PLATES, *Cassia planisiliqua* Linn. C'est un arbre qui parvient à la hauteur d'un noyer médiocre. On le trouve à la Guadeloupe. Ses gousses sont longues, étroites, plates, un peu arquées et comme articulées; les loges transversales paroissent à l'extérieur : il a des fleurs jaunes et des feuilles d'un vert obscur. La CASSE A GOUSSES AILÉES, *Cassia alata* Linn. On fait avec les fleurs un onguent qu'on dit très-bon contre les dartres, d'où lui vient le nom de *dartrier*, d'*herbe à dartres*, qu'on lui a donné aux Antilles, où cette plante se trouve. Ses gousses ont dans toute leur longueur deux ailes membraneuses. La Casse du Maryland, *Cassia Marylandica* Linn. Cette plante a une racine vivace qui dure plusieurs années; placée dans un lieu sec et chaud, elle peut subsister en pleine terre; on en sème la graine au printemps, et l'automne suivant on peut la transplanter à demeure. Ses fleurs ont une belle couleur jaune, avec des anthères brunes; et les articulations de ses fruits offrent à l'extérieur des poils roussâtres La Casse de Siam, *Cassia Siamea* Lam. Cette belle espèce croît aux environs de Siam. C'est un arbre qu'on appelle *siamois* à l'île de Bourbon, où il est cultivé pour la beauté de ses fleurs. Elles viennent en corymbes au sommet des rameaux, sur des pédoncules axillaires aux feuilles supérieures. La Casse a gousses étroites, *Cassia angustisiliqua* Linn. Ce joli arbrisseau, qui croît à Saint-Domingue, a le port d'un baguenaudier, mais ses fleurs grandes et belles lui donnent un aspect plus agréable; elles sont jaunes et disposées en grappe composée et terminale; ses feuilles ont dix paires de petites folioles. La Casse de Java, *Cassia Javanica* Linn., et la Casse du Brésil, *Cassia Brasiliana* Linn. Ce sont deux espèces différentes que Linnæus a mal-à-propos confondues; la première est un arbre élevé, à cime étroite, et la seconde un arbre plus grand et fort beau, qui étend ses branches au large de tous côtés. Dans la *casse de Java*, les rameaux sont glabres, les pétioles glanduleux, les fleurs rouges ou jaunâtres, et les cloisons transversales des fruits ne contiennent point de pulpe succulente. Dans celle *du Brésil*, au contraire, on voit un duvet fin sur l'écorce des branches, on n'apperçoit aucune glande sur les pétioles; les fleurs ont leurs pétales de couleur de chair, et les fruits très-longs, très-larges et un peu comprimés, contiennent une pulpe gluante, brune ou noirâtre, pareille à celle de la *casse des boutiques*, mais amère et désagréable. Cette pulpe est aussi purgative; mais comme elle donne ordinairement des tranchées, on ne l'emploie guère que dans la médecine vétérinaire; ce qui a fait donner, en Amérique, à cette espèce, le nom de *casse de cheval*, ou *casse purgative du Brésil*.

Voyez dans Miller la manière d'élever en Europe et de cultiver artificiellement la plupart des *casses*. (D.)

CASSE-ALAIGUE, dénomination vulgaire du Casse-noix en Amérique. *Voyez* ce mot. (S.)

CASSE AROMATIQUE. C'est le nom que les anciens donnoient à la Cannelle. (B.)

CASSE EN BOIS. C'est le Laurier-casse. Voyez au mot Laurier. (B.)

CASSE-LUNETTE. C'est le Bluet. On a donné ce nom

à cette plante, parce qu'on a cru et qu'on croit encore, dans les campagnes, qu'elle est spécifique contre la foiblesse des yeux. *Voyez* au mot BLUET et au mot CENTAURÉE, dont elle est une espèce. (B.)

CASSE-MOTTE, nom vulgaire du MOTTEUX. *Voyez* ce mot. (VIEILL.)

CASSE-NOISETTE (*Pipra manacus* Lath., pl. enlum., n°. 302 et 303, fig. 1 de l'*Hist. naturelle de Buffon*. Ordre, PASSEREAUX ; genre, MANAKIN. *Voyez* ces deux mots.). Comme le cri de cet oiseau imite exactement le bruit que fait le petit outil qui sert à casser les noix, on lui en a donné le nom. Ce *manakin* se trouve à la Guiane dans les lisières des grands bois, se tient plus ordinairement à terre, se pose quelquefois sur les branches les plus basses, vit en petite famille, mais ne se mêle pas avec les autres manakins ; il est très-vif, très-agile, et sautille continuellement ; se nourrit d'insectes, et fait souvent la chasse aux fourmis. Il a le bec, le dessus de la tête, le dos, les ailes et la queue noirs ; le reste du corps blanc, les pieds jaunes ; longueur, quatre pouces trois lignes. (VIEILL.)

CASSE-NOISETTE, CASSE-NOIX, noms vulgaires que porte la SITTELLE en Normandie. *Voyez* ce mot. (VIEILL.)

CASSE-NOIX (*Corvus caryocatextes* Lath., pl. enlum., n°. 50 de l'*Hist. nat. de Buffon*. Ordre, PIES ; genre, CORBEAU. *Voyez* ces deux mots.). Cet oiseau, peu défiant et peu rusé, habite de préférence les hautes montagnes. L'on prétend qu'il est plus babillard que la *pie ;* qu'ainsi il vit, au besoin, de toutes sortes de proie, et cache ce qu'il n'a pu consommer ; mais sa nourriture habituelle sont les noisettes qu'il casse ou perce, les glands, les baies sauvages, les pignons qu'il épluche assez adroitement, et même les insectes. Les pays montagneux étant ceux où le *casse-noix* se plaît, on le trouve communément en Auvergne, en Savoie, en Lorraine, en Suisse, dans le Bergamasque, en Autriche, sur les montagnes couvertes de sapins, mais très-rarement en Angleterre ; enfin cette espèce étend ses courses jusqu'en Russie, en Sibérie, au Kamtschatka, et même dans le nord de l'Amérique, selon Latham.

Quoique les *casse-noix* ne soient point des oiseaux de passage, ils sont quelquefois erratiques. Dans certaines années, ils se réunissent en troupes très-nombreuses, quittent leurs montagnes, se répandent dans les plaines, et toujours de préférence dans les lieux où ils trouvent des sapins. Leur passage ou leur voyage se fait en automne ; ils mettent ordinairement entre chaque passage un intervalle de six à neuf années. A cette époque, ils sont quelquefois tellement affoiblis par le défaut de nourriture, qu'ils se laissent approcher et tuer à coups de bâton, et même prendre à la main. Il en est ainsi des *bec-croisés*, dans leur émigration, s'ils se trouvent dans un pays où il y a peu de sapins. Ces voyages sont souvent occasionnés par une disette de nourriture dans leur pays natal. Il suffit alors de leur présenter des appâts, et ils donneront en foule dans tous les piéges qu'on leur tendra : l'on prétend qu'ils causent un grand préjudice aux forêts, en perçant les gros arbres à la manière des *pics ;* ce qui leur occasionne une guerre continuelle de la part des propriétaires; et c'est une des raisons qui les empêche de se perpétuer dans ces bons pays, et les force à se réfugier dans les forêts escarpées. Ces oiseaux ayant les pennes de la queue usées par le bout, l'on suppose qu'ils grimpent comme les *pics ;* s'ils n'ont pas cette habitude, il paroît certain que, comme eux, ils nichent dans des trous d'arbres. Leur cri ressemble à celui de la *pie.* On peut les élever lorsqu'ils sont pris jeunes ; mais plus âgés, ils refusent toute espèce de nourriture, et meurent bientôt. La ponte est de cinq ou six œufs, d'une couleur jaunâtre, et parsemés de petites tache noirâtres.

Klein distingue deux variétés dans l'espèce du *casse-noix ;* l'une plus petite, dont le bec est plus menu, plus arrondi, et dont les mandibules sont inégales, la supérieure étant plus longue que l'inférieure ; de plus elle a la langue divisée profondément, très-courte et comme perdue dans le gosier : l'autre a le bec anguleux et fort, la langue longue et fourchue comme diverses espèces de *pics*, son plumage est moucheté ; c'est sans doute l'espèce la plus commune. Muller fait mention d'une troisième qui est rousse.

Le *casse-noix* a un plumage remarquable par ses mouchetures blanches et triangulaires, répandues sur un fond brun qui est la couleur dominante de tout son corps. Ces mouchetures sont plus petites sur la partie supérieure, et plus larges sur la poitrine ; mais l'on n'en voit aucun vestige sur le sommet de la tête ; les ailes et la queue sont d'un noir brillant, et le blanc borde quelques pennes alaires vers leur extrémité ; prend la forme d'une très-petite tache blanche vers la pointe de six à sept autres, et termine celles de la queue. L'iris est noisette ; le bec et les pieds sont noirs ; les narines rondes, et couvertes par de petites plumes blanchâtres, étroites, flexibles et dirigées en avant. Grosseur un peu inférieure à celle de la *pie ;* longueur, près de treize pouces. (Vieill.)

CASSE-NOIX, CASSE-NOYAUX, CASSE-

ROGNON, dénominations vulgaires du Gros-bec en Champagne. *Voyez* ce mot. (S.)

CASSENOLES. C'est le nom vulgaire de la Noix de gale de France, de celle qui se développe sur les feuilles du chêne. *Voyez* au mot Chêne et au mot Cinips. (B.)

CASSE-PIERRE, nom vulgaire donné à la Saxifrage. *Voyez* ce mot. (B.)

CASSE-TÊTE, instrument de guerre des nations sauvages, fait ordinairement de quelques pierres dures et tenaces, telles que les cornéennes, les traps, les basaltes, les serpentines dures, les jades, &c. (Pat.)

CASSICAN (*Coracias varia* Lath., pl. enl. n° 628 de l'*Hist. nat. de Buffon*, ordre, Pies ; genre, Rollier. *Voyez* ces deux mots.). Cet oiseau, dont on ignore le pays natal, a le corps mince et alongé ; treize pouces environ de longueur ; le bec bleuâtre ; la tête, le cou, le haut de la poitrine, le dos, les grandes pennes des ailes, la queue et les pieds noirs ; le croupion, les couvertures supérieures de la queue, le dessous du corps, les moyennes pennes alaires et le bout des caudales blancs. (Vieill.)

CASSIDE, genre d'insectes de la troisième section de l'ordre des Coléoptères.

Les *cassides*, vulgairement nommées *tortues*, *scarabées-tortues*, sont des insectes plats en dessous, convexes en dessus, dont le contour du corps est presque circulaire, souvent ovale, et quelquefois approchant de la figure triangulaire ; cependant leur corps, proprement dit, est alongé, et beaucoup plus petit et plus étroit qu'il ne paroît ; le corcelet et les élytres, dans lesquels il est comme encâdré, le débordent considérablement par les côtés, et ont fait donner au genre le nom de Cassida, qui signifie *casque* ; elles ont les antennes presque filiformes, à peine plus grosses vers l'extrémité, et très-rapprochées à leur base ; la bouche composée de deux lèvres, de deux mandibules larges, tranchantes, tridentées, de deux mâchoires simples, et de quatre antennules presque filiformes ; quatre articles aux tarses.

Les *cassides* sont très-aisées à reconnoître ; elles diffèrent des *boucliers* et des *coccinelles* par les tarses ; des *érotyles*, par le corcelet et les élytres, et par les antennes. Elles vivent sur les plantes dont elles font leur nourriture, et rarement les voit-on courir, plus rarement encore font-elles usage de leurs ailes. Elles composent un genre bien digne d'attirer les regards des amateurs. La plupart des espèces sont enrichies de belles couleurs dorées ou argentées, qui disparoissent, il est vrai, lorsque l'insecte est mort et conservé dans les cabinets, mais que l'on peut faire reparoître par le moyen de l'eau chaude, dans laquelle on met ramollir la *casside* pendant environ un quart-d'heure. A côté de l'insecte parfait, sur les mêmes plantes, on trouve souvent la larve, qui mérite de fixer l'attention des Naturalistes.

Les larves des *cassides* ont le corps mou, large, court, applati, bordé sur les côtés d'appendices branchues et épineuses, avec six pattes écailleuses ; la tête petite et écailleuse, garnie de dents, avec trois petits tubercules et quatre points noirs de chaque côté.

Ce qui doit sur-tout nous arrêter, c'est la forme singulière de la queue, qui se recourbe en dessus du corps, se termine en une espèce de fourche, et qui est environ de la longueur de la moitié du corps ; les deux branches ou fourchons dont elle est composée sont en filets coniques, qui se terminent en pointe assez fine ; elles ont des espèces d'épines courtes depuis leur origine jusqu'à une certaine distance de leur étendue, mais seulement du côté extérieur ; entre les deux fourchons, à l'extrémité d'un mamelon plus ou moins recourbé et élevé au gré de l'insecte, on voit l'anus, qui a la forme d'un tuyau cylindrique, et qui est placé de manière que les excrémens qui en sortent glissent sur la fourche inclinée et disposée pour les recevoir ; quand il s'en amoncèle trop, près de l'origine de ces petits fourchons, le mamelon où est l'anus peut les pousser et les faire aller plus loin ; peut-être que les anneaux et les épines qui les bordent aident encore à faire aller les excrémens plus avant ; peu à peu ils s'accumulent, se collent les uns contre les autres, et alors poussés insensiblement par-delà les pointes des fourchons, ils forment une masse ou un toit capable de couvrir tout l'insecte. Tels sont les moyens, aussi simples que dignes de remarque, ménagés par la nature pour mettre le corps mou de ces larves à l'abri des impressions qui pourroient leur nuire : le plus souvent ce toit est immédiatement au-dessus du corps ; il le touche sans le charger ; quelquefois il est presque perpendiculaire au plan du corps ; souvent il est placé un peu au-dessus et presque parallèle ; toutes les différentes positions de cette espèce de parasol sont variées, comme le sont celles de la queue fourchue qui le soutient : cette ouverture, quoiqu'assez bien cimentée par elle-même, est encore fortifiée par la dépouille de l'insecte, qui lui sert quelquefois de base.

Avant de se métamorphoser, la larve doit changer plusieurs fois de peau ; la dépouille qu'elle abandonne est incomplète, les fourchons même doivent se dépouiller, et c'est ce qu'il y a de plus long, et peut-être de plus difficile dans toute l'opération du dépouillement. C'est sur la feuille même où cette larve a vécu qu'elle doit subir sa métamorphose, sans former ni coques ni enveloppe d'aucune espèce ; pour s'y préparer elle cesse de tenir la queue élevée, elle la porte alors étendue en arrière et dans une même ligne avec le corps. Par le frottement contre la feuille elle quitte avec la peau les fourchons, et fait tomber cette couverture dont elle ne doit plus avoir besoin. Elle se fixe ensuite contre la feuille par les deux anneaux du corps qui suivent celui où est attachée la dernière paire de pattes ; ainsi fixée elle reste tranquille pendant deux ou trois jours, et quitte ensuite sa peau, pour paroître sous la forme de nymphe, qui doit rester engagée par le derrière dans la peau, alors réduite en pelotons, seul soutien qu'elle puisse avoir, et qu'elle doit aussi conserver. La nymphe a aussi une queue fourchue ; mais les filets sont plus déliés et moins longs que ceux de la larve, et ils n'ont ni poils ni épines.

Cette nymphe, moins longue que la larve, est de figure ovale et applatie ; elle a un ample corcelet, à-peu-près de forme semi-lunaire, dont le contour est bordé d'un rang d'épines courtes et simples, ou sans poils ; le ventre est bordé des deux côtés, d'appendices ou de lames plates, en forme de feuilles, pointues au bout, garnies d'épines ou d'espèces de poils ; de chaque côté du dos on voit quatre petits tuyaux, qui sont les stigmates. En regardant la nymphe en dessous, on y apperçoit presque toutes les parties de l'insecte parfait, qui sort au bout de quinze jours, par la rupture faite à la partie antérieure de la peau de dessus.

L'insecte parfait dépose sur les feuilles ses œufs, qui sont rangés les uns auprès des autres, et forment des plaques souvent couvertes d'excrémens. (O.)

CASSIDULE, *Cassidulus*, genre fait par Lamarck aux dépens des Oursins de Linnæus. Ses caractères sont d'avoir une coquille irrégulière, elliptique, ou subcordiforme, garnie de très-petites épines et de plusieurs rangées de pores, qui forment en dessus des ambulacres bornés disposés en étoile ; la bouche subcentrale, et l'anus au-dessus du bord.

Ce genre est composé d'un petit nombre d'espèces, dont une seule n'est pas fossile ; c'est la Cassidule des îles Caraïbes, figurée dans l'*Encyclopédie*, partie des *Vers*, pl. 143, n°s 8, 9, 10 ; et dans la partie des *Vers* du *Buffon*, édition de Déterville, pl. 14, n°s 1 et 2. *Voy.* au mot Oursin. (B.)

CASSIE. C'est le *robinia pseudo acacia* Linn. *Voy.* au mot Acacie des jardiniers et au mot Robinie. (B.)

CASSIER. *Voyez* au mot CASSE. (B.)

CASSINE, *Cassine*, genre de plantes de la pentandrie trigynie, et de la famille des RHAMNOÏDES, dont le caractère est d'avoir un calice petit, persistant, à cinq divisions; une corolle divisée jusqu'à sa base en cinq parties lancéolées; cinq étamines; un ovaire supérieur ovale conique, chargé de trois stigmates ouverts. Le fruit est une baie arrondie ou obtusément trigone, triloculaire, qui contient trois semences.

Voyez pl. 130 des *Illustrations* de Lamarck, où ce genre est figuré.

Le nombre des espèces de *cassines* a beaucoup varié, parce qu'on leur a réuni des CÉLASTRES et des HOUX, genres avec qui elles ont beaucoup de rapports. La plus importante des erreurs commises à leur sujet, est celle qui a rapport à l'*apalachine*, ou la *cassine*, qui a donné son nom au genre, et qui fait réellement partie des *houx*. C'est un arbuste des parties méridionales de l'Amérique septentrionale, dont les sauvages faisoient, par infusion, une liqueur enivrante, et que les habitans actuels de la Caroline emploient encore en forme de thé; c'est le *thé des Apalaches*. (*Voyez* au mot HOUX.) Le genre *cassine* reste composé dans Wildenow, qui paroît en avoir le mieux débrouillé les espèces, seulement de quatre plantes, toutes du Cap de Bonne-Espérance. Ce sont des arbrisseaux à feuilles opposées ou alternes, et à fleurs axillaires, que l'on cultive dans les jardins de botanique, mais qui y ont toujours une apparence souffrante. La plus commune est celle qui porte particulièrement le nom de CASSINE DU CAP, et dont les feuilles sont ovales, rétuses et crénelées. Une autre s'appelle, en français, le *petit cerisier des Hottentots;* c'est la CASSINE A FEUILLES CONCAVES de Lamarck, dont les caractères sont d'avoir les feuilles alternes, presque pétiolées, ovales, arrondies, très-entières, et concaves en dessus.

On appelle aussi de ce nom le HOUX CASSIN, et la VIORNE LUISANTE, qu'on emploie en Amérique en guise de THÉ. *Voyez* ces mots. (B.)

CASSIPOURIER, *Legnotis*, arbre de moyenne grandeur, dont les feuilles sont opposées, ovales, pointues, glabres; les fleurs sessiles, axillaires, blanches, et rassemblées entre deux bractées stipulaires et opposées.

Ses fleurs sont composées d'un calice monophylle à quatre à cinq dents; de cinq pétales plus grands que le calice, finement laciniés et frangés, et attachés au fond du calice par un onglet étroit; de dix-huit étamines; d'un ovaire supérieur, très-petit, surmonté d'un style long et velu, terminé par un stigmate obtus. Le fruit est une capsule à trois loges.

Cet arbre croît à la Guiane, dans les lieux aquatiques. Voyez *Illustrations des Genres*, pl. 406.

Swartz a depuis peu augmenté ce genre d'une espèce, qu'il a trouvée à la Jamaïque. *Voyez* son PRODROME. (B.)

LE CASSIQUE DE LA LOUISIANE (*Oriolus leucocephalus* Lath. pl. enl. n° 646 de l'*Hist. natur. de Buffon.*). Cet oiseau est une variété accidentelle de la *pie de la Jamaique*, de Buffon (*gracula quiscala* Lath.). Le blanc se mêlant au noir à reflets violets et verts, qui couvre totalement le *quiscale*, ou le remplaçant sur diverses parties du corps, forme le plumage de cet oiseau ; si ce mélange a lieu sur un jeune ou une femelle, un brun noirâtre remplace le noir ; enfin, la distribution de la teinte blanche n'étant plus la même sur d'autres individus, il en est résulté de nouvelles variétés, décrites dans divers ornithologistes comme telles, ou comme espèces. *Voy*. QUISCALE.

Le CASSIQUE JAUNE DU BRÉSIL. *Voyez* YAPOU.

Le CASSIQUE HUPPÉ (*Oriolus cristatus* Lath. pl. enl. n° 344 de l'*Hist. nat. de Buffon.* PASSEREAUX , espèce du genre LORIOT. *Voyez* ces deux mots.). Ce *cassique* porte, à Cayenne, le nom de *cul-jaune des palétuviers*, parce qu'il en mange les fruits ; il vit aussi d'insectes. Sa chair exhale une odeur insupportable de *castoreum*, quelles que soient les substances dont il se nourrit. (Edition de Sonnini de l'*Hist. nat. de Buffon.*) Sa longueur est d'environ dix-huit pouces ; il a sur le sommet de la tête quelques plumes plus longues que les autres , qu'il redresse à volonté ; le noir couvre toute la partie antérieure de son corps , et le marron la partie postérieure, à l'exception des deux pennes intermédiaires de la queue, qui sont noires, et les autres qui sont jaunes ; le bec est de cette dernière couleur ; l'iris est d'un bleu céleste.

La femelle ne diffère que par des teintes moins décidées. Cette espèce se trouve aussi au Brésil.

Le CASSIQUE ROUGE DU BRÉSIL. *Voyez* JUPUBA.

Le CASSIQUE VERT (*Oriolus cristatus Var.* Lath. pl. enl. n° 328 de l'*Hist. nat. de Buffon.*). Le nom que donnent les habitans de Cayenne à cette espèce, est celui de *gros cul jaune*; quoiqu'elle fréquente les cantons humides, elle ne se tient pas, comme le *cassique huppé*, au bord des eaux, mais sur les arbres fort élevés. La chair de cet oiseau n'a point l'odeur de *castoreum*, et elle est bonne à manger. La grosseur de ce *cassique* est celle de la *corbine ;* il a sur le sommet de la tête deux plumes, longues de deux à trois pouces, et olivâtres; son bec rouge est fort large à la base, et forme sur le front une protubérance qui se prolonge jusqu'au tiers du sommet de la tête; toute la partie antérieure, dessus et dessous le corps, et les couvertures des ailes sont vertes; la partie postérieure est de couleur marron : les pennes des ailes sont noires; celles de la queue en partie de cette teinte et en partie jaunes; les pieds noirs; longueur, quatorze pouces environ. (VIEILL.)

CASSIS, nom vulgaire du GROSEILLIER A FRUITS NOIRS. *Voyez* au mot GROSEILLIER. (B.)

CASSITE, *Cassita*, genre de plantes de l'ennéandrie monogynie, dont les caractères sont d'avoir un calice monophylle, persistant, et à six divisions ovales-pointues, dont trois sur un rang inférieur, sont pétaliformes; neuf étamines ayant leurs filamens comprimés et insérés sur plusieurs rangs, et leurs anthères fixées au-dessous de leur sommet; neuf corps glanduleux et jaunâtres, dont six sont attachés à la base des trois étamines intérieures, et les trois autres alternes avec les mêmes étamines; un ovaire supérieur, ovale, chargé d'un style épais, dont le stigmate est légèrement trifide.

Le fruit est une baie globuleuse, monosperme, couronnée par le calice, dont la base s'est accrue, épaissie et a formé une enveloppe charnue qui renferme la semence.

Voyez pl. 323 des *Illustrations* de Lamarck.

Ce genre, qui est le même que ceux appelés VOTULELLA par Forskal, et CALODION par Loureiro (*Voyez* ces mots.), renferme deux espèces, qui sont des plantes parasites fort semblables à la *cuscute*, presque dépourvues de feuilles, et qui croissent sur les arbres de l'Inde. L'une s'appelle la CASSITE FILIFORME, parce que sa tige est mince; l'autre la CASSITE CORNICULÉE, parce que ses rameaux sont gros et épineux. Gærtner a fait son genre RHIPSALIS avec la CASSITE POLYSPERME d'Aiton. *Voyez* ces mots. (B.)

CASSONADE, nom qu'on donne communément au sucre en poudre, parce que le premier qui fut apporté dans cet état en Europe, par les Portugais du Brésil, étoit livré dans des caisses appelées *casses*. (D.)

CASSOWARE. *Voyez* CASOAR. (S.)

CASSUMUNIAR, ou CASMINAR, *Rysagon*. C'est, une racine que les Anglais nous apportent des Indes orientales, dont ils vantent beaucoup les propriétés. Elle est tubéreuse, articulée, grisâtre au-dehors, jaunâtre en dedans, d'un goût un peu âcre, amer, aromatique, et d'une odeur agréable. Elle affermit les nerfs, fortifie l'estomac, et sert, dit-on, de correctif au quinquina. Elle appartient à une espèce d'AMMOME, mais on ignore à laquelle. Au reste, elle est extrêmement rare en Europe. Ce n'est guère qu'à Londres qu'on peut se la procurer. *Voy.* aux mots AMMOME et GINGEMBRE. (D.)

CASSURE. C'est un caractère extérieur des minéraux, qui peut aider à un certain point à les faire connoître; mais comme on ne distingue que cinq espèces de cassures, et qu'il existe plus de trois cents espèces de minéraux, ce caractère ne peut pas être d'un très-grand secours, d'autant plus qu'il arrive fréquemment que divers échantillons du même minéral présentent plusieurs sortes de cassures, suivant les circonstances qui ont présidé à leur agrégation. La cassure peut néanmoins donner quelqu'idée du tissu ou contexture intérieure d'un minéral. Les différentes espèces de cassures sont:

1°. La *cassure compacte*; c'est celle qui présente une surface non-interrompue. On la sous-divise en *écailleuse*, *unie*, *conchoïde*, *inégale* ou *grenue*, *terreuse* et *crochue*; cette dernière est propre aux régules métalliques.

2°. La *cassure fibreuse*. On y distingue les fibres en *grosses*, *minces* ou *capillaires*, *droites* ou *courbes*, *parallèles*, *divergentes* ou *entrelacées*.

3°. La *cassure rayonnée*, c'est-à-dire à fibres applaties, plus larges par une extrémité que par l'autre. On désigne ces *rayons* par les mêmes épithètes que les *fibres*.

4°. La *cassure lamelleuse*; elle présente des surfaces lisses, et n'appartient qu'à des substances cristallisées, au moins confusément. Les lames sont ou *grandes*, ou *petites* et *écailleuses*, ou *très-petites* et *grenues*; elles sont ou *planes* ou *courbes*, et celles-ci sont ou *sphériques*, ou *ondulées*, ou *floriformes*, c'est-à-dire convergentes en un seul point, comme les pétales d'une fleur, ou *indéterminées*. Le clivage des lames est ou simple, ou double, ou triple, &c.

5°. La *Cassure schisteuse*: elle diffère de la cassure *lamelleuse*, en ce que les feuillets qu'elle présente sont plus épais que les *lames*, et ne peuvent se sous-diviser; les feuillets sont ou *plans*, ou *courbes*, ou *ondulés*. Cette cassure est propre sur-tout aux roches feuilletées. (*Brochant*, tom. 1. p. 109.)

(PAT.)

CASTAGNEUX (*Podiceps minor*. Lath., pl. enl. n° 905 de l'*Hist. nat. de Buffon*. Ordre, PINNATIPÈDES; genre du GRÈBE. *Voyez* ces deux mots.). Ce *grèbe*, un des plus petits des oiseaux navigateurs, se rapproche du *pétrel* par le duvet qui le couvre au lieu de plumes, et tire son nom de *castagneux*, du brun châtain qu'il a sur le dos. Il est privé de la faculté de se tenir et de marcher sur la terre; la disposition de ses pieds, traînans et jetés en arrière, ne lui permet que de nager. Il plonge avec beaucoup de facilité, et s'envole difficilement; mais, une fois élevé, son vol est assez soutenu. Cette espèce est répandue dans toutes les parties de l'Europe, et se trouve aussi dans le nord de l'Amérique. Elle préfère habiter les rivières pendant l'hiver, époque où elle est fort grasse ; mais on la voit aussi sur la mer, où elle vit de petits poissons, ainsi que dans les eaux douces. Elle place son nid au milieu des joncs et des roseaux, de manière qu'il porte sur la surface de l'eau.

Longueur, neuf pouces ; grosseur d'un petit *paulet* ; bec brun en dessus, et rougeâtre en dessous ; iris noisette ; dessus de la tête et du corps d'un brun brillant, tirant sur le fauve ; bas du croupion blanc ; côtés de la tête et du cou d'un gris fauve ; gorge d'un blanc un peu fauve ; poitrine et ventre d'un blanc argenté (dans quelques individus, le devant du corps est gris et le dos noirâtre); flancs mélangés de gris, de fauve et de brun ; couvertures et pennes des ailes brunes ; quelques-unes des pennes sont blanches à leur origine du côté intérieur ; deux petits pinceaux de duvet, qui sortent chacun d'un tubercule, et qui sont placés au-dessus du croupion, tiennent lieu de queue ; les pieds sont verdâtres, et tiennent au derrière du corps par une membrane qui déborde lorsque les jambes s'étendent, et qui est attachée fort près de l'articulation du tarse ; les membranes des doigts sont d'un brun rougeâtre.

Le CASTAGNEUX A BEC CERCLÉ (*Podiceps Carolinensis* Lath.). Ce *castagneux*, que l'on trouve dans le nord de l'Amérique, depuis le Canada jusqu'à la Caroline, a les mêmes habitudes que celui d'Europe. Il a un peu plus de grosseur et un peu plus de longueur ; mais ce qui le distingue plus particulièrement, c'est un cercle noir qui entoure le bec. Le brun domine sur la tête, le dessus du corps, les couvertures et les pennes des ailes ; il est foncé sur les premières parties, et plus clair sur les autres, sur les côtés de la tête, la partie inférieure du cou et la poitrine ; la gorge est noire ; le ventre et les parties subséquentes sont d'un blanc sale ; les yeux sont entourés d'un cercle blanc ; le bec, brun à sa base, est olivâtre sur le reste de sa longueur ; les pieds sont gris. La femelle ne diffère qu'en ce que son bec n'est point cerclé.

Le CASTAGNEUX DES ÎLES HÉBRIDES (*Podiceps Hebredicus* Lath.). Taille un peu au-dessus de celle du *castagneux* ; menton noir ; devant du cou ferrugineux ; derrière du cou mélangé de brun ; ventre varié de cendré et de gris argenté. Cet oiseau se trouve dans l'île Tircé, l'une des Hébrides.

Le CASTAGNEUX DES PHILIPPINES (*Podiceps minor Var.* Lath., pl. enl. n° 945 de l'*Hist. nat. de Buffon.*). Cet oiseau, un peu plus grand que le CASTAGNEUX D'EUROPE (*Voyez* ce mot.), n'en diffère que par deux grands traits de couleur rousse qui couvrent les joues et les côtés du cou , et par une teinte pourprée sur son manteau.

Le Castagneux de Saint-Domingue (*Podiceps dominicus* Lath.). Ce *grèbe* est moins gros que le nôtre, et n'a que sept pouces dix lignes de longueur. Le dessus du corps est noirâtre ; le dessous d'un gris blanc argenté , parsemé de petites taches brunes (sur quelques individus, toutes les parties inférieures sont brunes ; sur d'autres , le ventre seul est blanc) ; les sept premières pennes des ailes sont d'un gris blanc à leur origine , et d'un gris brun vers leur extrémité ; les quatre suivantes entièrement d'un cendré blanchâtre ; bec noir, et pieds bruns.

Cette espèce se trouve aussi à la Jamaïque et à la Guiane.

(Vieill.)

CASTAGNOLE. nom spécifique d'un poisson du genre des Spares , qui habite l'Océan. *Voyez* au mot Spare. (B.)

CASTAR, ou CAFTAAR , nom persan de l'Hyène. *Voyez* ce mot. (S.)

CASTÉLIE, *Castelia*, plante annuelle à tige tétragone, glabre ; à feuilles opposées, pétiolées, ovales, cunéiformes, les supérieures dentées, les inférieures crénelées ; à fleurs rougeâtres , disposées en grappes terminales, accompagnées de bractées lancéolées et sessiles , laquelle forme un genre dans la didynamie gymnospermie.

Ce genre, qui est figuré pl. 583 des *Icones* de Cavanilles, offre pour caractère un calice tubuleux, persistant, à cinq sillons et à cinq dents ; une corolle monopétale , bilabiée, à tube courbé, plus long que le calice, à lèvre supérieure relevée et bifide, à lèvre inférieure trifide, et à lobes obtus ; quatre étamines, dont deux plus courtes ; un ovaire supérieur ovale, surmonté d'un style courbé à son sommet, et terminé par un stigmate transversalement ovale.

Le fruit est composé de deux noix renfermées au fond du calice qui s'est accru ; chacune de ces noix est biloculaire, et formée de deux enveloppes, dont l'intérieure est très-mince et rousse. Une seule semence oblongue et cylindrique se trouve dans chaque loge.

La *castélie* croît au Brésil. (B.)

CASTIGLIONE, *Castiglionia* , arbrisseau du Pérou qui forme un genre dans la polygamie monoécie, et qui présente pour caractère un calice persistant de cinq folioles oblongues, dont les trois extérieures sont plus grandes ; cinq pétales oblongs, velus en dedans ; cinq écailles entourant le germe ; dix étamines ; un ovaire supérieur, trigone, à style divisé en

1 . Castor .   2 . Chameau .
3 . Chamois .

trois parties et à trois stigmates bifides ; une capsule trigone à six sillons, à trois loges et à trois valves, renfermant une seule semence.

Les fleurs mâles sont dans les mêmes grappes que les fleurs femelles, et n'en diffèrent que par l'avortement de l'ovaire.

Ces caractères sont figurés pl. 57 du *Genera* de la *Flore du Pérou*. (B.)

CASTILLÈJE, *Castilleja*, genre de plantes de la didynamie angiospermie et de la famille des RHINANTHOÏDES, dont le caractère est d'avoir un calice monophylle, tubuleux et coloré ; une corolle monopétale, labiée, ayant sa lèvre supérieure plus longue, canaliculée, soutenue par le calice, et l'inférieure formée par deux très-petites glandes tubuleuses et trifides ; quatre étamines, dont deux plus grandes, et toutes à deux anthères ; un ovaire supérieur, oblong, chargé d'un style filiforme, dont le stigmate est obtus.

Le fruit est une capsule ovale-oblongue, et à cloisons opposées aux faces applaties. Elle contient des semences nombreuses et très-applaties.

Voyez Lamarck, *Illustrations*, pl. 519.

Ce genre renferme deux espèces, que Smith a de nouveau décrites et figurées dans ses *Icones*, et qui viennent de l'Amérique méridionale. L'une est la CASTILLÈJE A FEUILLES DIVISÉES, et l'autre la CASTILLÈJE A FEUILLES ENTIÈRES. Ce sont des plantes légèrement frutescentes, dont les feuilles sont alternes, et les fleurs en épi terminal. (B.)

CASTINE, mot corrompu de l'allemand *kalkstein*, qui veut dire *pierre calcaire*. C'est un mélange de différentes terres qu'on ajoute au minerai de fer qu'on jette sur le haut fourneau pour en faciliter la fonte. On varie ce mélange suivant la nature du minerai. Quand la terre calcaire y domine, on ajoute pour *castine* de la terre argileuse, qu'on nomme *herbue* ; quand, au contraire, le minerai est argileux, la castine est composée de pierre calcaire et de cailloux quartzeux, suivant les proportions qu'indique l'expérience. (PAT.)

CASTOR (*Castor Fiber*. Linn. *Voyez* tom. 26, pag. 92, pl. 5, fig. 1 de l'édition de *Buffon*, par Sonnini.), quadrupède du genre CASTOR, de la famille des RATS, et de l'ordre des RONGEURS. (*Voyez* ces mots.) Le *castor*, cet animal dont on a tant parlé, sur lequel les voyageurs et les écrivains ont débité tant de contes plus ou moins absurdes et merveilleux, le *castor* est plutôt remarquable par les singularités de sa conformation extérieure, que par la supériorité apparente de ses qualités intérieures. Il est le seul parmi les quadrupèdes qui ait la queue plate, ovale et couverte d'écailles, de laquelle il se sert comme d'un gouvernail pour se diriger dans l'eau ; le seul qui ait des nageoires aux pieds de derrière, et en même temps les doigts séparés dans ceux de devant, qu'il emploie comme des mains pour porter à sa bouche ; le seul qui, ressemblant aux animaux terrestres par les parties antérieures de son corps, paroisse en même temps tenir des animaux aquatiques par les parties postérieures. Il fait la nuance des quadrupèdes aux poissons, comme la *chauve-souris* fait celle des quadrupèdes aux oiseaux ; mais ces singularités seroient plutôt des défauts que des perfections, si l'animal ne savoit tirer de cette conformation, qui nous paroît bizarre, des avantages uniques, et qui le rendent supérieur à tous les autres.

Le *castor* est long de deux à trois pieds ; son pelage fin est ordinairement d'un gris roux uniforme; rarement il est d'un beau blanc ou d'un noir foncé ; sa tête est de forme arrondie, comme celle de la plupart des *rongeurs ;* ses oreilles sont courtes et rondes. Il a cinq doigts à chaque pied ; ceux de derrière sont réunis par une membrane ; le second doigt a un ongle double et oblique. Il a vingt dents comme le *loir ;* savoir, deux longues incisives de couleur jaunâtre au-devant de chacune des mâchoires, et quatre molaires à couronne plate de chaque côté.

Les *castors* commencent par s'assembler au mois de juin ou de juillet pour se réunir en société ; ils arrivent en nombre et de plusieurs côtés , et forment bientôt une troupe de deux ou trois cents. Le lieu du rendez-vous est ordinairement le lieu de l'établissement, et c'est toujours au bord des eaux. Si ce sont des eaux plates, et qui se soutiennent à la même hauteur, comme dans un lac, ils se dispensent d'y construire une digue; mais dans les eaux courantes, et qui sont sujettes à hausser ou à baisser, comme sur les ruisseaux, les rivières, ils établissent une chaussée, et par cette retenue, ils forment une espèce d'étang ou de pièce d'eau qui se soutient toujours à la même hauteur; la chaussée traverse la rivière comme une écluse, et va d'un bord à l'autre : elle a souvent quatre-vingts ou cent pieds de longueur sur dix ou douze d'épaisseur à sa base. Cette construction paroît énorme pour des animaux de cette taille, et suppose, en effet, un travail immense; mais la solidité avec laquelle l'ouvrage est construit étonne encore plus que sa grandeur. L'endroit de la rivière où ils établissent cette digue est ordinairement peu profond. S'il se trouve sur le bord un gros arbre qui puisse tomber dans l'eau, ils commencent par l'abattre pour en faire la pièce principale de leur construction. Cet arbre est souvent plus gros que le corps d'un homme ; ils le scient et le rongent au pied ; et sans autre instrument que leurs quatre dents incisives, ils le coupent en assez peu de temps, et le font tomber du côté qu'il leur plaît, c'est-à-dire, en travers sur la rivière ; ensuite ils coupent les branches de la cime de cet arbre tombé, pour le mettre de niveau et le faire porter par-tout également. Ces opérations se font en commun : plusieurs *castors* rongent ensemble le pied de l'arbre pour l'abattre ; plusieurs aussi vont ensemble pour en couper les branches lorsqu'il est abattu ; d'autres parcourent en même temps les bords de la rivière, et coupent de moindres arbres, les uns gros comme la jambe, les autres comme la cuisse ; ils les dépècent et les scient à une certaine hauteur pour en faire des pieux ; ils amènent ces pièces de bois, d'abord par terre jusqu'au bord de la rivière, et ensuite par eau jusqu'au lieu de leur construction ; ils en font une espèce de pilotis serré, qu'ils enfoncent encore en entrelaçant des branches entre les pieux. Cette opération suppose bien des difficultés vaincues ; car, pour dresser ces pieux et les mettre dans une situation à-peu-près perpendiculaire, il faut qu'avec les dents ils élèvent le gros bout contre le bord de la rivière, ou contre l'arbre qui la traverse ; que d'autres plongent en même temps jusqu'au fond de l'eau pour y creuser, avec les pieds de devant, un trou dans lequel ils font entrer la pointe du pieu, afin qu'il puisse se tenir debout. A mesure que les uns plantent ainsi les pieux, les autres vont chercher de la terre, qu'ils gâchent avec leurs pieds et battent avec leur queue ; ils la portent dans leur gueule et avec leurs pattes de devant, et ils en transportent une si grande quantité, qu'ils en remplissent tous les intervalles de leur pilotis. Ce pilotis est composé de plusieurs rangs de pieux tous égaux en hauteur, et tous plantés les uns contre les autres ; il s'étend d'un bord à l'autre de la rivière ; il est rempli et maçonné par-tout ; les pieux sont plantés verticalement du côté de la chute de l'eau ; tout l'ouvrage est, au contraire, en talus du côté qui en soutient la charge ; en sorte que la chaussée qui a dix ou douze pieds de largeur à la base, se réduit à deux ou trois pieds d'épaisseur au sommet. Elle a donc non-seulement toute l'étendue, toute la solidité nécessaire, mais encore la forme la plus convenable pour retenir l'eau, l'empêcher de passer, en soutenir le poids, et en rompre les efforts. Au haut de la chaussée, c'est-à-dire, dans la partie où elle a le moins d'épaisseur, ils pratiquent deux ou trois ouvertures en pente, qui sont autant de décharges de superficie qui s'élargissent ou se rétrécissent, selon que la rivière vient à hausser ou à baiser; et lorsque, par des inondations trop grandes ou trop subites, il se fait quelques brèches à leur digue, ils savent les réparer, et travaillent de nouveau dès que les eaux sont baissées.

Les *castors*, après avoir ainsi travaillé ensemble à élever le grand édifice public, se réunissent par petites tribus, composées de deux, quatre, six, quelquefois dix-huit, vingt, et même, dit-on, jusqu'à trente individus, presque toujours en nombre pair, autant de femelles que de mâles, et commencent à s'occuper de la construction de leurs habitations. Ce sont des cabanes, ou plutôt des espèces de maisonnettes, bâties dans l'eau sur un pilotis plein, tout près du bord de leur étang, avec deux issues, l'une pour aller à terre, l'autre pour se jeter à l'eau. La forme de cet édifice est presque toujours ovale ou ronde; il y en a de plus grands et de plus petits, depuis quatre à cinq jusqu'à huit ou dix pieds de diamètre; il s'en trouve aussi quelquefois qui ont deux ou trois étages; les murailles ont jusqu'à deux pieds d'épaisseur; elles sont élevées à-plomb sur le pilotis plein, qui sert en même temps de fondement et de plancher à la maison. Lorsqu'elle n'a qu'un étage, les murailles ne s'élèvent droites qu'à quelques pieds de hauteur, au-dessus de laquelle elles prennent la courbure d'une voûte en anse de panier, cette voûte termine l'édifice et lui sert de couvert; il est maçonné avec solidité, et enduit avec propreté en dehors et en dedans; il est impénétrable à l'eau des pluies, et résiste aux vents les plus impétueux; les parois en sont revêtues d'une espèce de stuc si bien gâché et si proprement appliqué, qu'il semble que la main de l'homme y ait passé; aussi la queue leur sert-elle de truelle, pour appliquer ce mortier, qu'ils gâchent avec leurs pieds. Ils mettent en œuvre différentes espèces de matériaux, des bois, des pierres et des terres sablonneuses, qui ne sont point sujettes à se délayer par l'eau; les bois qu'ils emploient sont presque tous légers et tendres, ce sont des aulnes, des peupliers, des saules, qui naturellement croissent au bord des eaux, et qui sont plus faciles à écorcer, à couper, à voiturer, que des arbres dont le bois seroit plus pesant et plus dur. Lorsqu'ils attaquent un arbre, ils ne l'abandonnent pas qu'il ne soit abattu, dépécé, transporté; ils le coupent toujours à un pied ou à un pied et demi de hauteur de terre; ils travaillent assis, et outre l'avantage de cette situation commode, ils ont le plaisir de ronger continuellement de l'écorce et du bois, dont le goût leur est fort agréable, car ils préfèrent l'écorce fraîche et le bois tendre à la plupart des alimens ordinaires; ils en font une ample provision pour se nourrir pendant l'hiver ; ils n'aiment pas le bois sec. C'est dans l'eau, et près de leurs habitations, qu'ils établissent leur magasin ; chaque cabane a le sien, proportionné au nombre de ses habitans, qui tous y ont un droit commun, et ne vont jamais piller leurs voisins. On a vu des bourgades composées de vingt ou de vingt-cinq cabanes, contenant en tout deux cent cinquante à trois cents *castors*; ces grands établissemens sont rares, et cette espèce de république est ordinairement moins nombreuse, elle n'est le plus souvent composée que de cent à cent cinquante de ces animaux, partagés en dix à douze tribus, dont chacune a son quartier, son magasin, son habitation séparée ; ils ne souffrent pas que des étrangers viennent s'établir dans leurs enceintes. Quelque nombreuse que soit cette société, la paix s'y maintient sans altération ; le travail commun a resserré leur union ; les commodités qu'ils se sont procurées, l'abondance des vivres qu'ils amassent et consomment ensemble, servent à l'entretenir ; des appétits modérés, des goûts simples, de l'aversion pour la chair et le sang, leur ôtent jusqu'à l'idée de rapine et de guerre ; ils jouissent de tous les biens que l'homme ne sait que desirer. Amis entr'eux, s'ils ont quelques ennemis au-dehors, ils savent les éviter, ils s'avertissent en frappant avec leur queue un coup sur l'eau, qui retentit au loin dans toutes les voûtes des habitations; chacun prend son parti, ou de plonger dans le lac, ou de se recéler dans leurs murs, qui ne craignent que le feu du ciel ou le fer de l'homme; ces asyles sont non-seulement très-sûrs, mais encore très-propres et très-commodes ; le plancher est jonché de verdure, des rameaux de buis et de sapin leur servent de tapis, sur lequel ils ne font ni ne souffrent jamais aucune ordure ; la fenêtre qui regarde sur l'eau leur sert de balcon pour se tenir au frais et prendre le bain pendant la plus grande partie du jour ; ils s'y tiennent debout, la tête et les parties antérieures du corps élevées, et toutes les parties postérieures plongées dans l'eau; cette fenêtre est percée avec précaution, l'ouverture en est assez élevée pour ne pouvoir jamais être fermée par les glaces, qui, dans le climat de nos *castors*, ont quelquefois deux ou trois pieds d'épaisseur ; ils en abaissent alors la tablette, coupent en pente les pieux sur lesquels elle est appuyée, et se font une issue jusqu'à l'eau sous la glace. Cet élément liquide leur est si nécessaire, ou plutôt leur fait tant de plaisir, qu'ils semblent ne pouvoir s'en passer. Ils vont quelquefois assez loin sous la glace ; c'est alors qu'on les prend aisément, en attaquant d'un côté la cabane, et les attendant en même temps à un trou qu'on pratique dans la glace à quelque distance, et où ils sont obligés d'arriver pour respirer. L'habitude qu'ils ont de tenir continuellement la queue et toutes les parties postérieures du corps dans l'eau, paroît avoir changé la nature de leur chair ; celle des parties antérieures juqu'aux reins, a la qualité, le goût, la consistance de la chair des animaux de la terre et de l'air ; celle des cuisses et de la queue a l'odeur, la saveur, et toutes les qualités de celle du poisson ; cette queue, longue d'un pied, épaisse d'un pouce, et large de cinq ou six, est même une extrémité, une vraie portion de poisson attachée au corps d'un quadrupède ; elle est entièrement recouverte d'écailles, et d'une peau toute semblable à celle d'un gros poisson : on peut enlever ces écailles en les râclant au couteau, et lorsqu'elles sont tombées, l'on voit encore leur empreinte sur la peau, comme dans tous nos poissons.

Les *castors*, après avoir employé les mois de juillet et d'août à construire leur digue et leurs cabanes, font leur provision d'écorce et de bois dans le mois de septembre ; ensuite ils jouissent de leurs travaux, ils goûtent les douceurs du repos et les plaisirs de l'amour. Chaque couple ne se forme point au hasard, ne se joint pas par pure nécessité de la nature, mais s'unit par choix et s'assortit par goût. Ils passent ensemble l'automne et l'hiver ; contens l'un de l'autre, ils ne se quittent guère ; à l'aise dans leur domicile ils n'en sortent que pour faire des promenades agréables et utiles ; ils en rapportent des écorces fraîches, qu'ils préfèrent à celles qui sont sèches ou trop imbibées d'eau. Les femelles portent, dit-on, quatre mois ; elles mettent bas sur la fin de l'hiver, et produisent ordinairement deux ou trois petits. Les mâles les quittent à-peu-près dans ce temps, ils vont à la campagne jouir des douceurs et des fruits du printemps, ils reviennent de temps en temps à la cabane ; mais ils n'y séjournent plus ; les mères y demeurent occupées à alaiter, à soigner, à élever leurs petits, qui sont en état de les suivre au bout de quelques semaines. Elles vont à leur tour se promener, et passent ainsi l'été sur les eaux et dans les bois. Ils ne se réunissent qu'en automne, à moins que les inondations n'aient renversé leur digues ou détruit leurs cabanes, car alors ils se réunissent de bonne heure pour en réparer les brèches.

Il y a des lieux qu'ils habitent de préférence, où l'on a vu qu'après avoir détruit plusieurs fois leurs travaux, ils venoient tous les étés pour les réédifier, jusqu'à ce qu'enfin, fatigués de cette persécution et affoiblis par la perte de plusieurs d'entr'eux, ils ont pris le parti de changer de demeure et de se retirer au loin dans les solitudes les plus profondes.

C'est principalement en hiver que les chasseurs les cherchent, parce que leur fourrure n'est parfaitement bonne que dans cette saison ; et, lorsqu'après avoir ruiné leurs établissemens, il arrive qu'ils en prennent un grand nombre, la société trop réduite ne se rétablit point ; le petit nombre de ceux qui ont échappé à la mort ou à la captivité se disperse ; ils deviennent fuyards ; leur génie, flétri par la crainte, ne s'épanouit plus ; ils s'enfouissent eux et leurs talens dans un terrier, où, rabaissés à la condition des autres animaux, ils mènent une vie timide, ne s'occupent plus que des besoins pressans, n'exercent que leurs facultés individuelles, et perdent sans retour les qualités sociales que nous venons d'admirer.

Outre les *castors* qui sont en société, on rencontre par-tout dans le même climat des *castors* solitaires, lesquels rejetés, dit-on, de la société par leurs défauts, ne participent à aucun de ses avantages, n'ont ni maison, ni magasin, et demeurent comme le *blaireau* dans un boyau sous terre ; l'on a même appelé ces castors solitaires, *castors terriers* ; ils habitent comme les autres assez volontiers au bord des eaux, où quelques-uns même creusent une fosse de quelques pieds de profondeur, pour former un petit étang qui arrive jusqu'à l'ouverture de leur terrier, qui s'étend quelquefois à plus de cent pieds en longueur, et va toujours en s'élevant, afin qu'ils aient la facilité de se retirer en haut, à mesure que l'eau s'élève dans les inondations ; mais il s'en trouve aussi, de ces *castors solitaires*, qui habitent assez loin des eaux, dans les terres. Tous nos *bièvres* d'Europe sont des *castors terriers* et *solitaires*, dont la fourrure n'est pas à beaucoup près aussi belle que celle des *castors* qui vivent en société. Tous diffèrent par la couleur suivant le climat qu'ils habitent ; dans les contrées du Nord les plus reculées ils sont tout noirs, et ce sont les plus beaux ; parmi ces *castors* noirs il s'en trouve quelquefois de tout blancs, ou de blancs tachetés de gris et mêlés de roux sur le chignon et sur la croupe ; à mesure qu'on s'éloigne du Nord la couleur s'éclaircit et se mêle ; ils sont couleur de marron dans la partie septentrionale du Canada, châtains vers la partie méridionale, et jaune ou couleur de paille chez les Illinois. On trouve des *castors* en Amérique depuis le 3o⁰ degré de latitude nord jusqu'au 6o⁰ et au-delà. Ils sont très-communs vers le Nord, et toujours en moindre nombre à mesure qu'on avance vers le Midi. C'est la même chose dans l'ancien continent ; on n'en trouve en quantité que dans les contrées les plus septentrionales ; et ils sont très-rares en France, en Espagne, en Italie et en Grèce. Les anciens les connoissoient ; il étoit défendu de les tuer, dans la religion des mages; ils étoient communs sur les rives du Pont-Euxin ; on a même appelé le *castor , canis Ponticus ,* mais apparemment que ces animaux n'étoient pas assez tranquilles sur les bords de cette mer , qui en effet sont fréquentés par les hommes de temps immémorial, puisqu'aucun des anciens ne parle de leur société ni de leurs travaux.

On peut apprivoiser aisément le *castor ,* et lui apprendre à pêcher du poisson et le rapporter à son maître ; cependant il paroît inférieur au chien par les qualités relatives qui pourroient le rapprocher de l'homme ; il ne semble fait ni pour servir ni pour commander, ni même pour commercer avec une autre espèce que la sienne : son sens, renfermé dans lui-même , ne se manifeste en entier qu'avec ses semblables ; seul , il a peu d'industrie personnelle, encore moins de ruses , pas même assez de défiance pour éviter des piéges grossiers : loin d'attaquer les autres animaux, il ne sait pas même se bien défendre ; il préfère la fuite au combat, quoiqu'il morde cruellement et avec acharnement, lorsqu'il se trouve saisi par la main du chasseur. Si l'on considère donc cet animal dans l'état de nature , ou plutôt dans son état de solitude et de dispersion , il ne paroîtra pas , pour les qualités intérieures , au-dessus des autres animaux ; il n'a pas plus d'esprit que le chien , de sens que l'éléphant, de finesse que le renard , &c.

La fourrure du *castor* est plus belle et plus fournie que celle de la *loutre :* elle est composée de deux sortes de poils ; l'un est plus court, mais très-touffu, fin comme le duvet, impénétrable à l'eau, revêt immédiatement la peau ; l'autre plus long , plus ferme, plus lustré, mais plus rare, recouvre ce premier vêtement, lui sert pour ainsi dire de surtout, le défend des ordures, de la poussière , de la fange ; ce second poil n'a que peu de valeur ; ce n'est que le premier que l'on emploie dans nos manufactures. Les fourrures les plus noires sont ordinairement les plus fournies, et par conséquent les plus estimées ; celles des *castors terriers* sont fort inférieures à celles des *castors cabanés.* Les *castors* sont sujets à la mue pendant l'été , comme tous les animaux quadrupèdes : aussi la fourrure de ceux qui ont été pris dans cette saison n'a que peu de valeur. La fourrure des *castors* blancs est estimée à cause de sa rareté , et les parfaitement noirs sont presque aussi rares que les blancs.

Mais indépendamment de la fourrure, qui est ce que le *castor* fournit de plus précieux , il donne encore une matière dont on a fait un grand usage en médecine, comme étant anti-spasmodique, stimulante, résolutive. Cette matière, qu

l'on a appelée *castoreum*, est contenue dans deux grosses vésicules, que les anciens avoient prises pour les testicules de
l'animal, mais qui cependant se trouvent dans les deux sexes ;
elle est résineuse, extractive et gélatineuse, d'une odeur et
d'une saveur forte et désagréable. Les sauvages tirent, dit-on,
de la queue du castor, une huile dont ils se servent comme
de topique pour différens maux. La chair du *castor* a toujours
un goût amer assez désagréable ; leurs dents sont très-dures
et si tranchantes, qu'elles servent de couteau aux sauvages,
pour couper, creuser et polir le bois. Ils s'habillent de peaux
de *castors*, et les portent en hiver, le poil contre la chair :
ce sont ces fourrures imbibées de sueur, que l'on appelle *castors gras*, et dont on ne se sert que pour les ouvrages les plus
grossiers.

Les peaux de *castors* forment une grande branche du commerce des Européens dans le nord de l'Amérique septentrionale. On les distingue en trois sortes : les *castors gras* dont
nous venons de parler, les *castors neufs* et les *castors secs*.
Les *castors neufs* sont les peaux des *castors* qui ont été tués
pendant l'hiver et avant la mue ; elles sont très-belles, et
ne sont employées que comme fourrures. Les *castors secs*
proviennent de la chasse d'été, durant le temps de la mue.
Ces peaux qui ont perdu une partie de leurs poils, ne servent
qu'au feutrage, et sont employées par les chapeliers. On fait
aussi des draps avec le poil de *castor*, mêlé avec de la laine
de Ségovie ; mais ces draps, par leurs qualités, sont infiniment au-dessous des draps ordinaires ; ils ne gardent pas bien
la teinture, et deviennent secs et durs comme le feutre.

Parmi les versions fabuleuses des anciens écrivains et des
voyageurs sur l'histoire du *castor*, auquel ils prêtent des
idées de police et un code de gouvernement, nous ne citerons
que celle-ci, pour donner une idée de l'absurdité qui règne
dans toutes les autres : Ils ont prétendu que quand les *castors*
étoient poursuivis, ils ne manquoient pas de s'arracher les
testicules (c'est-à-dire les poches qui renferment le *castoreum*) pour satisfaire à la cupidité du chasseur ; et qu'ils se
montroient ainsi mutilés, pour trouver grace à leurs yeux.

(DESM.)

CASTOR. Aldrovande désigne ainsi le HARLE. *Voyez* ce
mot. (S.)

CASTOR. Plante sarmenteuse de Saint-Domingue, qu'on
appelle aussi *liane à bouton*. On ne sait pas à quel genre
appartient cette plante. (B.)

CASTOR DE MER. *Voyez* LOUTRE. (S.)

CASTOR ET POLLUX, noms donnés par Esper à deux

papillons qui appartiennent à la division des SATYRES de M. Fabricius. (L.)

CASTOR ET POLLUX , météore que l'on nomme aussi FEU SAINT-ELME. *Voyez* ce mot. (S.)

CASTOREUM. *Voyez* CASTOR. (DESM.)

CASTRATION. L'on désigne communément sous ce nom l'amputation d'un ou des deux testicules ; elle n'est exigible que dans les cas de contusions graves, de carcinomes du testicule , de sarcocèle ou hydro-sarcocèle , d'ulcères fongueux , &c. Un fluide épanché dans la tunique vaginale à la suite d'un coup , le froissement , le déchirement du testicule ou des vaisseaux qui en dépendent , un abcès , forcent encore à pratiquer cette opération. Il est nécessaire de s'informer exactement de l'état du cordon spermatique avant d'y procéder ; alors on fend les tégumens, on met à nu le cordon que l'on coupe près du testicule ; on enlève ce dernier , on arrête le sang par la compression ou la ligature , ou même le froissement. (*Voyez* Sabathier , *Médec. opérat.* tom. 1 , pag. 328-356.)

Telle est la castration opérée dans nos pays sur les hommes , lorsque des accidens l'exigent ; mais lorsqu'elle est commandée par la tyrannie de l'amour ou l'espoir d'un vil gain , dans les climats méridionaux , afin d'avoir des eunuques et des virtuoses *castrati*, on s'y prend d'une autre manière.

Les anciens admettoient trois genres de *castration*. La première étoit celle par froissement. Dès la plus tendre jeunesse , on plongeoit les enfans qu'on vouloit rendre eunuques , dans un bain émollient, chaud, et on froissoit, on comprimoit leurs délicates parties sexuelles. Ainsi les vaisseaux détruits , la circulation dérangée dans ces organes , les laissoient sans accroissement et sans vie. Cette méthode étoit la plus douce et la moins dangereuse. On appeloit *tladiai* ou *tlibiai* cette sorte d'eunuque.

La *castration* des animaux domestiques , tels que les poulins et les veaux , s'opère à-peu-près suivant les mêmes principes. (Columella , *re rustic.* p. 484, 8°.) C'est ce qu'on appelle *bistourner*. On comprime fortement, on tord , en faisant faire deux tours aux testicules, les cordons qui les soutiennent. Cette pratique ne s'exécute que dans le jeune âge. On détruit ainsi ces vaisseaux qui ne peuvent plus apporter de nourriture aux organes sécréteurs de la semence.

En général la *castration* , dans le jeune âge , n'est pas dangereuse , parce que les organes sexuels n'ont point encore acquis un surcroît de vie et formé des sympathies étendues avec tout le reste de l'économie vivante. Il n'en est pas de même lorsque l'époque de la puberté est arrivée. Les grandes connexions des organes du sexe avec les parties les plus essentielles de la vie, rendent leur amputation périlleuse.

Une seconde manière de *castration*, est l'amputation des testicules, telle que nous l'avons décrite au commencement de cet article. C'est la plus usitée dans les pays où l'on fait des eunuques. C'est aussi la méthode employée pour les chanteurs italiens; ils acquièrent une voix argentine et éclatante à un prix bien cher, puisqu'elle leur coûte leur qualité d'homme. C'est à l'avarice, ou peut-être à la pauvreté des pères qu'il faut attribuer cette coupable opération. Mais en donnant à ces hommes une voix douce et agréable, leur donne-t-on aussi le talent de la musique, rend-on leur oreille plus juste, plus délicate? Quelle folie d'immoler d'abord un être à sa cupidité! de le vouer au malheur avant de savoir si l'on en tirera un profit sûr!

Cette seconde sorte de *castration* peut s'opérer, soit par l'instrument tranchant, le bistouri, soit par la ligature du cordon spermatique, qu'on serre progressivement jusqu'à son entière division. (*Voyez* Ant. Nuck, *Expér. et Opérat. chirurg.*, p. 129. Leclerc, *Chirurgie complète*, t. 1, p. 302, édit. de Paris, 1702.) Cette méthode se pratique aussi sur les animaux, suivant Robert Boyle (*de Utilit. philos. experim.* pag. 296.). Les Hottentots châtrent leurs veaux, en liant leurs testicules qu'ils écrasent en outre entre deux pierres.

On pratique sur les poulets la castration par l'extirpation des testicules qu'on va chercher jusqu'auprès de leurs reins. La castration des femelles d'animaux s'opère en retranchant les ovaires, et quelquefois même la matrice. On ne pratique cette opération que sur les truies, pour l'ordinaire. Un auteur assure qu'un de ces *châtreurs* d'animaux, irrité contre sa fille qui s'abandonnoit aux hommes sans retenue, résolut, dans un violent chagrin, de pratiquer la castration sur elle-même, comme il la pratiquoit sur les truies. L'opération réussit, et la fille fut guérie pour toujours de son libertinage, en perdant la faculté d'engendrer et le désir de la jouissance. Ce remède, contre les mauvaises mœurs, est trop violent pour être usité dans nos villes. Il seroit nuisible à la population.

Dans la seconde espèce de *castration* des hommes, le cordon spermatique n'étant pas toujours détruit entièrement, il se sécrète un peu de semence; et les eunuques faits de cette manière ne sont pas toujours entièrement impuissans. Il est vrai qu'ils n'engendrent plus, au moins en général, mais ils sont capables d'érection et de copulation. Plusieurs même se marient, quoiqu'ils ne puissent éprouver que des jouissances désespérantes, puisqu'elles sont imparfaites, et qu'elles ne remplissent pas l'intention de la nature. Juvénal reprochoit aux Romaines leurs excès avec ces eunuques. (Sat. vi.)

Les Turcs ayant considéré cette faculté dans leurs eunuques, ont pris un parti plus sûr pour leurs femmes; celui de faire retrancher toutes les parties extérieures de la génération. (August. Gislen. Busbequius, *Epist. itin. Turcic.* pag. 137, et Aldrovandi, *Quadrup. Solidipedib.* pag. 52, &c.) Les Grecs du moyen âge nommoient *carsamation*, cette espèce d'eunuques. L'historien Luitprand (*Hist.* L. vi, c. 3.) assure qu'on en amenoit beaucoup en Espagne de son temps, et qu'ils s'y vendoient très-chèrement; car ceux qui réchappent d'une pareille opération, sont en petit nombre; et elle est en effet très-dangereuse à tout âge, et sur-tout après celui de la puberté. Les empereurs Hadrien, Constantin et Justinien prohibèrent cette barbare coutume, sous la peine du talion.

L'*infibulation* n'est pas une véritable *castration*, car elle ne détruit pas les organes sexuels, mais empêche leur fonction générative. Elle s'opère dans l'homme en attachant un anneau bien fermé et solide au prépuce des jeunes gens qu'on veut empêcher de s'énerver. Cet anneau s'ôte pour le mariage. On perce en deux endroits l'extrémité du prépuce et on y passe l'anneau, de même que dans le lobe de l'oreille. On *boucle* aussi les femmes, en quelques pays chauds, par un anneau passé dans les grandes lèvres du vagin. En Italie et en Espagne, les jaloux font mettre à leurs femmes une ceinture de virginité dont ils ont seuls la clef. Aux Indes orientales, on coud presqu'entièrement l'orifice du vagin des jeunes filles, de sorte que les lèvres contractent une adhérence qu'on est obligé de diviser au temps du mariage. Jugez des mœurs des peuples qui ont besoin de tous ces moyens pour être chastes! Ils ne croient point à la vertu des femmes, parce qu'ils savent combien, dans leurs ardens climats, la nature commande avec force. Un peu de chaleur dans l'atmosphère change bien les idées des hommes.

(*Consultez* les articles EUNUQUE, SEXES, GÉNÉRATION, &c. (V.)

CASUEL, dénomination donnée par quelques-uns au CASOAR. *Voyez* ce mot. (S.)

CATACLYSME. *Voyez* DÉLUGE. (PAT.)

CATACOUA, KAKATOUA. C'est le KAKATOÈS, belle espèce de perroquet. *Consultez* l'article des KAKATOÈS. (V.)

CATACRA. C'est le cri et le nom d'un oiseau de rivage du golfe du Mexique ; il est , dit-on , gros comme un *faisan :* il a les jambes plus hautes , et le plumage d'un gris ardoisé. (Vieill.)

CATALEPTIQUE. C'est le Dracocéphale de Virginie. *Voyez* ce mot. (B.)

CATALPA. C'est une espèce du genre des Bignones. Jussieu et Ventenat en ont fait un genre nouveau qui a pour caractères un calice divisé en deux parties ; une corolle campanulée , à tube ventru , à limbe à quatre lobes inégaux , ondulés sur leurs bords ; deux étamines fertiles , et trois filamens stériles ; un ovaire supérieur à stigmate bilamellé. Le fruit est une capsule en forme de silique , alongée , cylindrique , bivalve , à semences munies , à leur sommet et à leur base , d'une aile membraneuse aigrettée sur ses bords. *Voyez* au mot Bignone. (B.)

CATAPHRACTE , *Cataphractus* , genre de poissons de la division des Abdominaux , établi par Bloch, pour placer quelques espèces du genre Silure , qui s'écartent du caractère de ces derniers. *Voyez* au mot Silure.

Le caractère de ce nouveau genre consiste dans le corps cuirassé, et l'ouverture de la bouche en avant.

On compte quatre espèces qui s'y réunissent , savoir :

Le Cataphracte côte, *Silurus costatus* Linn. , qui a la nageoire postérieure du dos charnue , un seul rang d'écailles de chaque côté , et la queue fourchue. Il se trouve dans les mers du Brésil et de l'Inde. Il est figuré dans Gronovius, dans Bloch , et dans l'*Histoire naturelle des poissons* , faisant suite au *Buffon* , édition de Déterville. Sa chair est peu recherchée.

La tête du *cataphracte côte* est large et couverte en haut d'une enveloppe osseuse , couverte de tubercules luisans, qui s'étendent jusqu'à la moitié de la nageoire dorsale ; l'ouverture de sa bouche est petite ; sa mâchoire supérieure avance et est hérissée d'aspérités ainsi que l'inférieure. Ses lèvres sont garnies de six barbillons, dont les deux de la supérieure sont plus longs. L'ouverture de ses ouïes est petite , son opercule est simple , et sa membrane est à cinq rayons. Le corps est comprimé , et montre , de chaque côté , environ trente-quatre larges écailles , dont chacune est armée d'un crochet courbé en arrière. Le premier rayon des nageoires dorsales et abdominales est aiguillonné et profondément dentelé en ses deux bords ; la nageoire caudale est profondément échancrée ; l'anus est plus près de la queue que de la tête.

Le Cataphracte callicte , *Silurus callichthys* Linn. ,

qui a la nageoire dorsale postérieure à un seul rayon, deux rangs d'écailles de chaque côté, et quatre barbillons. Il est figuré dans Bloch et dans le Buffon de Déterville. Il habite les rivières de l'Inde et de l'Amérique : sa chair est estimée.

Le CATAPHRACTE PONCTUÉ a la tête comprimée, deux rangs de grandes écailles de chaque côté, et des points rouges sur un fond jaune. Il habite les rivières de Surinam. Il est figuré dans Bloch et dans le Buffon de Déterville. (B.)

CATAPHRACTE, nom spécifique d'un poisson placé parmi les COTTES, par Linnæus, et parmi les ASPIDOPHORES, par Lacépède : c'est l'ASPIDOPHORE ARMÉ de ce dernier. *Voyez* ce mot. (B.)

CATAPPA, *Catappa*, genre de plantes établi par Gærtner, pour placer le BADAMIER BENJOIN, dont le fruit diffère un peu des autres BADAMIERS. *Voyez* ce mot.

Le *catappa* a pour caractère un calice à cinq divisions caduques ; point de corolle ; dix étamines ; un ovaire inférieur à style simple ; un drupe sec, non couronné, comprimé, uniloculaire et monosperme.

Ventenat pense que ce genre ne doit pas être séparé des BADAMIERS. (B.)

CATAPUCE. C'est l'EUPHORBE ESULE. *Voyez* ce mot. (B.)

CATARACTE. On donne ce nom aux chutes que font brusquement les grandes rivières. Les plus fameuses *cataractes* sont celles du Nil dans les montagnes d'Abyssinie, où il tombe, dit-on, de deux cents pieds de haut ; et la cataracte ou *saut du Niagara*, entre le lac Erié et le lac Ontario en Canada. Cette rivière de *Niagara*, qui est regardée comme la partie supérieure du fleuve Saint-Laurent, fait là une chute subite de cent quarante à cent cinquante pieds perpendiculaires, d'après l'estimation du jésuite Charlevoix qui l'a observée avec soin, et qui a rectifié les exagérations de Lahontan et du Père Hennepin, qui lui donnoient environ six cents pieds. Buffon dit, d'après les mêmes exagérateurs, que *sa largeur est de plus d'un quart de lieue* ; mais Charlevoix (dont il rapporte lui-même le passage), après avoir déterminé sa hauteur, ajoute : *Quant à sa figure, elle est en fer à cheval, et elle a environ quatre cents pas de circonférence.* Ainsi la corde de cette courbe, qui représente la largeur de la rivière, seroit à peine de deux cent soixante-dix pas, ce qui est fort loin d'un quart de lieue.

Quand les rivières ne tombent pas brusquement, mais qu'elles ont seulement un cours très-accéléré, on donne à ces sortes d'accidens le simple nom de *chute* ; comme la *chute du Rhin* à travers les rochers qui sont sous le château de *Lau-fen*, à une lieue au-dessous de Schaffouse, et qui empêche toute espèce de bateau de remonter jusqu'à cette ville.

Quand les rivières sont peu considérables, quelle que soit la forme de leur chute, comme elle est toujours plus belle qu'effrayante, on lui donne le nom de *cascade*. Ainsi le Té-véronné fait à Tivoli l'une des plus belles *cascades* que l'on connoisse.

Presque tous les pays de montagnes présentent de ces sortes de chutes, qui sont plus ou moins intéressantes, suivant les circonstances où on les voit : quand, par exemple, elles sont éclairées d'un beau soleil, elles offrent de brillans arcs-en-ciel, et d'autres superbes accidens de lumière.

Cause des Cataractes.

C'est ordinairement dans les chaînes de montagnes *primitives* que se trouvent les *cataractes* : cet accident tient à leur structure et à la nature des roches qui les composent. Les couches de ces montagnes, par leur situation presque verticale et leur contex-ture grenue et confusément cristallisée, sont incomparable-ment plus sujettes à la destruction que les couches horizontales des montagnes *secondaires*. Mais cette destruction n'est pas toujours uniforme, et la direction variée des couches *primiti-ves* donne lieu à des éboulemens dans de certains endroits plu-tôt que dans d'autres. Il n'est point rare de voir, sur-tout vers les flancs des chaînes, deux montagnes voisines dont les cou-ches se rencontrent presque à angles droits : celle qui est la plus voisine du centre, a pour l'ordinaire ses couches paral-lèles à la crête générale de la chaîne, de sorte que les eaux qui en descendent, ont peu de prise sur les couches qui se présentent en travers ; mais lorsqu'à la suite de celles-ci, les eaux en trouvent d'autres qui sont parallèles à leurs cours, elles enfilent leurs interstices, elles les pénètrent, elles les ron-gent ; bientôt il se forme des éboulemens ; les roches se bri-sent, leurs débris sont entraînés ; la destruction fait des progrès ; et enfin il se creuse un abîme où se précipite le torrent. (Pat.)

CATARACTE, nom appliqué au Manchot sauteur, et au Guillemot. *Voyez* ces mots. (Vieill.)

CATARACTÈS. Aristote a parlé, sous ce nom, d'uh oiseau marin, qui tombe sur l'eau comme un trait, pour y saisir sa proie. L'on pense généralement que cet oiseau est le Goeland brun. *Voyez* ce mot. (S.)

CATECHU. C'est le Cachou. *Voyez* au mot Acacie *&* Cachou. (B.)

CATÉRÈTES. Herbst et Illiger ont donné ce nom à un genre d'insectes, dans lequel ils font entrer le *spheridium pulicarium*, le *dermestes urticæ*, et le *dermestes pedicularius* de Fabricius. Latreille ayant fait le genre Proteine, des deux premiers de ces insectes, et le genre Cerque du troisième, nous renvoyons à ces articles. (O.)

CATESBÉE, *Catesbœa*. C'est un arbrisseau épineux de la tétrandrie monogynie, et de la famille des Rubiacées, dont les feuilles sont opposées, petites, ovales, et sortant par bouquets sur le vieux bois; les épines également opposées, droites et ouvertes; les fleurs jaunatres, très-longues, pendantes, et solitaires dans les aisselles des feuilles supérieures.

Chacune de ces fleurs consiste en un calice très-petit, supérieur, persistant, à quatre dents pointues; en une corolle monopétale, infundibuliforme, à tube long, grêle vers sa base, et divisé en quatre parties à son sommet; quatre étamines égales; un ovaire inférieur, arrondi, chargé d'un style filiforme de la longueur de la corolle, et à stigmate simple.

Le fruit est une baie ovale, couronnée, uniloculaire, et qui contient plusieurs petites semences angulaires.

Cet arbrisseau croît dans l'île de la Providence. Son fruit, qui est de la grosseur d'un œuf de poule, est d'une agréable acidité, et a une bonne odeur.

Il y a encore une autre espèce de *catesbée* qui vient à la Jamaïque, et qui est figurée dans Sloane, 2, tab. 207; celle-ci a la fleur plus petite, et forme le genre Scolosanthe de Vahl. *Voyez* ce mot. (B.)

CATHA, arbre de l'Arabie, dont les feuilles sont la plupart opposées, ovales, lancéolées, dentées; les fleurs blanches et disposées par bouquets axillaires sur des pédoncules à ramifications opposées et fourchues.

Chacune de ces fleurs consiste en un calice monophylle ayant son bord velu et à cinq dents; en cinq pétales ovales et deux ou trois fois plus grands que le calice; en cinq étamines, et en outre en un anneau cyatiforme placé entre les étamines et l'ovaire; en un ovaire supérieur, globuleux, chargé d'un style court.

Le fruit est une capsule oblongue, cylindrique, triloculaire, qui contient une semence dans chaque loge.

Les Arabes cultivent cet arbre dans leurs jardins; ils en vantent beaucoup les propriétés contre la peste et autres maladies: ils en mangent les feuilles toutes vertes.

Lamarck pense, avec fondement, que ce genre doit être fondu dans celui des Celastres, dont il ne diffère pas suffisamment. *Voyez* ce mot. (B.)

CATHETUS, *Cathetus*, arbrisseau à feuilles fasciculées, petites, ovales, entières, planes, glabres, à fleurs axillaires, solitaires et très-petites, qui, selon Lourciro, forme un genre dans la dioécie monandrie.

Ce genre offre pour caractère, dans les fleurs mâles, un calice de six folioles presque rondes, concaves, dont les trois extérieures sont plus petites; point de corolle; six glandes bilobées; une étamine à filament court surmonté de trois anthères ovales; dans les fleurs femelles, un calice divisé en six parties, arrondies, concaves; point de corolle; un ovaire supérieur surmonté d'un style épais à stigmate trifide.

Le fruit est une capsule comprimée, arrondie, à six lobes, à trois loges, contenant chacune deux semences anguleuses.

Le *cathetus* se trouve dans les montagnes de la Cochinchine. (B.)

CATIMBION, *Catimbium*, genre établi par Jussieu dans la monandrie monogynie, et dans la famille des Drymyrrhisées. Il ne diffère que fort peu des Globa. *Voyez* ce mot. (B.)

CATINGUE, *Catinga* Aublet, tab. 203, fig. 1 et 2, arbres de la Guiane, dont on ne connoît pas encore tous les caractères de la fructification. Leurs rameaux sont garnis de feuilles la plupart opposées, ovales, oblongues, entières, parsemées de points transparens; leurs fruits sont des noix globuleuses dont le brou est épais et parsemé de vésicules, remplies d'une huile essentielle aromatique ou musquée. Ce brou renferme une coque mince et dure qui recouvre une amande roussâtre et veinée. Ces arbres croissent sur le bord des rivières, et ne paroissent différer que par la forme de leurs fruits, ronde dans l'une des espèces, et longue dans l'autre. (B.)

CAT-MARIN, nom vulgaire du Plongeon. *Voyez* ce mot. (Vieill.)

CATOPS, *Catops*, nouveau genre d'insectes de la première section de l'ordre des Coléoptères, établi par l'auteur de l'*Entomologie helvétique*, et adopté par Fabricius.

Ces insectes ayant été observés par Latreille, avant les auteurs dont nous venons de parler, et ayant reçu de lui le nom générique de Cholève, nous croyons devoir renvoyer à cet article. (O.)

CATOTOL (*Fringilla cacatototl* Lath., ordre, Passereaux, genre, Pinson. (*Voyez* ces deux mots.) Au Mexique

IV.

on appelle ainsi , ou plutôt *cacatototl* un petit oiseau de la taille de notre *tarin*. Toute la partie supérieure de son corps est variée de noirâtre et de fauve ; toute la partie inférieure l'est de blanchâtre , et ses pieds sont cendrés. Son chant est fort agréable. Il se tient dans les plaines, et vit de la graine de l'arbre que les Mexicains appellent *hoauhtli*. (VIEILL.)

CATRACA. *oyez* KATRACA. (S.)

CATTEROLLES. Quelques chasseurs appellent ainsi les lieux souterrains dans lesquels les lapines font leurs petits. *Voyez* LAPIN. (S.)

CATTICHE. C'est ainsi qu'on appelle les trous pratiqués , soit au bord des rivières et des étangs , soit au fond des eaux , par les LOUTRES. *Voyez* ce mot. (S.)

CATURE , *Caturus*. C'est un arbrisseau dont les feuilles sont alternes , presque en cœur , dentées et velues sur leurs nervures , dont les fleurs sont dioïques , en épis axillaires , et très-petites.

Chaque fleur mâle consiste en un calice tubuleux divisé en trois parties et en trois étamines.

Chaque fleur femelle a un calice d'une à trois folioles ovales, et un ovaire velu , supérieur , qui soutient trois styles longs , pinnés , multifides et colorés.

Le fruit est une capsule obronde , composée de trois coques réunies qui renferment chacune une semence.

Cet arbrisseau croît dans les Indes et dans les îles qui en dépendent.

Il y a dans Linnæus et dans Lamarck une autre espèce de *cature*, dont Jacquin a fait un genre particulier sous le nom de BOEHMÈRE. *Voyez* ce mot. (B.)

CAVALAM , nom donné par Rheède au genre *sterculia*, de Linnæus. *Voyez* au mot TONGCHU. (B.)

CAVALE , l'on dit plus ordinairement JUMENT , femelle dans l'espèce du CHEVAL. *Voyez* ce mot. (S.)

CAVANILLESE , *Cavanillesia* , nom donné par Ruiz et Pavon au genre appelé POURRETIE par Wildenow. *Voy*. ce mot. (B.)

CAUCALIDE , *Caucalis*, genre de plantes de la pentandrie digynie , et de la famille des OMBELLIFÈRES , dont le caractère est d'avoir l'ombelle universelle peu nombreuse, et les ombelles partielles portant des fleurs , dont les extérieures sont irrégulières et fertiles , tandis que celles du centre sont plus petites , presque régulières , et ordinairement stériles. La collerette universelle et les collerettes partielles sont composées de folioles simples qui varient en nombre , et manquent même quelquefois.

Chaque fleur consiste en cinq pétales cordiformes, dont les extérieurs sont presque bifides et fort grands ; en cinq étamines ; en un ovaire inférieur chargé de deux styles.

Le fruit est ovale, oblong, hérissé de pointes roides qui sont éparses ou disposées par rangées, et est composé de deux semences appliquées l'une contre l'autre.

Voyez pl. 192 des *Illustrations* de Lamarck, la figure des parties de la fructification de ce genre.

Les *caucalides*, qu'on appelle *girouilles* dans quelques cantons de la France, sont la plupart des plantes annuelles d'Europe. Elles ont varié en nombre, selon que les botanistes y ont réuni ou en ont écarté quelques plantes des genres voisins, sur-tout du TORDYLION. (*Voy.* ce mot.) Elles sont en ce moment fixées à treize espèces, dont les plus communes sont :

La CAUCALIDE A GRANDE FLEUR, dont le caractère est d'avoir les involucres partielles de cinq feuilles, dont une est deux fois plus grande que les autres. On la trouve dans les champs de blé : elle passe pour apéritive. Lorsque ses graines restent dans le blé, elles rendent le pain brun, amer et malsain. Il est difficile de l'en séparer.

La CAUCALIDE APRE, *Tordylium antriscus* Linn., qui a ses involucres polyphylles, ses semences ovales, ses feuilles finement décomposées, et leur foliole du milieu linéaire, lancéolée. Elle se trouve dans toute l'Europe, dans les lieux incultes, le long des chemins.

La CAUCALIDE NODIFLORE, *Tordylium nodosum* Linn., dont les ombelles sont simples, presque sessiles, axillaires, et les feuilles plusieurs fois décomposées. Elle se trouve dans les lieux arides, sur le bord des chemins. Ses tiges sont étalées sur la terre, et souvent cachées par les plantes les plus petites.

La CAUCALIDE A LARGES FEUILLES, dont l'ombelle universelle est trifide, les partielles à cinq semences, et les feuilles pinnées et dentées : on la trouve dans les champs de blé.

Parmi les autres, il y en a une d'*Orient*, une du *Japon*, et plusieurs propres à l'Afrique. *Voyez* la *Flore atlantique* de Desfontaines. (B.)

CAUCALIS. Les anciens donnoient ce nom à une espèce d'AMYRIS. *Voyez* ce mot. (B.)

CAUCANTHE, *Caucanthus*, arbrisseau de l'Arabie, mentionné par Forskal. Ses feuilles sont ramassées aux sommets des rameaux, opposées, orbiculaires, entières. Ses fleurs sont blanches et disposées en corymbes terminaux.

Chaque fleur consiste en un calice petit , monophylle, campanulé et quinquéfide ; en cinq pétales six fois plus grands que le calice , ciliés et crêpus d'un côté ; en dix étamines ; en un ovaire supérieur , ovale , velu , chargé de trois styles à stigmates tronqués.

Le fruit n'est pas connu : on le dit de la grosseur d'un œuf de pigeon. (B.)

CAUDEC (*Muscicapa audax* Lath. , pl. enl. n° 453 , fig. 2 de l'*Hist. nat. de Buffon* , PASSEREAUX , espèce du genre du GOBE-MOUCHE. *Voyez* ces deux mots.). Ce *gobe-mouche* a l'audace et le courage du *tyran*. Sa nourriture favorite sont les mouches aquatiques ; c'est pourquoi on le trouve le long des criques , sur les branches basses des arbres , sur-tout des palétuviers. Son bec est fort crochu et a treize lignes de long. Deux couleurs dominent sur son plumage , le gris noir et le blanc. Celui-ci est mêlé de quelques lignes roussàtres sur les ailes ; le premier règne sur le dos , le second couvre le dessous du corps avec des taches noiràtres longitudinales , et forme deux lignes blanches qui passent , l'une sur l'œil , et l'autre au-dessous. Une tache d'un jaune orangé est sur le sommet de la tête et est à demi couverte par des plumes noiràtres; les pennes de la queue sont noires et bordées de roux : longueur totale , huit pouces.

La femelle est privée de la tache jaune qui est sur la tête du mâle. (VIEILL.)

CAUDIMANE. Quelques naturalistes désignent par cette dénomination , les animaux qui ont la queue flexible, musculeuse et prenante , tels que les *sapajous* , les *sarigues* , &c. (S.)

CAVÉE. C'est , en terme de chasse , l'endroit d'une forèt , creux et entouré de montagnes. (S.)

CAVEQUI , nom vulgaire du MIMUSOPE A FEUILLES POINTUES. *Voyez* ce mot. (B.)

CAVERNES , grandes excavations irrégulières formées dans les montagnes par les mains de la nature. Celles qui sont l'ouvrage des hommes , et qui pour l'ordinaire offrent plus de régularité , telles que les travaux des mines et des carrières , portent simplement le nom de *souterrains*.

Ce n'est guère que dans des montagnes calcaires , soit secondaires , soit primitives , qu'on rencontre des *cavernes* : la situation horizontale des couches secondaires qui les fait supporter mutuellement , et l'extrème solidité des marbres primitifs donnent aux voûtes des excavations formées par les eaux , la faculté de se soutenir pendant une longue suite de

siècles ; au lieu que dans les autres roches , les élémens hétéro-
gènes de leur pâte, ou leur tissu feuilleté , les rendent sujettes
à une prompte décomposition ; et la situation verticale de
leurs couches , opère des éboulemens dès que leur base est
sappée par les courans souterrains ; de sorte qu'on voit rarement des *cavernes* considérables dans les montagnes graniti-
ques ou schisteuses.

La plupart des *cavernes* sont l'ouvrage des eaux qui se sont
frayé un passage par quelque fissure , étroite d'abord , et
qu'elles ont élargie successivement.

D'autres paroissent dues à la décomposition spontanée de
la roche, car une foule d'observations prouvent que les grandes masses pierreuses sont sujettes à une sorte de carie locale , qui s'étend de proche en proche comme dans les corps
organisés.

Quelques-unes enfin paroissent avoir été creusées par une
action violente et long-temps continuée des eaux , ainsi que
l'attestent les profonds sillons arrondis qui subsistent sur leurs
parois. Celles-ci peuvent , par les circonstances qui les accompagnent , jeter un grand jour sur certains faits géologiques
qui me paroissent avoir été jusqu'ici totalement méconnus
ou négligés.

L'un des plus importans , et qui fournit une explication
naturelle de beaucoup d'autres , c'est la grande élévation
qu'eurent jadis les montagnes , à laquelle je ne vois pas qu'aucun géologue ait fait attention , et que la nature nous atteste
néanmoins par une foule de témoins irrécusables. On a bien
senti qu'ils révéloient de grandes vérités , mais à force d'esprit , on a quelquefois interprété leurs dépositions d'une
façon bien extraordinaire.

Les observations que le célèbre Saussure a faites sur les cavernes du mont *Salève* , sont bien instructives , et prouvent
incontestablement la grande élévation primordiale des montagnes.

L'une de ces excavations se trouve près du sommet du
grand Salève , qui est élevé de cinq cent douze toises au-
dessus du lac Léman ; et les circonstances qu'elle présente ,
démontrent que le sommet actuel fut jadis surmonté de beaucoup , par d'autres montagnes qui s'étendoient graduellement
jusqu'au sommet des Alpes , qui devoient être alors d'une
hauteur au moins double ou triple de celle qui leur reste ; et
que c'est de-là que descendoient des torrens qui faisoient
des chutes et des cascades sur les rochers qui forment aujour-
d'hui le sommet du mont *Salève :* c'est sur quoi les excavations décrites par Saussure ne laisseront nul doute.

Près du bord le plus élevé de cette montagne, il existe une espèce de puits d'une grandeur énorme : il a cent soixante pieds de profondeur, et plus de trois cents pieds de circonférence. Vers le fond, il est ouvert par une échancrure en forme de portail, de quarante à cinquante pieds de haut, qu'on voit du bas de la montagne, et qu'on nomme le *trou de Brifaut*, parce qu'à cette distance, il ne paroît que le réduit d'un chien.

Les parois de ce puits *sont cannelées du haut en bas par de larges et profonds sillons arrondis*, qui sont évidemment des érosions formées par une énorme masse d'eau qui est tombée verticalement d'une grande élévation sur ces rochers, où elle a creusé cet abîme par l'effet de sa chute continuée pendant une longue suite de siècles ; car Saussure nous apprend que le mont Salève est formé de *grandes assises à-peu-près horizontales d'une pierre calcaire blanche sur laquelle les injures de l'air ne font que peu d'impression* ; et l'on sent facilement combien il a fallu de temps pour former une aussi prodigieuse excavation, dans une roche qui s'y opposoit, non-seulement par la solidité de son tissu, mais encore par la situation horizontale de ses couches épaisses qu'il falloit percer les unes après les autres.

Ces érosions verticales et toutes les autres circonstances, prouvent d'une manière si évidente, qu'elles sont l'ouvrage d'une eau tombant de fort haut, que malgré la difficulté de rendre raison de ce fait, ce savant observateur n'a pu le révoquer en doute ; mais pour l'expliquer, il a recours à l'hypothèse d'une grande catastrophe.

Il suppose que l'Océan qui couvroit les plus hautes montagnes, fit tout-à-coup une débâcle, et se précipita dans de grandes cavernes creusées dans l'intérieur de la terre ; que dans cette retraite subite il forma divers courans très-puissans ; et que c'est un de ces courans qui a sillonné le puits dont il s'agit. (§. 231.)

Mais sans chercher à discuter ici cette hypothèse, il suffit de remarquer que cette excavation, avec ses larges et profonds sillons arrondis, ne sauroit être l'effet d'une catastrophe subite ; et qu'il n'y a que la main lente du temps qui soit capable d'imprimer des traces de cette nature.

C'est donc bien évidemment la chute habituelle d'un torrent ordinaire qui, à force de temps, a produit cette grande excavation ; et ce torrent n'a pu venir que d'une suite de montagnes très-élevées au-dessus du sommet actuel du mont Salève. *Voyez* MONTAGNES.

On y trouve encore d'autres cavernes dont la structure

prouve avec la dernière évidence qu'elles sont l'effet du travail des eaux long-temps continué.

-Celle que Saussure appelle la *Caverne d'Orjobet*, du nom de son propriétaire, est située à quelque distance au couchant, et un peu plus bas que le puits précédent. Saussure, et Orjobet qui lui servoit de guide, y pénétrèrent par sa partie inférieure, car elle est, de même que le puits, ouverte par le haut et par le bas. « Nous entrâmes, dit-il, dans le rocher par une grande » ouverture qui n'est pas encore celle de la caverne, mais une » avenue bien singulière qui conduit à son entrée. C'est une » espèce de grande cheminée éclairée çà et là par des ouver- » tures irrégulièrement ovales, que les eaux ont creusées dans » l'épaisseur du rocher. On monte par cette espèce de canal, » jusqu'à la hauteur perpendiculaire d'environ quatre-vingt- » dix pieds ; et là, on se trouve à l'entrée de la caverne qui » est située au haut de cette cheminée, et éclairée par un » grand jour qui s'ouvre vis-à-vis de la porte.

» Cette porte est double... On entre par la gauche qui est » d'un accès plus facile, d'environ quinze pieds, sur sept à » huit de hauteur; mais en avançant, elle s'élargit et s'exhausse » à-peu-près du double. Le sol de cette galerie... s'élève en » s'avançant vers le fond. Environ à soixante-dix pieds de l'en- » trée, la caverne se rétrécit considérablement, au point de » se changer en un canal étroit et tortueux dans lequel on ne » pénètre qu'avec difficulté; et enfin, à dix ou douze pieds » plus loin, on ne peut plus y passer, quoiqu'il se prolonge » encore plus avant ». ($. 232.)

D'après cette description, il est aisé de voir que ces divers embranchemens de *cavernes* ne sauroient être l'effet d'une opération subite. Il paroît qu'il y avoit deux courans qui ont contribué à les former : l'un qui tomboit de haut, et venoit frapper contre un rocher placé vis-à-vis, qui le renvoyoit contre celui où est aujourd'hui la grande ouverture placée devant la porte de la caverne; et ses eaux, que leur poids et leur impulsion faisoient continuellement agir de haut en bas, ont creusé peu à peu le grand tuyau de cheminée, et sont enfin sorties par son ouverture inférieure.

L'autre courant qui a formé dans l'intérieur de la montagne la galerie inclinée que Saussure appelle proprement *la caverne*, étoit beaucoup moins considérable ; c'étoit une portion du courant supérieur qui s'infiltroit dans la roche avant d'arriver à la cataracte, et qui venoit par une route souterraine, se joindre aux eaux du torrent, vis-à-vis le haut de la cheminée, où elles se précipitoient en commun.

Il est encore à propos d'observer, que pour arriver à cette

caverne par le hameau *du coin*, comme le fit Saussure, il faut·
gravir une montée très-rapide d'une heure et un quart ; et
qu'en montant l'on voit de grands rochers dont les faces tail-
lées à pic sont sillonnées vers leur base d'excavations considérables qui indiquent manifestement l'action d'un grand courant ; et ce sont probablement les mêmes eaux qui avoient
creusé les cavernes situées au-dessus.

En général, la structure des *cavernes* prouve que si elles
sont dues principalement à l'action immédiate des eaux, il est
arrivé souvent que la décomposition spontanée de la roche,
est entrée pour beaucoup dans leur formation ; car pour l'ordinaire, elles offrent une suite d'étranglemens et d'évasemens
alternatifs : après des couloirs très-étroits où l'on peut à peine
passer en rampant, il n'est pas rare de trouver des excavations de plusieurs centaines de pieds en tous sens. Et il seroit
bien difficile de concevoir que l'action purement mécanique
des eaux eût produit cet effet sur des bancs calcaires ordinairement très-solides.

Mais dès qu'une fois la décomposition s'établit sur un point,
elle fait des progrès autour d'elle, d'une manière assez rapide, même sur les pierres les plus dures et les plus saines.

Cette décomposition a quelquefois lieu sans le concours des
eaux, par l'effet d'une modification particulière de la pierre
calcaire, qui se convertit en matière saline. Il y en a des
exemples multipliées, et il suffit de citer les nitrières naturelles
de la *Molfetta* dans la Pouille, près de Barri.

Les couches calcaires de cette contrée sont sujettes à présenter ce qu'on appelle, en langue du pays, *un pulo* : c'est un
enfoncement plus ou moins considérable en forme d'entonnoir. Le *pulo* de la Molfetta a, suivant Fortis, six cents palmes
napolitaines de tour et cent vingt-sept de profondeur. Il se
forme une foule de grottes dans l'épaisseur des couches, et ces
grottes sont tapissées d'un nitre parfait, à base de potasse', qui
se renouvelle à mesure qu'on le recueille, et les cavernes s'a-
grandissent proportionnellement. Celles dont l'ouverture est
la plus étroite, et où un enfant peut à peine s'introduire la
lampe à la main, sont celles où s'opère le plus rapidement la
conversion de la pierre calcaire en excellent nitre. Et cette
métamorphose est d'autant moins extraordinaire, que les expériences de l'habile chimiste Desormes faites au commencement de l'année 1800, ont prouvé entre autres choses, que
la terre calcaire renferme les mêmes élémens que la potasse et
l'acide nitrique.

Les *pulo* de la Pouille ne sont pas les seuls exemples de·
cette décomposition de la pierre calcaire : Dolomieu l'a fré-

quemment observée sur les murailles de Malthe, et sur-tout
en Egypte.

C'est probablement à des décompositions de cette nature,
qu'est due l'une des plus grandes et des plus intéressantes cavernes que l'on connoisse : c'est celle de la petite île d'Antiparos dans l'Archipel, que Tournefort a si bien décrite, et
qui est si remarquable par les formes merveilleuses des stalactites et des stalagmites qu'elle renferme, et dont l'observation
a confirmé de plus en plus l'opinion de ce profond naturaliste
liste sur la *végétation* de ces substances pierreuses. Il faudroit
en effet, pour contester cette vérité, vouloir fermer les yeux à
l'évidence. (*Voyage de Tournefort.* tom. 1, pag. 188.)

Je remarquerai, à l'occasion de cette fameuse grotte, que
dans un ouvrage d'histoire naturelle fort répandu, où l'on
donne en abrégé la description de Tournefort, le rédacteur
a cru devoir l'embellir encore, en ajoutant *qu'elle est remplie
d'un grand nombre de coquilles fossiles.* C'est une erreur qu'il
importe de relever, car le marbre d'Antiparos, dans lequel
cette caverne est creusée, est *primitif,* conséquemment il ne
sauroit offrir le moindre vestige de corps marins ; aussi Tournefort ne dit-il pas un seul mot des prétendues coquilles fossiles ; et il étoit observateur trop exact, pour les omettre si
elles eussent existé.

Parmi les diverses instructions que fournit l'observation des
cavernes, on ne doit pas omettre les preuves qu'elles donnent
de la diminution graduelle de l'Océan, bien différente de la'
débâcle soudaine qu'admettoit Saussure ; et il est remarquable
que c'est lui-même qui rapporte ces preuves de la diminution
graduelle.

Ce sont des excavations qu'on observe sur la côte de Gênes,
entre Monaco et Vintimille ; elles sont formées dans un rocher calcaire aussi dur que le marbre et parfaitement sain.
Elles commencent au niveau actuel de la mer, et l'on en voit
en si grand nombre, que Saussure se lassa de les compter. Elles
se trouvent sur tous les points du rocher jusqu'à une hauteur
de deux cents pieds. Ce sont des enfoncemens circulaires qui ont
jusqu'à vingt-cinq et même cinquante pieds de diamètre, sur
une profondeur proportionnée, et qui va jusqu'à cent pieds.

Et comme Saussure a pensé que ces excavations étoient dues
à l'action des flots, « il faut, dit-il, que la mer ait été dans cet
» endroit de deux cents pieds plus haute, ou le rocher de deux
» cents pieds plus bas qu'aujourd'hui ». (§. 1383.)

Or, comme il y a mille preuves que la mer a diminué, et
qu'il n'existe pas un seul fait qui autorise à penser que les
rochers s'élèvent de deux cents pieds, il doit rester pour constant, d'après Saussure lui-même, que la côte de Gênes porte

la preuve de la diminution graduelle de l'Océan, au moins relativement aux derniers deux cents pieds de son abaissement.

L'objet qui a le plus contribué à donner de la célébrité aux grottes et aux *cavernes*, ce sont les STALACTITES et les STALAGMITES qu'elles produisent. (*Voyez* ces mots.) Les plus fameuses en ce genre, après celle d'Antiparos, sont les grottes d'*Orselles* en Franche-Comté, de *la Balme* en Dauphiné près du Rhône à sept lieues de Lyon; celle de *Pools-Hole* dans le Derbyshire, &c. &c.

Il y a d'autres *cavernes* qui sont connues par les ossemens d'animaux qu'elles renferment, et qui souvent s'y trouvent incrustés du même albâtre qui forme les stalactites de ces grottes. Telles sont les cavernes de *Bauman* à six lieues à l'est de Goslar, dans le pays de Brunswick. Celle de Gailenreuth, dans le pays de Bareith. Il paroît que ces *cavernes*, dans le temps où elles se trouvoient au niveau de la mer, servoient de retraite aux veaux-marins et autres amphibies qui venoient y mourir ou peut-être y dévorer leur proie.

Celles de la montagne de Gibraltar contiennent des os de quadrupèdes mêlés de coquilles de limaçons terrestres, ce qui fait juger que ces os et ces coquilles ont pénétré dans ces cavernes par les fissures de la roche; et ils peuvent n'être pas très-anciens, quoiqu'ils se trouvent empâtés dans une matière pierreuse, attendu que ces dépôts stalactiques se forment en peu de temps.

Quelques *cavernes* n'ont de remarquable que leur étendue: tel est le labyrinthe de *Koungour*, sur les frontières de la Sibérie. Il est dans les collines gypseuses qu'arrose la Sylva. Les anfractuosités de ses souterrains ont été formées par de petits ruisseaux que produit la fonte des neiges, et qui s'infiltrent à travers les fissures multipliées du gypse. Je l'ai visité en 1786 avec une peine infinie. On ne peut y pénétrer qu'en se couchant sur le ventre; et quoique ce fût au mois de juillet, il fallut rompre les stalactites de glace qui en fermaient l'entrée. Il en sortoit un vent si froid qu'il étoit insupportable. A une toise seulement de l'entrée, le thermomètre qui étoit à quatorze degrés de chaleur en plein air, descendit à cinq au-dessous de zéro. Il est vrai que dans l'intérieur même du labyrinthe, il remonta d'un degré. Je ne vis de tous côtés qu'un mélange de glace et de décombres. A mesure que les gouttes d'eau tombent de la voûte, elles se congèlent. Il faut que dans l'automne la glace y fonde, sans quoi tout en seroit rempli; et les gens du pays m'ont dit, en effet, qu'aux approches de l'hiver il sortoit une épaisse fumée par l'entrée de ce souterrain. *Voyez* CALORIQUE.

Je ne parlerai pas ici des *cavernes* qu'on dit exister sous les volcans, et d'où l'on suppose que sont sorties des montagnes de dix mille pieds d'élévation et de soixante lieues de circonférence ; telle que l'Etna qui est entièrement composé de matières volcaniques. *Consultez* l'article LAVE, où je fais voir combien l'existence de ces *cavernes* est dénuée de vraisemblance. (PAT.)

CAVIA, dénomination brasilienne, que des naturalistes ont appliquée à plusieurs quadrupèdes, d'espèces et même de genres différens. (S.)

CAVIA COBAYA. C'est, suivant Pison, le nom brasilien du *cochon d'Inde* (*Hist. nat.* pag. 102). *Cobaya*, selon le témoignage de M. d'Azara, (*Hist. nat. des quadrupèdes du Paraguay*, tome 2 *de la traduction française*, page 69), signifie *ce maître* ; et comme ce surnom n'est guère fait pour un animal aussi petit que le *cochon d'Inde*, M. d'Azara conjecture que l'inventeur de ce nom aura entendu *coba aperea*, nom de l'*aperea*, qu'il aura cru qu'on prononçoit le nom de l'animal, lorsqu'on le lui indiquoit, et qu'il aura écrit *cavia cobaya*, au lieu de *coba aperea*. Quoi qu'il en soit de cette conjecture, il est certain que l'APÉRÉA est un animal différent du COCHON D'INDE. *Voy.* ces deux mots. (S.)

CAVIAL. C'est la même chose que le *caviar*, c'est-à-dire, des œufs d'esturgeon, salés et marinés pour être envoyés au loin. *Voyez* ESTURGEON. (B.)

CAVILLONE, nom spécifique d'un poisson du genre TRIGLE. *Voyez* ce dernier mot. (B.)

CAUMOUN, espèce de palmier du genre AVOIRA, qui croît à Cayenne et dont on emploie les fruits pour faire une liqueur agréable et une huile bonne à manger. Le chou de ce palmier est fort recherché. *Voy.* au mot AVOIRA. (B.)

CAUNGA. C'est l'AREC DE L'INDE. *Voyez* ce mot. (B.)

CAURALE (*Rallus helias* Lath., pl. enl. n° 782 de l'*Hist. nat. de Buffon*, ordre, ÉCHASSIERS, genre, RALE. *Voy.* ces deux mots.). Des teintes moelleuses et douces, riches quoique sombres, sont sans doute les motifs qui ont décidé les créoles de Cayenne, à donner à cet oiseau le nom de *paon des palétuviers* ou *petit paon des roses* ; car l'on assure qu'il ne relève ni n'étale les pennes de sa queue comme fait le *paon*. On le trouve, mais assez rarement, dans l'intérieur des terres de la Guiane, où il se tient sur le bord des rivières. Là, il vit solitaire, et se décèle par un sifflement lent et plaintif que le chasseur sait imiter pour le faire approcher. Sa longueur est d'un pied trois pouces ; son bec, long de vingt-sept lignes, est noir en dessus et d'un blanc de corne en dessous ; une coiffe noire couvre la tête, avec des lignes blanches dessus et dessous l'œil. Le brun, le roux, le fauve et le gris-blanc, distribués en taches, en ondes, en zones et en zig-zags, sont les teintes de son plumage : cette distribution de couleurs est surtout remarquable sur les ailes et la queue, dont les pennes sont longues et larges. (Vieill.)

CAURIS. C'est le nom indien d'une petite coquille du genre Porcelaine, qui sert de monnoie dans une partie de l'Afrique. C'est le *cypraca moneta* de Linn. *Voyez* au mot Porcelaine. (B.)

CAUVETTE, nom vulgaire du Choucas, en Savoie et en Normandie. *Voyez* ce mot. (Vieill.)

CAWK ou KEVEL, minéral composé de baryte, de terre calcaire et de spath fluor. Cette matière, qui n'a que la dureté de la craie, et qui en a toute l'apparence, à la pesanteur près, sert le plus souvent de gangue au minerai de plomb du Derbyshire. On l'emploie dans les manufactures de cuivre de Birmingham ; mais on tient secret l'usage qu'on en fait. On prétend que le *cawk* donne de la ductilité au régule d'antimoine, et rend son grain plus serré. (Pat.)

CAXCAXTOTOTL. *Voyez* Cacastol. (S.)

CAY. *Voyez* Say. (S.)

CAYES, nom qu'on donne dans quelques parages, aux roches qui se trouvent dans la mer à si peu de profondeur que les navires peuvent y toucher. (Pat.)

CAYEU. *Voyez* Moule. (S.)

CAYEU ou CAIEU, petit bulbe ou bouton placé sur une racine bulbeuse ou tubéreuse, et destiné à la reproduction de la plante. *Voyez* Bulbe et Bouton. (D.)

CAYMAN, nom que l'on donne dans les colonies françaises à une espèce de Crocodile. *Voyez* ce mot. (B.)

CAYMAN. On donne aussi ce nom à un poisson du genre Esoce, *Esox osseus* Linn., qui se trouve dans les rivières saumaches de l'Amérique septentrionale, parce qu'il a par sa tête et la dureté de ses écailles, quelques rapports avec le Crocodile Cayman. *Voyez* au mot Esoce. (B.)

CAYMIRI. *Voyez* Saïmiri. (S.)

CAYO, nom espagnol du Geai. *Voyez* ce mot. (S.)

CAYOPOLLIN (*Didelphis cayopollin* Linn., éd. 13, *Voyez* tom. 28, pag. 73, pl. 3, de l'édition de *Buffon*, par Sonnini.), quadrupède du genre Sarigue, de l'ordre des Carnassiers et du sous-ordre des Pédimanes. (*Voyez* ces mots.) Le *cayopollin* a beaucoup de rapports avec la *marmose*, le *sarigue*, le *phalanger*, et tous les autres quadrupèdes carnassiers du sous-ordre des Pédimanes. Il est plus grand, il a le museau plus long et la queue plus longue que la *mar-*

mose, qui est l'espèce dont il se rapproche le plus. Ses yeux sont simplement bordés de noirâtre, et n'ont point de bande tout autour, comme dans la *marmose*. Le dessus et les côtés du corps sont moins gris et plus fauves ; la partie inférieure est d'un jaunâtre très-pâle ; la queue est velue à sa base, revêtue ensuite d'écailles, et elle est tachetée de noirâtre ; la bouche est très-fendue ; la mâchoire supérieure a deux dents molaires de moins que celle du sarigue et de la marmose. L'organisation interne de ces animaux est à-peu-près la même. *Voyez* SARIGUE, DIDELPHE, MARMOSE, &c.

Le *cayopollin* ressemble beaucoup à ces animaux par la conformation des parties intérieures et extérieures, par les os surnuméraires du bassin, par la forme des pieds, par la naissance prématurée, la longue et continuelle adhérence des petits aux mamelles, et enfin par les autres habitudes de nature ; ils sont tous du Nouveau-Monde et du même climat ; on ne les trouve point dans les pays froids de l'Amérique ; ils sont naturels aux contrées méridionales de ce continent, et peuvent vivre dans les régions tempérées. Au reste, ce sont des animaux très-laids ; leur gueule fendue comme celle d'un brochet, leurs oreilles de chauve-souris, leur queue de couleuvre et leurs pieds de singe, présentent une forme bizarre, qui devient encore plus désagréable par la mauvaise odeur qu'ils exhalent, et par la lenteur et la stupidité dont toutes leurs actions et tous leurs mouvemens paroissent accompagnés.

Le *philandre de Surinam* ne paroît être qu'une simple variété de l'espèce du *cayopollin* ; voici la description qu'en donne Séba : «Cet animal, dit-il, a les yeux très-brillans et environnés d'un cercle de poils brun foncé ; le corps couvert d'un poil doux, ou plutôt d'une espèce de laine d'un jaune roux ou rouge clair sur le dos ; le front, le ventre et les pieds sont d'un jaune blanchâtre ; les oreilles sont nues et assez roides ; il y a de longs poils en forme de moustaches sur la lèvre supérieure et aussi au-dessus des yeux ; ses dents sont comme celles du loir, pointues et piquantes ; sur sa queue qui est nue et d'une couleur pâle, il y a dans le mâle des taches d'un rouge obscur, qui ne se remarquent pas sur la queue de la femelle ; les pieds ressemblent aux mains d'un singe ; ceux de devant ont les quatre doigts et le pouce garnis d'ongles courts et obtus ; au lieu que des cinq doigts des pieds de derrière, il n'y a que le pouce qui ait un ongle plat et obtus, les quatre autres sont armés de petits ongles aigus. Les petits de ces animaux ont un grognement assez semblable à celui d'un petit cochon de lait. Les mamelles de la mère ressemblent à celles de la marmose ».

Ces *philandres*, qui, d'après la description de Séba, et leur comparaison avec le *cayopollin*, paroissent évidemment appartenir à la même espèce, produisent ordinairement cinq ou six petits. Ils ont la queue prenante et très-longue comme celle des sapajous ; les petits montent sur le dos de leur mère, et s'y tiennent en accrochant leur queue à la sienne. Dans cette situation, qui leur est familière, elle les porte et transporte avec autant de sûreté que de légèreté. Le *philandre de Surinam* est le *didelphis dorsigera* de Linnæus. (Desm.)

CAYOU-OUASSOU, nom que porte le *sajou*, dans les terres du Maragnon. *Voyez* Sajou. (S.)

CÉANOTE, *Ceanothus*, genre de plantes de la pentandrie monogynie, et de la famille des Rhamnoïdes, dont le caractère est d'avoir un calice monophylle, turbiné, persistant, à cinq divisions ; cinq pétales creusés en cuilleron et attachés au calice ; cinq étamines ; un ovaire supérieur trigone, surmonté d'un style divisé en trois stigmates obtus. Le fruit est une capsule ou une baie sèche, légèrement trigone, triloculaire, qui contient une semence ovale dans chaque loge.

Voyez pl. 129 des *Illustrations* de Lamarck.

Ce genre renferme cinq à six espèces, toutes étrangères à l'Europe. La plus commune est la Céanote d'Amérique, qui vient fort bien en pleine terre dans nos jardins, pourvu qu'on la couvre pendant les fortes gelées, et qui, par l'élégance et la durée de sa floraison, mérite d'être employée pour la décoration des bosquets d'été et d'automne. Ses caractères sont d'avoir des feuilles en cœur, acuminées et à trois nervures ; les fleurs blanches, légèrement purpurines, disposées en panicules axillaires et alongées. Cette plante a la tige un peu frutescente et de deux à trois pieds de haut. Elle croît en Caroline, dans les lieux les plus arides, et forme des nappes blanches d'une très-grande étendue, dans certains cantons où elle domine.

Il y en a dans le même pays une autre espèce que Michaux y a le premier découverte, et que Lézermes a appelée Céanote microphylle, à raison de la petitesse de ses feuilles.

La Céanote d'Asie vient de Ceylan. Elle a les feuilles aiguës, veinées, et les panicules des fleurs axillaires.

La Céanote d'Afrique a les feuilles lancéolées, obtuses, veinées, en réseau, et les panicules des fleurs terminales. Elle vient du Cap de Bonne Espérance. (B.)

CÉBAL, Charleton (*Exercit.* pag. 20.) désigne ainsi la *marte zibeline*. Voyez Zibeline. (S.)

CÉBATHE, *Cebatha*, plante d'Arabie que Forskal a

fait connoître. Ses tiges sont ligneuses et s'entortillent autour des objets qu'elles rencontrent ; ses feuilles sont alternes, pétiolées, ovales et veineuses ; ses fleurs dioïques et axillaires.

Chacune de ces fleurs a un calice de six folioles alternativement grandes et petites ; une corolle de six pétales, ovales, plus courts que le calice. Les mâles ont six étamines insérées dans une cavité qui est à la base de chaque pétale, et les femelles un ovaire trigone, chargé de trois styles courts, dont les stigmates sont obtus et échancrés.

Les fruits sont des baies rouges composées de trois coques comprimées, réunies par leur côté intérieur, et un peu plus grosses qu'une lentille.

Les Arabes mangent les baies de cette plante, quoiqu'elles aient un goût âcre, et ils en préparent une boisson enivrante ainsi qu'une liqueur distillée très-spiritueuse.

Vahl a réuni cette plante aux *ménispermes*, sous le nom de MÉNISPERME COMESTIBLE. *Voyez* ce mot. (B.)

CÉBIPIRA, arbre du Brésil dont l'écorce amère et astringente entre dans les bains et les fomentations ordonnées dans les maladies des reins. Cet arbre est figuré page 100 des *Plantes du Brésil de Marcgrave* ; mais on ignore à quel genre il appartient. (B.)

CÉBRION, *Cebrio*, genre d'insectes de la première section de l'ordre des CLÉOPTÈRES. Les *cébrions*, confondus avec les *cistèles* par Fabricius et Rossi, ressemblent beaucoup plus aux *taupins* ; mais ils en diffèrent par les antennes longues, presque sétacées, légèrement en scie ; par les mandibules et les mâchoires simples, et par les antennules filiformes. Le nombre des pièces des tarses doit suffire pour ne pas les confondre avec les *cistèles*. Ils ont le corps oblong, le corcelet trapézoïdal, avec les angles postérieurs très-saillans, les palpes filiformes et les tarses composés de cinq pièces. Ils habitent l'Italie, le midi de la France ; leur couleur est d'un brun fauve, un peu plus claire à l'abdomen et à la poitrine. Les larves ne sont pas connues. (O.)

CÉBRIONATES (LES), *Cebrionates*, famille d'insectes de l'ordre des COLÉOPTÈRES, établie par Latreille, et qui appartient à la première section. Elle renferme les genres DASCILLE, ÉLODE et CÉBRION. *Voyez* ces mots. (O.)

CÉBUS. On donne ce nom aux singes à queue de l'ancien continent. Ce sont les guenons que les anciens nommoient ainsi, en grec *kébos* ; on en a fait le mot *cephus*, pour désigner la guenon *moustac* de Buffon. (*Voyez* MOUSTAC.) Cet animal vient de Guinée. Les singes *cébus* sont des CERCOPITHÈQUES. *Consultez* ce mot. (V.)

CÉCILIE. *Voyez* au mot COÉCILE. (B.)

CÉCILIE , *Coecilia* , genre de poissons établi par Lacépède dans la division des APODES , pour placer le *muraena coeca* de Linnæus, qui n'a pas complétement les caractères des autres MURÈNES. *Voyez* ce mot.

Le caractère de ce nouveau genre est d'être totalement privé de nageoires et d'yeux , et d'avoir l'ouverture des branchies sous le col.

La seule espèce qu'il renferme , la CÉCILIE BRANDERIENNE, a le corps anguilliforme ; le museau très-pointu ; les dents aiguës ; huit petits trous sur le devant de la tête , sept sur le sommet, et sept sur l'occiput. Elle vit dans la Méditerranée , sur les côtes d'Alger , où Brander l'a observée.

Lacépède observe qu'on doit comparer ce poisson avec les GASTROBRANCHES , qui sont de la division des CARTILAGINEUX , et aveugles. On ajoute qu'on doit encore plus le comparer avec les SPHAGÉBRANCHES et les SYNBRANCHES , genres dont ce naturaliste n'a pas parlé , et qui n'en diffèrent que parce que les espèces qui les composent ont des yeux. *Voyez* ces mots. (B.)

CÉDO NULLI. C'est le nom marchand d'une des plus belles espèce de *cônes* , qui nous vient de l'Amérique méridionale , et qui a été figurée par Dargenville, *Supp.* pl. 1, fig. H. *Voyez* CÔNE.

Il paroît qu'on a aussi donné ce nom à une coquille bivalve, d'un genre voisin des CAMES. (B.)

CÉDRAT , nom donné à une espèce de CITRON. *Voyez* ce mot. (B.)

CÈDRE DE BUSACCO. C'est le CYPRÈS FEUILLES GLAUQUES. *Voyez* au mot CYPRÈS. (B.)

CÈDRE ROUGE ET BLANC. A Cayenne, c'est l'ICIQUIER CÈDRE. *Voyez* ce mot. (B.)

CÈDRE DU LIBAN , *Pinus cedrus* Linn. , arbre résineux , très - anciennement connu , qui croît naturellement dans une plaine élevée, située entre les plus hauts sommets du mont Liban , et qu'on ne trouve , dit Miller , dans aucun autre lieu du monde. Il appartient à la famille des CONIFÈRES ; mais les auteurs ne sont point d'accord sur le genre auquel on doit le rapporter; Tournefort l'a réuni aux *melezes* , Jussieu aux *genévriers* , et Linnæus aux PINS. *Voy.* ce dernier mot.

Cet arbre , que sa rareté , sa beauté et l'incorruptibilité de son bois ont rendu célèbre, a le port le plus noble et le plus majestueux. Sa tige ne s'élève pas à une très-grande hauteur , mais elle pousse de grosses et superbes branches , qui s'étendent latéralement fort au loin, et qui, se distribuant en nombreux rameaux toujours verts , forment , par leur disposition horizontale, comme autant de tapis réguliers , unis et ondoyans ; à leur extrémité elles tombent vers la terre en panaches, et environnent ainsi l'arbre d'une ombre très-épaisse. Les feuilles qui les garnissent ont une teinte rembrunie ; elles sont petites et persistantes, courtes, aiguës, disposées en faisceaux, se recouvrant les unes les autres ; les fruits présentent de petits cônes arrondis et droits, dont la pointe est toujours dirigée vers le ciel ; ils contiennent des semences oblongues ; chacune d'elles est nichée dans une espèce d'étui ou de noyau anguleux.

Beaucoup de voyageurs ont vu sur les lieux les *cèdres* du Liban et en ont parlé ; mais il en est peu qui se soient attachés à les bien faire connoître. Rawolf dit dans ses voyages qu'il n'y avoit en 1574, sur ces montagnes, que vingt-six de ces arbres sur pied, et qu'il n'en a point trouvé de jeunes qui pussent les remplacer. Du temps de Maundrell, c'est-à-dire plus de cent ans après, ce nombre était réduit à seize ; mais ce dernier voyageur assure en avoir vu parmi les gros plusieurs petits de moindre taille ; dans le nombre des premiers il en a mesuré un qui avoit trente-six pieds et demi de circonférence, et dont les branches couvroient un espace de cent onze pieds de diamètre ; il se divisoit à quinze ou vingt pieds au-dessus de la terre en cinq branches, dont chacune étoit égale à un grand arbre. Suivant Pococke ces fameux *cèdres* occupent l'encognure d'un vallon exposé au nord-est, et forment un bois d'environ un mille de circonférence, composé de gros arbres et de plus jeunes. Il est étonnant qu'ils ne se soient pas plus multipliés dans ce pays, et qu'on n'en ait point trouvé ailleurs, puisqu'ils réussissent très-bien en Europe, où ils sont maintenant comme naturalisés : on en voit beaucoup en Angleterre, et ils commencent à devenir assez communs en France. Celui qui est au Muséum d'histoire naturelle, et qui s'élève si majestueusement au milieu des arbres verts qui couvrent la butte, fut apporté d'Angleterre par Bernard de Jussieu, et planté en 1734, il a aujourd'hui (24 juin 1802) soixante-huit ans ; j'ai mesuré la circonférence de sa tige à quatre pieds et demi au-dessus de terre, elle est de sept pieds dix pouces, et son diamètre par conséquent de deux pieds sept pouces quatre lignes ; ainsi ce bel arbre a cru chaque année en épaisseur de cinq lignes et demie ou environ.

Le *cèdre* se plaît dans les terreins pierreux, sablonneux et maigres ; sa croissance, ainsi qu'on vient de le voir, est assez rapide ; son bois est le meilleur qui existe pour la charpente ; il devroit donc être plus multiplié. On pourroit en couvrir les coteaux arides ou les petites montagnes, et le placer dans des bosquets d'hiver, où il produiroit un effet superbe. Il réussit également dans les climats de température différente, croît parmi les neiges, et supporte, quand il est adulte, les froids les plus rigoureux ; dans sa première jeunesse il a besoin d'être garanti contre les fortes gelées. Une grande partie des jeunes *cèdres* qui étaient en France ont péri, dit M. de Fenille, à la suite de l'hiver désastreux de 1789.

Cet arbre vit plusieurs siècles. On ne le multiplie que de ses graines, qu'on retire des cônes qu'il produit; on les sème dans des pots, qu'on met à l'abri du soleil et des pluies ; car il faut que la terre soit peu humectée ; on les sépare ensuite pour n'en mettre qu'un dans chaque pot, qu'on place aussi à l'ombre ; ils sont gardés dans la serre en hiver pendant trois ans, après ce temps on peut les confier à la pleine terre. La culture du *cèdre* est en général la même que celle du MÉLÈSE. (*Voyez* ce mot.) Miller dit que ses fruits réussissent mieux dans les hivers durs que dans les plus doux, et il assure que plusieurs de ces arbres, plantés en Angleterre, y donnent des semences qui produisent à leurs pieds des plantes en abondance et sans aucuns soins.

Le bois de *cèdre* est rougeâtre, odoriférant et incorruptible ; son odeur approche beaucoup de celle du *pin ;* il ne paroît pas contenir beaucoup de résine. On rapporte que les charpentes des temples d'Éphèse et de Jérusalem étoient construites avec ce bois. On lit aussi dans l'histoire, qu'on trouva dans le temple d'Apollon à Utique des débris de charpente faite du même bois, qui avoit près de deux mille ans. M. de Fenille révoque ces faits en doute, parce qu'il prétend que le tronc du cèdre ne s'élevant pas à plus de vingt pieds, n'a pu servir à des édifices d'une dimension aussi étendue ; il croit encore moins que la statue de Diane ait été sculptée sur ce bois, qui est mou, d'un grain inégal et sujet à se fendre. Il est plus léger que le sapin. Quand on l'emploie, au lieu de l'attacher avec des clous, dont il se retire ordinairement, il faut l'assujettir avec des broches du même bois.

Suivant le rapport des voyageurs il découle naturellement du tronc et des branches de cet arbre une substance résineuse. *Voyez* l'article RÉSINE.

On donne improprement le nom de *cèdre* à plusieurs arbres ou arbrisseaux qui appartiennent à des genres différens; tels sont le *cèdre de Virginie* ou *cèdre rouge, juniperus Virginiana* Linn. ; le *cèdre de Bermude, juniperus Bermudiana* Linn.; le *cèdre de Lycie, juniperus Phœnicea* Linn. ; le *cèdre acajou,* c'est le *cedrel odorant, cedrela odorata* Linn. ; le *cèdre mahogoni* ou le *mahogon, swietnia mahogoni* Linn.; c'est l'arbre qui donne le beau bois d'acajou ; le *cèdre blanc, cupressus thuyoides* Linn. ; le *cèdre de la Jamaïque*, *theobroma guazuma* Linn. ; le *cèdre de Busacco*, *cupressus pendula*, Linn. ; enfin il y a une espèce d'*iciquier*, *icica altissima* Aubl., qui porte le nom de *cèdre rouge* ou d'*iciquier-cèdre*. Voyez dans ce Dictionnaire les mots GENÈVRIER, CEDREL, MAHOGON, ICIQUIER et CYPRÈS. (D.)

CÉDREL, *Cedrella*. C'est un très-grand et très-bel arbre qui a beaucoup de rapports avec le MAHOGON. Il a les feuilles alternes, ailées, sans impaire, et composées de folioles ovales, lancéolées et entières. Ses fleurs sont disposées, en grand nombre, sur des grappes nombreuses et paniculées.

Chaque fleur consiste en un calice très-petit et monophylle ; en cinq pétales ovales, oblongs, obtus et droits ; en cinq étamines ; en un ovaire supérieur, globuleux, porté sur un réceptacle un peu élevé dans la fleur, et à cinq angles ; en un style alongé et terminé par un stigmate obtus. Le fruit est une capsule ligneuse, ovale, à cinq loges, qui s'ouvre en cinq valves, et a, dans son milieu, un placenta ligneux, libre et à cinq angles, auxquels sont attachées plusieurs semences, munies latéralement d'une aile membraneuse.

Cet arbre croît dans l'Amérique méridionale ; il répand, dans les temps chauds une odeur désagréable, et quand on l'incise, une gomme transparente. On l'emploie dans la construction des maisons et dans la fabrication des bateaux, des armoires et autres meubles. Son bois est tendre, léger, aromatique et amer ; il n'est point attaqué par les insectes. C'est le *cédrel odorant*, le *cèdre acajou* ou l'*acajou à planches de Saint-Domingue*.

Loureiro a décrit, dans sa *Flore de la Cochinchine*, sous le nom de CEDREL ROMARIN, un arbrisseau qui paroît se rapprocher beaucoup plus des ITÉES, au dire de Wildenow, que de l'arbre dont il vient d'être question.

Ses feuilles et ses fleurs sont odorantes, et passent pour céphaliques, nervines et diurétiques ; on les emploie contre les catarrhes et les douleurs rhumatismales. On en tire, par la distillation avec l'esprit-de-vin, une liqueur qui ne le cède pas à l'eau-de-vie de lavande, et à feu nu, une huile essentielle extrêmement suave. (B.)

CÉDRIA, résine qui découle du CÈDRE. *Voyez* ce mot et celui de RÉSINE. (S.)

CÉDRIN, nom que Belon donne au CINI. *Voyez* ce mot. (S.)

CÉHOILOTL, nom mexicain du *pigeon brun de la Nouvelle-Espagne*. Voyez PIGEON. (S.)

CEIBA , arbre du Sénégal du genre FROMAGER. *Voyez*
ce mot. (B.)

CEINTURE. Comme l'on observe dans les Cabinets d'histoire naturelle., et dans les magasins de curiosités , des *cein-*
tures de quelques sauvages de l'Amérique ou des îles des
Indes , on a cru nécessaire d'en dire quelque chose ici. La
plupart des hommes qui marchent nus gardent un sentiment de pudeur qui les oblige à cacher leurs parties sexuelles ;
les nègres se servent d'une *pagne* ; c'est un morceau d'étoffe
grossière ou de linge , dont ils entourent leurs hanches. Ce
mot *pagne* est portugais , et dérive de *pannus* , un drap. Il
paroît qu'avant l'arrivée des Européens en Amérique , et avant
la traite des noirs , les hommes sauvages du Nouveau-Monde
et de la brûlante Afrique marchoient entièrement nus ; on
assure même que les peuplades américaines qui sont très-
éloignées des établissemens européens , et qui n'ont aucune
communication avec eux , suivent encore cette coutume de
rester nus comme ils sortent du sein de leur mère , à la manière des animaux. Ils sont si simples , si remplis d'innocence,
qu'ils ne se doutent pas même des lois de la pudeur ; on ne
rougit que quand on connoît déjà le mal ; l'enfant ne craint
pas de se découvrir , parce qu'il est dans l'âge de l'innocence ;
ces sauvages sont de même des peuples enfans ; à mesure qu'on
se couvre davantage , on a des mœurs moins chastes. Une
Chinoise , une Mahométane , toute femme asiatique , est d'autant plus cachée , plus serrée , qu'elle seroit plus facile en
amour. L'habitude de la nudité rend les sexes indifférens ;
c'est le mystère des appas qui les rend plus séducteurs ; voyez
les nations les plus corrompues , ce sont celles qui ont le plus
grand soin de cacher leur nudité et de conserver une grande
décence extérieure ; les peuples simples , au contraire , ne
cherchent point à se couvrir avec soin , ils portent dans leurs
regards toute l'honnêteté de leur cœur.

Les *ceintures* des sauvages sont quelquefois un tissu d'herbes,
de fibres , d'écorces ; on y attache aussi des plumes ornées des
plus brillantes couleurs. Les insulaires de la mer du Sud , les
Américains recherchent sur-tout pour cet emploi les plumes
des aras , des perroquets loris , des toucans , des flammans et
autres oiseaux éclatans. Les Caraïbes tissent des *ceintures de*
paix , pour donner en gage d'amitié ; ils les ornent d'un ou
plusieurs rangs de coquilles appelées *pucelages* ou *cauris* ,
cypræa moneta de Linn. ; ils dessinent aussi des hommes ,
des caractères d'écriture , des fleurs et des animaux sur leurs
ceintures. Il y en a pour les jours de fête , pour les temps de
guerre , pour les époques du mariage , les funérailles , &c. ;

somme la langue de ces peuples est imparfaite, ils témoignent leurs sentimens par divers attributs, et par le genre d'ornemens de cette espèce d'habillement.

Chez les peuples pasteurs, et ceux à demi-civilisés, la vie étant active et exigeant beaucoup de mouvement, les hommes se ceignent pour maintenir la capacité du bas-ventre ; sans cette précaution les hernies ou descentes deviendroient plus communes, par les efforts continuels qu'ils sont obligés de faire dans tous leurs travaux. De même nous voyons que les hommes de peine, les crocheteurs, les meûniers, les maçons, &c., portent des ceintures pour prévenir tout accident ; cependant lorsque la ceinture est trop serrée, elle oblige, dans les grands efforts, les viscères à réagir avec violence contre les parois du bas-ventre, ce qui produit des hernies inguinales.

Chez les anciens la *ceinture* étoit une partie nécessaire du vêtement ; elle portoit l'argent, comme le témoigne le proverbe : *Bonne renommée vaut mieux que ceinture dorée.*

Il y avoit aussi un autre genre de *ceinture*, qui ressembloit à celle de Vénus, à cette *ceinture* des Graces, dont la puissance sur les cœurs étoit inévitable ; c'étoit la *ceinture* de la jeune vierge qui passoit dans les bras d'un époux ; détacher la ceinture, *solvere zonam*, étoit consommer le mariage. Il est dit dans l'Ecriture sainte, que les prostituées se tenoient dans les carrefours, ayant leurs ceintures prêtes à être détachées. La *ceinture* des vierges romaines étoit de laine blanche, et nouée d'un nœud singulier, qu'on appeloit *nœud d'Hercule* ; c'étoit une allusion à la fidélité et à la pudeur que l'épouse doit conserver sans cesse, et à l'amour constant que l'époux doit témoigner pour elle.

Les maris jaloux ont imaginé d'autres *ceintures de virginité*, qui sont plutôt les liens d'une odieuse et flétrissante captivité. C'est une zone qui entoure les hanches et qui supporte une autre ceinture passant sur les parties naturelles de la femme, de sorte que toute union sexuelle est impossible : on laisse de petites ouvertures pour la sortie de excrétions naturelles. On voit en Italie, en Espagne, des maris offrir, le lendemain de leurs noces, cette ignominieuse *ceinture* à leurs épouses ; c'est insulter à leur vertu et à leur honneur ; c'est tyranniser et avilir son épouse, et la croire incapable de garder la fidélité. Quoique le mari garde seul la clef de cette ceinture, et qu'il soit le geolier, le cerbère vigilant de sa femme, celle-ci cherche souvent à le tromper, ce qu'elle n'eût peut-être pas fait si elle fût demeurée libre ; car la contrainte engendre le desir de l'indépendance, *nitimur in vetitum sem per ;* l'amour sait forger des clefs ou les soustraire aux Argus ; une femme dont on méprise la vertu , peut se rendre méprisable en effet par desir de vengeance. Maris imprudens , soyez plus confians en vos femmes ; tout votre art sera inutile contre celle qui voudra vous tromper ; s'il est dans votre destinée d'avoir une épouse infidèle, faites qu'elle rougisse éternellement de sa faute , en reconnoissant que vous étiez digne d'un plus fidèle amour, et qu'elle devoit plus de constance à votre tendresse et à votre estime pour elle. (V.)

CEINTURE D'ARGENT, nom d'un poisson du genre Trichiure , *Trichiurus lepturus* Linn., qui habite les mers de la Chine et du Brésil. *Voyez* au mot Trichiure. (B.)

CELA. Dans Linnæus c'est la *mésange noire* ; dans Ælien c'est le Pélican. *Voy.* ce mot ainsi que celui de Mésange.(S.)

CÉLASTRE, *Celastrus* , genre de plantes de la pentandrie monogynie, et de la famille des Rhamnoïdes , dont le caractère est d'avoir un calice très-petit, à cinq lobes; une corolle de cinq pétales onguiculés et ouverts; cinq étamines; un ovaire supérieur , ovale, conique, chargé d'un style court à stigmate obtus et trifide ; cet ovaire est à demi-enfoncé dans un disque charnu qui recouvre la base des pétales.

Le fruit est une capsule charnue , ovale, obtuse, trigone, à trois loges , qui contiennent, chacune, quelques semences munies d'une tunique propre.

Ce genre réunit trente à trente-deux espèces, qui sont des arbres ou des arbrisseaux à feuilles alternes , à fleurs disposées en bouquets axillaires, la plupart incomplètement connus, mais que l'Héritier avoit commencé de fixer dans son *Sertum Anglicum*, où plusieurs sont figurés. On les partage en quatre sections, savoir, ceux qui ont et ceux qui n'ont pas d'épines, et dans ces deux divisions, ceux qui ont ou n'ont pas les feuilles dentées. C'est le Cap de Bonne-Espérance qui en fournit le plus, et après lui, l'Amérique : aucune ne croît naturellement en Europe.

Les plus communes de ces espèces sont :

Le Célastre grimpant, vulgairement appelé le *bourreau des arbres* par les habitans du Canada, où il se trouve. C'est un arbrisseau sarmenteux , sans épines , qui s'élève considérablement par le secours des arbres voisins, autour desquels il s'entortille , et qu'il serre si fortement, qu'il les fait ordinairement mourir. Ses caractères sont d'avoir les feuilles oblongues, aiguës, dentelées, et la tige grimpante , non épineuse. On le cultive dans les jardins de quelques curieux.

Le Célastre paniculé, *Celastrus pyracanthus* Linn., dont les épines sont nues, les rameaux cylindriques et les feuilles aiguës. Il vient en Afrique, mais n'en fleurit pas moins tous les ans dans le Jardin des Plantes de Paris.

Le Célastre ondulé, dont les caractères sont d'être sans épines, et d'avoir les feuilles presque opposées, lancéolées, ondulées; la capsule bivalve et polysperme. Il croît à Madagascar et à l'île Bourbon, où on l'appelle *bois de merle.*

Le Célastre comestible, qui est sans épines, et dont les feuilles sont elliptiques, dentelées, et les bouquets de fleurs axillaires et dichotomes. Il vient naturellement dans l'Arabie Heureuse, et on en mange les fruits, au rapport de Forskal, qui l'appelle Cébathe. *Voyez* ce mot. (B.)

CÉLÉOS. Aldrovande indique, sous la dénomination de *céléos*, le Coureur. *Voyez* ce mot. (S.)

CÉLERI, ACHE, PERSIL DES MARAIS, *Apium graveolens* Linn.; *Apium dulce*, céleri *italorum* Tourn., plante bisannuelle de la famille des Ombellifères, et appartenant au genre Persil. (*Voy.* ce mot.) Dans son état sauvage, elle porte le nom d'*ache*, et croît dans les terreins humides et marécageux. Les Italiens sont les premiers qui l'ont tirée des marais pour la transformer en plante potagère. La culture lui a fait perdre sa saveur désagréable et son odeur forte (1). Cette plante a une racine pivotante et fibreuse, rousse en dehors et blanche en dedans : elle s'élève ordinairement à la hauteur de deux pieds, avec des tiges noueuses et profondément cannelées; ses feuilles inférieures sont pétiolées et opposées, les supérieures sont sessiles, en forme de coin, et placées alternativement; ses fleurs viennent aux aisselles des feuilles, et quelquefois au sommet des rameaux. On distingue quatre espèces jardinières de *céleri*, savoir;

Le *céleri long* ou *tendre*, ou *grand céleri*, dont les côtes sont charnues, creuses, cylindriques, sillonnées à l'extérieur,

---

(1) Miller prétend que l'*ache* est une espèce très-distincte du *céleri* cultivé. «Après avoir cultivé, dit-il, l'*ache* dans des jardins » pendant quarante ans, pour essayer si, au moyen de l'art, il étoit » possible de lui procurer la même saveur qu'au *céleri*, je n'ai jamais » pu le faire changer en rien; tout ce que la culture peut opérer, est » de le porter à une grosseur plus considérable, et de le blanchir en » le couvrant de terre; mais il ne croît jamais à la même hauteur, » et sa tige est moins droite que celle du céleri. Il pousse plusieurs » rejetons près de la racine; et quand il est blanchi, il conserve » son goût âcre, qu'aucune culture ne peut lui ôter : ainsi je ne puis » douter qu'il ne soit une espèce parfaitement distincte de celle du » *céleri* ». *Dictionn. des Jardiniers.*

et creusées d'un fort sillon du côté opposé. Cette espèce a produit deux variétés ; la première est panachée de rose à la partie charnue de sa racine ; la seconde est le *céleri plein*, ainsi nommé, parce que son caractère essentiel est d'avoir la côte pleine intérieurement, en quoi il diffère de toutes les espèces de céleri ; il est aussi plus tendre que les autres, et d'un goût plus délicat ; mais il est fort sujet à dégénérer.

Le *céleri court*, ou *céleri dur*, ou *petit céleri*. Ses feuilles sont plus courtes que celles des précédens, et sa racine plus dure. Il est moins agréable au goût ; mais il a l'avantage par-dessus tous les autres, d'être plus hâtif et moins sensible à la gelée.

Le *céleri branchu*, ou *fourchu*. Son nom lui vient de sa forme ; il a un pivot gros et court, duquel partent plusieurs autres pivots plus petits, qui forment chacun une plante de céleri. Son odeur est forte, et son goût doux et parfumé.

Le *céleri à grosse racine*, ou *céleri-rave*, ou *céleri-navet*. Deux caractères essentiels le distinguent des autres ; ses feuilles, au lieu d'être droites, sont couchées sur terre horizontalement et circulairement, et sa racine a la forme quelquefois d'une grosse rave, et quelquefois d'un gros navet. Il est très-délicat, très-parfumé, sur-tout après qu'il a été cuit. Il demande à être moins arrosé que les précédens, mais il exige une terre bien meuble ; c'est de ce point que dépend la grosseur de sa racine. Cette *espèce* a produit une sous-variété veinée de rouge.

On peut semer le *céleri* depuis le mois de janvier jusqu'à la fin de juin ; cela dépend du climat et des facultés du cultivateur. Les premiers semis exigent toujours plus de soins, à cause des gelées, que les derniers ; on les fait communément sous cloche et sur couche. Le *céleri* aime, dans sa croissance, une terre légère, bien engraissée, fraîche et fréquemment arrosée ; lorsqu'il est devenu un peu fort, on le transplante dans des planches bien labourées ; quand on veut le faire blanchir, on l'empaille jusqu'à l'extrémité des feuilles, ou bien on le butte avec de la terre. Sa graine mûrit en septembre, et peut se conserver pendant trois ou quatre ans ; mais la nouvelle est toujours préférable.

La racine de *céleri* est une des cinq racines apéritives majeures ; les autres sont celles de *persil*, d'*asperge*, de *fenouil* et de *petit houx* : on place sa graine parmi les quatre semences chaudes. Cette plante est plus employée dans les cuisines qu'en médecine, on la mange sur-tout en salade. On confit ses sommités fleuries, et avec ses tiges on fait une conserve très-bonne pour les maux de poitrine et les coliques venteuses.

Ses semences fournissent peu d'huile essentielle; l'esprit-de-vin en sépare un principe aromatique vif. Sa racine, dit Vitet, est un urinaire plus actif que celle du persil; elle est utile dans l'embarras des uretères par des matières pituiteuses, dans la colique néphrétique par des graviers et sans inflammation, dans l'intempérie froide du foie et de la rate, dans la jaunisse par l'obstruction des vaisseaux biliaires. On l'emploie sèche, depuis demi-once jusqu'à une once, en macération au bain-marie dans huit onces d'eau.

Il faut se défier de l'*ache*, ou du *céleri sauvage*, cueilli dans les marais; l'odeur nauséabonde de sa racine rend cette plante suspecte; plusieurs personnes en ont éprouvé de mauvais effets. Cependant les chèvres, les moutons et quelquefois les vaches le mangent; mais les chevaux n'y touchent pas.

Les anciens couronnoient d'*ache vert* ceux qui se signaloient aux jeux Néméens. (D.)

CÉLERIN. Les pêcheurs appellent ainsi un poisson du genre CLUPÉ, qui ressemble beaucoup à la *sardine*, mais qui est plus gros. Il n'est pas bien certain qu'il soit autre que la *sardine* même. *Voyez* au mot CLUPÉ.

On trouve dans les lacs des Alpes françaises des poissons qu'on nomme aussi *célerins*; et qui sans doute appartiennent au genre *cyprin*, mais on n'en connoît pas l'espèce. *Voyez* au mot CYPRIN. (B.)

CELLÉPORE, *Cellepora*, genre de polypiers dont le caractère est d'être presque membraneux, lapidescent, à expansions crustacées ou subfoliacées et très-fragiles, ayant leur surface extérieure munie de cellules urcéolées, presque turbinées, saillantes et labiées à leur ouverture.

Ce genre est fort voisin de celui des millepores et de celui des flustres, mais il est composé d'espèces qui sont moins pierreuses que les premières, et leurs cellules sont plus saillantes que dans les secondes: du reste, ce qu'on sait sur ces deux genres leur convient; ainsi on ne peut que renvoyer le lecteur aux articles qui les concernent.

On connoît sept à huit espèces de *cellépores*, qui toutes se trouvent dans les mers d'Europe, attachées aux varecs et autres objets qui gissent dans les eaux. La plus commune est la CELLÉPORE PONCE, dont le caractère est d'être dichotome, droite, un peu applatie, rude au toucher, fragile; d'avoir les cellules globuleuses avec une épine au bord de leur ouverture. Cette espèce est figurée pl. 27, fig. F et 30, fig. D de l'*Essai sur les Corallines*, par Ellis; et pl. 30, fig. 3 de la partie des *Vers* du *Buffon*, édition de Déterville. (B.)

CELLULAIRE, *Cellaria*, genre de polypiers dont le
caractère est d'avoir des tiges grêles, articulées, rameuses,
cornées, lapidescentes, et dont la superficie est garnie de cellules
sériales et polypifères.

Ce genre est intermédiaire entre les *escares* et les *sertulaires;*
il comprend une vingtaine d'espèces, dont la plupart ressemblent à des plantes. Leur base est composée de tubulures
horizontales; leurs tiges sont souvent branchues, et ont des
articulations tantôt cornées, tantôt pierreuses. Il se divise en
cellulaires à articulations couvertes de cellules dans tous les
sens, et à articulations garnies de cellules sur une seule face.
Ces cellules renferment dans leur cavité des polypes dont la
tête, qui en sort quelquefois, est garnie de bras radiés semblables à ceux des hydres, et percée, au centre, d'un trou qui
est la bouche.

Les espèces de racines qui attachent les *cellulaires* aux corps
solides, sont ordinairement grisâtres et flexibles pendant
qu'elles sont dans l'eau, et toujours remplies, dans leur intérieur, d'une humeur mucilagineuse, à qui Pallas a donné le
nom de *moelle animée.* Ces tubes sont en très-grand nombre
sur quelques espèces, et peuvent être comparés aux radiculés
du licopode ou du lierre.

La structure et l'organisation des *cellulaires* ne sont pas
uniformes dans toutes les espèces; les tiges des unes sont comprimées et composées, dans toute leur longueur, d'un double
rang de cellules alternes, qui sont posées de manière que
toutes leurs ouvertures sont tournées d'un même côté; les
tiges des autres sont articulées, et leurs articulations consistent en des cellules simples, attachées les unes aux autres
par leurs extrémités.

Les *cellulaires* sont toutes marines; on les trouve ordinairement attachées aux coquillages, aux rochers, aux
varecs, &c.

L'espèce la plus commune de la première division, est la
CELLULAIRE SALICOR, dont le caractère est d'avoir une tige
articulée, dichotome, à articulations presque cylindriques,
parsemées de cellules rhomboïdales. Elle est figurée pl. 23,
fig. A du *Traité des Corallines* d'Ellis; et pl. 28, fig. 6 de
la partie des *Vers* du *Buffon*, édition de Déterville. Elle se
trouve dans les mers d'Europe et d'Asie.

Les espèces les plus communes de la seconde division, sont
les CELLULAIRES PLUMEUSES, NÉRITINES et AVICULAIRES,
qui sont figurées dans Ellis, pl. 18, 19 et 20, fig. A 2. (B.)

CELLULE. C'est le nom qu'on donne aux loges que se
construisent les guêpes et les abeilles. Quoique l'on donne

plus particulièrement le nom *d'alvéole* aux *cellules* des abeilles, nous devons néanmoins les comprendre dans le même article, puisque la même dénomination générale leur appartient. Les *cellules* des abeilles sont, comme celles des guêpes, de figure hexagone, mais leur fond a une forme beaucoup plus recherchée; au lieu d'être plat, il est pyramidal, et composé de trois losanges égaux et semblables, dont les proportions sont telles, qu'elles réunissent ces deux conditions très-remarquables; la première, de donner à la *cellule* la plus grande capacité; la seconde, d'exiger le moins de matière pour sa construction : c'est cette figure pyramidale qui permet aux fonds des *cellules* des deux faces opposées du gâteau, de s'ajuster les uns contre les autres, de manière qu'ils ne laissent entr'eux aucun vide. Il en est de même du corps des *cellules* : la figure hexagone leur permet aussi de s'appliquer immédiatement les unes aux autres, sans qu'il reste entr'elles aucun intervalle. L'architecture des abeilles surpasse encore celle des guêpes dans l'ordonnance des gâteaux: ils n'ont, chez celles-ci, qu'un seul rang de *cellules*; chaque gâteau porte un double rang de cellules chez celles-là. Les *cellules* des abeilles à miel sont horizontales, et celles des guêpes varient dans les différentes espèces; elles sont horizontales dans le plus petit nombre, et perpendiculaires dans le plus grand nombre. La position des *cellules* des abeilles solitaires varie beaucoup, et elles ont ordinairement une forme cylindrique.

La matière qui sert à la construction des *cellules*, n'est pas la même pour toutes les abeilles et les guêpes. On connoît la cire employée par les abeilles à miel : les abeilles-bourdons se servent d'une cire très-grossière; quelques-unes emploient d'autres substances, telles que les feuilles de différentes plantes, l'argile, une terre délayée, &c. Presque toutes les guêpes construisent leurs *cellules* avec une matière semblable à celle du gros papier gris ou du carton. *Voyez* Abeille, Guêpe. (O.)

CÉLONITE, *Celonites*, genre d'insectes de l'ordre des Hyménoptères, et de ma famille des Masarides. C'est un démembrement du genre Masaris de M. Fabricius. L'espèce qu'il a nommée *apiforme* m'a servi de type; elle diffère essentiellement de sa *vespiforme* par ses antennes plus courtes que le corcelet, à articles très-courts, serrés et presque pas distincts, et terminées en massue globuleuse; sa lèvre supérieure est grande; ses mandibules sont simplement unidentées.

Le corps des *célonites* est d'ailleurs proportionnellement plus court que celui des *masares*.

On trouve la *célonite apiforme* aux environs de Montpellier ; elle se met en demi-boule, se tient accrochée aux plantes avec les ailes rejetées sur les côtés, pendantes et serrées contre le corps. Je tiens ces observations de Chabrier, naturaliste de cette ville. (L.)

CELSIE, *Celsia*, genre de plantes de la didynamie angiospermie, et de la famille des SOLANÉES, dont le caractère est d'avoir un calice divisé profondément en cinq parties ; une corolle monopétale en roue, à cinq divisions inégales ; quatre étamines inégales, à filamens inclinés et barbus ; un ovaire supérieur chargé d'un style de la longueur des étamines et dont le stigmate est obtus.

Le fruit est une capsule arrondie, applatie en dessus avec une pointe, environnée à sa base par le calice, et partagée intérieurement en deux loges, qui contiennent des semences petites et nombreuses.

Voyez pl. 532 des *Illustrations* de Lamarck, où ce genre est figuré.

Les *celsies* sont au nombre de quatre à cinq espèces, qui croissent naturellement dans la Turquie d'Asie et les contrées adjacentes. Elles ne diffèrent des MOLÈNES (*Voyez* ce mot.), que par le nombre de leurs étamines ; aussi sont-elles bisannuelles comme elles. Les plus communes dans les jardins de botanique, sont la CELSIE DU LEVANT, à feuilles bipinnées, et la CELSIE A LONGS PÉDONCULES, *Celsia arcturus* Linn., dont les feuilles radicales sont pinnées en lyre. (B.)

CEMAS. Belon prétend que *cemas*, ou plutôt *kemas*, est le nom grec du CHAMOIS. *Voyez* ce mot. (S.)

CENCHRIS, nom spécifique d'un serpent d'Amérique, du genre des BOA. *Voyez* ce mot. (B.)

CENCHRITES. *Voyez* AMMITES. (PAT.)

CENCO, nom spécifique d'une couleuvre d'Amérique. *Voy.* au mot COULEUVRE. (B.)

CENCONTLATOTLI. Fernandez fait mention du *moqueur* sous cette dénomination mexicaine. *Voy.* MOQUEUR. (S.)

CENDRÉE. Les chasseurs appellent *cendrée* un très-petit plomb, propre à tirer les petits oiseaux ; l'on s'en sert aussi pour les *bécassines*. (S.)

CENDRÉE DE TOURNAY, poussière des fours à chaux des environs de cette ville : c'est un mélange de chaux et de cendre de houille ; on l'emploie aux mêmes usages que la pouzzolane. (PAT.)

CENDRES. On a désigné assez mal-à-propos sous le nom générique de *cendres*, les substances métalliques qui, ayant perdu par l'action du feu leur cohérence, leur continuité et leur éclat, sont réduites à l'état d'oxide ; c'est ainsi que les potiers d'étain, par exemple, appellent *cendres d'étain*, *cendres de plomb*, les oxides de ces métaux ; mais ils n'ont avec les cendres, soit des végétaux, soit des animaux, soit des minéraux, d'autre ressemblance que l'état pulvérulent et la couleur grise.

Le nom de *cendres* ne convient, à proprement parler, qu'au résidu des corps organisés, après leur combustion à l'air libre. Les propriétés qui les caractérisent, sont d'être inodores dans l'état sec ; d'exhaler une odeur de lessive dans l'état humide ; d'augmenter de poids dans l'atmosphère ; d'absorber l'eau avec avidité, et de la perdre avec la même promptitude ; d'imprimer sur la langue une saveur âcre ; de répandre dans la bouche une odeur urineuse ; d'offrir, étant agitées avec quelques gouttes d'huile, une espèce d'état savonneux ; de ne contenir aucune matière charbonneuse ; enfin, de se rapprocher le plus de cette nuance, vulgairement nommée *couleur cendrée*. Tels sont les caractères les plus généraux d'après lesquels on peut reconnoître que le corps huileux et extractif a été parfaitement détruit, et que les cendres sont bien conditionnées ; mais il paroît difficile, pour ne pas dire impossible, d'amener au même degré de bonté les *cendres* de toutes les matières combustibles, d'où on les retire, et de tous les foyers où elles se préparent. C'est à la chimie spécialement qu'il appartient d'indiquer la nature des parties constituantes des *cendres*, les procédés employés en grand pour les appliquer aux arts et métiers : cette science a déjà fait connoître que la glaise, le sable, des sels neutres à différentes bases, du fer, des alcalis, et de la terre calcaire convertie en chaux, en forment les principales ; mais c'est toujours à raison de la quantité d'alcali qui s'y trouve, qu'elles ont plus ou moins de valeur.

Le sel qu'on retire de la lessive des cendres des bois, évaporée jusqu'à siccité, s'appelle *salin* ; on nomme *potasse* ce même sel, blanchi par la calcination ; et *soude*, les cendres des plantes recueillies dans le voisinage de la mer.

Tous les végétaux ne produisent pas une égale quantité de *cendres*, les plantes herbacées en fournissent le plus.

Toutes les plantes ne contiennent pas une égale quantité de *salin*, les arbustes en produisent plus que les arbres, les feuilles plus que les branches, les branches plus que le tronc.

Cendres de bois.

La plus grande quantité de potasse qu'on trouve dans le commerce, provient des *cendres de bois* qu'on brûle sur place, dans les forêts du nord de l'Europe et de l'Amérique; elles contiennent en général depuis cinq jusqu'à douze à quinze livres de *salin* par quintal; mais on a remarqué qu'un arbre qui a végété au nord et dans un terrein humecté, en fournit moins que le même individu placé dans un terrein sec et au midi. Le bois d'orme en donne plus que le chêne, et ce dernier davantage que le charme et le tremble; l'âge et l'état de l'arbre, la saison où il a été coupé, le procédé employé à sa combustion, en font souvent varier la proportion; d'où il suit que souvent deux à trois mesures de cendres n'en valent pas une, quoique provenant du même végétal, relativement à la quantité de potasse qu'on en retire, car c'est toujours de cette quantité que résulte le prix qu'on met aux *cendres*. Elles sont réputées de bonne qualité, quand elles en produisent dix livres par quintal; les cendres des bois flottés en contiennent d'autant moins, qu'ils ont séjourné plus long-temps sur l'eau. Les bois résineux sont généralement les moins riches en potasse; mais c'est une erreur de croire que les bois pourris fournissent peu de salin, l'expérience a démontré qu'ils en donnent le double, ce qui offre une ressource pour les fabriques, attendu le prix modique où se trouve ce bois généralement rebuté.

Cendres de plantes.

Ce sont celles qui abondent le plus en *potasse*, puisque vingt livres de cendres d'orme ne donnent que deux livres d'alcali; tandis que la même quantité de cendres des tiges de tournesol en produit le double; celles de blé de Turquie jusqu'à cinq livres, et les côtes ou nervures de tabac, qu'on rejette dans les fabriques, huit livres; la dépouille ou le squelette des plantes légumineuses et potagères, la fougère, la bruyère, les chardons, les branches mortes, sont également fort riches en potasse.

D'après ces exemples incontestables, il paroîtroit qu'un des meilleurs moyens de se procurer, en abondance et partout, des *cendres* bien chargées de *potasse*, ce seroit de faire sécher, avant qu'elles aient porté des graines à maturité, toutes les herbes qu'on sarcle dans les champs, dans les jardins, que les bestiaux refusent de manger, de les réduire en cendres vers la fin de l'été, comme cela se pratique dans les environs de Paris, par les blanchisseuses. Parmi ces plantes, il en existe qui se trouvent réduites à rien dès qu'elles sont pourries, tandis que d'autres ne parviennent à cet état que très-difficilement, à cause de leur texture dure et ligneuse ; en les jetant d'ailleurs sur le fumier, leurs semences, qui bravent les effets de la putréfaction, infestent les terres, en y répandant avec l'engrais le germe des mauvaises herbes.

Cendres de soude.

Elles sont le produit de la combustion à l'air libre du *cali*, et de plusieurs autres plantes maritimes qu'on brûle sur les bords de la Méditerranée, dans des fosses pratiquées exprès, et auxquelles la chaleur nécessaire, pour les réduire en cendres, a fait subir une demi-fusion, d'où résultent ces masses dures et pesantes, connues dans le commerce sous le nom de *soude ;* l'alcali qu'elles contiennent diffère de celui des bois, des plantes et des lies de vin, en ce qu'au lieu de se résoudre en eau, il s'effleurit à l'air, cristallise plus aisément et a moins de causticité. On tire parti également, sur les bords de l'Océan, et notamment sur les côtes de Normandie, de plusieurs plantes, telles que les *algues*, les *goesmons*, les *fucus*, &c., en se servant du même procédé que celui qu'on emploie pour la combustion des différens calis ; ces cendres, qui portent le nom générique de *cendres de varech*, contiennent infiniment moins d'alcali et plus de sels neutres, ce qui les rend par conséquent moins propres aux usages pour lesquels on recommande l'emploi de la soude : aussi prend-on le parti de ne leur faire subir aucune préparation pour les employer à l'engrais des terres.

Cendres de gazon.

Dans les recoins négligés des chemins et de mille places gazonnées, répandues en divers lieux, on peut encore trouver les moyens d'augmenter la source des cendres : voici le procédé dont on se sert avec succès dans les pays montagneux, comme la Savoie, &c. ; il mérite d'autant plus de confiance, qu'on le trouve décrit dans le *Théâtre d'Agriculture* d'Olivier de Serres.

Après avoir coupé et enlevé les *gazons* aussi minces qu'il est possible, avec un instrument bien tranchant, on les laisse sécher ; et pour en venir à bout plus promptement, les uns les retournent plusieurs fois dessus, dessous, au soleil ; les autres prétendent qu'en changeant seulement les gazons de place de temps à autre sans les retourner, ils sèchent plus promptement ; une fois bien séchés, on fait un petit fagot ses d'environ deux ou trois pieds de long et d'un pied de diamètre ; on le pose à terre, mais soulevé à un de ses bouts par un morceau de bois qu'on place sur des gazons mis à plat les uns sur les autres, à la hauteur d'environ un demi-pied de haut ; on entoure ce fagot de gazons posés de même à plat, puis on continue en avançant toujours les gazons sur les fagots, et on recommence jusqu'à ce qu'ils forment un tas de quatre à cinq pieds de diamètre, posant toujours les gazons sur les joints des premiers, comme si l'on craignoit que le feu ne trouvât quelqu'issue. Il en trouve effectivement autant qu'il est nécessaire ; les gazons secs joignent mal, le feu resserré se fait des routes, il s'anime en raison de la difficulté qu'il a éprouvée, il s'insinue avec d'autant plus de force qu'il devient plus violent ; les racines des gazons, en brûlant, lui laissent des routes innombrables, et il se fait une telle chaleur, que la terre rougit ordinairement.

Combien de terres n'a-t-on pas améliorées sensiblement pour avoir brûlé ainsi à leur surface des bruyères, des fougères, des genêts, des joncs, et pour avoir donné en même temps à la pierre calcaire qui se trouve dans ces fonds, une propriété analogue à celle de la chaux ? Cette pratique offre le double avantage de fertiliser puissamment le sol et de le purger des herbes parasites. On a toujours remarqué que les champs où on brûle sur pied les chaumes restés après la moisson, les anciens trèfles et les vieilles luzernes, produisent des récoltes plus nettes et plus abondantes que ceux où l'on n'avoit pas employé l'action du feu.

Cendres gravelées.

Tous les produits de la vigne depuis le sarment jusqu'à la grappe, et depuis la grappe jusqu'au marc de vendange, sont en état de fournir beaucoup de *cendres gravelées.* On donne ce nom au résultat de la combustion des lies desséchées et des menus tartres : on les prépare en grand dans les pays vignobles ; dans d'autres, au contraire, ces substances sont vendues en nature aux teinturiers et aux chapeliers. Il paroît étonnant que dans certaines brûleries on laisse perdre les extraits qui se trouvent dans les chaudières après qu'on en a retiré l'eau-de-vie, lorsqu'il seroit possible, en les calcinant dans des fosses, d'en obtenir de la *cendre gravelée,* qui peut servir à tous les usages où la potasse est employée, principalement lorsque, comme celle-ci, elle a été purifiée au même degré.

Cendres de tourbe.

Ces **cendres**, semblables à celles des végétaux dont elles sont les débris, fournissent, suivant les expériences de Ribaucourt, dix livres par quintal de *tourbe*, et au moyen de la lixiviation, deux onces de potasse : on en distingue de trois espèces.

La première, à laquelle on donne avec raison la préférence, provient de la tourbe la plus compacte et la moins terreuse ; elle est pesante, et d'un jaune foncé : on la retire des fourneaux des chapeliers, teinturiers, brasseurs, &c., qui font usage de la tourbe sous leurs chaudières. Sa couleur foncée est due au fer qu'elle contient, et au recuit qu'elle a éprouvé.

La seconde espèce est d'un jaune moins intense, plus légère et moins recuite que la précédente ; elle appartient à une tourbe moins choisie.

La troisième est encore plus légère, presque blanche ; c'est un mélange de cendres de foyers, produites par les tourbes les plus communes et de cendres de bois ; beaucoup moins recherchée que les deux autres, elle est aussi inférieure en prix.

On pourroit former une quatrième espèce de *cendre de tourbe*, en distinguant celle que font les tourbiers avec les grumeaux et poussiers ; cette dernière, faite avec soin, ne diffère en rien de la seconde. La couleur et la pesanteur, le toucher doux, une saveur légèrement saline, sont les qualités auxquelles il faut principalement s'attacher dans le choix de la cendre de tourbe. On juge aisément par l'expérience, et avec un peu d'attention, si, pour en augmenter le poids, les marchands de tourbe n'y ont pas ajouté du sable.

Les cendres de tourbe dont on a reconnu l'efficacité sur les prairies, sont, pour cette raison, un objet de commerce dans quelques cantons. On en transporte dans les environs d'Amiens à sept et huit lieues ; en Hollande, on les enlève tous les matins avec des espèces de fourgons, pour les vendre au loin, jusqu'en Flandre et en Artois, sous le nom de *cendres de mer*. Il seroit à desirer que par-tout où il existe des tourbières, on pût en profiter pour suppléer le bois dans les usines et les foyers, il en résulteroit en même temps un amendement assuré pour les prairies dont l'étendue intéresse si directement les cultivateurs.

Cendres de charbon de terre.

Leur nature est un peu différente de celles dont il a été question jusqu'à présent, puisqu'elles ne contiennent point d'alcali fixe; on remarque même que le charbon le plus bitumineux est celui qui non-seulement donne le moins de cendres, mais qu'il est encore, comme les matières animales, fort difficile à amener à cet état. Dans le voisinage des grandes villes où l'on se chauffe avec ce combustible, on en emploie cependant la cendre comme engrais; sa propriété, principalement calcaire, la rend utile dans les terres humides et glaiseuses; elle les pénètre, les ameublit, et les met en état de profiter davantage des autres engrais indispensables qu'on leur ajoute. Cette *cendre* sert peu dans les arts; elle entre seulement dans la composition des cimens, auxquels elle donne une grande solidité et la propriété en même temps d'être imperméables à l'eau.

Cendres de houille.

La *houille*, qui fournit la *cendre* dont il s'agit, n'est point celle que les maréchaux et autres ouvriers substituent au charbon de terre dans le travail de la forge, ou que l'on brûle dans les foyers de plusieurs parties de la France, mais d'une autre espèce de houille, désignée, à cause de ses effets, sous les noms de *houille d'engrais, terre-tourbe, cendres rouges*, &c. On peut la regarder comme un amas immense de tourbe pyriteuse, qui, étant amoncelée à l'air, s'y enflamme bientôt, en laissant pour résidu des cendres rouges, d'où l'on retire, au moyen de la lixiviation, des sulfates de fer et d'alumine. Ces cendres, dédaignées autrefois, sont devenues aujourd'hui l'objet d'un commerce considérable pour les cantons où il y a des houillères ouvertes. On assure qu'il s'en débite par année seulement, dans la Picardie, plus de trois cent mille septiers, qui remontent par la Seine et la Marne jusqu'à Château-Thierry. Les qualités que doivent avoir ces cendres, sont d'être fort rouges, légères, fines, et d'une saveur styptique.

Cendres considérées relativement aux arts.

Les *cendres*, dans lesquelles les différens alcalis abondent, peuvent être employées avec avantage dans le blanchissage du linge, dans les verreries, dans les savonneries, dans les teintures, en observant d'en régler toujours les proportions sur celles de potasse ou de soude qu'elles contiennent, et qui, à leur défaut, peuvent servir dans une quantité infiniment moindre; mais il convient toujours d'en rejeter les cendres des bois flottés, de tourbe, de charbon de terre et de houille, par la raison qu'elles ont peu ou point d'alcali.

La difficulté de se procurer de bonnes *cendres* à Paris, parce que la majeure partie du combustible consiste en bois flotté, a forcé les blanchisseuses de recourir à la soude pour en faire la base de leurs lessives; mais, comme cette cendre contient en même temps du fer, il arrive souvent que le linge a des taches de rouille indestructibles. Peut-être parviendroit-on à remédier à cet inconvénient, en employant le sel de soude lui-même de préférence à ces cendres. L'augmentation du prix que nécessiteroit l'extraction du sel sur les lieux, seroit compensée par la diminution des frais de transport. Plus certain alors de la quantité qu'on en employeroit, on ne courroit plus les risques de blanchir trop promptement le linge aux dépens du tissu de la toile, ou de manquer tout-à-fait la lessive, faute de n'en avoir pas mis suffisamment. Nous touchons heureusement au moment d'avoir en France du sel de soude à bon compte; on annonce que bientôt un procédé particulier le retirera en grand du sel marin, auquel il sert de base; et si nous parvenons à nous passer encore de l'étranger pour cet objet d'un usage aussi journalier, ce sera un nouveau service que la chimie aura rendu aux arts. Mais, on ne sauroit trop le répéter, rien n'est plus utile que d'avoir des règles fixes pour composer la lessive. Quand elle manque, on en accuse une multitude de causes, plus ou moins ridicules, qui n'y ont aucune part : trompé souvent par ce mot vague du sel qu'on a donné indistinctement à toutes les matières qui ont une sorte d'énergie, les ménagères croient que le sel qui agit dans les cendres qu'elles emploient est le même que celui qui sert dans la cuisine; or, pour donner plus de force à leur lessive, elles y jettent quelques poignées de sel marin, lorsque ce seroit de la potasse, des cendres gravelées ou du sel de soude qu'il faudroit employer.

Indépendamment des effets généraux qu'on reconnoît aux *cendres* abondantes en alcali, on leur a attribué des propriétés particulières. On prétend que les *cendres* de hêtre sont recherchées par les verriers, celles de chêne par les salpêtriers et les savonniers; qu'enfin les *cendres* de châtaigniers ne valent rien pour la lessive, parce qu'elles tachent le linge pour toujours. J'ignore si ces observations sont fondées sur des faits bien avérés, ou si ce ne sont que de simples assertions; mais ce qu'il y a de positif, c'est que, comme nous l'avons déjà annoncé , la méthode dont on se sert pour préparer les cendres contribue à augmenter ou à diminuer la quantité et la force de l'alcali qu'elles contiennent , et à rendre , par conséquent, ce sel plus ou moins efficace dans le blanchissage. Sans doute , si la matière combustible a brûlé dans un grand courant d'air , si la flamme a été vive et soutenue , ce sel sera moins abondant : si , au contraire , le feu a été étouffé et l'ignition sans flamme bien apparente , le produit du sel aura presque doublé.

Il existe donc des différences énormes entre la *cendre* des fourneaux des grands ateliers et celle des petits fourneaux ; entre la cendre des foyers des gens aisés qui , n'employant que de bons bois , laissent aux cendres le temps de se perfectionner , et celle des particuliers , qui , brûlant du bois de toute espèce , rendent leur cendre encore plus remplie de braise ; enfin , celle des personnes qui jettent dans la cheminée les balayures de leur maison ; aussi le prix des unes est-il bien différent de celui des autres : on paie dans les villes un boisseau de cendres du poids de vingt livres depuis 40 jusqu'à 100 sous : les proportions d'alcali qu'elles contiennent suivent également cette différence.

Cendres recuites.

Il n'y a point de ménagère un peu intelligente qui , habituée à se servir des *cendres* pour la lessive , ne connoisse les moyens d'en faire un bon choix , et de leur donner encore plus d'activité , en les laissant long-temps dans son foyer , et les mettant ensuite à l'abri de l'air extérieur. Elles savent aussi combien il est important d'en séparer exactement la braise , parce que l'alcali ayant la propriété de dissoudre le charbon , elles ont le très-grand inconvénient de communiquer de la rousseur au linge : c'est pour le prévenir qu'on leur fait subir cette opération, qu'on exprime par *cendres recuites*. Pour cet effet , on les expose sur l'aire d'un four extrêmement échauffé , afin que le charbon qu'elles contiennent encore soit tout-à-fait consommé; on les remue de temps en temps , et on diminue le feu insensiblement. Les cendres concentrées ainsi par ce procédé éprouvent un déchet de moitié ou environ ; mais elles acquièrent de la force en proportion : c'est à-peu-près comme si on avoit ajouté un peu de chaux dans la lessive pour l'animer.

Cendres lessivées ou charrées.

Quelque bien lessivées que soient les *cendres*, elles retiennent toujours une petite portion de matière saline ; et la preuve qu'on peut en donner, c'est qu'elles se vitrifient parfaitement au feu ordinaire des verreries sans aucunes additions quelconques. Si ces cendres, qui ont servi au blanchissage et à la fabrique du salin, sont exposées à l'air sous des hangards à l'abri de la pluie, elles reprennent un peu d'énergie, sur-tout si on a soin de les remuer et de les arroser de temps en temps avec de l'eau des égoûts et celle qui a servi aux lessives. Dans cet état, elles ont plus d'action.

Ce n'est pas que les *charrées*, au sortir de la lessive, ne soient portées sur les terres compactes ; mais il faut convenir qu'elles acquièrent bien plus d'aptitude à exercer la faculté d'engrais après un certain temps d'exposition à l'air, et au moyen des additions dont il s'agit ; car, épuisées comme elles le sont de potasse, on ne doit point espérer de les rendre propres à aucun autre usage, à moins qu'on ne les calcine. Il ne faut point négliger cette opération, lorsqu'elle peut se pratiquer sans beaucoup de frais, pour animer les *charrées* ; mais les cendres qui ont perdu leurs sels à la lessive, n'en reprennent point étant rebrûlées, ainsi qu'on l'a avancé sans preuve ; elles redeviennent seulement plus propres à être répandues sur les prairies.

Cendres considérées relativement à l'Agriculture.

Si toutes les *cendres* ne peuvent être indistinctement employées dans les arts, il n'y en a aucunes dont l'agriculture ne tire profit, quelle qu'en soit l'origine. L'expérience a démontré leur efficacité dans les terreins où l'argile domine ; c'est à elles qu'on doit la fertilité des campagnes situées au pied du mont Etna et du Vésuve. Il convient donc de les inscrire au rang des plus puissans engrais pour les terres fortes et humides.

Cependant, il existe plusieurs cantons en France où, malgré la facilité de se procurer des cendres, elles ne sont pas autant recherchées qu'elles mériteroient de l'être. Cette sorte d'indifférence ne pourroit-elle pas venir de l'incertitude où l'on est sur la nature du sol et des espèces de végétaux qui réclament le secours d'un pareil engrais ? Peut-être aussi aura-t-on eu l'imprudence d'en mettre trop à-la-fois, d'où l'on a conclu que non-seulement les cendres retardoient l'accroissement des végétaux, mais qu'elles l'empêchoient absolument. Peut-être encore la quantité en aura été restreinte de manière à n'obtenir que peu ou point d'effet. Mais, sans pousser plus loin l'examen des causes qui ont empêché jusqu'à présent par-tout l'adoption des cendres comme engrais des terres fortes et humides, bornons-nous à indiquer quelques règles générales, d'après lesquelles on doit se déterminer sur la proportion de cendres à employer, sur la saison où il faut les répandre, et enfin relativement à leur manière d'agir sur le sol et sur les prairies.

Quantité de cendres à répandre.

Elle est relative à la qualité des *cendres*, à celle du terrein et des productions. Il est plus prudent de la fixer par des essais dans les endroits où l'usage de cet engrais est une nouveauté. On ne peut donc établir, à cet égard, que des généralités. Ainsi, on dira : 1°. qu'il faut trois septiers environ, mesure de Paris, de cendres de tourbe pour un arpent de terre labourable ou de prairie; 2°. que la même étendue de terrein n'exige que la moitié de cendres rouges ou houille d'engrais, un tiers de celles de bois flotté, et un quart de celles de bois neuf ou de plantes.

Saison pour répandre les cendres.

La saison de répandre les *cendres* sur les terres labourables varie suivant leur nature et celle des productions qu'elles doivent rapporter. Si c'est une terre légère qui absorbe son eau, il seroit bon, 1°. d'en répandre sur le pied d'un septier par arpent au commencement de février et avant le labour ; 2°. une pareille quantité après que les grains auront été semés. Si la terre, au contraire, est compacte, et qu'elle retienne l'eau à sa surface, on pourra employer le procédé décrit, ayant seulement l'attention d'augmenter les doses suivant le besoin, et de ne faire usage des cendres que dans un état très-sec. On observera cependant, dans le premier cas, c'est-à-dire, lorsque le terrein est sec, d'attendre, pour jeter les cendres qui doivent rester à la surface du terrein, qu'il fasse un temps de brouillard, ou qui promette une pluie prochaine.

Quant à la manière de répandre les *cendres*, elle n'est pas sans inconvénient; mais le semeur s'en garantira aisément en se couvrant le visage d'une toile très-fine, et en semant contre le vent. Quelques personnes ont conseillé de semer sous le vent, c'est-à-dire, de jeter l'engrais du côté où le vent pousse;

mais l'expérience n'a pas tardé à démontrer que la première de ces pratiques est préférable.

Manière d'agir des cendres.

L'efficacité des *cendres*, appliquées ordinairement ou au sol fatigué pour le restaurer, ou aux plantes qui languissent pour les fortifier, n'est plus aujourd'hui un problême ; mais il ne paroît pas qu'on soit également d'accord sur leur véritable manière d'agir. Je desire que mes observations, à cet égard, puissent mettre sur la voie ceux qui sont occupés de l'examen des engrais ; matière d'une importance majeure, puisqu'elle est le plus puissant agent de la végétation, et la base de la fécondité de nos récoltes. En se rappelant les parties constituantes des *cendres*, il est facile d'expliquer leur manière d'agir. Elles ont, comme tout ce qui jouit de la propriété fertilisante, la faculté de soutirer de l'immense réservoir de l'atmosphère les vapeurs qui y circulent ; de les retenir ; de les conserver avec l'humidité qui résulte de la pluie, de la neige, de la rosée, du brouillard ; d'empêcher que cette humidité ne se rassemble en masse, qu'elle ne se perde, soit en s'exhalant dans le vague de l'air, ou en se filtrant à travers les couches inférieures, et laissant les racines à sec ; de la distribuer uniformément, et de la transmettre, d'une manière très-divisée, aux orifices des conduits destinés à la porter dans le tissu du végétal, pour subir ensuite les lois de l'appropriation.

Toutes les fois que les *cendres* contiennent abondamment de l'alcali fixe, il n'est pas étonnant qu'elles n'aient des propriétés analogues à la chaux, et que toutes les plantes auxquelles on les applique immédiatement, sans précaution ni mesure, ne jaunissent, ne languissent et ne meurent, comme si elles avoient été brûlées par un coup de soleil. Il est vrai que ces cendres lessivées n'ont plus la même activité, et qu'il est possible de les employer avec profusion sans courir aucun risque, et même d'y établir la végétation, lorsqu'avant d'être lessivées elles en étoient l'agent le plus destructeur. On sait que les racines bulbeuses végètent encore avec plus de succès dans les cendres lessivées que dans le sable mouillé.

Effets des cendres sur les terres.

Les engrais, pris en général, ont deux manières d'agir sur les terres. Mêlés en différentes proportions, ils leur donnent la faculté de rendre l'eau perméable, et aux racines de suivre le cours entier de leur développement, ou bien ils procurent du liant et de la soudure aux molécules terreuses trop divisées, et empêchent l'eau de se perdre dans les couches inférieures et les racines de se dessécher. Or, les *cendres*, par leur sécheresse, la ténuité de leurs parties, la propriété qu'elles ont de s'emparer de l'humidité, de la retenir d'une manière très-divisée, conviennent aux terres compactes et glaiseuses, dont elles diminuent la viscocité, en s'insinuant, dans leur texture tenace, à la manière des coins. Ainsi, cette humidité, réduite en surface, humecte toujours le pied de la plante sans jamais la noyer. Lorsque les *cendres* ont produit un effet différent, c'est qu'elles étoient trop chargées d'alcali, qu'on n'en a point borné la proportion, et que le sol sur lequel on les a répandues n'avoit point assez d'humidité pour brider leur action ; car, disséminées sur des terres froides, et enterrées par la charrue avant les semailles, elles sont, comme la chaux, d'une grande utilité. Nous observerons même qu'on pourroit les employer dans un sol léger et sablonneux ; mais ce ne seroit qu'autant qu'elles se trouveroient associées avec une certaine quantité d'argile, comme on mêle souvent la chaux avec le fumier pour augmenter l'effet de ce dernier.

Effets des cendres sur les prairies.

Les heureux effets des *cendres*, attestés par leur utilité sur les prairies, viennent à l'appui de nos observations. L'alcali et la terre calcaire qui s'y trouvent contenus, sont dans la juste proportion nécessaire pour détruire les mauvaises herbes et favoriser l'accroissement des bonnes. Mais est-ce bien à la causticité que ces deux substances acquièrent par la calcination, qu'on peut attribuer un pareil effet comme on le prétend ? C'est ce qui ne paroît pas vraisemblable. Si les *cendres* les plus riches en alcali et en terre calcaire approchant de l'état de chaux, pouvoient, dans ce cas, avoir une action corrosive, sans doute elles l'exerceroient sur toutes les plantes, et il arriveroit nécessairement que, malgré la différence de leur tissu, il n'y en auroit aucune qui ne fût plus ou moins attaquée et détruite : or, cet effet n'a point lieu.

Les *cendres* agissent d'abord mécaniquement par la ténuité de leurs parties, qui divisent les terres fortes et corrigent leur défectuosité ; ensuite, comme matière déliquescente, ayant la faculté, ainsi qu'il a été expliqué, d'attirer l'eau et l'air de l'atmosphère, de décomposer ces deux fluides, et de donner

aux résultats de leur décomposition les formes qu'ils doivent
avoir pour accomplir le vœu de la nature dans la végétation.
Voilà, du moins, ce qu'il est permis de conjecturer d'après
l'expérience, qui prouve que tous les sels qui se résolvent en
eau, toutes les terres calcaires approchant de l'état de la chaux
vive, toutes les frites, sont très-utiles comme engrais.

Ce n'est donc point par un effet corrosif que les *cendres*,
même les plus caustiques, agissent sur les prairies ; elles ne
détruisent les plantes parasites que parce qu'elles s'emparent
avidement de l'humidité qui a servi à leur développement, et
dont la surabondance est nécessaire à leur constitution physique et à l'entretien de leur existence. Ces plantes, naturellement molles, pour ainsi dire aquatiques, ayant les racines
presqu'à la surface, sont bientôt mises à sec par ce moyen,
se flétrissent, et finissent par mourir de soif : au contraire,
les plantes qui forment les prairies étant d'un tissu plus solide, fortifiées par l'âge et les rigueurs de l'hiver, ayant une
racine plus profonde, ne souffrent aucune altération ; débarrassées des mauvaises herbes qui les étouffoient et partageoient
en pure perte leur subsistance, elles reçoivent une nourriture proportionnée à leurs besoins, s'échauffent, se ra-
niment, et font la loi aux mousses, aux joncs, aux roseaux
et à toutes les plantes qui rendent les foins aigres et durs,
d'où il résulte un fourrage plus fin et de meilleure qualité.
C'est ainsi que les *cendres* paroissent agir dans toutes les
circonstances où leur usage est recommandé, soit pour les
prairies naturelles et artificielles, soit pour les pièces de grains
qui languissent au printemps, et annoncent une récolte médiocre, sur-tout dans une année froide et humide, parce
qu'alors les plantes qui les composent sont dans un état de
leucoplegmatie, c'est-à-dire, gorgées des principes qui constituent l'eau et d'eau elle-même.

Cette courte discussion sur la manière d'agir des *cendres*,
explique 1°. pourquoi elles sont d'autant plus efficaces,
qu'elles ont été conservées dans l'état sec ; 2°. pourquoi une
seule mesure, en cet état, fait plus de profit que deux de
cendres qui auroient été exposées à l'air ; 3°. enfin, pourquoi
les cendres lessivées, étant soumises de nouveau à la calcination, reprennent leur première activité, et ne contiennent
point pour cela de la potasse. Mais, sans insister davantage
sur les conjectures que je viens de hasarder relativement à
la manière d'agir des *cendres*, toujours est-il certain que
l'expérience et les observations des meilleurs cultivateurs leur
assignent le caractère d'un excellent amendement ; et que si
elles sont employées en saison et en proportion convenables,

elles fertilisent les terres froides et humides, favorisent d'une manière très-marquée la végétation languissante, détruisent, sur les prairies et sur les grains, la mousse et les autres plantes parasites qui en tapissoient la surface ; moins, il est vrai, par leur âcreté que par l'absorption brusquée et presque totale de la surabondance de l'humidité qui les a fait naître, et sert à l'entretien de leur existence.

Les *cendres* ont encore l'avantage de détruire promptement les insectes et les limaçons, qui ne se plaisent nullement sur un terrein qui en est parsemé. On connoît aussi leurs effets aux pieds des arbres malades ; et dans le jardinage, elles servent à la composition du chaulage, si efficace pour préserver le froment de la carie. (PARM.)

CENDRES BLEUES NATIVES. C'est le *bleu de montagne pulvérulent*, qui est ordinairement mêlé d'argile et de terre calcaire, qui diminuent plus ou moins l'intensité de sa couleur. Elles se trouvent dans différentes mines de cuivre, et sont plutôt recueillies pour être employées en peinture que pour être traitées dans les fonderies comme mines de cuivre. Mais, en général, les *cendres bleues* du commerce sont un produit de l'art. Le célèbre chimiste Pelletier avoit reconnu que les cendres bleues que nous tirions d'Angleterre, ne sont autre chose qu'un nitrate de cuivre précipité par la chaux, qu'on fait sécher, et auquel on ajoute ensuite un dixième environ de chaux vive en poudre ; et par l'effet de la trituration, ce mélange, qui d'abord étoit verdâtre, devient d'un beau bleu. (PAT.)

CENDRES DU LEVANT. C'est une soude qu'on retire par la combustion de la *roquette de mer* et autres plantes marines, et qu'on nous apporte de Syrie par la voie du commerce. (PAT.)

CENDRES ou CHAUX DES MÉTAUX. On donnoit autrefois ce nom aux oxides métalliques. (PAT.)

CENDRES DES VÉGÉTAUX. Ce sont les parties terreuses et salines qui restent après la combustion des corps organisés. Elles contiennent toujours des molécules de fer, de manganèse, et quelquefois des parcelles d'or. (PAT.)

CENDRES et SABLES VOLCANIQUES. Ce sont des matières pulvérulentes qui s'élèvent des cratères des volcans avec des torrens de fumée, soit avant l'éruption de la lave, soit après que cette éruption est finie.

Elles forment une pluie tellement abondante, tellement épaisse, qu'elle dérobe la clarté du jour quelquefois pendant des semaines entières.

Cette poussière volcanique est d'abord d'une couleur grise

obscure, tirant sur le noir, qui s'éclaircit insensiblement ; et quand, enfin, elle paroît sous une couleur blanchâtre, on peut juger que le paroxysme du volcan tire à sa fin.

L'abondance des cendres est quelquefois prodigieuse : dans l'éruption du Vésuve au mois de juin 1794, la terre en fut couverte, dit-on, de quatorze pouces dans un espace de six lieues de circonférence.

Les éruptions de l'Etna présentent le même phénomène : celle du mois de juillet 1787 fournit une telle quantité de cendres et de sables, qu'à la distance de quatre lieues, il y en avoit une couche de trois pouces d'épaisseur.

Quelques naturalistes ont prétendu que ces matières pulvérulentes provenoient des débris des anciens cônes qui se précipitoient dans le sein du volcan, d'où ils étoient rejetés par des courans de fluides élastiques; mais, comme le même phénomène a lieu lors même que le cratère n'a pas éprouvé d'éboulement, il faut nécessairement y chercher une autre cause.

Comme il arrive fréquemment que pendant l'éruption de ces matières pulvérulentes il tombe en même temps d'épouvantables torrens de pluie (qui ont, à ce que je crois, les uns et les autres la même origine, et qui ne sont que le résultat de diverses combinaisons des fluides volcaniques), cette eau forme avec la cendre une espèce de mortier qui prend une consistance très-solide, et qui est connu sous le nom de *tuf volcanique*. Quand ce mélange sort tout formé du cratère, on lui donne le nom d'*éruption boueuse*, qui devient également un tuf, mais moins solide que le premier.

Il se forme quelquefois dans l'atmosphère des combinaisons d'où résulte en même temps la formation de l'eau et d'une matière argileuse, et la pluie qui en provient est appelée *pluie terreuse*. Celle qu'on vit en Sicile le 24 avril 1781, enduisit d'une couche d'argile de deux ou trois lignes d'épaisseur tous les corps qui s'y trouvèrent exposés.

Il n'est pas surprenant qu'un tel phénomène ait lieu dans le voisinage des volcans, puisque, même dans des contrées où il n'en existe pas, le célèbre observateur Humboldt a reconnu que souvent les gouttes d'une pluie d'orage contenoient de la terre calcaire; et tout concourt à prouver que les matières terreuses des éruptions volcaniques, sous quelque forme qu'elles se présentent, n'étoient nullement préexistantes, et qu'elles sont le produit instantané d'une véritable opération chimique.

Quand ces matières pulvérulentes sont composées de rudimens de cristaux mêlés de molécules ferrugineuses, comme celles qui couvrent les champs des environs du *Monterosso*, au pied de l'Etna, et toute l'île de Stromboli, elles rendent la terre stérile pendant un certain nombre d'années, jusqu'à ce que ces molécules cristallines tombent enfin en décomposition : celles, au contraire, qui sont sous la forme d'une poussière argileuse, procurent sur-le-champ la plus grande fécondité aux campagnes qu'elles ont couvertes.

Les *cendres* et les *sables* ne diffèrent point essentiellement des matières volcaniques d'un volume plus considérable, que Dolomieu désigne sous le nom de *scories des cratères*, qui ont graduellement jusqu'à la grosseur d'une aveline ou même d'une noix. Ce sont ces petites masses de scories, tantôt *blanches* et tantôt *noires* (suivant l'époque de leur formation), qu'on nomme à Naples *rapillo bianco e rapillo nero*. *Voyez* Augite, Lave, Tuf et Volcan. (Pat.)

CENDRIÈRE, nom qu'on donne à la tourbe dans quelques-uns de nos départemens. (Pat.)

CENDRIETTE. *Voyez* Cinéraire. (S.)

CENDRILLARD (*Cuculus dominicus* Lath. , pl. imprimées en couleur de mon *Hist. des oiseaux de l'Amériq. septent.* ordre, Pies ; genre, Coucou. *Voy.* ces deux mots.). L'on trouve ce *coucou* à Saint-Domingue, à la Louisiane et à Cayenne. Il a dix à onze pouces de long ; les deux mandibules du bec recourbées en bas, et d'un gris brun ; la grosseur du mauvis ; le dessus du corps, les couvertures supérieures des ailes et de la queue du même gris ; le dessus de la tête gris cendré ; les pennes des ailes rousses ; les quatre pennes intermédiaires de la queue pareilles au dos ; les autres noirâtres, et terminées de blanc ; toutes sont étagées ; le dessous du corps est d'un gris roux, et les pieds de même couleur. que le bec. (Vieill.)

CENDRILLE, nom vulgaire donné à la *mésange bleue*, à la *charbonnière* et à la *sittelle*. Voyez ces mots. (Vieill.)

CÉNIE, *Cenia*, genre de plantes à fleurs composées, de la syngénésie polygamie superflue et de la famille des Corymbifères, établi par Jussieu, à l'imitation d'Adanson, pour placer le *cotula turbinata* de Linn., qui n'a pas les caractères des Cotules. *Voyez* ce mot.

La *cénie* a un calice turbiné, creux sous le réceptacle, octofide à son limbe ; des fleurons quadrifides, tétrandres, hermaphrodites, et des demi-fleurons très-courts, femelles fertiles. Son réceptacle est convexe et nu ; ses semences sont comprimées ; ses feuilles pinnatifides, et ses pédoncules terminaux uniflores. Elle est annuelle, et croît naturellement en Afrique. (B.)

CENTAURÉE, *Centaurea* Linn. (*Syngénésie polygamie frustranée*), genre de plantes de la famille des CINAROCÉPHALES, qui a beaucoup de rapports avec les *jacées* et les *bluets*, et qui comprend des herbes vivaces ou annuelles, à feuilles, tantôt simples, tantôt ailées, et à fleurs composées et flosculeuses. Chaque fleur a des fleurons hermaphrodites au centre, et des fleurons femelles et stériles à la circonférence. Les uns et les autres sont portés par un réceptacle garni de soies roides ; et le calice qui les entoure est formé d'écailles simples et entières, qui n'ont ni cils ni piquans, et qui se recouvrent les unes les autres. Ses semences sont surmontées d'aigrettes ordinairement courtes, dentées ou ciliées. *Voyez* pl. 703 des *Illustrations* de Lamarck, où ces caractères sont figurés.

Nous avons cru devoir rétablir, à l'exemple de Jussieu, les anciens genres de Vaillant et de Tournefort, que Linnæus avoit réunis au genre CENTAURÉE, beaucoup trop confus et nombreux. Nous traitons, à leur lettre, chacun de ces genres avec les espèces utiles qu'ils renferment. (*Voy.* en conséquence les mots CHAUSSETRAPE, CROCODILION, SERIDIE, BLUET, JACÉE et RAPONTIQUE. Les véritables *centaurées* se trouvent ainsi réduites à un petit nombre d'espèces ; les plus intéressantes sont :

La CENTAURÉE COMMUNE OU GRANDE CENTAURÉE, *Centaurea centaurium* Linn. C'est une plante d'un beau port, qui croît sur les montagnes élevées de l'Espagne et de l'Italie. Sa racine est vivace, grosse, noirâtre en dehors, rougeâtre en dedans, et remplie de suc. Elle pousse des tiges de quatre à cinq pieds, cylindriques, branchues et garnies à leurs nœuds de grandes feuilles ailées et à folioles oblongues et dentées. L'extrémité de chaque rameau porte une tête ou une fleur composée de plusieurs fleurons d'un pourpre brun, évasés et découpés en lanières. Le calice qui les enveloppe est formé d'écailles ovales et convexes.

La racine de cette plante est stomachique, vulnéraire, apéritive et un peu astringente. On la prescrit à la dose d'un gros dans les décoctions et les infusions vulnéraires, ou réduite en poudre, également à la même dose, infusée dans du vin ou dans quelqu'autre liqueur convenable. On l'ordonne dans les obstructions des viscères, dans le crachement de sang, dans les hémorragies, les diarrhées séreuses, les dyssenteries, lorsqu'il n'y a plus d'irritation ou d'inflammation.

La CENTAURÉE MUSQUÉE, L'AMBRETTE, la FLEUR DU

GRAND-SEIGNEUR , *Centaurea moschata* Linn. Cette plante est annuelle et originaire de la Turquie, où elle vient spontanément dans les terres semées en blé. Elle mérite les noms qu'elle porte. Sa fleur a en effet une odeur douce de musc, qui flatte agréablement l'odorat, sans porter à la tête : quelques personnes trouvent que cette odeur approche dé celle de certaines fourmis écrasées. On cultive l'*ambrette* dans les jardins, non-seulement à cause de son parfum, mais pour sa beauté. Son port, quoique simple, est élégant. Ses feuilles, lisses, sessiles, et d'un vert pâle, ont à-peu-près la forme d'une lyre. Les fleurs, tantôt blanches, tantôt d'un pourpre plus ou moins clair, sont grandes et agréables à voir ; elles brillent au sommet de plusieurs pédoncules ou rameaux de toute grandeur, que soutient une tige de deux pieds, ronde et cannelée. Cette espèce offre des variétés à fleurs de couleur de chair, à fleurs frangées, &c. On la multiplie en semant sa graine en automne ou au printemps, selon le climat. Dans les pays tempérés et dans une bonne exposition, le semis fait en automne est préférable. L'*ambrette* souffre la transplantation, et fleurit depuis le milieu de l'été jusqu'aux premiers froids.

La CENTAURÉE ODORANTE, le BARBEAU JAUNE, *Centaurea amberboi* Lam. Elle a plus d'éclat que la précédente, mais elle est plus délicate. Elle n'en est point une variété, comme le pensent quelques auteurs ; c'est une espèce très-distincte ; Miller l'a cultivée pendant quarante ans, sans qu'elle ait jamais souffert la moindre altération. Elle est annuelle. Sa tige est haute d'environ deux pieds. Ses feuilles inférieures sont larges, pétiolées, dentées et presqu'en spatule ; les supérieures sont plus petites et un peu en lyre à leur base. Les fleurs couronnent les rameaux ; elles sont grosses, d'un jaune éclatant, d'une odeur très-agréable, à fleurons stériles plus grands que les autres, et à écailles calicinales fort lisses. Cette plante est originaire du Levant. On la cultive dans les jardins, qu'elle orne et parfume. Il faut la semer sur une couche chaude au printemps, la transplanter bientôt après sur une nouvelle couche de la même nature, si on veut hâter sa croissance, lui donner de l'air chaque jour, et l'arroser peu, car trop d'humidité la fait pourrir. Quand les jeunes pieds sont assez forts, on les enlève et on les place séparément dans des pots remplis de terre légère et tenus à l'ombre les premiers jours. On conçoit que ces soins sont inutiles dans les pays chauds, où, pour multiplier cette plante, il suffit d'en semer la graine en pleine et bonne terre, et à une exposition convenable. (D.)

CENTAURÉE BLEUE. C'est la Toque galériculée. *Voyez* ce mot. (B.)

CENTAURÉE JAUNE. C'est la Chlore. *Voyez* ce mot. (B.)

CENTAURÉE (PETITE). C'est la Gentiane centaurée de Linnæus, qu'on a depuis placée dans le genre des Chirones. *Voyez* au mot Chirone. (B.)

CENTENILLE, *Centunculus*. C'est une petite plante de la tétrandrie monogynie et de la famille des Primulacées, dont le caractère est d'avoir une tige rameuse, glabre et feuillée ; des feuilles alternes, ovales, pointues ; des fleurs axillaires, solitaires, sessiles, très-petites et blanchâtres.

Chacune de ces fleurs consiste en un calice persistant, ouvert, et à quatre divisions pointues ; en une corolle monopétale en roue ; à tube court ; à limbe ouvert et quadrifide ; en quatre étamines ; en un ovaire supérieur chargé d'un style à stigmate simple.

Le fruit est une capsule globuleuse, uniloculaire, s'ouvrant en travers, et contenant sept ou huit semences fort petites.

La *centenille* se trouve dans les lieux humides et ombragés des bois, sur le bord des mares, dans le nord de l'Europe. Elle s'élève au plus à la hauteur de deux à trois pouces, et quelquefois elle atteint à peine trois à quatre lignes. *Voyez* pl. 83 des *Illustrations* de Lamarck. (B.)

CENTINODE. C'est une plante du genre Renouée, *Polygonum aviculare* Linn. *Voyez* au mot Renouée. (B.)

CENTIPÈDE, *Centipeda*, nom donné par Loureiro au genre appelé Grangelle par les autres botanistes. (*Voyez* ce mot.) Il est établi sur l'*artemisia minima* de Linnæus. *Voyez* au mot Armoise. (B.)

CENTRINE, nom spécifique d'un poisson du genre Squale. *Voyez* ce mot. (B.)

CENTRISQUE, *Centriscus*, genre de poissons de la division des Branchiostèges, dont le caractère est d'avoir le museau très-alongé ; les mâchoires sans dents ; le corps très-comprimé ; les nageoires ventrales réunies.

On compte trois espèces de centrisques ; savoir : le Centrisque becasse, *Centriscus scolopax*, dont le dos est garni de petites écailles. Il habite la Méditerranée, et atteint rarement un demi-pied de long. On voit sa figure dans Bloch, pl. 123, et dans l'*Hist. natur. des Poissons*, faisant suite au *Buffon*, édition de Déterville, vol. 7, page 260. On l'appelle la *bécasse* ou le *soufflet*, à raison de sa forme. Son corps est court et large, comprimé des deux côtés, d'un rouge tendre. La tête, un peu plus large par en haut, se termine en un cylindre courbé par en bas, à l'extrémité duquel est la bouche, dont l'ouverture est fermée par la mâchoire inférieure comme par un opercule. L'ouverture des ouïes est large, et son opercule est d'une seule pièce. Les nageoires ventrales se cachent dans une fente osseuse, et sa première dorsale est composée de quatre rayons aiguillonnés, dont le premier est plus long et dentelé des deux côtés. La chair du *centrisque bécasse* est tendre, de bon goût et aisée à digérer; mais cependant on en fait peu de cas à raison de la petitesse de l'animal.

Le CENTRISQUE CUIRASSÉ, *Centriscus scutatus* Linn. a une cuirasse placée sur le dos, et aussi longue que le corps et la queue réunis. Il habite dans la mer des Indes, et est figuré pl. 123, n° 1 de l'ouvrage de Bloch; son museau est très-alongé; son corps est applati par les côtés; sa cuirasse est demi-transparente et composée de pièces écailleuses très-lisses et à peine distinguables; le dos est brun doré; ses côtés jaunes et blancs, et son ventre blanc, avec des bandes rouges; ses nageoires sont jaunes. Il atteint à peine sept à huit pouces de longueur.

Le CENTRISQUE SUMPIT, *Centriscus velitaris* Linn., a une cuirasse placée sur le dos, plus courte que le corps et la queue réunis. Il habite la mer des Indes, et a été figuré par Pallas dans ses *Spicilegia Zoologica*, tab. 4. n° 8. Il se rapproche du précédent. (B.)

CENTROGASTÈRE, *Centrogaster*, genre de poissons de la division des THORACHIQUES, établi par Houttuyn dans les *Mémoires de la Société d'Harlem*, auquel Gmelin avoit réuni deux espèces rangées parmi les SCOMBRES par Forskal, et dont Lacépède a fait deux genres nouveaux sous les noms de CÆSIO et de CENTROPODE. *Voyez* ces deux mots, ainsi que le mot SCOMBRE.

Le caractère des *centrogastères* repose sur quatre aiguillons et six rayons articulés à chaque nageoire thoracine. On en compte deux espèces; savoir :

Le CENTROGASTÈRE BRUNATRE, qui a la nageoire dorsale très-longue; celle de la queue très-peu fourchue; la couleur du dessous du corps brune.

Le CENTROGASTÈRE ARGENTÉ, dont la nageoire de la queue est fourchue et la couleur argentée.

Tous deux se trouvent dans les mers du Japon, et ne parviennent pas à plus d'un pied de longueur. (B.)

CENTROLOPHE, *Centrolophus*, genre de poissons de la division des THORACHIQUES, établi par Lacépède. Il offre

pour caractère une crête longitudinale et un rang longitudinal de piquans très-séparés les uns des autres, et cachés en
partie sous la peau ; une seule nageoire dorsale ; des mâchoires garnies de dents très-petites, très-fines, égales, et un
peu écartées les unes des autres ; moins de cinq rayons à la
membrane branchiale.

Ce nouveau genre ne contient qu'une espece appelée Centrolophe nègre, à raison de sa couleur. Il est figuré dans
l'ouvrage de Lacépède, vol. 4, pl. 10.

Ce poisson a été pêché sur les côtes de France, et paroît
fort rare. Il atteint plus d'un pied de longueur. Son museau
est arrondi ; sa mâchoire inférieure plus avancée que la supérieure ; ses écailles sont rhomboïdales, très-petites et très-
fines. Sa queue est fourchue. (B.)

CENTRONOTE, *Centronotus*. Lacépède a établi ce genre
dans la division des poissons thorachiques pour placer quelques espèces du genre *gastérostée* qui s'écartent un peu des
autres. *Voyez* au mot Gastérostée.

Les *centronotes* offrent pour caractère une seule nageoire
dorsale ; quatre rayons au moins à chaque thoracine ; des piquans isolés au-devant de la nageoire du dos ; une saillie
longitudinale sur chaque côté de la queue ; un ou deux aiguillons au-devant de la nageoire de l'anus.

Onze espèces sont réunies sous ce nouveau genre par Lacépède, savoir :

Le Centronote pilote, *Gasterosteus ductor* Linn., qui
a quatre aiguillons au-devant de la nageoire du dos ; sept
rayons à la membrane des branchies ; vingt-sept rayons au
moins à la nageoire dorsale. Il est figuré dans le *Traité des
Pêches* de Duhamel, partie seconde, pl. 4, n° 4, et pl. 9, n° 3,
et dans Bloch, tab. 538. Il se trouve dans toutes les mers, et
parvient rarement à un demi-pied. Il suit les vaisseaux et les
requins, dans l'intention de profiter des matières corrompues qu'on jette des premiers, et du reste des victimes immo-
lées par les seconds ; de-là les noms de *poisson d'ordures*,
de *pilote* et de *conducteur* qu'il porte par-tout.

Les matelots, plus que beaucoup d'autres hommes, aiment
le merveilleux, et ils ont dit et cru que ce poisson accompa-
gnoit le requin dans des intentions amicales ou intéressées ;
qu'il alloit à la découverte des animaux dont il fait sa proie, et
qu'en reconnoissance le requin lui accordoit protection et
nourriture. Lacépède est peut-être le premier qui ait ap-
précié ce conte à sa valeur réelle. J'ai été à portée d'observer des milliers de *centronotes pilotes*, et j'étois toujours
certain d'enlever aux requins qui approchoient du vaisseau

que je montois, la totalité de leurs conducteurs, en jetant dans la mer de la purée de pois ou d'haricots, et par-là de mettre ces pauvres requins dans la position de mourir de faim. Le fait qui devroit paroître le plus difficile à expliquer, c'est pourquoi les requins ne mangent pas les *centronotes*; mais lorsqu'on a vu les allures des uns et des autres, on est bientôt convaincu que ces derniers ne se tiennent jamais qu'à une distance raisonnable des premiers, sur-tout lorsqu'ils sont en avant, et que la vivacité de leurs mouvemens, la rapidité de leur natation, sont trop supérieures, pour qu'ils aient quelque chose à en craindre.

Quoi qu'il en soit, la présence du *centronote pilote* autour des vaisseaux et des requins, amuse, au milieu de la mer, l'oisiveté des passagers, et on aime à les contempler et à les prendre à la ligne lorsqu'on le peut. On dit lorsqu'on le peut, parce qu'il a la bouche si étroite et si alongée, qu'il enlève très-souvent l'appât de l'hameçon sans être arrêté par lui. Sa chair est très-bonne.

Le corps du *centronote pilote* est applati. Son dos est brun, avec des bandes plus foncées. Son ventre est doré. Tout l'intérieur de sa bouche est garni de très-petites dents.

Je soupçonne que plusieurs espèces sont confondues dans les auteurs sous ce nom. Celui que je mentionne a été pris, décrit et dessiné par moi, sur le vivant.

Le CENTRONOTE ACANTHIAS, *Gasterosteus acanthias*, a quatre aiguillons au-devant de la première nageoire dorsale, et trois rayons à la membrane des branchies. Il habite les mers du Nord.

Le CENTRONOTE ÉPERON, *Scomber calcar* Bloch, pl. 336, n° 2, a quatre aiguillons au-devant de la nageoire dorsale; vingt-un rayons à cette nageoire; six rayons à la membrane des branchies. On le trouve sur la côte de Guinée.

Le CENTRONOTE GLAYCOS a cinq aiguillons au-devant de la nageoire du dos, dont le premier est tourné vers le museau. Il se trouve dans la Méditerranée, et est figuré dans Rondelet. Son dos est d'un brun obscur. Sa chair est grasse, ferme et de bon goût.

Le CENTRONOTE ARGENTÉ, *Gasterosteus occidentalis*, a sept aiguillons au-devant de la nageoire du dos, et onze rayons à cette nageoire. Il vit dans les mers de l'Amérique, et est figuré dans Brown, tab. 46, n° 2.

Le CENTRONOTE OVALE, *Gasterosteus ovatus* Linn., qui a sept aiguillons au-devant de la nageoire du dos; vingt rayons à cette nageoire ; six rayons à la membrane des branchies. On le pêche dans les mers d'Asie.

Le Centronote lyzan, *Gasterosteus lyzan* Linn., a sept aiguillons au-devant de la nageoire du dos ; vingt-un rayons à cette nageoire ; huit rayons à la membrane des branchies. Il vit dans les mers d'Arabie.

Le Centronote carolinin, *Gasterosteus carolinus* Linn., qui a huit aiguillons au-devant de la nageoire du dos ; vingt-six rayons à cette nageoire, et dont la ligne latérale est droite. C'est dans les mers de l'Amérique septentrionale qu'on le trouve.

Le Centronote gardenien, *Gasterosteus canadus* Linn., a huit aiguillons au-devant de la nageoire du dos ; trente-trois rayons à cette nageoire ; point d'aiguillons au-devant de celle de l'anus ; deux rayons seulement à chacune des pectorales. On le trouve dans les mers de l'Amérique septentrionale.

Le Centronote vadigo, *Scomber aculeatus* Linn., a huit aiguillons au-devant de la nageoire du dos ; plus de deux rayons à chacune des pectorales, et la ligne latérale tortueuse. On le trouve dans la Méditerranée, sur le bord de laquelle il est appelé *liche* et *pelamide*. On le mange.

Le Centronote nègre, *Scomber niger* Bloch, tab. 337, a huit aiguillons au-devant de la nageoire du dos ; trente-trois rayons à cette nageoire ; douze rayons à chaque pectorale, et la couleur générale noire. On le pêche entre l'Afrique et l'Amérique. (B.)

CENTROPODE, *Centropodus*. Lacépède a donné ce nom à un poisson que Forskal avoit réuni aux Centrogastères de Linnæus, mais que le naturaliste français a reconnu devoir former un genre particulier.

Ce nouveau genre a pour caractère deux nageoires dorsales ; un aiguillon et cinq ou six rayons articulés, très-petits, à chaque nageoire thorachique ; point de piquans isolés au-devant des nageoires du dos, mais les rayons de la première dorsale à peine réunis par une membrane ; point de carène latérale à la queue.

Le Centropode rhomboïdal est appelé *tabaé* sur les bords de la mer Rouge, mer qu'il habite, et où il a été observé par Forskal. Les petites écailles dont il est revêtu, brillent comme des lames d'argent. (B.)

CENTROPOME, *Centropomus*. Le genre appelé *perche*, d'après le poisson de nos rivières qui porte ce nom, a, dans les ouvrages de Linnæus, une extension beaucoup trop considérable. Ses caractères sont vagues, et ses espèces fort dissemblables dans leurs formes et dans leurs mœurs. Il n'est point d'ichthyologiste qui n'ait senti les inconvéniens qui sont la suite de son organisation vicieuse, et qui n'ait desiré que les soixante espèces, qu'il contient, fussent rangées sous de nouveaux noms génériques. *Voyez* au mot PERCHE.

Il étoit réservé à Lacépède d'opérer cette amélioration dans la division des poissons thorachiques, et il l'a fait avec la supériorité de talent qu'on lui connoît. Dans l'important ouvrage qu'il vient de publier, on trouve les *perches* de Linnæus placées sous six genres, dont celui appelé *centropome* fait partie, et est un des plus nombreux en espèces, puisqu'il en contient vingt, dont quelques-unes, il est vrai, avoient été réunies aux SCIÈNES par Forskal et autres naturalistes. *Voyez* au mot SCIÈNE.

Les caractères de ce nouveau genre sont une dentelure à une ou à plusieurs pièces de chaque opercule; point d'aiguillon à ces pièces; un seul barbillon ou point de barbillon aux mâchoires; deux nageoires dorsales.

Lacépède a subdivisé les *centropomes* en deux sections, dont la première comprend les espèces dont la nageoire de la queue est fourchue ou en croissant, tels que :

Le CENTROPOME SANDAT, *Perca lucio perca* Linn., qui a quatorze rayons aiguillonnés à la première nageoire dorsale; vingt-trois articulés à la seconde; quatorze rayons à la nageoire de l'anus; la caudale en croissant; la tête alongée et dénuée de petites écailles, ainsi que les opercules; le corps et la queue alongés; deux orifices à chaque narine; le dos varié par des taches ou bandes courtes, irrégulières et transversales, d'un noir mêlé de bleu et de rougeâtre. Il se trouve dans les eaux douces du nord de l'Europe. J'en possède un individu pris dans la Seine. On le connoît en France sous le nom de *sandre* ou *sandat*. Il est figuré dans Bloch, pl. 51, dans l'*Histoire naturelle des poissons*, faisant suite au *Buffon*, édition de Déterville, vol. 4, page 68, et dans plusieurs autres ouvrages.

Ce poisson ressemble au *brochet* par son corps alongé, ses dents redoutables et à la *perche*, par ses écailles dures et ses raies noirâtres. C'est de-là que lui vient son nom latin de *brochet-perche*. L'ouverture de sa bouche est grande; sa mâchoire supérieure avance un peu; ses dents sont inégales et au nombre d'environ quarante; ses yeux sont obscurs. Il parvient à une grosseur considérable dans les lacs et les grandes rivières dont les eaux sont vives. On en pêche en Allemagne qui ont trois à quatre pieds de long, et vingt à trente livres de poids. Il croît fort vîte, et meurt presqu'aussi-tôt qu'il est tiré hors de l'eau , sur-tout lorsqu'il fait chaud. C'est au milieu du printemps qu'il dépose son frai sur les plantes riveraines. On a trouvé trois cent cinquante mille œufs dans une femelle de trois livres. Cependant il n'est pas très-commun , parce que les gros mangent les petits , et que ces derniers sont encore mangés par les *brochets* , les *silures* et les oiseaux aquatiques. Il vit de petits poissons, et principalement d'éperlans , qui , comme lui , aiment à se tenir au fond de l'eau. Sa chair est blanche , agréable au goût , tendre et de facile digestion ; aussi est-elle recherchée sur toutes les tables délicates. On la sale , la sèche ou la fume dans plusieurs parties de l'Allemagne , pour l'envoyer au loin.

Ce poisson se prend au filet et à la ligne , soit volante , soit de fond , qu'on amorce avec des petits poissons. On le prend aussi à la fouène , sur-tout dans le temps du frai , époque où il est peu craintif , se laisse approcher d'aussi près qu'on le veut , et n'a souvent que quelques pouces d'eau au-dessus de lui.

Lacépède rapporte à cette espèce , comme variété , la *perche du Volga* , décrite par Pallas dans le premier volume de son *Voyage*.

Le Centropome hober , *Sciæna fulvi flamma* Forskal , a huit rayons aiguillonnés à la première nageoire du dos ; un rayon aiguillonné et quatorze rayons articulés à la seconde ; trois rayons aiguillonnés et neuf articulés à l'anale ; l'opercule un peu échancré par-derrière ; les dents fortes et un peu éloignées l'une de l'autre ; la couleur générale jaunâtre ; des raies longitudinales dorées ; une tache noire sur chaque côté. Il se trouve dans la mer Rouge.

Le Centropome safga , *Sciæna safga* Forskal , a huit rayons aiguillonnés à la première nageoire du dos ; la mâchoire inférieure plus avancée que la supérieure ; le corps et la queue alongés ; la couleur argentée et sans taches. Il se pêche avec le précédent.

Le Centropome alburne , *Perca alburnus* Linn. , a un rayon aiguillonné et neuf rayons articulés à la première dorsale ; un rayon aiguillonné et vingt-trois articulés à la seconde ; un rayon aiguillonné et sept articulés à l'anale ; trois rayons à la membrane des branchies ; plusieurs bandes obliques et brunes. Il est figuré dans Catesby , vol. 2 , pl. 12 , n° 2 , et se pêche sur les côtes de la Caroline. On l'a appelé *ablette de mer* en français.

Le Centropome lophar , *Perca lophar* Forskal , a sept rayons aiguillonnés à la première nageoire du dos ; vingt-sept à la seconde; vingt-six à la nageoire de l'anus; les thorachiques réunies par une membrane; la couleur générale argentée. Forskal l'a observé dans la mer Rouge.

Le CENTROPOME ARABIQUE, *Perca arabica* Forskal, a six rayons aiguillonnés à la première dorsale, un rayon aiguillonné et dix rayons articulés à la seconde; deux rayons aiguillonnés, et neuf rayons articulés à la nageoire de l'anus; les écailles larges, dentelées et peu attachées à la peau; l'entre-deux des yeux creusé par un sillon qui se divise en deux à chacune de ses extremités; la couleur générale argentée; seize ou dix-sept raies longitudinales et noires de chaque côté du corps, et une tache noire bordée d'or au milieu de la queue: c'est encore dans la mer Rouge qu'on trouve ce poisson.

Le CENTROPOME RAYÉ, *Sciæna lineata* Bloch, tab. 3o4, et *Histoire naturelle des Poissons*, faisant suite au *Buffon*, édit. de Déterville, vol. 4, p. 55, se trouve dans la Méditerranée. Il a huit rayons aiguillonnés à la première nageoire du dos; un rayon aiguillonné et douze rayons articulés à la seconde; trois rayons aiguillonnés et dix rayons articulés à l'anale; la mâchoire inférieure plus avancée que la supérieure; un seul orifice à chaque narine; le bord postérieur de l'opercule échancré; la couleur générale argentée; le dos violet; des raies longitudinales jaunes.

Le CENTROPOME LOUP, *Perca punctata* Linn., a neuf rayons aiguillonnés à la première nageoire du dos; quatorze rayons à la seconde; trois rayons aiguillonnés et onze rayons articulés à la nageoire de l'anus; la caudale en croissant; les deux mâchoires également avancées; les dents des mâchoires courtes et pointues; le palais et les environs du gosier hérissés de petites dents; deux orifices à chaque narine; les yeux très-rapprochés; plusieurs pores muqueux à la mâchoire inférieure; les écailles petites; la couleur générale blanche; le dos brunâtre; les dorsales et l'anale rougeâtres; les pectorales et les thoracines jaunes; la caudale noirâtre. Il est figuré dans Bloch, pl. 3o1, et dans le *Buffon* de Déterville, vol. 4., pag. 3y, sous le nom de *sciène*. Il se trouve dans l'Océan et la Méditerranée, et est connu sur nos côtes sous les noms de *bar*, *loubine*, *brigne*, *loup*, *dreligny*, *loupasson*, et *lubin :* c'est le *basse* des Anglais.

Ce poisson a été connu des Grecs et des Romains, qui l'estimoient un des meilleurs, et qui le payoient souvent fort cher. Il acquiert quelquefois huit à dix pieds de long et trente livres de poids. Il préfère habiter l'embouchure des rivières, qu'il remonte même souvent, à la pleine mer. Il est très-hardi et très-vorace, de-là lui vient son nom de *loup*. Il fraie deux fois par an à l'embouchure des rivières. On le pêche pendant toute l'année, avec différentes sortes de filets et à la ligne. Sa chair est salubre, sur-tout lorsqu'il a été pêché dans les rivières, car celle de ceux qu'on prend dans la mer est quelquefois si grasse qu'elle devient indigeste et s'altère aisément. On en mange beaucoup sur toutes les côtes de France.

Le Centropome onze rayons, *Sciæna undecimalis* Bloch, tab. 3o3, et *Buffon* de Déterville, vol. 4, pag. 55, a huit rayons aiguillonnés à la première nageoire du dos ; un rayon aiguillonné et dix rayons articulés à la seconde ; trois rayons aiguillonnés et sept rayons articulés à l'anale ; la caudale en croissant ; le museau alongé ; la mâchoire inférieure plus avancée que la supérieure ; un seul orifice à chaque narine ; de petites écailles sur une partie de la caudale et de la seconde nageoire du dos ; la ligne latérale noire ; la couleur générale rouge : il se trouve sur les côtes pierreuses de la Jamaïque.

Le Centropome plumier, *Sciæna plumerii* Bloch, tab. 3o6, et *Buffon* de Déterville, vol. 4, pag. 61, a neuf rayons aiguillonnés à la première dorsale ; deux rayons aiguillonnés et huit rayons articulés à la seconde ; deux rayons aiguillonnés et sept articulés à l'anale ; la caudale en croissant ; deux orifices à chaque narine ; le premier rayon aiguillonné de la nageoire de l'anus très-gros et très-long ; la couleur générale blanche ; des bandes transversales brunes ; des raies longitudinales jaunes : il se trouve dans la mer des Antilles.

Le Centropome mulet a neuf rayons aiguillonnés à la première nageoire du dos ; treize rayons à la seconde ; treize rayons à la nageoire de l'anus ; sept rayons à la membrane branchiale ; deux orifices à chaque narine ; la mâchoire inférieure un peu plus avancée que la supérieure ; les dents fines et très-serrées ; les écailles fortement attachées à la peau ; la ligne latérale droite ; le dos brun ; les côtés gris. Il habite sur les côtes de France. Il entre par troupes si nombreuses dans la Seine, à la fin du printemps, qu'on en prend quelquefois quatre à cinq cents d'un seul coup de filet, d'après le rapport de Noël de Rouen. Il parvient à plus de deux pieds de long. Ses mouvemens sont très-vifs, et ses sauts multipliés l'annoncent de loin aux pêcheurs. Sa chair est excellente. Il est remarquable que ce poisson ait échappé, jusqu'à Lacépède, aux recherches des naturalistes.

Le Centropome ambasse a sept rayons aiguillonnés à la première dorsale ; un rayon aiguillonné et onze rayons articulés à la seconde ; trois rayons aiguillonnés et neuf rayons articulés à l'anale ; les deux premières pièces de chaque opercule dentelées ; la mâchoire supérieure un peu extensible et plus courte que l'inférieure ; les deux mâchoires et une grande partie du palais hérissées de très-petites dents ; la langue dure ; les ligamens du ventre très-transparens ; le péritoine argenté ; la partie supérieure de l'animal d'un verd brunâtre. Il se trouve dans les lacs ou grands étangs de l'île de la Réunion, où il a été observé par Commerson : il parvient rarement à un pied de long. Les habitans en pêchent de grandes quantités qu'ils préparent comme les ANCHOIS. *Voyez* ce mot.

Le CENTROPOME DE ROCHE a neuf rayons aiguillonnés à la première nageoire du dos ; un rayon aiguillonné et douze rayons articulés à la seconde ; trois rayons aiguillonnés et neuf rayons articulés à la nageoire de l'anus ; la dernière pièce de chaque opercule échancrée ; la couleur générale bleuâtre ; presque toutes les écailles noires ou noirâtres dans leur centre et à leur circonférence. Il est un peu plus grand que le précédent, et sa chair est également très-délicate : on le pêche à l'embouchure des rivières de l'île de la Réunion.

Le CENTROPOME MACRODON a six rayons aiguillonnés à la première dorsale ; un rayon aiguillonné et dix rayons articulés à la seconde ; deux rayons aiguillonnés et neuf rayons articulés à l'anale ; le museau alongé ; l'ouverture de la bouche grande ; chaque mâchoire garnie d'un seul rang de dents longues, aiguës, et séparées l'une de l'autre ; six dents à la mâchoire d'en haut, huit à celles d'en bas, dont les deux antérieures plus grandes ; la couleur générale blanchâtre ; huit ou neuf raies longitudinales brunes de chaque côté ; la première nageoire dorsale noire, les autres nageoires rouges : il se trouve avec le précédent.

Le CENTROPOME DORÉ est d'une couleur de cuivre doré et sans taches. La première dorsale et la base de la caudale noires ; les autres nageoires rouges. Ce poisson, qu'on trouve encore avec le précédent, est très-beau, et sa chair est très-agréable au goût. Ses écailles sont dentelées au point qu'on peut difficilement le toucher sans se blesser.

Les *centropomes* de la seconde division ont la queue arrondie, ou, au moins, nullement échancrée, ce sont :

Le CENTROPOME NILOTIQUE, *Perca nilotica* Linn. Il a huit rayons aiguillonnés à la première dorsale ; un rayon aiguillonné et huit rayons articulés à la seconde ; trois rayons aiguillonnés et dix rayons articulés à l'anale ; la couleur générale brune. Il se trouve dans le Nil et dans la mer Caspienne. Il est figuré dans le *Voyage* de Gmelin en Sibérie, vol. 5, tab. 25, n° 3. C'est le *keslhéré* des Arabes, au rapport de Sonnini, qui l'a également figuré dans son *Voyage en Égypte*.

Geoffroi s'est assuré par la comparaison de ce poisson avec les passages des anciens, et par le nom qu'il porte encore dans la Haute-Égypte, que c'étoit réellement leur *latus*, ainsi que quelques commentateurs l'avoient dit.

Le CENTROPOME ŒILLÉ, *Perca ocellata* Linn., a dix rayons aiguillonnés à la première nageoire du dos; un rayon aiguillonné et vingt-quatre rayons articulés à la seconde; un rayon aiguillonné et neuf rayons articulés à l'anale; une tache ronde, noire et bordée de blanc, auprès de la caudale. Il se trouve à l'embouchure des rivières de Caroline, où on l'appelle *bass*. Je l'ai observé, décrit, dessiné, et fréquemment mangé. Il acquiert quelquefois jusqu'à trois pieds de long. Sa chair est très-légère et savoureuse. On en prend beaucoup, pendant l'été, soit au filet, soit à la ligne.

Le CENTROPOME FASCÉ a la nageoire de la queue rectiligne; sept ou huit bandes transversales et brunes; la couleur générale d'un brun mêlé de blanc; la dentelure des opercules très-peu marquée.

Le CENTROPOME PERCHOT a vingt-sept rayons à la seconde nageoire du dos; la caudale arrondie; onze ou douze raies obliques et brunes de chaque côté.

Ces deux dernières espèces ont été observées par Commerson, dans la mer des Indes. (B.)

CÉOAN. L'on dit que cet oiseau des Indes suit les passans, et semble vouloir imiter leur voix. Taille un peu plus grosse que celle de la *grive* ; plumage tacheté de jaune : il est très-peu connu. (VIEILL.)

CÉPÉES. On appelle ainsi tout ce qui repousse des souches d'un bois taillis. Il n'est permis d'abattre les *cépées*, qu'à la cognée et en pied de biche, et non avec la serpe ou la scie. Cet abattis se nomme *recépée*. Le vrai temps pour le recépage est la fin de l'hiver. On doit avertir les sapeurs d'ébranler les racines le moins qu'il leur sera possible. Par le moyen du recépage, les jeunes arbres poussent plusieurs jets vigoureux à la place de la tige coupée, et forment, comme on dit en termes de forêts, des *rochées*. (D.)

CEPHALACANTHE, *Cephalacanthus*, genre de poissons établi par Lacépède dans la division des THORACHIQUES, pour placer une espèce du genre GASTEROSTÉE de Linnæus, *Gasterosteus spinarella*, qui a des caractères suffisans pour en être distingué.

Ceux de ce nouveau genre sont d'avoir le derrière de la

tête garni de chaque côté de deux piquans dentelés et très-longs , et de n'avoir point d'aiguillons isolés au-devant de la nageoire du dos.

Le CEPHALACANTHE SPINARELLE habite dans la mer des Indes. Il est figuré sous le nom de *pungitius pusillus* dans le *Muséum* d'Adolphe Frédéric, tab. 32, n° 5. Sa tête est striée, et son corps fort petit. (B.)

CEPHALANTHE , *Cephalanthus* , genre de plantes à fleurs monopétalées de la tétrandrie monogynie , et de la famille des RUBIACÉES , dont le caractère est d'avoir les fleurs portées sur un réceptacle commun globuleux, pédonculé, et chaque fleur composée d'un petit calice monophylle , supérieur et à quatre divisions ; d'une corolle monopétale, infundibuliforme, à tube long , et à limbe à quatre découpures ; de quatre étamines non saillantes ; d'un ovaire inférieur d'où s'élève un long style terminé par un stigmate en tête.

Le fruit est une petite capsule oblongue , en massue, presque tétragone , biloculaire , et qui contient une semence oblongue dans chaque loge.

Voyez pl. 59 des *Illustrations* de Lamarck.

Ce genre ne contient que trois espèces, dont deux des Indes orientales peu connues, et une de l'Amérique septentrionale , qui se cultive dans les jardins des curieux , même dans le climat de Paris, quoiqu'elle craigne un peu les gelées. C'est en Caroline , où elle croît naturellement , qu'on peut admirer la beauté de cette dernière. Elle forme au milieu des mares , des flasques d'eau , qui y sont très-communes , des buissons de huit à dix pieds de haut , qui , pendant la floraison , forment un spectacle fort agréable par la multitude de têtes de fleurs qui s'y développent successivement. Ce *cephalanthe*, qui est le *cephalanthus occidentalis* de Linnæus, le *bois à bouton* des jardiniers , a les feuilles opposées ou ternées ; les têtes des fleurs terminales et presque rameuses. (B.)

CÉPHALE , nom donné , dans les papillons d'Europe d'Engramelle, à un petit papillon du jour , de la division des SATYRES. (L.)

CÉPHALOPHORE , *Cephalophora* , plante rameuse à feuilles radicales , ovales , oblongues , légèrement pétiolées ; à feuilles caulinaires alternes , sessiles , linéaires , rudes au toucher, et glauques ; à fleurs terminales , jaunes, portées sur des pédoncules en massues , laquelle forme un genre dans la syngénésie polygamie égale.

Ce genre , qui est figuré pl. 599 des *Icones* de Cavanilles, a pour caractère un calice commun formé par deux rangs de folioles linéaires aiguës ; un réceptacle globuleux, alvéolé, nu, portant des fleurons tubuleux , hermaphrodites , et ensuite des semences solitaires, turbinées, striées, tronquées, terminées par six ou sept paillettes diaphanes et subulées.

Le Céphalophore glauque croît dans le Chili : il se rapproche des Chrysocomes. *Voyez* ce mot. (B.)

CÉPHALOPODES , nom donné par Cuvier à une des divisions de sa classe des Mollusques. Cette division comprend les animaux dont la tête est couronnée de tentacules qui tiennent lieu de pied. Elle renferme trois genres seulement, savoir : Sèche, Argonaute, et Nautile, encore même les deux derniers sont-ils douteux. *Voyez* ces mots et le mot Mollusque. (B.)

CÉPHALOTE , espèce de Chauve-souris. *Voyez* ce mot. (S.)

CÉPHALOTES, *Cephalota* , ordre des Entomostracés , qui comprend ceux dont le corps est nu , et qui ont une tête distincte. *Voyez* les genres Polyphème , Zoé , et Branchiopode. (L.)

CÉPHÉLIS , *Cephelis* , genre de plantes introduit par Swartz , mais qui ne diffère pas des Morindes. *Voyez* ce mot. (B.)

CÉPHUS , *Cephus* , genre d'insectes de l'ordre des Hyménoptères , et de ma famille des Tenthrédines. Ses caractères sont, antennes ayant beaucoup plus de neuf articles, grossissant un peu vers leurs extrémités ; point de lèvre supérieure apparente ; mandibules courtes , tronquées et tridentées.

Linnæus et M. Fabricius ont placé les insectes qui m'ont servi à l'établissement de ce genre avec les *sirex*, que j'appelle *urocères* avec Geoffroy ; *Sirex pygmæus, tabidus* , &c. ; leur organisation , leurs habitudes sont trop différentes pour souffrir une telle réunion.

Les *céphus* ont tous les caractères des insectes de la famille des Tenthrédines , soit que l'on envisage la forme générale du corps, la tarrière des femelles, soit que l'on considère les parties de la bouche.

Le corps des *céphus* est fort étroit et alongé ; leur tête est de grandeur moyenne ; leur corcelet est rétréci antérieurement ; les jambes postérieures ont plusieurs petites épines le long des côtés ; l'abdomen est comprimé et assez mou.

Céphus pygmée , *Cephus pygmæus*. Son corps est noir ; l'abdomen a deux points et trois bandes d'un jaune citron.

On trouve assez communément cet insecte, au printemps, dans les champs , sur les tiges de blé, &c.

On ne connoît pas sa manière de vivre. (L.)

CÉPOLE , *Cepola* , genre de poissons de la division des TORACHIQUES , dont le caractère consiste à avoir la nageoire anale très-longue, plus d'un rayon à chaque nageoire thoracine ; le corps et la queue très-alongés et comprimés en forme de lame ; le ventre à-peu-près de la longueur de la tête ; les écailles très-petites.

On distingue trois espèces de *cépoles* , toutes trois habitant la Méditerranée, et toutes trois remarquables par leur grande longueur et leur peu de largeur.

Le CÉPOLE TÆNIA a le museau très-arrondi et la nageoire de la queue pointue. On le connoît sur les côtes de France sous le nom de *spase* , de *flamme* , de *lame* , d'*épée* , *cavarigo* , *freggia* , *vitta* , *ruban* et *bandelette* , tous noms qui indiquent sa forme. Il atteint deux à trois pieds de long, sur trois à quatre lignes de large. Il est figuré dans Bloch , pl. 170 , dans l'*Histoire naturelle des poissons* , faisant suite au *Buffon* , édition de Déterville , vol. 2 , pag. 35 , et dans plusieurs autres ouvrages.

La tête du *cépole tænia* est assez large ; son museau arrondi ; sa mâchoire supérieure garnie d'une rangée et sa mâchoire inférieure de deux rangées de dents aiguës ; l'ouverture branchiale est assez grande , et son opercule d'une seule pièce. Les nageoires dorsales et anales très-longues. Son corps est comprimé et si huileux, qu'il paroît demi - transparent. Il n'a point d'écailles. Le dos est gris , taché de rouge , et le ventre blanc. Les nageoires sont rouges.

Ce poisson jouit au plus haut degré de la faculté de nager. Ses ondulations sont d'une vivacité extrême , et produisent un effet fort agréable , à raison de cette vivacité même , unie au brillant de ses couleurs. On le prend à l'hameçon amorcé avec des crustacés ou de petites coquilles, animaux aux dépens desquels il vit principalement. Sa chair est peu estimée. On l'emploie presque uniquement à servir d'appât pour la pêche des gros poissons.

Le CÉPOLE SERPENTIFORME , *Cepola rubescens* Linn., a le museau pointu. On le connoit sur nos côtes sous les noms de *serpent de mer* , *serpent rouge* , *serpent rougeâtre*. Il a les mêmes mœurs que le précédent.

Le CÉPOLE TRACHYPTÈRE a les nageoires rudes et garnies de quelques rayons aiguillonnés , et une ligne latérale formée par une saillie d'écailles plus grandes que les autres. (B.)

CEPPA , nom que porte le *bruant fou* aux environs du lac Majeur. *Voyez* BRUANT. (S.)

CEPPHUS , de Turner , est la *mouette rieuse*. *Voyez* au mot MOUETTE. (S.)

CEPS. C'est le BOLET ESCULENT dans quelques pays. *Voy.* au mot BOLET. *Voyez* aussi au mot SEPS. Genre de SAURIEN. (B.)

CÉRAJA, *Ceraja*, arbrisseau parasite à racine fibreuse, rampante, à tige simple, applatie, sillonnée, glabre et jaune ; à feuilles petites, peu nombreuses, oblongues, émarginées, planes, épaisses, engaînantes, à fleurs pâles, presque terminales, solitaires, droites et pédonculées, qui forme, selon Loureiro, un genre dans la gynandrie monandrie, mais qu'on peut également placer dans le genre ANGREC. *Voyez* ce mot.

Ce genre offre pour caractère une spathe courte, déchirée, uniflore et persistante ; un calice monophylle, tubuleux, à cinq dents inégales et droites ; une corolle monopétale, corniforme, dont une partie est en tube alongé, l'autre plus courte, élargie, à cinq divisions, dont trois sont coniques, et les deux latérales linéaires ; un tube petit divisé inégalement, renfermé dans la corolle ; une étamine filiforme, courte, élastique, attachée au calice ; un ovaire situé entre le calice et la corolle linéaire, courbe, à six sillons, à style court, et à stigmate peu apparent.

Les ovaires avortent toujours.

Le *céraja* croît à la Cochinchine et à la Chine, dans les fentes des rochers et sur les vieux arbres. On le vante contre l'épilepsie, les maladies de nerfs et la foiblesse des membres. Swartz croit qu'il fait peut-être partie de son genre DENDRODION. *Voyez* ce mot. (B.)

CÉRAISTE, *Cerastium*, genre de plantes de la décandrie pentagynie et de la famille des CARYOPHYLLÉES, dont le caractère est d'avoir un calice de cinq folioles lancéolées et persistantes ; cinq pétales demi-ouverts, obtus et bifides ; dix étamines, moins longues que la corolle ; un ovaire supérieur, chargé de cinq styles à stigmates obtus. Le fruit est une capsule arrondie ou oblongue, uniloculaire, polysperme, qui s'ouvre à son sommet.

Voyez pl. 392 des *Illustrations* de Lamarck, où ces caractères sont figurés.

Ce genre est formé par une vingtaine de plantes, indigènes à l'Europe, la plupart vivaces, toutes ayant les feuilles opposées et les fleurs pédonculées et terminales. On les appelle vulgairement *oreille-de-souris*.

On les divise en *céraistes à capsules oblongues*, et *céraistes à capsules arrondies*.

Les espèces les plus communes de la première division sont :

Le Céraiste vulgaire, dont les feuilles sont ovales, très-velues, et les pétales de la longueur du calice. Il se trouve très-abondamment dans les lieux incultes et sablonneux, sur le bord des champs et des chemins ; il est vivace. Lamarck lui réunit comme variété les *céraistes visqueux* et *demi-décandre* de Linnæus, que leurs noms seuls caractérisent assez pour faire voir en quoi ils diffèrent de l'espèce principale.

Le Céraiste des champs, dont les feuilles sont lancéolées, linéaires, aiguës, pubescentes, et la corolle plus grande que le calice. Il est commun sur le bord des champs dans presque toute l'Europe.

Le Céraiste des Alpes, qui a ses feuilles lancéolées, la tige dichotome, presque toujours triflore, et qui se trouve dans les Alpes.

Parmi les *céraistes* à capsules presque rondes, il faut citer :

Le Céraiste rampant, dont le caractère est d'avoir les feuilles lancéolées, et les pédoncules rameux. On le trouve sur le bord des chemins, dans les pâturages, sur des montagnes de la zone moyenne de l'Europe.

Le Céraiste aquatique, qu'on reconnoît à ses feuilles en cœur et sessiles, à ses fleurs solitaires et à ses fruits pendans. Il est fréquent sur le bord des fossés, des marais, le long des rivières, &c. C'est la plus grande espèce de ce genre. Elle atteint quelquefois plus de trois pieds de haut.

La plupart des *céraistes* fleurissent de très-bonne heure au printemps ; et quoiqu'en général petits et sans odeur, ils embellissent les gazons à cette époque de l'année. (B.)

CÉRAMBYCINS (LES), *Cerambycini*, famille d'insectes de l'ordre des Coléoptères, établie par Latreille, et qui appartient à la troisième section. Elle renferme les genres Prione, Spondyle, Lamie, Saperde, Capricorne, Callidie, Molorque, Necydale. *Voyez* ces mots. (O.)

CÉRAMBYK. *Voyez* Capricorne. (O.)

CÉRANTHE, *Ceranthus*, nom donné par Gmelin a un genre de plantes qui ne peut pas être séparé des Chionanthes. (*Voyez* ce mot.) Il a pour type le *chionanthus incrassatus*. (B.)

CERASTE, nom spécifique d'une vipère d'Egypte. *Voy.* au mot Vipère. (B.)

CERASTES, *Cerastes*, genre de vers mollusques testacés, établi par Poli, dans son ouvrage sur les coquilles des mers des Deux-Siciles. Son caractère consiste à avoir deux siphons courts, ou même seulement deux trous, dont l'inférieur est plus grand et susceptible d'être fermé par une valvule pendante ; le limbe intérieur des branchies à moitié réuni ; le limbe postérieur du manteau denté et sans cirres ; le pied en faux , subulé et très-long.

Il a pour type l'animal des *bucardes* , qui est figuré avec tous les détails anatomiques désirables , pl. 26 , n° 5 et suivans de l'ouvrage précité. *Voyez* au mot BUCARDE. (B.)

CÉRATINE , *Ceratina* , genre d'insectes de l'ordre des HYMÉNOPTÈRES et de ma famille des APIAIRES. J'en ai pris les caractères de l'*hylée à lèvre blanche* de M. Fabricius.

Les *cératines* que j'avois d'abord nommées *clavicères* , ont de très-grands rapports avec les *abeilles coupeuses*. (Voy. MÉGACHILE.) Elles diffèrent de celles-ci : 1°. par leurs antennes , dont le premier article est fort long , cylindrique , et dont les autres forment une espèce de massue oblongue ; 2°. en ce que leur corps est presque entièrement glabre , et que leurs ailes supérieures ont trois cellules sous-marginales au lieu de deux. Le premier article de leurs tarses postérieurs n'est pas propre à recevoir la matière qui sert de base à la cire , et que les abeilles y appliquent en forme de pelotte. Rien même n'annonce dans les *cératines* la faculté de pouvoir faire quelque récolte de cette nature , s'éloignant encore ici des abeilles coupeuses , dont le dessous du ventre est soyeux et sert de brosse qui ramasse la poussière fécondante des fleurs.

CÉRATINE A LÈVRE BLANCHE , *Ceratina albilabris*. Elle est petite , oblongue , d'un noir bleuâtre , avec une petite tache blanche , carrée , au milieu de la partie antérieure de la tête , au-dessus de la lèvre supérieure.

Le célèbre botaniste Desfontaines a rapporté cette espèce de Barbarie. Je l'ai trouvée , mais fort rarement , au midi de la France. (L.)

CÉRATOCARPE , *Ceratocarpus*. C'est une petite plante monoïque , dont les tiges sont rameuses , velues; les feuilles alternes , linéaires , très-aiguës et velues , et les fleurs axillaires.

Les mâles ont un calice profondément divisé en deux parties , et en une étamine dont le filament est plus long que lui.

Les femelles ont un calice de deux folioles persistantes , adnées à l'ovaire qu'elles renferment. Cet ovaire est supérieur , ovale , comprimé et chargé de deux styles courts à stigmates simples..

Le fruit est une semence comprimée , munie de deux cornes droites et pointues , produites par les deux valves calicinales.

Cette plante croît dans les lieux sablonneux de la Turquie

d'Europe et de la Tartarie. Elle est figurée pl. 741 des *Illustrations* de Lamarck. (B.)

CÉRATOPÉTALE, *Ceratopetalum*, nouveau genre de la Nouvelle-Hollande décrit et figuré par Smith, tab. 3 de son premier cahier des plantes de ce pays. Ses caractères sont d'avoir un calice à cinq divisions staminifères et persistantes ; cinq pétales pinnatifides ; dix étamines dont les anthères ont un éperon : un ovaire supérieur terminé par un seul style ; une capsule à deux loges renfermée dans le fond du calice.

Le *cératopétale* est un grand arbre dont les feuilles sont opposées, pétiolées, ternées ; les folioles sessiles, lancéolées, dentelées, veinées et glabres. Les fleurs sont disposées en panicules terminales : les calices sont jaunes, avec leurs divisions rougeâtres, et les pétales jaunes.

Cet arbre donne, par incision, une gomme dont on a espoir de tirer un parti utile. (B.)

CÉRATOPHYTES, nom commun donné par les anciens naturalistes aux productions polypeuses, qui sont actuellement connues sous les noms de Gorgone, d'Antipate, Pennatule, Coraline, Tubulaire, Sertulaire, Cellulaire, Flustre et Cellepore. *Voyez* ces mots. (B.)

CÉRATOSANTHE, *Ceratosanthes*, genre de plantes à fleurs monopétalées, de la monoécie syngénésie, et de la famille des Cucurbitacées, qui a été établi aux dépens des Anguines, *Trichosanthes* Linn., dont il ne diffère que parce que les découpures intérieures du calice sont munies à leur sommet de deux pointes roulées en dehors, et que ce fruit est à quatre loges contenant plusieurs semences arrondies et comprimées. *Voyez* le mot Anguine.

Les *cératosanthes* renferment un petit nombre de plantes, qui croissent dans les pays les plus chauds, dont les racines sont tubéreuses, les feuilles palmées, et les pédoncules à deux ou à plusieurs fleurs. (B.)

CÉRATOSPERME, *Ceratospermum*, plante cryptogame, de la famille des Algues, qui consiste, selon Micheli, qui l'a figurée pl. 56, fig. 1 de son *Genera*, en plusieurs verrues crustacées, orbiculaires et distinctes, qui naissent sur les écorces des arbres. Ces verrues sont chargées d'une poussière fugace, et ont de petites cavités alvéolaires desquelles sortent des capsules oblongues, courbées en croissant qui ressemblent à de petites cornes, et que l'on prend pour de petites semences.

Cette plante est fort rare. Peu de botanistes l'ont vue, et plusieurs supposent qu'elle appartient au genre Sphérocarpe ou à celui des Variolaires. *Voyez* ces mots. (B.)

CÉRATOSTÊME, *Ceratostema*, genre de plantes établi

par Jussieu dans la décandrie monogynie, et dans la famille des CAMPANULACÉES. Il offre pour caractère un calice turbiné à dix divisions; une corolle coriace, tubuleuse, cylindrique, à cinq divisions; dix étamines à anthères très-longues et fourchues; un ovaire inférieur; une capsule à cinq loges et à plusieurs semences.

Ce genre ne contient qu'une espèce qui vient du Pérou. (B.)

CÉRAUNIAS. Les anciens donnoient ce nom à la *pyrite martiale globuleuse* ou *sulfure de fer radié*, qu'ils regardoient, et que dans des temps plus modernes quelques personnes ont encore regardée comme une *pierre de foudre*, attendu que c'est une substance métallique qui a la propriété de faire feu sous le briquet. *Voyez* GLOBE-DE-FEU. (PAT.)

CERCAIRE, *Cercaria*, genre de la classe des VERS et de la famille des ANIMALCULES INFUSOIRES, dont les caractères sont : transparent et pourvu d'une queue.

Ce genre est voisin des HIMATOPES, des TRICODES et des LEUCOPHRES; mais il s'en écarte par le défaut absolu de poils; il ne diffère des BURSAIRES que par la présence de la queue. *Voyez* ces différens mots.

Les *cercaires* ont en général un mouvement circulaire très-rapide dans l'eau des infusions où elles se trouvent ; mais cependant quelques–unes l'ont lent et vacillatoire. On en connoît une vingtaine qui sont figurées pl. 18, 19 et 20 de l'ouvrage de Muller, sur les animaux infusoires, et pl. 8, 9 et 10 de la partie des *vers* de l'*Encyclopédie*. Une nouvelle espèce qui vient d'Amérique, est également figurée pl. 32, fig. 2 de la partie des *vers* du *Buffon*, de l'édition de Déterville.

C'est dans les eaux croupissantes des marais qu'il faut chercher les *cercaires*. On n'en trouve qu'un petit nombre d'espèces dans la mer et dans les infusions végétales ou animales. Parmi celles de ces dernières, il faut noter la CERCAIRE TESTARE, qu'on trouve dans la semence humaine putréfiée et qu'on a prise souvent pour les animalcules de la génération, et la CERCAIRE TENACE, qu'on rencontre dans l'infusion du tartre des dents. *Voyez* au mot ANIMALCULE. (B.)

CERCEAUX. C'est en terme de fauconnerie, les premières pennes de l'aile des *oiseaux de vol*. Les éperviers ont trois *cerceaux*, et les autres oiseaux de proie n'en ont qu'un. (S.)

CERCELLE et CERCERELLE. C'est la *sarcelle* dans Belon. *Voyez* SARCELLE. (S.)

CERCERELLE ou QUERCERELLE. En vieux français, c'est la CRESSERELLE. (S.)

CERCERIS, *Cerceris*, genre d'insectes de l'ordre des HYMÉNOPTÈRES, et de ma famille des PHILANTEURS. Je l'ai ainsi caractérisé : antennes peu amincies au troisième article, renflées ensuite insensiblement, atteignant la moitié de la longueur du corcelet ; mandibules avec un ou deux avancemens au côté interne ; extrémités supérieures des mâchoires demimembraneuses : les yeux des *cerceris* sont échancrés, et leur sommet est éloigné des petits yeux lisses ; le dessus de leur tête forme un carré transversal, leur abdomen est oblong, avec les anneaux souvent étranglés, comme articulés. Le premier est arrondi, et forme une espèce de nœud.

Je mets dans ce genre, les *philantes du sable*, *rufipède*, *orné* de M. Fabricius.

Les habitudes de ces insectes sont très-curieuses. Les mères nourrissent leurs petits avec des cadavres d'*andrènes*, qu'elles enfouissent à la manière des *sphex*. (L.)

CERCEVOLO et CERCEDULA, noms de la Sarcelle en Italie. *Voyez* ce mot. (S.)

CERCIO, oiseau des Indes, très-peu connu. On lui donne la taille de l'*étourneau* et un plumage de diverses couleurs. Il remue sans cesse la queue, et est, dit-on, très-babillard. (Vieil.)

CERCIFI ou SERCIFI. *Voyez* au mot Salsifis. (B.)

CERCLE ou ANNEAU MAGIQUE, nom qui a été donné par la superstition, à des traces circulaires qu'on observe quelquefois dans les prairies, où l'herbe paroît desséchée. La cause de ce petit phénomène n'est pas bien connue. (Pat.)

CERCODÉE, *Cercodea*. C'est une plante de l'octandrie tétragynie, et de la famille des Saxifragées, qui a été décrite par Forster, Jacquin et autres, sous le nom d'*haloragis*, et qui vient de la Nouvelle-Zélande.

Ses caractères sont d'avoir un petit calice supérieur persistant à quatre dents ; une corolle de quatre pétales lancéolés, caducs ; huit étamines ; un ovaire inférieur, petit, ovale, un peu tétragone, ayant quatre stigmates droits courts et blanchâtres.

Le fruit est une capsule dure ou petite noix ovale conique, à quatre angles, raboteuse, divisée intérieurement en quatre loges qui contiennent quelques semences fort petites.

Cette plante a une tige sous-ligneuse, tétragone ; les feuilles opposées, ovales, pointues, en scie ; les fleurs en verticilles axillaires. Elle est figurée pl. 319 des *Illustrations* de Lamarck. (B.)

CERCOPIS, *Cercopis*, genre d'insectes, établi par M. Fabricius, de l'ordre des Hémiptères, et de la famille des Cicadaires.

Caractères : antennes fort courtes, insérées à-peu-près dans le milieu de la ligne qui sépare transversalement les yeux, presque immédiatement sous le bord supérieur du museau, de trois pièces ; la première fort courte ; la seconde cylindrique, la plus longue ; la dernière plus courte et un peu plus menue, conique, terminée par une soie courte et de la même grosseur à sa base.

Les *cercopis* ont le corps court ; leur tête forme un museau plat en dessus, avancé un peu en pointe au milieu ; leurs petits yeux lisses sont au nombre de deux, situés sur la partie supérieure de la tête, et assez rapprochés ; leur front est très-convexe, arrondi, et l'on observe entre lui et chaque œil, un enfoncement longitudinal ; leur corcelet n'a qu'un seul segment d'apparent ; son bord postérieur est formé de deux lignes convergentes, et dont l'angle de réunion est échancré à angle aigu ; leur écusson est fort petit ; leurs élytres sont courtes, avec la côte très-arquée ; les pattes postérieures sont propres pour sauter, et ordinairement fort épineuses.

Nous remarquerons principalement dans ce genre la CERCOPIS SANGUINOLENTE, *Cercopis sanguinolenta* Fab., et la CERCOPIS ÉCUMEUSE, *Cercopis spumaria*. La première frappe par ses couleurs, et la seconde mérite notre attention par ses mœurs.

CERCOPIS SANGUINOLENTE. Cette espèce est la *cigale à taches rouges* de Geoffroi. Elle est d'un beau noir, relevé par des taches d'un rouge de sang. Ses élytres nous offrent une bande et deux points de cette dernière couleur. Elle est de toutes les espèces indigènes la plus grande. On la trouve assez communément dans la forêt de Saint-Germain-en-Laie, mais rarement dans d'autres lieux des environs de Paris.

CERCOPIS ÉCUMEUSE. Geoffroi la nomme *cigale écumeuse*. Elle peut avoir quatre lignes de longueur ; le corps est d'un brun plus ou moins foncé ; quelquefois verdâtre, finement ponctué. On voit près du bord extérieur de chacune de ses élytres deux taches blanchâtres, transverses.

On rencontre très-communément cet insecte en état parfait, mais il n'est pas aussi facile de découvrir sa larve, lorsqu'on ne connoît pas sa singulière manière de vivre. Elle rend par l'anus des bulles écumeuses, dont elle se recouvre, et qui ressemblent en totalité, à une écume salivaire, une sorte de crachat. Le corps de l'animal est très-tendre, et cette matière, formée de bulles d'air et de sucs de plantes, lui sert sans doute, soit à le défendre d'une action trop forte du calorique, soit à le dérober aux regards de ses ennemis, des ichneumons sur-tout. Ces plaques écumeuses sont très-communes sur les plantes, notamment sur les luzernes. Quelques auteurs leur ont donné le nom d'*écumes printanières*, de *crachat de coucou*. Swammerdam, Poupart, Frisch, Roesel et Degéer ont successivement étudié ce singulier animal. Poupart, entraîné par les erreurs du temps, en a fait une sauterelle. (L.)

CERCOPITHÈQUES. Des naturalistes anciens et modernes ont employé ce mot pour désigner des singes à longue queue. On l'a sur-tout appliqué aux guenons, ou aux singes de l'ancien continent qui ont les plus grandes queues. Cependant, les sapajous et les sagouins, famille de singes du Nouveau-Monde, ont aussi de fort longues queues, et méritent par conséquent le titre de *cercopithèques*. Au reste, ces caractères des singes, fondés sur la longueur de la queue, ne sont rien moins qu'exacts, parce qu'on sait que plusieurs individus d'une même espèce, ont des queues de diverses longueurs ; car il y a des singes qui s'amusent à en ronger eux-mêmes l'extrémité. Ce n'est donc pas une partie fort essentielle à l'animal, puisqu'il peut en détruire ainsi une portion sans beaucoup de douleur, car sans cette condition, il ne rongeroit pas ainsi l'extrémité de ses vertèbres. Cet appendice est tout au plus essentiel dans les sapajous, chez lesquels il sert d'une cinquième main pour s'accrocher aux branches des arbres. (*Voyez* les articles des GUENONS et des SAPAJOUS.) Le mot *cercopithèque*, vient des mots grecs *kerkos*, queue, et *pithécos*, singe. Ce sont les *kebai* d'Aristote. (V.)

CERDANE, *Cerdana*, grand arbre à feuilles alternes, pétiolées, oblongues, aiguës, entières, planes et luisantes, à fleurs blanches, veinées de roux et à fleurs disposées en panicules terminales extrêmement ramifiées, qui forme un genre dans la pentandrie monogynie.

Ce genre offre pour caractère un calice tubuleux à dix stries et à cinq dents ; une corolle infundibuliforme, à tube de la longueur du calice, à limbe divisé en cinq parties oblongues et ouvertes ; cinq étamines hérissées à leur base ; un ovaire supérieur à style bifide et à deux stigmates également bifides ; un drupe oblong, strié, couvert par le calice et la corolle qui persistent, à quatre loges, contenant chacune une semence solitaire et ovale.

La *cerdane* se trouve dans les terreins arides du Pérou, et est figurée pl. 184 de la Flore de ce pays.

Lorsqu'on coupe cet arbre, il exhale un odeur très-fétide, qu'on peut comparer à celle de l'urine du renard. Ensuite, cette odeur se change en une autre, très-semblable à celle de l'ail. Enfin, lorsqu'il est sec, son odeur est très-agréable et très-pénétrante. On emploie alors son écorce et ses feuilles dans les préparations des alimens.

Une fourmi aime tant ses feuilles, qu'il est très-difficile d'en trouver une entière. (B.)

CEREBRISTE, nom donné par les anciens oryctographes à des MADRÉPORES FOSSILES, qui ressemblent par leur forme à une cervelle d'homme. Ce sont ceux qui sont compris aujourd'hui sous le nom générique de MÉANDRINE. *Voyez* ce mot, et celui de MADRÉPORE. (B.)

CÉRÉOPSIS (*Cereopsis*, ordre ÉCHASSIERS. *Voyez* ce mot. Nouveau genre.). CARACTÈRES : bec court, convexe, incliné vers sa pointe; tête couverte en entier d'une peau nue, ridée, ou cire, sous laquelle sont cachées les narines; celles-ci placées à la base du bec; éperon obtus au pli de l'aile; queue composée de seize pennes; bas de la jambe nu; tarses robustes; doigts divisés; l'extérieur réuni par une membrane à l'intermédiaire, depuis la base jusqu'au milieu; trois en avant et un en arrière, celui-ci très-petit. LATHAM.

Le CÉRÉOPSIS DE LA NOUVELLE-HOLLANDE (*Cereopsis Novæ-Hollandiæ* Lath.). Une peau ridée, de couleur jaune, couvre la tête de cet oiseau, depuis la base du bec jusqu'au-delà des yeux; un gris cendré domine sur tout son plumage, mais il incline au brun sur les parties supérieures, et il est clair sur le cou et les parties inférieures; les couvertures et plusieurs pennes secondaires des ailes ont près de leur bout une tache noirâtre; toutes les pennes et celles de la queue sont d'un brun obscur vers le bout; celle-ci est arrondie à son extrémité; sur le pli de l'aile l'on remarque un éperon obtus; les pennes secondaires sont presque aussi longues que les primaires; une belle couleur orangée couvre la partie nue de la jambe, et les tarses presque en entier; le bas du pied en devant, les doigts et les ongles sont noirs; grosseur d'une petite oie; longueur, trois pieds; partie nue de la jambe, à-peu-près un pouce trois quarts; tarses, six pouces et demi; doigt du milieu, trois pouces et demi; doigt postérieur, très-petit; bec noir, huit lignes, et à prendre des coins de la bouche jusqu'à son extrémité, un pouce un quart. *Espèce nouvelle*. (VIEILL.)

CERF (*Cervus*), genre de quadrupèdes de la seconde section de l'ordre des RUMINANS (*Voyez* ce mot.), caractérisé ainsi qu'il suit : huit incisives à la mâchoire inférieure; des cornes à la tête, solides, rameuses et annuellement caduques dans les mâles; des larmiers; corps à poil ras, queue courte, pieds élevés. Ce genre, assez nombreux en espèces, renferme notamment, l'AXIS, le CERF, le CHEVREUIL, le DAIM, l'ELAN, le RENNE, &c.

Les *bois* ou les cornes des quadrupèdes du genre des cerfs, sont d'une nature bien différente de celle des cornes des autres ruminans. Ces cornes, dans les *bœufs*, les *chèvres*, les *gazelles*, sont creuses en dedans, au lieu que le bois des *cerfs* est solide dans toute son épaisseur. La substance de ces cornes est la même que celle des ongles, des ergots, des écailles ; celle du bois des *cerfs*, au contraire, ressemble plus au bois qu'à toute autre substance. Toutes ces cornes creuses sont revêtues en dedans d'un périoste, et contiennent dans leur cavité un os qui les soutient et leur sert de noyau ; elles ne tombent jamais, et elles croissent pendant toute la vie de l'animal, en sorte qu'on peut juger son âge par les nœuds ou cercles annuels de ses cornes. Au lieu de croître comme le bois des *cerfs*, par leur extrémité supérieure, elles croissent, au contraire, comme les ongles, les plumes, les cheveux, par leur extrémité inférieure. (DESM.)

CERF (*Cervus elaphus* Linn. *Voyez* tom. 24, pag. 68, pl. 4, 5 et 6 de l'*Histoire naturelle des Quadrupèdes* de Buffon, édition de Sonnini.), quadrupède du genre du même nom et de la seconde section de l'ordre des RUMINANS. (*Voyez* ces mots.) Le *cerf* est, sans contredit, le plus bel animal de nos forêts. Sa forme élégante et légère, sa taille aussi svelte que bien prise, ses membres flexibles et nerveux, sa tête parée plutôt qu'armée d'un bois vivant qui se renouvelle tous les ans, sa grandeur, sa légèreté, sa force, le distinguent assez des autres habitans des bois.

Le pelage le plus ordinaire pour le *cerf* est le fauve ; cependant il se trouve un assez grand nombre de *cerfs* bruns, et d'autres qui sont roux ; les *cerfs* blancs sont bien plus rares, et semblent être des *cerfs* devenus domestiques, mais très-anciennement, car Aristote et Pline parlent des *cerfs* blancs, et il paroît qu'ils n'étoient pas alors plus communs qu'ils ne le sont aujourd'hui. La couleur du poil du *cerf* semble dépendre en partie de l'âge de l'animal. Le *faon* ou jeune *cerf* de six mois, porte la livrée comme le MARCASSIN. (*Voyez* COCHON.) Son pelage est parsemé de taches blanches sur un fond mêlé de fauve et de brun. Les *jeunes cerfs* (ou *cerfs* de deux à cinq ans) ont ordinairement le pelage d'un fauve clair et délayé. Ceux qui sont d'un âge plus avancé l'ont, le plus souvent, d'un roux vif ou d'un brun roussâtre. Il existe une variété de l'espèce du *cerf* (*le cerf des Ardennes*) dont le poil est tout noir.

On donne le nom de *larmiers* à deux fentes qui sont au-dessous des yeux du *cerf* ; il en sort une liqueur jaune, qu'on nomme *larmes de cerfs*.

La femelle du *cerf*, que l'on appelle du nom de *biche*, est plus petite que le mâle ; elle ne porte point de *bois* ; son pelage est moins sujet à varier ; il est ordinairement fauve.

Le *faon* mâle ne porte ce nom que jusqu'à six mois environ ; vers les mois d'octobre et de novembre, il quitte la livrée et prend celui de *hère* ; c'est alors qu'il paroît sur le *test* (l'os frontal) deux élévations que l'on nomme *bosses*, et qui prennent par la suite le nom de *pivots*. Ces élévations se prolongent, lorsque le *cerf* a un an accompli, mais ces prolongemens ne sont pas de la nature des *bosses* ou de leurs bases, ils sont sanguins et presque cartilagineux ; cependant ils s'ossifient entièrement et progressivement depuis la base jusqu'à l'extrémité ; ils ont huit à dix pouces de longueur, sont simples, sans ramifications ou *andouillers*, et portent le nom de *dagues*. Ils sont recouverts d'une peau velue jusqu'à ce qu'ils aient acquis une consistance parfaite. Le *cerf* fait tomber cette peau en se frottant contre les arbres ; il prend alors le nom de *daguet*, et le porte environ un an.

Vers le mois de mai suivant, lorsque le *cerf* entre dans sa troisième année, ces deux dagues se détachent du pivot ou de l'os qui leur sert de base, et tombent ; ensuite le *cerf* pousse sa seconde *tête* (en termes de chasse on donne le nom de *tête* aux deux bois du *cerf*, et la tête, qui les porte, s'appelle *massacre*) ; elle est ornée de trois ou quatre branches qu'on nomme *andouillers*, et ce qui la distingue le plus de la première, ou des *dagues*, c'est que le sommet du pivot est entouré d'une espèce de bourrelet qui a reçu le nom de *meule*, et qui se retrouve dans toutes les *têtes* d'un âge plus avancé. C'est donc à sa troisième année que le *cerf* pousse sa seconde *tête* ; il en prend le nom, et ainsi, d'année en année, jusqu'à la cinquième qu'il a sa quatrième *tête*. A six ans on le désigne par le nom de *dix cors jeunement* ; à sept, il reçoit celui de *dix cors* ; enfin, passé cet âge, il prend celui de *vieux cerf*.

La *tête*, ou le bois du *cerf*, est composée des *meules* ou *couronnes* qui posent sur le *pivot* ; il en sort la maîtresse branche, que l'on nomme *marrain* ou *merrain* ; elle est accompagnée auprès de la *meule* du premier *andouiller*, qui sort en avant, et dont la pointe est recourbée en remontant ; c'est le plus long des *andouillers* ; au-dessus et tout près est le *sur-andouiller*, beaucoup plus court ; le troisième *andouiller* se nomme *chevillure* ; il est ordinairement beaucoup plus long que le précédent. Quelquefois il y a le long du *marrain* un quatrième *andouiller* que l'on nomme *trochure*. L'*empaumure* termine le *marrain* ; on la nomme ainsi, parce qu'elle ressemble, imparfaitement à la vérité, à la paume de la main, de laquelle il sort plusieurs doigts ; les *andouillers* de l'*empau-*

mure varient en nombre, depuis deux jusqu'à huit, et quelquefois plus, mais cela est très-rare. Les secondes *têtes* n'ont ordinairement que deux *andouillers* dans la longueur du *marrain*. Il arrive assez souvent que les deux empaumures ne sont pas également garnies.

C'est au printemps que les cerfs *mettent bas* ; la tête se détache d'elle-même, ou par un petit effort qu'ils font en s'accrochant à quelque branche ; il est rare que les deux côtés tombent précisément en même temps, et souvent il y a un jour ou deux d'intervalle entre la chute de chacun des côtés de la tête. Les vieux *cerfs* sont ceux qui mettent bas les premiers, vers le commencement de février ; les *cerfs* de *dix cors* ne mettent bas que vers la fin du même mois ou dans le courant de mars ; ceux de *dix cors jeunement*, dans le courant d'avril ; les jeunes *cerfs*, en mai ; et les *daguets*, au commencement de juin ; mais il y a sur tout cela beaucoup de variétés, et l'on voit quelquefois de vieux *cerfs* mettre bas plus tard que d'autres qui sont plus jeunes. Au reste, la mue de la *tête* des *cerfs* avance lorsque l'hiver est doux, et retarde lorsqu'il est rude et de longue durée.

Pendant l'hiver les *cerfs* se rassemblent en troupes ou *hardes*, et se tiennent serrés les uns contre les autres dans les endroits les plus fourrés. A la fin de cette saison, ils gagnent le bord des forêts et sortent dans les blés. C'est alors qu'ils mettent bas. Dès qu'ils se sont débarrassés de leur *tête*, ils se séparent les uns des autres, et il n'y a plus que les jeunes qui demeurent ensemble ; ils ne se tiennent pas dans les forts, mais ils gagnent les beaux pays, les buissons, les taillis clairs, où ils demeurent tout l'été pour y *refaire* leur *tête* : et, dans cette saison, ils marchent la tête basse, crainte de la froisser contre les branches, car elle est sensible tant qu'elle n'a pas pris son entier accroissement. La *tête* des vieux *cerfs* n'est encore qu'à moitié *refaite* vers le commencement de juin, et n'est tout-à-fait alongée et endurcie que vers le milieu d'août. Celle des jeunes *cerfs*, tombant plus tard, repousse et se *refait* aussi plus tard ; mais, dès qu'elle est entièrement alongée, et qu'elle a pris de la solidité, les *cerfs* la frottent contre les arbres pour la dépouiller de la peau dont elle est revêtue ; et, comme ils continuent à la frotter plusieurs jours de suite, on prétend qu'elle se teint de la couleur de la sève du bois auquel ils touchent ; qu'elle devient rousse contre les hêtres et les bouleaux, brune contre les chênes, et noirâtre contre les charmes et les trembles. Au reste, la couleur du bois comme la couleur du poil, semble dépendre, en général, de l'âge et de la nature de l'animal ; les jeunes *cerfs* ont le bois plus blanchâtre et moins teint que les vieux. A l'intérieur, le bois de tous les *cerfs* est à-peu-près également blanc ; mais ces bois diffèrent beaucoup les uns des autres, en solidité et par leur texture plus ou moins serrée ; il y en a qui sont fort spongieux, et où même il se trouve des cavités assez grandes ; cette différence dans la texture suffit pour qu'ils puissent se colorer différemment, et il n'est pas nécessaire d'avoir recours à la sève des arbres pour produire cet effet, puisque nous voyons tous les jours l'ivoire le plus blanc, jaunir ou brunir à l'air, quoiqu'il soit d'une nature bien plus compacte et moins poreuse que celle du bois du cerf.

Les *perlures* sont des inégalités perlées qui sont le long du *marrain* et des *andouillers* ; les *pierrures* sont les mêmes inégalités sur les *meules*. Les sillons qui les séparent les unes des autres sont formés par les vaisseaux sanguins qui ont nourri la *tête*. La peau qui enveloppe le *refait* couvre et contient tous ces vaisseaux sur la superficie du *marrain* ; comme il n'est d'abord formé que de substance molle, ces vaisseaux y restent empreints, et le sillonnent selon le cours qu'ils ont eu ; ils se divisent à l'infini et se croisent dans tous les sens ; quelques-uns des plus gros partent de la meule et se prolongent le long du *marrain* et des *andouillers*, jusqu'à l'*empaumure* où ils se ramifient. Lorsque la production de la *tête* est presque complète, les *pierrures* de la meule, entre lesquelles passent les principaux vaisseaux sanguins, prennent de l'accroissement, resserrent peu à peu ces vaisseaux, et, continuant à croître, finissent par les oblitérer totalement. Leur extrémité qui porte la nourriture à la *tête*, ne recevant plus de substance, se flétrit et la peau se dessèche. Le *cerf* éprouve probablement alors des démangeaisons qui l'engagent à la dépouiller, et il y a apparence qu'il trouve, pendant quelque temps, un certain plaisir à se frotter contre les arbres.

Peu de temps après que les *cerfs* ont *bruni* leur *tête* (c'est-à-dire qu'ils ont dépouillé leurs bois de ces peaux devenues inutiles), ils commencent à ressentir les impressions du rut ; les vieux sont les plus avancés. Dès le milieu de septembre, ils quittent les buissons, reviennent dans les forts, et commencent à chercher les *bêtes* (les *biches*); ils *raient* d'une voix forte ; le cou et la gorge leur enflent ; ils se tourmentent, ils traversent en plein jour les guérets et les plaines, ils donnent de la tête contre les arbres et les cepées, enfin ils paroissent transportés, furieux, et courent de pays en pays jusqu'à ce qu'ils aient trouvé des *biches*, qu'il ne suffit pas de rencontrer, mais qu'il faut encore poursuivre, contraindre, assujettir, car elles les évitent d'abord ; elles fuient et ne les attendent qu'après avoir été long-temps fatiguées de leur poursuite. C'est aussi par les plus vieilles que commence le rut ; les jeunes *biches* n'entrent en chaleur que plus tard ; et lorsque deux *cerfs* se trouvent auprès de la même, il faut encore combattre avant que de jouir ; s'ils sont d'égale force, ils se menacent, ils grattent la terre, ils *raient* d'un cri terrible, et se précipitant l'un sur l'autre, ils se battent à outrance, et se donnent des coups de tête et d'*andouillers* si fort, que souvent ils se blessent à mort. Le combat ne finit que par la défaite ou la fuite de l'un des deux, et alors le vainqueur ne perd pas un instant pour jouir de sa victoire et de ses desirs, à moins qu'un autre ne survienne encore, auquel cas il part pour l'attaquer et le faire fuir comme le premier. Les plus vieux *cerfs* sont toujours les maîtres, parce qu'ils sont plus fiers et plus hardis que les jeunes, qui n'osent approcher d'eux ni de la *biche*, et qui sont obligés d'attendre qu'ils l'aient quittée pour l'avoir à leur tour ; quelquefois cependant ils sautent sur la *biche* pendant que les vieux combattent, et après avoir joui fort à la hâte, ils fuient promptement. Les *biches* préfèrent les vieux *cerfs*, non pas parce qu'ils sont plus courageux, mais parce qu'ils sont beaucoup plus chauds et plus ardens que les jeunes ; ils sont aussi plus inconstans, ils ont souvent plusieurs *biches* à-la-fois, et lorsqu'ils n'en ont qu'une, ils ne s'y attachent pas ; ils ne la gardent que quelques jours, après quoi ils s'en séparent et vont en chercher une autre auprès de laquelle ils demeurent encore moins, et passent ainsi à plusieurs jusqu'à ce qu'ils soient tout-à-fait épuisés.

Cette fureur amoureuse ne dure que trois semaines ; pendant ce temps, ils ne mangent que très-peu, ne dorment ni ne reposent ; nuit et jour ils sont sur pied, et ne font que marcher, courir, combattre et jouir : aussi sortent-ils de là si défaits, si fatigués, si maigres, qu'il leur faut du temps pour se remettre et reprendre des forces. Ils se retirent ordinairement alors sur le bord des forêts, le long des meilleurs gagnages, où ils peuvent trouver une nourriture abondante, et ils y demeurent jusqu'à ce qu'ils soient rétablis.

Le rut pour les vieux *cerfs* commence vers le milieu du mois d'août et finit vers la fin de septembre. Pour les *cerfs* de *dix cors* et de *dix cors jeunement*, il commence vers le 7 septembre et finit vers le 2 octobre ; pour les jeunes *cerfs*, c'est depuis le 23 septembre jusqu'au 17 octobre, et dans les dix derniers jours du même mois, il n'y a plus que les *daguets* qui sont en rut, parce qu'ils y sont entrés les derniers de tous ; les plus jeunes *biches* sont de même les dernières en chaleur.

Le rut est donc entièrement fini vers le commencement de novembre, et les cerfs, dans ce temps de foiblesse, sont faciles à forcer. Dans les années abondantes en gland, ils se rétablissent en peu de temps, par la bonne nourriture, et l'on remarque souvent un second rut au commencement de novembre, mais qui dure beaucoup moins que le premier.

Dans les climats plus chauds que celui de la France, comme les saisons sont plus avancées, le rut est aussi plus précoce. En Grèce, par exemple, il paroît, par ce qu'en dit Aristote, qu'il commence dans le milieu du mois d'août, et qu'il finit vers les premiers jours d'octobre.

Les *biches* portent huit mois et quelques jours ; elles ne produisent ordinairement qu'un petit, très-rarement deux ; elles mettent bas vers le commencement de juin ; elles ont grand soin de dérober leur *faon* à la poursuite des chiens ; elles se présentent et se font chasser elles-mêmes pour les éloigner, après quoi elles viennent le rejoindre. Toutes les *biches* ne sont pas fécondes ; il y en a qu'on appelle *bréhaignes*, qui ne portent jamais ; ces *biches* sont plus grosses et prennent beaucoup plus de *venaison* que les autres ; aussi sont-elles les premières en chaleur. On prétend aussi qu'il se trouve quelquefois des *biches* qui ont un bois comme le *cerf*.

Le *cerf* est en état d'engendrer à dix-huit mois, car on a vu des *daguets* couvrir des *biches*, et l'on s'est assuré que ces accouplemens sont productifs. Dans l'homme, la barbe, le poil, le gonflement des mamelles, l'épanouissement des parties de la génération, précèdent la puberté. Dans les animaux en général, et dans le *cerf* en particulier, la surabondance de nourriture, qui produit tous ces effets dans l'homme, se marque par des effets encore plus sensibles ; elle produit la *tête*, le gonflement des *daintiers* ou *testicules*, l'enflure du cou et de la gorge, le rut, &c. Et comme le *cerf* croît fort vîte dans le premier âge, il ne se passe qu'un an depuis sa naissance jusqu'au temps où cette surabondance commence à se marquer au-dehors par la production du bois ; et à mesure que ce bois prend de la consistance, l'animal achève de se charger de *venaison*, qui est une graisse abondante produite aussi par le superflu de la nourriture, qui dès-lors commence à se déterminer vers les parties de la génération, et à exciter le *cerf* à cette ardeur du rut qui le rend furieux. Et ce qui prouve évidemment que la production du bois et celle de la liqueur séminale, dépendent de la même cause, c'est que si l'on détruit la source de la liqueur séminale, en supprimant, par la castration, les organes nécessaires pour cette sécrétion, on supprime en même temps la production du bois ; car si l'on fait cette opération dans le temps qu'il a mis bas sa *tête* , il ne s'en forme pas une nouvelle ; et , si on ne la fait, au contraire, que dans le temps qu'il a *refait* sa *tête* , elle ne tombe plus ; l'animal, en un mot, reste pour toute sa vie dans l'état où il étoit lorsqu'il a subi la castration ; et comme il n'éprouve plus les ardeurs du rut, les signes qui l'accompagnent disparoissent aussi ; il n'y a plus d'enflure au cou ni à la gorge , et il devient d'un naturel plus doux et plus tranquille. Les *cerfs* coupés ne laissent pas de devenir gras, mais leur graisse ne s'exalte ni ne s'échauffe pas comme la *venaison* des *cerfs* entiers, qui, lorsqu'ils sont en rut, ont une odeur si forte, qu'elle infecte de loin ; leur chair même en est si fort imbue et pénétrée , qu'on ne peut ni la manger ni la sentir, et qu'elle se corrompt promptement ; au lieu que celle du *cerf* coupé se conserve fraîche , et peut se manger en tous les temps.

La disette et le manque de tranquillité retardent l'accroissement du bois , et en diminuent le volume, très-considérablement. Les *cerfs* qui habitent les pays abondans , où ils *viandent* (mangent) à leur aise, où ils ne sont troublés ni par les chiens ni par les hommes , ont toujours la *tête* belle, haute, et bien ouverte ; ceux, au contraire, qui habitent un pays où ils n'ont ni repos ni nourriture suffisante ; ceux qui se portent mal, qui ont été blessés ou qui ont seulement été inquiétés ou courus, prennent rarement une belle *tête* et une bonne *venaison* ; ils n'entrent en rut que plus tard, il leur faut plus de temps pour *refaire* leur *tête* , et ils ne la mettent bas qu'après les autres. On a remarqué que les *cerfs* coupés et les *biches* mangent moins que les *cerfs* entiers ; en effet, ces animaux , n'ayant point de *bois* à *refaire* , n'ont pas besoin d'une aussi grande quantité de nourriture.

Toute la vie du *cerf* se passe, comme on le voit, dans des alternatives de plénitude et d'inanition , d'embonpoint et de maigreur , de santé , et pour ainsi dire de maladie , sans que ces oppositions si marquées , et cet état, toujours excessif, altèrent sa constitution ; il vit aussi long-temps que les autres animaux qui ne sont pas sujets à ces vicissitudes. Comme il est cinq ou six ans à croître , il vit trente - cinq ou quarante ans.

Le *cerf* a l'œil bon , l'odorat exquis et l'oreille excellente. Lorsqu'il veut écouter , il lève la tête , dresse les oreilles , et alors il entend de fort loin. Lorsqu'il sort d'un petit taillis où de quelqu'autre endroit à demi-découvert , il s'arrête pour regarder de tous côtés , et cherche ensuite le dessous du vent pour sentir s'il n'y a pas quelqu'un qui puisse l'inquiéter. Il est

d'un naturel assez simple ; et cependant il est curieux et rusé.
Lorsqu'on le siffle ou qu'on l'appelle de loin, il s'arrête tout
court, regarde fixement, et avec une espèce d'admiration, les
voitures, le bétail, les hommes ; et, s'ils n'ont ni armes, ni
chiens, il continue à marcher d'assurance, et passe son chemin fièrement et sans fuir. Il paroît aussi écouter avec autant
de tranquillité que de plaisir, le chalumeau ou le flageolet des
bergers ; et les veneurs se servent quelquefois de cet artifice
pour le rassurer. En général, il craint beaucoup moins
l'homme que les chiens, et ne prend de la défiance et de la
ruse, qu'à mesure et qu'autant qu'il aura été inquiété ; il
mange lentement, il choisit sa nourriture ; et lorsqu'il a
viandé, il cherche à se reposer pour ruminer à loisir ; mais il
paroît que la rumination ne se fait pas avec autant de facilité que dans le bœuf ; ce n'est, pour ainsi dire, que par se-
cousses que le *cerf* peut faire remonter l'herbe contenue dans
son premier estomac. Cela vient de la longueur et de la
direction du chemin qu'il faut que l'aliment parcoure. Le
bœuf a le cou droit et court, le cerf l'a long et arqué ; il faut
donc beaucoup plus d'effort pour faire remonter l'aliment, et
cet effort se fait par une espèce de hoquet, dont le mouvement
se marque au-dehors, et dure pendant tout le temps de la
rumination. Il a la voix d'autant plus forte, plus grosse et plus
tremblante, qu'il est plus âgé ; la biche a la voix plus foible et
plus courte ; elle ne rait pas d'amour, mais de crainte. Le *cerf*
rait d'une manière effroyable dans le temps du rut ; il est
alors si transporté, qu'il ne s'inquiète ni ne s'effraie de rien ;
on peut donc le surprendre aisément ; et, comme il est surchargé de *venaison*, il ne tient pas long-temps devant les
chiens ; mais il est dangereux aux abois ; il se jette sur eux
avec une espèce de fureur. Il ne boit guère en hiver, et encore
moins au printemps ; l'herbe tendre et chargée de rosée, lui
suffit ; mais dans les chaleurs de l'été, il va boire aux ruisseaux, aux mares, aux fontaines ; et, dans le temps du rut,
il est si fort échauffé, qu'il cherche l'eau par-tout ; non-
seulement pour appaiser sa soif brûlante, mais pour se baigner et se rafraîchir le corps. Il nage parfaitement bien, et
plus légèrement alors que dans tout autre temps, à cause de
la *venaison* dont le volume est plus léger qu'un pareil volume
d'eau. On en a vu traverser de très-grandes rivières ; on
prétend même, qu'attirés par l'odeur des *biches*, les *cerfs* se
jettent à la mer dans le temps du rut, et passent d'une île
à une autre, à des distances de plusieurs lieues. Ils sautent
encore plus légèrement qu'ils ne nagent ; car lorsqu'ils sont
poursuivis, ils franchissent aisément une haie, et même un

palis d'une toise de hauteur. Leur nourriture est différente, suivant les diverses saisons ; en automne, après le rut, ils cherchent les boutons des arbustes verts, les fleurs des bruyères, les feuilles des ronces, &c. En hiver, lorsqu'il neige, ils pèlent les arbres, et se nourrissent d'écorce, de mousse, &c. ; et, lorsqu'il fait un temps doux, ils vont *viander* dans les blés ; au commencement du printemps, ils cherchent les chatons des trembles, des marsaules, des coudriers, les fleurs et les boutons du cornouiller, &c. ; en été, ils ont de quoi choisir, mais ils préfèrent les seigles à tous les autres grains, et la bourgène à tous les autres bois. La chair du *faon* est bonne à manger ; celle de la *biche* et du *daguet* n'est pas absolument mauvaise ; mais celle des *cerfs* a toujours un goût désagréable et fort. Ce que cet animal a de plus utile, c'est son bois et sa peau ; on la prépare, et elle fait un cuir souple et très-durable. Le bois s'emploie par les couteliers, les fourbisseurs, &c. et l'on en tire, par la chimie, de l'alcali-volatil, dont on a fait un grand usage en médecine, sous le nom d'*esprit de corne de cerf.*

La taille de ces animaux est fort différente, selon les lieux qu'ils habitent ; les *cerfs* de plaines, de vallées ou de collines abondantes en grains, ont le corps beaucoup plus grand et les jambes plus hautes que les *cerfs* des montagnes sèches, arides et pierreuses ; ceux-ci ont le corps bas, court et trapu ; ils ne peuvent courir aussi vîte, mais ils vont plus long-temps que les premiers ; ils sont plus méchans, ils ont le poil plus long sur le *massacre* (la tête) ; leurs bois sont ordinairement bas et noirs. Ces petits *cerfs* trapus n'habitent guère les futaies, et se tiennent presque toujours dans les taillis, où ils peuvent plus aisément se soustraire à la poursuite des chiens ; leur *venaison* est plus fine, et leur chair est de meilleur goût que celle des *cerfs* de plaine. Le *cerf de Corse* (*Hist. nat. des Quad. de Buffon*, édit. de Sonnini, tom. 24, pag. 116, pl. 6.) paroît être le plus petit de tous ces *cerfs* de montagnes ; il n'a guère que la moitié de la hauteur des *cerfs* ordinaires ; il a le pelage brun, le corps trapu, les jambes courtes.

Il y a, en Allemagne, une autre race de *cerfs*, qui est connue dans le pays sous le nom de *brandhirtz*, et de nos chasseurs sous celui de *cerf des Ardennes* ; c'est le *cervus hippelaphus* de Linnæus. Il est plus grand que le *cerf* commun ; il en diffère non-seulement par le pelage, qu'il a d'une couleur plus foncée et presque noire, mais encore par un long poil qu'il porte sur les épaules et sur le cou. Cette variété de l'espèce du *cerf*, est l'*hippelaphe* d'Aristote, et le *tragelaphe* de Pline.

On a pensé qu'on pourroit rendre domestiques les *cerfs* de nos bois, en les traitant comme les Lapons traitent leurs *rennes*, avec soin et douceur. Buffon cite, à ce sujet, un exemple qu'on pourroit suivre. « Autrefois, dit-il, il n'y » avoit point de *cerfs* à l'Ile-de-France ; ce sont les Portu- » gais qui en ont peuplé cette île. Ils sont petits et ont le » poil plus gris que ceux d'Europe, desquels, néanmoins, » ils tirent leur origine. Lorsque les Français s'établirent » dans l'île, ils trouvèrent une grande quantité de ces *cerfs* ; » ils en ont détruit une partie, et le reste s'est réfugié dans » les endroits les moins fréquentés de l'île. On est parvenu » à les rendre domestiques, et quelques habitans en ont » des troupeaux ».

L'on est aussi parvenu à faire des attelages de *cerfs*. Valmont de Bomare rapporte qu'il a vu, en Allemagne, un attelage composé de six de ces animaux, dociles au mors et actifs au coup de fouet. Il y avoit aussi en 1770, dans la magnifique écurie de Chantilly, deux *cerfs* qui se laissoient atteler à un petit chariot qu'ils tiroient, chargé de deux personnes. (DESM.)

Chasse du Cerf.

La chasse du *cerf* se fait de deux manières, aux *chiens courans* et aux *piéges*.

La plus belle chasse aux chiens courans est sans contredit celle du *cerf* ; elle est aussi la plus savante et la plus difficile ; elle demande des connoissances très-étendues et très-variées, qui ne peuvent s'acquérir que par une longue expérience ; elle exige enfin un appareil d'hommes, de chevaux et de chiens dressés.

Pour chasser le *cerf* il faut d'abord savoir le *juger*, c'est-à-dire connoître, sans l'avoir vu, son âge et son sexe. On *juge* le cerf par le *pied* et *les allures* ; par les *foulées* et les *portées* ; par *les manœuvres nocturnes*, et enfin par les *fumées*. Ces connoissances, que l'expérience seule rend exactes, se composent encore d'observations relatives aux saisons, à la nature de l'animal, au canton dans lequel il est né et à celui dans lequel il habite ; mais ce qu'il faut savoir d'abord, pour parvenir à ces connoissances, c'est que les traces ou *voies du cerf*, en laissant voir l'impression des différentes parties du pied et de la jambe de l'animal, décèlent ses *pinces*, qui sont les deux bouts ou extrémités extérieures du pied ; son talon ou *éponge*, qui en est le haut, et doit être à quatre doigts de l'ergot ou os, et enfin cet ergot, près duquel le talon se rapproche à mesure que le cerf vieillit. Mais cette impression du pied et de la jambe du *cerf* est plus ou moins forte , suivant que le terrein qui la reçoit est caillouteux ou fangeux ; dans le premier cas elle est très - légère , dans le second elle est très - prononcée, et elle l'est d'autant plus que la bête est plus grosse ; ainsi , indépendamment des autres indices qui marquent la différence du pied de la jeune bête de ceux de la vieille , l'impression du pied du *faon* et du *daguet* est bien moins profonde que celle du *cerf dix cors* ou du vieux *cerf.* A cet égard il faut encore observer que les *cerfs* qui habitent les pays de plaines bien cultivées, c'est-à-dire les bois entourés de champs fertiles , parce qu'ils ont le corsage plus grand , ont ordinairement le pied plus fort que les *cerfs* qui habitent les grandes forêts ; ceux qui habitent sur un sol pierreux, ont les côtés, les pinces et le talon plus usés que ceux qui marchent sur un terrein doux : dans un pays marécageux , le pied se conserve , la corne se renfle , les côtés ne s'usent pas et restent tranchans ; on appelle ces pieds *pieds-de-gondole,* parce que les côtés rentrent vers la sole. Les *biches* et les *daguets* , plus foibles et plus timides , ayant la marche moins assurée, laissent plus appercevoir les talons et les pinces écartées , tandis que le *cerf dix cors* , ayant la marche plus grave et plus hardie , sur - tout s'il n'a pas encore été lancé, pèse plus sur les pinces , qui sont moins écartées et rondes ; ses pieds de derrière , toujours plus petits que ceux de devant , se placent , quand il marche d'assurance , de manière que les pinces touchent les talons des pieds de devant , sur - tout quand il est gras, autrement dit , en terme de venerie , chargé de venaison ; souvent même les pieds de derrière se placent dans la trace des pieds de devant, ce que ne fait pas la biche, qui se *méjuge* dans ses allures , les ayant tantôt grandes, tantôt petites , et toujours droites , en sorte que les pieds sont toujours en ligne droite, à moins qu'elle ne soit pleine ou qu'elle n'ait du lait ; si , à une de ses allures , elle met le pied de derrière dans celui de devant , elle le met ensuite à côté ou devant , ou le couvre en entier. Les jeunes *cerfs* vont souvent comme les biches , les pinces de devant écartées , mais celles des pieds de derrière sont toujours fermées , et ils diffèrent en cela des biches, qui ont les pinces des quatre pieds écartées ; ils se méjugent aussi d'une manière différente , en ce qu'ils portent les pieds de derrière à côté , en dedans ou en dehors de ceux de devant ; mais les traces des uns et des autres sont nulles pour le chasseur lorsqu'il a neigé ou qu'il a plû par-dessus , et encore en temps de sécheresse , lorsque la terre est fine comme de la cendre , ou enfin sur un terrein dur et pierreux. Dans ces circonstances, lorsqu'il s'agit de quêter un *cerf* pour le détourner, c'est-à-dire lorsque la veille d'un jour fixé pour la chasse on veut s'assurer du lieu où le *cerf* repose, ou bien lorsqu'après l'avoir détourné il s'agit de le lancer ou de le courre, ou enfin quand on en recherche la voie, après qu'il a donné le change aux chiens, à défaut des indices par le pied, il faut chercher et reconnoître celles que donnent les *foulées* et *portées*.

Les *foulées* sont les empreintes que le pied du *cerf* laisse sur l'herbe ou sur les feuilles. Lorsque le veneur a besoin de ces indices, il doit les chercher en se traînant sur les genoux et sur les mains le long du chemin que l'animal est soupçonné avoir suivi dans le bois ; là la terre ombragée conserve plus d'humidité et de fraîcheur, et l'herbe, la mousse et les feuilles tombées, conservent assez l'empreinte du pied du *cerf* pour en montrer la forme et faire connoître son âge, que décèle le plus ou le moins de profondeur de la trace. La *foulée* peut encore servir à indiquer de quel côté l'animal avoit la tête tournée dans sa marche ; on met le doigt dans l'empreinte, et la partie la plus profonde, en indiquant l'impression des pinces, fait juger de quel côté le cerf dirige ses pas.

Les *portées* sont les branches que le cerf touche et ploie avec sa tête, dans la coulée par laquelle il se *rembûche*, c'est-à-dire dans le chemin étroit qu'il suit pour se rendre dans l'endroit du bois où il se repose : cet indice est moins sûr que les précédens, et doit seulement y suppléer. Un plus sûr se tire des *fumées* ou fientes. Le valet de limier, chargé de découvrir un cerf, doit y faire attention, et s'attacher à les connoître, pour juger l'âge et le sexe de l'animal auquel elles appartiennent ; il faut donc qu'il sache que pendant l'hiver le *cerf* ne jette que de petites fumées, dures et sèches, dont on ne peut tirer aucunes connoissances, aussi n'est-ce qu'en mai qu'elles fournissent des indices ; alors les *cerfs* jettent leurs fumées en *bouzards*, c'est-à-dire molles et amassées comme les fientes de vaches ; dans le mois de juin, quoiqu'encore amassées, elles sont moins molles et commencent à se détacher, on les nomme pour lors *fumées en plateau* ; en juillet elles sont en *troches* ou *demi-formées* ; au mois d'août, et même dès la fin de juillet, elles sont *formées* ; alors encore elles sont jaunes et s'appellent *fumées dorées*. Les gros *cerfs*, quand ils sont gras, jettent leurs fumées *en chapelet*, ainsi appelés parce que, quoique bien formées, elles se tiennent par un filet glaireux. Les biches, dans le temps qu'elles mettent bas, jettent aussi des glaires avec leurs fumées, mais elles sont mêlées de sang. Lorsque les fumées sont formées, on distingue celles des gros cerfs , parce qu'elles sont mieux moulées et plus lourdes que celles des jeunes cerfs , en plus grande quantité , et semées de distance en distance. Lorsque les fumées sont en bouzards , celles des gros cerfs sont larges et épaisses. Un jeune cerf jette beaucoup de fumées à la fois , elles sont légères , mal moulées , unies et non ridées ; les *aiguillons* ou pointes en sont menus et alongés , au lieu que ceux des fumées du gros cerf sont gros et courts ; les fumées du jeune cerf sont souvent *entées* , c'est-à-dire enchâssées deux à deux l'une dans l'autre ; un *cerf dix cors* ne jette jamais de fumées *entées* , mais quelquefois de *grumelées* , c'est-à-dire de petites comme des noyaux de cerise mêlées avec de grosses. Quand les fumées sont toutes petites , passé le temps des bouzards , ces sortes de fumées annoncent un très-vieux cerf. Une biche échauffée jette quelquefois de grumelures , mais elles sont inégales et légères. Si un veneur trouve des fumées formées et ridées dans le temps qu'elles doivent être en bouzards , il doit juger qu'elles viennent d'une biche échauffée qui va mettre bas , et , en y faisant attention , il verra que ces fumées sont aiguillonnées par les deux bouts , ce qui n'est pas à celles des cerfs , qui ne le sont que par un bout , et qu'enfin elles sont moins bien moulées et plus légères que celles même des plus jeunes cerfs. Pour bien juger les fumées il faut encore faire attention à l'espèce de nourriture que le cerf aura prise la nuit : un cerf qui vient de se nourrir d'herbes fraîches jette des fumées presque liquides , et qu'à peine on peut lever , tandis qu'un autre cerf du même âge , qui dans la même nuit aura mangé du blé ou autre grain mûr , jettera des fumées formées et dorées , et qu'un autre cerf enfin , qui aura passé la nuit à brouter dans les taillis ou en pleine forêt , jettera des fumées dures et noires. Une dernière observation à faire sur les fumées , c'est que si le veneur est dans le doute qu'elles soient vieilles ou fraîches , ce qui en change la forme suivant qu'elles se trouvent à l'ombre ou exposées au soleil ou à la pluie , il doit les casser ; si elles sont vieilles elles sentent l'aigre ou elles sont remplies de petits insectes qui s'en nourrissent.

Quant aux indices que fournissent les manœuvres de nuit des *cerfs* , ils sont foibles , et tout ce qu'on peut observer de plus clair à ce sujet , c'est que les gros cerfs se rendent aux *gagnages* , c'est-à-dire dans les champs de blé ou d'autres grains dont ils se nourrissent , toujours par le plus court chemin ; ainsi , si dans un champ on trouve des pieds ou des fumées de cerf , on peut croire qu'il s'est rembûché , c'est-à-dire qu'il est rentré dans le bois par la coulée ou petit chemin le plus près du champ, dans lequel ou près duquel on a apperçu ses pieds ou ses fumées, et ce qu'il y a de bien certain, c'est qu'il va seul aux gagnages et jamais avec des biches ou de jeunes cerfs.

Telles sont les différentes connoissances que doit avoir un veneur pour juger le *cerf* qu'il veut chasser ; maintenant il faut indiquer celles qui sont nécessaires pour s'assurer de l'endroit où il se repose, et où on est à-peu-près sûr de le retrouver pour le lancer au moment de la chasse ; c'est ce qui s'appelle *détourner le cerf*. Le moyen d'y réussir est d'abord de bien reconnoître le *rembûchement*, c'est-à-dire l'endroit par où il est rentré dans le bois après avoir *viandé*, autrement dit avoir pâturé ; comme en rentrant dans le bois le *cerf*, avant de chercher un lieu de repos pour y digérer son *viandis*, c'est-à-dire la nourriture qu'il vient de prendre, a quelquefois besoin de se ressuier, ce qui arrive dans les temps humides, il s'arrête sur la lisière du bois, dans une clairière, et ne s'enfonce que lorsqu'il a séché son *pelage*, son poil ; si dans le moment qu'il est au ressuti on cherchoit à le détourner, on ne feroit que l'inquiéter, sans espérance qu'il s'arrête dans le canton où il s'est rembûché ; il faut donc, suivant le temps et la saison, lui donner le temps de se ressuier au sortir du gagnage, et c'est seulement après avoir reconnu son rembûchement, que le veneur fait entrer son limier dans le bois ; alors, après avoir jugé à-peu-près par la voie que le chien a suivie l'endroit où le cerf se repose, il s'en assure en faisant avec son chien une sorte d'enceinte, qu'il marque en brisant des branches à partir du rembûchement jusqu'à ce qu'il soit revenu au même point, sans avoir rencontré la voie du même cerf, qu'il a reconnue par le pied, les fumées et autres indices. Cela fait, il rend compte de ses opérations et des reconnoissances qu'il a faites, et comme, si rien depuis ce moment n'est venu inquiéter le cerf, on est sûr qu'il reviendra le lendemain au même endroit, on en fixe la chasse à ce jour.

Cette chasse est un art qui, outre les connoissances dont on vient d'indiquer seulement les principales, en suppose une infinité d'autres, qui s'acquièrent par l'expérience, et dont cet ouvrage ne permet pas les détails, que l'on trouve d'ailleurs dans différens livres de vénerie ; on doit se borner ici à dire qu'à l'aide de limiers on commence par lancer le cerf détourné de la vieille, et qu'à l'aide d'une meute de bons chiens courans dressés pour cette chasse, et divisés par meutes ou bandes destinées à se relayer, on parvient à lasser le *cerf* sur la voie duquel on les lâche et on les ramène lorsqu'ils prennent le change , soit parce qu'ils rencontrent la voie d'une autre bête , soit parce que le cerf lancé a la ruse , lorsqu'il commence à se fatiguer , de se faire remplacer dans la voie par un jeune cerf, et s'en écarte pour tromper les chiens ; mais lorsque les veneurs qui ont détourné le *cerf* sont bien instruits et qu'ils connoissent bien la voie , ils y ramènent les chiens , qui , relayés à propos , forcent le cerf lancé , et le font enfin tomber de lassitude ; il est alors *aux abois* , et dans cet état on le tue à coups de fusil, ce qui est plus sûr que d'aller lui couper le jarret , comme cela se pratiquoit autrefois , au risque de faire tuer ou estropier des chiens , et même des hommes. Cette chasse exige non-seulement des relais de chiens courans , mais encore de chevaux ; car les maîtres de la chasse , les veneurs et les piqueurs, qui doivent être toujours près des chiens pour les conduire , les exciter et les remettre sur la voie, ne pourroient suivre à pied , et s'ils n'avoient même des chevaux de rechange lorsque la chasse est de longue durée.

Lorsque le *cerf* est mort on en fait la *curée* , qui non-seulement est la récompense des chiens , mais sert encore à les encourager et à leur donner le goût de la bête ; avant cela on permet aux chiens de fouler le *cerf*, qu'on a couché sur le dos , en les empêchant cependant d'y mordre ; ensuite on lui coupe les *daintiers* ou testicules, qui, si on ne les coupoit pas sur-le-champ , donneroient à la chair de l'animal un goût de sauvage, insupportable même aux chiens; après cela on dépouille le cerf de sa peau, qu'on lève en une seule pièce , à laquelle on fait tenir la tête, qu'on détache du corps à l'endroit du premier nœud de la gorge : cette dépouille se nomme la *nappe ;* quand elle est levée on découpe le cerf , on en détache les filets du dedans , ceux qu'on nomme les *grands filets* , et les autres parties les plus délicates de l'animal , qui se distribuent aux différentes personnes, qui y ont un droit déterminé par leur rang et leur emploi, suivant les usages du lieu. La pièce d'honneur est le pied droit de devant, qu'on a présenté au maître de la chasse aussi-tôt que l'animal a été mis à mort. Quand il est dépécé et qu'on a enlevé les meilleurs morceaux, on recouvre le reste de la nappe du cerf, dont on a placé la tête dans un état naturel , le nez en terre et le bois en haut ; pendant la promenade qu'on fait faire aux chiens autour de la curée , deux valets remuent la tête du cerf qu'ils tiennent par les bois, et à un signal donné par le maître , on enlève avec prestesse la nappe qui couvroit les morceaux découpés ; aux cris d'*allaly* les chiens se précipitent sur leur proie et la dévorent, pendant qu'on les égaie par des fanfares. Au bruit de certaines fanfares on fait faire aux chiens plusieurs fois le tour de l'animal.

La curée ainsi faite, on remène l'équipage, et pour délasser les chiens, on a eu le soin de mettre de la paille fraîche et des baquets d'eau au chenil. Ainsi se termine la chasse du *cerf*, qui, d'après l'attirail qu'elle exige, ne convient qu'à un prince. Quant aux simples particuliers qui veulent tuer un cerf, ils n'ont que la ressource de l'*affût* ou des *piéges*, et cette sorte de chasse sans appareil n'est pas sans agrément.

Piéges que l'on tend aux Cerfs.

On choisit un arbre haut de dix à douze pieds, et dont la tige n'ait que la grosseur d'une perche; on l'ébranche jusqu'à la cime du côté par où l'on suppose que le *cerf* doit passer, et on y attache un collet de corde; on cherche ensuite vis-à-vis un arbre, près duquel on attache un piquet auquel on fait un crochet à la hauteur de quatre ou cinq pieds, après cela on tire par la corde du collet l'arbre auquel il est attaché, on lui fait faire l'arc et on l'arrête dans la coche du piquet; le collet doit être mis à la hauteur de l'animal, de manière qu'il y mette la têté quand il voudra passer. Si le piége réussit, l'arbre par son élasticité sortira de la coche avec violence, enlèvera le cerf et l'étranglera.

On peut imaginer différentes sortes de pièges pour prendre le *cerf*, et quelques-uns de ceux que l'on tend au loup peuvent convenir; mais il n'y a point de meilleur moyen pour l'y attirer qu'une voie douce, et les sons de la flûte et de la muzette. (S.)

CERF DES ARDENNES, variété de l'espèce du CERF, désignée par Aristote et les autres auteurs grecs sous le nom d'*Hippélaphe*, et par Pline sous celui de *Tragélaphe*. Voyez CERF. (DESM.)

CERF-COCHON (*Cervus porcinus* ? Linnæus. *Voyez* tome 24, page 125, pl. 7, de l'*Histoire naturelle des quadrupèdes de Buffon*, édition de Sonnini.), quadrupède du genre CERF, et de la seconde famille de l'ordre des RUMINANS. (*Voyez* ces mots.) Le *cerf-cochon* est un animal du Cap de Bonne-Espérance, dont la robe est semée de taches blanches, comme celle de l'AXIS (*Voyez* ce mot.); il n'a guère que trois pieds et demi de long; ses jambes sont courtes et grosses, et c'est ce qui lui a fait donner le nom qu'il porte; ses pieds et ses sabots sont très-petits; son pelage est fauve, semé de taches blanches; il a l'œil noir et bien ouvert, avec de grands poils noirs à la partie supérieure; les nazeaux noirs, une bande noirâtre des nazeaux aux coins de la bouche ; la tête d'un blanc roussâtre, mêlé de grisâtre, brune sur le chanfrein et à côté des yeux ; les oreilles fort larges, garnies de poils blancs en dedans, et d'un poil raz gris mêlé de fauve en dehors. Le bois de ce *cerf* n'a guère qu'un pied de longueur ; le dessus du dos est plus brun que le reste du corps ; la queue est fauve en dessus et blanche en dessous ; les jambes sont d'un brun noirâtre.

Cet animal peu connu n'est peut-être qu'une simple variété de l'espèce du *cerf*. (DESM.)

CERF DE CORSE n'est qu'une variété de l'espèce du CERF. *Voyez* ce mot. (DESM.)

CERF DU GANGE. *Voyez* AXIS. (S.)

CERF (PETIT). Les voyageurs donnent ce nom aux petits quadrupèdes qui composent le genre des CHEVROTAINS. *Voyez* ce mot. (DESM.)

CERF-VOLANT. *Voyez* LUCANE. (O?)

CERFEUIL, *Chærophyllum* Linn. (*Pentandrie digynie*), genre de plantes de la famille des OMBELLIFÈRES, qui comprend des herbes annuelles ou vivaces, dont les feuilles sont deux ou trois fois ailées, et dont les semences sont grêles et terminées par une pointe plus ou moins longue. Dans ce genre l'involucre est nul ou presque nul, et l'involucelle est composé d'un petit nombre de folioles (ordinairement cinq) ovoïdes, membraneuses et aiguës ; les fleurs ont cinq pétales échancrés un peu inégaux, cinq étamines avec des anthères arrondies, un germe inférieur et deux styles persistans, réfléchis et à stigmates obtus : les fleurs placées dans le centre des petites ombelles, sont sujettes à avorter. Le fruit est alongé en bec d'oiseau, lisse ou strié, quelquefois velu, et composé de deux semences oblongues, appliquées l'une contre l'autre. *Voyez* la pl. 201 de l'*Illustration des Genres* de Lamarck.

Les espèces de ce genre, dont les fruits sont velus, ont des rapports avec les *athamantes*, les *caucalides* et les *carottes* ; elles en sont distinguées par l'absence de l'involucre et par les poils mêmes de leurs fruits, qui sont mous et sans roideur.

L'espèce la plus connue et la plus utile, est le CERFEUIL CULTIVÉ, *Scandix cerefolium* Linn. C'est une plante annuelle dont la racine est blanche, oblongue et fibreuse. Ses tiges s'élèvent à la hauteur d'une coudée ; elles sont cylindriques, noueuses, lisses, cannelées, fistuleuses et branchues ; ses feuilles, deux ou trois fois ailées, ont des folioles découpées et obtuses, quelquefois un peu velues, et ressemblant aux folioles du *persil* ; les ombelles sont presque sessiles, et placées latéralement au haut des rameaux ; leurs rayons, en petit nombre, soutiennent de petites fleurs blanches, qui sont suivies de semences oblongues, lisses et noirâtres dans leur maturité; l'involucelle est composée de trois à cinq folioles tournées du même côté.

Cette plante, qui vient spontanément dans les contrées méridionales de la France et de l'Europe, est cultivée dans tous les jardins potagers à cause de son utilité. Ses feuilles sont tendres, et ont une saveur et une odeur légèrement aromatiques et agréables; on les mange comme assaisonnement dans les salades, et on les fait entrer aussi dans les bouillons, qu'elles rendent agréables au goût et à l'estomac. Le *cerfeuil* est incisif, rafraîchissant, diurétique et apéritif; il purifie le sang, et convient dans le scorbut et les maladies de la peau. Sa culture est facile; il aime le demi-soleil et une terre assez substantielle. On peut le semer toute l'année, excepté dans les derniers mois du printemps et dans le cours de l'été; il monteroit alors trop tôt en graine. Pour en avoir toujours de frais, il est bon d'en semer tous les huit jours. Les lapins mangent cette plante avec avidité.

Le CERFEUIL ODORANT, ou MUSQUÉ, *Scandix odorata* Linn., est une espèce vivace dont les racines et les semences ont à-peu-près le parfum et le goût de l'*anis*. Ses tiges sont hautes de trois à quatre pieds, épaisses, creuses et cannelées; ses feuilles ressemblent un peu à celles de la *fougère;* elles sont grandes, larges, étendues, trois fois ailées, légèrement velues, et presque toujours marquées de taches blanches; les fleurs ont la couleur des taches, et les semences offrent une surface lisse, avec de profondes cannelures.

On trouve cette plante en Italie, sur les Alpes et dans les montagnes de la Suisse; elle est cultivée dans les jardins : toutes ses parties répandent une odeur agréable. Ses graines, vertes et hachées, sont bonnes à manger dans les salades, ainsi que ses jeunes feuilles. Dans quelques pays, on fait entrer celles-ci dans les potages. Les Kamtschadales, chez lesquels ce *cerfeuil* croit aussi, s'en nourrissent habituellement, et en préparent une liqueur. Il se multiplie de lui-même par ses graines. On doit les semer aussi-tôt qu'elles sont mûres; elles sont un ou deux mois à lever; quelquefois elles ne lèvent qu'au printemps. Comme cette plante est vivace, il vaut mieux éclater son pied et en tirer des rejetons. Elle réussit dans tous les sols et à toutes les expositions; mais placée dans un terrein sec, elle y conserve mieux son odeur aromatique : on en fait quelquefois usage en médecine.

Les autres espèces de *cerfeuil* qui offrent quelqu'utilité, sont le CERFEUIL SAUVAGE, *Chærophyllum sylvestre* Linn., qui croît en Europe dans les prés humides, les vergers, les haies et les endroits cultivés. Il ressemble à la *ciguë* par son port et sur-tout par ses feuilles, qui ont les folioles aiguës : sa tige est striée, rameuse et enflée à chaque nœud. Il est vivace, fleurit au premier printemps, et porte des fleurs blanches : on les emploie dans le Nord pour teindre les laines en jaune ; les tiges teignent en vert.

Quoique cette plante ait une odeur presque fétide, et un goût âcre et un peu amer, elle n'en plaît pas moins aux abeilles et à plusieurs autres insectes ; les ânes en sont aussi très-friands, ce qui lui a fait donner le nom de *persil d'âne*. Les chevaux et les vaches la mangent d'abord avec répugnance ; mais ils s'y accoutument bientôt, et se trouvent très-bien de cette nourriture. M. *Reynier* dit qu'une prairie qui contenoit plus des deux tiers de *cerfeuil sauvage*, a nourri sous ses yeux, pendant plusieurs années, des vaches qui n'en ont point été incommodées ; il conseille d'en cultiver une certaine quantité comme fourrage. Cette plante, ajoute-t-il, offre plusieurs avantages ; elle croît avant toutes les autres, a de grandes feuilles, repousse avec force dès qu'elle a été fauchée, et peut être coupée deux fois avant la saison des trèfles.

Le CERFEUIL HÉRISSÉ, OU A FRUITS COURTS, *Scandix anthriscus* Linn., est annuel et indigène, aussi de l'Europe. Il croît dans les endroits sablonneux, pousse de bonne heure au printemps, et pourroit peut-être, ainsi que le précédent, être donné au bétail en attendant les autres fourrages verds. Il a une tige lisse, des folioles découpées et légèrement velues, des ombelles latérales, de courts pédoncules, des fleurs blanches, presque régulières, et des semences ovales et hérissées.

Le CERFEUIL AIGUILLE, *Scandix pecten* Linn., vulgairement *aiguille de Vénus, peigne de Vénus*, se trouve communément dans les blés et dans les champs des parties tempérées de l'Europe. Il est remarquable par les longues cornes qui terminent ses fruits, et qui ressemblent à des aiguilles ou des dents de peigne, sa racine est faite en fuseau, et périt chaque année. Tessier regarde cette espèce comme un excellent fourrage. (D.)

CÉRIE, *Ceria*, genre d'insectes de l'ordre des DIPTÈRES. M. Fabricius en est le créateur ; mais il auroit bien fait de ne pas le désigner sous un nom déjà employé par Scopoli, et il auroit pu mieux en asseoir les caractères, puisqu'à l'exception de ceux qu'il a pris des antennes, les autres sont faux.

Les *céries* appartiennent à ma famille des SYRPHIES. (*Voy.*

ce mot.) Elles ont, comme les *mulions* de M. Fabricius, les antennes sensiblement plus longues que la tête ; mais elles s'en éloignent, ainsi que les autres *syrphies*, par les caractères suivans : Soie ou style des antennes apical ; corps alongé ; balanciers découverts, alongés ; abdomen cylindrique, convexe, alongé, courbe à l'extrémité.

On prendroit, au premier coup-d'œil, ces insectes pour des guêpes ; leur forme alongée, leur couleur noire divisée par des bandes jaunes, l'écartement des ailes, tout fait hésiter la main du naturaliste qui veut les saisir.

M. Fabricius en décrit deux espèces, la CÉRIE CLAVICORNE et la CÉRIE ABDOMINALE ; cette dernière nous paroît être un *syrphe* ou du moins d'un genre différent : nous pensons qu'il faut rapporter aux *céries* l'insecte que le même auteur nomme *syrphus conopseus*. Ici les antennes sont libres à leur base, là elles sont réunies, et leur premier article est commun.

On trouve les *céries* sur les fleurs, mais rarement ; le professeur Desfontaines avoit recueilli l'espèce appelée CLAVICORNE dans la Barbarie.

Cet insecte a près de six lignes de longueur : il est noir ; son front est jaune avec une ligne noire au milieu ; le devant de la tête est un peu avancé en bec, de même que dans les *syrphes* ; le vertex a une ligne jaune ; le corcelet a un point à chaque angle huméral ; une petite ligne transverse sous chaque aile, terminée par un point, et une raie à l'écusson, jaunes ; l'abdomen est cylindrique, avec trois anneaux jaunes ; les ailes ont la moitié de leur côte noire ; les pattes sont jaunes, avec les cuisses annelées de noirâtre. (L.)

CÉRIGON ou CÉRIGNON. Maffée, dans son *Histoire des Indes*, liv. 2, page 46, appelle ainsi le SARIGUE. *Voyez* ce mot. (S.)

CÉRION, *Cerium*, plante annuelle, haute de cinq à six pieds, à feuilles alternes, pétiolées, larges, lancéolées, presque entières ; à fleurs blanches, pédonculées, disposées en épis longs, très-simples, droits, terminaux, accompagnées de bractées filiformes, qui, selon Loureiro, forme un genre dans la pentandrie monogynie.

Ce genre offre pour caractère un calice persistant, divisé en cinq parties subulées et droites ; une corolle monopétale campanulée, à cinq divisions arrondies ; cinq étamines ; un ovaire supérieur à style subulé et à stigmate épais.

Le fruit est une petite baie globuleuse, contenant un grand nombre de loges monospermes.

Le *cérion* croît dans les lieux cultivés de la Cochinchine ; il se rapproche du genre BRUNSFELS. *Voyez* ce mot. (B.)

CÉRIQUE, nom commun qu'on donne en Amérique à certains *crustacés*. Il paroît par les figures de Marcgrave, que les uns sont des Portumes, et les autres des Ocypodes. *Voyez* ces mots. (B.)

CERISAIE, nom donné à un lieu planté en Cerisiers. *Voyez* ce mot. (D.)

CERISIER, *Cerasus* Juss. *Prunus cerasus* Linn. (*Icosandrie monogynie*), genre de plantes de la famille des Rosacées, qui se rapproche beaucoup du *prunier*, et qui comprend des arbres de moyenne grandeur, dont les fleurs sont composées d'un calice en cloche, caduc et découpé en cinq parties; d'une corolle à cinq pétales; de vingt à trente étamines, et d'un style couronné par un stigmate orbiculaire. Le fruit est un drupe charnu, arrondi, glabre, légèrement sillonné d'un côté, renfermant un noyau lisse, presque rond, et marqué latéralement d'un angle plus ou moins saillant. *Voyez* la pl. 432, fig. 2 de l'*Illustr. des Genres* de Lamarck.

Selon Linnæus, le *cerisier* est une espèce de *prunier*; selon Tournefort, c'est un genre particulier. Lamarck a suivi Linnæus; Miller, Jussieu, Rozier et Ventenat ont suivi Tournefort. Sous le genre *prunier*, Linnæus a réuni plusieurs espèces de *cerisiers*, savoir, le *cerasus Padus*, *cerasus Virginiana*, *cerasus Canadensis*, *cerasus Lusitanica*, *cerasus Lauro-cerasus*, *cerasus Mahaleb*, *cerasus Avium*, lesquels il appelle *prunus Padus*, *prunus Virginiana*, &c., et qui, réunis à son *prunus cerasus*, font, dans son système, huit espèces de *pruniers*, que la plupart des autres botanistes, et que les cultivateurs et jardiniers sur-tout, regardent comme huit espèces du genre Cerisier.

Cerisier cultivé, *Cerasus sativa* Tourn. C'est un arbre assez élevé, d'un port et d'une forme agréables. Sa tige est droite et revêtue d'une écorce grise à l'extérieur, rougeâtre en dedans, et qui se détache par bandes longitudinales; elle est souvent chargée de gomme. Son bois est médiocrement dur. Ses feuilles alternes et pétiolées, ont une forme ovale alongée, et des bords dentés en scie. Les fleurs, qui sont très-printanières, naissent solitaires ou par petits bouquets, sur un seul pédoncule. Le fruit est couvert d'une peau fine, luisante et fraîche à l'œil; sa chair est un composé de petites cellules qui contiennent un suc doux et acide, suivant l'*espèce*. Dans certaines, la chair tient au noyau; dans d'autres, elle s'en sépare, et quelques-uns de ces noyaux tiennent au pédoncule. Le noyau est une substance dure et blanchâtre, contenant une amande.

Les *cerisiers* ont les trois espèces de boutons. Ceux à bois sont placés à l'extrémité des branches, plus pointus que les suivans; ceux à feuilles sont implantés le long des jeunes branches, ils sont plus gros et moins pointus que les premiers, et il en sort un petit faisceau composé de huit à dix feuilles; c'est le berceau dans lequel sont préparés et nourris les boutons à fleurs et à fruits qui paroîtront l'année suivante; les boutons à fruits sont plus gros et plus ronds que les deux premiers.

Tout le monde, dit Rozier, répète après les anciens que l'Europe doit le *cerisier* à Lucullus, qui le transporta de *Cerasunte* à Rome, après avoir vaincu Mithridate. Son nom lui vient-il de cette ville? ou cette ville étoit-elle ainsi nommée, parce qu'il croissoit dans ses environs un grand nombre de *cerisiers?* C'est ce qu'il est assez peu intéressant de savoir; mais il seroit peut-être utile de rechercher si le *cerisier* ne pouvoit pas être connu dans les Gaules avant le retour de *Lucullus.* Peut-être n'apporta-t-il que des greffes ou des arbres de *Cerasunte*, dont la qualité du fruit étoit supérieure à celle des *cerisiers sauvages* qui ne fixoient pas l'attention des Romains; ou peut-être ces *cerisiers sauvages* n'existoient pas en Italie, parce que cet arbre aime les pays froids. Pline dit qu'on n'a pas pu le naturaliser en Egypte, sans doute à cause de la chaleur du climat. Nous sommes portés à croire que le type de presque toutes les *espèces* de *cerisiers* aujourd'hui connues, existoit dans les Gaules.

L'abricotier, le pêcher, le lilas, sont originaires d'Asie; le marronnier d'inde et l'acacia ont aussi une origine étrangère. Ces arbres sont maintenant acclimatés et multipliés en Europe et en France : peut-être pourroit-on trouver un *marronnier d'inde* levé au milieu des forêts de Marly ou de Saint-Germain, ou un *acacia* dans celles du midi de la France. Mais si l'on pénètre au fond de ces immenses forêts qui sont restées de l'ancienne Gaule et éloignées de toute habitation, comme celles de Compiègne, d'Orléans, &c., on n'y trouvera ni pêchers, ni lilas, ni marronniers d'inde, &c. Cependant c'est dans ces mêmes forêts qu'on trouve en abondance le *cerisier des bois* ou *merisier*, qui est un arbre égal en hauteur aux autres grands arbres forestiers, et que nous croyons être le type des *cerisiers à fruits doux*, nommés *guignes* à Paris.

Outre ce *merisier à fruit doux*, très-sucré, très-vineux, on rencontre dans les forêts un *cerisier* moins fort, moins élevé que le *merisier*, dont le fruit a plus de consistance et se trouve moins coloré; nous le regardons comme le type des cerisiers nommés *bigarreaux*.

Il existe encore une autre espèce de *merise à fruit acide*, approchant de celui nommé *griotte* dans quelques parties de la France , et appelé *cerise* à Paris ; ce doit être le type des *cerisiers à fruit acide.* Voilà donc l'origine des trois grandes divisions des *cerisiers* indigènes à nos climats ; il est vraisemblable que la culture a fait le reste. Ces différentes espèces secondaires de *merisiers* se perpétuent de noyau. Nous allons faire connoître au lecteur les plus intéressantes, en suivant Rozier , dont cet article est en partie extrait.

Divisions des différentes espèces de Cerisiers

Les auteurs ont divisé en deux classes la famille des CERISIERS. Ils ont rangé dans la première les fruits en cœur , et dans la deuxième les *cerisiers à fruits ronds.* Ne seroit-il pas plus naturel de diviser les *cerisiers* d'après la manière d'être de leur fruit ? La première classe contiendroit les fruits dont la chair est tendre , fondante , et dont le suc est doux ; la deuxième ceux dont la chair est ferme , cassante et le suc doux ; la troisième enfin comprendroit les fruits à suc acide. Avant de décrire les espèces , il convient de donner une idée claire du mot *cerisier* , afin d'éviter toute confusion. Par le mot *cerise* , on désigne à Paris et dans les pays voisins , la *cerise acide ;* et l'on nomme *guigne* , *bigarreau* , les cerises douces. Dans les autres pays de la France , au contraire , on appelle *griotte* la cerise acide , et la cerise douce , *cerise* proprement dite.

PREMIÈRE CLASSE.

Des Cerisiers à fruits en cœur.

§. Ier. Merisiers.

MERISIER A PETIT FRUIT (C'est vraisemblablement le type des *bigarreautiers.*), *Cerasus sylvestris major fructu cordato minimo subdulci aut infulso* Duh. On l'appelle aussi le *grand cerisier des bois.* Cet arbre s'élève beaucoup dans les forêts , et se multiplie de lui-même par ses noyaux. Il est très-utile pour les pépiniéristes. C'est sur ce merisier qu'ils greffent toutes les espèces de cerisier, et ils ont de beaux sujets. Quelques-uns enlèvent ces pieds dans les forêts , les transplantent dans leurs jardins , et les y greffent. D'autres greffent leurs sujets dans les bois ; et lorsque la greffe a bien repris , ils transplantent et vendent l'arbre. Son fruit est rouge ou noir , ou un peu blanc , mais coloré et veiné de rouge. Sa chair est sèche , et a une saveur qui n'est pas agréable. Le noyau occupe presque tout le fruit , et il est adhérent à la chair.

MERISIER A GROS FRUIT NOIR, *Cerasus sylvestris major fructu cordato nigro subdulci* Duh. ; variété du premier, selon Duhamel ; Rozier n'est pas de cet avis. Son tronc et ses branches sont moins forts, moins grands que ceux du premier *merisier*. Les bourgeons diffèrent aussi des bourgeons du précédent par leur couleur plus brune ; ils sont moins forts. De ces boutons, il sort trois ou quatre fleurs. Son fruit est comme une petite cerise noire à longue queue ; on l'appelle *merise* ; il a la peau fine, luisante, la chair tendre, d'un rouge foncé, très-vineuse, douce et sucrée, adhérente au noyau ; c'est avec le fruit de cet arbre qu'on prépare le *ratafia de cerise* ; il est au moins la base de beaucoup de ratafias. Il y a aussi une variété de *merisier* à fleur double, qui fleurit en mai.

§. II. *Guigniers.*

Il y en a plusieurs variétés qui forment l'espèce appelée GUIGNIER (*Cerasus sylvestris juliana* Mus.). Les fruits communément d'un rouge foncé sont plus mous, plus succulens que les *bigarreaux*, et ne chargent pas tant l'estomac ; mais ils sont moins sains que les *cerises*, et se corrompent facilement. Voici ces variétés :

Guignier à fruit noir, arbre moins élevé que le *merisier*, ayant des branches plus touffues, plus chargées de feuilles. Son fruit mûrit en mai ou juin, selon le climat : il a la peau fine, brune, tirant sur le noir, la chair et le suc d'un rouge foncé, et le noyau adhérent.

Guignier à gros fruit noir luisant, de même grandeur et de même forme que le précédent : bourgeons jaunâtres, arrondis et comme cannelés à leur extrémité ; boutons longs et peu pointus. Il mûrit à la fin de juin, et son fruit est sans contredit préférable aux fruits de tous les autres *guigniers* ; il a la peau noire, polie et luisante, la chair rouge et tendre, sans être molle, une eau abondante, d'un goût relevé et agréable, et le noyau un peu teint de rouge. On cultive cette variété aux environs de Lyon, sur-tout au village de *Loire* ; son fruit y est délicieux. Mais il cède encore en qualité à une autre variété de cerisier, également à gros fruit noir et luisant, mais à courte queue.

Guignier à gros fruit blanc. Il mûrit quinze jours après le premier. La couleur de son fruit est d'un blanc de cire d'un côté, lavé de rouge de l'autre ; sa chair ferme ; son eau blanche et plus agréable que celle du premier. Le noyau est très-blanc et adhérent à la chair.

§. III. *Bigarreautiers.*

Le Bigarreautier, *Cerasus sylvestris bigarella* Mus. a les feuilles plus grandes que celles du *cerisier* ordinaire. Ses fruits sont gros, oblongs ; leur chair est blanche ou rouge. Ce fruit est de difficile digestion et sujet à être piqué des vers. Le bois des *bigarreautiers* est assez semblable à celui du *merisier*, et est plus dur que celui du *cerisier*.

Bigarreautier à gros fruit rouge. Arbre à-peu-près de la même grandeur que les *guigniers ;* bois plus gros ; branches moins nombreuses ; feuilles plus pendantes ; fruit mûrissant plus tard que les *guignes*, en juillet et août : il est gros, convexe d'un côté, applati de l'autre, et divisé par une racine assez profonde. Sa peau est polie, brillante, d'un rouge foncé du côté du soleil, et d'un rouge vif du côté de l'ombre ; sa chair ferme, cassante, succulente, parsemée de fibres blanches ; son eau un peu rougeâtre, bien parfumée et excellente ; le noyau est ovale et jaunâtre.

Bigarreautier à gros fruit blanc. Il diffère du précédent par la couleur du fruit d'un rouge très-clair du côté du soleil, et d'un blanc de cire du côté de l'ombre ; par sa chair moins ferme et plus succulente ; enfin par l'écorce de ses bourgeons, qui est cendrée, tandis que celle du précédent est d'un brun clair.

Bigarreautier à petit fruit hâtif. La maturité de son fruit concourt avec celle des guignes. La peau de ce fruit, marquée d'une simple ligne, est d'un rouge tendre du côté du soleil, et d'un blanc de cire du côté de l'ombre, mais légèrement rose ; sa chair blanche, moins dure que celle des autres *bigarreaux*, cassante, beaucoup plus ferme que celle des *guignes*, son eau d'un goût relevé, et son noyau blanc.

SECONDE CLASSE.

Des Cerisiers à fruit rond.

Le port du *cerisier* suffit seul pour le distinguer du *guignier* ou du *bigarreautier*, il ne s'élève jamais autant ; ses branches sont plus multipliées, plus chiffonnes et moins fortes ; ses feuilles plus fermes sur leurs queues, moins grandes, d'un vert plus foncé ; ses fleurs plus petites, mais plus ouvertes ; ses fruits ronds, fondans, acides, ayant une peau qui se sépare aisément de la chair. Ils sont ou rouges ou noirs. Voici les différentes sortes de *cerisiers.*

Cerisier nain précoce ou Griottier, *Cerasus pumila fructo rotundo minimo acido præcociori* Duh. Sa hauteur en plein vent est de six à huit pieds. La flexibilité et la longueur de ses branches le rendent propre à l'espalier. S'il ne mûrissoit pas aussi promptement, il ne mériteroit pas la peine d'être cultivé. Son fruit mûrit dans le courant de mai. On le greffe sur des drageons de *cerisier à fruit rond*, ou sur le *cerisier de Sainte Lucie.*

CERISIER ou GRIOTTIER HATIF, *Cerasus sativa fructu rotundo medio acido præcoci* Duh. Il est plus grand que le précédent, moins que les *guigniers* ou *bigarreautiers*, et chargé de branches qui se tiennent mal. On le greffe sur le *mûrier*, pour lui donner un pied plus élevé. Son fruit mûrit à la fin de mai ou au commencement de juin; il est plus applati vers la queue qu'à son autre extrémité; sa chair est presque blanche, son eau douce, agréablement acide, le noyau arrondi et un peu pointu à son extrémité supérieure.

CERISIER COMMUN ou GRIOTTIER à fruit rond, *Cerasus vulgaris fructu rotundo* Duh. Toutes les espèces (jardinières) de *cerisier* portent ce nom; elles varient beaucoup par la grandeur de l'arbre, par la disposition des branches, par la qualité du fruit et le temps de sa maturité; c'est, selon Rozier, le *griottier* le plus approché de son état primitif. Il a, par cette raison, un grand avantage; comme il végète dans son pays natal, il est plus robuste et craint moins le froid que les autres. Il faut des circonstances bien extraordinaires, pour qu'il ne se charge pas chaque année d'une grande quantité de fruits.

La culture ou le hasard ont procuré deux jolies variétés de cet arbre. C'est le *cerisier* ou *griottier à fleur double*, et celui *à fleur semi-double*, qui tous deux produisent un effet charmant dans les bosquets d'été. Cependant ces fleurs sont moins belles que celles du *merisier à fleur double* ou *semi-double.*

CERISIER ou GRIOTTIER A LA FEUILLE; on le trouve dans les bois. Son caractère particulier est d'avoir une feuille alongée adhérente à la queue qui soutient le fruit, et cette queue est longue. Le port de l'arbre est semblable à celui des autres *griottiers.* Son fruit est dans son état sauvage; il est très-acide, même âpre et très-petit, et il sert plus à la nourriture des oiseaux qu'à celle des hommes.

CERISIER ou GRIOTTIER A TROCHET, *Cerasus sativa multifera fructu rotundo medio sature rubro* Duh. Sa fleur ressemble à celle du *cerisier hâtif;* sa taille, ses feuilles et ses bourgeons tiennent le milieu entre le cerisier précoce et le *cerisier hâtif.* Ses fruits sont de médiocre grosseur, la peau d'un rouge foncé dans sa pleine maturité, la chair délicate, un peu fortement acide. Les fruits sont si nombreux sur les branches fluettes, qu'elles succombent sous le poids.

CERISIER ou GRIOTTIER A BOUQUET, *Cerasus sativa fructu rotundo acido uno pediculo plures ferens* Duh. C'est une espèce ou variété singulière par la forme de ses fleurs et la manière dont ses fruits se groupent ensemble. Ses fleurs ont cinq à sept pétales, un grand nombre d'étamines, et depuis un jusqu'à douze pistils. Si elles fructifioient toutes, cet arbre offriroit un coup-d'œil bien particulier ; mais la majeure partie avorte, et les bouquets sont seulement composés de deux à cinq fruits ; ils mûrissent au mois de juin.

CERISIER ou GRIOTTIER DE LA TOUSSAINT ou TARDIF, *Cerasus sativa œstate continuâ florens ac frugescens* Duh. Il est de la même hauteur que le précédent, et lui ressemble par la disposition et la forme de ses branches. Les premières fleurs paroissent en juin, et il en produit tout l'été. Il a à-la-fois, comme l'oranger, des boutons de fleurs, des fleurs épanouies, des fruits qui nouent, d'autres qui commencent à rougir, et d'autres qui sont mûrs. Quand on n'a pas le soin de dégarnir cet arbre de la prodigieuse quantité de ses branches chiffonnes, les fleurs des branches de l'intérieur avortent ; la partie de la branche qui a donné du fruit se dessèche pendant l'hiver et périt. Si cet arbre ne produisoit pas du fruit dans une saison si reculée, il ne vaudroit pas la peine d'être cultivé.

CERISIER ou GRIOTTIER DE MONTMORENCY, GROS GOBET, GOBET A COURTE QUEUE, *Cerasus sativa fructu rotundo majore acute et splendide rubro, brevi pediculo* Duh. C'est un arbre médiocrement grand, ayant des bourgeons très-fluets, des boutons petits, arrondis, couverts d'écailles brunes. Son fruit mûrit en juillet. Il est gros, fort applati à ses deux extrémités ; la queue courte, grosse, implantée dans une cavité évasée ; la peau d'un beau rouge vif, peu foncé ; la chair délicate, d'un blanc un peu jaunâtre, l'eau abondante, agréable, peu acide, le noyau blanc, petit.

Il y a un autre *cerisier de Montmorency* dont la fleur est plus grande que celle du précédent, le fruit moins gros, moins comprimé, plus arrondi, d'un rouge plus foncé, et plus hâtif d'environ quinze jours.

CERISIER DE HOLLANDE, *Cerasus sativa paucifera fructu rotundo magno, pulchre rubro, suavissimo.* Duh. C'est le plus grand de tous les *cerisiers-griottiers*. Il a les branches moins nombreuses et plus nourries que celles des autres arbres de cette famille ; les bourgeons forts, d'un rouge brun du côté du soleil, d'un vert jaunâtre du côté de l'ombre, recouverts et

comme marbrés de gris clair ; les boutons gros, longs, rassemblés ; de chaque bouton il pend depuis deux jusqu'à quatre fruits. Les fleurs sont sujettes à couler. Le fruit mûrit en
juin ; il est gros, presque rond ; sa queue est bien nourrie, sa
peau d'un beau rouge, sa chair fine, d'un blanc un peu
rougeâtre, ainsi que le noyau, son eau douce, très-agréable,
et légèrement teinte.

CERISIER A FRUIT AMBRÉ, A FRUIT BLANC, *Cerasus sativa
fructu rotundo magno partim rubello, partim succino colore*
Duh. Ce *cerisier* soutient bien ses branches, quoique fort
longues. Ses bourgeons sont forts, ses feuilles grandes, ses
fleurs nombreuses, peu ouvertes. Son fruit est la meilleure
de toutes les cerises ; il est peu abondant, gros, arrondi par
la tête ; sa queue assez longue, fine, de couleur d'ambre que
la maturité lave en quelques endroits de rouge fort léger ; son
eau très-abondante, douce, sucrée, sans fadeur. Il mûrit
vers la mi-juillet.

GRIOTTIER, *Cerasus sativa fructu rotundo magno nigro,
suavissimo* Duh. Cet arbre est moins grand que le précédent ;
il soutient bien son bois, plus gros et moins nombreux ; il a
de gros bourgeons, courts, d'un rouge brun peu foncé du
côté du soleil, verts du côté de l'ombre ; des boutons gros par
la base, terminés en pointe et très-rapprochés ; de chacun il
sort deux ou trois fruits, de manière que les fruits environnent la branche. Ils mûrissent au commencement de juillet.

GRIOTTIER DE PORTUGAL, *Cerasus sativa fructu rotundo
maximo, e rubro nigricante sapidissimo* Duh. Sa hauteur
est médiocre. Ses bourgeons sont gros, courts et bien garnis
de feuilles ; ses boutons souvent doubles ou triples ; il sort de
chacun deux ou trois fruits qui mûrissent en août. Ces fruits
sont gros, applatis par les extrémités, et un peu par un côté ;
ils ont une queue grosse, sur-tout à son insertion dans le fruit,
une peau cassante, d'un beau rouge brun tirant sur le noir,
une chair ferme, d'un rouge foncé, s'éclaircissant vers le
noyau, une eau abondante légèrement amère et excellente ;
le noyau est petit et pointu à son sommet. On appelle aussi
cette cerise *royale archiduc, royale de Hollande.*

GRIOTTIER D'ALLEMAGNE, GRIOTTE DE CHAUX, GROSSE
CERISE DE M. LE COMTE DE SAINT-MAURE, *Cerasus sativa,
fructu subrotundo, magno, e rubro nigricante acido* Duh. Cet
arbre se soutient mal. Il a un bois menu, alongé, des bourgeons fluets d'un brun rougeâtre, des boutons longs, bien
nourris et obtus. Il sort trois ou quatre fleurs de chaque bouton ; le fruit mûrit au milieu de juillet ; il est alongé, plus
renflé vers la queue qu'à l'autre extrémité ; a une queue mince,

longue, implantée dans un enfoncement peu creusé, une peau d'un rouge brun foncé et presque noir , une chair d'un rouge foncé , et une eau abondante , trop acide. Le noyau est un peu teint en rouge , et terminé en pointe.

Dans les provinces du Poitou et 'de l'Angoumois , et dans les pays circonvoisins , on cultive un *cerisier* ou *griottier* de Paris, nommé *guindoubier* , et dont le fruit s'appelle *guindoux.* Il a une queue forte et courte , est très-gros , très-charnu, très-coloré , et rempli d'une eau abondante , excellente et bien parfumée. Il devroit être plus multiplié.

ROYALE CHERY-DUKE , *Cerasus sativa multifera , fructu rotundo , magno ,è rubro subnigricante , suavissimo* Duh. Son fruit est gros , un peu comprimé par les deux extrémités ; la queue médiocrement grosse, toute verte ; la peau d'un beau rouge brun , tirant sur le noir dans l'extrême maturité du fruit ; la chair rouge et un peu ferme ; l'eau très-douce ; le noyau surmonté de quelques proéminences du côté de la queue, et pointu à l'autre extrémité. Cet arbre s'épuise à produire des fruits ; il est d'une grandeur au - dessus de la moyenne ; a des bourgeons courts, des boutons petits , longs , pointus ; d'un même bouton , il sort de deux à cinq fleurs qui nouent facilement : aussi la branche est - elle environnée de fruits par groupes ; ils mûrissent au commencement de juillet.

On compte plusieurs variétés de ce *cerisier.* Les plus estimées sont le *may-duke* ou *royale hâtive* qui mûrit au commencement de juin et souvent en mai ; la *royale tardive* dont le fruit mûrit en septembre ; il est beau , mais trop acide ; la *holman's duke* , très-bonne cerise.

CERISE-GUIGNE, *Cerasus sativa multifera , fructu subcordato , magno , è rubro nigricante , suavissimo* Duh. Cet arbre est plus grand que le *cherry-duke.* Ses bourgeons sont gros , forts , de longueur médiocre ; ses boutons groupés en grand nombre à l'extrémité des branches à fruit , donnant chacun de trois à cinq fleurs. C'est une variété perfectionnée du précédent. Son fruit mûrit à la fin de juin ; il est gros , applati sur les côtés, sans rainure ; la queue menue , implantée dans une cavité large et profonde ; la peau d'un rouge brun foncé et presque noir dans sa maturité ; la chair un peu molle , colorée comme la peau , s'éclaircissant auprès du noyau ; l'eau douce , d'un goût agréable et rouge ; le noyau est ovale , alongé et pointu à son extrémité.

Culture du Cerisier.

Tout sol de nature calcaire et légère convient au *cerisier* ; il réussit moins bien dans les fonds argileux, ou dont le grain de terre est trop compacte, ainsi que dans les endroits humides. Dans ces derniers terreins sur-tout, la fleur est sujette à couler, et la meilleure espèce de *cerise* y a peu de goût. Il ne se plaît pas dans les expositions trop chaudes ; on ne doit y planter que ceux de primeur. Il aime les pays de montagnes, les lieux élevés ; il y est plus tardif, il est vrai, mais son fruit est beaucoup plus parfumé.

La majeure partie des *cerisiers* se multiplie et se reproduit de noyau ; la greffe cependant est préférable et plus expéditive : elle est aussi plus sûre pour avoir la qualité de fruit qu'on désire. Le *merisier* est, de tous les arbres de cette famille, celui qui est le plus propre à recevoir la greffe ; ses pieds sont droits, forts et vigoureux, et il ne pousse point de rejetons de ses racines : c'est le meilleur arbre pour les hautes tiges. Après lui viennent les *cerisiers à fruit rond*. Ceux-ci ont la faculté de se reproduire de drageons ; et si l'on veut les multiplier, il suffit de couper le tronc de l'arbre entre deux terres, ou de l'éclater à la naissance des racines. Si on les greffe, ils poussent beaucoup de drageons. Le *cerisier de Sainte-Lucie* ou *mahaleb*, est encore très-bon pour recevoir la greffe de tous les *cerisiers* ; il réussit assez bien, même dans les plus mauvais terreins, et très-bien dans les terreins passables. Toutes les manières de greffer sont bonnes pour le *cerisier* ; les plus sûres sont l'écusson à la pousse des jeunes sujets (il reprend mieux sur le *merisier à fruit rouge* que sur celui *à fruit noir*), et la greffe en fente, lorsque le pied est fort, ou lorsqu'on veut changer la tête de l'arbre. On greffe aussi les *cerisiers* sur leur espèce levée de noyaux, de drageons. Les *cerisiers* venus de noyau peuvent donner des variétés intéressantes.

Le *cerisier* a conservé malgré nos soins son principe sauvage. Il veut pousser à sa fantaisie ; si la serpette du jardinier cherche à le contraindre, il dépérit et meurt promptement. Il faut l'abandonner à la nature. Il ne pousse point trop en bois, et se trouve bien chargé de fruits, si la saison a été favorable. Les branches mortes sont bientôt cassées par le vent ; celles qui sont chargées de gomme périssent d'elles-mêmes.

Le *merisier* réussit très - bien à la transplantation ; son écorce extérieure est d'une couleur brune cendrée, et l'intérieure est verdâtre. Cet arbre est à son point de perfection à l'âge de quarante ans.

En général le *cerisier à fruit en cœur* se greffe et pyramide bien. Ceux *à fruits ronds* se chargent de trop de branches, mais ils se débarrassent eux-mêmes des superflues.

Usages et propriétés du Cerisier et du Merisier.

Le bois du *cerisier* est blanchâtre à la circonférence, et rougeâtre dans le cœur. Si cette couleur se soutenoit, ce seroit un arbre précieux pour l'ébénisterie : on la lui rend pourtant en le trempant dans la chaux. Le *merisier* a son bois plus serré, plus dur que les *cerisiers* à fruit en cœur et à fruit rond. Ce bois est recherché par les tourneurs, par les ébénistes, et sur-tout par les luthiers, qui prétendent qu'il est sonore. Dans quelques cantons de la France, on fait avec les branches de *merisier* de très-bons échalas pour les vignes, sur-tout si on a eu soin de les écorcer, des cerceaux de tonneaux, si elles sont assez droites et assez longues ; et dans d'autres endroits les grandes branches unies au tronc, et fendues dans des proportions convenables, servent à faire des cerceaux pour les cuves.

« Le *merisier*, dit M. Hell, est très-commun dans les forêts d'une partie de la Suisse, des villes forestières et du Suntgau. L'utilité de cet arbre le fait mettre, dans ces contrées, au rang des premiers arbres forestiers. Il vient dans presque tous les terreins ; il s'élève parmi les sapins, les chênes, les hêtres et les trembles, à une grande hauteur ; il fournit un très-bon bois de charpente. Pour les combles et l'intérieur des maisons, il vaut le *châtaignier*, et est préférable au *tremble* et à tous les autres *peupliers*. Pour brûler, il vaut le *hêtre* ; mais il ne sert ni au charronnage, ni aux charpentes exposées à la pluie. Les *merises* fournissent une nourriture agréable et saine aux habitans de la campagne, qui en font beaucoup sécher, pour les manger, en forme de soupe, cuites avec du pain, pendant l'hiver et le printemps. Ils en font sur-tout des compotes et de la tisanne pour les malades. Ce fruit offre beaucoup de variétés par la grosseur, la forme, la saveur, le goût, le port et la couleur. Il y a des blanches, il y en a de jaunes, de rouges, de noires, et de toutes nuances intermédiaires. Les plus communes sont les noires et les rouges ». *Feuill. du cultiv., introd.* pag. 231.

Le fruit du *cerisier* se mange crud, cuit, confit au sucre, à l'eau-de-vie ; il se conserve sec ; on en fait du ratafia. En faisant fermenter le jus de cerises et leurs noyaux concassés, et en y ajoutant du sucre, on obtient une liqueur fort agréable, qu'on appelle *vin de cerise*. On tire à l'alambic une eau-de-vie de cerises fermentées, qui est très-violente. Celle qu'on nomme dans la Lorraine-Allemande *kirschen-vasser* est faite avec les *merises*. C'est une liqueur spiritueuse qu'on obtient par la distillation des différentes espèces de *cerises sauvages*. Cette liqueur forme une branche de commerce assez considérable dans les montagnes de l'Alsace et de la Franche-Comté, mais principalement dans les cantons de Bâle et de Berne. Le *kirschen-vasser* se fait ou avec la *merise noire à suc doux*, ou avec la *cerise et griotte à fruit rouge et acide*. La liqueur faite avec le fruit du *merisier* est beaucoup plus délicate que celle tirée de la *cerise acide*. Souvent on mêle les deux fruits ensemble, et l'on a tort ; on a plus tort encore lorsqu'on y mêle les prunelles et les sorbes, alors la liqueur est mauvaise et nuisible. Voici, selon M. Hell, la manière dont on prépare le *kirschen-vasser* avec la *merise*.

Lorsque le fruit est parvenu à sa maturité, on le cueille sans la queue ; on le met dans des tonneaux défoncés de l'un des fonds ; on l'écrase avec des pilons, et on le couvre. Dès que la fermentation commence, on enfonce le marc qui surnage, deux ou trois fois par jour. Le moment où la distillation peut avoir lieu, est indiqué par la cessation des mouvemens et par la chute du marc. Alors on bouche les tonneaux pour empêcher la fermentation acéteuse de s'établir. La distillation se fait à l'ordinaire, mais avec une attention suivie, pour que le marc ne s'attache pas au fond de l'alambic, et que le kirschen-vasser ne prenne pas un goût empyreumatique. Pour le faire sentir le noyau, on concasse les noyaux après la fermentation, et on les distille avec la liqueur. Les *merises noires*, les plus petites et les plus sucrées, donnent le meilleur *kirschen-vasser*. Presque tout le *marasquin* du commerce est fait avec le *kirschen-vasser*, auquel on mêle une quantité proportionnée d'eau et de sucre. Le *marasquin* le plus estimé est celui de Zara. Les Vénitiens en font de très-bon.

On peut composer le *kirschen-vasser* avec toutes sortes de cerises, et cette branche d'industrie pourroit être introduite dans tous les pays et cantons où ce fruit est très-abondant. Voici le procédé que conseille Cadet-Devaux : « Prenez, dit-il, des *cerises* mûres de toutes les espèces indistinctement ; ôtez la queue, écrasez-les, séparez les noyaux, emplissez, aux trois quarts environ, un tonneau, et laissez fermenter. La fermentation terminée, concassez seulement la moitié de vos noyaux, jetez le surplus ; distillez à *feu nu*, suc, marc, noyaux, le tout mêlé. Si vous distillez, de préférence, au bain-marie, vous obtiendrez un kirschen-vasser de telle force, qu'il faut nécessairement l'affoiblir avec de l'eau, pour le mettre au degré qui puisse le rendre potable; il est alors infiniment agréable, n'ayant ni ce goût, ni cette odeur de feu, qu'à presque toujours celui que nous tirons de l'étranger, et qu'il ne perd qu'avec le temps. On obtiendra une bien plus grande quantité de *kirschen-vasser*, en ajoutant cinq à six livres de miel commun, par cent livres pesant de cerises : on défait le miel dans le suc de cerises ».

« Depuis quelques années, dit M. Hell, à l'endroit cité cidessus, on distille aussi les petites *cerises des bois* ou *merises*, sans les faire fermenter. Elles donnent alors une liqueur aussi utile qu'agréable, et qui ne contient rien de spiritueux : ce n'est que la partie phlegmatique, balsamique et aromatique de la *cerise*. Quoiqu'on la qualifie d'*eau de cerises douces*, elle n'est cependant pas sucrée, et on la boiroit pour de l'eau commune, si elle n'avoit pas l'odeur du fruit. Il paroît que ce nom ne lui a été donné que pour la distinguer de l'eau de cerises spiritueuse. Elle ne se conserve que pendant deux ou trois ans ; encore faut-il avoir soin de la tenir bien bouchée, dans un endroit frais et sec, qui soit à l'abri de la gelée, et où la lumière ne pénètre pas. Cette liqueur est excellente pour la poitrine ; elle guérit les toux très-violentes, et les coqueluches des enfans ; on la leur donne aussi dès leur naissance pour leur procurer du sommeil : c'est le calmant et le somnifère le plus innocent. On la prend un peu tiède, chauffée au bain-marie, après y avoir fait dissoudre du sucre candi, qu'on y met en poudre seulement un peu avant d'en faire usage. La dose pour les enfans nouveaux nés est d'une cuillerée à café; les adultes en prennent une demi-tasse ou une tasse. Plusieurs personnes en mettent dans les émulsions, dans l'orgeat, dans les glaces, les crèmes ou fromages à la crème. On ne l'ajoute aux entremets qui sont préparés par la cuisson, qu'après qu'ils sont refroidis, pour que la partie balsamique et odorante ne s'évapore pas. Elle est très-agréable avec le thé, et sur-tout le thé au lait ».

On mange beaucoup de *cerises à l'eau-de-vie*, mais elles sont rarement bonnes. La meilleure manière de les préparer, est celle qui suit : elle a été publiée dans la *Feuille du Cultivateur*, par Cadet - Devaux. On prend huit livres de *cerises* communes très-mûres ; après les avoir écrasées à la main, et en avoir concassé les noyaux, sans briser l'amande, on y ajoute deux livres de sucre. On fait bouillir à petits bouillons, jusqu'à ce que le jus ait la consistance de sirop; cette compote est versée toute bouillante dans quatre pintes d'eau-de-vie,

avec quatre onces d'œillets à ratafia épluchés , ou huit clous
de girofle pulvérisés ; on bouche, avec un bouchon de liége ,
le bocal , et on laisse infuser le tout pendant quinze jours ou
trois semaines , jusqu'au moment où la cerise de Montmorency est arrivée à sa maturité. Alors on passe l'infusion en
exprimant le marc ; on la filtre à travers la chausse , et on a
une liqueur limpide et chargée de toute la saveur , l'odeur
et la couleur de la cerise , de son noyau , et de l'œillet. Cette
infusion forme seule un excellent ratafia. On coupe la queue
des cerises ; on les pique , si l'on veut , de deux ou trois coups
d'aiguille , et on les met dans l'infusion , exposée pendant
quinze jours ou un mois au soleil.

La *cerise* verte ou sèche est astringente. Quand elle est bien
mûre , elle est rafraîchissante , nourrissante et laxative. Ses
queues et ses feuilles ont la même propriété. La *cerise acide* ou
griotte tempère la soif; son suc étendu dans beaucoup d'eau ,
édulcoré avec suffisante quantité de sucre , convient dans les
fièvres où il y a ardeur et tendance vers la putridité. Le *cerisier à fruit doux* ou le *guignier* cause des vents dans les premières voies. Les noyaux et les amandes concassés et infusés
dans le vin blanc pendant la nuit , environ deux douzaines
dans trois ou quatre onces de vin , sont très-apéritifs.

CERISIER MAHALEB OU BOIS DE SAINTE-LUCIE , *Cerasus
mahaleb* Mus. , *Prunus mahaleb* Linn. C'est un arbre qui a
à-peu-près le port du *cerisier* ; mais son bois est dur , coloré
en brun , veiné et odorant. Ses feuilles sont alternes , simples ,
entières , ovales , dentées , terminées en pointe , et portées sur
des pétioles; elles ont des glandes à leur base. Les fleurs sont
plus petites que celles du cerisier , odoriférantes et disposées
en corymbe au sommet des tiges; le fruit est petit , noir , d'un
goût désagréable et amer.

Cet arbre croît dans les bois de l'Europe tempérée , et particulièrement dans les Vosges , près du village de Sainte-
Lucie , d'où il a tiré son nom. Il mériteroit qu'on donnât
plus d'attention à sa culture. Il devient d'une grande ressource pour retenir les terres des coteaux trop inclinés , et
met en bon rapport les terreins que l'abondance de la craie ,
du plâtre , ou de l'argile , et même du sable , rend stériles ,
en les divisant par ses racines , et en les recouvrant de ses
feuilles , qui sont en grand nombre. Ses racines pénètrent et
soulèvent une partie du sol , et donnent aux eaux pluviales
la facilité d'imbiber ces terres compactes et dures , sur lesquelles le débris de ses feuilles forme une couche végétale. On
peut en juger par le parti qu'on en a tiré à *Malesherbes* , où il
en a été fait des plantations et des semis considérables. On y

voit cet arbre en trois états. Dans les mauvais terreins, sur des coteaux arides, crétacés ou couverts de pierres calcaires, il n'est qu'un arbuste ; dans les terreins un peu meilleurs, il est un arbrisseau ; il devient un arbre de troisième ordre dans les bonnes terres : on peut aussi en faire des haies de clôture. Enfin, il sert de sujet pour la greffe du cerisier qu'on veut tenir à basse tige, et qui, par ce moyen, peut donner du fruit sur un sol où le *merisier* réussiroit difficilement.

La couleur naturelle du bois de *mahaleb* ressemble beaucoup à celle du *cerisier* ordinaire ; c'est sans doute en vieillissant qu'il acquiert une couleur plus brune. Ce bois est très-propre aux ouvrages d'ébénisterie et de tour. Il ne faut pas le confondre avec le *palixandre* de l'île de Sainte-Lucie, qui, ainsi que le *mahaleb*, a une légère odeur de violette. Sa pesanteur est à-peu-près de soixante-deux livres deux onces six gros par pied cube. Bomare dit qu'on nous apporte d'Angleterre et de plusieurs endroits de la France, l'amande sèche que donne le noyau de son fruit, parce que les parfumeurs en emploient dans leurs savonnettes.

Le *mahaleb* fleurissant en même temps que le cerisier, et portant de belles grappes de fleurs, figure assez bien dans les bosquets du printemps. Il peut servir de protecteur aux semis de chênes. Sur quelques parties des montagnes que M. Marnésia a renfermées dans ses jardins de Saint-Julien dans les Vosges, il y a des *mahalebs* qui ont plus de quatre pieds de tour.

Cet arbre se multiplie par les semis et de drageons. Mais pour diviser un mauvais terrein, le semis est préférable.

Cerisier du Canada, Ragouminier nega ou Minel du Canada, *Cerasus Canadensis* Mus., *Prunus Canadensis* Linn. C'est un arbrisseau qui s'élève rarement au-dessus de trois ou quatre pieds. Il a été apporté du Canada, où il croît naturellement ; on le cultive dans les jardins comme arbrisseau à fleur et d'ornement. Ses branches sont ouvertes et garnies de feuilles lancéolées très-entières, glabres et d'un vert bleuâtre en dessous ; elles ressemblent à celles de quelques espèces de *saules*. Ses fleurs, plus petites que celles du cerisier, et portées par des pédoncules longs et minces, naissent aux parties latérales des branches et des jeunes rejetons, au nombre de trois ou quatre sur chaque bouton ; elles paroissent au printemps. Ses fruits ressemblent à ceux du *petit cerisier sauvage*, mais leur saveur est amère ; ils mûrissent en juillet ; les oiseaux en sont très-friands. On multiplie cette espèce en marcottant ses branches au commencement du printemps, ou en semant ses noyaux de la même manière que les autres *cerisiers*. On peut mettre cet arbuste dans les plates-bandes des bosquets printaniers.

CERISIER A GRAPPES OU PUTIER, *Cerasus padus* Mus., *Prunus padus* Linn. On confond souvent, même dans les Vosges, cette espèce avec le *mahaleb ;* et comme son bois sert à faire beaucoup de petits meubles, les ébénistes et tourneurs le mêlent dans leurs ouvrages avec le *bois de Sainte-Lucie*, et lui donnent ce nom. La marqueterie qu'on fait avec ce bois est charmante, et les veines en sont très-variées, lorsqu'on le scie diagonalement. Le *putier* croît naturellement en Europe, et on le cultive dans les pépinières, pour en faire un arbre ou un arbrisseau d'ornement. Sa racine est rameuse et traçante. Sa tige s'élève à une hauteur médiocre ; elle pousse des branches écartées garnies de feuilles ovales, lancéolées, simples, entières, dentées en leurs bords, terminées en pointe et pétiolées ; elles ont deux glandes à leur base. Ses fleurs sont blanches et disposées en petites grappes serrées aux côtés des branches et à leur extrémité ; elles sont placées chacune sur un court pédoncule, et rangées alternativement dans la longueur du pédoncule principal. Son fruit est rond, petit, d'abord vert et ensuite rouge à l'époque de sa maturité ; il est amer, et il renferme un noyau rond et sillonné.

CERISIER DE VIRGINIE, *Cerasus Virginiana* Mus., *Prunus Virginiana* Linn. Cette espèce croît en Virginie et dans d'autres parties de l'Amérique septentrionale. C'est un arbre qui s'élève de dix à trente pieds, et qui conserve très-longtemps sa verdure en automne. Il a des feuilles oblongues, ovales, sciées, à pointe aiguës, et qui sont munies de glandes sur le devant des pétioles. Ses fleurs sont blanches, et ses fruits assez gros, et noirs dans leur maturité ; les oiseaux les mangent. Le bois de cet arbre est agréablement veiné de noir et de blanc ; il se polit très-bien, et sert souvent à faire des meubles. On multiplie cette espèce par semences ou par marcottes : les baies doivent être mises en terre en automne.

CERISIER DE PORTUGAL OU AZARERO, *Cerasus lusitanica* Mus., *Prunus lusitanica* Linn. Il nous vient de Portugal ; mais on ignore s'il est originaire de ce pays. C'est un petit arbre ou un grand arbrisseau toujours vert, et dont les branches ont, dans leur jeunesse, une écorce rougeâtre. Ses feuilles sont oblongues, ovales et dénuées de glandes, ses fleurs blanches et disposées en épis longs et serrés sur les côtés des rameaux, ses baies ovales, d'abord vertes, ensuite rouges et noires au moment de leur maturité ; elles contiennent un noyau semblable à celui d'une *cerise*. Cet arbre porte aussi le nom de *laurier du Portugal*; il se multiplie comme le *laurier-cerise* ou le *laurier commun*, par boutures, par marcottes ou par semences. On le marcotte en automne. Mais quand on veut qu'il parvienne à une certaine hauteur, il faut l'élever de baies, qui se sèment dans le même temps.

Le *laurier-cerise* est encore une espèce de *cerisier*. Voyez LAURIER-CERISE.

On trouve et l'on cultive aux Antilles un petit arbre qu'on appelle *cerisier*. Il n'appartient point à ce genre. C'est le *moureiller* à feuilles de grenadier, *malpighia punicifolia* Linn. *Voyez* l'article MOUREILLER. (D.)

Le CERISIER SPHÉROCARPE a les feuilles toujours vertes, luisantes, très-entières et lancéolées; les fleurs disposées en grappes axillaires, et les fruits ronds. Il est propre aux îles de Cuba, de la Jamaïque et à la Floride. Je l'ai cultivé en quantité à la Caroline. C'est un superbe arbre, qui s'élève à trente à quarante pieds, dont le tronc est garni de nombreux rameaux depuis le pied jusqu'au sommet; dont les fleurs durent long-temps, et sont légèrement odorantes; dont les fruits noirs et de la grosseur d'une balle de fusil de chasse, subsistent d'une année à l'autre, et jouent fort bien avec le vert tendre et brillant des feuilles. Je n'en connois pas de plus propre à faire des allées de jardins, à garnir des bosquets d'hiver, d'autant plus qu'il fait toujours la pyramide, comme le *peuplier d'Italie*; mais il est douteux qu'il subsiste en pleine terre dans le climat de Paris. Son bois est dur, rougeâtre, et est susceptible d'un beau poli. (B.)

CERISIER FAUX DE LA CHINE. C'est le LITSÉ. *Voyez* ce mot. (B.)

CERISIER DES HOTTENTOTS. C'est la CASSINE A FEUILLES CONCAVES. *Voyez* au mot CASSINE. (B.)

CERISIER DE SAINT-DOMINGUE. C'est le PLINE ROUGE. *Voyez* ce mot. (B.)

CERISIN, nom vulgaire du TARIN. *Voyez* ce mot. (VIEILL.)

CÉRITE, *Cerithicum*, genre de coquilles univalves, dont le caractère est d'être turriculée; d'avoir l'ouverture terminée à sa base par un canal étroit, court, brusquement recourbé, ou subitement tronqué, mais jamais échancré.

Ce genre, établi par Adanson, et fixé par Bruguière, comprend les *rochers*, les *strombes* et les *toupies* à forme turriculée de Linnæus. Il diffère des *vis* par le défaut d'échancrure à la base du canal. Il se divise en trois sections; savoir,

1. Calcéole fossile .
2. Came gryphoïde .
3. Camérine lisse .
4. Cardite cœur .
5. Cardite jeson .
6. Carinaire vitrée
7. Casque tuberculeux .
8. Certite ratissoire .
9. Ciclade cornée .
10. Ciclade carolinienne .
11. Cranie masque .

à canal très-recourbé, à bords du canal légèrement recourbés, et à canal droit et très-court.

Toutes les *cérites*, à une espèce près, la CÉRITE FLUVIA-TILE, qui n'a même qu'en partie les caractères du genre, sont des coquilles marines et operculées. Elles se trouvent ordinairement sur les côtes vaseuses ou sablonneuses, et c'est peut-être à cette circonstance, comme le remarque Bruguière, que l'on doit la conservation des espèces fossiles que l'on rencontre presque par-tout. En effet, on trouve que dans les pierres calcaires de seconde formation, dans celles qui ne sont uniquement formées que de détritus de coquilles, les cérites se sont mieux conservées qu'aucune autre. On voit souvent des bancs entiers de plusieurs lieues de large et de plusieurs toises d'épaisseur, en être presque entièrement composés. C'est probablement la plus commune des pétrifications existantes en France; mais cette fréquence ne les rend pas plus faciles à étudier, car il est presqu'impossible de trouver une ouverture entière sur des millions d'individus qu'on examine. Les carrières d'Issi, près Paris, qui en sont entièrement formées, n'en ont pu fournir une seule susceptible d'être décrite depuis qu'on les y recherche. Il en est presque de même dans celle des pays à couches tertiaires, dans celles qu'on trouve disséminées dans les sables ou les argiles. De toutes les coquilles de Grignon, par exemple, les *cérites* sont celles qu'on a le plus de peine à rencontrer entières ; leur lèvre droite est presque toujours cassée, tandis que des coquilles bien plus délicates, telles que des *anomies*, des *calyptrées* et autres, sont restées fréquemment intactes. Cependant on en trouve quelques-unes à Courtagnon, et un grand nombre dans un banc sablonneux, que Gillet Laumont a découvert au-dessous d'Ecouen, près Paris.

L'animal qui habite les *cérites* a une tête cylindrique, tronquée en dessous et ornée, sur les côtés, de petites franges semblables à une crête. De son origine partent de longues cornes, au milieu extérieur desquelles sont placés les yeux. La bouche est une petite fente placée en dessous. Le manteau est épais, et son extrémité supérieure se replie en un tuyau cylindrique assez court, couronné de six petites languettes triangulaires. Le pied est petit, presque rond et strié.

Ces animaux sont trop petits, même dans les plus grandes espèces, pour être recherchées pour la nourriture. En conséquence, on n'en tire aucune utilité.

Les *cérites* décrites par Bruguière montent à quarante-cinq espèces, presque toutes ou de la Méditerranée et des mers entre les tropiques, ou fossiles. On peut citer comme exemple de la première division , le C**érite obélisque** , qui est commun dans les collections, et qui est figuré dans Dargenville, pl. 11, fig. F. Il vient de la mer des Antilles. Ses caractères sont d'être varié de brun , d'avoir les tours de spire garnis de quatre côtes granuleuses , et la columelle marquée d'un pli.

Pour exemple de la seconde division, le C**érite gommier**, dont le caractère est d'être brun , strié transversalement ; d'avoir la moitié inférieure des tours de la spire marquée de plis longitudinaux terminés par une pointe, et ayant leur bord supérieur crénelé. Celui-ci se trouve dans la Méditerranée , sur la côte d'Afrique , et fossile en Italie. Il a été figuré par Adanson, pl. 10, fig. 3 de son *Histoire des coquilles du Sénégal.*

Il faut aussi citer le C**érite télescope**, qui est également commun dans les collections, et qui vient de la mer des Indes. Il est conique, brun ; les tours de la spire sont garnis de sillons transverses, et la columelle est marquée d'un pli. *Voyez* sa figure , pl. 11, fig. B de la *Conchiliologie* de Dargenville.

Dans la troisième division , on remarque le C**érite fluviatile**, qui est très-alongé, noir, dont les tours de la spire sont lisses , contigus, et qui a l'extrémité supérieure de la lèvre droite échancrée. Il est figuré dans Favanne, pl. 61 , fig. H. 11. Il vit dans les marais des Grandes-Indes , et fait le passage entre les *cérites* et les *vis.*

Le C**érite ratissoire** est brun. Il a les tours de la spire garnis de quatre à cinq côtes tuberculeuses ; les tubercules de la seconde côte , du côté de la spire , plus gros que ceux des autres. Il se trouve à l'embouchure des rivières d'Afrique, et est figuré avec son animal dans Adanson , à la planche citée plus haut.

Le C**érite pervèse** , dont l'ouverture de la coquille est tournée à gauche , dont les tours de spire sont partagés en quatre zones, les deux du milieu formés de points enfoncés , et ceux des bords de points élevés. Il se trouve dans la Méditerranée. (B.)

C**ÉROCOME**, genre d'insectes de la seconde section de l'ordre des C**oléoptères**.

Les *cérocomes* sont remarquables par les antennes , dont les articles sont dilatés , inégaux , irréguliers dans les mâles, moniliformes et arrondis dans les femelles. Semblables aux cantharides , elles ont la tête inclinée , les élytres molles ; cinq articles aux tarses des quatre pattes antérieures, et quatre aux tarses postérieurs ; les uns et les autres terminés par deux paires de crochets ; elles ont la bouche composée d'une lèvre supérieure très-courte ; de deux mandibules cornées , courtes, arquées ; de deux mâchoires alongées , cylindriques ; d'une lèvre inférieure avancée , bifide, membraneuse , et de quatre antennules filiformes , avec le second et le troisième article des antérieures renflés , presque vésiculeux dans les mâles.

Les *cérocomes* ont quelques rapports avec les *mylabres ;* mais elles en différent par les antennes , composées de neuf articles dans celles des femelles, et dans les mâles, d'une forme particulière , qui ne permet pas de les confondre avec aucun autre genre.

Ces insectes présentent des couleurs très - brillantes, et propres à les faire distinguer. Ils fréquentent les fleurs , sur lesquelles on les trouve pendant une grande partie de l'été. Ils volent avec beaucoup d'agilité ; mais on les saisit facilement lorsqu'ils ont la tête enfoncée dans le calice des fleurs, pour en extraire le suc mielleux. Les habitudes des larves nous sont encore entièrement inconnues ; nous présumons qu'elles vivent dans la terre comme les larves des cantharides , et qu'elles se nourrissent des racines des plantes.

Parmi quatre espèces décrites , la plus connue est la Cé-rocome de Schæffer ; elle est verte , avec les antennes et les pattes jaunes. (O.)

CÉROPALÈS, *Ceropales* , genre d'insectes de l'ordre des Hyménoptères et de ma famille des Melliniores. Ses caractères sont : antennes insérées vers le milieu de l'entre-deux des yeux , d'une grosseur moyenne ; premier article plus grand que le troisième qui est alongé et bien plus long que le second ; mandibules unidentées au côté interne ; palpes maxillaires fort longs ; langue à divisions latérales très-sensibles.

Les *céropalès* ont la tête comprimée , assez épaisse vue en dessus, de la largeur du corcelet, ou plus étroite , avec le bord antérieur un peu renflé , et les yeux entiers ; le corcelet rond ou presque globuleux ; l'abdomen ovale , rétréci assez sensible-ment à sa base ; les tarses ont , entre les crochets, une pelotte assez grosse.

Je place dans ce genre la *melline* à cinq bandes, *M. 5-cinctus* de M. Fabricius. Cet insecte est noir, avec l'écusson , et cinq bandes continues sur l'abdomen, jaunes. Je l'ai trouvé assez souvent sur les fleurs, et notamment celles de carotte, dans le Midi de la France. (L.)

CÉROPÉGE, *Ceropegia* , genre de plantes de la pen-tandrie digynie, et de la famille des Apocinées , dont le carac-tère est d'avoir un calice très-petit, persistant, à cinq dents pointues; une corolle monopétale, tubuleuse, renflée à la base, à cinq divisions à son limbe; cinq étamines; un ovaire supérieur dont le style, à peine apparent, soutient deux stigmates.

Le fruit est composé de deux follicules longs, droits, pointus, uniloculaires, qui s'ouvrent d'un côté longitudinalement, et renferment des semences couronnées d'une aigrette plumeuse.

Voyez pl. 179 des *Illustrations* de Lamarck.

Ce genre contient huit espèces, dont six de l'Inde et deux du Cap de Bonne-Espérance. Ce sont des plantes volubles, à feuilles opposées, à fleurs disposées en ombelles axillaires ou terminales, dont aucune n'est cultivée dans les Jardins d'Europe. (B.)

CÉROPLATE, *Ceroplatus*, genre d'insectes de l'ordre des Diptères, établi par Bosc dans les *Actes de la société d'Histoire naturelle de Paris*. 1 Fasc. pag. 42, tab. 7, fig. 3.

Les *céroplates* sont de ma famille des Tipulaires, et on les distinguera aux caractères suivans : antennes très-comprimées plus larges au milieu ; de quatorze articles; extrémité atteignant au moins la moitié de la longueur du corcelet; trompe très-courte ; palpes d'un seul article.

Ces *diptères* ont le port ordinaire des tipules; leur abdomen est en fuseau. Ils sont fort rares et se trouvent dans les bois. Leurs larves vivent dans les bolets.

On n'en connoissoit d'abord qu'une espèce; mais celui même qui l'avoit trouvée et décrite, en a observé une seconde dans la Caroline. La première, ou le *céroplate tipuloïde*, est des environs de Paris. Sa tête est petite, arrondie, jaunâtre, avec deux petites élévations jaunes et en forme de cornes sous les antennes ; les antennes sont épaisses et noirâtres ; le corcelet est bossu, jaunâtre, rayé de noirâtre; l'abdomen est comprimé, jaune, avec les bords des anneaux noirs; les ailes sont blanches, avec un point près du milieu de la côte, et une tache noirâtre.

Le *céroplate tipuloïde*, ayant été figuré dans les *Actes de la société d'Hist. nat. de Paris*, nous représentons ici la seconde espèce de ce genre, découverte par Bosc en Amérique, et qu'il nomme Charbonnée, *Carbonarius*. Afin de rendre même cet article plus intéressant et plus complet, nous donnerons textuellement les observations récentes de cet habile naturaliste. Tous les savans connoissent son extrême complaisance à communiquer les fruits de ses recherches ; je réunis les sentimens de ma gratitude à la leur.

« J'ai établi dans les *Actes de la société d'Hist. nat.* sous le nom de *keroplatus*, un nouveau genre d'insectes, voisin des *tipules*, mais qui en est très-distingué par la longueur, la largeur et sur-tout l'applatissement de ses antennes. Je regardois alors comme absolument inconnue aux naturalistes, l'espèce unique qui la formoit. Mais ma mémoire m'avoit mal servi sur ce point; car Réaumur a fait graver une de ses antennes, tom. 4, pl. 9, fig. 10, pour exemple, disant seulement qu'elle appartenoit à une tipule qui vivoit dans l'agaric du chêne.

La disparition des agarics, ou mieux des bolets de chêne, aux environs de Paris, depuis qu'on a abattu les futaies, et que les botanistes et les entomologistes se sont multipliés, a rendu plus rares les occasions de trouver les larves du *keroplatus* que j'ai décrit et figuré : aussi ne l'a-t-on pas observé depuis Réaumur, et l'exemplaire de l'insecte parfait que je possède, est-il le seul qui se voye dans les collections, aujourd'hui si nombreuses, dans la capitale. Il a été rapporté de Villers-Coterets, forêt de haute-futaie encore peu fréquentée des naturalistes, et qui mérite cependant de devenir l'objet de leurs courses.

Pour mettre sur la voie de la recherche et de l'observation, je crois devoir communiquer aujourd'hui à la société (*philomathique*) la description et l'histoire d'une espèce américaine du même genre, dont j'ai été dans le cas de suivre les mœurs pendant mon séjour en Caroline. Elle est trop semblable à celle déjà connue, pour croire que sa manière de vivre soit fort différente.

« CÉROPLATE CHARBONNÉ, *Ceroplatus carbonarius*, tête d'un brun noir, ayant deux petites taches derrière les antennes et les palpes blanchâtres; front armé de deux tubercules; antennes d'un brun noir ; les quatre derniers articles blancs ; corcelet d'un beau noir, un peu velu, blanchâtre sous les ailes; balanciers d'un beau noir; abdomen de la même couleur, avec les bords des anneaux cendrés, principalement sur les côtés; ailes transparentes, tachetées de brun sur les bords, et ayant une tache plus grande et plus foncée vers l'extrémité extérieure; pattes brunes; la base blanchâtre.

» La larve de cet insecte est vermiforme, blanche, glutineuse, avec la tête noire, des anneaux prononcés, et des pattes en mamelons. Elle se nourrit aux dépens de la substance inférieure d'un bolet fort voisin de l'*unicolor* de Bulliard. Cette larve qui vit en familles, quelquefois assez nombreuses, se trouve dans le mois de juin, et parvient, lorsqu'elle a acquis toute sa grandeur, c'est-à-dire vers la fin du mois d'août, à deux pouces et demi de longueur, sur trois lignes de diamètre. Dans tous les temps de sa croissance, mais sur-tout dans les derniers mois, ces larves filent un réseau ou commun, lâche, d'un blanc brillant, et entre les mailles duquel elles se sauvent et se cachent lorsqu'elles sont inquiétées, de même que la chenille de la teigne du fusain. Elles sont si minces et si délicates, qu'il est presqu'impossible de les prendre avec les doigts, sans les écraser. Exposées au soleil quelques minutes, ou mises quelque temps dans un lieu sec, elles périssent. Aussi, n'habitent-elles que les bolets qui croissent sur des arbres et des troncs, placés dans les lieux humides et ombragés.

» A l'époque de leur transformation, les larves se filent, les unes près des autres, une coque un peu plus serrée que le réseau, mais cependant encore assez lâche pour laisser voir la nymphe. L'insecte parfait sort de cette coque au bout d'une quinzaine de jours. J'ai nourri beaucoup de ces larves chez moi, mais peu ont réussi, faute probablement d'humidité suffisante ». (L.)

CEROSTOME, *Cerostoma*, genre d'insectes de l'ordre des Lépidoptères, de ma famille des Rouleuses, et que j'ai établi sur l'*ypsolophe*, que Fabricius a nommé *dorsatus*.

Les *cérostomes* ont leurs ailes très-alongées, étroites et moulées sur le corps; quatre palpes distincts, dont les supérieurs droits, les intérieurs longs et recourbés, avec le second article pénicilliforme; le dernier conique, alongé, et presque nu. Ils sont pourvus d'une trompe.

Leurs palpes forment une saillie au-devant de la tête, assez remarquable. C'est pour cela que j'ai donné à ces insectes le nom de *cérostome*, qui signifie *bouche cornue*.

Le Cérostome dos-marqué a les ailes supérieures cendrées, mélangées de noirâtre, avec une tache sur le dos, commune, blanche, et ayant deux taches noires.

Je l'ai trouvé fréquemment sur les arbres des Champs-Elysées, dans l'été. (L.)

CERQUE, *Cercus*. Nouveau genre d'insectes qui doit appartenir à la troisième section de l'ordre des Coléoptères.

Latreille, en établissant ce genre, y a placé le *dermeste pédiculaire*. Illiger, d'après Herbst, a réuni ce même insecte au *spheridium pulicarium* et au *dermestes urticæ* de Fabricius, pour en former le genre Catérètes; mais ces deux dernières espèces présentent des différences très – marquées avec le *dermeste pédiculaire*. Latreille a cru devoir en faire un genre particulier, sous le nom de Protéine, *Proteinus. Voyez* cet article.

Les *cerques* sont de très-petits insectes, très-voisins des *nitidules*. Leur corps est ovale ou oblong, légèrement rebordé; la tête est petite, ovale, enfoncée dans le corcelet; les antennes sont terminées en masse perfoliée, les antennules sont filiformes, presque égales ; les mâchoires sont à un seul lobe ; le corcelet est presque arrondi , un peu rebordé , non échancré antérieurement ; les élytres sont coriaces, légèrement voûtées, un peu rebordées, plus courtes que l'abdomen ; l'écusson est assez grand , arrondi ; les pattes sont de médiocre longueur ; tous les tarses sont composés de quatre articles velus ou garnis de houppes en dessous ; le pénultième est élargi dans plusieurs.

Les deux premiers articles des antennes du mâle sont grands, comprimés.

Nous ne possédons, aux environs de Paris, qu'une seule espèce assez rare de ce genre ; c'est le Cerque pédiculaire : ses élytres sont courtes, pointillées, d'un fauve roussâtre, avec le tour de l'écusson noirâtre ; la poitrine et les yeux sont noirs ; les pattes sont fauves. Ce joli insecte se trouve sur les fleurs. On ignore tout ce qui concerne sa manière de vivre et ses métamorphoses. (O.)

CERVANTESE, *Cervantesia*, arbrisseau du Pérou, qui forme , dans la pentandrie monogynie, un genre dont les caractères sont d'avoir un calice campanulé divisé en cinq parties; point de corolle ; cinq écailles insérées au milieu du calice ; un ovaire supérieur surmonté d'un stigmate sessile ; une noix ovale, uniloculaire, entourée par le calice qui a cru, et est devenu charnu.

Ces caractères sont figurés pl. 7 du *Genera* de la *Flore du Pérou*, mais Cavanilles les a attaqués , comme mal énoncés, dans ses *Icones plantarum*, ouvrage où il figure planche 475, une autre espèce de ce genre, qui est aussi un arbrisseau du Pérou à feuilles alternes, pétiolées, oblongues, couvertes de poils ferrugineux, dont les fleurs sont blanchâtres, petites, et disposées en panicules terminales ou axillaires. (B.)

CERVEAU, *Cerebrum*. On donne ce nom à une masse molle , pulpeuse, renfermée dans la cavité osseuse de la tête, et qui envoie des prolongemens médullaires dans toutes les parties du corps des animaux. Ainsi toutes les espèces qui ont un crâne, sont nécessairement pourvues d'un *cerveau* qui est contenu dans son intérieur. Tels sont, l'homme, les quadrupèdes vivipares, les cétacés , les oiseaux, les quadrupèdes ovipares, les serpens et les poissons ; c'est-à-dire, tous les animaux doués d'un squelette articulé et d'une colonne vertébrale. Les animaux sans vertèbres n'ont pas un véritable *cerveau*, comme nous allons le montrer , mais seulement un ou plusieurs ganglions qui en tiennent lieu.

Pour bien saisir cette différence très-importante , il faut considérer que tout animal vertébré a deux espèces de systèmes nerveux, par la raison qu'il a deux ordres principaux de

IV.   M m fonctions vitales; c'est-à-dire, une vie générale et une vie particulière. Or, la vie générale est commune à toutes les espèces d'animaux; elle consiste dans la nutrition, l'assimilation, la respiration, la circulation et les sécrétions; elle ne peut être suspendue sans que l'animal ne périsse. Elle est fondamentale et primitive; elle agit seule pendant le sommeil qui suspend tous les actes de la seconde vie. Celle-ci n'appartient qu'aux seuls animaux vertébrés; elle consiste dans un *cerveau* avec les nerfs qui en émanent, et qui sont soumis à la volonté réfléchie. Cette seconde vie est sujette à des intermittences d'action qu'on appelle *sommeil*, tandis que la vie primitive ne cesse jamais sans que la mort n'arrive aussi-tôt. *Voyez* l'article VIE.

Chacune de ces vies est gouvernée par un système nerveux qui lui est propre. Il y a donc un sytème nerveuxcomm un à tous les animaux, et un autre système nerveux particulier aux espèces douées d'une seconde vie, aux animaux vertébrés.

Le système nerveux général de tous les animaux, est celui qu'on nomme *grand sympathique, intercostal*, ou *trisplanchnique* dans l'homme; et on a reconnu qu'il n'émanoit pas du *cerveau*, mais qu'il formoit un système à part, distinct et qui existoit par lui-même. C'est un assemblage assez nombreux de filets nerveux, dont les diverses branches se réunissent ou s'entrecroisent en plusieurs sens, forment des *plexus* ou entre-lacemens, et sont pourvus de ganglions, c'est-à-dire, de renflemens ou nœuds qui sont autant de petits cerveaux. Ce système nerveux, placé dans les cavités intestinales, préside à toutes les fonctions de la vie intérieure; telles que la nutrition, l'assimilation, la circulation, la respiration et les sécrétions; il a quelques communications avec les nerfs du cerveau ou de la seconde vie.

Or, les animaux sans vertèbres, tels que les mollusques, les crustacés, les insectes, les vers et les zoophytes, n'ayant qu'une seule vie, sont seulement pourvus du système nerveux général qui remplit toutes leurs fonctions et qui tient aussi lieu du système nerveux de la vie particulière. Ils n'ont donc pas ce dernier, et sont par conséquent privés du cerveau qui en est le centre.

Cependant, ne trouve-t-on pas un corps analogue au cerveau dans les vers, les insectes, les crustacés et les mollusques ? Examinons cet objet.

Aucun zoophyte, aucun animal radiaire, ou formé en rayons, comme les orties de mer (*medusa*), les actinies, les oursins, &c., n'a de ganglion, ou corps nerveux auquel on puisse accorder le nom de *cerveau*, car ces animaux sont privés de tête. Dans les vers et les insectes, on trouve une tête qui contient l'orifice extérieur de l'œsophage de l'animal. C'est dans la partie supérieure de leur tête qu'on observe un ganglion simple ou double, qui produit deux branches. Celles-ci embrassent l'œsophage et se réunissent en dessous pour se rendre dans le ventre de l'animal en un cordon nerveux, offrant d'espace en espace des nœuds ou ganglions, desquels sortent des ramifications nerveuses qui se distribuent à toutes les parties. Ainsi, loin que ces animaux soient doués d'une moelle nerveuse vertébrale, ils n'ont que ces nerfs et ces ganglions, dans la cavité du ventre au-dessous des intestins, ce qui présente une grande ressemblance avec les nerfs grands sympathiques des animaux à vertèbres. Le ganglion de la tête des vers, des insectes, des crustacés et des mollusques n'est donc pas un cerveau, mais une véritable production du nerf grand sympathique, et qui en a toutes les fonctions. Mais on n'y rencontre rien qui ressemble à la vraie cervelle des animaux vertébrés, et il n'y a point de moelle dorsale et épinière comme chez ces derniers. C'est par cette raison que les animaux sans vertèbres, les vers, les mollusques, &c., ne meurent pas aussi-tôt qu'on leur tranche la tête; puisque le ganglion qu'elle contient n'est point un organe central de vie; au contraire, plusieurs espèces de vers, de limaçons, &c., reproduisent une nouvelle tête en place de celle qu'on a retranchée, sans que les fonctions de la vie intérieure en soient arrêtées.

Il n'en est pas de même dans l'homme, et chez tous les animaux à moelle épinière; on y trouve un véritable *cerveau* qui est le centre de la vie extérieure, de cette vie qui établit des liens de communication avec tous les corps qui nous entourent et qui est le réservoir commun de toutes les impressions reçues par l'animal.

Chez les animaux sans moelle épinière, c'est-à-dire, les mollusques nus ou testacés, les crustacés, les insectes, vers et zoophytes, le seul instinct les dirige sans la moindre opération de l'esprit, et on en trouve la preuve lorsqu'on reconnoît que toutes leurs actions sont toujours les mêmes sans être plus ou moins parfaites. Aussi, ces animaux ne sont point capables d'instruction, soit de la part des hommes, soit de la part de leurs semblables, car l'instruction dépend de la mémoire et du jugement; opérations qui exigent le secours d'un cerveau. On peut bien enseigner quelque action à un poisson, à un reptile, à un oiseau, à un quadrupède; mais qui peut se faire obéir d'un ver, d'un zoophyte, d'un mollusque, d'un insecte? Ces derniers êtres n'écoutent que leur instinct, car, privés de cervelle, ils ne peuvent point communiquer avec nous, par la moindre idée convenue, ce qui est possible chez les animaux pourvus de moelle épinière et d'un cerveau.

L'instinct est donc le résultat de la vie intérieure ou des nerfs grands sympathiques ; mais le *sensorium commune*, où s'opère le raisonnement, a son foyer dans la cervelle. (*Voyez* les mots SENS, INSTINCT.) L'instinct exécute ses opérations sans qu'on en ait la conscience, parce qu'il n'émane point du cerveau, tandis que celui-ci opère exclusivement les actes dont on a la volonté et la conscience, par conséquent, il est le centre des connoissances d'acquisition, et le réservoir dans lequel les sens vont décharger leurs impressions. Les sens des animaux vertébrés et privés de cervelle, sont pour ainsi dire épars et isolés ; leurs sensations sont bornées à l'organe frappé, elles n'aboutissent point à un foyer commun de vitalité. Ces animaux se dirigent seulement par l'impulsion de l'instinct.

Après ces considérations générales, examinons le *cerveau* des animaux à vertèbres.

Dans la boîte osseuse de la tête des animaux à sang rouge et à squelette articulé, se trouvent une masse pulpeuse, principalement formée de deux lobes latéraux, ou hémisphères. La pulpe du cerveau est composée de deux matières ; la corticale, qui est grisâtre, et qui enveloppe la médullaire plus blanche. La première est d'autant plus abondante, que le cerveau est plus gros proportionnellement à l'animal. Le nevrilème ou les membranes qui enveloppent les nerfs envoyés dans le corps, se trouvent aussi dans le cerveau.

Au-dessous des lobes du cerveau, derrière eux, se trouve le cervelet qui communique avec le cerveau et la moelle épinière, car il sert d'intermédiaire. Une membrane fine entoure la masse entière du cerveau, et pénètre dans tous ses sillons, c'est la *pie-mère ;* une autre membrane plus épaisse tapisse intérieurement les os du crâne, on la nomme *dure-mère.* Les deux hémisphères du cerveau coïncident à leur base par le corps calleux. Entre les tubercules quadrijumeaux, se trouve la glande pinéale, qu'on a supposé être le siége de l'ame, comme si ce qui n'a pas de corps pouvoit être contenu dans un organe à l'exclusion des autres.

Il sort immédiatement du *cerveau* un gros prolongement qui descend le long du dos, et qu'on nomme *moelle épinière,* parce qu'elle s'insinue dans les cavités des vertèbres ou de l'épine dorsale. En outre, dix paires de nerfs émanent de la moelle cérébrale. La première paire se rend aux narines pour l'odorat, la seconde aux yeux, les troisième, quatrième et sixième aux muscles des yeux, la cinquième, très-étendue et très-considérable, porte le sentiment et la force motrice à diverses parties de la face et de la tête. La septième se distribue à l'oreille ; la huitième paire, considérée par quelques anatomistes comme des branches de la précédente, se ramifie dans les muscles de la face ; la neuvième pénètre dans la gorge et la poitrine ; enfin, la dernière se rend à la langue et forme l'organe du goût. La moelle épinière distribue trente autres paires de nerfs au reste du corps. *Consultez* l'article NERFS.

Il n'y a rien de semblable dans tous les animaux sans vertèbres, et ils sont entièrement privés de ces organes.

Le *cerveau* des quadrupèdes vivipares ressemble assez à celui de l'homme, mais ses proportions relativement au corps sont plus petites ; ce qui a fait dire depuis long-temps que l'homme avoit le plus grand cerveau de tous les êtres animés. Au reste, les petits animaux ont un cerveau proportionnellement plus grand que les grosses espèces ; par exemple, la cervelle d'un rat est $\frac{1}{76}$ de son corps, celui de la souris $\frac{1}{45}$, celui du mulot $\frac{1}{21}$, celui d'un moineau $\frac{1}{25}$, celui d'un serin $\frac{1}{14}$; tandis que chez l'éléphant, dont on a tant vanté l'intelligence, le cerveau n'est que $\frac{1}{500}$ de son poids. Cette proportion varie suivant les âges et l'état de l'individu ; car quoique le corps soit maigre ou gras, le cerveau reste toujours à-peu-près dans le même état. Aussi dans l'homme la cervelle est tantôt $\frac{1}{22}$, $\frac{1}{25}$, $\frac{1}{30}$, ou même $\frac{1}{45}$ de son corps. Dans le *gibbon*, grand singe voisin de l'homme, il forme $\frac{1}{48}$. Il est $\frac{1}{22}$ dans le *saïmiri*, sorte de sapajou. Dans le chien, cette proportion varie depuis $\frac{1}{47}$ jusqu'à $\frac{1}{161}$, suivant les races. Dans le bœuf, le cerveau n'est que $\frac{1}{860}$ du corps. Dans le cheval $\frac{1}{400}$, et chez l'âne $\frac{1}{212}$ seulement ; il est assez étonnant qu'il ait plus de cervelle que le cheval, car il est plus bête. La proportion du cervelet au cerveau dans l'homme est :: 1 : 9 ; dans le saïmiri :: 1 : 14 ; dans le chien :: 1 : 8 ; dans la souris :: 1 : 2 ; chez le bœuf :: 1 : 9 ; dans le cheval :: 1 : 7. Dans tous les animaux à cerveau la proportion de cet organe avec la masse de la moelle alongée et des nerfs qui en sortent, détermine assez exactement le degré d'intelligence de chacun d'eux. Ainsi, plus la masse du cerveau l'emportera sur celle de la moelle alongée et des nerfs, plus l'animal sera intelligent ; en effet, l'homme qui a le cerveau fort gros à proportion des nerfs qui en sortent, annonce que sa force d'entendement doit être plus étendue, et ses sensations brutales et physiques moins impérieuses ; tandis que dans les bêtes chez lesquelles on observe de gros nerfs, et un petit cerveau, les appétits sensuels et grossiers remplacent la pensée et le jugement : aussi chez eux le museau, la gueule s'avancent, et le front, le cerveau se reculent, comme s'ils mettoient l'appétit, le plaisir de manger et de boire avant la pensée ; comme s'ils repoussoient celle-ci derrière leurs sens brutaux. Ainsi, plus le museau se prolonge, plus le cerveau se recule, se rapetisse, et plus l'individu est stupide. *Voyez* le mot CRANE.

Dans les oiseaux, le cervelet n'a qu'un seul lobe ; ils n'ont ni corps calleux, ni voûte, ni cloison transparente, ni tubercules mamillaires. Le *cerveau* des reptiles est dépourvu de toute circonvolution. Le nombre de celle-ci est d'autant plus grand que l'animal est plus intelligent : aussi l'homme en a plus que toutes les autres espèces. Le cerveau des poissons est alongé comme un double chapelet dont les éminences forment les différens nœuds ou tubercules. Les hémisphères sont très-petits, car ils décroissent en grosseur à mesure qu'on descend l'échelle de perfection des êtres. Le cerveau des chiens de mer est $\frac{1}{144}$ du poids de ces animaux ; il est ainsi extrêmement petit en comparaison de leur corps, et il ne remplit jamais entièrement la cavité de leur crâne. On n'y trouve plus l'arbre de vie, de même que dans celui des reptiles. A mesure que l'appendice du corps cannelé formant la voûte des hémisphères du *cerveau* est plus volumineux, il paroît que l'animal a plus d'intelligence, suivant les recherches de Cuvier. Il s'en faut bien, cependant, que nous connoissions tout ce qui a rapport avec ce merveilleux organe par lequel nous entrons en communication avec tout l'univers, et nous sortons du rang de la brute. Au reste, les différens états de la cervelle dépendent souvent du tempérament du corps. Voilà peut-être la cause de la différence des esprits ; car on observe, dans la force de l'entendement, des modifications qui dépendent de nos tempéramens et de nos complexions. *Voyez* SENS et NERFS. (V.)

CERVEAU DE MER ou DE NEPTUNE, dénomination vulgaire d'une espèce de MADRÉPORE. *Voy.* ce mot. (S.)

CÉRUMEN DES OREILLES. C'est une matière de nature grasse, concrète, butireuse, d'une grande amertume, qui est sécrétée par les glandes qui garnissent le méat auditif. Celles-ci sont nombreuses, petites, et leur sécrétion est lente, quoique continuelle. En été, elles sécrètent plus de cette matière que dans le temps froid de l'hiver. Cette sécrétion est aussi plus abondante chez les personnes qui se curent souvent les oreilles, que chez celles qui négligent ce soin de propreté. Quelquefois l'amas du cérumen dans les oreilles est si considérable, qu'il obstrue entièrement le méat auditif, de sorte qu'il produit une surdité accidentelle, qu'on fait cesser en curant cette matière. Mais elle peut se dessécher et durcir au point d'être très-incommode, et même de causer une inflammation et une otalgie. Pour amollir ce *cérumen* durci, l'on est obligé d'avoir recours à des injections d'huile tiède. Il ne faut pas se curer trop souvent les oreilles, car l'on fait augmenter beaucoup la sécrétion de *cérumen*, parce qu'on irrite les glandes qui l'excrètent ; et lorsque le froid l'arrête, on est exposé à de violentes fluxions et à des otalgies très-douloureuses. Chez les animaux qui ne peuvent pas se curer les oreilles, le *cérumen* ne s'amasse pas en abondance.

Le dedans du méat auditif est fort sensible, et un léger attouchement cause une sorte de frémissement que quelques personnes ne trouvent pas désagréable. On assure que les Chinois mettent au nombre de leurs jouissances les plus sensuelles, le chatouillement qu'ils se procurent dans l'oreille en y promenant un pinceau garni de poils fins. Sans doute les glandes en sont irritées, et la sécrétion du cérumen doit être abondante chez eux.

Il paroît que cette matière est formée d'une huile grasse, combinée à une résine un peu odorante, âcre, amère et jaune ; car tels sont les principes que l'art chimique y a trouvés.

Les usages de cette substance marquent assez la prévoyance de la nature ; car elle fait fuir les insectes, de sorte qu'ils ne s'avancent jamais vers le canal auditif. Les poux, les puces et les autres insectes qui peuvent se trouver sur les animaux et sur l'homme, ont de l'antipathie pour cette matière grasse ; et si l'on pouvoit en amasser assez pour en frotter les parties du corps qu'on voudroit mettre à l'abri de ces insectes, ce seroit un très-bon moyen.

En outre, cette matière grasse peut arrêter, comme de la glu, les fétus, paille et autres corps étrangers qui se seroient glissés dans l'oreille et qui auroient blessé la membrane du tympan. Le *cérumen* des oreilles ne se sécrète au reste que vers l'entrée du méat auditif, et point du tout dans son intérieur, où il seroit plus nuisible que nécessaire. (V.)

CÉRUSE NATIVE, carbonate de plomb terreux de couleur blanche. *Voyez* PLOMB. (PAT.)

CERVUS, nom latin du CERF. *Voyez* ce mot. (DESM.)

CÉRYLON, *Cerylon*, nom donné par Latreille à un nouveau genre d'insectes, qu'il place dans la famille des XYLOPHAGES, et dans lequel il fait entrer le *lyctus terebrans* de Fab., qui est un *ips* de mon *entomologie*. Voici les caractères de ce nouveau genre. Antennes moniliformes, renflées vers leur extrémité ; dixième article formant un bouton qui paroît recevoir le onzième. Quatre articles aux tarses, les

trois premiers égaux et simples ; corps alongé , corcelet déprimé. *Voyez* LYCTE. (O.)

CESTREAU , *Cestrum ,* genre de plantes de la pentandrie
monogynie , et de la famille des SOLANÉES , dont le caractère est d'avoir un calice monophylle , tubuleux , très-court et
à cinq dents peu profondes ; une corolle monopétale infundibuliforme , à tube très - long et à limbe partagé en cinq
découpures ; cinq étamines , quelquefois munies d'une petite
dent vers leur milieu ou leur base ; un ovaire supérieur , arrondi , surmonté d'un style à stigmate épais. Le fruit est une
baie ovale ou obronde , biloculaire et polysperme , sa cloison
épaisse dans le milieu et très-amincie sur les côtés.

Voyez pl. 112 des *Illustr.* de Lamarck , où ce genre est figuré.

Les *cestraux* sont des arbrisseaux dont les feuilles sont simples et alternes , et dont les fleurs sont disposées en bouquets
terminaux ou en corymbes axillaires , et qui , presque tous ,
sont originaires de l'Amérique méridionale. On en compte
une douzaine d'espèces. Les plus remarquables sont :

Le CESTRAU NOCTURNE , dont les filamens sont dentés , les
pédoncules légèrement rameux et égaux aux feuilles en longueur. Il vient de l'Amérique méridionale. Ses fleurs ne sentent rien le jour ; mais elles répandent le soir une odeur agréable , même trop forte pour certaines personnes. On l'appelle
vulgairement le *galant de nuit.*

Le CESTRAU A OREILLETTE. C'est l'*hediunda* du Pérou ,
plante qui est regardée comme propre à empêcher les maladies pestilentielles , et qui répand aussi une odeur agréable la
nuit et désagréable le jour. Ses caractères sont d'avoir les
filamens sans dents , les stipules amplexicaules et en croissant ,
les feuilles ovales , et les fleurs en panicules terminales. Il vient
fort bien en pleine terre à Paris. L'Héritier en a donné une
fort belle figure dans ses *Stirpes.* Il en est de même du CES-
TRAU PARQUI , qui se rapproche beaucoup du précédent , mais
dont les stipules sont linéaires ; et du CESTRAU A FEUILLES
DE LAURIER , qui se rapproche du premier , mais dont les
pédoncules sont plus courts que les feuilles. Ils viennent tous
deux de l'Amérique méridionale.

Le *parqui* est regardé au Pérou comme propre à guérir les
fièvres malignes , quoique les bœufs qui en mangent enflent
et meurent souvent.

Le CESTRAU VÉNÉNEUX , qui a ses feuilles lancéolées ,
oblongues , coriaces , et ses fleurs sessiles. Celui-ci est naturel
au Cap de Bonne-Espérance , où ses fruits , au rapport de
Burmann , écrasés et mêlés avec de la viande , servent à em-
poisonner les bêtes féroces.

Le **Cestrau a fleurs blanches**, *Cestrum diurnum* Linn. Cette espèce a les filamens dentés; les découpures de la corolle presque rondes, réfléchies, et les feuilles lancéolées. Elle croît dans le Chili et le Mexique, et répand pendant le jour une odeur agréable, mais foible. On l'appelle le *galant de jour*.

Ruiz et Pavon ont figuré neuf espèces de *cestraux* dans la *Flore du Pérou*. (B.)

CÉTACÉS, *Animalia cetacea*. L'Océan renferme dans son sein des familles d'animaux non moins extraordinaires que ceux qui peuplent les continens. Il nourrit les extrêmes de grosseur et de petitesse dans les productions vivantes et sensibles ; il alimente la baleine gigantesque , et l'animalcule microscopique : on y rencontre tous les excès réunis. Les animaux les plus difformes, les monstres les plus formidables , les espèces les plus bizarres appartiennent à l'empire des eaux , dont l'inconstance naturelle semble avoir établi son influence sur les corps organisés qu'elles recèlent dans leurs entrailles. Et pour nous borner à la famille des *cétacés*, qu'y a-t-il de plus étrange que ces masses vivantes et informes qui ne sont ni de vrais poissons ni de véritables quadrupèdes ? qui respirent l'air au milieu des eaux , qui alaitent leurs petits à la manière des quadrupèdes , et qui sont intermédiaires entre l'air et l'eau , sans être en effet amphibies ? Enfin si nous considérons leur stature démesurée , leur natation rapide , leur instinct sociable , leurs habitudes plutôt innocentes que cruelles , avec la force de nuire , nous serons surpris de ces discordances et des contrastes que nous présente ici la nature.

En effet l'animal *cétacé* examiné dans ses parties intérieures , a tous les caractères des animaux à double système nerveux ou vertébrés et à sang chaud. Sa circulation est double comme dans l'homme et les quadrupèdes vivipares ; son cœur a deux ventricules et deux oreillettes ; sa respiration se fait par des poumons et non point par des branchies comme chez les vrais poissons. Le mâle et la femelle ont un véritable accouplement ; celle-ci met bas des petits vivans qu'elle alaite de ses mamelles , ainsi que les véritables quadrupèdes. La forme de leurs principaux organes , tels que le cerveau , les parties génitales , l'estomac , le foie , le cœur , les poumons , ressemble beaucoup à celle des autres mammifères ; car ils appartiennent essentiellement à la même classe. Leur peau , lisse , sans écailles et sans poils , est enduite d'une humeur grasse et glutineuse. Leur queue est toujours applatie horizontalement , et non pas verticalement comme chez les poissons. Toutes les espèces ont des yeux extrêmement petits

relativement à leur taille ; la forme de leur corps est en général cylindrique ou elliptique. Des évents , c'est-à-dire un
ou deux trous placés sur le museau, servent de conduits pour
l'entrée et la sortie de l'air du corps de l'animal : ce sont des
narines placées verticalement pour la facilité de la respiration
de ces monstrueux animaux. Comme ils rejetent l'eau par
jets hauts de plusieurs pieds en soufflant dans ces narines ,
ils ont été nommés poissons souffleurs ; c'est ce que signifie le
mot *whall-fisch* , poisson-à-source, ou bien à jet d'eau, nom
appliqué à la baleine , et qui convient aussi aux autres *céta-*
cés : leur principal caractère est d'avoir des évents. Lorsqu'on n'apperçoit qu'un orifice extérieur , c'est que les deux
cavités des évents sont réunies. La baleine a seule deux
évent séparés ; dans les autres *cétacés*, ils se réunissent. Tous
ont une tête plus ou moins applatie et prolongée en museau. Leur gueule, épouvantable par son étendue, est tantôt
armée de dents coniques , comme dans les dauphins et les cachalots, tantôt garnie de fanons, comme dans les baleines, ou
d'énormes défenses, ainsi que chez les narwhals. Les *cétacés*
ont les organes de la manducation assez foibles ; les muscles
qui meuvent leurs mâchoires sont peu robustes ; et quoique
animaux voraces , ils ne sont ni sanguinaires ni féroces.
Leur estomac est très-vaste , partagé en diverses chambres
au nombre de cinq dans la baleine à bec , le marsouin et
l'épaulard ; de sept dans le nésarnak , ce qui annonce qu'ils
sont peu carnivores (*Voyez* les articles CARNIVORE et HERBI-
VORE.) , car ils se rapprochent beaucoup de la famille des
quadrupèdes ruminans. Cependant leurs intestins sont plus
courts que ceux des mammifères frugivores. Ils tiennent donc
une sorte de milieu entre l'état de carnivore et d'herbivore ;
ils se nourrissent en effet de zoophytes , tels que les actinies ,
les méduses ; ou de crustacés , de mollusques , et de petits
poissons , qui fournissent un aliment peu animalisé et peu
substantiel , puisque nous les regardons comme du maigre ,
et que la religion permet ce genre de nourriture animale dans
les temps de jeûne. Il est étonnant que des matières si peu
nourrissantes puissent substanter ces grands colosses de vie ,
et leur fournir cette graisse si abondante dont ils sont comme
encroûtés. Nous en détaillerons plus loin les causes ; il suffit de dire ici que ces mêmes alimens animaux se présentent
en si grande abondance aux *cétacés* , et leur estomac est si ample , qu'ils en font une consommation prodigieuse. Rien
n'égale d'ailleurs l'excessive multiplication de ces substances
alimentaires vivantes qui encombreroient bientôt les mers polaires , sans la destruction qu'en font les *cétacés.* Ces animaux

n'ont besoin que d'ouvrir la gueule pour que leur nourriture s'y précipite en torrens.

On connoît quatre genres principaux de *cétacés*, 1°. celui des *baleines proprement dites*, qui se distinguent par des lames de corne à la place des dents, et attachées à la mâchoire supérieure. Le sommet de leur tête a deux évents. On nomme *fanons* ou *baleine* ces lames de corne posées transversalement. Il y a huit espèces de baleines, celle du *Groënland*, le *nord caper*, le *gibbar*, la *baleine tampon*, la *baleine à bosses*, la *jubarte*, le *rorqual*, et la *baleine à bec*; 2°. le genre des *cachalots*, dont la tête fait le tiers de la grosseur du corps : elle n'a qu'un évent. Il y a des dents à la mâchoire d'en bas, et quelques petites dents applaties à celle de dessus. On en compte six espèces, le *grand cachalot*, le *petit cachalot*, le *cachalot trumpo*, le *cachalot cylindrique*, le *microps*, et le *mular*; 3°. les *narhwals*, qui ont une ou deux dents placées horizontalement au devant de la mâchoire supérieure, et un évent sur la tête. Il n'y a que deux espèces, le vrai *narwhal* et l'*anarnak*; 4°. le genre des *dauphins*, qui a des dents aux deux mâchoires, et un évent sur le front, comprend les plus petites espèces de *cétacés*; on en connoît dix : le *dauphin ordinaire*, le *marsouin*, le *nésarnak* ou l'*orque*, l'*épaulard ventru*, l'*épée de mer*, le *béluga*, le *dauphin à deux dents*, le *butz-kopf*, et le *férès*. Consultez chacun de ces articles, et sur-tout le mot BALEINE.

Les organes des sens sont très-obtus dans les *cétacés*, et à cet égard ils sont bien inférieurs aux quadrupèdes vivipares et aux oiseaux. Les yeux de la plus grosse baleine ne surpassent guère ceux du bœuf. Hunter, qui les a examinés (*Philos. trans. year.* 1787.), assure qu'ils diffèrent peu de ceux des quadrupèdes, et ont plusieurs rapports avec ceux des poissons par leurs humeurs et leur structure, ce qui étoit nécessaire puisqu'ils habitent le même élément qu'eux. Les évents ou narines de ces animaux paroissent privés de l'odorat; ces évents sont ainsi nommés parce que l'animal en fait jaillir, souvent à une hauteur considérable, l'eau qui entre dans sa gueule. Chez les narwhals, les cachalots et les dauphins, les évents se réunissent ensemble et ne forment qu'un seul orifice à l'extérieur; les baleines en ont deux. On trouve à l'extrémité du museau des dauphins deux petits trous qui servent, dit-on, à recevoir les sensations de l'odorat; cependant ils n'ont point de nerfs olfactifs proprement dits : peut-être que des rameaux de la cinquième paire en remplissent les fonctions. L'oreille des *cétacés* n'a point de conque extérieure, mais elle est conformée en dedans du crâne comme dans l'homme et les quadrupèdes. La langue de ces animaux aquatiques est petite et spongieuse. Leur toucher paroît être bien obtus, si l'on fait attention que leur cuir épais est garni en dessous d'une large couche, ou d'un matelas de graisse et d'huile. Les femelles ont deux mamelles placées près du vagin dans un sillon longitudinal. On trouve chez les mâles une verge fort grande qui est entourée d'un fourreau ; leurs testicules sont renfermés dans le bas-ventre. Les parties génitales des femelles ressemblent à celles de la vache ou de la jument. *Voyez* Bonnaterre, pl. de l'*Encyclopédie méthodique, Cétologie, planche 4, fig.* 2.

Le *cerveau* des dauphins varie beaucoup en proportion relative à leur corps ; tantôt il n'en fait qu'un 102e, tantôt c'est un 56e ; dans le marsouin, il forme un 93e : ces différences très-considérables empêchent d'établir des règles fixes à cet égard. Il paroît toutefois que la cervelle est peu abondante chez tous les *cétacés*, quoique leur crâne ait une grande capacité. Mais comme il y auroit un espace vide entre les parois du crâne et celles du cerveau de ces animaux, la nature l'a rempli d'une matière huileuse concrescible à l'air : on la nomme alors *blanc de baleine*, ou plus improprement *sperme de baleine*, car elle n'a aucun rapport avec la semence de ces animaux. Les cachalots qui ont une tête monstrueuse, et qui fait quelquefois la moitié ou le tiers de l'animal, l'ont presque entièrement remplie de cette huile concrescible. Le cerveau d'une assez forte baleine à bec ne pesoit que quatre livres dix onces poids d'Angleterre : la taille de cet animal étoit de dix-sept pieds.

Avec un petit cerveau nageant dans l'huile, avec des nerfs enveloppés de graisse, il n'est pas probable que les *cétacés* jouissent d'une grande sensibilité et d'une intelligence un peu étendue ; ils doivent être, au contraire, fort stupides, d'un caractère grossier et sauvage. C'est en effet ce qu'on remarque ; il est rare en effet de trouver beaucoup d'instinct, de sensibilité et d'intelligence dans les gros animaux. Ces colosses animés sont tous matériels, et en général les petites espèces ont plus de vivacité et d'instinct que les autres. Comparez un écureuil, un sapajou, un castor à un rhinocéros, un hippopotame, un chameau, vous verrez une extrême différence dans l'étendue de leur esprit ou de leur entendement. Parmi les oiseaux, combien un rossignol, une mésange, un serin, une perruche, &c., ne sont-ils pas supérieurs à une autruche, une oie, un dindon, &c. ? Dans les insectes même, une fourmi, une abeille, une mouche, semblent bien plus spirituelles qu'un lourd scarabée, ou un hanneton étourdi.

On me citera peut-être l'éléphant comme une exception ; je conviens qu'il est intelligent, mais il doit cet avantage à sa trompe, qui est un sens particulier, une extension de son tact et de son odorat ; s'il en étoit privé, il seroit aussi stupide, aussi imbécille, aussi grossier que le rhinocéros : tout son esprit est dans sa trompe, et non pas dans le reste de son corps.

On observe d'ailleurs que les animaux qui vivent habituellement dans les eaux ont en général moins de facultés morales que tous les autres. Quelqu'éloge qu'on ait fait du dauphin, je ne trouve dans ses habitudes et sa constitution, que la confirmation de la stupidité des *cétacés ;* nous ne sommes plus au temps d'Arion, et nos dauphins ne transportent point aujourd'hui sur leur dos les hommes qui font naufrage. Séparons la mythologie de l'histoire de la nature. Sans doute les *cétacés* ne sont pas féroces, leurs habitudes sont paisibles comme celles de tous les animaux gras, à fibres molles, et pourvus d'un large estomac ; mais cette même conformation contribue à leur stupidité. Ce n'est pas seulement parmi les hommes qu'on remarque une insensibilité, une paresse d'intelligence, un esprit bouché, un cœur étroit dans les individus mous, massifs et voraces, comme sont les imbécilles, les crétins, quelques habitans du Nord et des pays humides, &c., mais il en est de même parmi les animaux, comme les cochons, les cétacés, les oiseaux d'eau, tels que les oies, les canards, les goëlands, et tous les poissons. Rien, en effet, n'apporte plus d'obstacle à l'esprit que cette habitude grossière de manger avec excès ; et l'homme le plus intelligent est presque hors d'état de refléchir après un grand repas, tandis que l'esprit est bien plus libre à jeun. Aussi les animaux qui ont de vastes estomacs et qui mangent beaucoup à-la-fois, sont lourds, mous, stupides et gras pour l'ordinaire, comme les ruminans, les herbivores, les cétacés, les espèces voraces. Mais ceux qui mangent plus rarement, et dont l'estomac est plus petit, sont vifs, intelligens, et maigres, comme les quadrupèdes carnivores, les rongeurs, les singes, les petits oiseaux insectivores, &c. Quand on occupe beaucoup les forces du corps à une fonction, elles se trouvent plus foibles dans les autres. Ainsi ceux qui excellent dans un genre, sont au-dessous des autres dans un genre différent. Le *cétacé* vit tout entier dans son estomac, ce qui diminue la vie des autres parties de son corps ; il semble né seulement pour former de la graisse ou de l'huile, et rien n'y seroit plus contraire que des facultés morales étendues ; car on voit toujours les êtres les plus spirituels et les plus passionnés, maigres et délicats.

Ce qui favorise encore l'abondance de cette huile dont tout

le corps des *cétacés* est plus ou moins imbibé, c'est l'étendue de leur tissu cellulaire, la grande quantité de leur sang et l'humidité de leurs chairs., toutes choses favorables à la production de la graisse. (*Voyez* l'article GRAISSE, dans lequel nous traitons de cet objet.) Toujours plongés dans l'eau, il est naturel que les *cétacés* soient d'une constitution humide, et remplie abondamment d'un sang aqueux. Une baleine blessée rougit les ondes du sang de sa plaie, dont elle sent à peine la douleur au travers de son lard épais. Aussi les *cétacés* ne poussent presque jamais de cris de douleur ou de plaisir, quoiqu'ils ne soient pas muets. On les croiroit insensibles, car souvent on leur enlève de larges lambeaux de chair avec le harpon qu'on leur lance, sans qu'ils paroissent en être affectés. Leur sang est chaud comme celui des animaux terrestres. L'aorte ou l'artère du cœur du grand cachalot a un pied de diamètre, et chaque contraction du cœur y pousse environ cent livres de sang, ce qui peut faire cinq milliers par minute. Quel fleuve de sang auprès de celui d'une souris ! Cependant ces vastes animaux n'ont pas un sang plus chaud que les plus petites espèces de quadrupèdes, parce que la chaleur des corps vivans paroît dépendre beaucoup de la RESPIRATION. (*Voy.* cet article.) Les poumons des *cétacés* ont des cellules qui se communiquent entr'elles, de sorte qu'en soufflant dans une seule bronche, tous les poumons se gonflent, ce qui n'arrive point aux autres mammifères. Les *cétacés* ont d'ailleurs un diaphragme robuste posé obliquement, et des muscles intercostaux très-forts pour étendre dans l'inspiration, la cavité de leur poitrine comprimée par le fluide dans lequel ils nagent. Ils peuvent souvent plonger pendant un quart-d'heure, sur-tout lorsqu'on les poursuit sous les glaces des mers du Nord. Ces animaux respirent moins que les mammifères terrestres ; leur sang reste plus chargé de molécules d'hydrogène et de carbone (*Consultez* l'article RESPIRATION.), matières qui forment de la graisse ou de l'huile quand elles se séparent du sang dans le système veineux du bas-ventre et sur-tout dans le foie. Aussi les *cétacés* ont-ils un foie très-considérable et très-huileux ; ce viscère grossit en général dans tous les animaux qui sont gras, ou plutôt il est une cause de leur engraissement. Les poissons huileux ont de même un foie très-gras.

Le lard des baleines est contenu entre les mailles de leur tissu cellulaire, il est très-huileux et très-rance ; il exhale quelquefois des vapeurs inflammables lorsqu'on l'extrait du corps de l'animal.

Le corps des *cétacés* est sur-tout remarquable par le défaut de pattes de derrière, car les nageoires de leur poitrine sont de véritables pattes de devant, mais formées pour la natation. Dans l'intérieur de ces nageoires, on trouve une omoplate, un *humerus*, un *radius* et un *cubitus* très-courts; ensuite tous les os du carpe, du métacarpe (*os de la main*), et cinq doigts avec leurs phalanges; mais toute cette conformation est très-raccourcie et couverte de muscles et d'une peau épaisse. Au lieu des os du bassin, on ne rencontre que deux petits os placés à l'origine de la queue qui est horizontalement applatie et divisée en deux lobes latéraux. Plusieurs espèces portent encore une nageoire sur le dos. Tous les *cétacés* nagent avec beaucoup d'agilité; le dauphin est sur-tout remarquable par l'extrême vivacité avec laquelle il fend les ondes : il glisse plutôt qu'il nage. Souvent ces animaux bondissent et se jouent sur les vagues : ils paroissent gais. Les tempêtes ne les effraient pas; on les rencontre presque toujours attroupés, et ils suivent les vaisseaux dans de longs trajets. La couleur de la peau des *cétacés* est noirâtre en général ; elle s'éclaircit sur le ventre, où la peau est moins épaisse. On prétend que le lait des femelles est gras et nourrissant ; celui du nésarnak a le goût du lait de la vache auquel on auroit ajouté de la crême. (Bonnaterre, *Encyclop. méth. Cétolog. introd.* p. xviij.) Il paroît que les petits des *cétacés* tettent pendant long-temps. Les mères sont fort attachées à leurs petits et ne les quittent pas. Ces animaux aiment à vivre en troupes, car il est rare de les rencontrer seuls. Il paroît que les mâles ne prennent qu'une femelle et sont plutôt monogames que polygames. Leur accouplement se fait sur le côté, en rapprochant leur ventre ; ce qui est commun à tous les animaux aquatiques qui s'accouplent, parce que la forme elliptique de leur corps ne leur permet point de s'unir à la manière des quadrupèdes. Les femelles des plus grandes espèces ne portent pas leurs petits dans leur sein plus de dix mois ; ce qui est probablement un terme suffisant pour tous les animaux, car on a vérifié depuis peu que la femelle de l'éléphant ne portoit guère que ce même temps, et non pendant deux ans, comme on le supposoit. Il n'y a, en effet, d'autre différence entre la conformation d'un petit et d'un grand fœtus que leur masse, mais toutes les proportions étant les mêmes, les difficultés sont égales. Les temps peuvent donc être égaux dans la vache et dans la beleine, qui portent toutes deux leurs fœtus pendant dix mois. Au reste, les cétacés produisent un ou deux petits à chaque portée, et leur accroissement paroît être assez rapide à cause de la mollesse de leur constitution; ce qui est commun à tous les animaux pourvus d'un semblable tempérament. Quoique tous les quadrupèdes vivipares dont l'accroissement est rapide, aient une vie assez courte, c'est-à-dire six à sept fois aussi longue que le temps de la croissance, on pense que les cétacés vivent pendant un temps très-long. Si une carpe vit deux cents ans, une baleine pourra bien en vivre mille, a dit Buffon. Cependant les animaux ne vivent pas en proportion de leur masse, car un oiseau vit peut-être quatre ou cinq fois plus qu'un quadrupède très-gros : on a vu des perroquets vivre cent ans ou même davantage, ce qui est plus que l'homme, pour l'ordinaire, et peut-être plus que l'éléphant. Pline et Albert-le-Grand prétendent que les dauphins vivent au moins cent trente ans. Comme les cétacés ont les os plus cartilagineux et plus spongieux que ceux des quadrupèdes, comme leur chair est plus molle, plus extensible, leurs organes deviennent moins promptement rigides et inactifs, et peuvent conserver plus long-temps leurs propriétés vitales.

La plupart des *cétacés*, les grandes espèces sur-tout, paroissent préférer les mers polaires du Nord et du Sud, aux mers des Tropiques, où la chaleur fondant leur graisse huileuse pourroit leur causer des congestions et des maladies funestes. Les animaux gras recherchent communément les pays froids ; toutefois les petites espèces de cétacés se trouvent dans toutes les mers. Ces animaux sont en général assez abondans. On prétend que les seuls Hollandais ont pêché, depuis 1669 jusqu'en 1780, plus de cinquante-cinq mille baleines sur les côtes de Spitzberg et de Groënland, et il en faut peut-être compter encore deux fois autant pour celles que les autres nations européennes ont harponnées et détruites.

L'homme n'est pas le seul ennemi des *cétacés*, quoiqu'il soit le plus redoutable et l'un des plus petits. Les requins, les poissons-scie, l'espadon, l'ours blanc, les phoques, combattent contr'eux avec fureur. Plusieurs espèces de cétacés se battent encore entr'elles : ainsi le narwhal perce de sa longue dent la baleine franche. Des poissons, tel que l'épée de mer, les blessent profondément ; le poisson-scie déchire les nordcaper, &c. Les *cétacés* portent à leur tour le ravage et la guerre dans les bancs de harengs, de morues, qu'ils engloutissent par milliers ; les cachalots attaquent les phoques, les dauphins font leur proie de saumons marins et même de requins. Le dauphin épaulard est sur-tout très-vorace et très-courageux ; il n'épargne pas les poissons et combat hardiment les plus fières baleines.

La taille des *cétacés* varie extrêmement, car il y a des espèces de dauphins qui n'ont guère que sept à huit pieds de longueur, tandis que les baleines ont quelquefois cent pieds et plus ; mais celles-ci sont devenues très-rares, parce qu'on en a détruit un

très-grand nombre depuis quelques sciècles ; peut-être même
on doutera un jour qu'il en ait existé de cette taille, et nous
passerons pour des exagérateurs. Les anciens paroissent avoir
beaucoup exagéré cependant la taille des baleines, car Pline
assure que quelques-unes ont neuf cents pieds et plus, ce qui
est contre toute vraisemblance.

Les *cétacés* voyagent quelquefois de parages en parages. On
trouve souvent de l'ambre gris dans l'estomac des cachalots,
et on prétend même qu'il y est formé. (*Voyez* l'article Ambre-
gris.) Le blanc de baleine est fluide dans la tête de l'animal
dont on le retire ; mais il se concrète à l'air par l'action de
l'oxigène qui lui enlève une partie de son hydrogène et qui
s'unit à son carbone. L'huile de baleine peut déposer aussi du
blanc de baleine, en l'exposant à l'air. Nous traiterons dans
les articles *baleine*, *cachalot*, &c. de la pêche de ces animaux
et de leurs habitudes particulières. La chair des cétacés est
désagréable au goût, et on n'en peut manger qu'avec répugnance, excepté celle des jeunes, ou de quelques parties du
corps privées de graisse rance et fétide. Les fanons de baleine
s'emploient dans les arts ; c'est ce qu'on nomme de la *baleine*. Les huiles de baleines servent dans une foule d'usages
de la vie humaine, sur – tout pour brûler. Le blanc de baleine est usité en médecine, mais on en fait plus communément de la belle bougie. Qui penseroit que ces monstres
épouvantables deviendroient la proie de l'homme, et que de
foibles enfans se joueroient avec la matière des fanons qui
garnit la gueule énorme d'un cétacé ? La force est donc inférieure à l'intelligence et à l'adresse ? La main de l'homme est
donc un instrument plus terrible que cette puissance démesurée des monstres de l'Océan ? Dix doigts et un cerveau, voilà
ce qui tient et maîtrise la terre, l'air et les mers, voilà ce qui
a conquis à l'homme le sceptre du monde. *Consultez* notre
article Baleine. (V.)

Des Balanites des Cétacés.

On trouve toujours dans l'intérieur de la bouche et dans
les intestins des *cétacés*, une grande quantité de vers intestinaux, et sur leur peau ou dans la substance même de leur
lard, plusieurs autres espèces de vers ou de mollusques, tous
plus remarquables les uns que les autres. La plupart ont été
mentionnés à leur genre ; mais il faut noter ici le Balanite
digital, ainsi nommé de sa forme, approchant d'un dé à
coudre, qui ne se trouve dans le dernier cas, que parce que
son article étoit imprimé lorsqu'on en a eu connoissance.

On peut voir au mot BALANITE la singulière conformation de ces coquillages et le mode de son accroissement, d'après la théorie de Bruguière, théorie appuyée par la découverte que j'ai faite du BALANITE DES MADRÉPORES ; ici cette théorie est encore confirmée, mais d'une manière négative.

En effet, les *balanites* qui vivent sur les corps solides, ont des coquilles de trois ou six valves articulées, sans compter celles de l'opercule ; ceux qui vivent dans les corps durs, tels que le *balanite des madrépores*, les ont de deux valves, dont une est conique, et l'autre presque plate ; dans le *balanite digital*, elle n'est composée que d'une pièce, et n'a pas besoin d'en avoir davantage, puisque l'animal qui la forme est destiné à vivre dans un corps mou.

Voici ce que j'ai remarqué sur plusieurs exemplaires, pris dans le lard d'un marsouin, et rapportés d'Angleterre par Dufresne.

La coquille est un cône tronqué de trois ou quatre lignes de diamètre, sur lequel on remarque, extérieurement, des bourrelets circulaires qui indiquent les accroissemens annuels, faits probablement sous la peau du *cétacé* ; cette peau recouvre sans doute, en partie, les quatre valves de l'opercule, ou mieux dans laquelle l'animal conserve un trou proportionné à la grosseur de ses tentacules, pour pouvoir communiquer avec l'eau, et absorber les animalcules marins nécessaires à sa nourriture : ainsi cette peau fait l'office de la seconde valve observée dans le *balanite des madrépores*.

Il est probable que ce *balanite* à une seule valve, a commencé par un point ; mais à mesure qu'il grandit, les parties inférieures de sa coquille sont brisées par l'effet de l'accroissement du *cétacé* ; aussi les exemplaires que j'ai vus étoient-ils tous tronqués, comme je l'ai déjà observé, et la troncature étoit-elle fermée par une simple membrane. Leur longueur ne surpassoit pas sept à huit lignes, épaisseur ordinaire du lard des marsouins sur lesquels ils avoient été trouvés.

Il eût sans doute été à desirer que j'eusse des observations plus précises sur cet intéressant coquillage ; mais ce qu'on vient de lire mettra suffisamment sur la voie ceux qui seront à portée de le voir vivant. (B.)

CÉTÉRACH, espèce de *fougère* du genre DORADILLE, *Asplenium ceterach* Linn. *Voyez* au mot DORADILLE. (B.)

CÉTOINE, genre d'insectes de la première section de l'ordre des COLÉOPTÈRES.

Les *cétoines* ont le corps un peu déprimé ; deux ailes membraneuses, cachées sous des élytres de forme presque carrée ; les antennes courtes, en masse triphylle, composées de dix articles; la tête inclinée, étroite, rebordée; les mandibules membraneuses à peine apparentes, sans lèvre supérieure ; quatre antennules inégales, presque filiformes ; les jambes dentées, et cinq articles aux tarses de toutes les pattes.

Le principal caractère qui distingue les *cétoines* des *scarabées*, avec lesquels elles ont été confondues, consiste dans la forme du chaperon et dans l'absence à-peu-près des mandibules; les mandibules très-peu apparentes et l'absence de la lèvre supérieure, suffisent aussi pour les distinguer des *hannetons*.

Ce genre néanmoins ayant présenté des variétés assez sensibles, a donné lieu à trois divisions; la première comprend les *cétoines* à mandibules membraneuses, avec une pièce triangulaire à la base des élytres; la seconde, celles à mandibules membraneuses sans pièce triangulaire; la troisième, celles à mandibules cornées sans pièce triangulaire.

On trouve les *cétoines*, pendant l'été, sur les fleurs en ombelle, sur les fleurs composées, sur les saules, les peupliers, les buissons fleuris, les haies, &c. On ne doit pas les confondre avec les *hannetons*, les plus malfaisans de tous les insectes, destructeurs des racines de tous les végétaux, et des feuilles de tous les arbres. Les *cétoines* ne font presqu'aucun tort aux plantes dans leur état de larve, et elles fréquentent les fleurs, sous leur dernière forme, sans leur nuire; elles se contentent uniquement de la liqueur miellée répandue au fond de la corolle, et n'attaquent jamais ni les fleurs ni les feuilles.

Les larves des *cétoines* vivent dans la terre grasse et humide, dans le terreau, dans les terres argileuses, dans celles qui se trouvent au voisinage d'une rivière, d'un lac, d'un étang; elles se nourrissent de terre grasse, d'argile, de débris des végétaux, et quelquefois aussi de racines. Elles restent ordinairement trois ou quatre années dans cet état de larve; semblables à celles des hannetons, elles s'enfoncent, à la fin de l'automne, à la profondeur de deux ou trois pieds, pour se mettre à l'abri du froid, se pratiquent une loge dans laquelle elles passent l'hiver, sans prendre aucune nourriture, et elles n'en sortent qu'au retour de la belle saison. Elles ont le corps mou, assez gros, un peu renflé, composé de douze anneaux peu distincts, avec neuf stigmates de chaque côté, et au-dessous des stigmates, un rebord ou espèce de bourrelet un peu ridé; la tête petite, plus large que longue, assez dure, munie de deux antennes courtes, filiformes, articulées, composées de cinq articles assez distincts; la bouche pourvue de

2

deux mandibules cornées, dures, arquées, multidentées, de deux mâchoires membraneuses, de deux lèvres et de quatre barbillons articulés ; six pattes assez courtes, écailleuses. Elles muent ou changent de peau une fois chaque année.

On peut facilement élever ces larves dans une terre grasse, un peu humide, sans leur donner même aucune sorte de nourriture, pourvu toutefois qu'on entretienne avec soin l'humidité de la terre ; elles se plaisent davantage dans le terreau, dans une terre chargée de débris de végétaux. Lorsqu'elles ont pris tout leur accroissement, à la fin de la troisième ou quatrième année, elles construisent une coque ovale avec des grains de sable, de terre délayée, de débris de végétaux, et quelquefois aussi avec leurs excrémens : cette coque est très-solide, quoiqu'assez mince ; l'extérieur est inégal et raboteux, mais les parois internes sont lisses et très-unies. Dès que la coque est construite, la larve se raccourcit peu à peu, son corps se gonfle, et elle quitte sa peau de larve pour se changer en nymphe. Le temps de la dernière métamorphose étant venu, l'insecte quitte sa peau de nymphe, perce la coque, sort peu à peu de terre, et prend son essor sur les fleurs.

Les larves des espèces placées dans la seconde divison, ne diffèrent des premières que par leur manière de vivre. On les trouve dans le bois mort, dans la racine des arbres, qu'elles percent et rongent. Leurs mandibules seulement sont plus fortes et plus tranchantes que celles des autres *cétoines*.

Nous ne connoissons pas la larve des espèces de la troisième division ; mais nous ne doutons pas qu'elles ne vivent dans la terre, et qu'elles ne ressemblent à celle des hannetons.

Parmi plus de cent vingt espèces de *cétoines*, les plus remarquables et les plus connues sont :

La Goliath ; sa tête est armée à sa partie antérieure de deux cornes divergentes, un peu recourbées, réunies à leur base ; de chaque côté de la tête, au-dessus de l'insertion des antennes, s'élève une autre corne, large, courte, en forme d'oreille ; le corcelet est d'un brun noirâtre, avec les bords latéraux, et cinq raies longitudinales d'un blanc sale ; les élytres sont brunes avec un peu de blanc à leur base. Elle se trouve à Sierra-Léon.

La Polyphème a ses élytres vertes, tachées de jaune ; sa tête est armée de trois cornes, dont une antérieure, longue, recourbée, noire et bifide à l'extrémité, avec les divisions arquées ; les deux cornes latérales sont plus courtes, simples, noires, presque droites, et terminées en pointe. Elle se trouve dans l'Afrique équinoxiale.

La Dorée est d'un vert doré en dessus, d'un vert cuivreux

en dessous; les élytres ont des lignes courtes, transverses, ondées. Elle se trouve dans toute l'Europe.

La Morio est d'un noir mat en dessus, d'un noir luisant en dessous. Elle se trouve au midi de la France, en Italie, sur les fleurs, et plus particulièrement sur le tronc des saules. (O.)

CEVADILLE, graine qu'on emploie pour faire mourir les Poux (*Voyez* ce mot.), et quelquefois qu'on applique sur les parties attaquées de gangrène. On croit que cette graine n'est autre que celle de la Dauphinelle staphisaigre, *Delphinium staphisagria* Linn.; mais comme il en vient du Sénégal et du Mexique, il y a lieu de croire que plusieurs graines qui ont les mêmes propriétés, ont été confondues sous le même nom. (B.)

CEUILLER. *Voyez* Savacou. Belon a donné la même dénomination à la *spatule*, mais improprement, puisque les deux pièces du bec de cet oiseau sont de larges palettes, et ne ressemblent en rien à une *cuiller*. *Voyez* Spatule. (S.)

CEYLANITE (*Lametherie.*) — Pléonaste (*Haüy*), Schorl noir octaèdre (*de Born*).

Lametherie a donné le nom de *ceylanite* à cette substance, parce qu'elle paroît avoir été observée, pour la première fois, par Romé Delisle, parmi des tourmalines de Ceylan : il la regardoit comme une espèce de schorl ou de grenat.

Sa couleur est d'un brun noirâtre, et sa forme la plus simple, un octaèdre régulier; mais ses troncatures se multiplient quelquefois à un tel point, qu'elle a jusqu'à quarante-quatre facettes.

Elle est plus dure que la tourmaline, et ne s'électrise point par la chaleur.

Sa pesanteur spécifique est de 3,765.

Elle est infusible au chalumeau. Suivant l'analyse faite par Descotils, elle contient :

Silice...............................	2
Alumine..........................	68
Magnésie..........................	12
Oxide de fer......................	16
Perte.............................	2
	100

Il paroît certain que la *ceylanite* est un produit volcanique qui vient du Pic-d'Adam, ancien volcan situé vers le centre de l'île de Ceylan, puisque la même substance se trouve parmi les éjections de différens volcans d'Europe. Plusieurs naturalistes en ont observé dans les produits du Vésuve. (*Breislak*, t. 1. p. 165.)

Nos anciens volcans d'Auvergne en contiennent également. Le naturaliste Launoy en a rapporté d'Auvergne des échantillons, dont quelques-uns avoient passé dans le cabinet de mad. moiselle de Raab De Born les décrit ainsi : « Schorl » cristallisé, opaque, octaèdre, noir, à deux pyramides tétraè- » dres jointes base à base, de l'Auvergne, en France.

» Ce sont de très-petits schorls dont la cristallisation est » parfaite, semés sur le quartz gras transparent ». (*Catal.*, tome 1, page 161.)

Le même auteur en cite d'autres qui viennent des montagnes voisines de Puchau en Bohême (contrée qui présente de toutes parts des traces indubitables d'anciens volcans). Il les décrit en ces termes :

« Schorl cristallisé, noir, opaque, solitaire, octaèdre, à » deux pyramides tétraèdes jointes base à base.

» Le bord d'un des angles opposés dans chaque pyramide » est tronqué, de même que deux angles solides opposés; ce qui » fait de ce cristal un polyèdre de douze plans ». (*Ibid.*)(**Pat.**)

CEYX. *Ceyx*, ce nom a été donné génériquement par le professeur Duméril à des insectes rangés jusqu'ici avec les *mouches* proprement dites, *musca petronella*, *combinata* Linn.; nous laissons encore ces insectes dans le même genre *musca*, et nous en formons, ainsi que de quelques autres, notre division des *mouches longipèdes*.

Ces *diptères* ont leurs balanciers découverts, la tête tout-à-fait ronde, séparée du corcelet par un cou ; le corps fort alongé : l'abdomen long, souvent presque cylindrique, avec les pattes souvent fort longues.

Je partage cette famille des *mouches longipèdes* en deux ; les unes ont leurs pattes postérieures de la longueur du corps au plus, et les autres les ont plus longues ; les *ceyx* de Duméril appartiennent à cette première subdivision ; j'y mets le mulion *ichneumoniforme* de M. Fabricius ; mais celui-ci est aisé à distinguer des *ceyx* par la longueur de ses antennes. (L.)

CHAA ou TCHA, *thé* du Japon, à feuilles très-petites, et que, dans le commerce, on appelle *fleur de thé*. Voyez Thé. (S.)

CHABIN, l'on appelle ainsi, dans quelques-unes de nos îles de l'Amérique, l'animal produit par l'accouplement du *bouc* avec la *brebis* ; ce mulet a les formes de la mère et le poil du père. On le dit fécond ; cependant l'on ne connoît point encore de race intermédiaire entre la chèvre et la brebis, ce qui ne manqueroit pas d'arriver si, comme on le prétend, le *chabin* avoit la puissance d'engendrer et de se multiplier. (S.)

CHABOT, nom vulgaire d'un poisson du genre COTTE, *Cottus gobio*, qu'on trouve dans toutes les rivières, et dans la plupart des ruisseaux de l'Europe et de l'Asie septentrionale, et qui est très-remarquable par la grosseur de sa tête. On le connoît aussi sous le nom de *meûnier*, d'*âne* ou de *tête d'âne*. Voyez au mot COTTE. (B.)

CHABUISSEAU. Les pêcheurs de la Rochelle donnent ce nom à un petit poisson qui a une ligne bleue assez large de chaque côté du corps. On ignore à quel genre il appartient. On donne aussi ce nom à une espèce de *cyprin*, le *Cyprinus jeses* Linn. *Voyez* au mot CYPRIN. (B.)

CHACAL (*Canis mesomelas* Linn. *Voyez* tome 35, page 167, pl. 17, de l'*Histoire naturelle des quadrupèdes de Buffon*, édition de Sonnini.), quadrupède du genre et de la famille des CHIENS, et de l'ordre des CARNASSIERS, sous-ordre des CARNIVORES. C'est une espèce très-voisine de l'ADIVE (*Voyez* ce mot.) ; mais qui cependant doit en être distinguée.

Le *chacal*, qui semble tenir le milieu entre l'espèce du *loup* et celle du *chien*, et qui ordinairement est d'une plus haute taille que l'*adive*, paroît varier de grandeur et de couleur, selon la différence des climats qu'il habite. Les écrits des voyageurs nous apprennent qu'il y en a par-tout de grands et de petits ; qu'en Arménie, en Cilicie, en Perse et dans tout le Levant, où cette espèce est très-nombreuse, très-incommode et très-nuisible, ils sont communément grands comme nos renards ; qu'ils ont seulement les jambes plus courtes, et qu'ils sont remarquables par la couleur de leur poil, qui est d'un jaune vif et brillant ; c'est pour cela que plusieurs auteurs ont appelé le chacal *loup doré*. En Barbarie, aux Indes orientales, au Cap de Bonne-Espérance, et dans les autres provinces de l'Afrique et de l'Asie, cette espèce paroît avoir subi plusieurs variétés ; ils sont plus grands dans ces pays plus chauds, et leur poil est plutôt d'un brun roux que d'un beau jaune, et il y en a de différentes couleurs. Celui que les colons du Cap nomment *chacal gris* est haut de dix-huit pouces ; les poils dont il est couvert sont mélangés de gris clair et de noir ; le bout de la queue est tout-à-fait noir.

Le *chacal*, avec la férocité du *loup*, a un peu de la familiarité du *chien* ; sa voix est un hurlement mêlé d'aboiemens et de gémissemens ; il est plus criard que le chien, plus vorace que le loup ; il ne va jamais seul, mais toujours par troupe de vingt, trente ou quarante ; ils se rassemblent chaque soir pour faire la guerre et la chasse ; ils vivent de petits animaux , et se font redouter des plus puissans par le nombre ; ils attaquent toute espèce de bétail ou de volailles presqu'à la vue des hommes ; ils entrent insolemment et sans marquer de craintes dans les bergeries , les étables , les écuries ; et lorsqu'ils n'y trouvent pas autre chose , ils dévorent le cuir des harnois , des bottes , des souliers , et emportent les lanières qu'ils n'ont pas le temps d'avaler ; faute de proie vivante , ils déterrent les cadavres des animaux et des hommes ; on est obligé de battre la terre sur les sépultures , et d'y mêler de grosses épines , pour les empêcher de la gratter et fouir , car une épaisseur de quelques pieds de terre ne suffit pas pour les rebuter , ils travaillent plusieurs ensemble ; ils accompagnent de cris lugubres cette exhumation , et lorsqu'ils sont une fois accoutumés aux cadavres humains, ils ne cessent de courir les cimetières , de suivre les armées , de s'attacher aux caravanes. Tous les voyageurs se plaignent des cris , des vols et des excès du *chacal*, qui réunit l'impudence du chien à la bassesse du loup , et qui , participant de la nature des deux , semble n'être qu'un odieux composé de l'un et de l'autre.

Le *chacal* , d'après les savantes recherches de Buffon , paroît être le même animal que le *thos* d'Aristote. Ce quadrupède porte dans le Levant le nom de *jackal* , en Perse celui de *jacard* , en Barbarie celui de *dèeb* , au Bengale celui de *jaque parel* , &c. (Desm.)

CHACAL GRIS. C'est le nom donné à une variété de l'espèce du *chacal*, qui habite les environs du Cap de Bonne-Espérance. *Voyez* Chacal. (Desm.)

CHACAMEL. *Voyez* Rancanca. (S.)

CHA - CHA. C'est un des noms vulgaires de la *litorne* dans quelques parties de la France. *Voyez* Litorne. (S.)

CHACHALACAMELT. *Voyez* Chacamel. (S.)

CHACHA VOTOTOLT , oiseau du Mexique , d'une taille un peu au-dessus de celle du *chardonneret ;* il a un petit bec noir ; le dos varié de bleu , de noir , de cendré ; le ventre jaune ; les pieds bruns. (Vieill.)

CHACRELLE. C'est la même chose que la CASCARILLE , c'est-à-dire le *croton cascarilla* de Linn. *Voyez* au mot Croton. (B.)

CHADARE, *Chadara*, genre de plantes établi par Forskal; mais qui ne paroît pas suffisamment distingué des Greuviers. C'est le Greuvier a feuilles de peuplier. *Voyez* ce mot. (B.)

CHADASCH. C'est le nom arabe de l'arbre qui porte la *myrrhe.* Voyez au mot Balsamier. (B.)

CHADDÆIR (*Merops ægyptius var.* Lath., ordre Pies, genre du Guêpier. *Voyez* ces deux mots.); tel est le nom que les Égyptiens donnent à ce *guêpier*, qui a le bec presque droit et noir; la langue échancrée de chaque côté vers sa pointe qui n'est point divisée; un trait noir sur les côtés de la tête; la gorge jaune; le reste du plumage vert; la queue égale à son extrémité; les pieds couleur de chair. Cet oiseau paroît sédentaire en Egypte; il y fait sa ponte. (Vieill.)

CHADEC, nom qu'on donne, à Saint-Domingue, au *citronier de la Barbade*. Voyez au mot Citronier. (B.)

CHAETANTHÈRE, *Chaetanthera*, plantes herbacées du Pérou, qui forment un genre dans la syngénésie polygamie superflue.

Le caractère de ce genre consiste en un calice commun polyphylle, à folioles extérieures, lancéolées, ciliées; intermédiaires linéaires et ciliées au sommet; intérieures linéaires, scarieuses, sphacellées et terminées par une soie; un réceptacle nu, portant dans son disque des fleurons hermaphrodites, et à sa circonférence des demi-fleurons femelles fertiles; des semences ovales surmontées d'une aigrette velue.

. Ce genre, dont les caractères sont figurés pl. 23 du *Genera* de la *Flore du Pérou*, contient deux espèces. (B.)

CHAETOCRATER, *Chaetocrater*, arbre du Pérou, qui forme un genre dans la décandrie monogynie. Il offre pour caractère un calice campanulé, divisé en cinq parties ovales; point de corolle; un tube évasé entourant le germe et couronné par dix soies; dix étamines alternativement grandes et petites, insérées sur le bord du tube; un ovaire supérieur, trigone, à style court et à trois stigmates capités; une capsule uniloculaire.

. Cet arbre croît au Pérou, et les parties de sa fructification sont figurées pl. 35 du *Genera* de la Flore de ce pays. (B.)

CHAFOUIN. L'*Histoire générale des Voyages* fait mention, sous le nom de *chafouin*, d'un quadrupède d'Amérique, qui paroît être le Conepate. *Voyez* ce mot. (S.)

CHAGRIN, préparation de la peau du *cheval*, de l'âne ou du *mulet*, qui se fait en Turquie et en Perse. On ne se sert pour le *chagrin* que de la peau du derrière de l'animal; après qu'elle est tannée et devenue souple et maniable, on l'étend sur un châssis au soleil; on en couvre le côté du poil avec la graine noire d'une espèce d'*arroche*, et non pas avec la graine de *moutarde*, comme on le pense assez généralement; cette graine, pressée par les pieds des ouvriers, se fixe dans le cuir, et ne s'en détache plus lorsqu'il est sec. Le chagrin est le *sagri* des Turcs. (S.)

CHAHA , nom que porte aux Indes une variété du *tiklin* ou *râle* des Philippines. M. Latham a décrit cet oiseau d'après une figure peinte dans l'Inde , et l'on sait que l'exactitude nécessaire au naturaliste n'est pas une qualité des peintures indiennes. Le *chaha* étoit représenté avec du brun sur le corps , du cendré pâle en dessous , des lignes blanches sur le dos et les ailes , d'autres noirâtres sur le fond blanc du ventre , du rouge au bec et du verdâtre aux pieds. Ces couleurs diffèrent trop peu de celles du *tiklin* pour ne pas le regarder comme étant de la même espèce que le *chaha*. Il y a des individus qui n'ont ni raies ni taches au ventre. *Voyez* Tiklin. (S.)

CHA-HUANT. *Voyez* Chat-huant. (S.)

CHAINUK , nom tartare - calmouk de la *vache de Tartarie*. Voyez à l'article Taureau. (S.)

CHAIR ; *être bien à la chair ;* expression usitée en fauconnerie , pour signifier qu'un oiseau de vol chasse avec ardeur. (S.)

CHAIR FOSSILE. *Voyez* Asbeste. (Pat.)

CHALCAS , *Chalcas ,* genre de plantes établi par Linn. , et qu'on a reconnu être le même que le Murrai, autre genre établi par le même naturaliste. *Voyez* au mot Murrai. (B.)

CHALCIDE , *Chalcides ,* genre de reptiles de la famille des Lézards , qui offre pour caractère un corps fort alongé , presque cylindrique , rampant ; quatre pattes à peine apparentes , très - courtes , à trois ou cinq doigts ; une langue courte , échancrée à son extrémité.

Ce genre faisoit partie des Lézards de Linnæus , et en a été séparé par Brongniard dans son excellent travail sur les caractères des animaux de cette famille ; il lie les autres Lézards aux Bipèdes , et par l'intermédiaire de ceux-ci aux Serpens. *Voyez* ces mots.

En effet, on prendroit au premier coup-d'œil, dit Latreille, les espèces de ce genre pour des serpens ; leur corps est menu, fort alongé , et se roule sur lui-même ; il est couvert d'écailles qui approchent de la forme quadrangulaire ; mais qui varient sans doute suivant les espèces ; leurs deux pattes antérieures sont situées près de la tête , et les deux postérieures près de l'anus , ce qui met une grande distance entr'elles ; ces pattes sont très-petites , à peine touchent-elles la terre ; le nombre de leurs doigts varie selon les espèces ; sa tête ne diffère pas sensiblement, par la forme générale , de celle des lézards ; les yeux sont en général fort petits ; leur trou auditif nul ou peu ouvert ; leurs dents sont extrêmement petites et leur lan-

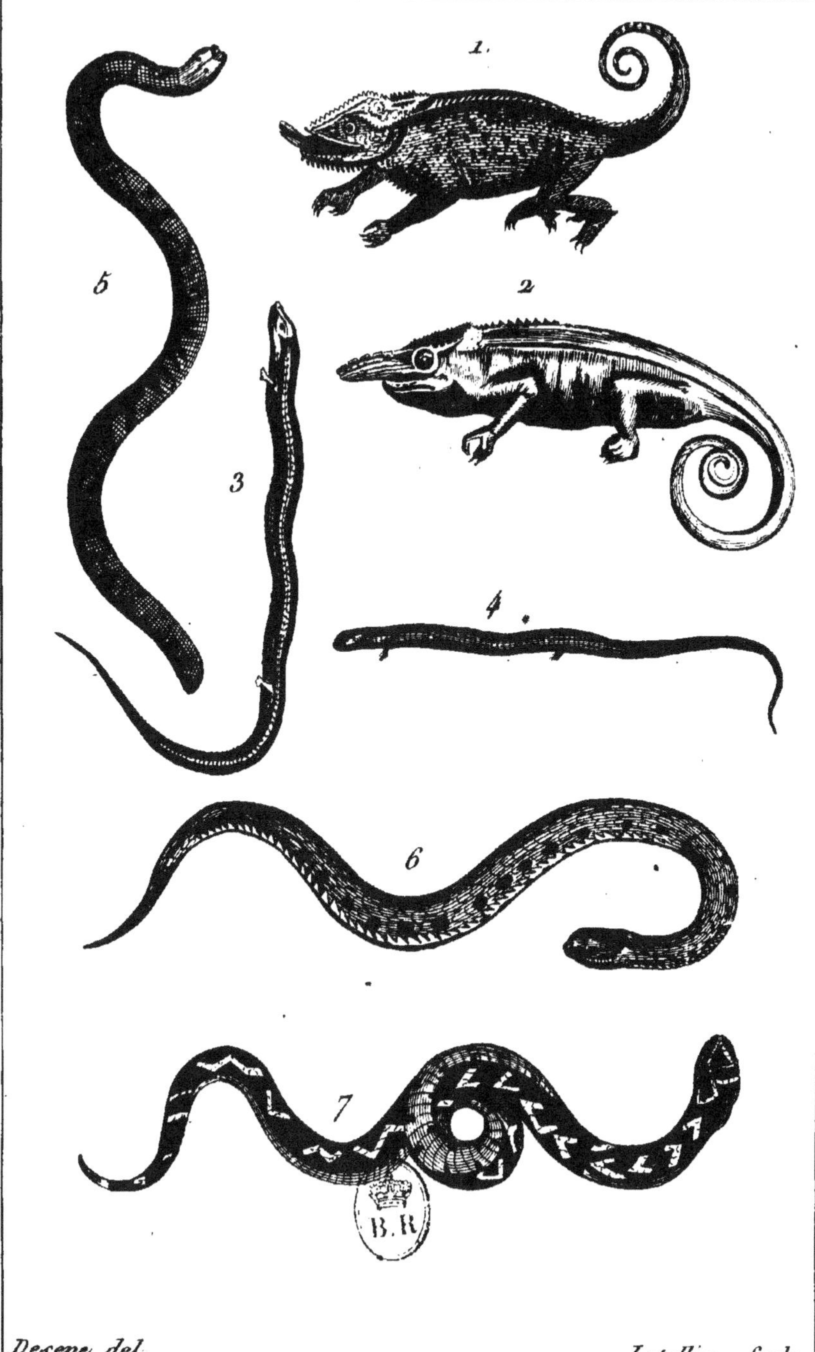

1. Caméléon commun.
2. Caméléon fourchu.
3. Chalcide seps.
4. Chalcide pentadactyle.
5. Coecile ibiare.
6. Couleuvre à collier.
7. Vipere hebraique.

gue médiocrement longue ; leur queue est presque aussi longue que le corps et finit en pointe aiguë.

Les *chalcides* ont plus de rapports avec les ANGUIS qu'avec
aucun autre genre de serpens, soit par leurs caractères physiques soit par leurs mœurs ; leur queue se casse très-faci-
lement. Ils vivent d'insectes et d'autres petits animaux. Ils ne
sont point venimeux. Ils se cachent sous les pierres, dans les
fentes des rochers, sous les écorces d'arbres, &c., et s'enfoncent dans la terre pendant l'hiver. Ils sont vivipares à la
manière des vipères, c'est-à dire que les œufs restent dans
le ventre, et que les petits y éclosent au nombre de dix à
douze.

Daudin, auquel on doit un travail très-approfondi sur la
famille des LÉZARDS, dans son *Histoire naturelle des reptiles*,
faisant suite au *Buffon*, édition de Sonnini, a donné le même
nom à un genre qu'il a formé avec une espèce de celui-ci,
une nouvelle, et le *bipède* de Latreille (*Voyez* au mot BI-
PÈDE), de sorte qu'il entre dans le genre de Daudin des espèces à quatre pieds et à deux pieds, ce qui paroît devoir être
repoussé de toute bonne méthode ERPÉTOLOGIQUE. (*Voyez*
ce mot.) Il appelle *seps* toutes les autres espèces de *chalcides*
de Latreille, qui ont les écailles verticillées, et indique pour
le caractère générique de son nouveau genre, d'avoir les
écailles imbriquées.

Les principales espèces de *chalcides*, selon Latreille, sont :

Le CHALCIDE SEPS, qui est strié, gris sur le dos, avec deux lignes plus claires bordées de noir, dont l'abdomen est blanchâtre, avec un rebord aigu et recourbé ; il a, d'après l'observation positive de Lacépède, trois doigts à toutes les pattes ; sa
longueur varie entre six et douze pouces. Il se trouve dans les
parties méridionales de l'Europe et sur les côtes de Barbarie.

Sauvage rapporte qu'une poule ayant avalé un de ces reptiles sans le blesser, il le vit s'échapper un instant après par
l'anus ; la même poule le reprit de nouveau, et il sortit de
même ; ce ne fut qu'à la troisième fois qu'il fut tué et avalé
par morceaux.

On croit qu'ils causent souvent en Italie les enflures du
ventre aux bœufs et aux chevaux, qui en mangent en pais-
sant ; mais ce fait n'est pas constaté.

Cet animal a été figuré par Columna, *ecph.* 1. tab. 36,
dans l'*Histoire naturelle des quadrupèdes ovipares* de Lacépède, et dans l'*Histoire naturelle des reptiles*, faisant suite
au *Buffon*, édition de Deterville. C'est le type du genre SEPS
de Daudin. *Voyez* ce mot.

Le CHALCIDE JAUNATRE, est annulé, strié, et n'a que

trois doigts à chaque pied ; sa couleur est celle de l'airain ; sa queue est plus longue que le corps. On ignore quelle est sa patrie. Il est figuré dans Daudin , vol. 4 , pl. 58 , et dans l'*Histoire naturelle des quadrupèdes ovipures* par Lacépède, qui le premier l'a fait connoître sous le nom de *chalcide*. C'est le type du genre CHALCIDE du premier de ces auteurs.

Le CHALCIDE PENTADACTYLE , est le *lacerta chalcides* de Linnæus, que Lacépède regarde comme le même que le *chalcide seps* , quoique les cinq doigts dont il est pourvu semblent indiquer une espèce bien distincte. Il se trouve dans le midi de l'Europe et sur les côtes de Barbarie.

Le CHALCIDE SERPENTIN est strié , bai en dessus, cendré en dessous ; il a cinq doigts à chaque pied , et sa longueur est de cinq à six pouces. Ses écailles sont imbriquées d'une manière plus saillante que dans les autres espèces. Il est naturel à l'île de Java , et a été figuré dans le second vol. du *Naturforcher*, pl. 2 , par Bloch, qui l'a fait le premier connoître.

Le CHALCIDE ANGUIN a le corps très-long , verticillé et strié ; les pieds écailleux , subulés et dépourvus de doigts. Il est figuré dans Séba , tome 2, pl. 68 , fig. 7 et 8. Il se trouve dans les eaux fangeuses au Cap de Bonne - Espérance. Il est très-douteux que ce soit un vrai *chalcide* ; il a besoin d'être de nouveau examiné par un naturaliste éclairé. (B.)

CHALCIS , *Chalcis*, genre d'insectes de l'ordre des HYMÉNOPTÈRES , et dont les caractères sont : antennes courtes, brisées , un peu plus grosses par le bout, d'une dixaine d'articles, le premier fort long et cylindrique; mandibules larges, tronquées, bidentées ; quatre antennules courtes; les antérieures un peu plus longues , de quatre articles, dont le pénultième court; les postérieures de trois; lèvre inférieure légèrement échancrée ; ventre petit, ovalaire ou conique , attaché au corcelet par un pédicule; tarrière cachée dans l'abdomen ; cuisses postérieures renflées; tête comprimée; corcelet renflé : pattes de longueur moyenne ; cuisses postérieures comprimées, renflées , souvent dentées à leur bord inférieur ; jambes postérieures arquées , avec un sillon profond , dans lequel sont reçues les dentelures de la cuisse , quand celle-ci est rapprochée de la jambe.

On trouve ces insectes en été sur les fleurs; ils sont trèsvifs , leurs larves ne sont pas bien connues.

On en a décrit environ douze espèces , desquelles on ne trouve que cinq ou six en Europe; la plus commune est le *chalcis nain*.

CHALCIS NAIN , *Chalcis minuta* Fab. Il a environ deux lignes et demie de long; les antennes noires, de la longueur de la tête ; la tête d'un noir mat ; le corcelet noir, chagriné, terminé postérieurement par deux petites pointes courtes, avec un point jaune à la naissance des ailes ; l'abdomen ovale, d'un noir luisant ; les deux premières paires de pattes jaunes, avec une tache noire à la base des cuisses, et une sur le milieu des jambes ; les postérieures noires, avec une tache jaune à l'extrémité des cuisses, à la base et à l'extrémité des jambes.

On le trouve en Europe ; il est très-commun aux environs de Paris.

CHALCIS CLAVIPÈDE, *Chalcis clavipes* Fab. Il a environ trois lignes de long ; les antennes noires ; la tête et le corcelet d'un noir mat chagriné ; celui-ci bidenté postérieurement ; l'abdomen court, un peu comprimé, d'un noir luisant ; les quatre pattes antérieures d'un jaune fauve, avec une grande tache brune à la base des cuisses et sur le milieu des jambes ; les cuisses postérieures d'un rouge fauve, avec une tache noire à l'extrémité ; les jambes noires, arquées ; les tarses fauves.

On le trouve en Allemagne ; il est rare en France. (L.)

CHALCITE, *Voyez* COLCOTAR FOSSILE. (PAT.)

CHALEF, *Elæagnus*, genre de plantes de la tétrandrie monogynie et de la famille des ÉLÆAGNOÏDES, dont les caractères sont d'avoir un calice supérieur, monophylle, à cinq divisions, coloré intérieurement et caduc ; quatre étamines fort petites ; un ovaire inférieur, arrondi, chargé d'un style à stigmate simple.

Le fruit est une espèce de noix ovale, obtuse, glabre, marquée d'un point à son sommet, et qui contient un noyau oblong.

Voyez pl. 73 des *Illustrations* de Lamarck.

Les *chalefs* sont des arbrisseaux à feuilles simples, alternes, souvent cotoneuses et à fleurs axillaires. On en compte dix espèces, dont six du Japon, trois de la Turquie et une de Ceylan.

Le CHALEF A FEUILLES ÉTROITES, c'est-à-dire celui qui a les feuilles lancéolées, est seul bien connu. C'est un grand arbrisseau que l'on cultive dans les jardins, à cause de l'agrément de ses feuilles blanchâtres, qui contrastent avec le vert des autres arbustes, et qui subsistent jusqu'aux plus fortes gelées, et encore plus à cause de l'odeur suave de ses fleurs, odeur très-forte, et telle qu'un seul pied de chalef suffit pour embaumer un jardin de médiocre étendue.

On le multiplie principalement par drageons et par marcottes, car il donne rarement des graines dans le climat de

Paris. Il est, au reste, très-robuste, et supporte toutes sortes d'expositions, quoiqu'il se plaise mieux au midi qu'à aucune autre.

L'odeur des fleurs du *chalef* ne se fait sentir que le soir; et elle se transforme en odeur nauséabonde lorsque la fructification est accomplie. Cet arbuste a cela de commun avec les *cestraux* et quelques autres plantes. On l'appelle vulgairement *olivier de Bohême*, parce que c'est dans ce pays qu'il croît naturellement, avec le plus d'abondance, en Europe.

Olivier rapporte qu'on en mange généralement les fruits en Turquie et en Perse. (B.)

CHALEUR, *Voyez* CALORIQUE. (PAT.)

CHALEUR, situation d'un animal qui en recherche un autre de son espèce, mais d'un autre sexe; cette expression ne s'emploie ordinairement qu'à l'égard des animaux domestiques, disposés à l'accouplement; pour les animaux sauvages, on dit qu'ils sont en *rut*. (S.)

CHALOUPE CANELÉE, nom donné par les marchands à une coquille du genre ARGONAUTES. C'est l'espèce la plus commune. *Voyez* ARGONAUTE. (B.)

CHAMÆCERASUS, nom d'une espèce de CERISIER. *Voyez* ce mot. (B.)

CHAMÆDRYS. C'est le nom spécifique d'une espèce de GERMANDRÉE, *Teucrium chamædrys* Linn. *Voyez* au mot GERMANDRÉE. (B.)

CHAMÆMELE, *Chamæmeleum*, nom que donnoient les anciens botanistes au genre de la CAMOMILLE. *Voyez* ce mot. (B.)

CHAMÆNERION, nom ancien de l'ÉPILOBE A ÉPIS. *Voy.* ce mot. (B.)

CHAMÆRODENDROS. C'est le *rhododendron ponticum* de Linn., celui qui donne un miel purgatif. *Voyez* au mot ROSAGE. (B.)

CHAMARAIS, arbre des Indes, dont le fruit est en grappe et aigrelet. Il contient un noyau qui renferme une amande. Ce fruit se mange, vert ou mûr, confit avec du sel, pour exciter l'appétit. On en met aussi dans les sauces.

Les feuilles s'emploient en décoction contre les fièvres, les racines contre l'asthme. Ces remèdes purgent violemment par haut et par bas.

On ignore à quel genre appartient cet arbre. (B.)

CHAMAROCH, nom de pays du CARAMBOLIER AXIL-LAIRE. *Voyez* au mot CARAMBOLIER. (B.)

CHAMARRAS. C'est un nom vulgaire de la GERMAN-DRÉE D'EAU, *Teucrium scordium* Linn. (B.)

CHAMBRE. En langage de venerie, la *chambre* est l'endroit de la forêt où le *cerf* se repose pendant le jour.

On appelle aussi *chambre* une espèce de piége que l'on tend aux loups. *Voyez* ce mot. (S.)

FIN DU TOME QUATRIÈME.